Windows Server 2012 R2系统配置指南

微软资深顾问

戴有炜 编著

清華大學出版社

北京

内 容 简 介

本书由台湾知名的微软系统工程师资深顾问戴有炜先生倾力编著，是他最新改版升级的 Windows Server 2012 R2 三卷力作中的系统配置指南篇。

书中延续了作者的一贯写作风格：大量的系统配置实例兼具理论，以及完整清晰的操作过程，以简单易懂的文字进行描述，内容丰富且图文并茂。全书共分 18 章，内容包括 Windows Server 2012 R2 概述、安装与基本环境设置，本地用户与组账户的管理，建立 Active Directory 域，NTFS 与 ReFS 磁盘的安全性与管理，访问网络文件，打印服务器的设置与管理，利用配置文件来管理用户工作环境，组策略与安全设置，注册表与注册表编辑器，远程桌面连接，磁盘系统的管理，利用 WSUS 部署更新程序，AD RMS 企业文件版权管理，分布式文件系统，搭建 iSCSI 文件服务器故障转移群集以及系统启动的疑难排除等。

本书面向广大初、中级计算机技术人员、计算机管理和维护人员，也可作为高等院校相关专业和技术培训班的教学用书，同时还可作为微软认证考试的参考用书。

图书在版编目（CIP）数据

Windows Server 2012 R2 系统配置指南 / 戴有炜编著. —北京：清华大学出版社，2017（2021. 8重印）
ISBN 978-7-302-45624-7

Ⅰ. ①W… Ⅱ. ①戴… Ⅲ. ①Windows 操作系统－网络服务器－指南 Ⅳ. ①TP316.86-62

中国版本图书馆 CIP 数据核字（2016）第 292101 号

责任编辑：夏毓彦
封面设计：王　翔
责任校对：闫秀华
责任印制：杨　艳
出版发行：清华大学出版社
　　网　　址：http://www.tup.com.cn，http://www.wqbook.com
　　地　　址：北京清华大学学研大厦 A 座　　邮　　编：100084
　　社 总 机：010-62770175　　邮　　购：010-62786544
　　投稿与读者服务：010-62776969，c-service@tup.tsinghua.edu.cn
　　质 量 反 馈：010-62772015，zhiliang@tup.tsinghua.edu.cn
印 刷 者：北京富博印刷有限公司
装 订 者：北京市密云县京文制本装订厂
经　　销：全国新华书店
开　　本：190mm×260mm　　**印　张**：34.5　　**字　数**：884 千字
版　　次：2017 年 1 月第 1 版　　**印　次**：2021 年 8 月第 6 次印刷
定　　价：99.00 元

产品编号：069427-01

序

首先要感谢读者长久以来的支持与爱护！这一系列书籍仍然采用我一贯的编写风格，也就是完全站在读者立场来思考，并且以实务的观点来编写这几本Windows Server 2012 R2书籍。我花费了相当多时间在不断地测试与验证书中所叙述的内容，并融合多年的教学经验，以最容易理解的方式将其写到书内，希望能够协助你迅速学会Windows Server 2012 R2。

本套书的宗旨是希望能够让读者通过书中完整与清楚的实务操作，充分了解Windows Server 2012 R2，进而能够轻松地配置Windows Server 2012 R2的网络环境，因此书中不但理论解说清楚，而且范例充足。对需要参加微软认证考试的读者来说，这套书更是不可或缺的实务参考书籍。

学习网络操作系统，首重实作，唯有实际演练书中所介绍的各项技术，才能充分了解与掌控它，因此建议你利用Windows Server 2012 R2 Hyper-V等提供虚拟技术的软件来建置书中的网络测试环境。

本套书分为《Windows Server 2012 R2系统配置指南》《Windows Server 2012 R2网络管理与架站》《Windows Server 2012 R2 Active Directory配置指南》三本，内容丰富扎实，相信这几本书不会辜负你的期望，能给予你在学习Windows Server 2012 R2上最大的帮助。

感谢所有让这套书能够顺利出版的朋友们，包含给予宝贵意见、帮助版面编排、支持技术校稿、出借测试设备或提供软件资源等各方面的协助。

戴有炜

目 录

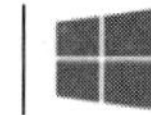

第1章　Windows Server 2012 R2概述

Windows Server 2012 R2可以帮助信息部门的IT人员来构建功能强大的网站、应用程序服务器与高度虚拟化的云端环境。大、中、小型企业网络都可以利用Windows Server 2012 R2的强大管理功能与安全措施来简化网站与服务器的管理、改善资源的可用性、减少成本支出、保护企业应用程序与数据，让IT人员更轻松有效地管理网站、应用程序服务器与云端环境。

- Windows Server 2012 R2版本
- Windows网络架构
- TCP/IP通信协议简介

1.1 Windows Server 2012 R2版本

Windows Server 2012 R2可以提供高性价比与高度虚拟化的环境，包含表1-1-1所示的四个版本，版本的简化让企业更容易选择所需的版本。

表1-1-1

版本	适用场合	主要差异	支持客户端数量
Datacenter	高度虚拟化的云端环境	完整功能 虚拟机数量没有限制	依购买的**客户端访问许可证**数量而定
Standard	无虚拟化或简单虚拟化的环境	完整功能 虚拟机数量仅限 2 个	依购买的**客户端访问许可证**数量而定
Essentials	小型企业环境	部分功能不支持 仅支持 2 个处理器 不支持虚拟环境	25 个用户账户
Foundation	一般用途的使用环境 *仅提供给 OEM 厂商	部分功能不支持 仅支持 1 个处理器 不支持虚拟环境	15 个用户账户

1.2 Windows网络架构

你可以利用Windows系统的网络功能来将资源共享给网络上的用户。Windows的网络架构大致可分为工作组架构（workgroup）、域架构（domain）与包含前两者的混合架构。

工作组架构为分布式的管理模式，适用于小型网络。域架构为集中式的管理模式，适用于中大型网络。以下针对工作组架构与域架构的差异来加以说明。

1.2.1 工作组架构的网络

工作组由一组通过网络连接在一起的计算机所组成（参见图1-2-1），可以将计算机内的文件、打印机等资源共享出来供网络用户访问。

工作组网络也被称为**对等式**（peer-to-peer）网络，因为网络上每一台计算机的地位都是平等的，它们的资源与管理是分散在各个计算机上的。它的特性为：

- 每一台Windows计算机都有一个**本地安全账户数据库**，称为Security Accounts

Manager database（SAM）。用户若要访问每一台计算机内的资源，系统管理员便需在每一台计算机的SAM数据库内建立用户账户。例如，若用户Peter要访问每一台计算机内的资源，则需在每一台计算机的SAM数据库内建立Peter账户，并设置这些账户的权限。这种架构的账户与权限管理工作比较麻烦，例如当用户要修改密码时，就可能需要对该用户在每一台计算机内的密码都进行修改。

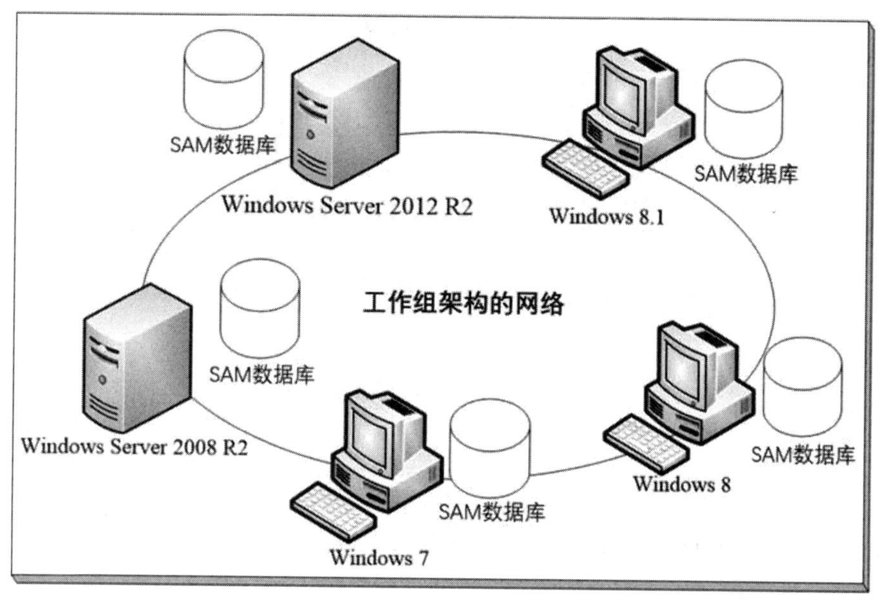

图 1-2-1

- 工作组内可以不需要服务器级别的计算机（例如Windows Server 2012 R2），也就是即使只有Windows 8.1、Windows 7等客户端等级的计算机，也可以搭建工作组架构的网络。
- 如果企业内部计算机数量不多，例如10台或20台计算机，就可以采用工作组架构的网络。

1.2.2 域架构的网络

域也是由一组通过网络连接在一起的计算机所组成的（参见图1-2-2），它们可将计算机内的文件、打印机等资源共享出来供网络用户访问。与工作组架构不同的是：域内所有计算机共享一个集中式的目录数据库（directory database），其中包含着整个域内所有用户的账户等相关数据。在Windows域内提供目录服务（directory service）的组件为**Active Directory域服务**（Active Directory Domain Services，AD DS），它负责目录数据库的创建、删除、修改与查询等工作，此数据库被称为**AD DS数据库**。

在域架构的网络内，这个目录数据库是存储在**域控制器**（domain controller）中的，只有服务器级别的计算机才可以扮演域控制器的角色。

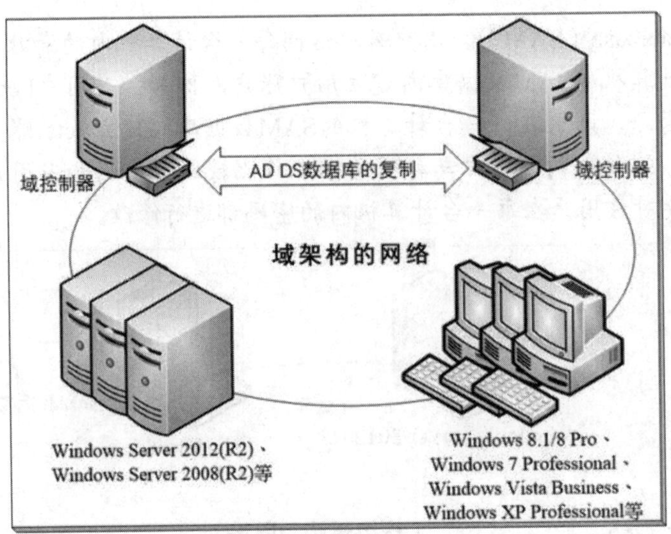

图 1-2-2

域中的计算机种类

域内的计算机成员可以是：

- **域控制器（domain controller）**：需要服务器级别的计算机才可以扮演域控制器的角色，例如Windows Server 2012（R2）Datacenter/Standard、Windows Server 2008（R2）Enterprise/ Datacenter/Standard等，但并非所有服务器级别的计算机都可以扮演域控制器，例如Windows Web Server 2008 R2就无法成为域控制器。

  一个域内可以有多台域控制器，每一台域控制器的地位（几乎）是平等的，它们各自存储着一份相同的AD DS数据库。当你在任何一台域控制器内添加了一个用户账户后，此账户默认是被建立在此域控制器的AD DS数据库中的，之后会自动被复制（replicate）到其他域控制器的AD DS数据库，以便让所有域控制器内的AD DS数据库都能够同步（synchronize），也就是拥有相同数据。

  当用户在域内的某台计算机登录时，会由其中一台域控制器根据其AD DS数据库内的账户数据来审核用户所输入的账户名与密码是否正确，若是正确的，用户就可以登录成功，反之将被拒绝登录。

  多台域控制器还可提供容错功能，例如其中一台域控制器发生故障了，此时仍然能够由其他域控制器来继续服务。它也可以改善用户登录效率，因为多台域控制器可分担审核用户登录身份（账户名称与密码）的负担。

- **成员服务器（member server）**：服务器级别的计算机加入域后，用户就可以在这些计算机上利用AD DS数据库内的用户账户来登录，否则只能利用本地用户账户登录。这些加入域的服务器被称为**成员服务器**，它们没有AD DS数据库，也不负责审核**域用户**的账户名称与密码。成员服务器可以是：

  - Windows Server 2012 R2 Datacenter/Standard

- Windows Server 2012 Datacenter/Standard
- Windows Server 2008 R2 Datacenter/Enterprise/Standard
- Windows Server 2008 Datacenter/Enterprise/Standard
- Windows Server 2003 R2 Datacenter/Enterprise/Standard
- Windows Server 2003 Datacenter/Enterprise/Standard

若上述服务器没有被加入域，则它们被称为**独立服务器**或**工作组服务器**。但不论是独立服务器或成员服务器，它们都有**一个本地安全账户数据库**（SAM），系统可以利用它来审核本地用户（非域用户）的身份。

- 其他目前较常用的Windows计算机，例如：
  - Windows 8.1 Enterprise/Pro
  - Windows 8 Enterprise/Pro
  - Windows 7 Ultimate/Enterprise/Professional
  - Windows Vista Ultimate/Enterprise/Business
  - Windows XP Professional

当上述客户端计算机加入域以后，用户就可以在这些计算机上利用AD DS数据库内的用户账户来登录，否则只能够利用本地用户账户来登录。

> 注意
>
> 一些适合于家用的客户端操作系统无法加入域，例如Windows 7 Home Premium。

1.3 TCP/IP通信协议简介

网络上计算机之间或计算机与其他设备之间互相传递的信号是一连串的“0”与“1”。这一连串的电子信号到底代表什么意义——彼此之间必须通过一套同样的规则来解释才能够互相沟通，就好像人类用“语言”来互相沟通一样。这个计算机之间的沟通规则就被称为**通信协议**（protocol）。Windows系统支持多种通信协议，其中的TCP/IP是Windows网络依赖最深的通信协议。

TCP/IP通信协议是目前最完整、最被广泛支持的通信协议，可以让不同网络架构、不同操作系统的计算机之间相互沟通，例如Windows Server 2012 R2、Windows 8.1、Linux主机等。TCP/IP也是因特网的标准通信协议，更是Active Directory Domain Services（AD DS）所必须采用的通信协议。

在TCP/IP网络上，每一台连接在网络上的计算机（与部分设备）被称为是一台**主机**（host），而主机与主机之间的沟通会涉及“IP地址”“子网掩码”与“默认网关”三个基本要件。

1.3.1 IP地址

每一台主机都有一个唯一的IP地址（功能就好像是门牌号码）。IP地址不但可以被用来识别每一台主机，而且其内隐含着如何在网络间传送数据的路径信息。

IP地址占用32个位（bit），一般是以4个十进制数来表示，每一个数字称为一个八位组（octet）。octet与octet之间以点（dot）隔开，例如192.168.1.31。

> **附注**
>
> 此处所介绍的IP地址为目前使用最为广泛的IPv4，共占用32个位。Windows Server 2012 R2也支持新版的IPv6。

这个32位的IP地址内包含了**网络标识符**与**主机标识符**两部分。

- **网络标识符**：每一个网络都有一个唯一的网络标识符，换句话说同一个网络内的每一台主机都拥有相同的网络标识符。
- **主机标识符**：同一个网络内的每一台主机都有一个唯一的主机标识符。

若网络需要与外界通信，则可能需要为此网络申请一个网络标识符，整个网络内所有主机都使用这个网络标识符，然后再赋予网络内每一台主机一个唯一的主机标识符，因此网络上每一台主机都会有一个唯一的IP地址（网络标识符+主机标识符）。你可以向因特网服务提供商（ISP）申请网络标识符。

若此网络并未与外界因特网直接连接在一起，则可以自行选用任何一个可用的网络标识符，不用申请，但是网络内各主机的IP地址不可相同。

1.3.2 IP分类

传统的IP地址被分为A、B、C、D、E五种类别，其中只有Class A、B、C三个类别的IP地址可供一般主机使用（参见表1-3-1），每种类别所支持的IP数量都不相同，以便满足各种不同大小规模的网络需求。

IP地址共占用4个字节（byte），表1-3-1中将IP地址的各字节以W.X.Y.Z的形式来加以说明。

表1-3-1

类	网络标识符	主机标识符	W 值可为	可支持的网络数量	每个网络可支持的主机数量
A	W	X.Y.Z	1~126	126	16 777 214
B	W.X	Y.Z	128~191	16 384	65 534
C	W.X.Y	Z	192~223	2 097 152	254

- A类IP地址适合于超大型网络，其网络标识符占用一个字节（W）。W的范围为1到126，共可提供126个A类的网络标识符。
- 主机标识符共占用X、Y、Z三个字节（24 个位），此24个位可支持（2^{24}）– 2 = 16 777 216 – 2 = 16 777 214台主机（减2的原因后述）。
- B类IP地址适合于中、大型网络，其网络标识符占用两个字节（W、X）。W的范围为128到191，可提供（191 – 128 + 1）× 256 = 16 384个B类的网络。主机标识符共占用Y、Z两个字节，因此每个网络可支持（2^{16}）– 2 = 65 536 – 2 = 65 534台主机。
- C类IP地址适合于小型网络，其网络标识符占用三个字节（W、X、Y）。W的范围为192到223，可提供（223 – 192 + 1）× 256 × 256 = 2 097 152个C类的网络。主机标识符只占用一个字节（Z），因此每个网络可支持（2^{8}）– 2 = 254台主机。

在设置主机的IP地址时请注意以下事项。

- **网络标识符不可以是127**：网络标识符127是供**环回测试**（loopback test）使用的，用来检查网卡与驱动程序是否正常工作。不可以将它分配给主机使用，一般用127.0.0.1这个IP地址来代表主机本身。
- **每一个网络的第1个IP地址代表网络本身、最后一个IP地址代表广播地址（broadcast address），因此实际可分配给主机的IP地址将少2个**：例如，所申请的网络标识符为203.3.6，共有256个IP地址（203.3.6.0 到203.3.6.255），但203.3.6.0是用来代表这个网络（因此我们一般会说其网络标识符为4个字节的203.3.6.0）的，而203.3.6.255是保留给广播用途的（255代表广播），若发送信息到203.3.6.255，则表示将信息广播给网络标识符为203.3.6.0网络内的所有主机。

图1-3-1为C类的网络范例，其网络标识符为192.168.1.0，图中5台主机的主机标识符分别为1、2、3、21与22。

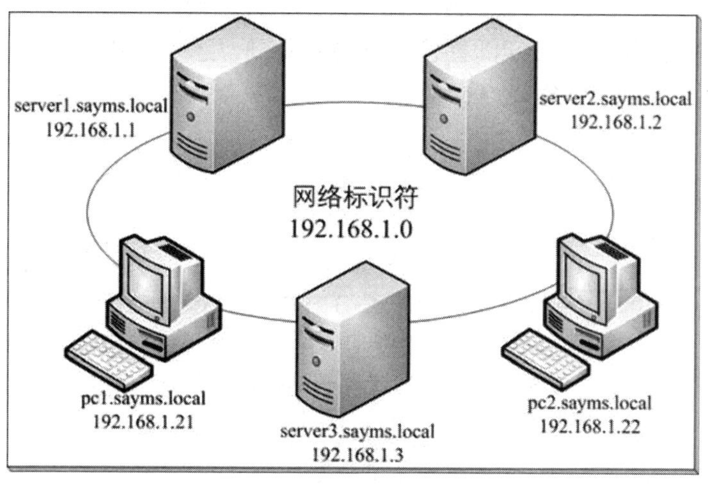

图 1-3-1

1.3.3 子网掩码

子网掩码也占用32位（参见表1-3-2），当IP网络上两台主机在相互通信时，可通过子网掩码来得知双方的网络标识符，进而得知彼此是否在相同网络内。

表 1-3-2

类	默认子网掩码（二进制）	默认子网掩码（十进制）
A	11111111 00000000 00000000 00000000	255.0.0.0
B	11111111 11111111 00000000 00000000	255.255.0.0
C	11111111 11111111 11111111 00000000	255.255.255.0

表1-3-2中为各类默认的子网掩码值，其中为1的位用来标识网络标识符，为0的位用来标识主机标识符。例如，某台主机的IP地址为192.168.1.3（其二进制值为11000000.10101000.00000001.00000011），而子网掩码为255.255.255.0（其二进制值为11111111.11111111.11111111.00000000），则计算其网络标识符的原则是：将IP地址与子网掩码两个值中相对应的位做与（AND）逻辑运算（参见图1-3-2），得出来的结果192.168.1.0就是网络标识符。

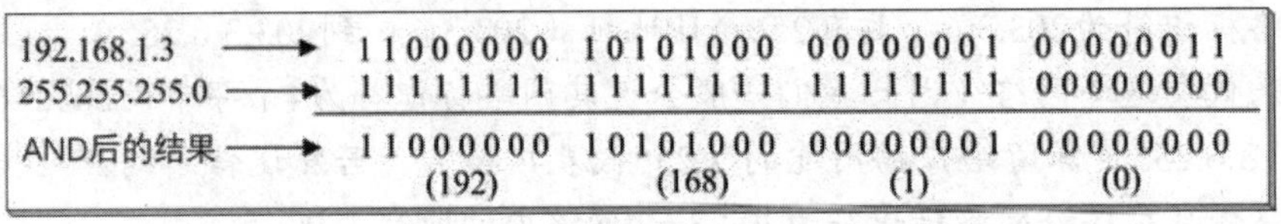

```
192.168.1.3    ——→  11000000 10101000 00000001 00000011
255.255.255.0  ——→  11111111 11111111 11111111 00000000
AND后的结果    ——→  11000000 10101000 00000001 00000000
                      (192)    (168)     (1)      (0)
```

图 1-3-2

若A主机的IP地址为192.168.1.3，子网掩码为255.255.255.0，B主机的IP地址为192.168.1.5，子网掩码为255.255.255.0，则A主机与B主机的网络标识符都是192.168.1.0，表示它们在同一个网络内，因此可以直接相互通信，不需要借助路由器（参阅系列著作：**《Windows Server 2012 R2网络管理与架站》**）。

> **注意**
>
> 前面所叙述的A、B、C类为分类式的划分方式，不过目前采用最普遍的却是无类别的CIDR（Classless Inter-Domain Routing）划分方式。这种方式在表示IP地址与子网掩码时有所不同。例如，网络标识符为192.168.1.0、子网掩码为255.255.255.0，一般会利用192.168.1.0/24来代表此网络，其中的24代表子网掩码中位值为1的数量为24个。

1.3.4 默认网关

A主机若要与同一个IP子网内的B主机通信（网络标识符相同），可以直接将数据发送给

B主机；但是要与不同子网内的C主机通信的话（网络标识符不同），就需要将数据发送给具备路由功能的设备（例如路由器），再由此**路由设备**负责传送给C主机。一般主机若要通过**路由设备**来转发数据的话，只需要事先将其**默认网关**指定到**路由设备**的IP地址即可。

以图1-3-3为例，图中甲、乙两个网络是通过路由器来连接的。当甲网络的主机A欲与乙网络的主机C通信时，由于主机A的IP地址为192.168.1.1、子网掩码为255.255.255.0、网络标识符为192.168.1.0，而主机C的IP地址为192.168.2.10、子网掩码为255.255.255.0、网络标识符为192.168.2.0，故主机A可以判断出主机C位于不同的子网内，因此会将数据发送给A的默认网关，也就是IP地址为192.168.1.254的路由器，然后再由路由器负责将其转发到主机C。

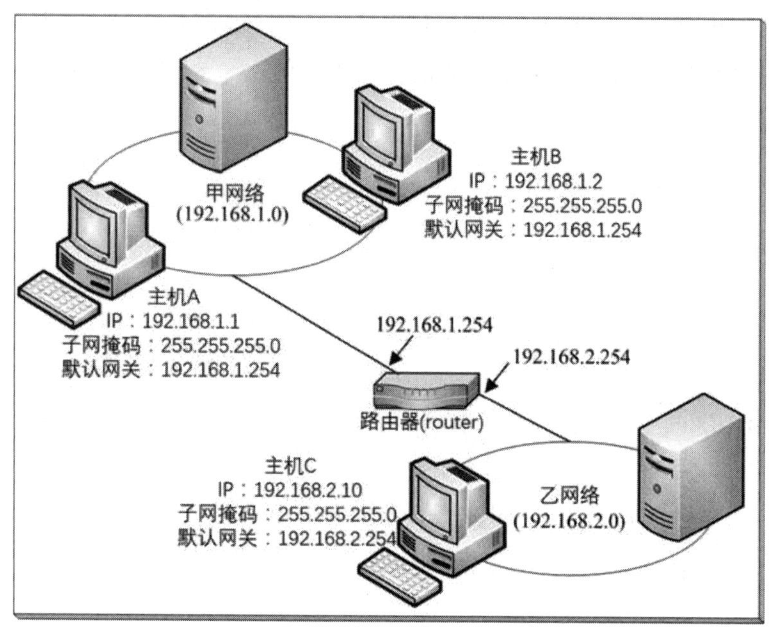

图 1-3-3

1.3.5 私有IP的使用

前面提到IP类别中的A、B、C类是可供主机使用的IP地址。在这些IP地址中，有一些是被归类为**私有IP**（private IP，参见表1-3-3）。各公司可以自行选用适合的私有IP，而且不需要申请，因此可以节省网络建设的成本。

表 1-3-3

网络标识符	子网掩码	IP地址范围
10.0.0.0	255.0.0.0	10.0.0.1 ~ 10.255.255.254
172.16.0.0	255.240.0.0	172.16.0.1 ~ 172.31.255.254
192.168.0.0	255.255.0.0	192.168.0.1 ~ 192.168.255.254

不过私有IP只能够在公司内部的局域网使用，虽然它可以让内部计算机相互通信，但是

无法“直接”与外界计算机沟通。使用私有IP的计算机对外上网、收发电子邮件的话，需要通过具备Network Address Translation（NAT）功能的设备实现，例如IP共享设备、宽带路由器等。系列著作《**Windows Server 2012 R2网络管理与架站**》内有NAT的详细说明。

其他非属于私有IP的地址被称为**公共IP**（public IP），例如140.115.8.1。使用公共IP的计算机可以通过路由器来直接对外通信，因此在这些计算机上可以架设商业网站，让外面的用户直接来连接此商业网站。这些公共IP必须事先申请。

如果Windows Server 2012计算机的IP地址设置为采用自动获取的方式，但却因故无法取得IP地址，那么此时该计算机会通过APIPA（Automatic Private IP Addressing）的机制来为自己设置一个网络标识符为169.254.0.0的临时IP地址，例如169.254.49.31，不过只能够利用它来与同一个网络内IP地址也是169.254.0.0格式的计算机通信。

第 2 章 安装 Windows Server 2012 R2

本章将介绍安装Windows Server 2012 R2前必备的基本常识、如何安装Windows Server 2012 R2，接着说明如何登录、注销、锁定与关闭Windows Server 2012 R2。

- 安装前的注意事项
- 安装或升级为Windows Server 2012 R2
- 启动与使用Windows Server 2012 R2

2.1 安装前的注意事项

2.1.1 Windows Server 2012 R2的系统需求

若要在计算机内安装与使用Windows Server 2012 R2，则此计算机的硬件配置需符合如表2-1-1所示的基本需求。

表 2-1-1

组件	需求（附注）
处理器（CPU）	最少1.4GHz、64位
内存（RAM）	最少 512MB
硬盘	最少32GB
显示设备	Super VGA（1024×768）或更高分辨率的显示器
其他	DVD光驱、键盘、鼠标（或兼容的指针设备）、可以连接因特网

附注

1. 实际的需求要看计算机设置、所安装的应用程序、所扮演的角色与所安装的功能等数量的多寡而可能需要增加。
2. 本书中许多范例需要使用多台计算机来演练，此时你可以利用Windows Server 2012 R2 内建的Hyper-V的虚拟机来搭建这些计算机（见附录A）。

2.1.2 安装前的准备工作

为了能够顺利安装Windows Server 2012 R2，建议先准备好以下工作。

- **拔掉UPS的连接线**：若UPS（不断电系统）与计算机之间通过串行线缆（serial cable）连接的话，请拔掉这条线，因为安装程序会通过串行接口（serial port）来检测所连接的设备，这可能会让UPS接收到自动关闭的错误指令，因而造成计算机断电。
- **备份你的数据**：安装过程中可能会将硬盘内的数据删除，或不小心将数据毁掉，因此请先备份硬盘内的重要数据。
- **执行“Windows内存诊断工具”**：它可以测试计算机内存（RAM）是否正常。
  - 你可以上网下载Microsoft Windows Memory Diagnostic，利用它来制作包含**Windows内存诊断工具**的光盘，用此光盘来启动计算机与执行光盘内的内存诊断工具。

- 若计算机内已存在Windows系统（例如Windows Server 2012），则可通过以下途径来执行**Windows内存诊断工具**：【打开**控制面板**➲在**搜索**处输入**内存**➲单击**诊断计算机的内存问题**】。

- **准备好大容量存储设备的驱动程序**：如果该设备厂商有另外提供的驱动程序文件，请将文件放到软盘、CD、DVD或U盘等介质的根目录或amd64文件夹内，然后在安装过程中选用此驱动程序。

附注

1. 若是从旧版Windows系统升级到Windows Server 2012 R2，则建议先停用防病毒软件，因为防病毒软件可能会干扰Windows Server 2012 R2的安装，例如它可能会因为扫描每一个文件而让安装速度变得很慢。
2. Windows Server 2012 R2的**Windows 防火墙**默认是启用的，若有应用程序需要接收传入连接（incoming connection），则这些连接会被防火墙阻挡，因此你可能需要在安装完成后暂时将**Windows 防火墙**停用或开放该应用程序所使用的端口（port）。

2.1.3 Windows Server 2012 R2的安装选择

Windows Server 2012 R2提供以下两种安装选择。

- **带有GUI的服务器**：安装完成后的Windows Server 2012 R2包含图形用户界面（GUI），它提供友善的用户界面与图形管理工具。它相当于Windows Server 2008 R2中的完全安装。
- **服务器核心安装**：安装完成后的Windows Server 2012 R2仅提供最小化的环境，可以降低维护与管理需求、减少使用硬盘容量、减少被攻击面。由于没有图形管理接口，因此只能使用**命令提示符**（command prompt）、Windows PowerShell或通过远程计算机来管理此台服务器。此安装支持以下服务器角色：
  - Active Directory证书服务（AD CS）
  - Active Directory域服务（AD DS）
  - Active Directory轻量级目录服务（AD LDS）
  - Active Directory Rights Management Services（ADRMS）
  - DHCP服务器
  - DNS服务器
  - 文件服务器
  - Hyper-V
  - IIS Web服务器（包含支持ASP .NET子集）
  - 打印和文件服务
  - Routing and Remote Access Services（RRAS）

- 流媒体服务
- Windows Server Update Services（WSUS）

带有GUI的服务器提供较为友好的管理界面，但是**服务器核心安装**却提供较为安全的环境。由于安装完成后，可以在这两种选择环境中切换，因此你可以先选择**带有GUI的服务器**，然后通过其友好的图形管理工具来完成服务器的配置工作，有需要的话，最后再切换到较安全的**服务器核心安装**环境。

2.1.4 选择磁盘分区

在数据能够被存储到磁盘（硬盘）之前，该磁盘必须被划分成一或数个磁盘分区（partition），每一个磁盘分区都是一个独立的存储单位。你可以在安装过程中选择欲安装Windows Server 2012 R2的磁盘分区（以下假设为**MBR磁盘**，详见第13章）：

- 若磁盘完全未经过分区（例如全新磁盘），如图2-1-1左边所示，则可以将整个磁盘当作一个磁盘分区，并选择将Windows Server 2012 R2安装到此分区（会被安装到Windows文件夹内），不过因为安装程序会自动建立一个系统保留分区，因此最后结果将是如图2-1-1右边所示的状况。

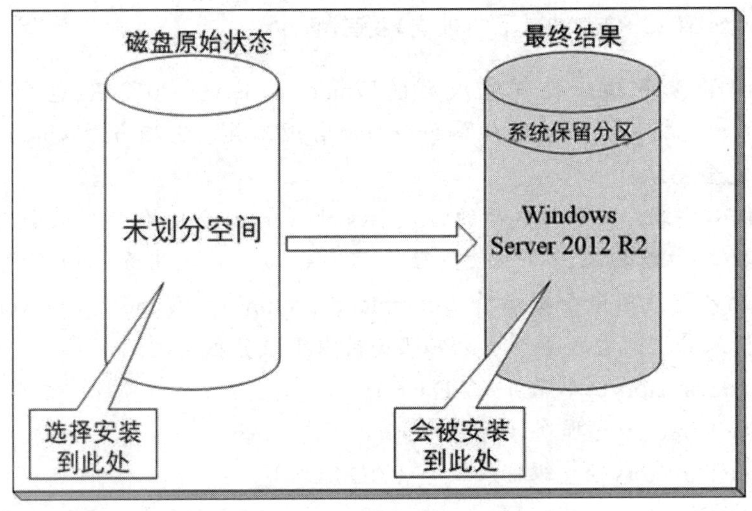

图2-1-1

- 你可以将一个未分区磁盘的部分空间划分出一个磁盘分区，然后将Windows Server 2012 R2安装到此分区，不过安装程序会自动另外建立一个系统保留分区，如图2-1-2所示，图中最后结果中剩余的未划分空间可以用来当作数据存储分区或安装另外一套操作系统。

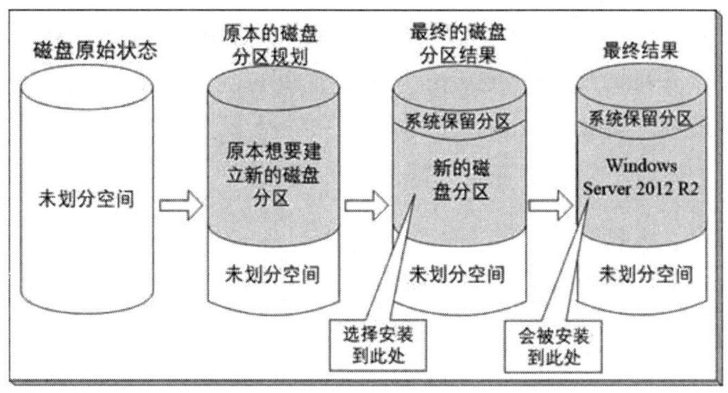

图 2-1-2

- 如果磁盘分区内已经有其他操作系统，例如Windows Server 2012，而你要将Windows Server 2012 R2安装到此分区，则可以参见图2-1-3。

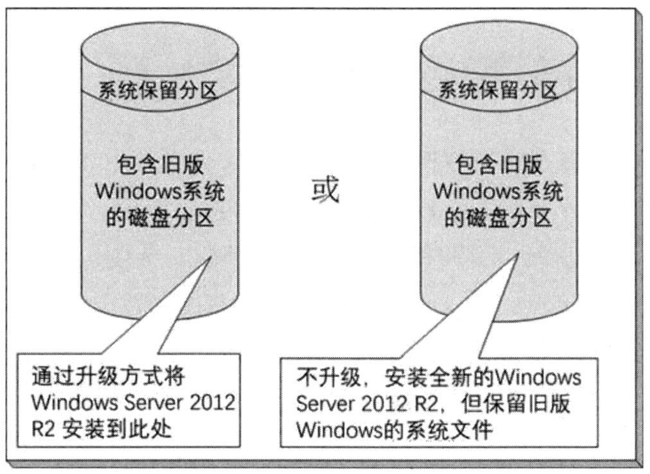

图 2-1-3

- **将旧版Windows系统升级**：此时旧版Windows系统会被Windows Server 2012 R2取代，不过原来大部分的系统配置会被保留在Windows Server 2012 R2系统内，一般的数据文件（非操作系统文件）也会被保留。
- **不将旧版Windows系统升级**：此磁盘分区内原有文件会被保留，虽然旧版Windows系统已经无法使用，不过旧版Windows系统所在的文件夹（一般是Windows）会被移动到Windows.old文件夹内。安装程序会将新的Windows Server 2012 R2安装到此磁盘分区的Windows文件夹内。

注意

若你在安装过程中将现有磁盘分区删除或格式化，则该分区内的现有数据都将遗失。

- 虽然磁盘内已经有其他Windows系统，但是该磁盘内尚有其他未分配空间，如果要将Windows Server 2012 R2安装到未分配空间的Windows文件夹内（参见图2-1-4），可以在启动计算机时选择其他Windows系统或Windows Server 2012 R2。这就是所谓的**多重引导**设置（multiboot）。

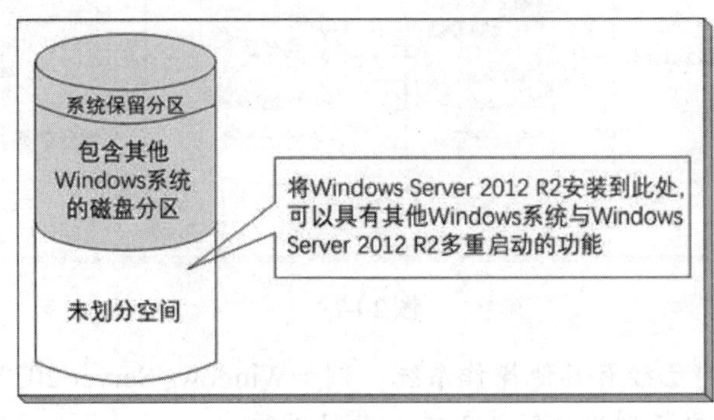

图2-1-4

2.1.5 Windows Server 2012 R2的文件系统

任何一个新的磁盘分区都必须被格式化成适当的文件系统后才可以在其内安装Windows操作系统与存储数据，除了exFAT 、FAT32、FAT与目前是Windows主流文件系统的NTFS之外，Windows Server 2012 R2也支持ReFS，它提供较高的安全性、更大的磁盘容量与较好的性能等。不过你只能将Windows Server 2012 R2安装到NTFS磁盘分区内，而ReFS、 exFAT 、FAT32与FAT磁盘仅能用来存储数据。

2.2 安装或升级为Windows Server 2012 R2

你可以选择全新安装Windows Server 2012 R2或将现有的旧版Windows系统升级。

- **全新安装**：请利用Windows Server 2012 R2 DVD来启动计算机与执行DVD内的安装程序。如果磁盘内已经有旧版Windows系统，就可以先启动此系统，然后将Windows Server 2012 R2 DVD放入光驱内，此时系统默认会自动执行DVD内的安装程序。
- **将现有的旧版Windows操作系统升级**：必须先启动这个旧版的64 位Windows系统（Windows Server 2012 R2、Windows Server 2008 R2、64位的Windows Server 2008同级别的版本），然后将Windows Server 2012 R2 DVD放入光驱内，系统默认会自动执行DVD内的安装程序。

2.2.1 直接利用DVD 来启动计算机与启动DVD内的安装程序

这种安装方式只能够全新安装，无法升级安装。请准备好Windows Server 2012 R2 DVD

光盘，然后依照以下步骤来安装Windows Server 2012 R2。

STEP 1 将Windows Server 2012 R2 DVD放到光驱内。

附注

1. 若硬盘内已经有其他操作系统，则可能需要将计算机的BIOS设置改为先从光驱来启动计算机。
2. 若有Windows Server 2012 R2 ISO安装文件，则可上网找工具（例如Microsoft的**Windows 7 USB/DVD download tool**）来制作包含安装文件的**可启动式U盘**（bootable USB drive），然后利用此U盘来启动计算机与执行安装程序，不过可能需要将计算机的BIOS设置改为先从U盘启动计算机。

STEP 2 重新启动计算机后：

- 若硬盘内没有其他操作系统，则将自动直接从DVD启动。
- 若硬盘内已经有其他操作系统，则计算机会显示“Press any key to boot from CD or DVD”，此时请立刻按任意键，以便从DVD启动，否则可能会自动启动硬盘内的现有操作系统。

STEP 3 在图2-2-1的界面中直接单击下一步按钮。

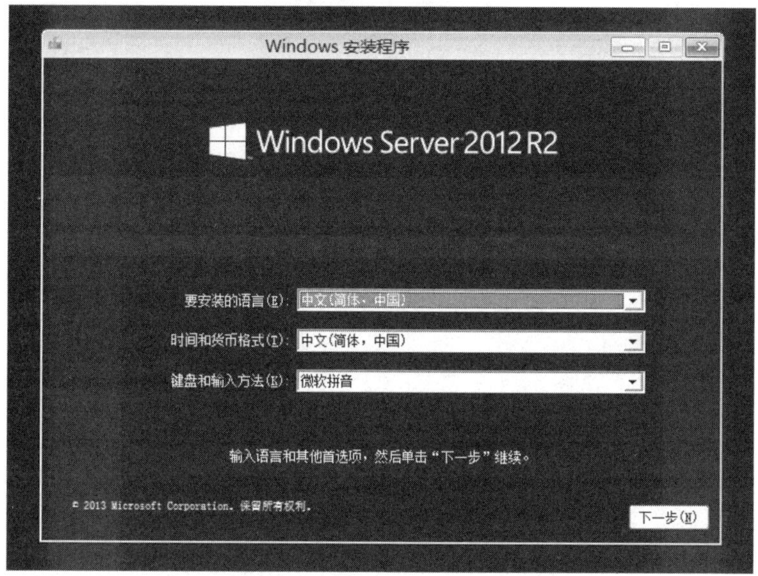

图 2-2-1

STEP 4 在图2-2-2中单击现在安装按钮。

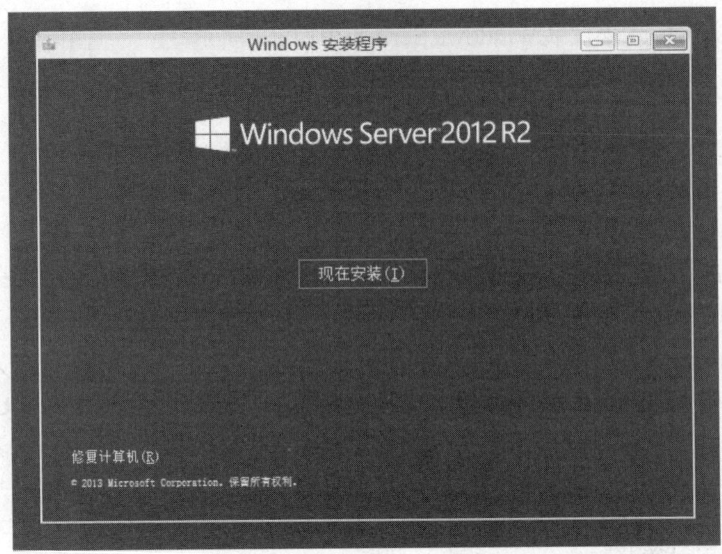

图 2-2-2

STEP 5 若不是安装评估版，就在图2-2-3中输入产品密钥后单击下一步按钮。

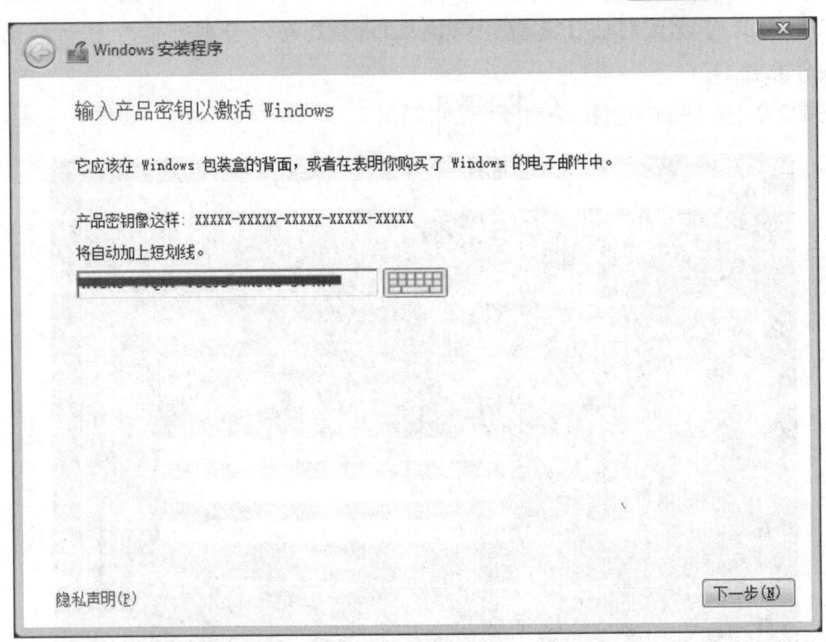

图 2-2-3

STEP 6 在图2-2-4中选择要安装的版本后（例如**带有GUI的服务器**）单击下一步按钮。

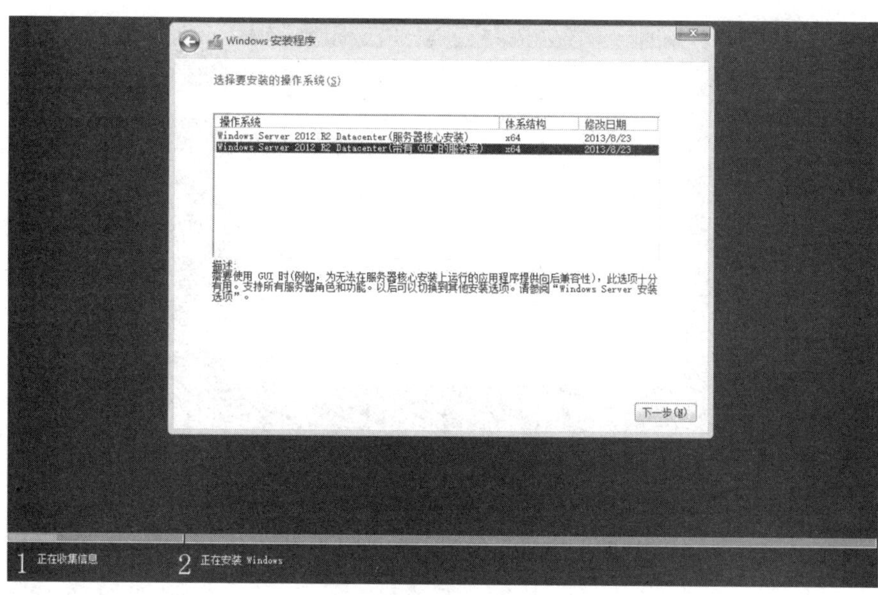

图 2-2-4

STEP 7 出现**许可条款**界面时，请勾选**我接受许可条款**后单击下一步按钮。

STEP 8 在图2-2-5中单击“自定义：仅安装Windows（高级）”。

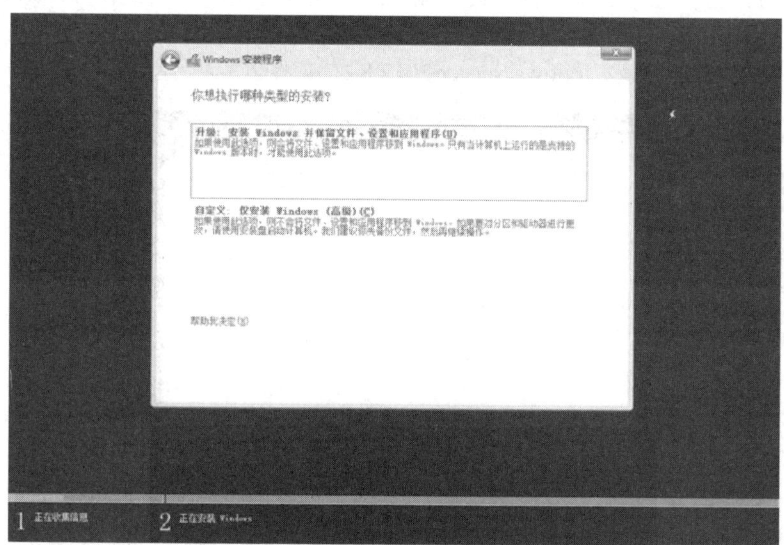

图 2-2-5

STEP 9 在图2-2-6中选择要安装Windows的磁盘分区后单击下一步按钮。

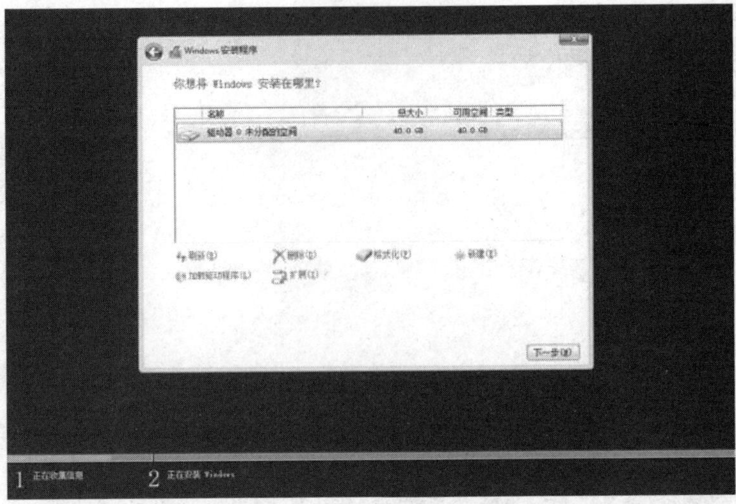

图 2-2-6

注意

若需要安装厂商提供的驱动程序才可以读取磁盘，则单击**加载驱动程序**；既可以单击**新建**来建立主分区；也可以单击**格式化**、**删除**来将现有磁盘分区格式化或删除。

STEP 10　安装程序开始安装Windows Server 2012 R2，如图2-2-7所示。

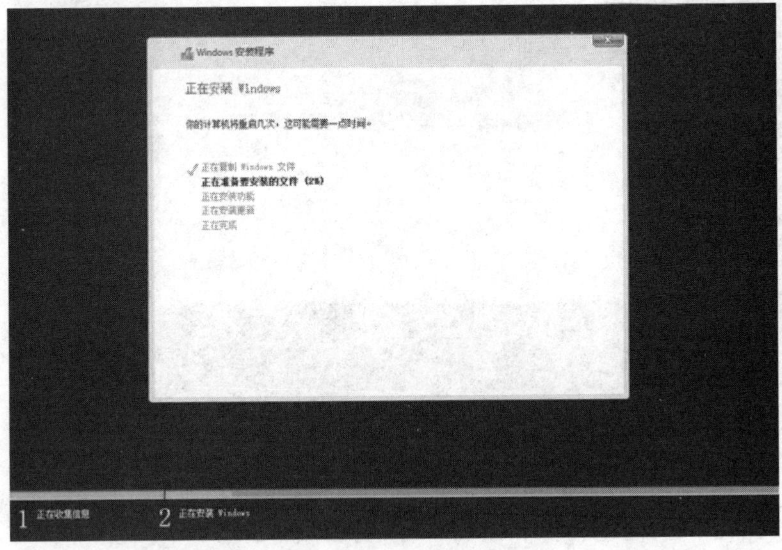

图 2-2-7

2.2.2 在现有的Windows系统内利用DVD来安装

这种安装方式既可以用来升级安装，也可以用来全新安装，不过主要是用来升级安装，

因此以下说明以升级安装为主。请准备好Windows Server 2012 R2 DVD光盘，然后依照以下步骤来安装Windows Server 2012 R2。

STEP 1 启动现有的Windows系统、登录。

STEP 2 将Windows Server 2012 R2 DVD放到光驱内，然后通过弹出的提示窗口来执行DVD内的安装程序**setup.exe**。

附注

若你有Windows Server 2012 R2 ISO安装镜像，就通过将ISO文件挂载到虚拟光盘的方式来启动安装程序。

STEP 3 在图2-2-8中单击现在安装按钮。

图 2-2-8

STEP 4 在图2-2-9中可以选择立即在线安装更新（推荐），以便确保能够顺利地安装成功（请确认此计算机现在可以上网）。

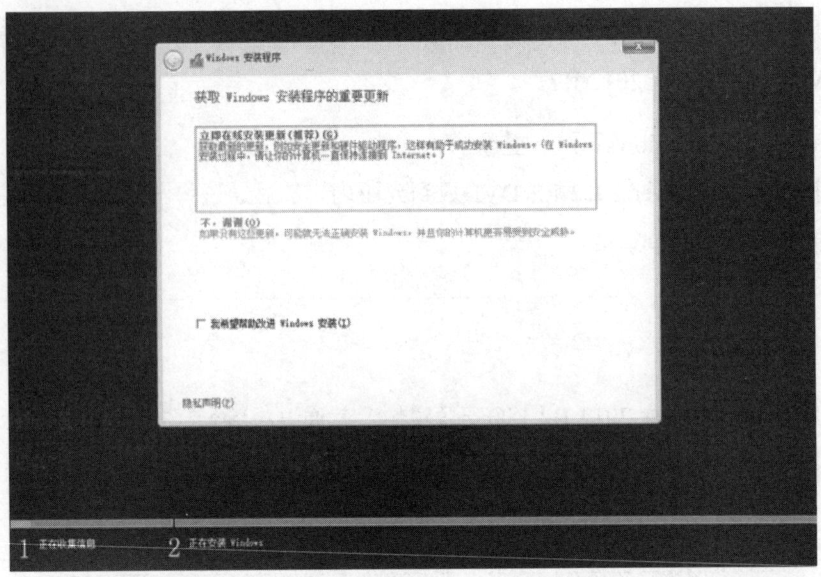

图 2-2-9

STEP 5 若不是安装评估版，就在图2-2-10中输入产品密钥后单击下一步按钮。

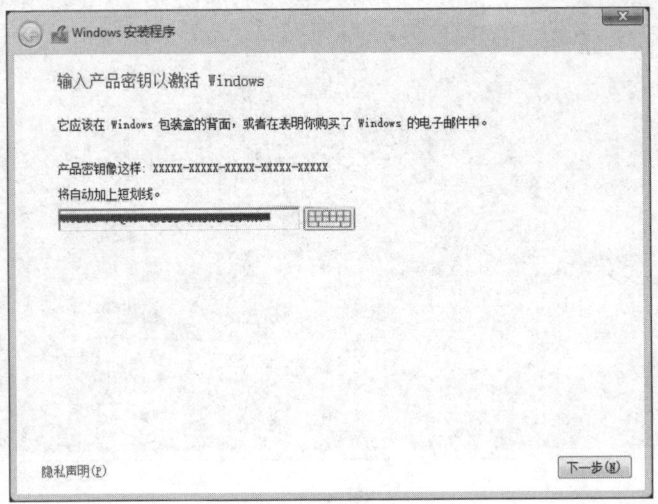

图 2-2-10

STEP 6 在图2-2-11中选择要安装的版本后（例如**带有GUI的服务器**）单击下一步按钮。

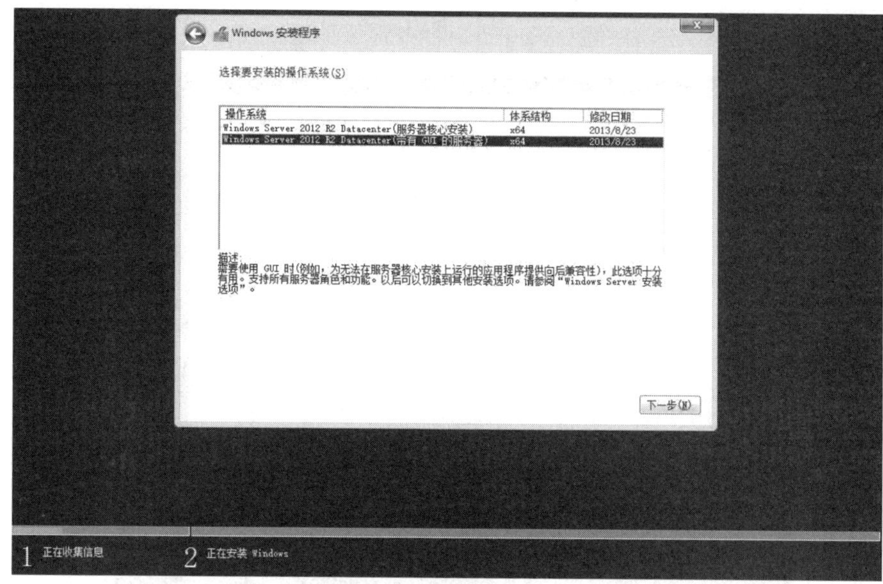

图 2-2-11

STEP 7 出现**许可条款**界面时，勾选**我接受许可条款**后单击下一步按钮。

STEP 8 在图2-2-12中单击**升级：安装Windows并保留文件、设置和应用程序**（若要全新安装，则单击**自定义：仅安装Windows（高级）**）。

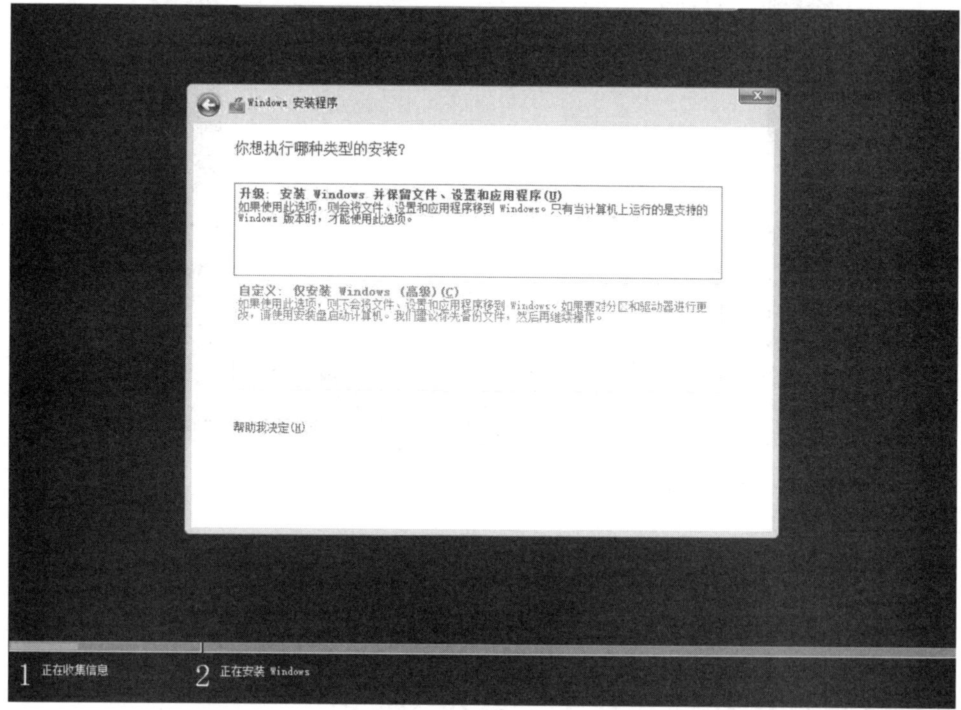

图 2-2-12

STEP 9 若图2-2-13中没有显示系统有兼容性问题，就单击下一步按钮，否则建议你解决问题后再安装。

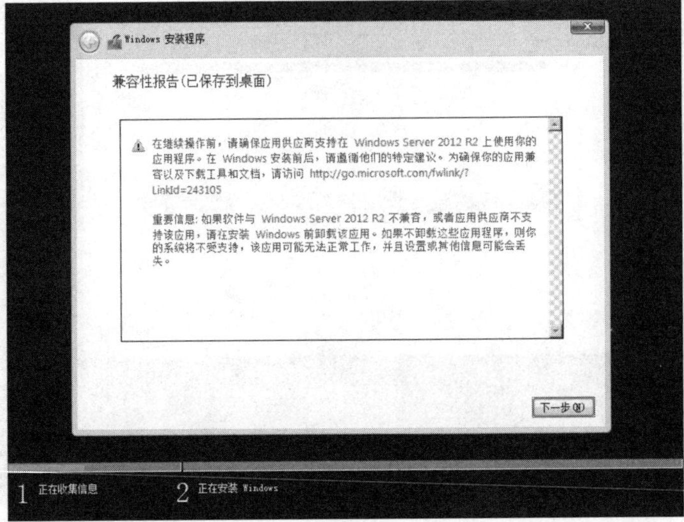

图 2-2-13

STEP 10 安装程序开始执行升级操作，如图2-2-14所示。

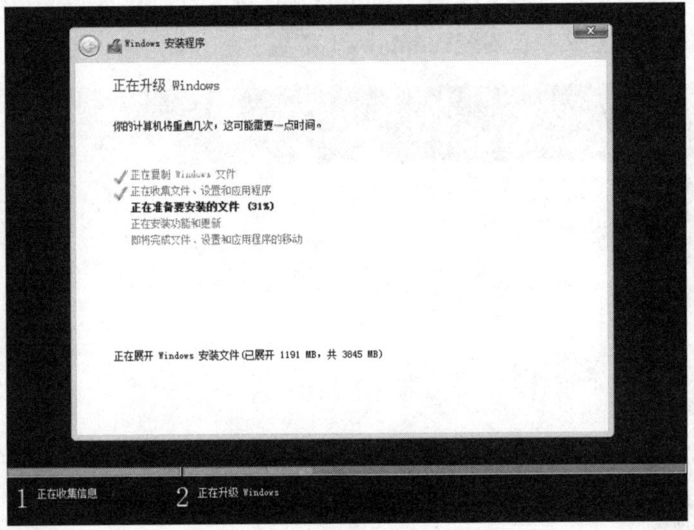

图 2-2-14

2.3 启动与使用Windows Server 2012 R2

2.3.1 启动与登录Windows Server 2012 R2

安装完成后计算机将自动重新启动并启动Windows Server 2012 R2操作系统。第一次启动

Windows Server 2012 R2时会如图2-3-1所示要求设置Administrator的密码（单击密码框右方图标可显示所输入的密码），设置好后单击完成按钮。

注意

用户的密码默认需至少6个字符、不可包含用户账户名称或全名，还有至少要包含A~Z、a~z、0~9、非字母数字（例如!、$、#、%）4组字符中的3组，例如12abAB是一个有效的密码，而123456是无效的密码。

图 2-3-1

接下来请依照图2-3-2的要求按Ctrl + Alt + Del键，然后在图2-3-3的界面中输入系统管理员（Administrator）的密码后按Enter键来登录（sign in）。登录成功后会出现图2-3-4中的**服务器管理器**界面。

图 2-3-2

图 2-3-3

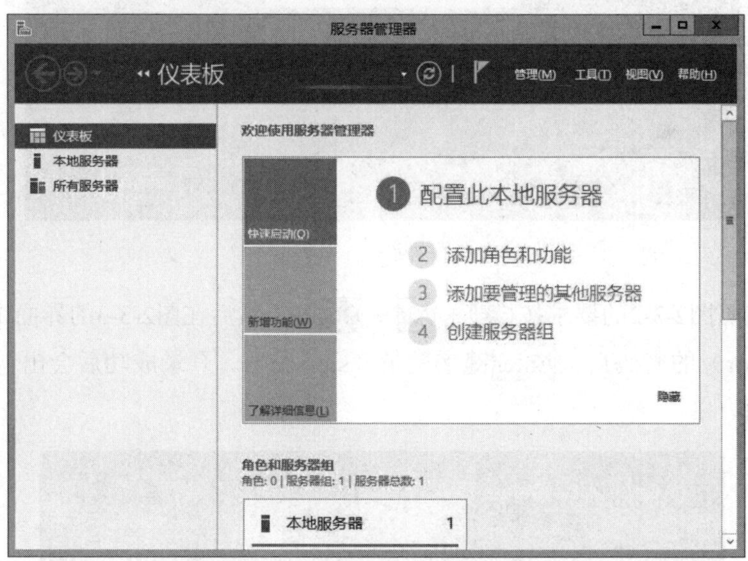

图 2-3-4

注意

若计算机内同时安装多套操作系统，例如Windows Server 2012与Windows Server 2012 R2，则每次计算机启动时会出现类似图2-3-5的**Windows启动管理器**界面，此时请在30秒内从列表中选择欲启动的Windows系统，否则默认会自动启动刚才安装的Windows Server 2012 R2。

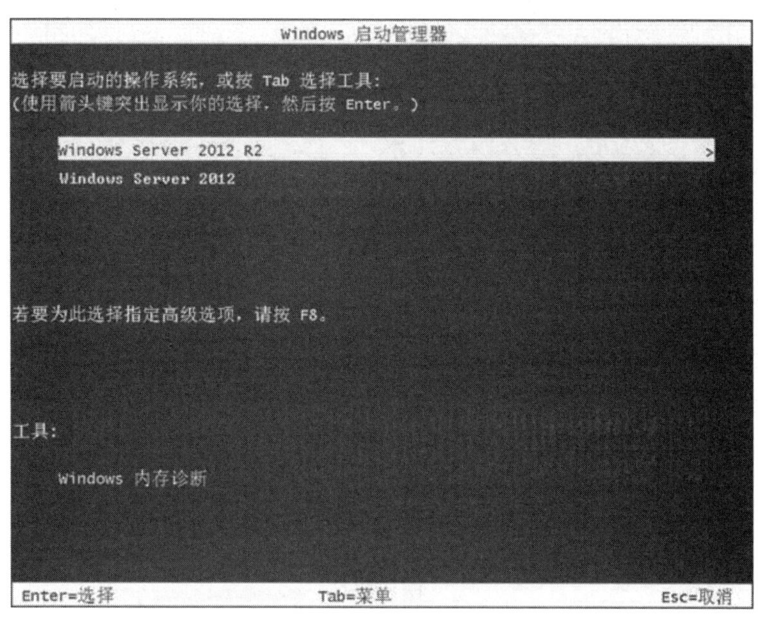

图 2-3-5

2.3.2 驱动程序需经过签名

若**即插即用**（plug-and-play）设备的驱动程序未经过签名（signed），则在安装此程序时会出现警告提示，而且即使完成此程序的安装，系统也不会加载驱动程序。若是通过应用程序来安装未经过签名的驱动程序，此时虽然不会有警告提示，但是系统仍然不会加载此驱动程序。

若是因为系统不会加载该驱动程序而造成系统不正常工作或无法启动，就通过以下程序来允许系统加载未经签名的驱动程序，以便正常启动Windows Server 2012 R2。

STEP 1 重新启动计算机，并在完成自我测试、系统启动初期立刻按F8键（或参考章节18-1的说明来通过Bcdedit.exe程序）。

STEP 2 选择**禁用驱动程序强制签名**后按Enter键，如图2-3-6所示。

STEP 3 启动成功后，请卸载此驱动程序，以便之后重新利用一般模式启动系统时可以正常启动、正常运作。

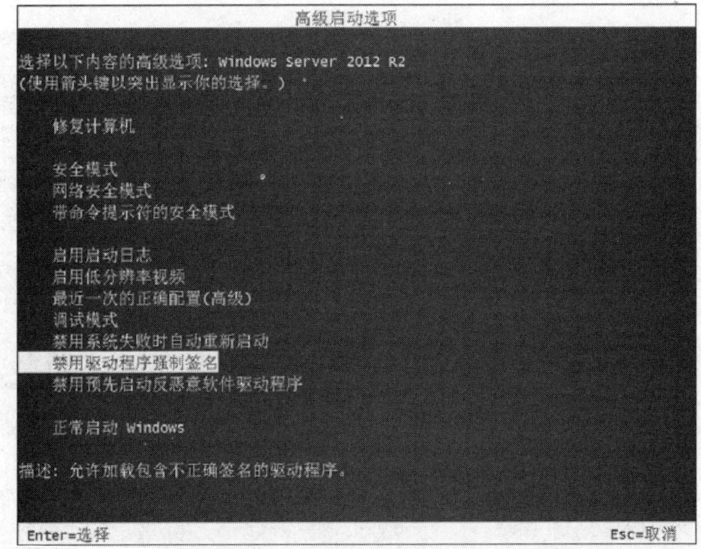

图 2-3-6

2.3.3 注销、登录与关机

若暂时不想使用计算机，但是没有要将计算机关机，则可选择注销或锁定计算机：【按窗口键⊞切换到如图2-3-7所示的**开始**菜单（再按一次窗口键⊞可切换回传统桌面）】。然后单击右上方的用户账户Administrator，此时可选择：

- **锁屏**：锁屏期间所有的应用程序仍然会继续执行。若要解除锁定，以便继续使用此计算机，则需重新输入密码。
- **注销**：注销会结束你当前正在执行的应用程序。之后若要继续使用此计算机，就必须重新登录。

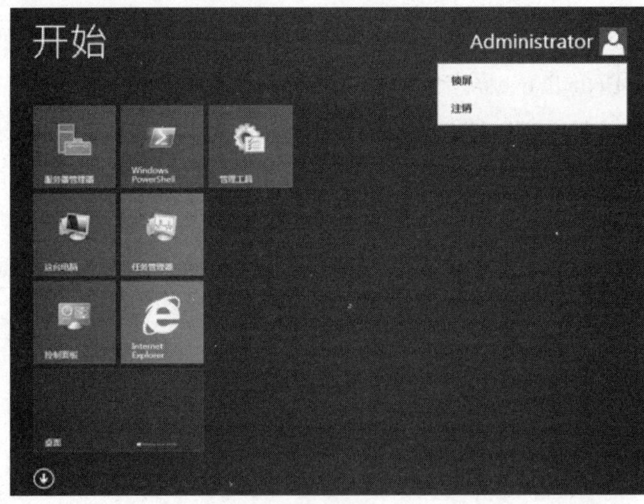

图 2-3-7

若要将计算机关机或重新启动，则如图2-3-8所示，先将鼠标光标移到右下角➲待出现**侧边栏**（charms bar，或按⊞+C键）后，单击代表**设置**功能的齿轮图标➲如图2-3-9单击**电源**➲单击**关机**或**重新启动**➲在弹出的操作说明窗口单击继续按钮。

图 2-3-8

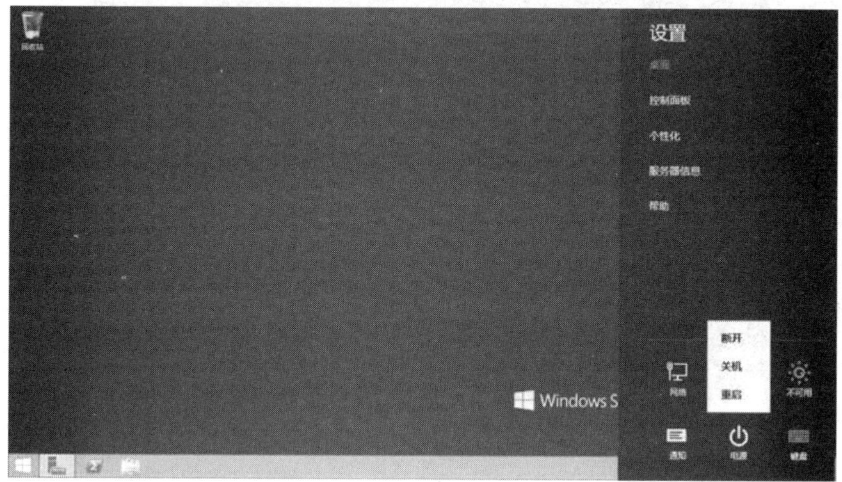

图 2-3-9

你也可以【右击左下角的**开始**图标➲如图2-3-10所示单**击关机或注销**➲然后选择**注销、关机或重启**】。

图 2-3-10

或者是直接按Ctrl + Alt + Del键，然后在图2-3-11的界面选择**锁定**、**注销**等功能，或按右下角的**关机**图标。

图 2-3-11

附注

如果计算机内除了Administrator外，还有其他用户账户可用（目前还没有），则系统可以让你选择使用其他用户账户来登录。

第 3 章　Windows Server 2012 R2 基本环境设置

本章将介绍如何设置Windows Server 2012 R2的基本环境，以便让你能够熟悉Windows Server 2012 R2的基本操作并具备基本的管理能力。

- 屏幕的显示设置
- 计算机名称与TCP/IP设置
- 连接因特网与启用Windows系统
- Windows防火墙与网络位置
- 硬件设备的管理
- 默认启动系统的设置
- 环境变量的管理
- 计算机关机方式与电源计划
- 其他环境设置

3.1 屏幕的显示设置

通过对显示设置做适当的调整，可以让监视器得到最佳的显示效果，让你观看屏幕时更方便、眼睛更舒服。

3.1.1 调整显示分辨率、颜色与刷新频率

屏幕上所显示的字符是由一点一点所组成的，这些点被称为**像素**（pixel），你可以自行调整水平与垂直的显示点数，例如水平1920点、垂直1080点，此时我们将其称为“分辨率为1920×1080”，分辨率愈高，界面愈细腻，图像与对象的清晰度越佳。每一个**像素**所能够显示的颜色多寡要看利用多少位（bit）来显示1**像素**，例如若是由16位来显示1**像素**，则1**像素**可以有2^{16} =65 536 种颜色（被称为**高彩**），同理32位可以有2^{32} = 4 294 967 296种颜色（被称为**全彩**）。

若Windows Server 2012 R2显示分辨率不符合需求，则可【在传统桌面模式下右击桌面空白处➲屏幕分辨率➲然后通过图3-1-1所示的界面来调整】。

图 3-1-1

注意

显示适配器（或显示控制器）与监视器都必须支持你所设置的分辨率，若你所设置的分辨率超出范围，则监视器本身会显示信息，此时请等15秒或按 R 键（还原），系统就会恢复先前的设置；请不要按 K 键（保存修改），因为这表示你接受这个不妥当的设置。

图3-1-1界面也可通过以下途径来打开：【如图3-1-2所示右击屏幕左下角的**开始**图标➲控制面板➲单击**外观**处的**调整屏幕分辨率**】。

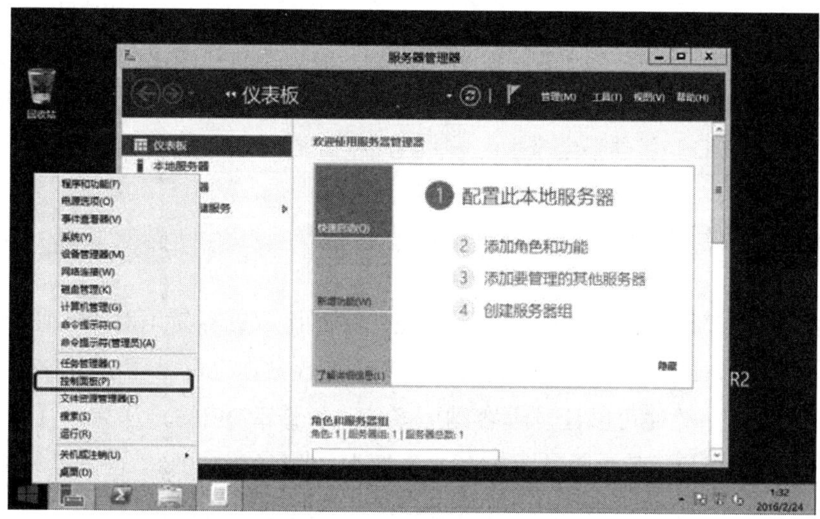

图 3-1-2

若要同时调整屏幕分辨率、显示颜色与屏幕刷新频率，则【单击图3-1-1右侧的**高级设置**➲如图3-1-3所示通过单击列出所有模式按钮来设置】。

图 3-1-3

附注

若CRT屏幕刷新率太低，监视器可能会闪烁，造成眼睛疲劳或头痛，你应该选择75Hz以上的刷新频率或根据厂商的建议来设置（可通过图3-1-3背景图中的**监视器**选项卡来设置）。如果屏幕会闪烁或观看屏幕时感到不舒服，就试着增加刷新频率，直到你觉得舒服为止。由于LCD监视器不会产生闪烁，因此不需要设置很高的刷新频率。

3.1.2 调整文字与其他项目的大小

屏幕上的文字或其他项目可以被放大，以便让界面显示更容易识别，此调整工作可以通过增加**DPI**（dots per inch，每一英寸的显示点数）来实现。你也可以缩小DPI来让屏幕上的文字或其他项目变小，如此便可以让屏幕容纳更多信息。修改DPI的方法为：【单击图3-1-1中的**放大或缩小文本和其他项目**➲通过图3-1-4来设置】，默认为100%，也就是96 DPI。

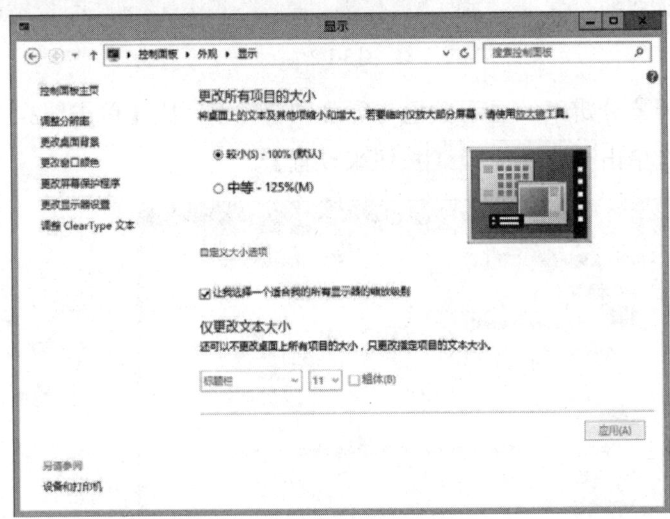

图3-1-4

3.2 计算机名与TCP/IP设置

计算机名与TCP/IP的IP地址都是用来识别计算机的信息，是计算机之间相互通信所需要的信息。

3.2.1 修改计算机名与工作组名

每一台计算机的计算机名必须是唯一的，不应该与网络上其他计算机重复，虽然系统会

自动设置计算机名，不过建议你将此计算机名改为具有描述性的名称。

此外建议将同一部门或工作性质类似的计算机划分为同一个工作组，可以让这些计算机之间通过网络通信更为方便。每一台计算机默认隶属的工作组名称都是**WORKGROUP**。修改计算机名或工作组名的方法如下所示。

STEP 1 单击左下角的**服务器管理器**图标 ➲单击图3-2-1中**本地服务器**右侧由系统自动设置的计算机名称。

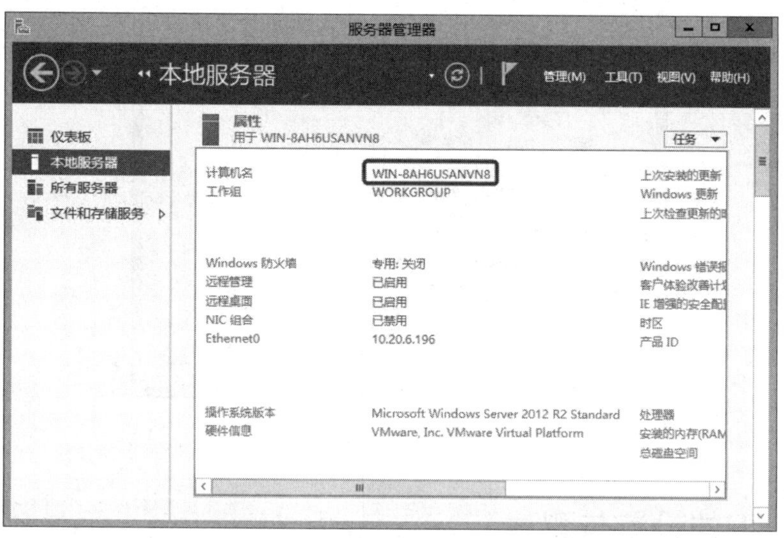

图 3-2-1

STEP 2 单击图3-2-2中的更改按钮。

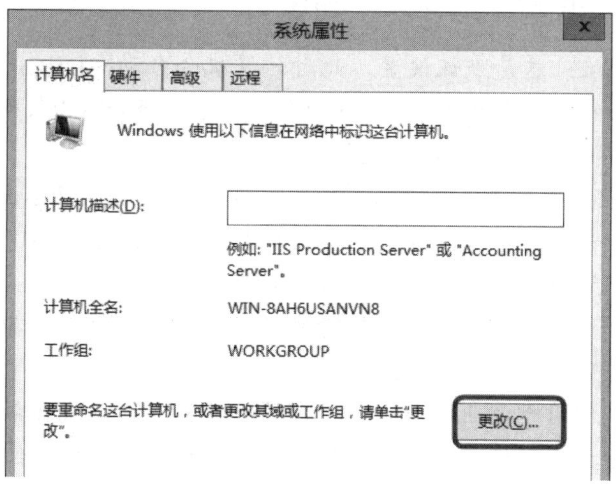

图 3-2-2

STEP 3 修改图3-2-3中的**计算机名**后单击确定按钮（图中并未修改**工作组**名）。按照提示重新启动计算机后这些修改才会生效。

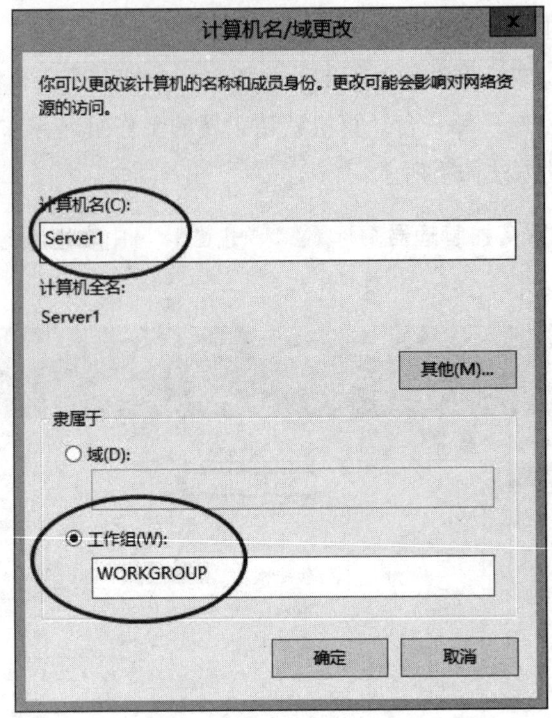

图 3-2-3

3.2.2 TCP/IP的设置与测试

一台计算机若要与网络上其他计算机通信，还需要有适当的TCP/IP设置值，例如正确的IP地址。一台计算机取得IP地址的方式有以下两种。

- **自动获取IP地址**：这是默认设置，此时计算机会自动向DHCP 服务器租用IP地址。这台服务器既可能是一台计算机，也可能是一台具备DHCP服务器功能的IP共享设备（NAT）、宽带路由器、无线基站等。

  若找不到DHCP服务器，则此计算机会利用Automatic Private IP Addressing机制（APIPA）来自动为自己设置一个符合169.254.0.0/16格式的IP地址，不过此时仅能够与同一个网络内也是使用169.254.0.0/16格式的计算机通信。

  这个169.254.0.0/16的IP地址只是临时性的，该计算机仍然会继续定期查找DHCP服务器，一直到租到正式的IP地址为止。

  自动获取方式适用于企业内部一般用户的计算机，可以减轻系统管理员手动设置的负担，并可避免手动设置可能发生的错误。租到的IP地址有使用期限，期限过后，下一次计算机开机所租到的IP地址可能会与前一次不同。

- **手动设置IP地址**：这种方式会增加系统管理员的负担，而且手动设置容易出错，比较适合于企业内部的服务器来使用。

设置 IP 地址

STEP 1 单击左下角**服务器管理员**图标➲单击图3-2-4中**本地服务器**右方**以太网**的设置值。

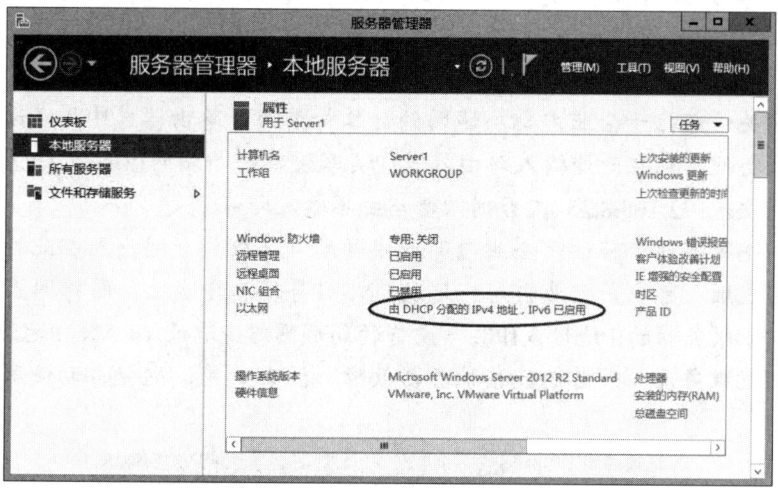

图 3-2-4

附注

你也可以通过以下方法：【在桌面模式下，右击右下方任务栏的**网络**图标➲打开网络和共享中心➲单击**以太网**】。

STEP 2 在图3-2-5中单击**属性**➲Internet协议版本4（TCP/IPv4）➲属性。

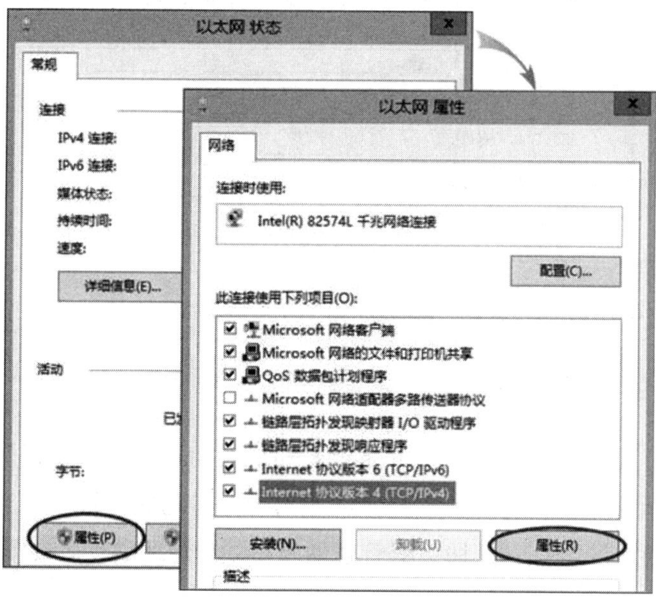

图 3-2-5

STEP 3 在图3-2-6中设置IP地址、子网掩码、默认网关与首选DNS服务器等。

- **IP地址**：请自行依照计算机所在的网络环境来设置，或依照图来设置。
- **子网掩码**：请依照计算机所在的网络环境来设置，若IP地址设置成图中的192.168.8.1，则可以输入255.255.255.0，或在IP地址输入完成后直接按Tab键，自动填入子网掩码的默认值。
- **默认网关**：若位于企业内部局域网的计算机要通过路由器或IP共享设备（NAT）来连接因特网，则在此处输入路由器或IP共享设备的局域网IP地址（LAN IP地址），此处假设是192.168.8.254，否则保留空白不输入即可。
- **首选DNS服务器**：若位于企业内部局域网的计算机要上网，则在此处输入DNS服务器的IP地址，可以是企业自行搭建的DNS服务器的IP地址、因特网上任何一台工作中的DNS服务器的IP地址或IP共享设备的局域网络IP地址（LAN IP地址）等。
- **备用DNS服务器**：若首选DNS服务器故障、没有响应，则会自动使用此处的DNS服务器。

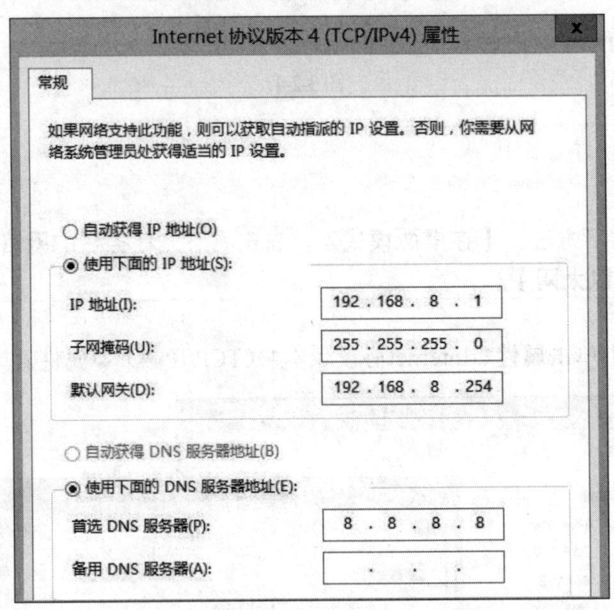

图3-2-6

STEP 4 设置完成后依序单击确定、关闭按钮来结束设置。

查看 IP 地址的有效设置值

如果IP地址是自动获取的，那么你可能想要知道所租用到的IP设置是什么；即使IP地址是手动设置的，你所设置的IP地址也不一定就是可用的IP地址，例如IP地址已经被其他计算机先占用了。你可以通过图3-2-7的**服务器管理器**来得知IP地址的有效设置值为192.168.8.1。

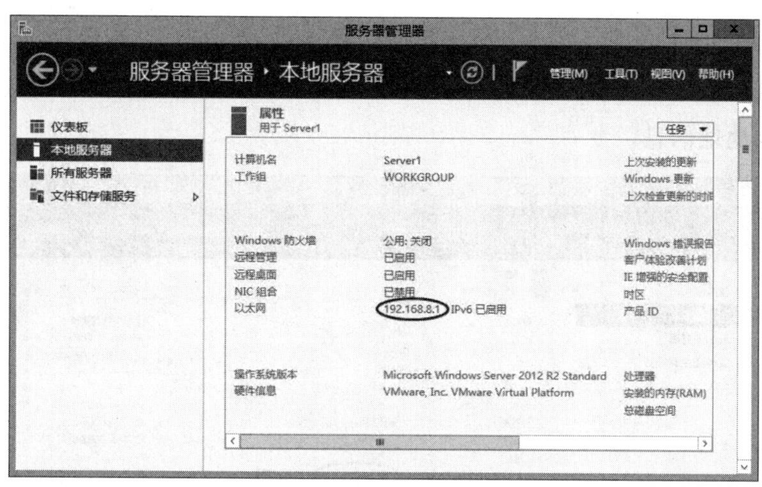

图 3-2-7

若要查看更详细的内容，则【单击图3-2-7中圈起来的部分➲双击**以太网**➲如图3-2-8所示，单击背景图中**详细信息**按钮后从前景图中看到IP地址的有效设置值】，从图中还可看到网络的物理地址（MAC address）为00-0C-29-E6-FE-53。

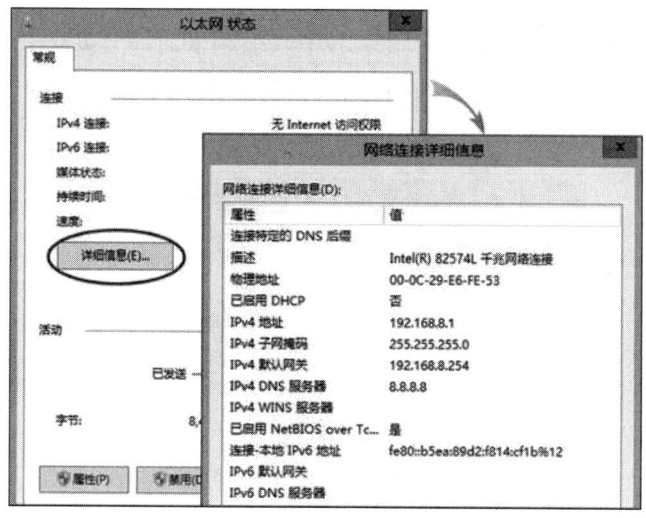

图 3-2-8

附注

也可以通过单击左下方的**Windows PowerShell**图标，然后执行**ipconfig**或**ipconfig/all**命令来查看IP地址的有效设置值。

找出 IP 地址冲突的计算机

如果计算机的IP地址与网络上另外一台计算机冲突，而且是另外一台计算机先启动与使用此IP地址，那么你的计算机将无法使用此IP地址，不过系统会另外自动指派一个169.254.0.0/16格式的IP地址给你的计算机来临时使用，且在**服务器管理器**内会显示如图3-2-9所示的**多个IPv4地址**信息。

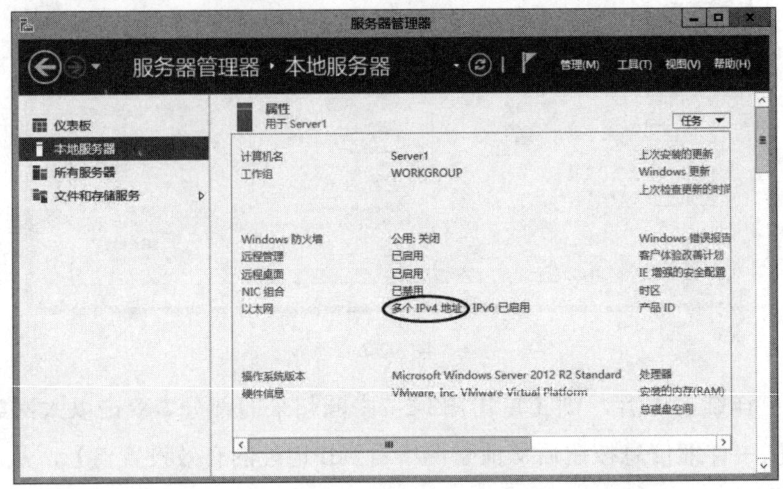

图 3-2-9

若要查看更详细的内容，则【单击图3-2-9中收缩起来的部分➲双击**以太网**➲单击**详细信息**按钮】，之后就可以从图3-2-10中同时看到“自动配置IPv4地址”169.254.100.135与原先手动设置的IP地址192.168.8.1。

网络连接详细信息

网络连接详细信息(D):

属性	值
连接特定的 DNS 后缀	
描述	Microsoft Hyper-V 网络适配器
物理地址	00-15-5D-E3-CB-50
已启用 DHCP	否
自动配置 IPv4 地址	169.254.100.135
IPv4 子网掩码	255.255.0.0
自动配置 IPv4 地址	192.168.8.1
IPv4 子网掩码	255.255.255.0
IPv4 默认网关	192.168.8.254
IPv4 DNS 服务器	8.8.8.8
IPv4 WINS 服务器	

图 3-2-10

你也可以利用**ipconfig/all**命令来查看这些数据，如图3-2-11所示，图中的169.254.100.135地址被注明是**首选**（Preferred）的IP地址，而192.168.8.1地址则注明为**复制**的IP地址。

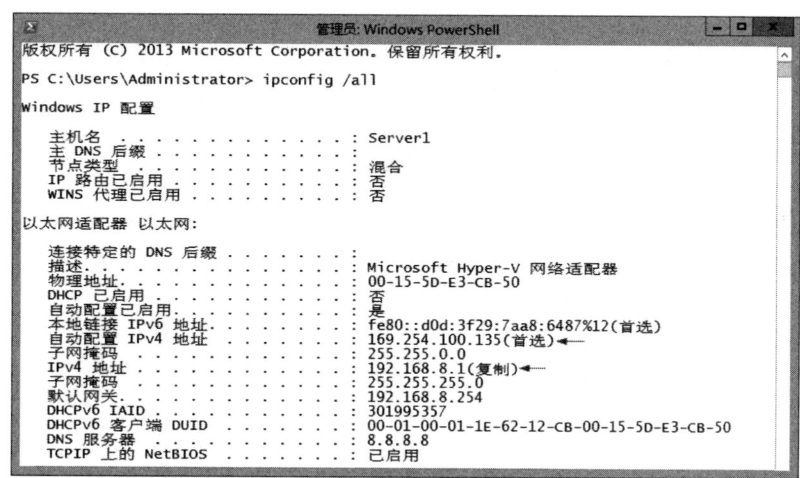

图 3-2-11

你可以通过事件查看器来找出是哪一台计算机的IP地址与你的计算机冲突：【打开**服务器管理器**➲如图3-2-12所示单击上方的**工具**➲事件查看器】。

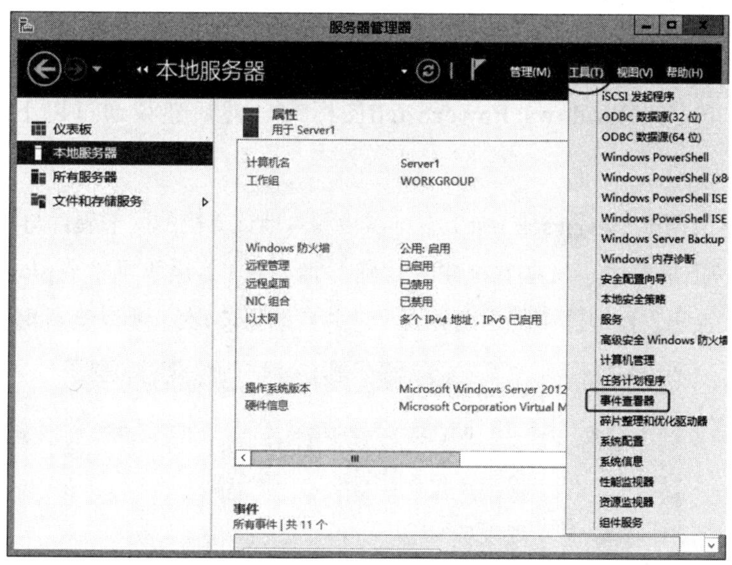

图 3-2-12

接着【如图3-2-13所示展开**Windows日志**➲系统➲单击中间窗口有红色惊叹号且来源为Tcpip的事件】，就可以从下方得知此计算机（IP地址为192.168.8.1）与网络卡实体地址为00-15-5D-E3-C8-4F的计算机相冲突。

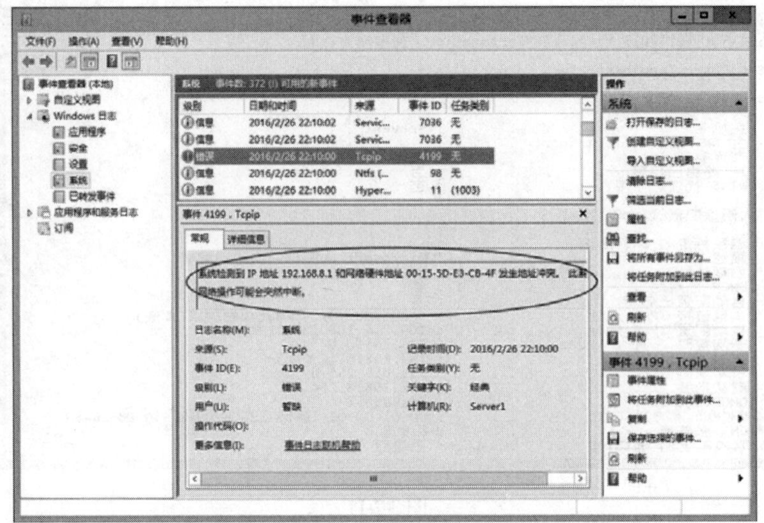

图 3-2-13

使用 Ping 命令来排错

你可以利用Ping命令来检测网络问题并找出不正确的设置，以确保计算机的网络功能正常。请先单击左下方的**Windows PowerShell**图标，然后建议通过以下顺序来执行Ping命令。

STEP 1 执行**环回测试**（loopback test）：可以检测本地计算机的网卡硬件与TCP/IP驱动程序是否可以正常接收、发送TCP/IP数据包。请如图3-2-14所示输入**ping 127.0.0.1**，若正常，则会出现类似图中的返回界面（总共自动测试4次，所以收到4次返回数据）。

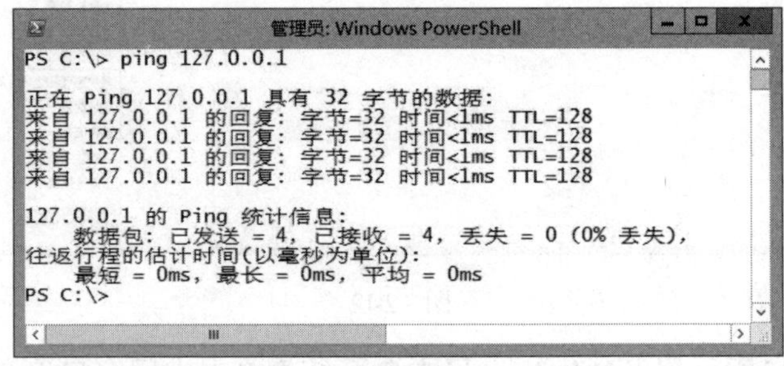

图 3-2-14

STEP 2 Ping同一个网络内其他计算机的IP地址（例如192.168.8.2）：

- 若计算机IP地址是手动设置的，且没有与其他计算机冲突，则此时应该会出现类似图3-2-15来自对方计算机的返回信息。

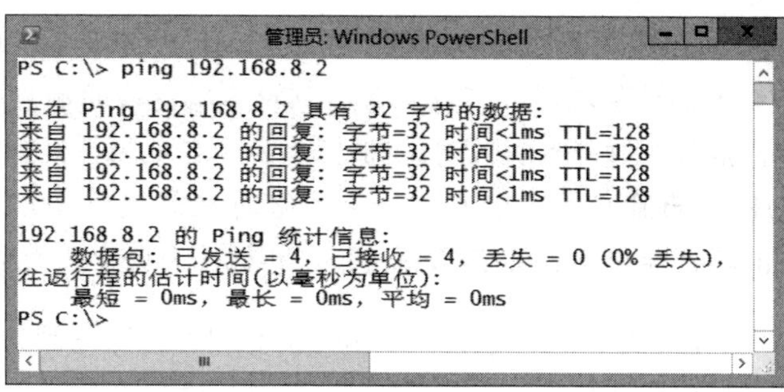

图 3-2-15

注意

若所Ping的计算机不存在或此计算机已经启用**Windows防火墙**（这是默认值，此Ping命令所发送的数据包会被防火墙阻挡），则会出现类似图3-2-16的界面。

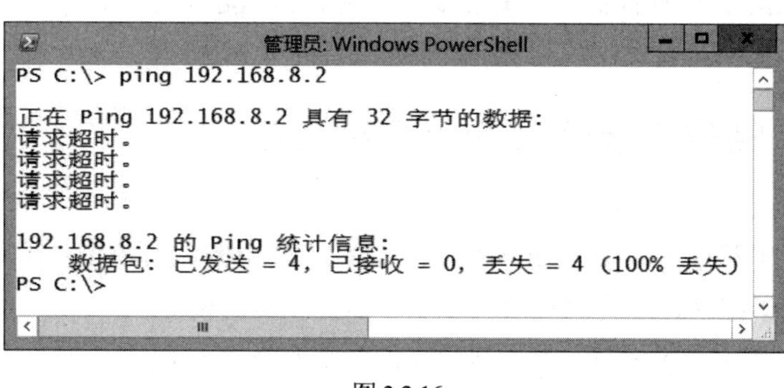

图 3-2-16

- 如果计算机的IP地址是手动设置的，且IP地址与其他计算机冲突，那么此时计算机的IP地址会是169.254.0.0/16的格式：
  - 若你的计算机已经配置了正确的默认网关，则可以通过默认网关来与同一个网络内的其他计算机通信，也就是仍然会显示图3-2-15的界面。
  - 若你的计算机没有配置正确的默认网关，则只能与同一个网络内同样是使用169.254.0.0/16的计算机通信，此时Ping其他非使用169.254.0.0/16的计算机，将会出现类似图3-2-17的界面。

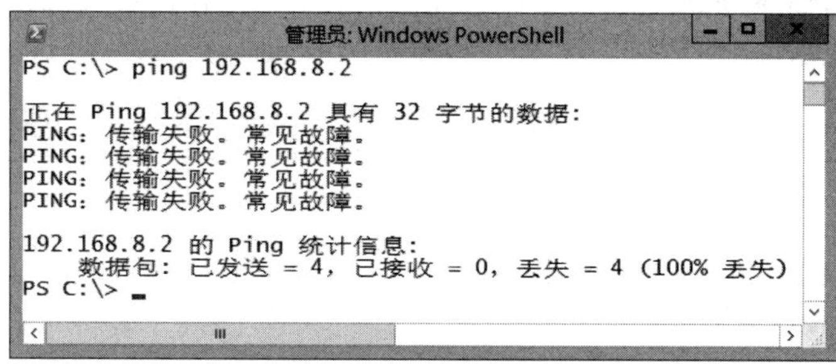

图 3-2-17

- 如果你的计算机的IP地址是自动获取的，且成功从DHCP服务器取得IP地址，那么你Ping同一个网络内的计算机时，可以正常收到对方所返回的响应信息，也就是会出现类似图3-2-15的界面；但若无法从DHCP服务器获取IP地址，则你的计算机的IP地址会是169.254.0.0/16，而且它将只能与同一个网络内也是使用169.254.0.0/16的计算机通信，此时若ping其他非使用169.254.0.0/16的计算机，则会出现类似图3-2-17的界面。

STEP 3 Ping默认网关的IP地址。它可以检测你的计算机是否能够与默认网关正常通信，正常的话，之后才可以通过默认网关来与其他网络的计算机通信。

STEP 4 Ping 其他网络内的远程计算机。例如，Ping 8.8.8.8，此Ping命令的数据包会通过默认网关传送到远程计算机，若能够正常通信，则会出现类似图3-2-15的界面（假设你的计算机已经正确指定默认网关的IP地址）。

实际上只要STEP 4 成功，STEP 1 到STEP 3 就都可以省略。STEP 4 失败的话，你可能就需要从STEP 3 倒退，依序往前面的步骤测试，以便找出问题所在点。

3.3 连接因特网与启用Windows系统

Windows Server 2012 R2一般都扮演着企业内部重要服务器的角色，因此我们不应该利用它来上网、收发电子邮件，因为这样会增加服务器被攻击的机会。

然而Windows Server 2012 R2安装完成后，需执行激活程序，以便拥有完整的个性化功能，还有此计算机也必须定期链接Windows Update网站，以便下载与安装最新的更新程序。以上操作都需要先让此计算机可以上网。

3.3.1 通过路由器或NAT上网

如果计算机是位于企业内部局域网络，并且是通过路由器或NAT（IP共享设备）来连接因特网，那么你需要将其**默认网关**指向路由器或NAT的IP地址（参考图3-2-6的相关说明）。另外，还需在**首选DNS服务器**处输入企业内部DNS服务器的IP地址或因特网上任何一台工作中的DNS服务器的IP地址。

> **附注**
>
> 若计算机是通过调制解调器（modem）、ADSL、Cable Modem等连接到因特网，则**默认网关**与**首选DNS服务器**两处均要保留空白，因为连上ISP（因特网服务提供商，例如中国电信）后，ISP会自动为该链接设置IP地址、默认网关与DNS服务器等，并利用此链接来上网。

3.3.2 通过代理服务器上网

为了提高上网效率与内部网络的安全性，大部分企业会让位于内部网络的计算机通过**代理服务器**（proxy server）来上网。当用户的计算机通过代理服务器上网时，代理服务器会代替用户的计算机到网站取得所需网页对象，并将这些对象缓存（cache）到代理服务器的缓存区，之后有用户要上网访问这些相同的对象时，代理服务器便可以快速从其缓存区取得对象后发送给用户的计算机，不需要再上网读取，因此可以提高访问效率。此外代理服务器也可以提供防火墙功能，以加强内部局域网络的安全性。

让计算机通过代理服务器上网的设置方法为：【先按Windows键⊞切换到**开始**菜单➲单击图3-3-1中的Internet Explorer图标】。

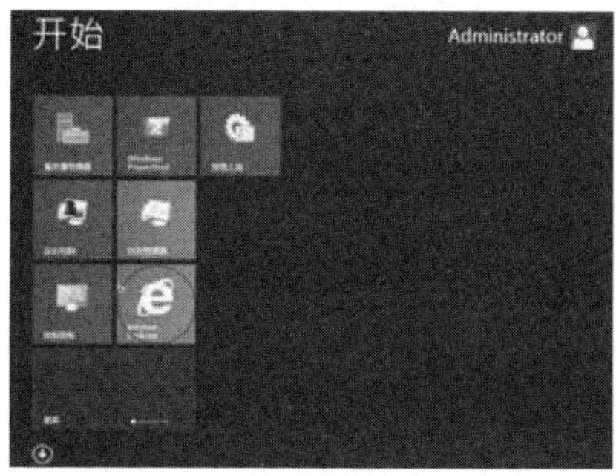

图 3-3-1

接着【单击Alt键➲**工具**菜单➲Internet选项➲如图3-3-2所示，单击**连接**选项卡下的**局域网设置**➲输入企业内部代理服务器的主机名或IP地址、端口号（图中是随意设置的范例，它无法工作）】。如果代理服务器支持Web Proxy Autodiscovery Protocol（WPAD），那么还可以勾选**自动检测设置**复选框。

图 3-3-2

3.3.3 通过ADSL或VDSL上网

若要通过ADSL或VDSL拨号上网，则除了ATU-R（ADSL调制解调器）或VTU-R（VDSL调制解调器）设备需要正确连接之外，还需要建立一个ADSL或VDSL连接，并通过此连接来连接ISP（例如中国电信）与上网。可以通过**网络和共享中心**来建立ADSL或VDSL连接，其设置步骤为：

STEP 1 在桌面中右击右下方任务栏的**网络**图标➲打开网络和共享中心➲单击图3-3-3中**设置新的连接或网络**（图中假设尚未连上Internet）。

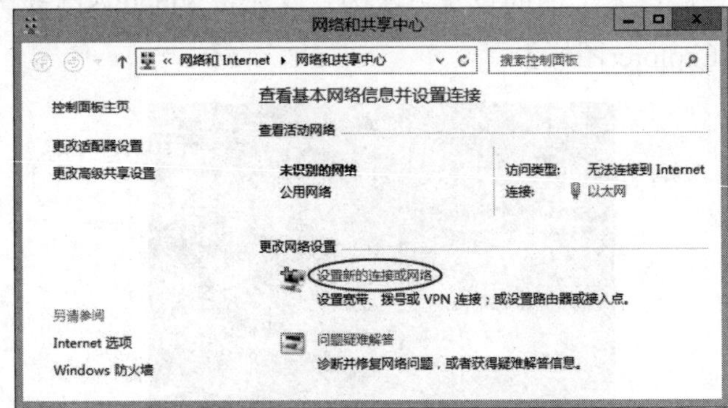

图 3-3-3

STEP 2 如图3-3-4所示，单击**连接到Internet**后单击下一步按钮。

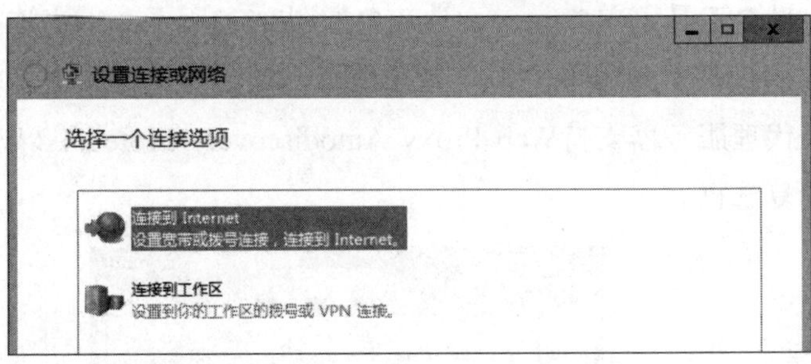

图 3-3-4

STEP 3 单击**宽带（PPPoE）**，如图3-3-5所示。

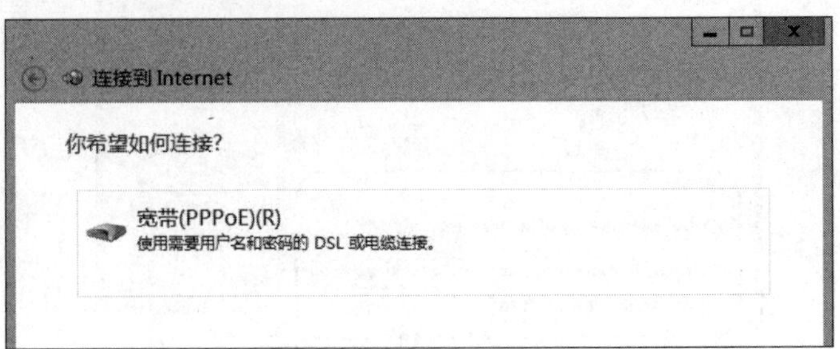

图 3-3-5

STEP 4 在图3-3-6中输入用来连接ISP的用户名与密码（假设连接名称为ISPnet），然后单击连接按钮就可以连接ISP并上网了。

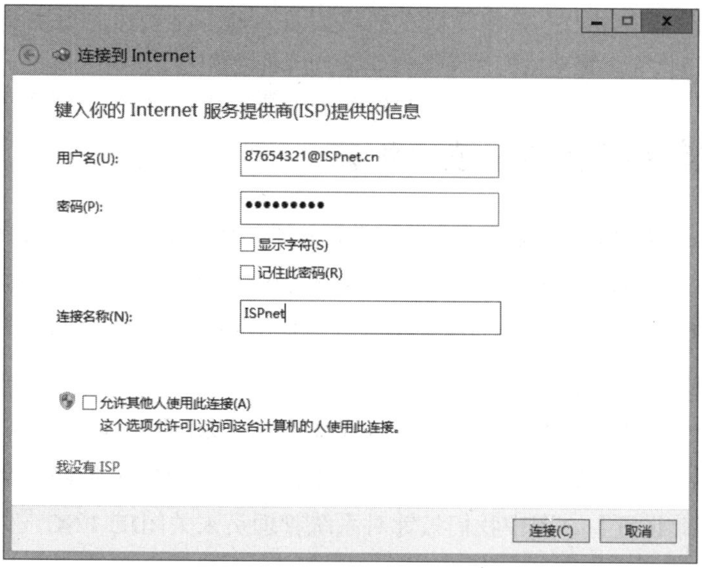

图 3-3-6

STEP 5 完成所有设置后，以后要连接的话可以【在桌面中右击右下方任务栏的**网络**图标➲打开网络和共享中心➲单击图3-3-7中的**更改适配器设置**➲双击PPPoE连接（例如ISPnet）➲单击右侧的ISPnet➲单击**连接**】。若要修改此连接的相关设置，则可【右击此连接➲属性】。

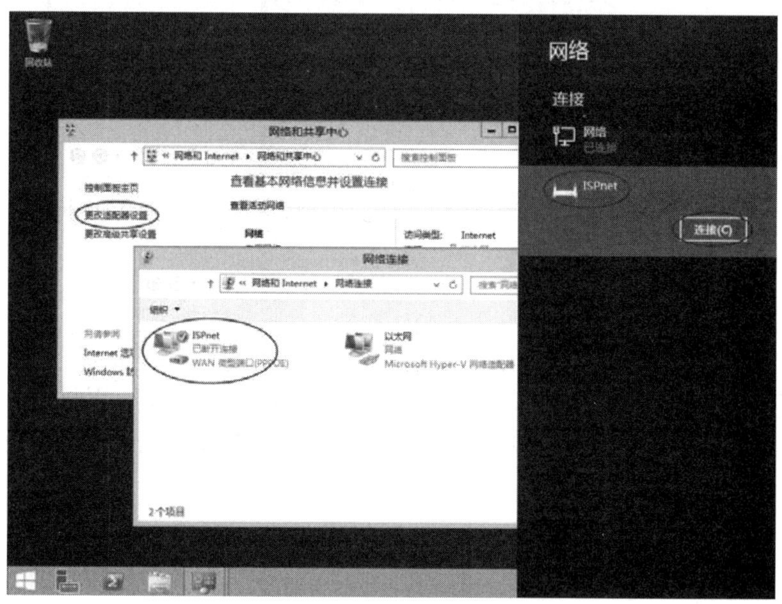

图 3-3-7

> **附注**
>
> 也可以使用以下方法：【先将鼠标光标移到右下角，待右边出现**快捷菜单**（charms bar）时，单击代表**设置**功能的齿轮图标➲单击代表**网络**的图标】。

3.3.4 启用或禁用IE增强的安全配置

Windows Server 2012 R2应该都扮演着重要服务器的角色，我们不应该利用它来上网，因为这样会增加被攻击的机会，因此Windows Server 2012 R2默认通过启用**IE增强的安全配置**（IE ESC）来将IE的安全级别设置为**高安全性**，而它会阻挡你所连接的绝大部分网站（除了少数微软网站，例如Windows Update网站）。

若要调整IE安全级别，以便能够无障碍地连接绝大部分网站，请停用**IE ESC**：【单击左下角**服务器管理器**图标➲单击图3-3-8中**本地服务器**右侧的**IE增强的安全配置**处的**启用**➲通过前景图来关闭此设置】。图中我们只针对系统管理员来关闭**IE ESC**，你也可以将普通用户的**IE ESC**关闭。

停用后，IE的Internet安全级别会自动被降为**中高**，将不会阻挡你所连接的任何网站。

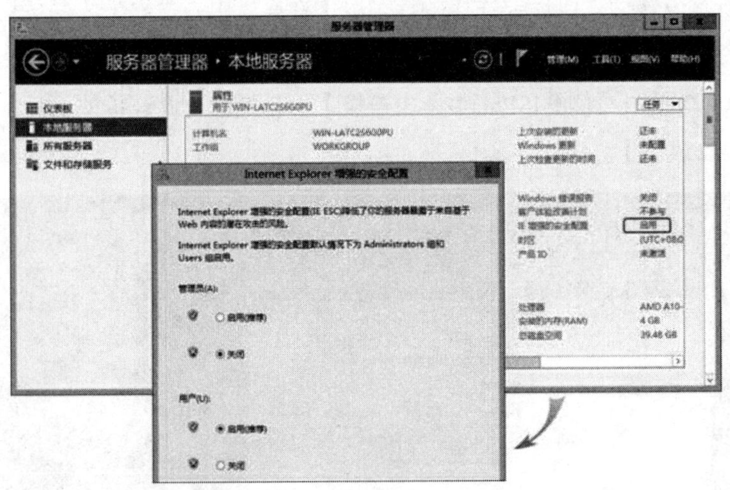

图3-3-8

若要查看IE当前的安全级别或想要调整到其他安全级别，则【按Windows键切换到**开始**菜单➲单击Internet Explorer图标➲单击Alt 键➲**工具**菜单➲Internet选项➲**安全**选项卡】，如图3-3-9所示。

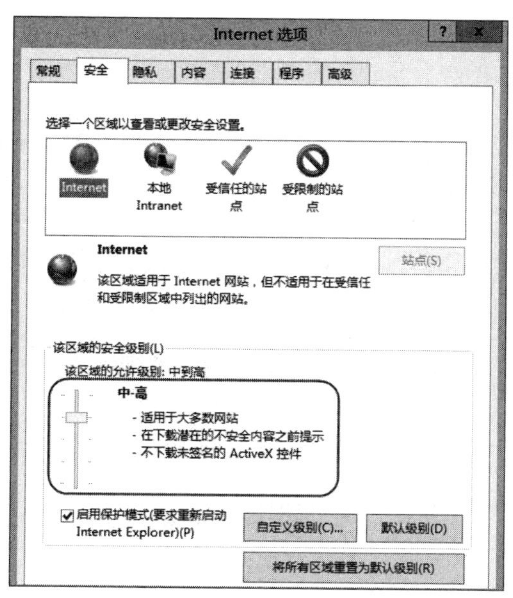

图 3-3-9

3.3.5 激活Windows Server 2012 R2

Windows Server 2012 R2安装完成后需执行激活程序，否则有的用户个性化设置无法使用，例如无法更改**锁屏界面**（需安装**桌面体验**功能且已激活Windows Server 2012 R2，才可更改**锁屏界面**。**桌面体验**的安装请参阅3.9节）。

激活Windows Server 2012 R2的方法：【单击左下角**服务器管理器**图标 ➲单击图3-3-10中**本地服务器**右侧的**产品ID**处的状态值来输入产品密钥并激活】。

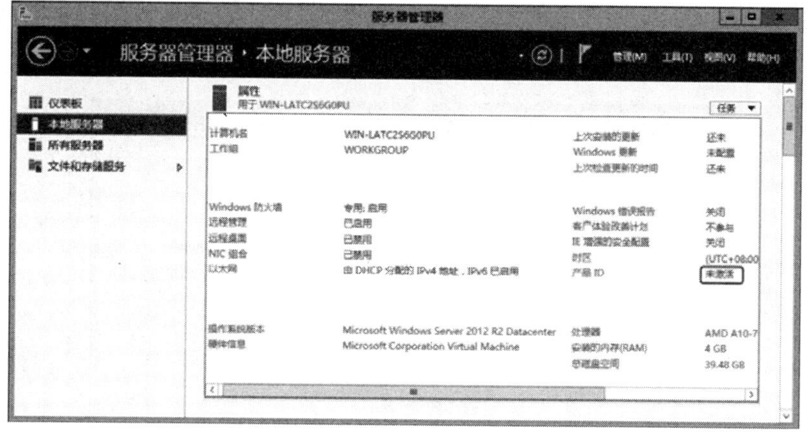

图 3-3-10

附注

尚未激活前，桌面右下角会有类似**Windows Server 2012 R2 Datacenter Build 9600**的字样，激活完成后就会消失。

若是评估版，则可以使用180天，且桌面右下方会显示评估期的剩余天数，你也可以打开**命令行**窗口，然后执行如图3-3-11所示的**slmgr /dlv**来查看评估剩余的评估期。

图 3-3-11

3.4 Windows防火墙与网络位置

Windows Server 2012 R2内包含的**Windows 防火墙**可以保护计算机，避免遭受外部恶意软件的攻击。系统将网络位置分为**专用网络**、**公用网络**与**域网络**，而且会自动判断与设置计算机所在的网络位置，例如加入域的计算机的网络位置自动被设定为**域网络**。你可以通过**网络和共享中心**来查看网络位置。例如，图3-4-1所示的计算机所在的网络位置就为**专用网络**。

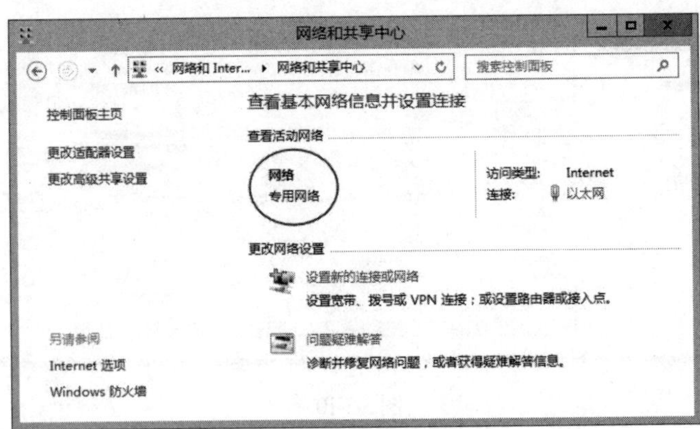

图 3-4-1

为了增加计算机在网络内的安全性，位于不同网络位置的计算机有着不同的**Windows防**

火墙设置。例如，位于公用网络的计算机，**Windows防火墙**的设置较为严格，而位于专用网络的计算机则较为宽松。

> **附注**
>
> 若要自行修改网络位置（见第10章的**本地安全策略**），则可【按⊞+R键➲执行SecPol.msc➲网络列表管理器策略➲双击欲修改的网络➲网络位置➲位置类型】。

3.4.1 启用与关闭Windows 防火墙

系统默认已经启用**Windows防火墙**，它会阻挡其他计算机来与此台计算机通信。若要修改设置，则可【按Windows键⊞切换到**开始**菜单➲单击**控制面板**图标➲系统和安全➲Windows防火墙➲单击图3-4-2背景图中的**启用或关闭Windows防火墙**➲通过前景图来修改】。由图3-4-2可看出此处分别针对**专用网络**与**来宾或公用网络**位置来设置，且这两个网络默认已开启**Windows 防火墙**，并会阻挡所有的入站连接（除了列于允许列表中的程序，后述）。

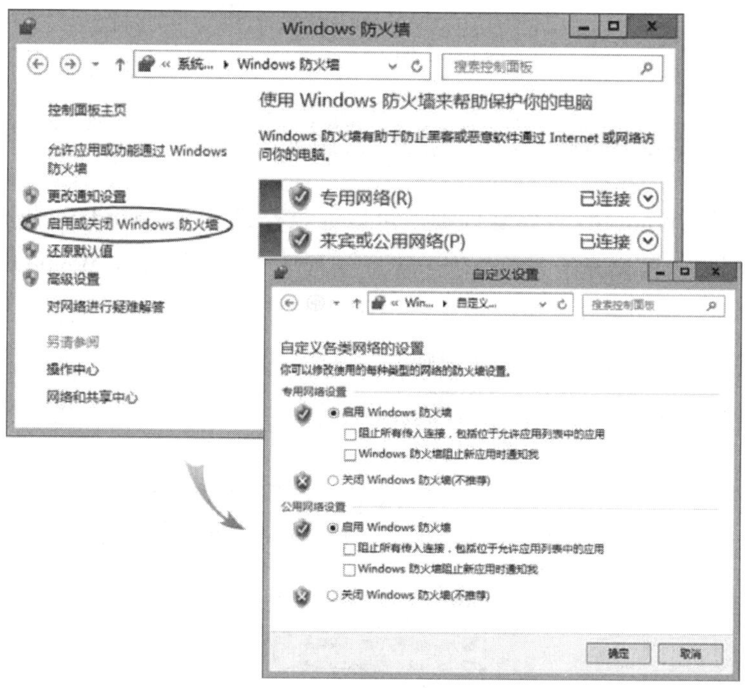

图 3-4-2

3.4.2 解除对某些程序的阻止

Windows 防火墙会阻挡所有的入站连接，不过你可以通过单击图3-4-2背景图左上方的**允许应用或功能通过Windows 防火墙**来解除对某些程序的阻止，例如要允许网络上其他用户来访问你计算机内的共享文件与打印机，就勾选图3-4-3中的**文件和打印机共享**，且可以分别针对**专用网络**与**公用网络**来设置（若此计算机已经加入域，则还会有**域网络**可供选择）；又例如若要开放通过**远程桌面服务**来连接，就勾选**远程桌面**。

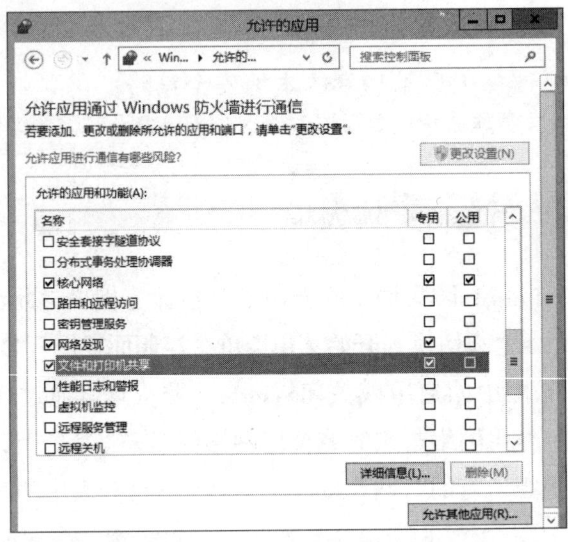

图3-4-3

3.4.3 Windows防火墙的高级安全设置

若要进一步设置**Windows防火墙**规则，可以通过**高级安全 Windows防火墙**界面实现：【先按Windows键⊞切换到**开始**菜单➲单击**管理工具**图标➲高级安全 Windows 防火墙】（或单击图3-4-2背景图左侧的**高级设置**）。之后由图3-4-4左侧可以同时针对入站连接与出站连接设置访问规则（图中的**入站规则**与**出站规则**）。

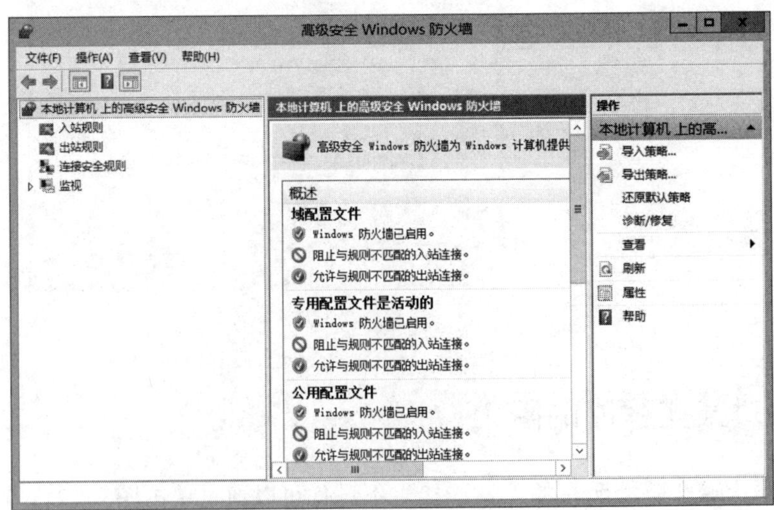

图3-4-4

不同的网络位置可有不同的**Windows 防火墙**规则设置，同时也有不同的配置文件，而这些配置文件可通过以下途径来修改：【右击图3-4-4左侧**本地计算机上的高级安全 Windows防火墙➲**属性】，如图3-4-5所示，针对域、专用与公用网络位置的入站连接与出站连接设置不同值。这些设置值包含：

- **阻止（默认值）**：阻止没有防火墙规则明确允许连接的所有连接。
- **阻止所有连接**：阻止全部连接，不论是否有防火墙规则明确允许的连接。
- **允许**：允许连接，但有防火墙规则明确阻止的连接除外。

图 3-4-5

你可以针对特定程序或流量来允许或阻止，例如**Windows防火墙**默认是开启的，因此网络上其他用户无法利用Ping命令来与你的计算机通信，若要开放，则可通过**高级安全 Windows 防火墙**的**入站规则**来开放ICMP Echo Request数据包：【单击图3-4-6背景图**入站规则**中的**文件和打印机共享（回显请求 – ICMPv4-In）➲**勾选**已启用**】。

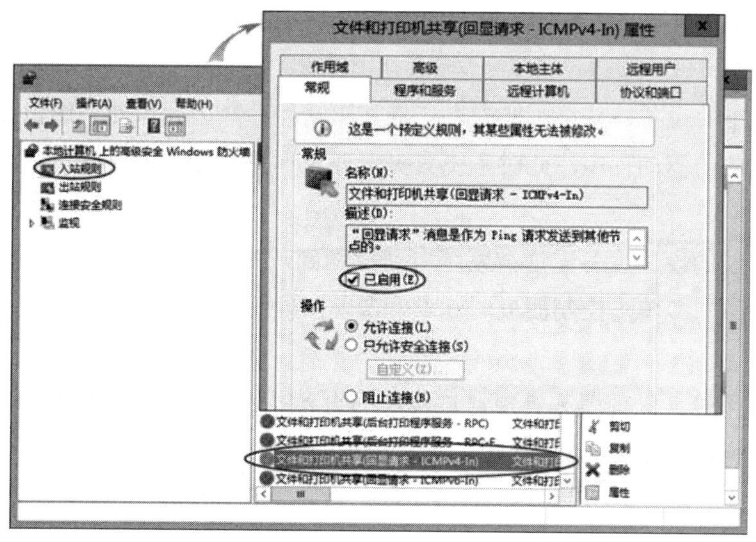

图 3-4-6

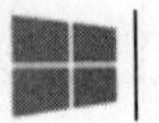

附注

若欲开放的服务或应用程序未列在列表中，则可在此处通过新建规则来开放。例如，计算机是Web服务器，而你要开放让其他用户来连接此网站，可通过单击图3-4-7中的**新建规则**来建立一个开放端口号码为80的规则（若是安装Windows Server 2012 R2内置的"Web服务器（IIS）"，则系统会自动新建规则来开放端口80）。

图3-4-7

3.5 硬件设备的管理

由于Windows Server 2012 R2支持Plug and Play（PnP，即插即用），因此在你安装了新设备后（例如网卡），只要系统支持该设备的驱动程序（device driver），系统就会自动安装此驱动程序，之后就可以使用该设备了。

如果是新上市的设备，系统可能尚未支持其驱动程序，因此虽然系统检测到此设备，但是却无法找到相应的驱动程序，此时系统会提示要求你提供驱动程序（一般是在硬件设备厂商所附的光盘内）。

如果你所安装的硬件设备无法被系统自动检测到，那么此时你可尝试通过【按Windows键⊞切换到**开始**菜单➲单击**控制面板**图标➲单击**硬件**处的**添加设备**】的途径来加入新的硬件设备。

你也可以利用**设备管理器**来管理计算机内的设备：【按Windows键⊞切换到**开始**菜单➲单击**控制面板**图标➲单击**硬件**➲单击**设备和打印机**处的**设备管理器**】。

附注

（1）也可通过以下途径来启动**设备管理器**：【按⊞+Q键➲在**搜索**处输入**设备管理器**后按Enter键➲单击左方搜索结果中的**设备管理器**】。

（2）如果你要添加无法被系统自动识别的传统硬件设备，就【打开**设备管理器**➲右击计算机名称➲添加传统硬件】。

3.5.1 禁用、卸载与扫描新设备

你可以在图3-5-1的**设备管理器**界面中使用鼠标右键单击某设备，将该设备禁用或卸载，也可以扫描是否有新安装的设备。

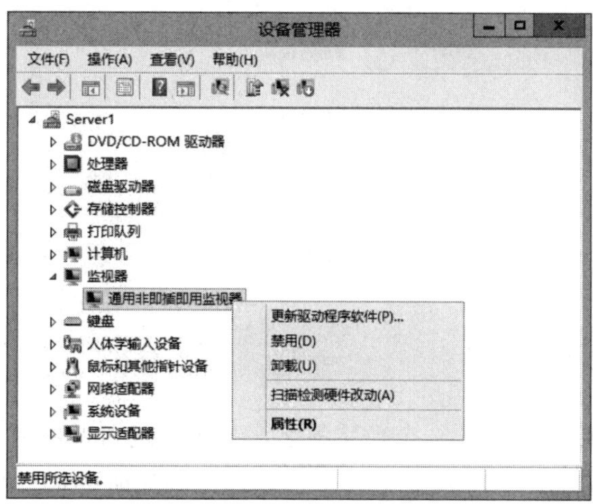

图 3-5-1

注意

如果某设备是由系统自动侦测到并自动安装驱动程序，那么虽然已将该设备卸载，但是下次重新启动或执行**扫描检测硬件改动**操作时，该设备还是会被自动检测到、安装与启用的，因此若你不想使用该设备，则可采取**禁用**的方式（而不是**卸载**），或者直接拆除该设备（可以拆除的话）。

3.5.2 回滚驱动程序

在更新某设备的驱动程序后，若发现这个新驱动程序无法正常工作，则可以将之前正常的驱动程序再安装回来的，此功能称为**回滚驱动程序**（driver rollback）。其操作步骤为：【在**设备管理器**界面中使用鼠标右键单击该设备➲属性➲单击图3-5-2**驱动程序**选项卡下的回滚驱动程序

按钮】（图中的设备因为未更新过驱动程序，故无法单击回滚驱动程序按钮）。

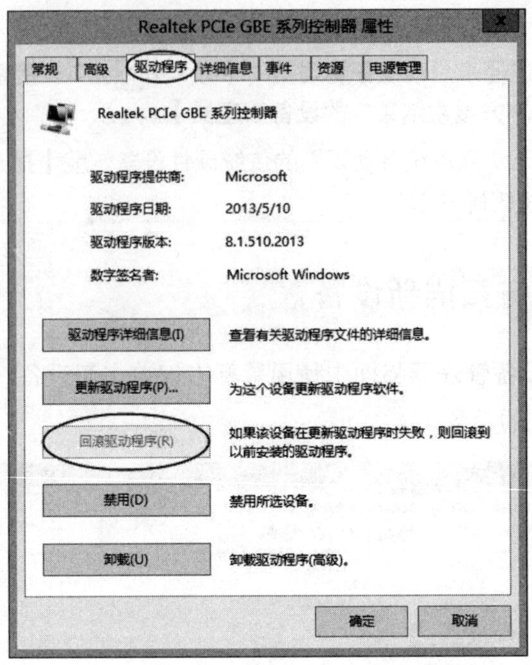

图 3-5-2

3.5.3 驱动程序签名

驱动程序经过签名后便会包含一个数字签名，系统可通过此签名来得知该驱动程序的发行厂商名称与该程序的原始内容是否被窜改，如此便可确保所安装的驱动程序是安全的。

在安装驱动程序时，如果该驱动程序未经过签名、数字签名无法被验证是否有效或驱动程序内容被窜改过，系统便会显示警告信息。

建议你不要安装未经过签名或数字签名无法被验证为是否有效的驱动程序，除非你确认该驱动程序确实是从发行厂商处取得的。

3.6 默认启动系统的设置

若计算机内只安装一套Windows Server 2012 R2操作系统，则开机时它会直接启动这套唯一的操作系统。但若计算机内安装了多套操作系统，例如同时安装了Windows Server 2012与Windows Server 2012 R2，则每次计算机开机时，就会出现类似图3-6-1的启动列表界面：

 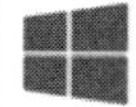

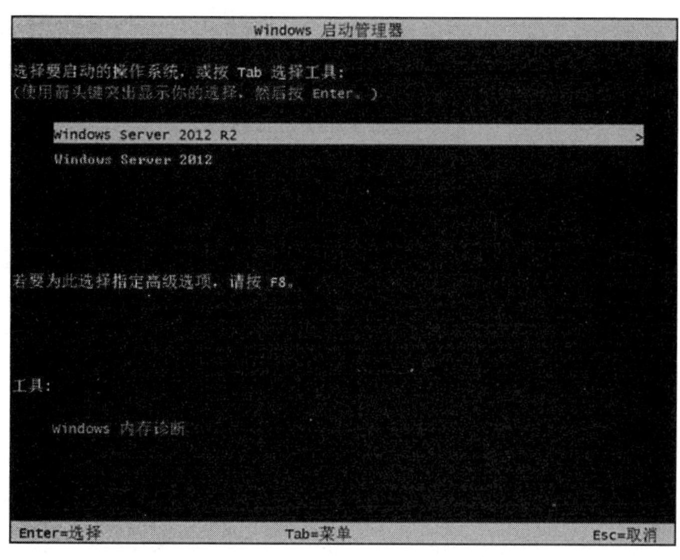

图 3-6-1

此时请选择欲启动的操作系统，然后按Enter键。若未在30秒内做选择，则会自动启动默认操作系统。若要修改默认操作系统，可【按Windows键⊞切换到**开始**菜单➲右击**这台电脑**图标➲单击图3-6-2下方的**属性**】，之后【单击左侧的**高级系统设置**➲如图3-6-3所示，单击**启动和故障恢复**右侧的**设置**➲通过前景图来设置】。

- **默认操作系统**：你可以在此处修改默认的操作系统。
- **显示操作系统列表的时间**：你可以在此处修改等待用户选择操作系统的时间（默认为30秒）。如果你取消勾选此选项，则开机时将不会出现操作系统选择列表供用户选择，而是直接启动默认操作系统。

图 3-6-2

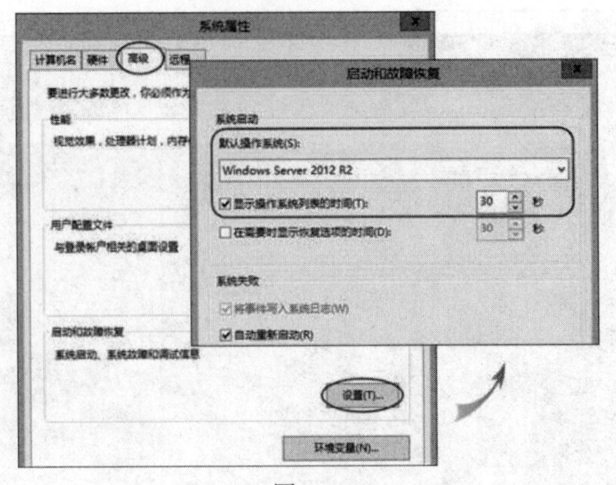

图 3-6-3

3.7 环境变量的管理

环境变量（environment variable）会影响计算机如何来执行程序、如何查找文件、如何分配内存空间等工作方式。

3.7.1 查看现有的环境变量

你可以通过【单击左下方的**Windows PowerShell**图标 ➲执行**dir env:**或**Get-Childitem env:** 命令】来查看计算机内现有的环境变量，如图3-7-1所示，图中每一行代表一个环境变量，等号（=）左边为环境变量名称，右边为环境变量值，比如通过环境变量COMPUTERNAME来得知此计算机的计算机名称为SERVER1、通过环境变量USERNAME来得知当前登录此计算机的用户为Administrator。

```
管理员: Windows PowerShell
PS C:\Users\Administrator> dir env:

Name                           Value
----                           -----
ALLUSERSPROFILE                C:\ProgramData
APPDATA                        C:\Users\Administrator\AppData\Roaming
CommonProgramFiles             C:\Program Files\Common Files
CommonProgramFiles(x86)        C:\Program Files (x86)\Common Files
CommonProgramW6432             C:\Program Files\Common Files
COMPUTERNAME                   SERVER1
ComSpec                        C:\Windows\system32\cmd.exe
FP_NO_HOST_CHECK               NO
HOMEDRIVE                      C:
HOMEPATH                       \Users\Administrator
LOCALAPPDATA                   C:\Users\Administrator\AppData\Local
LOGONSERVER                    \\SERVER1
NUMBER_OF_PROCESSORS           2
OS                             Windows_NT
Path                           C:\Windows\system32;C:\Windows;C:\Windows\System32\Wbem;C:\Windows\
PATHEXT                        .COM;.EXE;.BAT;.CMD;.VBS;.VBE;.JS;.JSE;.WSF;.WSH;.MSC;.CPL
PROCESSOR_ARCHITECTURE         AMD64
PROCESSOR_IDENTIFIER           AMD64 Family 21 Model 48 Stepping 1, AuthenticAMD
PROCESSOR_LEVEL                21
PROCESSOR_REVISION             3001
ProgramData                    C:\ProgramData
ProgramFiles                   C:\Program Files
ProgramFiles(x86)              C:\Program Files (x86)
ProgramW6432                   C:\Program Files
PSModulePath                   C:\Users\Administrator\Documents\WindowsPowerShell\Modules;C:\Progr
PUBLIC                         C:\Users\Public
SESSIONNAME                    Console
SystemDrive                    C:
SystemRoot                     C:\Windows
TEMP                           C:\Users\ADMINI~1\AppData\Local\Temp\1
TMP                            C:\Users\ADMINI~1\AppData\Local\Temp\1
USERDOMAIN                     SERVER1
USERDOMAIN_ROAMINGPROFILE      SERVER1
USERNAME                       Administrator
USERPROFILE                    C:\Users\Administrator
windir                         C:\Windows
```

图 3-7-1

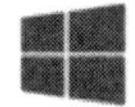

你也可以【按⊞+R键➲执行cmd】来开启**命令提示字符**窗口，然后通过**SET**指令来查看环境变量。

3.7.2 修改环境变量

在Windows Server 2012 R2内的环境变量分为以下两类：

- **系统环境变量**：它会被应用到每一位在此计算机登录的用户，也就是所有用户的工作环境内都会有这些变量。只有具备系统管理员权限的用户才有权限修改系统变量。建议不要随便修改此处的变量，以免系统不能正常工作。
- **用户环境变量**：每一个用户都可以拥有自己专用的用户环境变量，这些变量只会被应用到该用户，不会影响到其他用户。

若要修改环境变量，则可【按Windows键⊞切换到**开始**菜单➲右击**这台电脑**图标➲单击下方的**属性**➲单击左侧的**高级系统设置**➲单击下方的环境变量按钮】，然后通过图3-7-2来修改，图中上、下半部分别为用户与系统变量区。

图 3-7-2

计算机在应用环境变量时会先应用系统变量，再应用用户变量。若这两部分的变量设置有冲突，则以用户变量优先。例如，若系统变量内有一个变量TEST=SYS、用户变量内有一个变量TEST=USER，则最后的结果是TEST=USER。

> **附注**
>
> 变量PATH例外：用户变量会被附加到系统变量之后。例如，若系统变量内的PATH= C:\WINDOWS\system32，用户变量内的PATH= C:\Tools，则最后的结果为PATH=C:\WINDOWS\system32；C:\Tools（系统在查找可执行文件时是根据PATH的文件夹路径来查找的）。

3.7.3 环境变量的使用

使用环境变量时，请在环境变量的前后加上%符号，例如图3-7-3中利用echo命令来显示当前的登录用户，其中%*username*%代表当前登录的用户账户名称（通过【按⊞+R键➲执行cmd】来打开**命令提示符**窗口并执行此命令）。

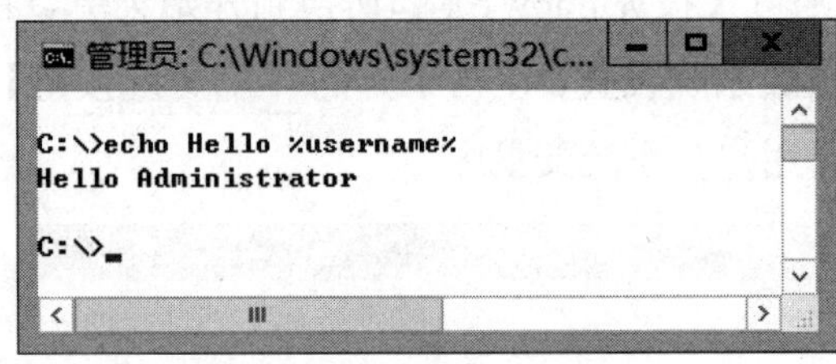

图3-7-3

3.8 计算机关机方式与电源计划

3.8.1 计算机关机方式

使用计算机一段时间后想要关机休息时，并非只能够采用一般的关机方式，而是有以下数种不同的选择（对服务器来说，一般应该只会使用其中的**关机**而已）。

- **关机（shutdown）**：它会关闭所有的应用程序，然后关机并关闭电源。
- **休眠（hibernate）**：它会将目前在内存中（RAM）所有打开的文件与应用程序都存储到硬盘的休眠文件内，然后关机并关闭电源。当你要再度使用计算机时，只要打开计算机电源，系统就会利用休眠文件来快速恢复所打开的文件与应用程序，也就是直接将系统恢复到休眠之前的状态。

  休眠文件的文件名为hiberfil.sys，由于需要将内存内的数据写入到此文件，因此硬盘可用空间需要大于物理内存容量，此文件会被建立在Windows系统的安装磁盘文件夹内，并且是受保护的、隐藏的操作系统文件。
- **睡眠（sleep）**：它会使用非常微小的电量来维持内存内所有打开的文件与应用程序，然后关闭计算机。当你要再度使用计算机时，只要按下电源开关，系统就会在

数秒内快速恢复所有打开的文件与应用程序，也就是恢复到睡眠之前的状态。睡眠就是旧版Windows系统内的**待机**（standby）。

> **注意**
>
> 虽然睡眠后计算机看似已经关机，但实际上仍然还在使用非常微小的电量来维持内存内的数据，因此请不要切断电源，也就是不要拔掉电源插头或不要关闭计算机机箱后面的电源开关（若有的话），否则所有存储在内存内的文件与程序都将丢失。

- **混合睡眠（hybrid sleep）**：它同时具备睡眠与休眠功能，也就是说它不但会使用非常微小的电量来维持内存内所有打开的文件与应用程序，同时也会将它们存储到硬盘的休眠文件内，然后关闭计算机。当你要再度使用计算机时，只要按下电源开关，系统还是会在数秒内通过睡眠机制快速恢复到睡眠前的状态，即使在混合睡眠后因故切断电源而丢失内存内的数据也不必担心，因为此时它还可以利用休眠文件内的数据来恢复到之前的状态。

3.8.2 电源计划

你可以利用电源计划来协助你节省计算机的电源消耗或优化性能，或两者之间取得平衡。系统是如何来替你省电的呢？举例来说，当计算机闲置一段时间后，系统便可以将硬盘（或其他设备）关闭，如此便可以节省电源的使用，然而这将牺牲掉一些性能，因为当你要继续使用计算机与硬盘时，系统必须花费时间来重新启动硬盘。

Windows Server 2012 R2提供了以下3个默认的电源计划：

- **平衡**：在你需要使用计算机时提供完整性能，但也可在计算机闲置时替你省电。
- **高性能**：它提供最高的性能与响应能力，但不省电。
- **节能**：它通过牺牲性能来节省电源。

可以【按Windows键⊞切换到**开始**菜单➲单击**控制面板**图标➲硬件➲电源选项➲在图3-8-1中选择所需计划】，每一个计划都各有不同的设置，例如**节能**计划会在硬盘闲置超过20分钟后自动关闭硬盘，而**高性能**计划则不会关闭硬盘，让硬盘随时处于工作状态。

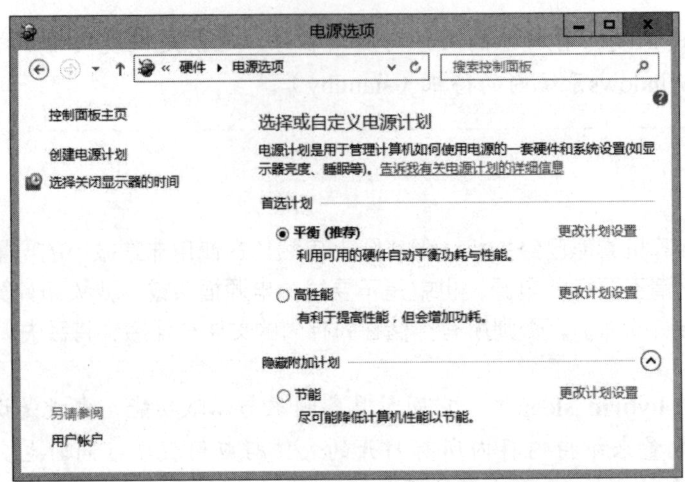

图 3-8-1

也可以在图3-8-1中针对所选计划来修改设置。例如，要修改**平衡**计划中关闭显示器的时间，也就是设置系统闲置多久后就将显示器关闭，可以直接单击图中**平衡**计划处右侧的**更改计划设置**，然后通过图3-8-2中的**关闭显示器**来设置。

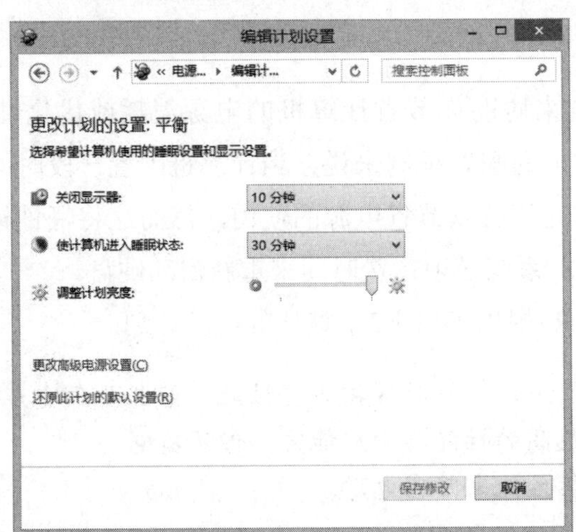

图 3-8-2

3.8.3 电源与睡眠按键的工作方式

当用户按计算机机箱上的电源按钮或键盘上的Power键、Sleep键时（并非所有键盘都有这些键），计算机会关机、睡眠或休眠吗？这些操作可以通过电源计划来自定义，例如可以单击前面图3-8-2中**平衡**计划的**更改高级电源设置**，然后通过图3-8-3来设置（图中将电源按键（与键盘上的Power键）的操作设置为**睡眠**）。若启用**混合睡眠**，则图3-8-3中的**睡眠**代表**混合睡眠**。

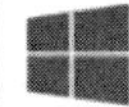

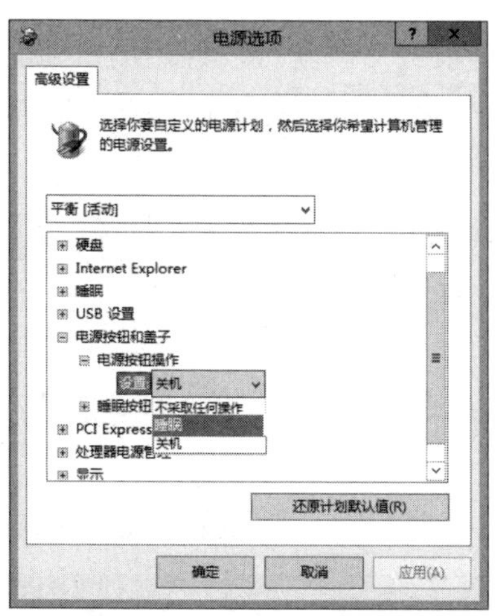

图 3-8-3

Q 为何我的计算机没有图 3-8-3 中的睡眠、休眠选项？

A 没有睡眠选项可能是计算机硬件不支持，例如显示适配器未安装正确的显示适配器驱动程序，也可能是计算机的BIOS设置未启用与省电有关的功能。没有休眠选项的话，请执行**powercfg –h on**命令来开启休眠功能。旧版Windows Server 系统若启用Hyper-V，就不支持睡眠、休眠，而Windows Server 2012（R2）则没有此限制。

3.8.4 测试睡眠与休眠功能

若要测试休眠功能，可以先执行**powercfg –h on**命令来启用休眠功能，之后系统便会自动建立休眠文件**hiberfil.sys**，如图3-8-4所示（必须先【打开**文件资源管理器**➲单击上方的**查看**➲单击右侧的**选项**图标➲**查看**选项卡➲取消勾选**隐藏受保护的操作系统文件**、选择**显示隐藏的文件、文件夹和驱动器**】，才会在根文件夹内看到此文件）。

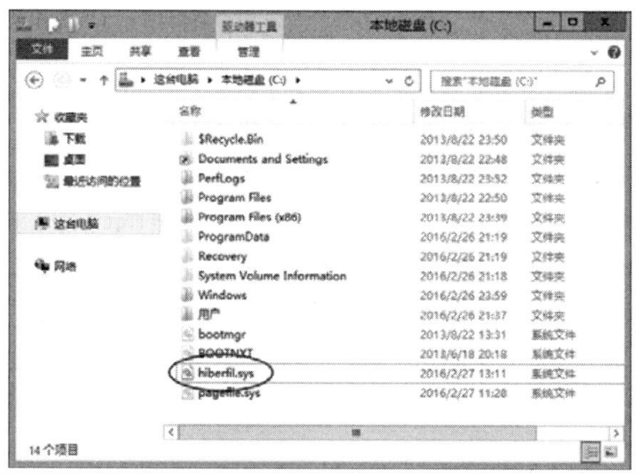

图 3-8-4

在完成图3-8-3中的电源按键设置后，就可以开始测试功能是否正常了：直接通过按机箱前面的电源按钮或键盘上的Power键（若有的话）来测试是否会执行你所指定的睡眠、休眠或关机操作。

你也可以通过【按Windows键⊞切换到桌面➲按 Alt + F4 键➲在**希望计算机做什么？**处选择**睡眠**】的方法来测试睡眠功能。

3.8.5 睡眠与混合睡眠的设置

系统默认是停用**混合睡眠**，若要启用，则在**允许混合睡眠**处选择**开启**（参见图3-8-5）。

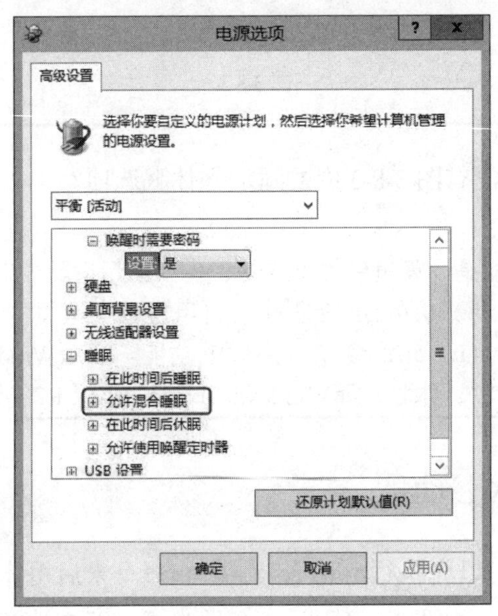

图 3-8-5

在开启**混合睡眠**的情况下，系统要执行睡眠操作时（例如用户按键盘上的Sleep键），系统会先执行休眠操作，然后执行睡眠操作。

图3-8-5中有另外两个选项：

- **在此时间后睡眠**：用来指定当系统闲置一段时间后让系统自动执行睡眠操作。此设置也可以通过图3-8-2中的**使计算机进入睡眠状态**来设置。
- **在此时间后休眠**：用来设置在系统已经进入**混合睡眠**的情况下（睡眠+休眠）隔多长时间后就停止睡眠模式（不再利用电量来维持内存内的数据），仅保留休眠模式。对笔记本电脑来说，这可以节省电池的电量。

3.9 其他环境设置

3.9.1 桌面体验

虽然Windows Server 2012 R2与Windows 8.1系出同源，但Windows Server 2012 R2是用来扮演重要服务器角色的，不是作为普通用户处理日常工作的操作系统，因此默认并没有一些Windows 8.1所拥有的功能，但你还是可以在Windows Server 2012 R2内通过安装**桌面体验**来拥有这些功能，包含Windows Media Player、桌面主题、相片管理、磁盘清理、录音机、字符映射表、磁盘清理、应用商店、数学输入面板与剪切工具等。安装**桌面体验**的方法如下所示。

STEP 1 在桌面下单击左下角**服务器管理器**图标或按Windows键切换到**开始**菜单后单击**服务器管理器**图标。

STEP 2 直接单击**添加角色和功能**或【单击上方**管理**菜单➲单击**添加角色和功能**】，如图3-9-1所示。

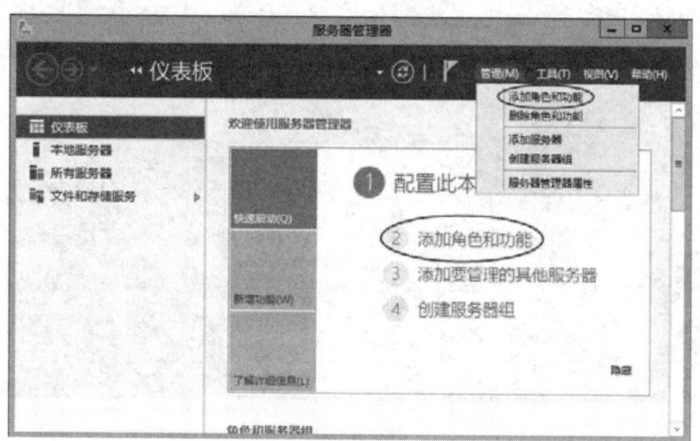

图 3-9-1

STEP 3 依序单击下一步按钮一直到**选择功能**界面，然后如图3-9-2所示勾选**用户界面和基础结构**之下的**桌面体验**。完成后需重新启动计算机，之后你可以通过【按Windows键切换到**开始**菜单➲单击左下角的向下箭头】的途径来使用相关功能，如图3-9-3所示。

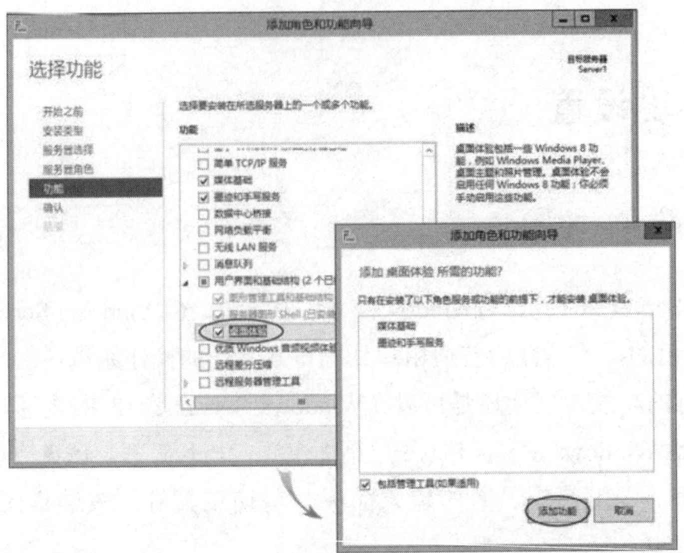

图 3-9-2

图 3-9-3

3.9.2 微软管理控制台

系统管理员可以通过自定义的**微软管理控制台**（Microsoft Management Console，MMC）来让其在执行每天例行管理工作时更能够得心应手。举例来说，自定义一个同时包含**计算机管理**与**证书**的控制台，步骤如下所示。

STEP 1 按⊞+R键➲输入**MMC**➲单击确定按钮➲如图3-9-4所示，单击**文件**菜单➲添加/删除管理单元。

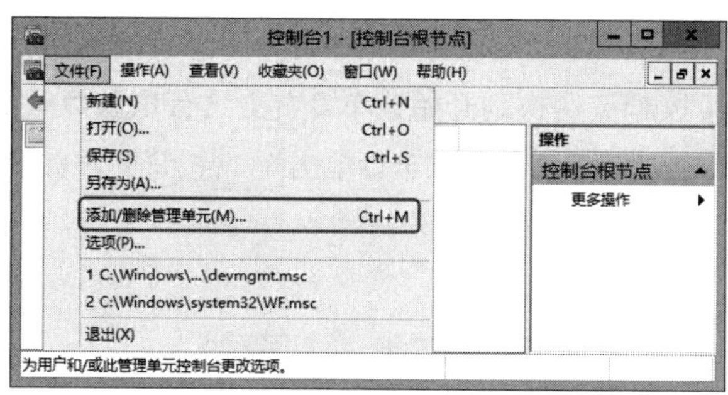

图 3-9-4

STEP 2　在图3-9-5中选择**计算机管理**、单击添加按钮、选择**本地计算机**（如果你有权利，也可以选择需要管理的其他计算机）、单击完成按钮。

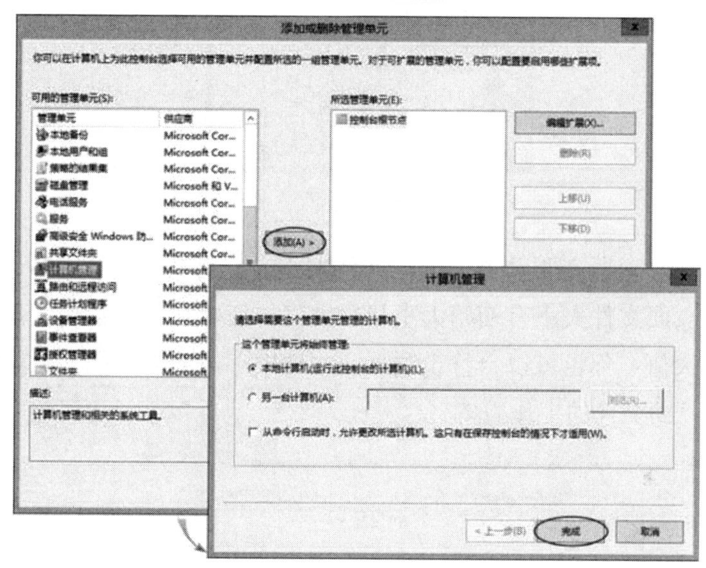

图 3-9-5

STEP 3　回到图3-9-5的背景界面后继续从列表中选择**证书**、单击添加按钮，假设选择**计算机账户**、单击下一步按钮、完成按钮、确定按钮。

STEP 4　回到MMC主界面时，通过【**文件**菜单➲保存】将此MMC控制台保存起来。默认文件名为**控制台1.msc**，建议将其保存到桌面，不要保存到默认路径，以便于访问。

3.9.3 虚拟内存

当计算机内的物理内存（RAM）不够使用时，Windows系统会通过将部分硬盘（磁盘）空间虚拟成内存的方式来提供更多的内存给应用程序或服务。系统是通过建立一个名称为pagefile.sys的文件来当作虚拟内存的存储空间，此文件又被称为**页面文件**。

因为虚拟内存是通过硬盘来提供的，而一般传统硬盘的访问速度比内存慢很多，所以若经常发生内存不够使用的情况，建议安装更多的内存，以免计算机运行效率被硬盘拖慢。

虚拟内存的设置：【按⊞键切换到**开始**菜单➲右击**这台电脑**➲单击下方的**属性**➲高级系统设置➲单击**性能**处的设置按钮➲**高级**选项卡➲单击更改按钮】，如图3-9-6所示。

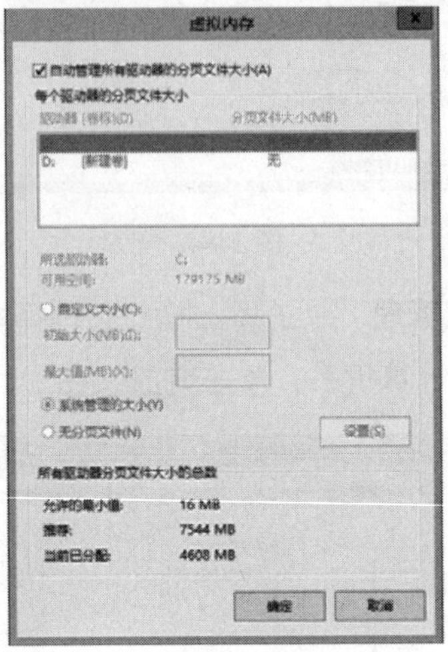

图 3-9-6

系统默认会自动管理所有驱动器的分页文件大小，并将文件建立在Windows系统的安装磁盘的根文件夹。页面文件大小有初始大小与最大值，初始大小容量用满后，系统会自动扩大，但不会超过最大值。你也可以自行设置页面文件大小，或将页面文件同时建立在多个物理磁盘内，以提高页面文件的工作效率。

注意

页面文件pagefile.sys是受保护的操作系统文件，必须先【打开**文件资源管理器**➲单击上方**查看**菜单➲单击右侧**选项**图标➲**查看**选项卡➲取消勾选**隐藏受保护的操作系统文件**，选择**显示隐藏的文件、文件夹和驱动器**】，在根文件夹才能看到此文件（见图3-9-7）。

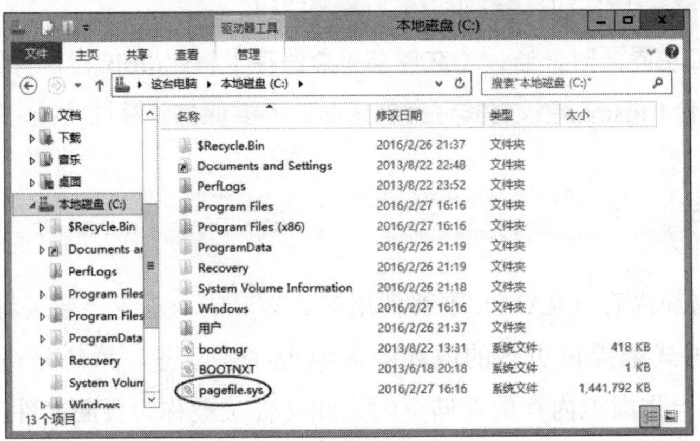

图 3-9-7

3.9.4 Windows Update与自动更新

若要确保计算机安全性并拥有良好性能，则可手动或让系统自动定期连接到Microsoft Windows Update网站来获取、安装最新的更新程序。自动更新的设置方法为【按Windows键⊞切换到**开始**菜单➲单击**控制面板**图标➲系统和安全➲Windows 更新➲如图3-9-8所示，单击右侧的**启用自动更新**】，此时它不但会启用自动更新，而且会连接到Windows Update网站来执行更新操作。

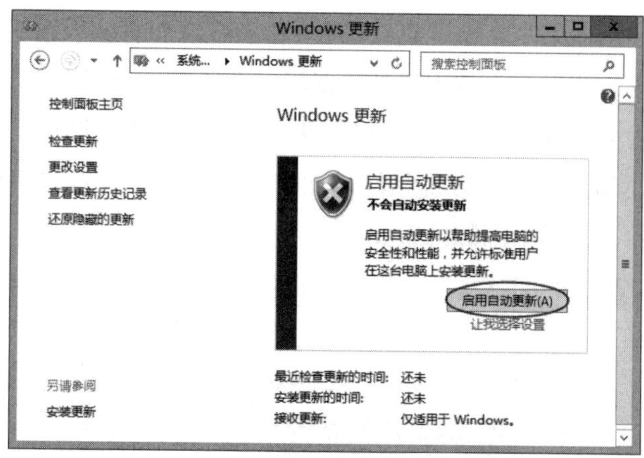

图 3-9-8

你也可以通过界面左侧的**检查更新**来手动更新或通过**更改设置**来自定义更新的方式（如图3-9-9所示）。

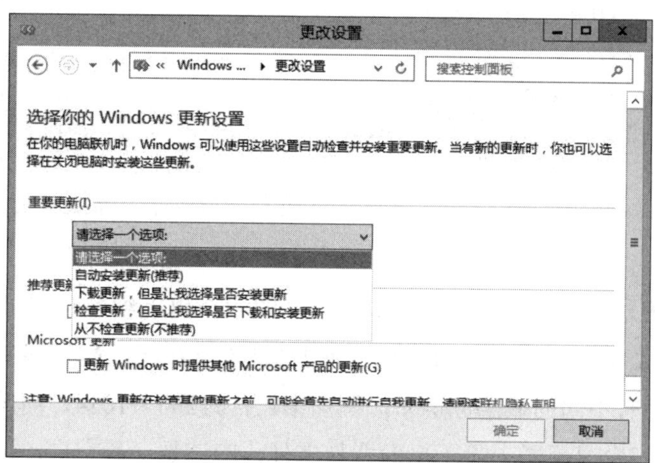

图 3-9-9

3.9.5 双屏幕显示

大部分的笔记本电脑除了本身的液晶显示器外，在后面背板上还有一个可以连接显示器的显示接口；而很多桌面计算机的显示适配器上有两个显示接口，例如一个是传统模拟VGA显示接口，一个是数字DVI显示接口（或HDMI接口）。这两个端口可以分别接上一台显示器。

这些计算机可以通过**双屏幕显示**（Dualview）功能来扩大工作桌面，例如当你同时执行Microsoft Office Word 与Excel时，可以将这两个程序的界面分别完整地显示在两台显示器上，让你工作上更为方便。

双屏幕显示的两台显示器分为主要显示器与次要显示器。Windows Server 2012 R2的登录界面会被显示在主要显示器上，默认连接在第1个显示端口上的显示器就是主要显示器，但是你可以更改这个默认值。笔记本电脑内建的液晶显示器就是主要显示器。

双屏幕显示的设置为：【右击桌面空白处➲屏幕分辨率➲如图3-9-10所示】。其中，**复制这些显示**表示两台显示器的显示内容都相同，而**扩展这些显示**表示将两台显示器当作一个大显示器来使用，它们各自显示不同的内容。

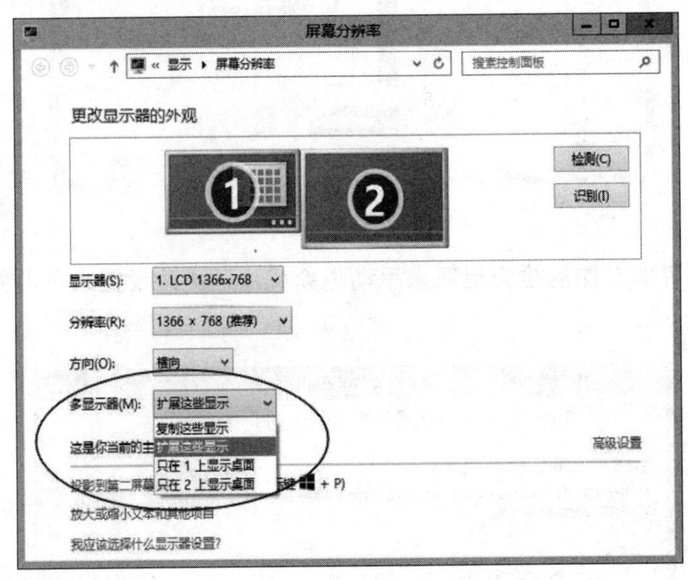

图 3-9-10

如果是选择**扩展这些显示**（参见图3-9-10），图中会出现编号1与2的两个显示器图形，其中1号是连接在主要显示端口上的显示器，而2号是连接在次要显示端口上的显示器。这两台显示器可以分别拥有不同的显示分辨率，例如第1台为1280×1024，而第2台为1024×768。

刚开始时，在第2台显示器上除了桌面背景之外，应该是一片空白，请试着将鼠标指针往第1台显示器的最右边移动，并将其跨越显示器右边的边缘，此时将发现鼠标指针会跑到第2台显示器上。你也可以试着分别执行2个应用程序，然后将其中一个程序的界面向右拖动到第2个显示器上。

在单击图3-9-10中第2台显示器图形后，可以如图3-9-11所示通过勾选**使它成为我的主显**

示器来将其修改为主要显示器，之后Windows Server 2012 R2的登录界面会被显示在这台显示器上。你可以利用鼠标来移动图中的1与2号显示器图形，以便设置各显示器所显示界面的相对位置。

图 3-9-11

若你已经混淆不清、无法识别当前所使用的显示器代表的是哪一台时，请单击图3-9-11右上方的识别按钮，之后就可以从图3-9-12中的大数字（1与2）来进行区别了。

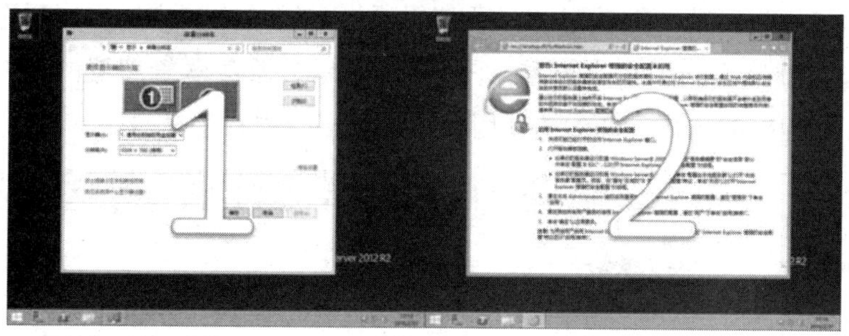

图 3-9-12

3.9.6 任务管理器

你可以通过**任务管理器**来查看或管理计算机内的应用程序、性能、用户与服务等，而打开**任务管理器**的方法为：【按Ctrl + Alt + Del 键➲任务管理器➲如图3-9-13所示，可以看到当前正在执行的应用程序】。在单击应用程序后，可以通过界面下方的结束任务按钮来强制结束所选的应用程序（例如已经停止响应的应用程序）；使用鼠标右键单击应用程序后，会有更多的选项，例如切换到该应用程序。在单击图3-9-13中的**详细信息**后，可看到如图3-9-14所示的更多信息。

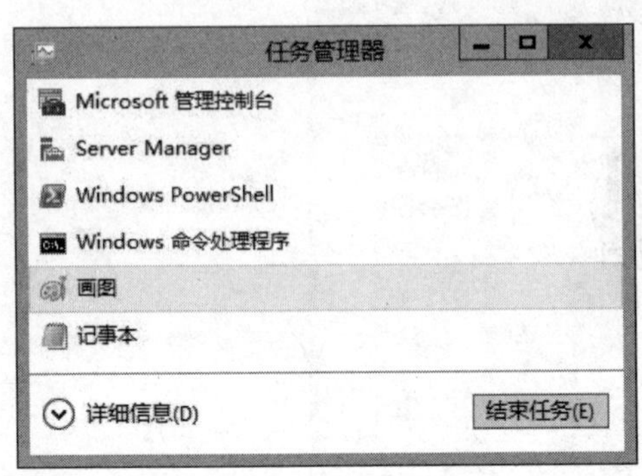

任务管理器
Microsoft 管理控制台
Server Manager
Windows PowerShell
Windows 命令处理程序
画图
记事本
详细信息(D)
结束任务(E)

图 3-9-13

任务管理器
文件(F) 选项(O) 查看(V)
进程 性能 用户 详细信息 服务
名称 状态 0% CPU 93% 内存
应用 (7)
Microsoft 管理控制台 0% 1.4 MB
Server Manager 0% 47.1 MB
Windows PowerShell 0% 35.8 MB
Windows 命令处理程序 0% 0.4 MB
画图 0% 6.5 MB
记事本 0% 1.8 MB
任务管理器 0% 6.7 MB
后台进程 (5)
Microsoft (R) 卷影复制服务 0% 0.5 MB
Microsoft IME 0% 3.1 MB
Microsoft 分布式事务处理协调... 0% 1.3 MB
简略信息(D)
结束任务(E)

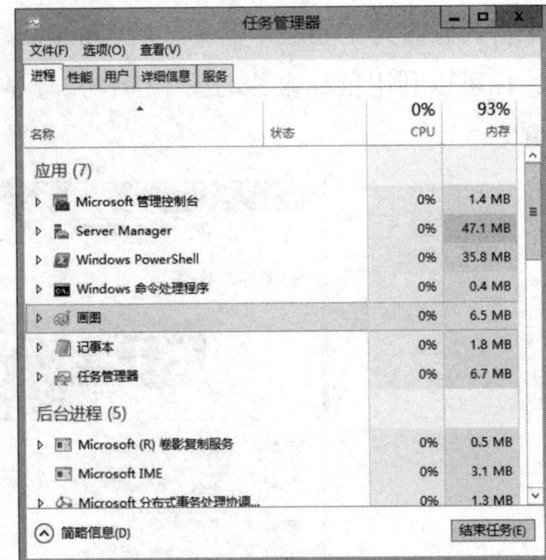

图 3-9-14

附注

也可以在桌面中通过【右击桌面底部任务栏的空白处➲任务管理器】或【按Windows键⊞切换到**开始**菜单➲单击**任务管理器**图标】的方法打开任务管理器。

若要查看该应用程序的详细信息，只要使用鼠标右键单击该应用程序后选择**转到详细信息**，就可以通过**详细信息**选项卡来查看。图3-9-15所示为**服务器管理器**的详细信息。从界面中还可得知执行此程序的用户、CPU的使用率、占用多少内存等信息。

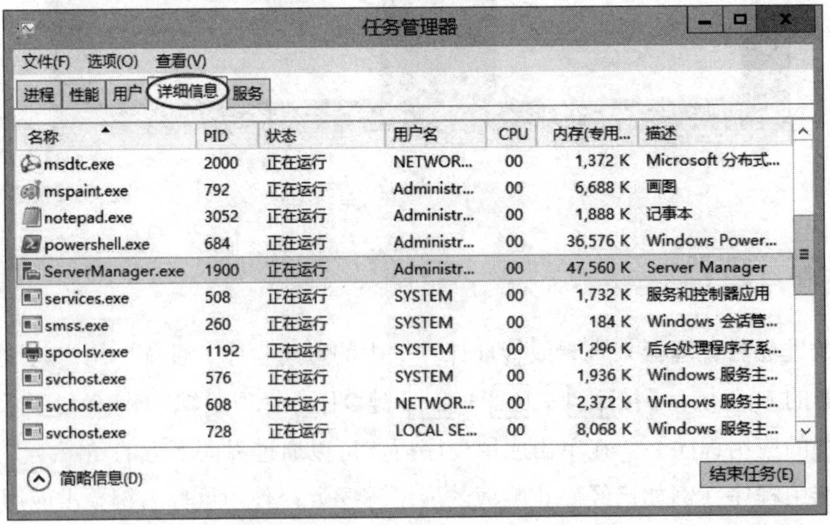

任务管理器
文件(F) 选项(O) 查看(V)
进程 性能 用户 详细信息 服务
名称 PID 状态 用户名 CPU 内存(专用... 描述
msdtc.exe 2000 正在运行 NETWOR... 00 1,372 K Microsoft 分布式...
mspaint.exe 792 正在运行 Administr... 00 6,688 K 画图
notepad.exe 3052 正在运行 Administr... 00 1,888 K 记事本
powershell.exe 684 正在运行 Administr... 00 36,576 K Windows Power...
ServerManager.exe 1900 正在运行 Administr... 00 47,560 K Server Manager
services.exe 508 正在运行 SYSTEM 00 1,732 K 服务和控制器应用
smss.exe 260 正在运行 SYSTEM 00 184 K Windows 会话管...
spoolsv.exe 1192 正在运行 SYSTEM 00 1,296 K 后台处理程序子系...
svchost.exe 576 正在运行 SYSTEM 00 1,936 K Windows 服务主...
svchost.exe 608 正在运行 NETWOR... 00 2,372 K Windows 服务主...
svchost.exe 728 正在运行 LOCAL SE... 00 8,068 K Windows 服务主...
简略信息(D)
结束任务(E)

图 3-9-15

你也可以通过图下方的结束任务按钮来结束该程序的执行，不过图中除了应用程序外，

还有很多系统服务，请不要随意结束这些服务，以免影响系统正常工作。

> **附注**
>
> 如果计算机是多核心CPU，应用程序会使用哪一个核心是由操作系统与应用程序的设计方式来自动决定的，不过你也可以自行指定要让某个程序由某个核心（CPU）来负责执行：【使用鼠标右键单击图3-9-15中的应用程序➲设置相关性➲勾选欲指定的CPU】。

你可以通过图3-9-16中的**服务**选项卡来查看这些服务的状态，而通过图下方的**打开服务**可以让你进一步设置这些服务（请勿随意修改服务的设置，以免影响系统正常工作）。

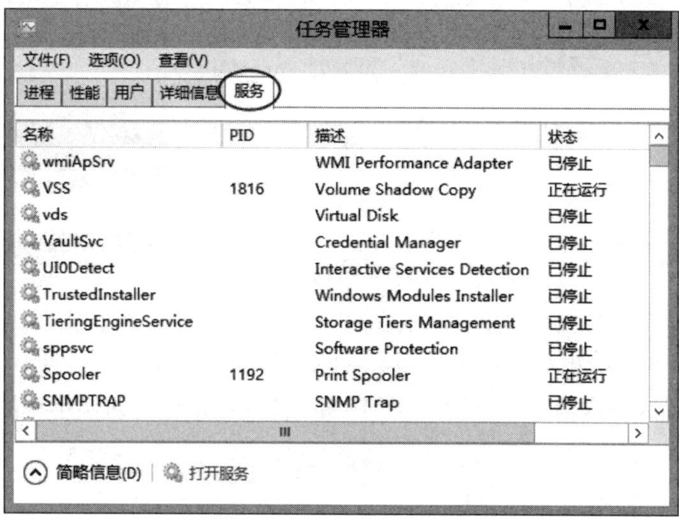

图 3-9-16

你可以利用图3-9-17中的**性能**选项卡来查看计算机的CPU、内存与以太网的使用情况。

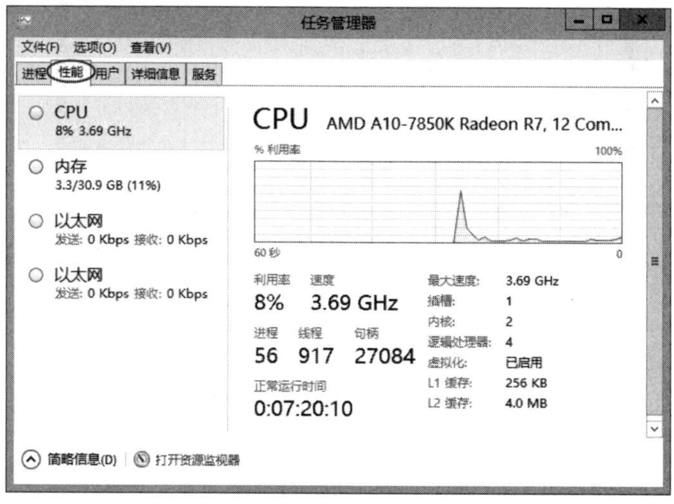

图 3-9-17

单击图3-9-17下方的**打开资源监视器**后，便可以通过图3-9-18来更清楚地查看这台计算机的CPU、内存、磁盘与网络等资源的使用情况。

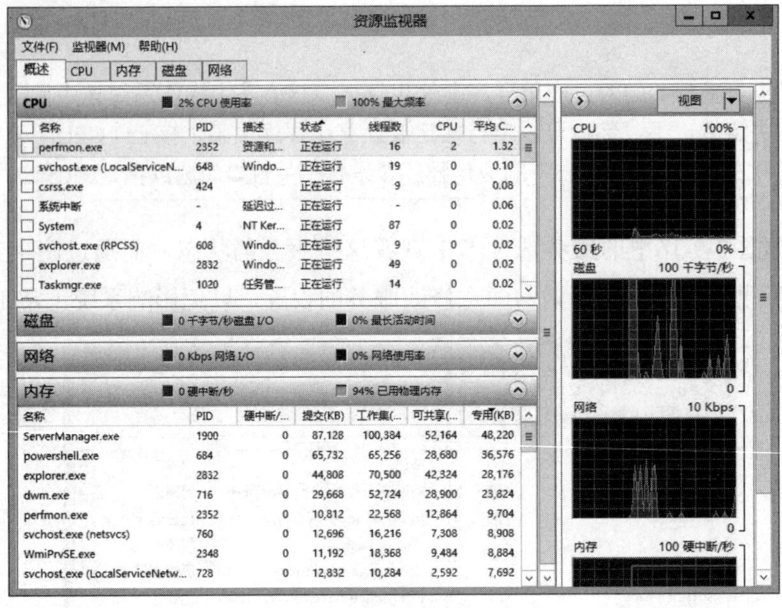

图 3-9-18

还可以通过图3-9-19的**用户**选项卡查看在本地计算机登录的用户。单击用户后，可以中断该用户的连接、注销或发送消息给该用户，图中的2位用户是通过**切换用户**的方式登录的。

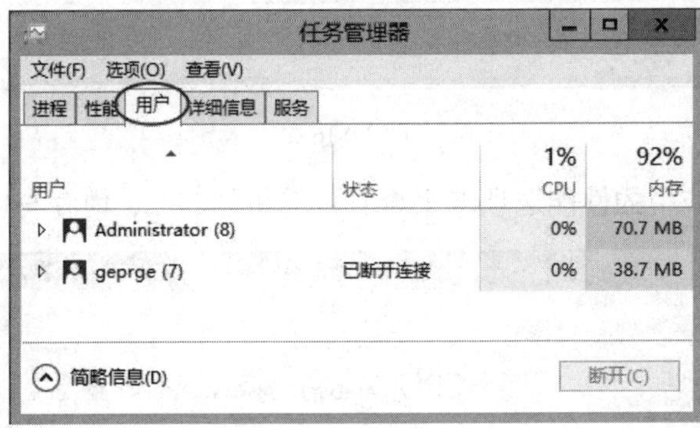

图 3-9-19

第 4 章　本地用户与组账户的管理

每一位用户要使用计算机前都必须登录该计算机，而登录时必须输入有效的用户账户与密码。另外，若我们能够善于利用组来管理用户权限，则必定能够减轻许多网络管理的负担。

- 内置的本地账户
- 本地用户账户的管理
- 密码的修改、备份与还原
- 本地组账户的管理

4.1 内置的本地账户

我们在第1章内介绍过每一台Windows计算机都有一个**本地安全账户数据库**（SAM），用户在使用计算机前都必须登录该计算机，也就是要提供有效的用户账户与密码，而这个用户账户就是建立在**本地安全账户数据库**内的，这个账户被称为**本地用户账户**。同理，建立在**本地安全账户数据库**内的组被称为**本地组账户**。

4.1.1 内置的本地用户账户

Windows Server 2012 R2内置了两个用户账户：

- **Administrator（系统管理员）**：它拥有最高的权限，你可以利用它来管理计算机，例如建立/修改/删除用户与组账户、设置安全策略、建立打印机、设置用户权限等。你无法将此账户删除，不过为了更安全起见，建议将其改名。
- **Guest（来宾）**：它是供没有账户的用户来临时使用的，它只有很少的权限。你可以更改其名称，但无法将其删除。此账户默认是被停用的。

4.1.2 内置的本地组账户

系统内置了许多本地组，它们本身都已经被赋予一些权利（rights）与权限（permissions），以便让它们具备管理本地计算机或访问本机资源的能力。只要用户账户被加入本地组内，此用户账户就会具备该组所拥有的权限。下面列出一些常用的本地组。

- **Administrators**：此组内的用户具备系统管理员的权限，它们拥有对这台计算机最大的控制权，可以执行计算机的全部管理工作。内置的系统管理员Administrator就是隶属于此组，而且无法将它从此组内删除。
- **Backup Operators**：此组内的用户可以通过Windows Server Backup工具来备份与还原计算机内的文件，不论它们是否有权限访问这些文件。
- **Guests**：此组内的用户无法永久改变其桌面的工作环境，当他们登录时，系统会为他们建立一个临时的用户配置文件（见第9章的说明），而注销时此配置文件就会被删除。此组默认的成员为用户账户Guest。
- **Network Configuration Operators**：此组内的用户可以执行常规的网络设置工作，例如修改IP地址，但是不可安装、删除驱动程序与服务，也不可执行与网络服务器设置有关的工作，例如DNS服务器与DHCP服务器的设置。
- **Performance Monitor Users**：此组内的用户可监视本地计算机的运行性能。
- **Power Users**：为了简化组，这个在旧版Windows系统存在的组准备要被淘汰了，

Windows Server 2008（含）之后的系统虽然还保留这个组（以便维持与旧版Windows系统的兼容性），不过并没有像旧版系统一样被赋予较多的特殊权限，也就是它的权限并没有比一般用户多。

- **Remote Desktop Users**：此组内的用户可以从远程计算机利用远程桌面服务登录。
- **Users**：此组内的用户只拥有一些基本权限，例如执行应用程序、使用本地与网络打印机、锁定计算机等，但是他们不能将文件夹共享给网络上其他的用户、不能将计算机关机……所有新增的本地用户账户都会自动隶属于此组。

4.1.3 特殊组账户

除了前面所介绍的组之外，Windows Server 2012 R2内还有一些特殊组，而且你无法更改这些组的成员。下面列出几个较常见到的特殊组。

- **Everyone**：任何一个用户账户都属于这个组。若Guest账户被启用，则你在指派权限给Everyone时需小心，因为若一个在你计算机内没有账户的用户通过网络来登录你的计算机，他会被自动允许利用Guest账户来连接，此时因为Guest也隶属于Everyone组，所以他将具备Everyone所拥有的权限。
- **Authenticated Users**：任何一个利用有效用户账户来登录此计算机的用户都隶属于此组。
- **Interactive**：任何一个在本机登录（按Ctrl + Alt + Del 组合键登录）的用户都隶属于此组。
- **Network**：任何一个通过网络来登录此计算机的用户都隶属于此组。
- **Anonymous Logon**：任何一个未利用有效的用户账户登录的用户（匿名用户）都隶属于此组。Anonymous Logon默认并不隶属于Everyone组。
- **Dialup**：任何一个利用拨接方式来连接的用户都隶属于此组。

4.2 本地用户账户的管理

系统默认只有Administrators组内的用户才有权利来管理用户与组账户，因此需要利用隶属于此组的Administrator账户登录来执行以下工作。

4.2.1 建立本地用户账户

我们可以利用**本地用户和组**来建立本地用户账户：【按Windows键⊞切换到**开始**菜单➲管理工具➲计算机管理➲系统工具➲本地用户和组➲如图4-2-1所示，右击**用户**➲新用户➲在新用户界面中输入用户的相关数据➲单击创建按钮】。

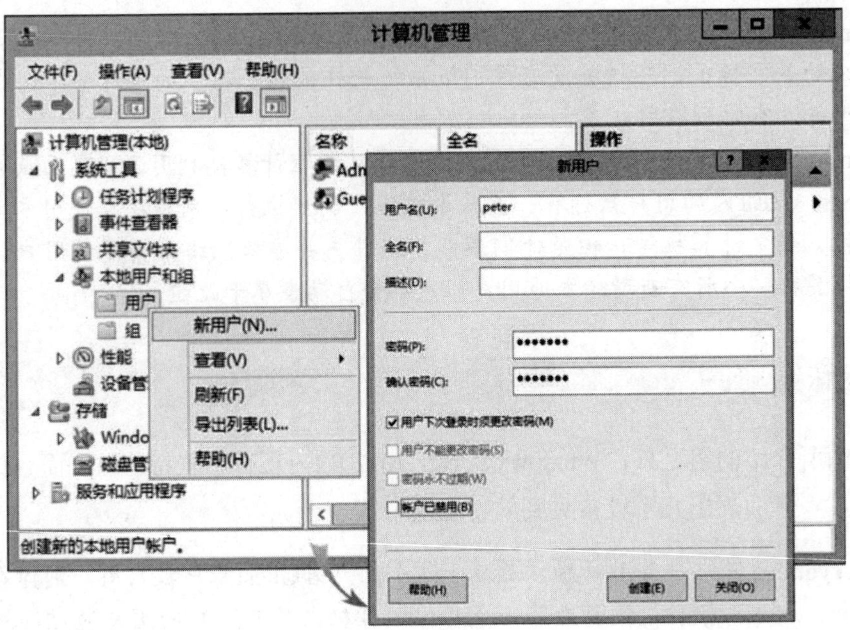

图 4-2-1

附注

你也可以通过【按Windows键⊞切换到**开始**菜单➲控制面板➲用户账户】来管理用户账户。

- **用户名**：用户登录时需输入的账户名称。
- **全名、描述**：用户的完整名称、用来描述此用户的说明性文字。
- **密码、确认密码**：设置用户账户的密码。所输入的密码会改为黑点来显示，以避免被旁人看到。你必须再一次输入密码来确认所输入的密码是正确的。

注意

（1）英文字母大小写被视为不同的内容，例如abc12#与ABC12#是不同的密码。另外，若密码为空白，则系统默认此用户账户只能够执行本地登录，无法通过网络登录（无法从其他计算机利用此账户来联机）。

（2）若设有密码，则默认的情况下用户的密码必须至少为6个字符，且不能包含用户账户名称或全名，并且至少要包含A~Z、a~z、0~9、非字母数字（例如!、$、#、%）4组字符中的3组，例如12abAB是一个有效的密码，而123456则是无效的密码。

- **用户下次登录时须更改密码**：在下次登录时，系统会强迫用户修改密码，这个操作可以确保只有该用户知道自己修改过的密码。

注意

若该用户是要通过网络来登录的话，请勿勾选此选项，否则用户将无法登录，因为用户网络登录时无法修改密码。

- **用户不能更改密码**：可以防止用户修改密码。若没有勾选此选项，用户可以在登录后通过【按 Ctrl + Alt + Del 组合键 ➲ 修改密码】的途径来修改自己的密码。
- **密码永不过期**：系统默认42天后会要求用户修改密码，若勾选此选项，则系统永远不会要求该用户修改密码（42天默认值可通过**账户策略**来修改，见第10章）。
- **账户已禁用**：可以防止用户利用此账户登录，例如你预先为新进员工所建立的账户，但该员工尚未报到，或某个请长假员工的账户，都可以利用此处暂时将账户禁用。被禁用的账户前面会有一个向下的箭头（↓）符号。

用户账户建立好后，先注销，再在图4-2-2中单击新账户，以便练习利用此账户来登录。完成练习后，再注销，改用Administrator登录。

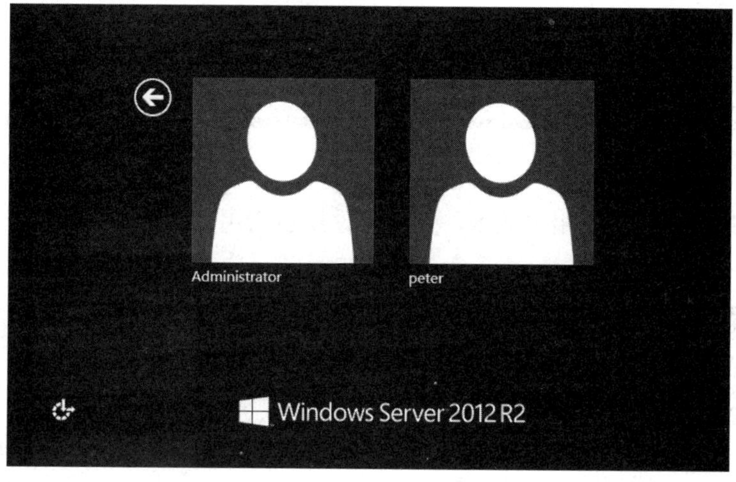

图 4-2-2

4.2.2 修改本地用户账户

使用鼠标右键单击用户账户，然后通过弹出的快捷菜单中的选项来设置，如图4-2-3所示：

- **设置密码**：用来修改用户的密码（请参阅4.3节的说明）。
- **删除、重命名**：既可以删除不需要的账户，也可以修改用户的账户名称，不过请注意以下说明。

  系统会为每一个用户账户建立一个唯一的安全标识符（security identifier，SID，由一串英文字母和数字组成的序列），在系统内部就是利用SID来代表该用户的。例如，文件权限列表内是通过SID来记录该用户具备何种权限，而不是通过用户账户名称来记录的。不过为了便于查看这些列表，当我们通过**文件资源管理器**来查看时，系统所显示的仍是用户账户名称。

当你将账户删除后，即使再新建一个名称相同的账户，系统也会给予这个新账户一个新SID，与原账户的SID不同，因此这个新账户不会拥有原账户的权限。

若是重命名，由于SID不会改变，因此用户原来所拥有的权限不会受到影响。例如当某员工离职时，你可以暂时先将用户账户禁用，等到新进员工来接替他的工作时，再将此账户修改为新员工的名称，重新设置密码与相关的用户信息。

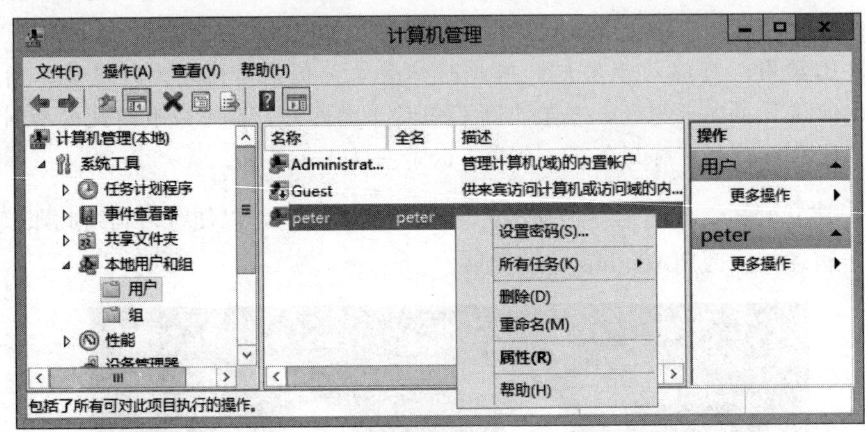

图 4-2-3

若要修改用户账户的其他相关数据，则可【使用右击用户账户➲属性】。

4.2.3 控制面板内的用户账户管理工具

你也可以通过【按Windows键⊞切换到**开始**菜单➲控制面板➲用户账户➲用户账户➲管理其他账户（参见图4-2-4）】的方法管理用户账户。它与前面所使用的**本地用户和组**各有特色。

图 4-2-4

4.3 密码的修改、备份与还原

本地用户要修改密码时，可以在登录完成后按 Ctrl + Alt + Del 键，然后在图4-3-1中单击**更改密码**。

图 4-3-1

若用户在登录时忘记密码而无法登录时该怎么办呢？他应该事先制作一个**密码重置盘**（在密码忘记时会派用上场）。

4.3.1 创建密码重置盘

你可以使用可移动磁盘（下面以U盘为例）或软盘来制作密码重置盘。

STEP 1 请在计算机上插入已经格式化的U盘（或软盘），若尚未格式化，请先【打开**文件资源管理器**➲使用鼠标右键单击U盘（或软盘）➲格式化】。

STEP 2 登录完成后，【按 Ctrl + Alt + Del 键➲单击**更改密码**➲单击图4-3-2中的**创建密码重置盘**】。

图 4-3-2

附注

你也可以通过【按Windows键切换到**开始**菜单➲控制面板➲用户账户➲用户账户➲单击左侧的**创建密码重置盘**】的方法创建密码重置盘。

STEP 3　从图4-3-3中的说明可知**密码重置盘**制作完成之后，无论修改过多少次密码，都不需要再重新制作**密码重置盘**，单击下一步按钮。

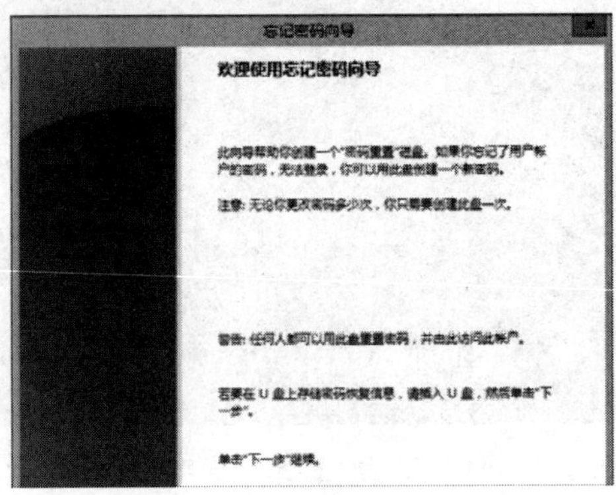

图 4-3-3

注意

请保管好**密码重置盘**，因为任何人得到它都可以重设你的密码，进而访问你的私密数据。

STEP 4　在图4-3-4中选择利用U盘或软盘驱动器。

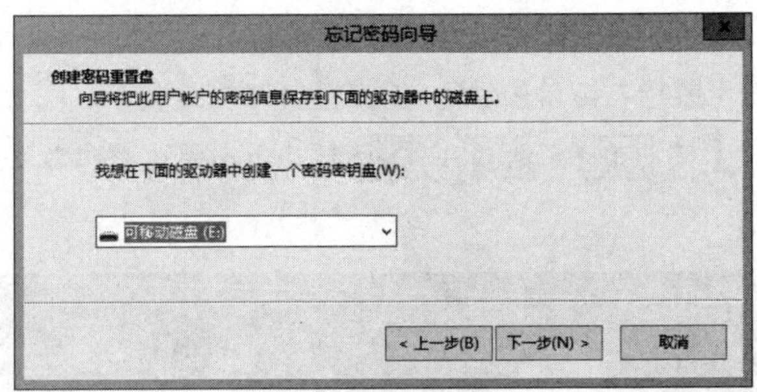

图 4-3-4

STEP 5　在图4-3-5中输入当前的密码，单击下一步按钮，完成后续的步骤。

注意

若你之前已经制作过**密码重置盘**，则系统会警告你之前那个磁盘将无法再使用。若所放入的磁盘已经是一片**密码重置盘**，则系统会警告你该磁盘内现有的密码信息将被覆盖。

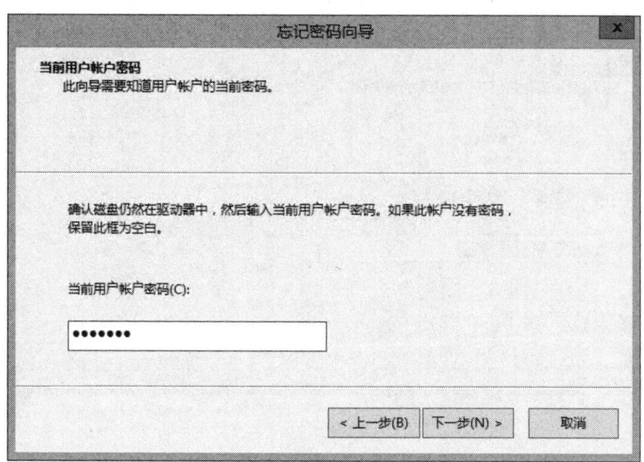

图 4-3-5

4.3.2 重设密码

若用户在登录时忘记密码，此时可以利用前面所制作的**密码重置盘**来重新设定一个新密码，操作步骤如下所示。

STEP 1　在登录、输入错误的密码后，单击图4-3-6中的**重置密码**。

图 4-3-6

STEP 2　在出现的**欢迎使用重置密码向导**界面中单击下一步按钮。

STEP 3　在图4-3-7中选择并插入U盘（或软盘）后单击下一步按钮。

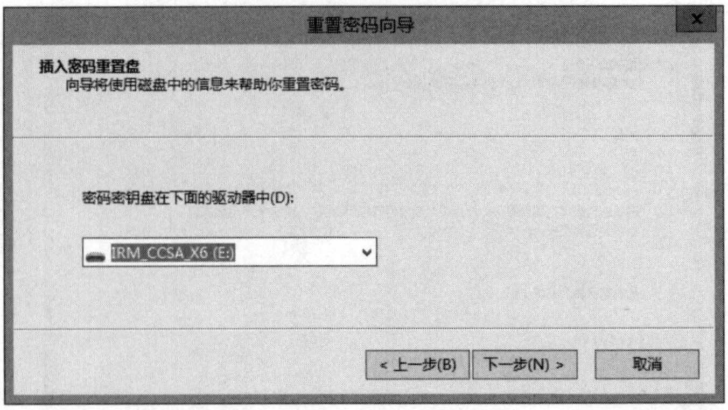

图 4-3-7

STEP 4 在图4-3-8中设置新密码，确认密码与密码提示，单击下一步按钮。

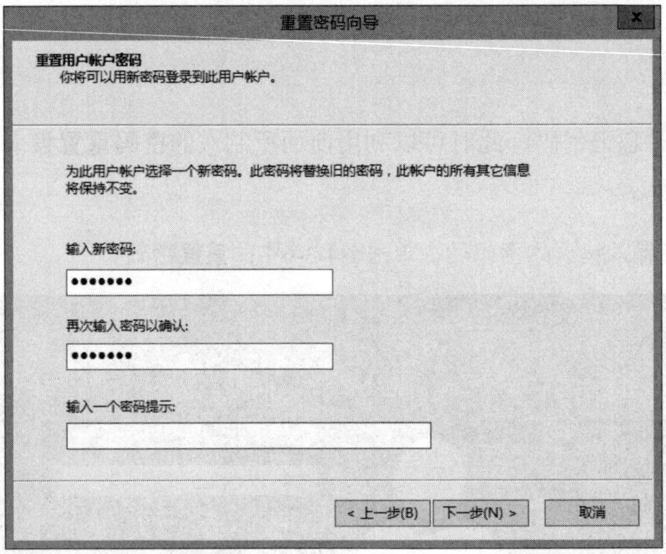

图 4-3-8

STEP 5 继续完成之后的步骤并利用新密码登录。

4.3.3 未制作密码重置盘怎么办

若用户忘记了密码，也未事先制作**密码重置盘**，此时需请系统管理员为用户设置新密码（无法查出旧密码）：【按Windows键⊞切换到**开始**菜单➲系统管理工具➲计算机管理➲系统工具➲本地用户和组➲用户➲选中用户账户后右击➲设置密码】，之后会出现如图4-3-9所示的警告信息，提醒你应该在用户没有制作**密码重置盘**的情况下使用这种方法，因为通过此种方法将用户的密码改变后有些受保护的数据将无法再访问这些数据了，例如被用户加密的文件、利用用户的公钥加密过的电子邮件、用户存储在本地计算机内用来连接Internet的密码等。

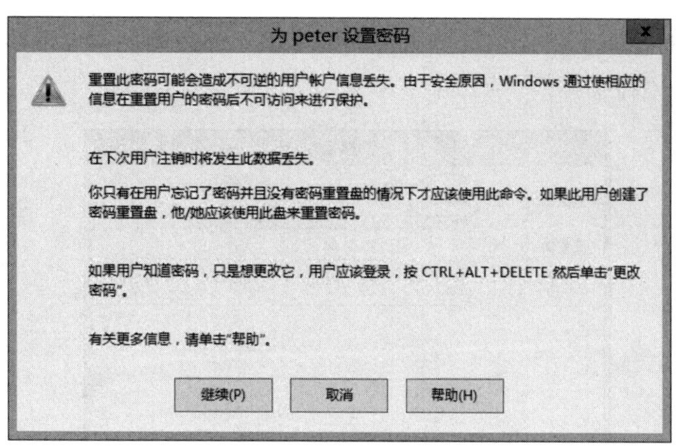

图 4-3-9

注意

若你就是系统管理员Administrator，既忘记了密码，也未制作**密码重置盘**，该怎么办？请利用另外一个具备系统管理员权限的用户账户（隶属于Administrators组）来登录与修改Administrator的密码，但是要记得事先建立这个具备系统管理员权限的用户账户，以备不时之需。

4.4 本地组账户的管理

身为系统管理员的你，如果能够善用组来管理用户账户的权限，就一定能够减轻许多管理负担。举例来说，当你针对**业务部**设置权限后，**业务部**内的所有用户都会自动拥有此权限，不需要逐个单独设置。建立本地组账户的方法为：【按Windows键⊞切换到**开始**菜单➲系统管理工具➲计算机管理➲如图4-4-1所示，选中**组**，右击➲**新建组**】。

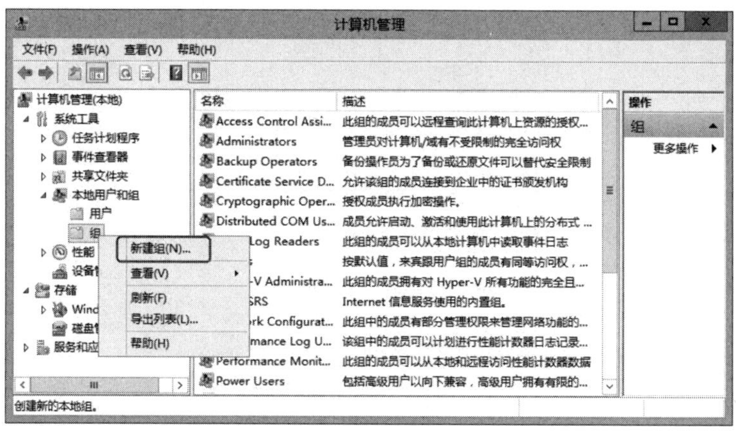

图 4-4-1

接着在图4-4-2的界面中，【设置该组的名称（例如**业务部**）➲单击添加按钮来将用户加入此组➲单击创建按钮】。

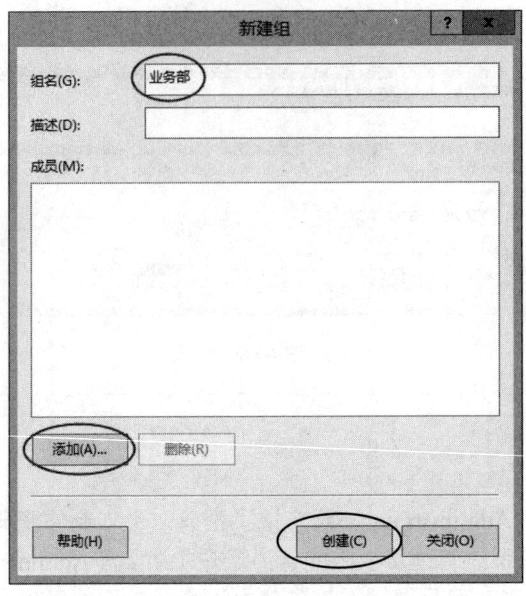

图4-4-2

以后若要再将其他用户账户加入此组，【双击此组➲单击添加按钮】，或是【双击用户账户➲隶属于➲单击添加按钮】。

第 5 章　建立 Active Directory 域

本章将介绍Active Directory的概念与Active Directory 域的配置方法。

- Active Directory域服务
- 建立Active Directory域
- 将Windows计算机加入或退出域
- 管理Active Directory域用户账户
- 管理Active Directory域组账户
- 提升域与林功能级别
- Active Directory回收站
- 卸除域控制器与域

5.1 Active Directory域服务

什么是目录？日常生活中的电话簿内记录着亲朋好友的姓名与电话等数据，它就是**telephone directory**（电话目录）；计算机中的文件系统（file system）内记录着文件的文件名、大小与日期等数据，它就是**file directory**（文件目录）。

若这些目录内的数据能够有系统地加以整理，用户就能够很容易与快速地查找到所需数据，而directory service（目录服务）所提供的服务，就是要让用户很容易与快速地在目录内查找所需的数据。在现实生活中，查号台也是一种目录服务；在因特网上，Google网站所提供的搜索功能也是一种目录服务。

Active Directory域内的directory database（目录数据库）被用来存储用户账户、计算机账户、打印机与共享文件夹等对象，而提供目录服务的组件就是**Active Directory域服务**（Active Directory Domain Services，AD DS）。AD DS负责目录数据库的存储、创建、删除、修改与查询等工作。

5.1.1 Active Directory的适用范围（Scope）

Active Directory的适用范围非常广泛，可以是一台计算机、一个小型局域网（LAN）或数个广域网（WAN）的结合。它包含此范围中所有的对象，例如文件、打印机、应用程序、服务器、域控制器与用户账户等。

5.1.2 名称空间（Namespace）

名称空间是一块界定好的区域（bounded area）。在此区域内，我们可以利用某个名称来找到与此名称有关的信息。例如一本电话簿就是一个**名称空间**，在这本电话簿内（界定好的区域内），我们可以利用姓名来找到此人的电话、地址与生日等数据。又例如Windows操作系统的NTFS文件系统也是一个**名称空间**，在此文件系统内，我们可以利用文件名来找到此文件的大小、修改日期与文件内容等数据。

Active Directory域服务（AD DS）也是一个**名称空间**。利用AD DS，我们可以通过对象名称来找到与此对象有关的所有信息。

在TCP/IP网络环境内利用Domain Name System（DNS）来解析主机名与IP地址的映射关系，例如利用DNS来得知主机的IP地址。AD DS也与DNS紧密地结合在一起，它的域名**空间**也是采用的DNS架构，因此域名是采用DNS格式来命名的，例如可以将AD DS的域名命名为

sayms.local。

5.1.3 对象（Object）与属性（Attribute）

AD DS内的资源是以对象的形式存在的，例如用户、计算机等都是对象，而对象是通过**属性**来描述其特征的，也就是对象本身是一些**属性**的集合。例如，若要为用户**王乔治**建立一个账户，则需新建一个对象类型（object class）为**用户**的对象（也就是用户账户），然后在此对象内输入**王乔治**的姓、名、登录名称与地址等。其中的用户账户就是对象，而姓、名与登录名称等就是该对象的属性（参见表 5-1-1）。另外，图5-1-1中的**王乔治**就是对象类型为**用户**（user）的对象。

表 5-1-1

对象（object）	属性（attributes）
用户（user）	姓 名 登录名称 地址 …

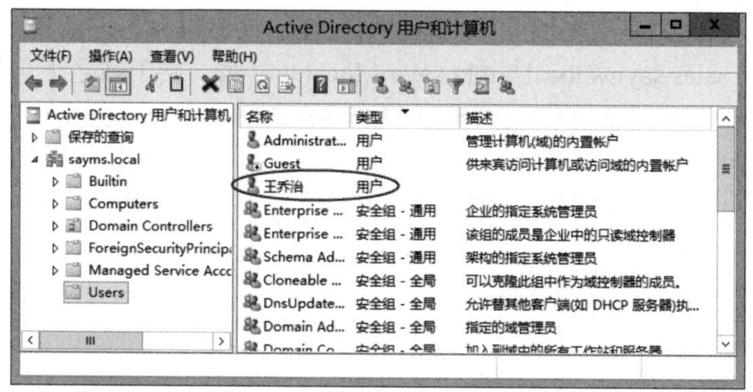

图 5-1-1

5.1.4 容器（Container）与组织单位（Organization Units，OU）

容器与对象相似，它也有自己的名称，也是一些属性的集合，不过容器内既可以包含其他对象（例如**用户**、**计算机**等对象），也可以包含其他容器。而组织单位是一个比较特殊的容器，其内除了可以包含其他对象与组织单位之外，还有**组策略**（group policy）的功能。

图5-1-2所示就是一个名称为**业务部**的组织单位，其中包含着数个对象，其中两个为**用户**对象、两个为**计算机**对象以及两个本身也是组织单位的对象。

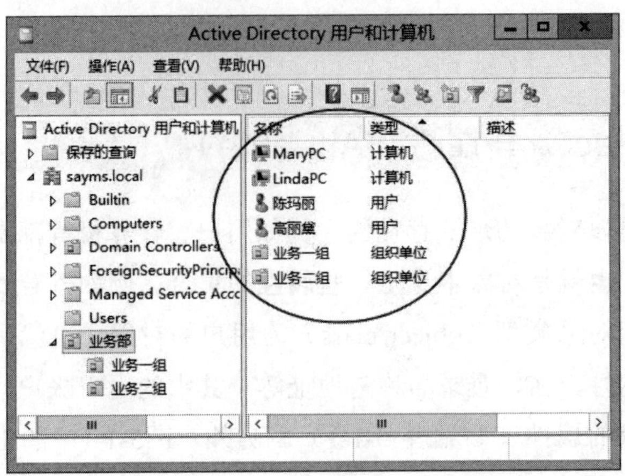

图 5-1-2

AD DS是以层次式架构（hierarchical）将对象、容器与组织单位等组合在一起，并将其存储到AD DS数据库内。

5.1.5 域树（Domain Tree）

你可以搭建包含多个域的网络，而且是以域树（domain tree）的形式存在。例如，图5-1-3就是一个域树，其中最上层的域名为sayms.local，它是此域树的根域（root domain）；根域之下还有2个子域（sales.sayms.local与mkt.sayms.local），第一层子域之下总共还有3个子域。

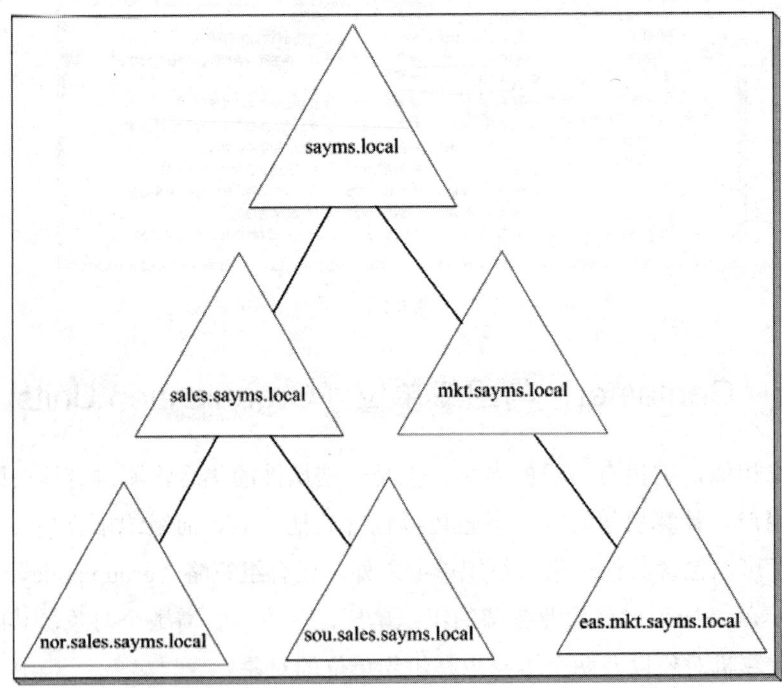

图 5-1-3

图中域树符合DNS域名空间的命名原则，而且是有连续性的，也就是子域的域名内包含着父域的域名，例如域sales.sayms.local的后缀内包含着上一层（父域）的域名sayms.local；而nor.sales.sayms.local的后缀内包含着其上一层的域名sales.sayms.local。

在域树内的所有域共享一个 AD DS，也就是在此域树之下只有一个AD DS，不过其中的数据是分散存储在各域内，每一个域内只存储隶属于该域的数据，例如该域内的用户账户（存储在域控制器内）。

5.1.6 信任（Trust）

两个域之间必须拥有信任关系（trust relationship），才可以访问对方域内的资源。而任何一个新的AD DS域被加入到域树后，这个域都会自动信任其上一层的父域，同时父域也会自动信任这个新子域，而且这些信任关系具备双向传递性（two-way transitive）。由于此信任工作是通过Kerberos security protocol来完成的，因此也被称为Kerberos trust。

域A的用户登录到其所隶属的域后，这个用户是否可以访问B域内的资源呢?

只要B域信任A域就可以访问。

我们以图5-1-4来解释双向传递性，图中域 A信任域B（箭头由A指向B）、域 B又信任域C，因此域 A自动信任域 C；另外域 C信任域 B（箭头由C指向B）、域 B又信任域 A，因此域 C自动信任域 A。结果是域A和域C之间会自动建立起双向的信任关系。

所以当任何一个新域加入到域树后，都会自动双向信任这个域树内所有的域，只要拥有适当权限，这个新域内的用户就可以访问其他域内的资源。同理，其他域内的用户也可以访问这个新域内的资源。

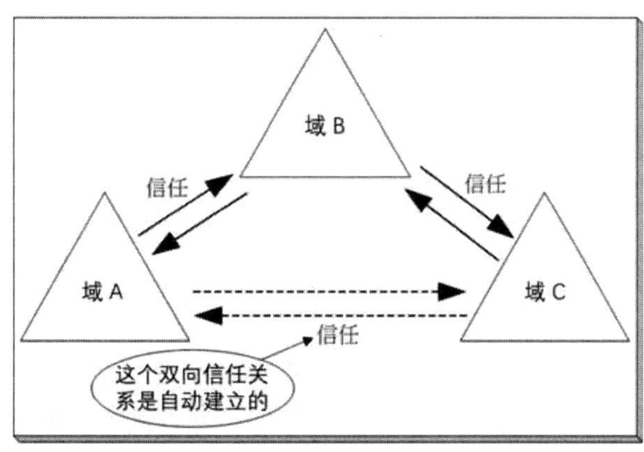

图 5-1-4

5.1.7 林（Forest）

林是由一个或多个域树所组成的，每一个域树都有自己唯一的名称空间，如图5-1-5所示，例如其中一个域树内的每一个域名都是以sayms.local结尾，而另一个则都是以saytmg.local结尾。

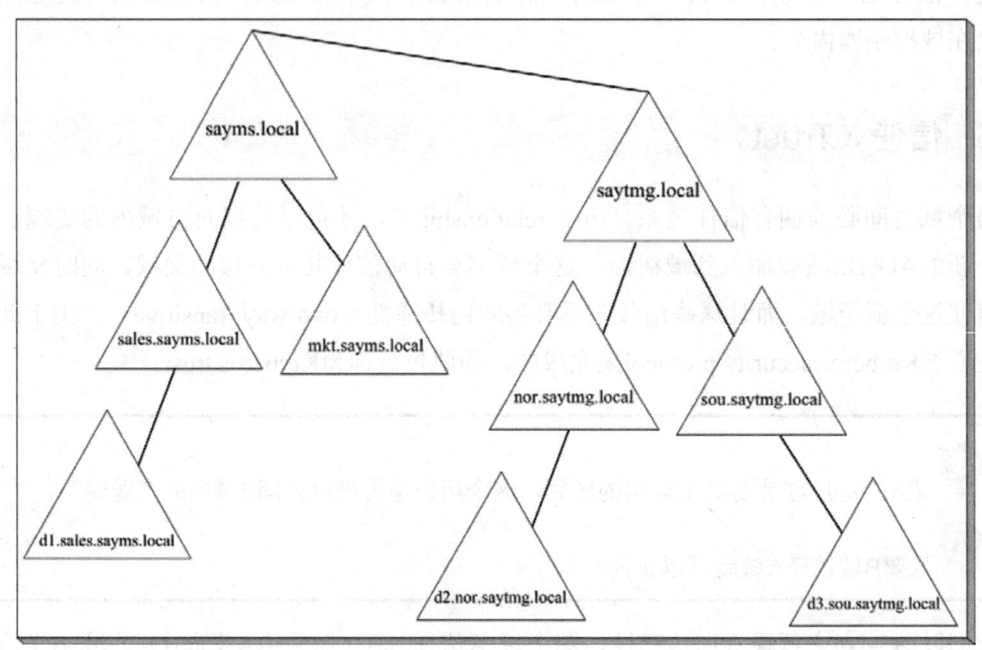

图 5-1-5

第1个域树的根域就是整个林的根域（forest root domain），同时其域名就是林的林名称。例如，图5-1-5中的sayms.local就是第1个域树的根域，也是整个林的根域，而林的名称就是sayms.local。

当你在建立林时，每一个域树的根域与林根域之间双向的、可传递的信任关系都会自动被建立起来，因此每一个域树中的每一个域内的用户只要拥有权限就可以访问其他任何一个域树内的资源，也可以到其他任何一个域树内的成员计算机登录。

5.1.8 架构（Schema）

AD DS对象类型与属性数据是定义在**架构**内的，例如定义了**用户**对象类型内包含哪一些属性（姓、名、电话等）、每一个属性的数据类型等信息。

隶属于Schema Admins组的用户可以修改**架构**内的数据，应用程序也可以自行在**架构**内添加其所需的对象类型或属性。在一个林内的所有域树共享相同的**架构**。

5.1.9 域控制器（Domain Controller）

Active Directory域服务（AD DS）的目录数据是存储在域控制器内的。一个域内可以有多台域控制器，每一台域控制器的地位（几乎）是平等的，它们各自存储着一份相同的AD DS数据库。当你在任何一台域控制器内新建了一个用户账户后，此账户默认是被建立在此域控制器的AD DS数据库，之后会自动被复制（replicate）到其他域控制器的AD DS数据库，以便让所有域控制器内的AD DS数据库都能够同步（synchronize）。

当用户在域内某台计算机上登录时，会由其中一台域控制器根据其AD DS数据库内的账户数据来审核用户所输入的用户名与密码是否正确。若是正确的，用户就可以成功登录；反之，会被拒绝登录。

多台域控制器可以提供容错功能，例如其中一台域控制器出现故障了，仍然能够由其他域控制器来继续服务。另外，它也可以改善用户登录效率，因为多台域控制器可以分担审核用户登录身份（账户名称与密码）的负担。

域控制器是由服务器等级的计算机来扮演的，例如Windows Server 2012（R2）、Windows Server 2008（R2）。

前述域控制器的AD DS数据库是可以被读与写的，除此之外，还有一些AD DS数据库是只可以读取、不可以被修改的**只读域控制器**（Read-Only Domain Controller，RODC）。企业中位于异地的网络，如果安全措施并不像总公司一样完备，就很适合使用RODC。

5.1.10 Lightweight Directory Access Protocol（LDAP）

LDAP（Lightweight Directory Access Protocol）是一种用来查询与更新AD DS数据库的目录服务通信协议。AD DS利用 **LDAP名称路径**（LDAP naming path）来表示对象在AD DS数据库内的位置，以便访问AD DS数据库内的对象。**LDAP名称路径**包含：

- **Distinguished Name（DN）**：它是对象在AD DS数据库内的完整路径。例如，图5-1-6中的用户账户名为**林小洋**，其DN为：
  CN=林小洋,OU=业务一组,OU=业务部,DC=sayms,DC=local
  其中，DC（domain component）表示DNS域名中的组件，例如sayms.local中的sayms与local；OU为组织单位；CN为common name。除了DC与OU之外，其他都是利用CN来表示，例如用户与计算机对象都属于CN。上述DN表示法中的**sayms.local**为域名，**业务部**、**业务一组**都是组织单位。此DN表示账户林小洋存储在**sayms.local\业务部\业务一组**路径内。
- **Relative Distinguished Name（RDN）**：RDN是用来代表DN完整路径中的部分路径。例如，上述路径中，**CN=林小洋**与**OU=业务一组**等都是RDN。

除了DN与RDN这两个对象名称外，还有以下两个名称。

- **Global Unique Identifier（GUID）**：GUID是一个128位的数值，系统会自动为每一个对象指定一个唯一的GUID。虽然你可以改变对象的名称，但是其GUID永远不会改变。
- **User Principal Name（UPN）**：每一个用户还可以有一个比DN更短、更容易记忆的UPN。例如，图5-1-6中的**林小洋**隶属于域sayms.local，所以其UPN可为bob@sayms.local。用户登录时所输入的账户名称最好是UPN，因为无论此用户的账户被移动到哪一个域，其UPN都不会改变，所以用户可以一直用同一个名称来登录。

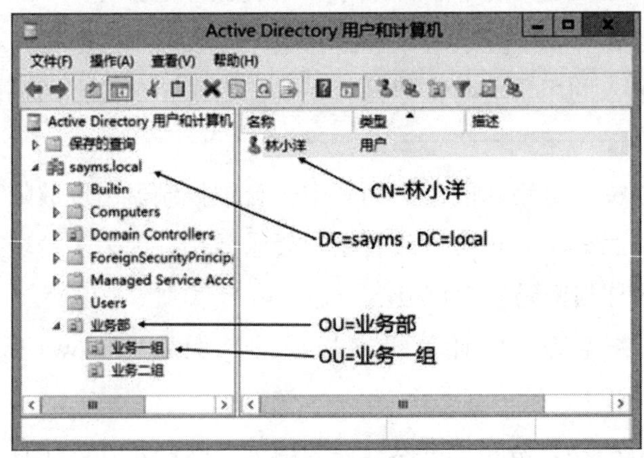

图 5-1-6

5.1.11 全局编录（Global Catalog）

虽然在域树内的所有域共享一个AD DS数据库，但是其数据却是分散在各个域内的，而每一个域只存储该域本身的数据。为了让用户、应用程序能够快速找到位于其他域内的资源，在AD DS内便设计了**全局编录**。一个林内的所有域树共享相同的**全局编录**。

全局编录的数据是存储在域控制器内的，这台域控制器可被称为**全局编录服务器**，它存储着林内所有域的AD DS数据库内的每一个对象，不过只存储对象的部分属性，这些属性都是常用的被用来查找的属性，例如用户的电话号码、登录名等。**全局编录**让用户即使不知道对象是位于哪一个域内，仍然可以很快速地找到所需对象。

用户登录时，**全局编录服务器**还负责提供该用户所隶属的**通用组**信息；用户利用UPN登录时，它也负责提供该用户是隶属于哪一个域的信息。

5.1.12 站点（Site）

站点是由一个或多个IP子网所组成的，这些子网之间通过**高速且可靠的链路**连接起来，也就是这些子网之间的连接速度要够快且稳定、符合你的需求，否则你就应该将它们分别规划为不同的站点。

一般来说，一个LAN（局域网络）之内的各个子网之间的连接都符合速度快且高可靠的要求，因此可以将一个LAN规划为一个站点；而WAN（广域网）内的各个LAN之间的连接速度一般都不快，因此WAN之中的各个LAN应分别规划为不同的站点，参见图5-1-7。

域是逻辑的（logical）分组，而站点则是物理的（physical）分组。在AD DS内每一个站点可能包含多个域；而一个域内的计算机也可能分别部署在不同的站点内。

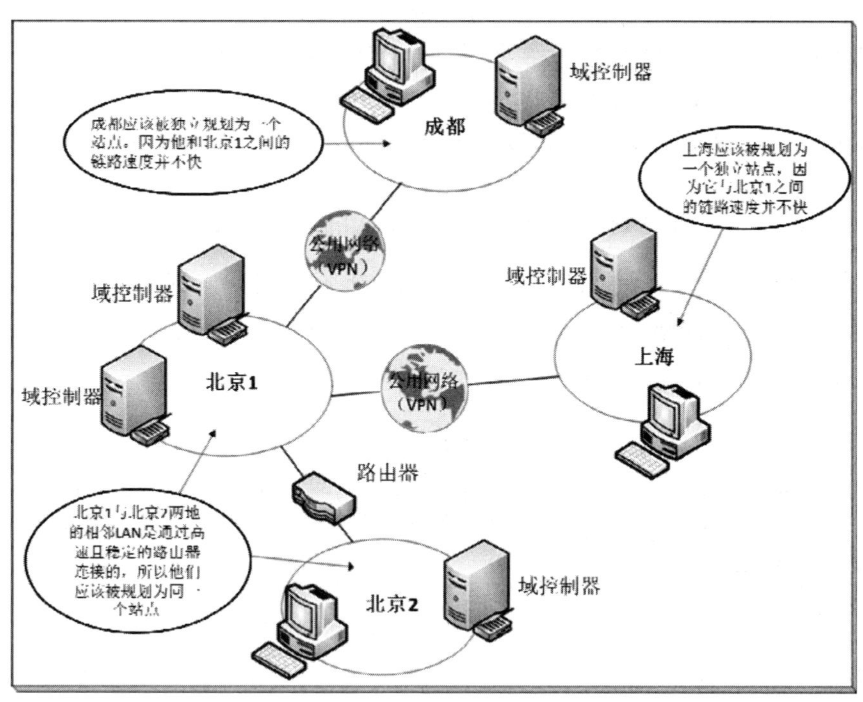

图 5-1-7

若一个域的域控制器分布在不同站点内，而站点之间是低速连接的话，由于不同站点的域控制器之间会互相复制AD DS数据库，因此需谨慎规划执行复制的时段，也就是尽量在高峰以外的时间才执行复制工作，同时复制频率不要太高，以避免复制时占用站点之间连接的带宽，影响站点之间其他数据的传输效率。

同一个站点内的域控制器之间是通过快速链路连接在一起的，因此在复制AD DS数据时可以快速执行。AD DS会设置让同一个站点内、隶属于同一个域的域控制器之间自动执行复制工作，且默认的复制频率也比不同站点之间要高。

不同站点之间在复制时所传送的数据会被压缩，以减少站点之间连接带宽的负载；但是同一个站点内的域控制器之间在复制时并不会压缩数据。

5.1.13 域功能级别与林功能级别

AD DS将域与林划分为不同的功能级别，每个级别各有不同的特点与限制。

域功能级别（Domain Functionality Level）

Active Directory域服务（AD DS）的**域功能级别**设置只会影响到该域，而不会影响到其他域。**域功能级别**分为以下4种模式。

- **Windows Server 2008**：域控制器可以是Windows Server 2008、Windows Server 2008 R2、Windows Server 2012与Windows Server 2012 R2。
- **Windows Server 2008 R2**：域控制器可以是Windows Server 2008 R2、Windows Server 2012与Windows Server 2012 R2。
- **Windows Server 2012**：域控制器可以是Windows Server 2012与Windows Server 2012 R2。
- **Windows Server 2012 R2**：域控制器只能是Windows Server 2012 R2。

不同的**域功能级别**各有不同特点，如表 5-1-2所示（仅列出部分）。其中，**Windows Server 2012 R2**级别拥有AD DS的所有功能。你可以提升域功能级别，例如将**Windows Server 2012**提升到**Windows Server 2012 R2**。

表 5-1-2

域功能	Windows Server 2008	Windows Server 2008 R2	Windows Server 2012	Windows Server 2012 R2
验证机制保证	不支持	支持（见注1）	支持	支持
上次交互式登录信息	支持（见注2）	支持	支持	支持
高级加密服务	支持（见注3）	支持	支持	支持
通用组	安全组：支持 发布组：支持	支持：同左	支持：同左	支持：同左
Group nesting	支持	支持	支持	支持
SID历史数据	支持：让用户账户在不同域之间移动时，仍然拥有原来的权限	支持：同左	支持：同左	支持：同左

注 1:让应用程序可根据令牌（Token）内的用户登录类型（智能卡或用户名称/密码）来验证用户

注 2:它会显示用户上次成功登录的时间与登录失败次数等信息

注 3:Advanced Encryption Services（AES 128 与 AES 256）适用于 Kerberos 验证通信协议

林功能级别（Forest Functionality Level）

Active Directory域服务（AD DS）的**林功能级别**设置会影响到该林内的所有域。**林功能级别**分为以下4种模式。

- **Windows Server 2008**：域控制器可以是Windows Server 2008、Windows Server 2008 R2、Windows Server 2012与Windows Server 2012 R2。
- **Windows Server 2008 R2**：域控制器可以是Windows Server 2008 R2、Windows Server

2012与Windows Server 2012 R2。

- **Windows Server 2012**：域控制器可以是Windows Server 2012与Windows Server 2012 R2。
- **Windows Server 2012 R2**：域控制器只能是Windows Server 2012 R2。

不同的**林功能级别**各有不同的特点，如表 5-1-3所示（仅列出部分）。你可以提升林功能级别，例如将**Windows Server 2012**提升到**Windows Server 2012 R2**。

表 5-1-3

林功能	Windows Server 2008	Windows Server 2008 R2	Windows Server 2012	Windows Server 2012 R2
Active Directory回收站	不支持	支持	支持	支持
全局编录的复制优化	支持	支持	支持	支持
不同林间的信任关系	支持	支持	支持	支持
只读域控制器（RODC）	支持	支持	支持	支持
Linked-value replication	支持：可大幅提高复制的效率	支持：同左	支持：同左	支持：同左

表 5-1-4中列出每一个林功能级别所支持的域功能级别。

表 5-1-4

林功能级别	支持的域功能级别
Windows Server 2008	Windows Server 2008、Windows Server 2008 R2、Windows Server 2012、Windows Server 2012 R2
Windows Server 2008 R2	Windows Server 2008 R2、Windows Server 2012、Windows Server 2012 R2
Windows Server 2012	Windows Server 2012、Windows Server 2012 R2
Windows Server 2012 R2	Windows Server 2012 R2

5.1.14 目录分区（Directory Partition）

AD DS数据库被逻辑地分为以下数个目录分区。

- **架构目录分区（Schema Directory Partition）**：它存储着整个林中所有对象与属性的定义数据，也存储着如何建立新对象与属性的规则。整个林内所有域共享一个相同的**架构目录分区**，它会被复制到林中所有域的所有域控制器。
- **配置目录分区（Configuration Directory Partition）**：其内存储着整个AD DS的结构，例如有哪些域、有哪些站点、有哪些域控制器等数据。整个林共享一份相同的**配置目录分区**，它会被复制到林中所有域的所有域控制器。
- **域目录分区（Domain Directory Partition）**：每一个域各有一个**域目录分区**，其内存储着与该域有关的对象，例如用户、组与计算机等对象。每一个域各自拥有一个**域目录分区**，它只会被复制到该域内的所有域控制器，但并不会被复制到其他域的域控制器。

- **应用程序目录分区（Application Directory Partition）**：一般来说，**应用程序目录分区**是由应用程序所建立的，其内存储着与该应用程序有关的数据。例如由Windows Server 2012 R2扮演的DNS 服务器，若所建立的DNS区域为**Active Directory集成区域**，则会在AD DS数据库内建立**应用程序目录分区**，以便存储该区域的数据。**应用程序目录分区**会被复制到林中的特定域控制器，而不是所有的域控制器。

5.2 建立Active Directory域

我们利用图5-2-1来介绍如何建立第1个林中的第1个域（根域）。建立域的方式是先安装一台Windows服务器（此处以Windows Server 2012 R2 Datacenter为例），然后将其升级为域控制器。我们也将搭建此域的第2台域控制器（Windows Server 2012 R2 Datacenter）、一台成员服务器（Windows Server 2012 R2 Datacenter）与一台加入域的Windows 8.1 Enterprise计算机。

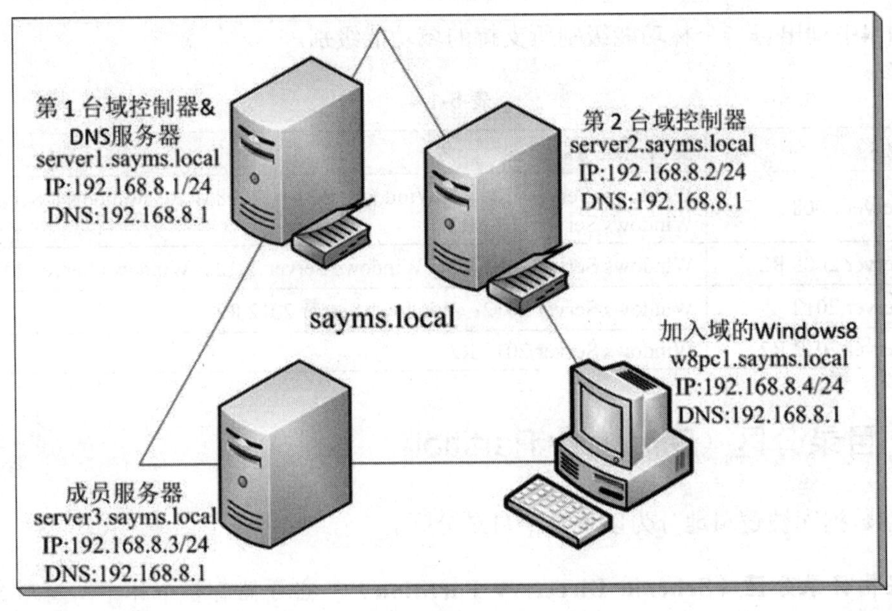

图 5-2-1

我们先要将图5-2-1左上角的服务器升级为域控制器（安装**Active Directory域服务**）。在建立第一台域控制器server1.sayms.local时，会同时建立此域控制器所隶属的域sayms.local，也会建立域sayms.local所隶属的域树，而域sayms.local也是此域树的根域。由于是第一个域树，因此它同时会建立一个新林，林名称就是第一个域树的根域的域名，也就是sayms.local。域sayms.local就是整个林的**林根域**。

建议利用Windows Server 2012 R2 Hyper-V所提供的虚拟机来搭建图中的网络环境（参见

附录A）。如果你对搭建更复杂的域架构有兴趣，请参考《**Windows Server 2012 R2 Active Directory配置指南**》这本书。

附注

（1）若要将现有域升级，则林中的域控制器都必须是Windows Server 2003（含）以上的版本，而且需先分别执行Adprep /forestprep与Adprep /domainprep命令来为林与域执行准备工作，此脚本文件位于Windows Server 2012 R2光盘support\adprep文件夹。其他升级步骤与2.2节相同。

（2）若要在现有域内安装Windows Server 2012 R2域控制器，则需先执行域准备工作，不过这个操作安装程序会自动执行。

5.2.1 建立域的必要条件

在将Windows Server 2012 R2升级为域控制器前，请注意以下事项。

- **DNS域名**：请事先为AD DS域定义好一个符合DNS格式的域名，例如sayms.local。
- **DNS服务器**：由于域控制器需要将自己注册到DNS服务器内，以便让其他计算机通过DNS服务器来找到这台域控制器，因此必须要有一台可支持AD DS的DNS服务器，也就是它必须支持Service Location Resource Record（SRV RR），并且最好支持**动态更新**（dynamic update）。若现在没有可支持AD DS的DNS 服务器，则可在升级过程中选择在这台即将升级为域控制器的服务器上安装DNS服务器。

注意

AD DS需要一个SYSVOL文件夹来存储域共享文件（例如与组策略有关的文件），该文件夹必须位于NTFS磁盘，系统默认将其建立在系统磁盘（安装Windows Server 2012 R2的磁盘，是NTFS磁盘）。若要将其改到其他磁盘，则该磁盘需为NTFS磁盘。

你可以将现有的FAT或FAT32磁盘转换为NTFS磁盘，先【使用鼠标右键单击左下角的**开始**图标➲命令提示符】，然后执行以下命令（假设要转换到D:盘）：

CONVERT D: /FS:NTFS

如果该磁盘目前有文件正在使用中，那么系统将无法立刻执行转换操作，此时可以从系统提示中选择下次重新启动时再自动转换。

5.2.2 建立网络中的第一台域控制器

我们将通过添加服务器角色的方式将图5-2-1中左上角的服务器server1.sayms.local升级为域控制器。

STEP 1 先将该台计算机的计算机名称设置为server1，IPv4地址等参照图5-2-1设置（可取消勾选TCP/IPv6）。注意将计算机名称设定为server1即可，等升级为域控制器后，其计算机名称会自动改为server1.sayms.local。

STEP 2 打开**服务器管理器**，单击**仪表板**处的**添加角色和功能**，如图5-2-2所示。

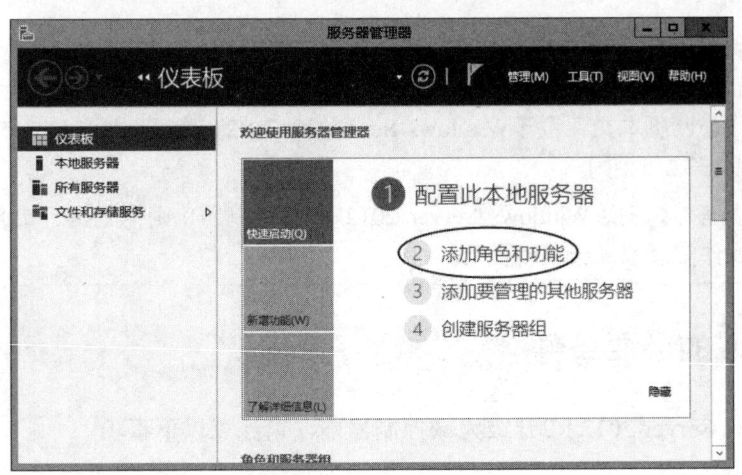

图 5-2-2

STEP 3 持续单击下一步按钮，一直到图5-2-3中勾选**Active Directory域服务**，单击添加功能按钮来安装所需的其他功能。

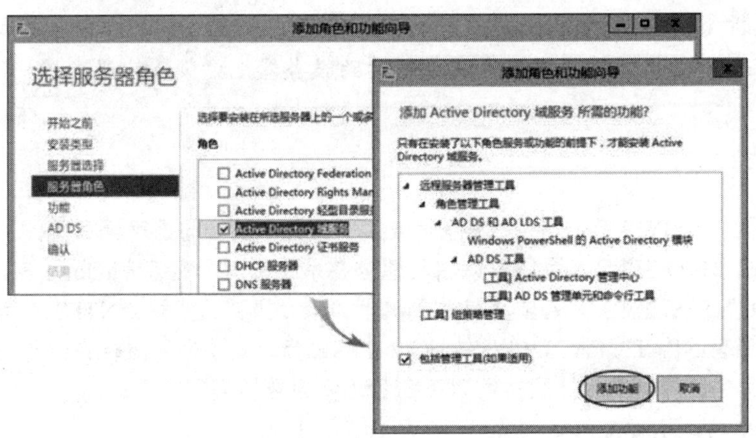

图 5-2-3

STEP 4 持续单击下一步按钮一直到**确认安装所选内容**界面中单击安装按钮。

STEP 5 图5-2-4为完成安装后的界面，请单击**将此服务器提升为域控制器**。

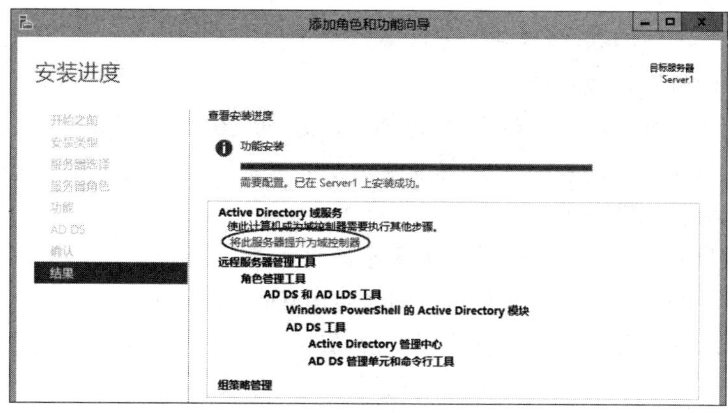

图 5-2-4

附注

若在图5-2-4中直接单击关闭按钮，则之后要将其提升为域控制器时，可以如图5-2-5所示单击**服务器管理器**上方的旗帜符号，再单击**将此服务器提升为域控制器**。

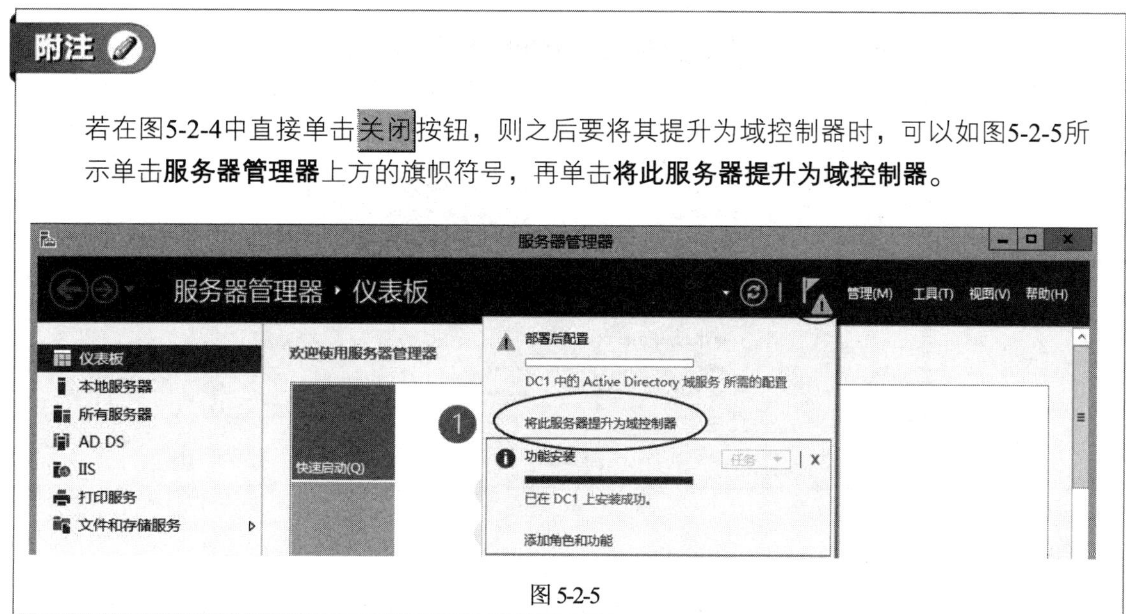

图 5-2-5

STEP 6　选择**添加新林**，设定**林**根域名称（假设是sayms.local），单击下一步按钮，如图5-2-6所示。

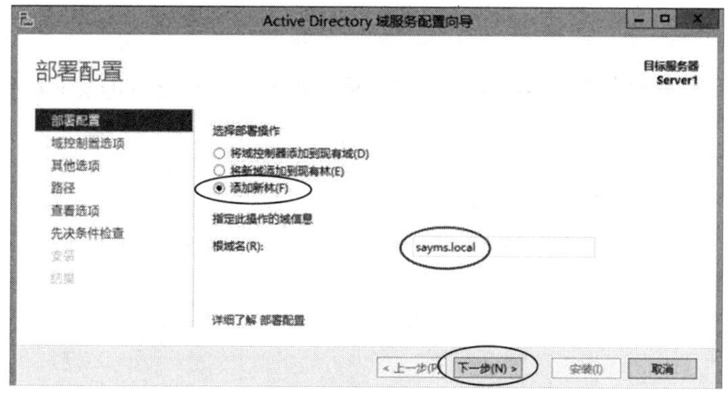

图 5-2-6

STEP 7 完成图5-2-7中的设置后，单击下一步按钮。

- 选择林功能级别、域功能级别。

  此处我们所选择的林功能级别为Windows Server 2012 R2，此时域功能级别只能选择Windows Server 2012 R2。若选择其他林功能级别，则可选择其他域功能级别。
- 默认会直接在此服务器上安装DNS服务器。
- 第一台域控制器必须扮演**全局编录服务器**的角色。
- 第一台域控制器不可以是**只读域控制器**（RODC）。
- 设置**目录服务还原模式**的系统管理员密码:

  目录服务还原模式（目录服务修复模式）是一个安全模式，进入此模式可以修复AD DS数据库。你可以在系统启动时按F8键来选择此模式，不过必须输入此处所设置的密码。

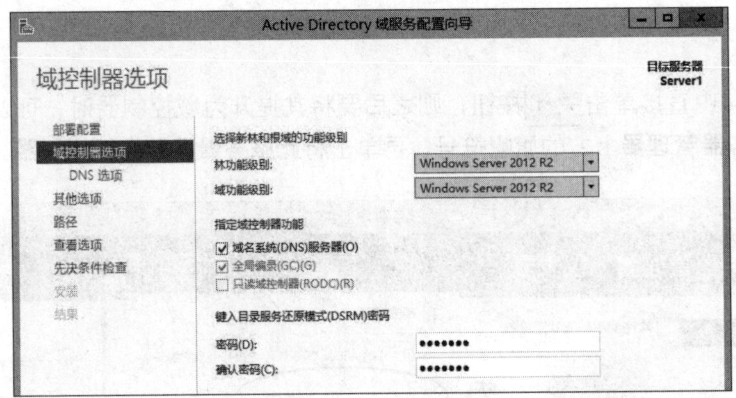

图 5-2-7

> **注意**
>
> 密码默认至少需要7个字符，不可包含用户账户名称（指**用户SamAccountName**）或全名，至少要包含A~Z、a~z、0~9、特殊符号（例如!、$、#、%）4组字符中的3组。例如，123abcABC为有效密码，而1234567为无效密码。

STEP 8 出现图5-2-8的警告提示时，因为目前不会有影响，故不必理会它，直接单击下一步按钮。DNS服务器的相关说明可参考《**Windows Server 2012 R2网络管理与架站**》这本书。

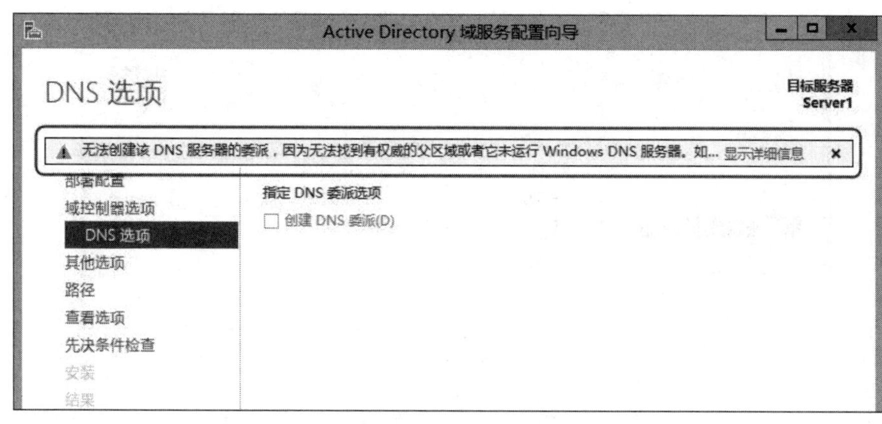

图 5-2-8

STEP 9 在图5-2-9中会自动为此域设置一个NetBIOS域名，你也可以修改此名称。若此NetBIOS域名已被占用，安装程序会自动指定一个建议名称。完成后单击下一步按钮。

附注

不支持DNS域名的旧版Windows系统（例如Windows 98、Windows NT），可以通过NetBIOS域名来访问该域。默认的NetBIOS名称为DNS域名第1个句点左侧的文字，例如DNS域名为sayms.local，则NetBIOS域名为SAYMS。

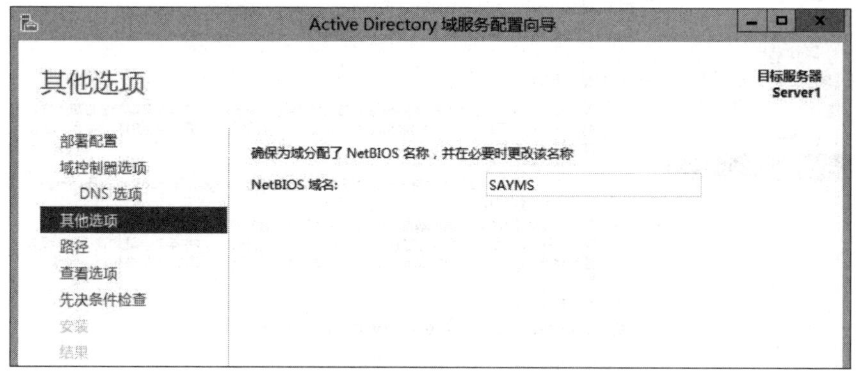

图 5-2-9

STEP 10 在图5-2-10中可直接单击下一步按钮。

- **数据库文件夹**：用来存储AD DS数据库。
- **日志文件文件夹**：用来存储AD DS数据库的变更日志，此日志文件可用来修复AD DS数据库。
- **SYSVOL文件夹**：用来存储域共享文件（例如组策略相关的文件）。

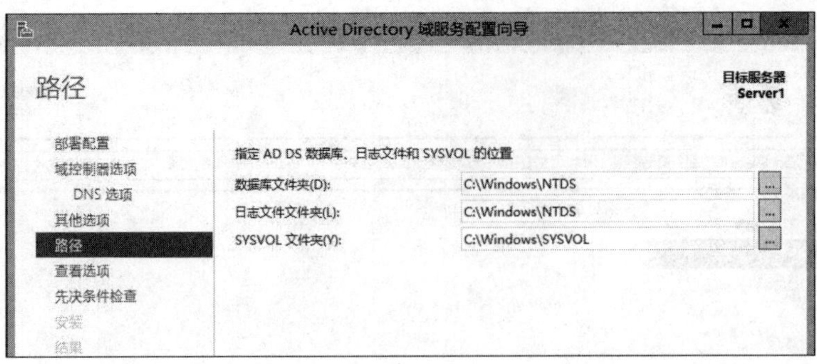

图 5-2-10

若计算机内有多块硬盘，则建议将数据库与日志文件文件夹分别设置到不同硬盘内，因为两块硬盘分别操作可以提高读写效率，而且分开存储可以避免两份数据同时出现问题，以提高修复AD DS数据库的能力。

STEP 11　在**查看选项**界面中单击下一步按钮。

STEP 12　在图5-2-11的界面中，如果顺利通过检查，就直接单击安装按钮，否则请根据界面提示先排除问题。安装完成后会自动重新启动。

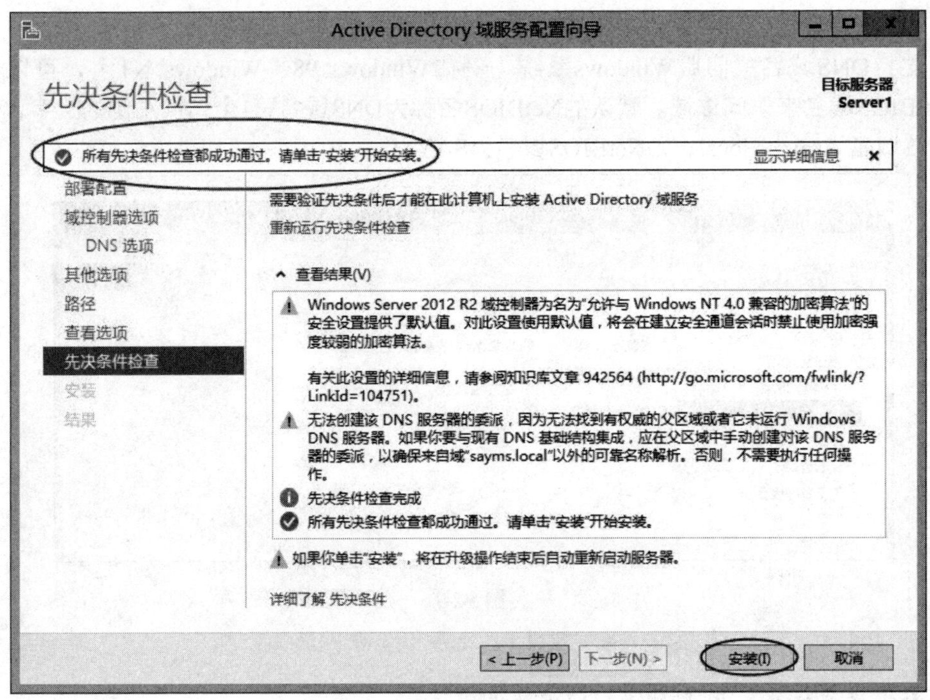

图 5-2-11

5.2.3　检查DNS服务器内的记录是否完备

域控制器会将自己所扮演的角色注册到DNS服务器，以便让其他计算机能够通过DNS服

务器来找到这台域控制器，因此我们先来检查DNS服务器内是否已经有这些记录。请先利用域系统管理员（SAYMS\Administrator）登录。

检查主机记录

首先检查域控制器是否已将其主机名与IP地址注册到DNS服务器内。在DNS服务器的计算机server1.sayms.local上【单击左下角的**服务器管理器**图标 ➲单击右上方**工具**菜单➲DNS】，应该会有一个名称为sayms.local的区域（参见图5-2-12），图中的**主机（A）**记录表示域控制器server1.sayms.local已经正确地将其主机名与IP地址注册到DNS服务器内。

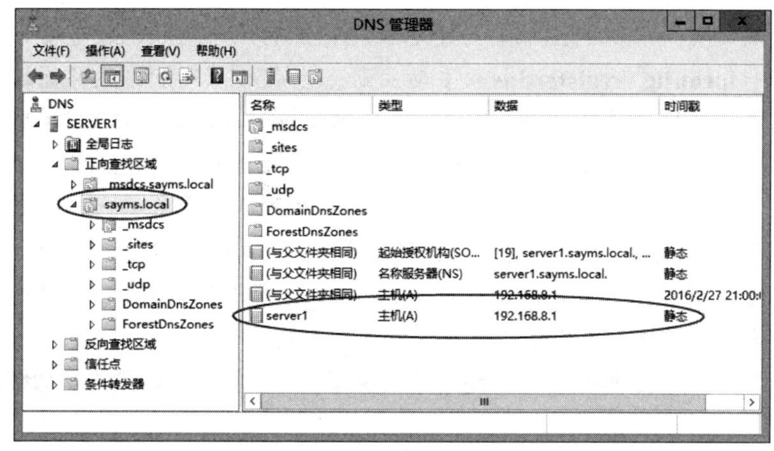

图 5-2-12

若域控制器已经正确将其所扮演角色注册到DNS服务器，则应该还会有 _tcp、_udp 等文件夹。在单击_tcp文件夹后可以看到图5-2-13所示的界面，其中数据类型为**服务位置（SRV）**的_ldap记录，表示server1.sayms.local已经正确地注册为域控制器。由图中的_gc记录还可以看出**全局编录**服务器的角色也是由server1.sayms.local所扮演的。

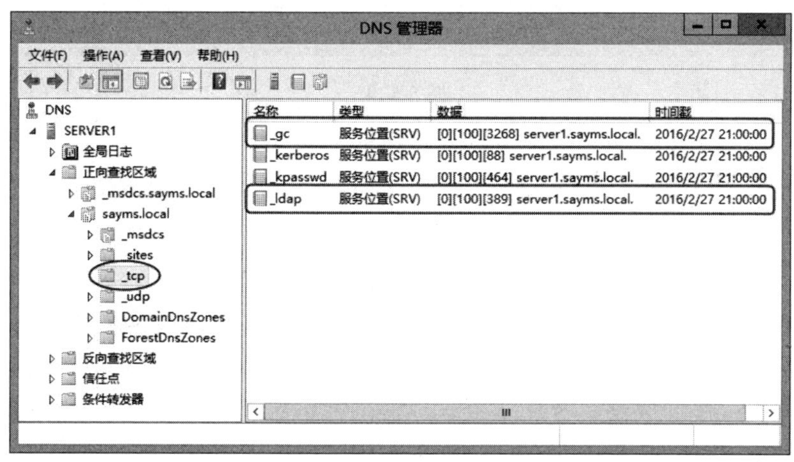

图 5-2-13

DNS区域内有这些数据后，其他欲加入域的计算机就可以通过此区域来得知域控制器为server1.sayms.local。这些加入域的成员（域控制器、成员服务器、Windows 8.1、Windows 8、Windows 7、Windows Vista、Windows XP Professional等）也会将其主机与IP地址数据注册到此区域内。

排除注册失败的问题

若因为域成员本身的设置有误或网络问题而造成它们无法将数据注册到DNS服务器，则可在问题解决后重新启动这些计算机，或利用以下方法来手动注册。

- 若是某域成员计算机的主机名与IP地址没有正确注册到DNS服务器，则可到此计算机上执行**ipconfig /registerdns**来手动注册。完成后，到DNS服务器检查是否已有正确记录，例如域成员主机名为server1.sayms.local、IP地址为192.168.8.1，就检查区域sayms.local内是否有server1的主机（A）记录以及其IP地址是否为192.168.8.1。
- 若发现域控制器并没有将其所扮演的角色注册到DNS服务器内，也就是并没有类似图5-2-13的_tcp等文件夹与相关记录时，则到此台域控制器上【按Windows键⊞切换到**开始**菜单➲管理工具➲服务➲如图5-2-14所示使用鼠标右键单击**Netlogon**服务➲重新启动】，利用这种方式来完成注册。

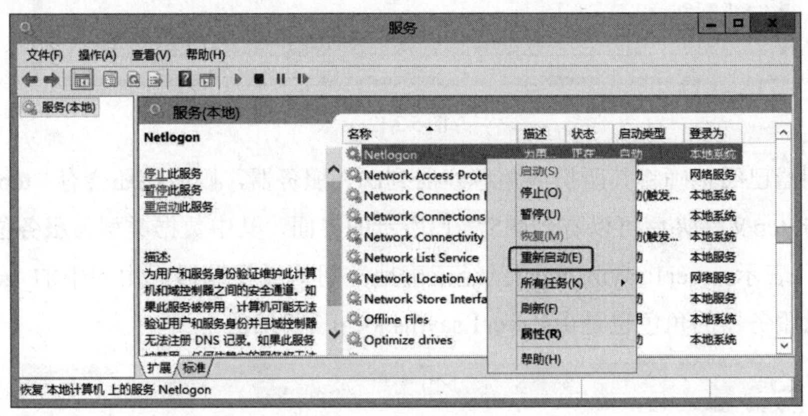

图5-2-14

5.2.4 建立更多的域控制器

一个域内若有多台域控制器，则可拥有以下好处。

- **改善用户登录的效率**：同时有多台域控制器来对客户端提供服务的话，可以分担审核用户登录身份（账户与密码）的负担，让用户登录有更好的登录效率。
- **容错功能**：若有域控制器故障的话，则此时仍然能够由其他正常的域控制器来继续提供服务，因此对客户端的服务并不会停止。

我们将通过添加服务器角色的方式来将图5-2-15中右上角的服务器server2.sayms.local升级为域控制器。

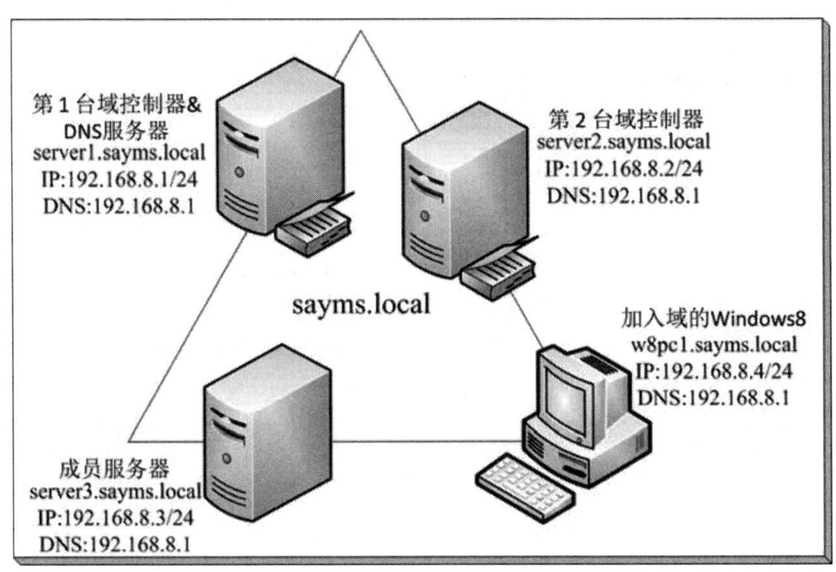

图 5-2-15

STEP 1 先将该台计算机的计算机名设置为server2，可参考图5-2-15完成IPv4地址等设置（可取消勾选TCP/IPv6）。注意将计算机名称设置为server2即可，等升级为域控制器后，其计算机名称会自动改为server2.sayms.local。

STEP 2 打开**服务器管理器**，单击**仪表板**处的**添加角色和功能**，如图5-2-16所示。

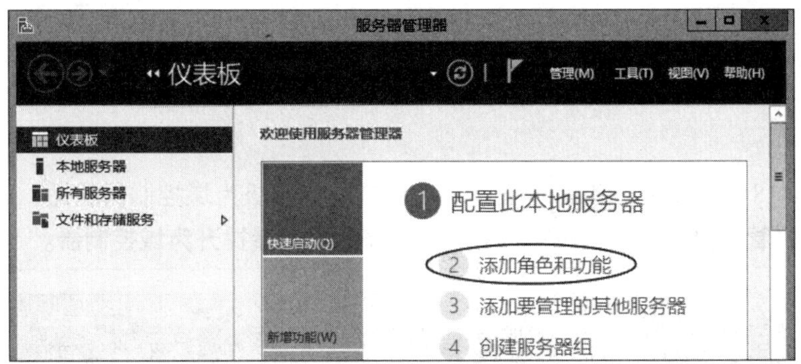

图 5-2-16

STEP 3 持续单击下一步按钮一直到出现图5-2-17所示的界面，勾选**Active Directory域服务**，单击添加功能按钮。

STEP 4 持续单击下一步按钮一直到出现**确认安装所选内容**界面，单击安装按钮。

STEP 5 图5-2-18为完成安装后的界面，单击**将此服务器提升为域控制器**。

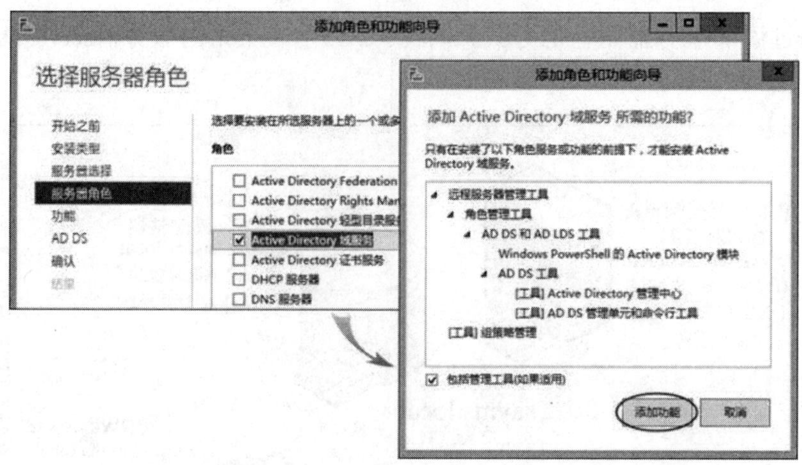

图 5-2-17

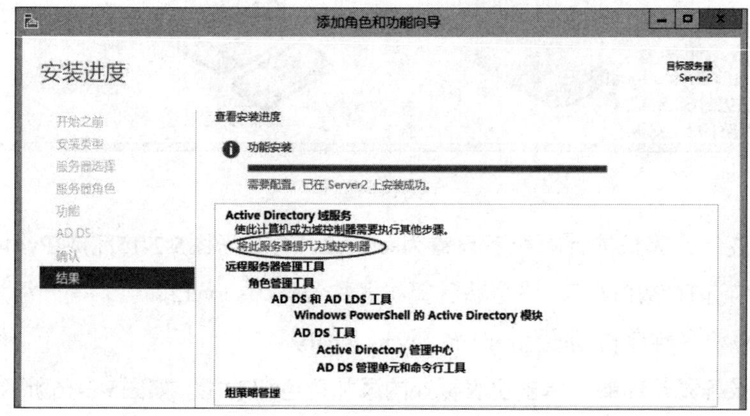

图 5-2-18

附注

若在图5-2-18中直接单击关闭按钮，则之后要将其升级为域控制器的话，可单击图5-2-19中**服务器管理器**右上方的旗帜符号，单击**将此服务器提升为域控制器**。

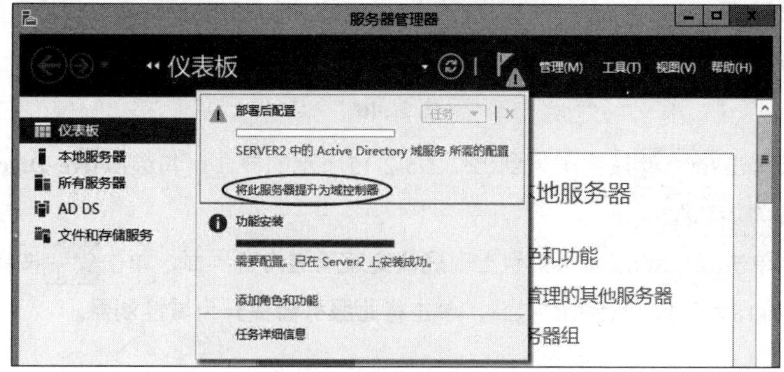

图 5-2-19

STEP 6 在图5-2-20中选择**将域控制器添加到现有域**，输入域名sayms.local，单击更改按钮后输入有权限添加域控制器的账户（sayms\ Administrator）与密码。完成后单击下一步按钮。

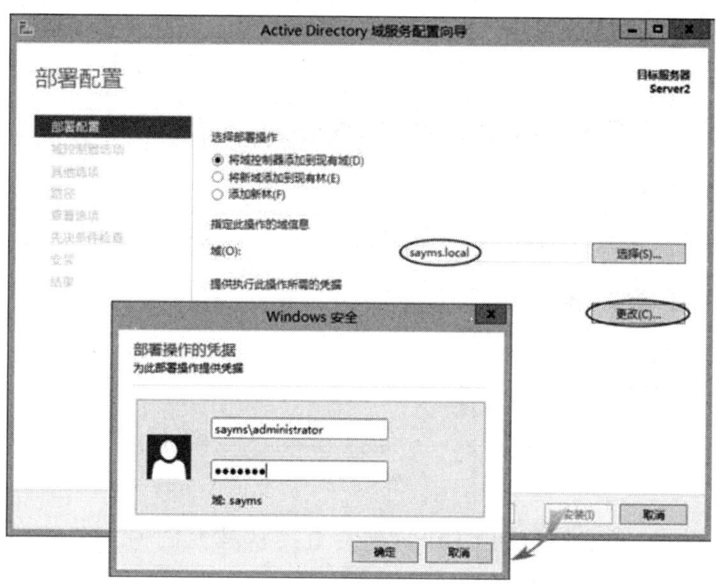

图 5-2-20

注意

只有Enterprise Admins或Domain Admins内的用户有权限建立其他域控制器。若你现在所登录的账户不是隶属于这两个组（例如我们现在所登录的账户为本地Administrator），则需另外指定有权限的用户账户。

STEP 7 完成图5-2-21中的设置后单击下一步按钮。

图 5-2-21

- 选择是否在此服务器上安装DNS服务器（默认勾选）。
- 选择是否将其设置为**全局编录**服务器（默认勾选）。

- 选择是否将其设置为**只读域控制器**（默认不勾选）。
- 设定**目录服务还原模式（目录服务修复模式）**的系统管理员密码（见第102页STEP 7中**注意**处的说明）。

STEP 8 出现图5-2-22的警告提示，因为当前不会有影响，所以不必理会，直接单击下一步按钮。

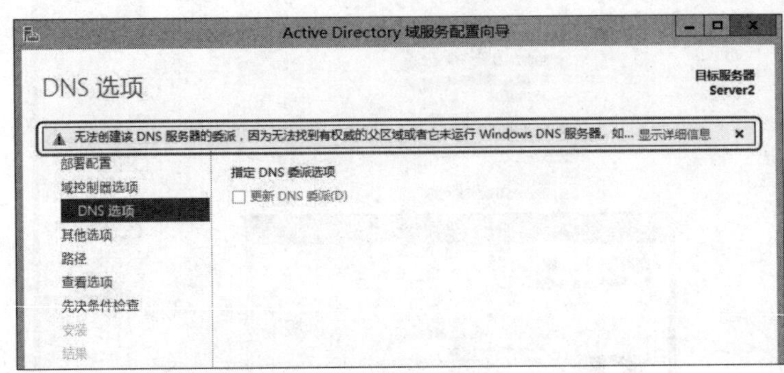

图 5-2-22

STEP 9 在图5-2-23中单击下一步按钮，它会直接从其他任何一台域控制器（当前只有server1.sayms.local）来复制Active Directory（图中的“从介质安装”，可参考《**Windows Server 2012 R2 Active Directory配置指南**》这本书）。

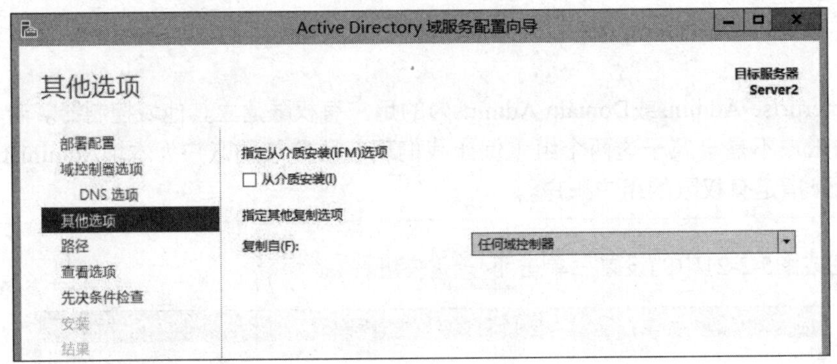

图 5-2-23

STEP 10 在图5-2-24中可直接单击下一步按钮。

- **数据库文件夹**：用来存储AD DS数据库。
- **日志文件文件夹**：用来存储AD DS的变更日志，此日志文件可用来修复AD DS数据库。
- **SYSVOL文件夹**：用来存储域共享文件（例如组策略相关的文件）。

图 5-2-24

STEP 11　在**查看选项**界面中单击下一步按钮。

STEP 12　在图5-2-25所示的界面中，如果顺利通过检查，就直接单击安装按钮，否则根据界面提示先排除问题。

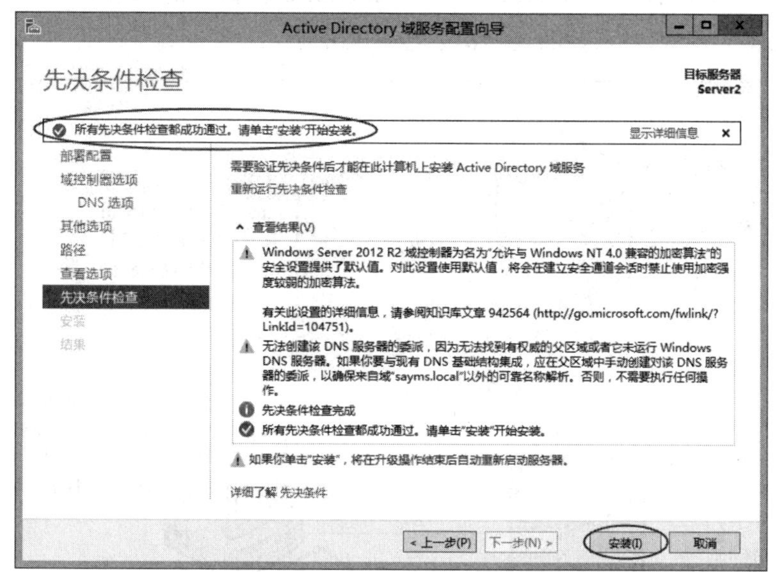

图 5-2-25

STEP 13　安装完成后会自动重新启动。请重新登录。

STEP 14　检查DNS服务器内是否有这台域控制器server2.sayms.local的相关记录，其说明可参考**检查DNS服务器内的记录是否完备**（第104页）中的内容。

5.3　将Windows计算机加入或退出域

Windows计算机加入域后，便可以访问AD DS数据库与其他域资源，例如用户可以在这些计算机上利用域用户账户来登录域，并利用此域用户账户来访问域内其他计算机内的资源。以下是可以被加入域的计算机：

- Windows Server 2012（R2）Datacenter/Standard
- Windows Server 2008（R2）Datacenter/Enterprise/Standard
- Windows Server 2003（R2）Datacenter/Enterprise/Standard
- Windows 8.1（8）Enterprise/Pro
- Windows 7 Ultimate/ Enterprise/Professional
- Windows Vista Ultimate/Enterprise/Business
- Windows XP Professional

5.3.1 将Windows计算机加入域

我们要将图5-3-1左下角的服务器server3加入域，假设它是Windows Server 2012 R2 Datacenter；同时也要将右下角的Windows 8.1 Enterprise计算机加入域。下列步骤利用图中左下角的服务器server3（Windows Server 2012 R2）来说明。

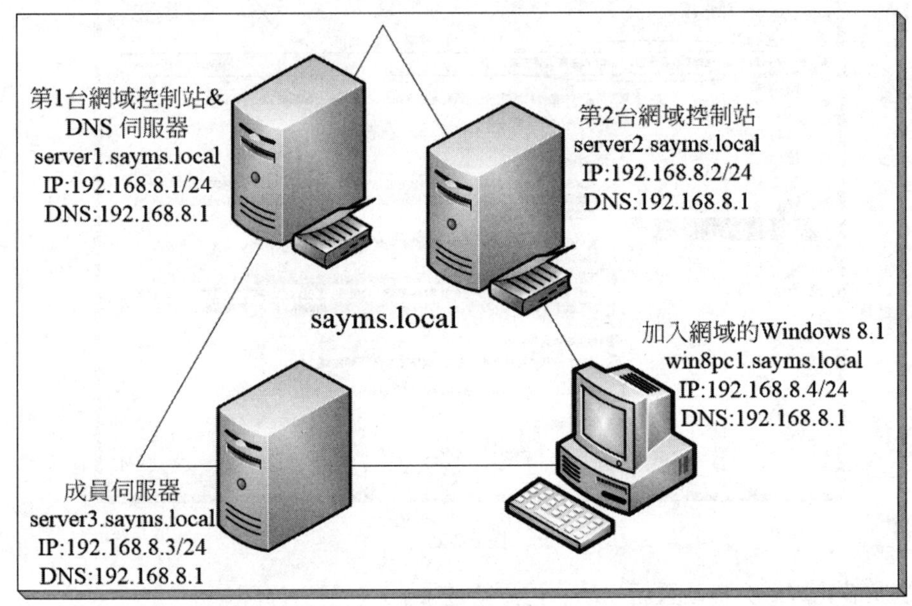

图 5-3-1

STEP 1 先将该台计算机的计算机名称设置为server3，并参考图5-3-1设置设备IPv4地址等内容。注意计算机名称设置为server3即可，加入域后，其计算机名称会自动改为server3.sayms.local。

STEP 2 打开**服务器管理器**➲单击左侧**本地服务器**➲如图5-3-2所示，单击右侧**工作组**处的WORKGROUP（也可以【按Windows键⊞切换到**开始**菜单➲使用鼠标右键单击**这台电脑**图标➲单击下方的**属性**➲单击右下角的**更改设置**】。

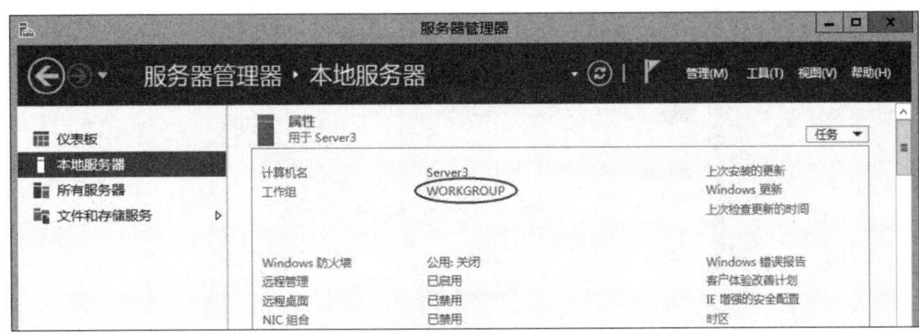

图 5-3-2

若是Windows 8.1计算机，则可【切换到**开始**菜单（可按Windows键⊞）➲单击菜单左下方⬇符号➲使用鼠标右键单击图5-3-3的**这台电脑**➲单击下方的**属性**➲单击右下角的**更改设置**】。

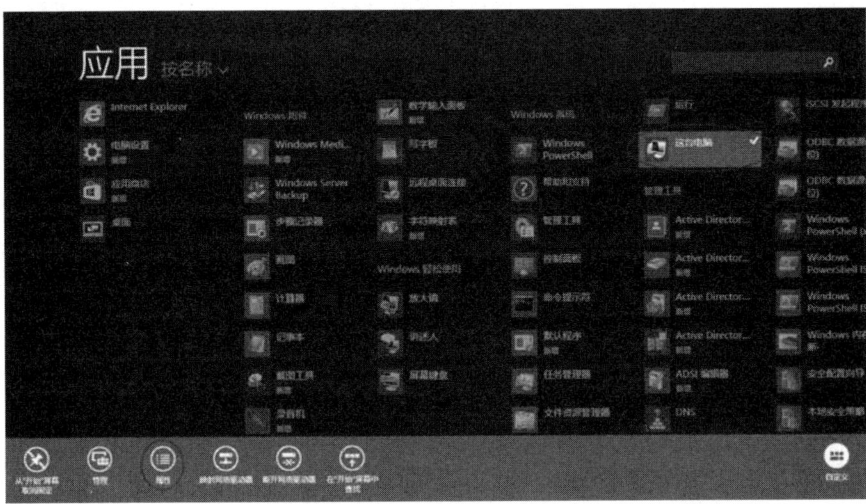

图 5-3-3

附注

若是Windows 8计算机，则可【按⊞键切换到**开始**菜单➲鼠标右键单击空白处➲单击**所有应用程序**➲使用鼠标右键单击**计算机**➲单击下方**属性**➲…】。若是Windows 7与Windows Vista，则可【开始➲选中**计算机**右键单击➲属性➲单击右下角的**更改设置**】。因为Windows Vista（含）之后的系统默认已经启用**用户账户控制**，因此若你不是本地系统管理员，则此时系统会先要求你输入本地系统管理员的密码。

STEP 3 单击图5-3-4中的更改按钮。

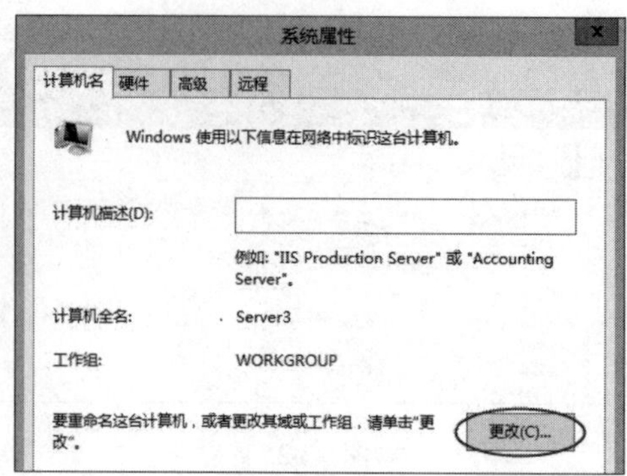

图 5-3-4

STEP 4 选择图5-3-5中的**域**➲输入域名sayms.local➲单击确定按钮➲输入域内任何一个用户账户名称与密码（此账户需隶属于Domain Users组），图中利用Administrator➲单击确定按钮。

图 5-3-5

注意

如果出现错误提示，就检查TCP/IPv4的设置是否有错误，尤其是**首选DNS服务器**的IPv4地址是否正确，以本范例来说应该是192.168.8.1。

STEP 5 出现图5-3-6的界面表示已经成功地加入域，也就是此计算机的计算机账户已经被建立在AD DS数据库内，请单击确定按钮。

图 5-3-6

> **注意**
>
> 如果出现错误提示，就检查所输入的账户与密码是否正确，注意不一定需要域系统管理员账户，你可以输入AD DS数据库内其他任何一个用户账户与密码，不过最多只可以在AD DS数据库内添加10个计算机账户。

STEP 6 出现提示你需要重新开启计算机的界面时单击确定按钮。

STEP 7 加入域后，完整计算机名称的后缀就会附上域名，如图5-3-7中的server3.sayms.local，单击关闭按钮。

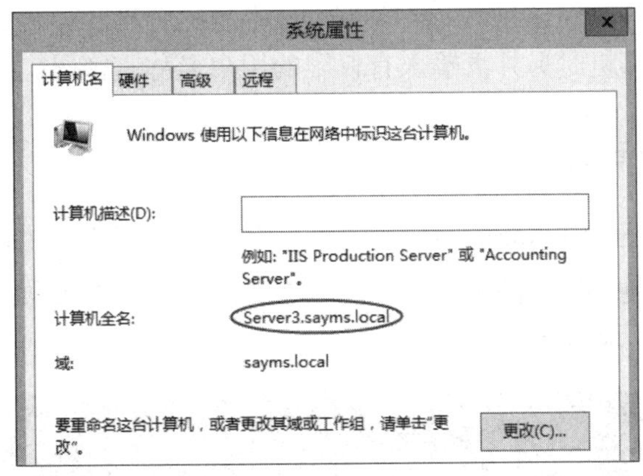

图 5-3-7

STEP 8 依照系统提示重新启动计算机。

STEP 9 请自行将图5-3-1中的Windows 8.1计算机加入域。

> **附注**
>
> 这些被加入域的计算机账户会被建立在Computers容器内。

5.3.2 利用已加入域的计算机登录

你可以在已经加入域的计算机上利用本地或域用户账户来登录。

利用本地用户账户登录

在登录界面中按Ctrl + Alt + Del键后，将出现如图5-3-8所示的界面，图中默认是让你利用本地系统管理员Administrator的身份登录，因此你只要输入本地Administrator的密码就可以登录。

图 5-3-8

此时系统会利用本地安全数据库来检查账户与密码是否正确，若正确，你就可以成功登录，也可以访问此计算机内的资源（若有权限的话），不过无法访问域内其他计算机的资源，除非在连接其他计算机时另外再输入有权限的用户名称与密码。

利用域用户账户登录

如果要改用域系统管理员Administrator的身份登录，可以【单击图5-3-8中图像左方的箭头图标➲单击**其他用户**图标➲如图5-3-9所示，输入域系统管理员的账户（sayms\administrator）与密码】。

图 5-3-9

注意账户名称前面需要附加域名，例如sayms.local\Administrator或sayms\Administrator，此时账户与密码会被传送给域控制器，并利用AD DS数据库来检查账户与密码是否正确，若

正确，就可以登录成功，且可以直接连接域内任何一台计算机、访问其中的资源（若有被赋予权限的话），不需要再另外手动输入用户名称与密码。

5.3.3 退出域

只有域Enterprise Admins、Domain Admins成员或本机Administrator才有权限将计算机退出域。因为Windows系统默认已启用**用户账户控制**，所以若你没有权限执行退出域的工作，系统会先要求你输入账户与密码。

退出域的方法与加入域的方法大同小异，以Windows Server 2012 R2来说，其方法也是通过【打开**服务器管理器**➲单击左侧**本地服务器**➲单击右侧**域**处的sayms.local➲单击更改按钮➲选择图5-3-10中的**工作组**➲输入适当的工作组名称后单击确定按钮➲出现**欢迎加入工作组**界面时单击确定按钮➲重新启动计算机】。之后在这台计算机上就只能够利用本地用户账户来登录，无法再利用域用户账户。这些计算机退出域后，其原本在Computers容器内的计算机账户会被停用（计算机账户图标会多一个向下的箭头）。

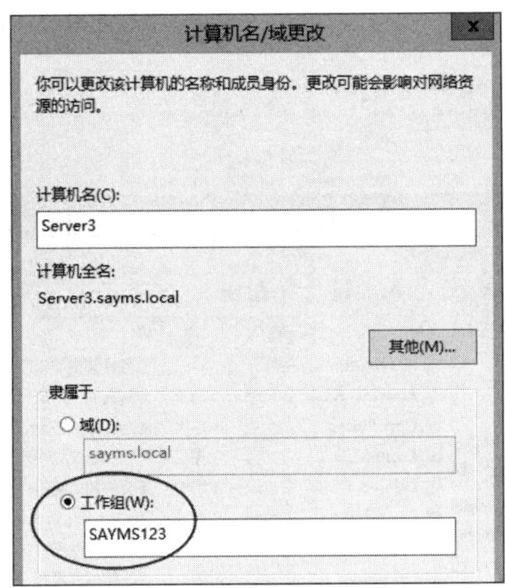

图 5-3-10

5.4 管理Active Directory域用户账户

5.4.1 域控制器内置的Active Directory管理工具

你可以在Windows Server 2012 R2计算机上通过以下两个工具来管理域账户，例如用户账户、组账户与计算机账户等。

- **Active Directory用户和计算机**：它是以前在Windows Server 2008、Windows Server 2003等系统就已经提供的工具。
- **Active Directory管理中心**：这是从Windows Server 2008 R2开始提供的工具，用来取代**Active Directory用户和计算机**。以下尽量通过**Active Directory管理中心**来说明。

这两个工具默认只安装在域控制器，你可以通过【按Windows键⊞切换到**开始**菜单➲管理工具➲**Active Directory管理中心**或**Active Directory用户和计算机**】的方法来执行它们。以我们的实验环境来说，请到域控制器server1或server2计算机上执行它们，如图5-4-1与图5-4-2所示。

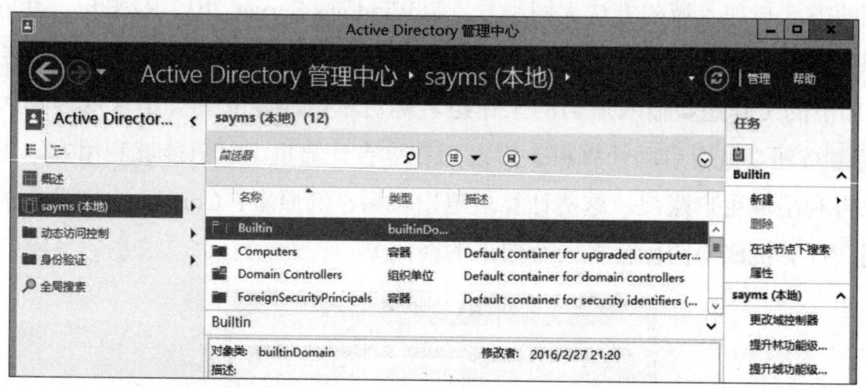

图5-4-1

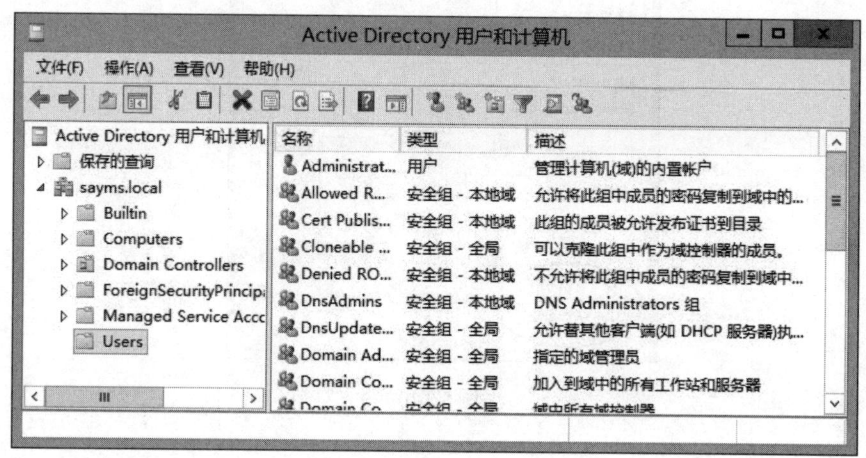

图5-4-2

在服务器Server1还没有被升级成为域控制器之前，原本位于本地安全性数据库内的本地账户会在升级后被转移到AD DS数据库内，而且是被放置到Users容器内。这台域控制器的计算机账户会被放置到图中的Domain Controllers组织单位内，其他加入域的计算机账户默认会被放置到图中的Computers容器内。

只有在建立域内的第1台域控制器时，该服务器原来的本地账户才会被转移到AD DS数据库，其他域控制器（例如本范例中的Server2）原来的本地账户并不会被转移到AD DS数据

库，而是被删除。

5.4.2 其他成员计算机内的Active Directory管理工具

非域控制器的Windows Server 2012（R2）、Windows Server 2008（R2）等成员服务器与Windows 8.1（8）、Windows 7等客户端计算机内默认并没有管理AD DS的工具，例如**Active Directory用户和计算机**、**Active Directory管理中心**等，不过只要另外安装这些工具，就可以在计算机上利用这些工具来管理AD DS。

Windows Server 2012 R2、Windows Server 2012 成员服务器

Windows Server 2012 R2、Windows Server 2012成员服务器可以通过**添加角色和功能**的方式来拥有AD DS管理工具：【打开**服务器管理器**➲单击**仪表板**处的**添加角色和功能**➲持续单击下一步按钮一直到出现图5-4-3的**选择功能**界面时勾选**远程服务器管理工具**之下的**AD DS和AD LDS工具**】，安装完成后可以到**开始**菜单的**系统管理工具**来执行这些工具。

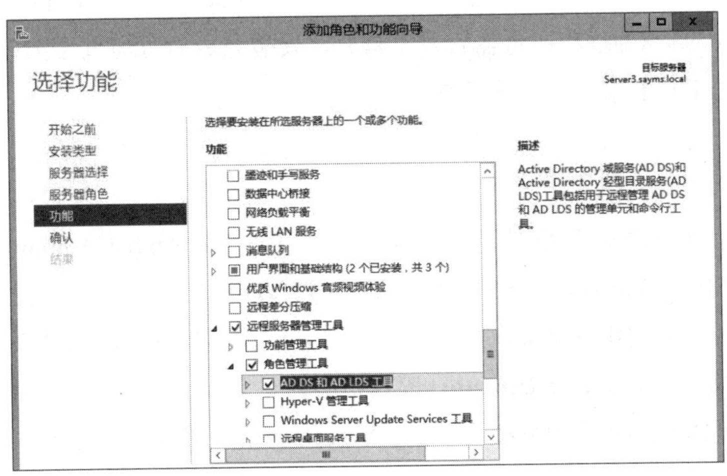

图 5-4-3

Windows Server 2008 R2、Windows Server 2008 成员服务器

Windows Server 2008 R2、Windows Server 2008成员服务器可以通过**添加功能**的方式来安装AD DS管理工具：【打开**服务器管理器**➲单击**功能**右侧的**添加功能**➲勾选图5-4-4中**远程服务器管理工具**之下的**AD DS和AD LDS工具**】，安装完成后可以到**管理工具**来执行这些工具。

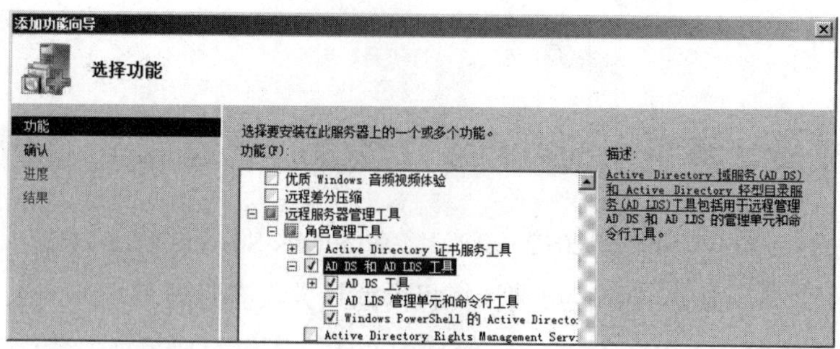

图 5-4-4

Windows 8.1、Windows 8

Windows 8.1计算机需要到微软网站下载与安装Remote Server Administration Tools for Windows 8.1（Windows 8.1 的远程服务器管理工具），安装完成后可通过【按Windows键⊞切换到**开始**菜单➲单击菜单左下方的⊕图标➲管理工具】来启用**Active Directory管理中心**与**Active Directory用户和计算机**等工具。

Windows 8计算机需要到微软网站下载与安装Remote Server Administration Tools for Windows 8（Windows 8的远程服务器管理工具），安装完成后可通过【按Windows键⊞切换到**开始**菜单➲管理工具】来启用这些工具。

Windows 7

Windows 7计算机需要到微软网站下载与安装Remote Server Administration Tools for Windows 7 with SP1（Windows 7 SP1的远程服务器管理工具），安装完成之后使用【开始➲控制面板➲单击最下方的**程序集**➲单击最上方的**打开或关闭Windows功能**➲勾选图5-4-5中**远程服务器管理工具**之下的**Active Directory管理中心**】。完成之后，就可以在【开始➲管理工具】中打开**Active Directory管理中心**与**Active Directory用户和计算机**等工具。

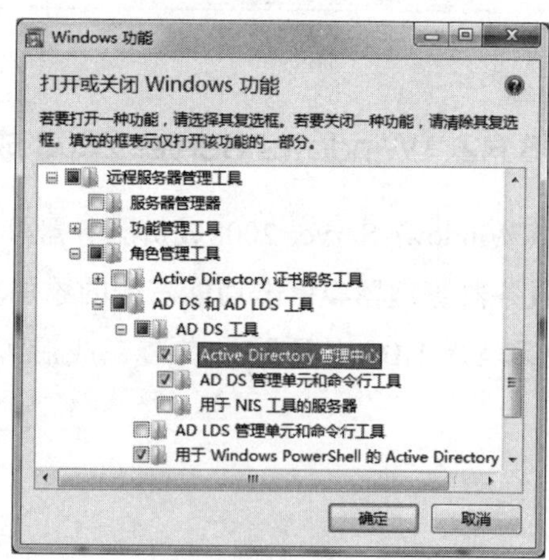

图 5-4-5

5.4.3 建立组织单位（OU）与域用户账户

你可以将用户账户建立到任何一个容器或组织单位内。下面我们将先建立一个名称为**业务部**的组织单位，然后在此组织单位内建立域用户账户。（通过**Active Directory管理中心**来说明。）

STEP 1 按Windows键切换到**开始**菜单➲管理工具➲Active Directory管理中心➲在图5-4-6中选中域名**sayms（本机）**，右击➲新建➲组织单位。

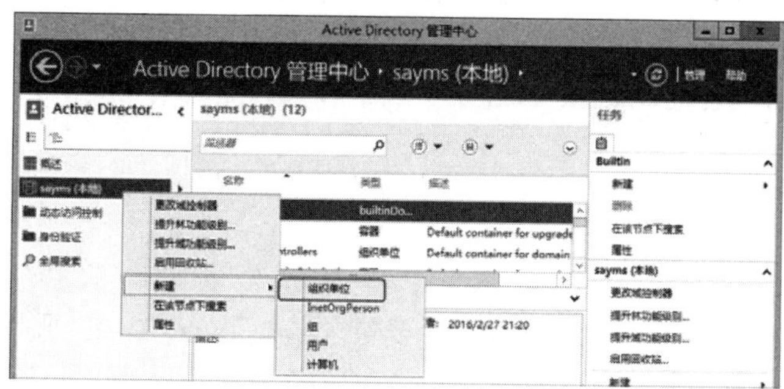

图 5-4-6

STEP 2 在**名称**字段输入**业务部**后单击确定按钮，如图5-4-7所示。

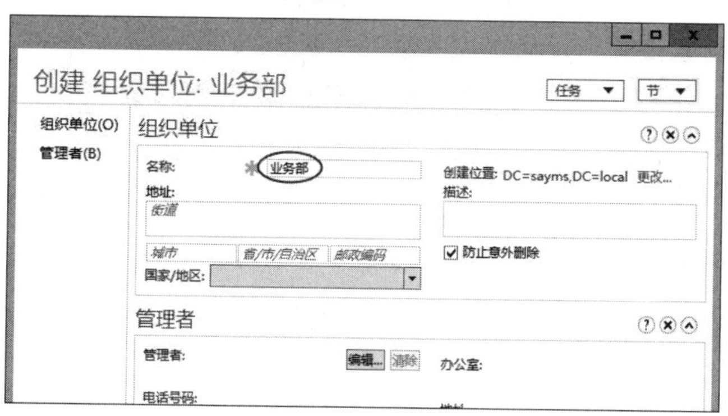

图 5-4-7

STEP 3 选中**业务部**组织单位后右击➲新建➲用户，如图5-4-8所示。

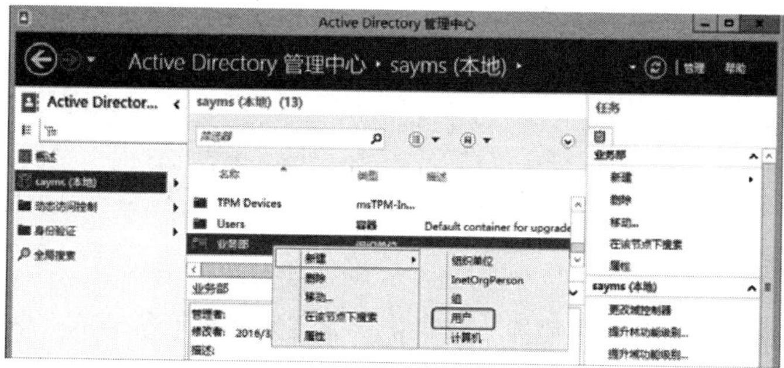

图 5-4-8

STEP 4 在图5-4-9中输入以下数据后单击**确定**按钮：

- **名字、姓氏与全名等**数据。
- **用户UPN登录**：用户可以利用这个与电子邮件地址格式相同的名称（george@sayms.local）来登录域，此名称被称为User Principal Name（UPN）。整个林内，此名称必须是唯一的。
- **用户SamAccountName登录**：用户也可利用此名称（sayms\george）来登录域，其中sayms为NetBIOS域名。同一个域内，此登录名称必须是唯一的。Windows 2000之前版本的旧客户端系统并不支持UPN，因此在这些计算机上登录时，只能使用此处的登录名称。
- **密码、确认密码与密码选项**等说明与4.2节相同，请自行参考。

> **注意**
>
> 域用户的密码默认需至少7个字符，且不可包含用户账户名称（指“**用户SamAccountName**”）或全名，还有至少要包含A~Z、a~z、0~9、非字母数字（例如!、$、#、%）4组字符中的3组，例如123abcABC为有效密码，而1234567为无效密码。若要修改此默认值，请参考第10章的说明。

- **防止意外删除**：若勾选此选项，则此账户将无法被删除。
- **账户过期**：用来设置账户的有效期限，默认为从不。

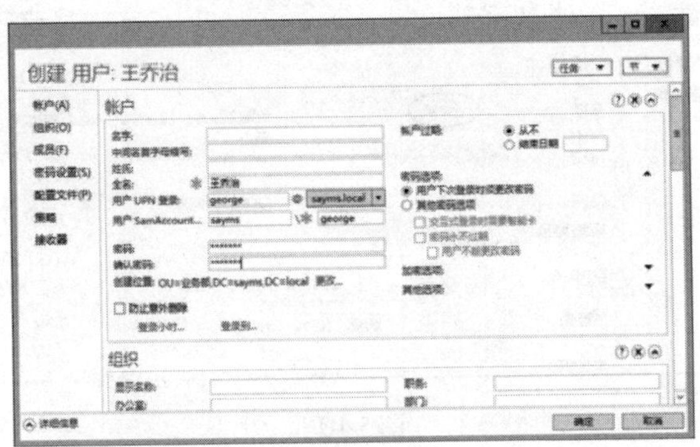

图5-4-9

我们将利用刚才建立的域用户账户（george）来测试登录域的操作。请直接到域内任何一台非域控制器的计算机上来登录域，例如Windows Server 2012 R2成员服务器或已加入域的Windows 8.1计算机。

> **附注**
>
> 普通用户账户默认无法在域控制器上登录，除非另外开放（参考下一小节）。

请在登录界面中【单击人像左侧的箭头图标➲其他用户】后输入域名\用户账户名（sayms\george）与密码，如图5-4-10所示。也可以如图5-4-11所示输入UPN名称（george@sayms.local）与密码来登录。

图 5-4-10

图 5-4-11

5.4.4 利用新用户账户到域控制器登录测试

除了域Administrators等少数组内的成员外，其他普通域用户账户默认无法在域控制器上登录，除非另外开放。

赋予用户在域控制器登录的权限

一般用户必须在域控制器上拥有**允许本地登录**的权限才可以在域控制器上登录。此权限可以通过组策略来开放：请到任何一台域控制器上通过【按Windows键切换到**开始**菜单➲管理工具➲组策略管理➲展开**林**：**sayms.local**➲展开**域**➲展开sayms.local➲展开Domain Controllers➲如图5-4-12所示选中Default Domain Controllers Policy，右击➲编辑】。

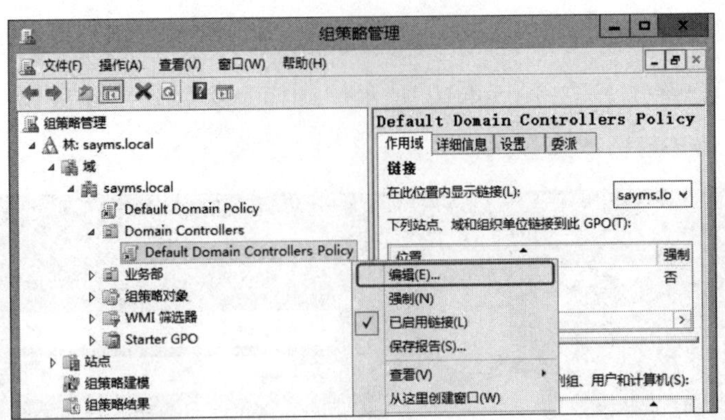

图 5-4-12

接着在图5-4-13中【双击**计算机配置**处的**策略**➲Windows设置➲安全设置➲本地策略➲用户权限分配➲双击右侧**允许本地登录**➲单击添加用户或组按钮】，然后将用户或组加入到列表内。

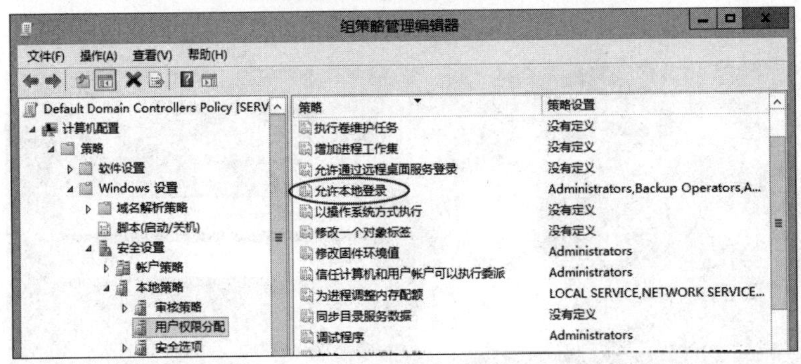

图 5-4-13

接着需等设置值被应用到域控制器后才有效，而应用的方法有以下3种方式。

- 将域控制器重新启动。
- 等域控制器自动应用这个新策略设置，可能需要等5分钟或更久。
- 手动应用：到域控制器上执行**gpupdate** 或 **gpupdate /force** 命令。

你可以到已经完成应用的域控制器上利用前面所创建的新用户账户来测试是否可以正常登录。

多台域控制器的情况

若域内有多台域控制器，则你所设置的安全配置值是先被存储到扮演 **PDC操作主机**角色的域控制器内，而它默认是由域内的第1台域控制器所扮演。你可以通过【按Windows键⊞切换到**开始**菜单➲管理工具➲Active Directory用户和计算机➲选中域名sayms.local，右击➲操作主机➲如图5-4-14所示的**PDC**选项卡】的途径来查看**PDC操作主机**是哪一台域控制器（例如图中的Server1.sayms.local）。

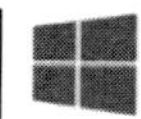

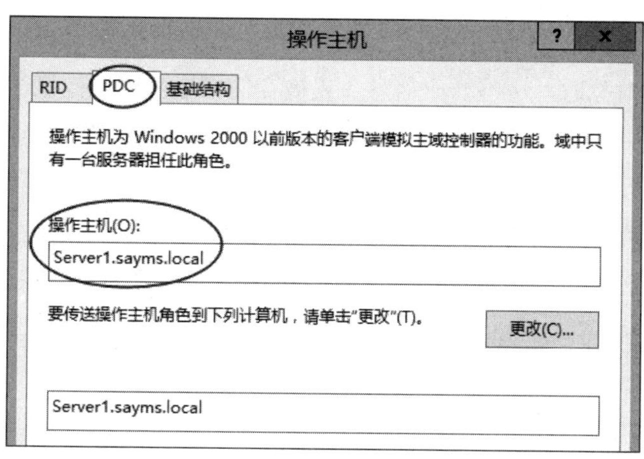

图 5-4-14

你需要等配置数据从**PDC操作主机**复制到其他域控制器后，它们才会应用这些设置值。何时这些设置值会被复制到其他域控制器呢？它分为以下两种情况。

- **自动复制**：**PDC操作主机**默认是15秒后会自动将其复制出去，因此其他域控制器可能需要等15秒或更久才会接收到此设置值。
- **手动复制**：到任何一台域控制器上通过【按Windows键⊞切换到**开始**菜单➲管理工具➲Active Directory站和服务➲Sites➲Default-First-Site- Name➲Servers➲单击欲接收设置值的域控制器➲NTDS Settings➲如图5-4-15所示，选中扮演**PDC操作主机**角色的服务器，右击➲立即复制】，图中假设SERVER1是**PDC操作主机**、SERVER2是欲接收设置值的域控制器。

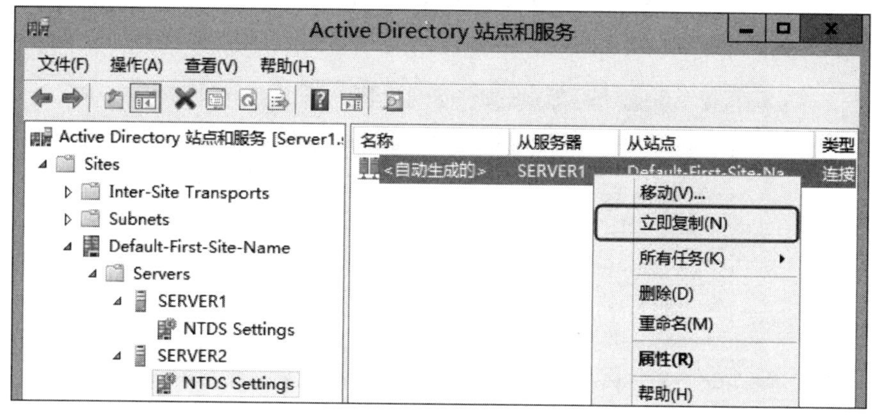

图 5-4-15

附注

基本上，同一个站点内的域控制器之间会隔15秒自动复制，不需要手动复制，除非发生特殊情况，或是你希望不同站点之间的域控制器能够立即复制，才有需要采用手动复制。

当你利用**Active Directory管理中心**或**Active Directory用户和计算机**添加、删除、修改用户账户等AD DS内的对象时，这些修改信息会先被存储在哪一台域控制器呢？分析如下：

若是组策略设置（例如**允许本地登录**的权限），则它是先被存储在**PDC操作主机**内，但若是AD DS用户账户或其他对象有修改，则这些修改数据会先被存储到你所连接的域控制器，同时系统默认会在15秒后自动将此变更数据复制到其他域控制器。

若要查询当前所连接的域控制器，可在**Active Directory管理中心**控制台中将鼠标指针选中图中的**sayms（本地）**，如图5-4-16所示，就会显示当前所连的域控制器。例如，图5-4-16中所连接的域控制器Server1.sayms.local。若要更改连接其他域控制器，则单击图右侧的**更改域控制器**。

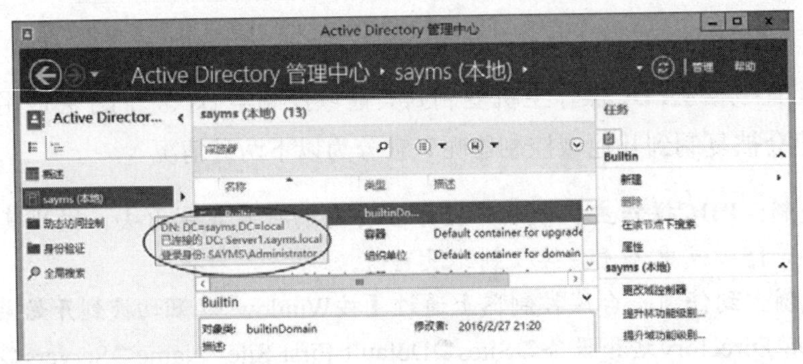

图 5-4-16

若是使用**Active Directory用户和计算机**，则可以从图5-4-17来查看所连接的域控制器（Server1.sayms.local）。若要更改连接到其他域控制器，请通过【选中图5-4-17中的**Active Directory用户和计算机（Server1.sayms.local）**，右击➲更改域控制器】的途径。

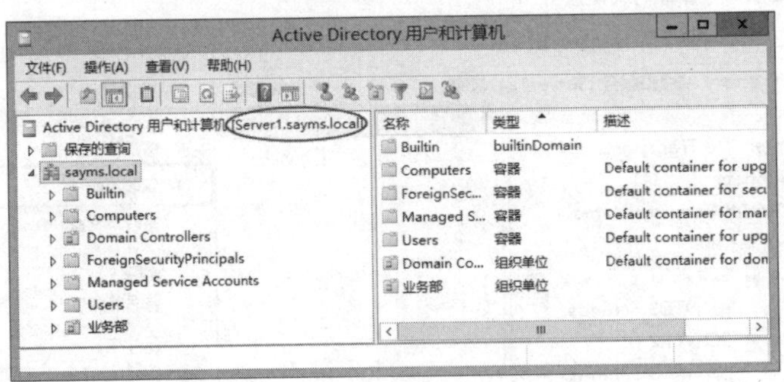

图 5-4-17

排除登录问题

当你在域控制器上利用普通用户账户登录时，若出现如图5-4-18所示的“不允许使用你正在尝试的登录方式……”警告提示的话，表示此用户账户在这台域控制器上没有被赋予**允许本地登录**的权限，其可能原因是尚未被赋予此权限、策略设置值尚未被复制到此域控制

器、尚未应用，此时请参考前面所介绍的方法来解决问题。

图 5-4-18

5.4.5 域用户个人信息的设置

每一个域用户账户内都有一些相关的属性数据，例如地址、电话、电子邮件地址等，域用户可以通过这些属性来查找AD DS数据库内的用户，例如可以通过电话号码来查找用户，因此为了更容易地找到所需的用户账户，这些属性数据越完整越好。

在**Active Directory管理中心**控制台中可通过双击用户账户的方式来输入用户的相关数据，如图5-4-19所示在**组织**节点中可以输入用户的地址、电话等。

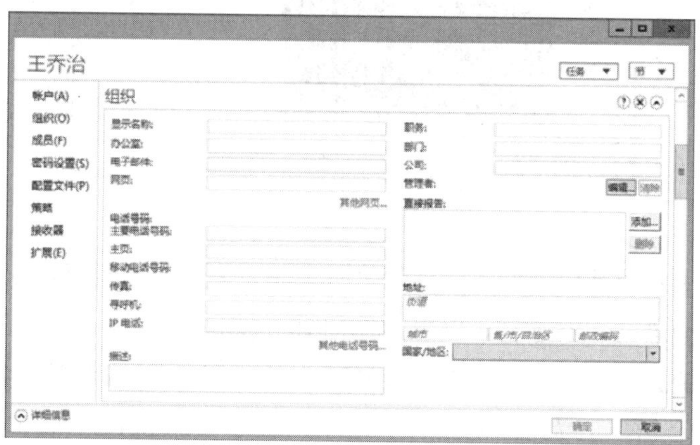

图 5-4-19

5.4.6 限制登录时间与登录计算机

我们可以限制用户的登录时间与只能够使用某些计算机来登录域，其设置方法是通过单击图5-4-20中的**登录小时…**与**登录到…**。

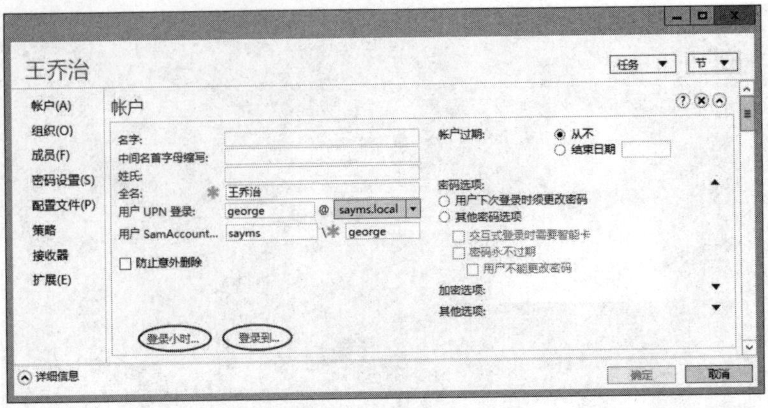

图 5-4-20

单击图5-4-20的**登录小时…**后便可以通过图5-4-21来设置，图中横轴每一方块代表一个小时，纵轴每一方块代表一天，填满的方块表示允许用户登录的时间，空白方块代表该时间段不允许登录，默认是开放所有时间段。选好时间后选择**允许登录**或**拒绝登录**来允许或拒绝用户在上述时间段登录。

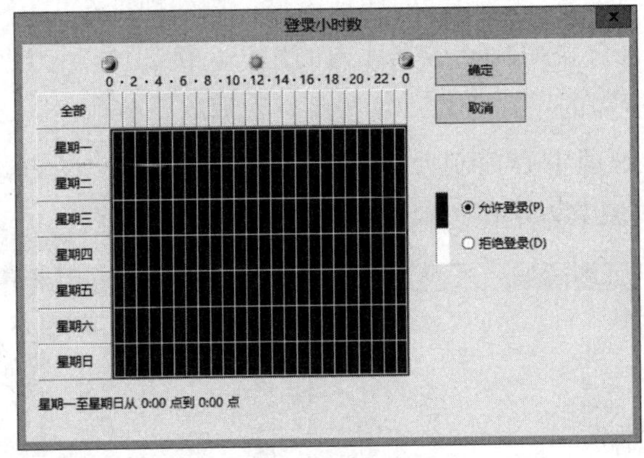

图 5-4-21

域用户默认在所有非域控制器的成员计算机上具备**允许本地登录**的权限，因此他们可以利用这些计算机来登录域，不过也可以限制他们只可以利用某些特定计算机来登录域：【单击图5-4-20中的**登录到…**➲在图5-4-22中选择**下列计算机**➲输入计算机名称后单击添加按钮】，计算机名称可为NetBIOS名称（例如win8pc1）或DNS名称（例如win8pc1.sayms.local）。

图 5-4-22

5.5 管理Active Directory域组账户

我们在第4章内已经介绍过本地组账户，此处将介绍域组账户。

5.5.1 域内的组类型

AD DS的域组分为以下两种类型。

- **安全组**：它可以被用来指定权限，例如你可以指定安全组对文件具备**读取**的权限。也可以被用在与安全无关的工作上，例如可以发送电子邮件给安全组。
- **通信组**：它被用在与安全（权限设置等）无关的工作上，例如你可以发送电子邮件给通信组，但是无法为通信组分配权限。

你可以将现有的安全组转换为通信组，反之亦然。

5.5.2 组的范围

从组的范围来看，域内的组分为以下三种（见表 5-5-1）：本地域组（domain local group）、全局组（global group）、通用组（universal group）。

本地域组

本地域组主要被用来分配其所属域内的访问权限，以便可以访问该域内的资源。

- 其成员可以包含任何一个域内的用户、全局组、通用组；也可以包含相同域内的本地域组；但无法包含其他域内的本地域组。
- 本地域组只能够访问该域内的资源，无法访问其他不同域内的资源；换句话说当你在设置权限时，你只可以设置相同域内的本地域组的权限，无法设置其他不同域内的本地域组的权限。

全局组

全局组主要用来组织用户，也就是你可以将多个即将被赋予相同权限的用户账户加入到同一个全局组内。

- 全局组内的成员只可以包含相同域内的用户与全局组。
- 全局组可以访问任何一个域内的资源，也就是说你可以在任何一个域内设置全局组的权限（这个全局组可以位于任何一个域内），以便让此全局组具备权限来访问该域内的资源。

通用组

通用组可以在所有域内被设置访问权限，以便访问所有域内的资源。

- 通用组具备“所有领域”特性，其成员可以包含林中任何一个域内的用户、全局组、通用组，但是它无法包含任何一个域内的本地域组。
- 通用组可以访问任何一个域内的资源，也就是说你可以在任何一个域内来设置通用组的权限（这个通用组可以位于任何一个域内），以便让此通用组具备权限来访问该域内的资源。

上述将组加入到其他组内的操作称为组嵌套（group nesting）。

表 5-5-1

特性 \ 组	本地域组	全局组	通用组
可包含的成员	所有域内的用户、全局组、通用组，相同域内的本地域组	相同域内的用户与全局组	所有域内的用户、全局组、通用组
可以在哪一个域内被设置权限	同一个域	所有域	所有域
组转换	可以被换成通用组（只要原组内的成员不含本地域组即可）	可以被换成通用组（只要原组不隶属于任何一个全局组即可）	可以被换成本地域组，可以被换成全局组（只要原组内的成员不包含通用组即可）

5.5.3 域组的建立与管理

新建域组时，可通过【按Windows键⊞切换到**开始**菜单➲管理工具➲Active Directory管理中心➲选中域名➲选中任何一个容器或组织单位，右击（例如图5-5-1中的**业务部**）➲新建➲组】的方法。

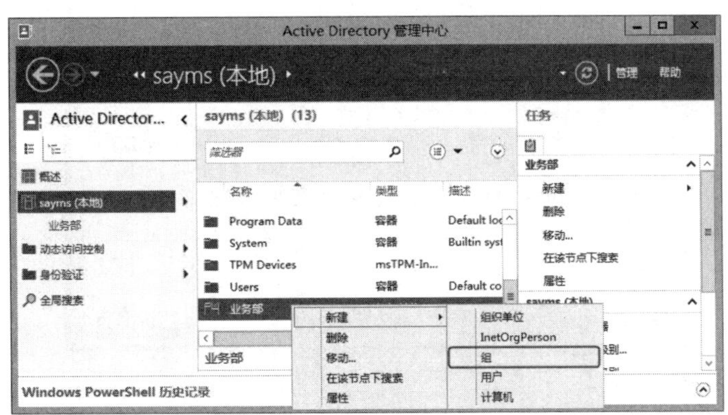

图 5-5-1

然后在图5-5-2中输入组名、输入可供旧版操作系统访问的组名（SamAccountName）、选择组范围与组类型等。若要删除组，则【选中组账户，右击➲删除】。

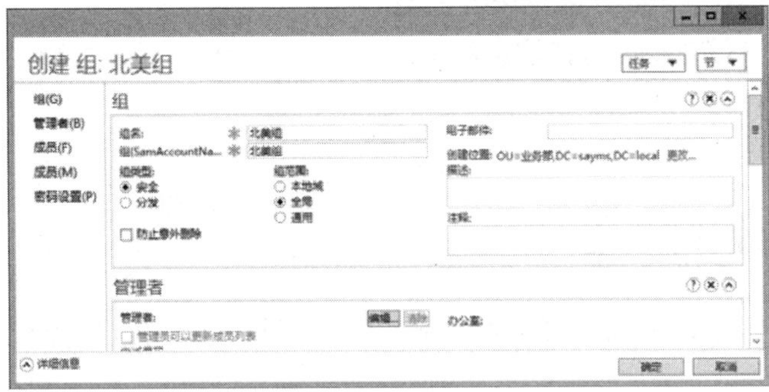

图 5-5-2

> **附注**
>
> 域用户账户与组账户也都有唯一的安全标识符（security identifier，SID），相关注意事项与4.2节相同，请前往参考。

若要将用户、组等加入到组内，则可通过【如图5-5-3所示单击**成员**节点右侧的添加按钮➲高级➲立即查找➲选择需要被加入的成员（按Shift或Ctrl键可同时选择多个账户）➲单击确定按钮】。

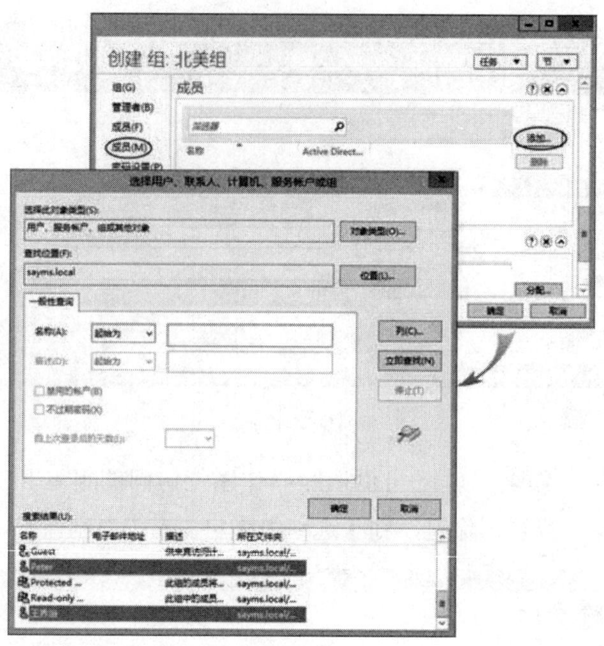

图 5-5-3

5.5.4 AD DS内置的域组

AD DS有许多内置组，分别隶属于本地域组、全局组、通用组与特殊组。

内置的本地域组

这些本地域组本身已被赋予一些权限，以便让其具备管理AD DS域的能力。只要将用户或组账户加入到这些组内，这些账户就会自动具备相同的权限。以下是Builtin容器内常用的本地域组。

- **Account Operators**：其成员默认可在容器与组织单位内新建/删除/修改用户、组与计算机账户，不过部分内置的容器除外，例如Builtin容器与Domain Controllers 组织单位，同时也不允许在部分内置的容器内新建计算机账户，例如Users。他们也无法更改大部分组的成员，例如Administrators等。
- **Administrators**：其成员具备系统管理员权限，他们对所有域控制器拥有最大控制权，可以执行AD DS管理工作。内置系统管理员Administrator就是此组的成员，而且你无法将其从此组内删除。

  此组默认的成员包含了Administrator、全局组Domain Admins、通用组Enterprise Admins等。
- **Backup Operators**：其成员可以通过Windows Server Backup工具来备份与还原域控制器内的文件，不论他们是否有权限访问这些文件。其成员也可以将域控制器关机。

- **Guests**：其成员无法永久改变其桌面环境，当他们登录时，系统会为他们建立一个临时的用户配置文件，而注销时此配置文件就会被删除。此组默认的成员为用户账户Guest与全局组Domain Guests。
- **Network Configuration Operators**：其成员可在域控制器上执行常规的网络设置工作，例如修改IP地址，但不能安装、删除驱动程序与服务，也不能执行与网络服务器设置有关的操作，例如DNS与DHCP服务器的设置。
- **Performance Monitor Users**：其成员可监视域控制器的运行性能。
- **Pre-Windows 2000 Compatible Access**：此组主要是为了与Windows NT 4.0（或更旧的系统）兼容。其成员可以读取AD DS域内的所有用户与组账户。其默认的成员为特殊组Authenticated Users。只有在用户的计算机是Windows NT 4.0或更旧的系统时才将用户加入到此组内。
- **Print Operators**：其成员既可以管理域控制器上的打印机，也可以将域控制器关机。
- **Remote Desktop Users**：其成员可从远程计算机通过远程桌面登录。
- **Server Operators**：其成员可以备份与还原域控制器内的文件，锁定与解锁域控制器，将域控制器上的硬盘格式化，更改域控制器的系统时间，将域控制器关机等。
- **Users**：其成员仅拥有一些基本权限，例如执行应用程序，但是他们不能修改操作系统的设置、不能更改其他用户的数据、不能将服务器关机。此组默认的成员为全局组Domain Users。

内置的全局组

AD DS内置的全局组本身并没有任何的权利，但是可以将其加入到具备权限的本地域组，或另外直接分配权限给此全局组。这些内置全局组是位于容器Users内的。下面列出常用的全局组。

- **Domain Admins**：域成员计算机会自动将此组加入到其本地组Administrators内，因此Domain Admins组内的每一个成员在域内的每一台计算机上都具备系统管理员权限。此组默认的成员为域用户Administrator。
- **Domain Computers**：所有的域成员计算机（域控制器除外）都会被自动加入到此组内。
- **Domain Controllers**：域内的所有域控制器都会被自动加入到此组内。
- **Domain Users**：域成员计算机会自动将此组加入到其本地组Users内，因此Domain Users内的用户将拥有本地组Users所拥有的权限，例如拥有**允许本地登录**的权限。此组默认的成员为域用户Administrator，而以后新建的域用户账户都自动会隶属于此组。
- **Domain Guests**：域成员计算机会自动将此组加入到本地组Guests内。此组默认的成员为域用户账户Guest。

内置的通用组

- **Enterprise Admins**：此组只存在于林根域，其成员有权管理林内的所有域。此组默认的成员为林根域内的用户Administrator。

- **Schema Admins**：此组只存在于林根域，其成员具备管理**架构**（schema）的权限。此组默认的成员为林根域内的用户Administrator。

内置的特殊组

此部分与4.1节相同，请自行前往参考。

5.6 提升域与林功能级别

我们在5.1节最后已经详细说明了域与林各功能级别的差异，此处将介绍如何将现有的级别提高。你可以通过【按Windows键⊞切换到**开始**菜单➲管理工具➲Active Directory管理中心➲选中域名**sayms（本地）**➲单击图5-6-1右侧的**提升林功能级别...**或**提升域功能级别...**】的方法来提升级别。

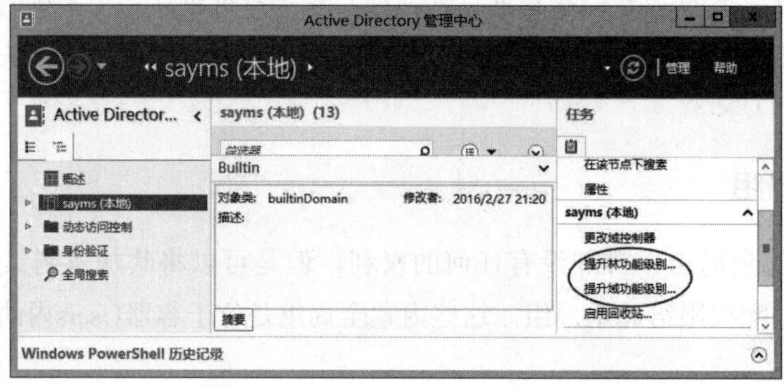

图5-6-1

也可以通过【按Windows键⊞切换到**开始**菜单➲管理工具➲Active Directory域和信任关系➲选中**Active Directory域和信任关系**，右击➲提升林功能级别】或【按Windows键⊞切换到**开始**菜单➲管理工具➲Active Directory用户和计算机➲选中域名sayms.local，右击➲提升域功能级别】的方法来提升级别。

参考表 5-6-1来提升域功能级别。参考表 5-6-2来提升林功能级别。

表 5-6-1

当前的域功能级别	可提升的级别
Windows Server 2008	Windows Server 2008 R2、Windows Server 2012、Windows Server 2012 R2
Windows Server 2008 R2	Windows Server 2012、Windows Server 2012 R2
Windows Server 2012	Windows Server 2012 R2

表 5-6-2

当前的林功能级别	可提升的级别
Windows Server 2008	Windows Server 2008 R2、Windows Server 2012、Windows Server 2012 R2
Windows Server 2008 R2	Windows Server 2012、Windows Server 2012 R2
Windows Server 2012	Windows Server 2012 R2

这些升级信息会被自动复制到所有的域控制器，不过可能需要花费15秒或更久的时间。

附注

为了让支持目录访问的应用程序可以在没有域的环境内享有目录服务与目录数据库的好处，因此Windows Server 2012 R2内提供了**Active Directory轻型目录服务**（Active Directory Lightweight Directory Services，AD LDS），它让你可以在计算机内配置多个目录服务的环境，每一个环境被称为一个**AD LDS实例**（Instance），每一个**AD LDS实例**都拥有独立的目录设置、架构、目录数据库。

安装AD LDS的方法为【打开**服务器管理器**➲单击**仪表板**处的**添加角色和功能**➲…➲在**选择服务器角色**处选择**Active Directory轻型目录服务**➲…】，之后就可以通过【按Windows键⊞切换到**开始**菜单➲管理工具➲Active Directory轻型目录服务安装向导】来建立**AD LDS实例**，也可以通过【按Windows键⊞切换到**开始**菜单➲管理工具➲ADSI编辑器】来管理**AD LDS实例**内的目录设置、架构、对象等。

5.7 Active Directory回收站

在旧版Windows系统中，系统管理员如果不小心将AD DS对象删除，那么虽然可以进入**目录服务恢复模式**来找回被误删的对象，但是比较耗费时间，且在**目录服务恢复模式**期间域控制器会暂时停止对客户端提供服务。

Windows Server 2012 R2支持**Active Directory回收站**（Active Directory Recycle Bin），它让你不需要进入**目录服务恢复模式**，就可以快速找回被删除的对象。要启用**Active Directory回收站**的话，林与域功能级别需为Windows Server 2008 R2（含）以上的级别，因此林中的所有域控制器都必须是Windows Server 2008 R2（含）以上。如果林与域功能级别尚未符合要求，就参考前一节的说明来提升功能级别。注意，一旦启用**Active Directory回收站**后，就无法再停用，因此域与林功能级别也都无法再被降级。

启用**Active Directory回收站**与找回误删对象的演练步骤如下所示。

STEP 1 打开**Active Directory管理中心**➲如图5-7-1所示单击左侧域名sayms➲单击右侧的**启用回收站**。

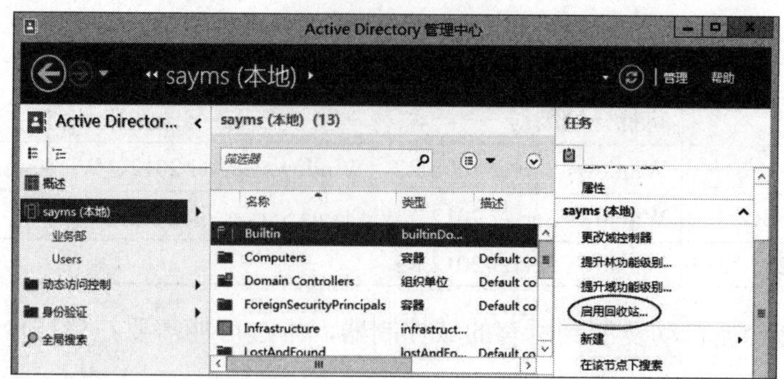

图 5-7-1

STEP 2　如图5-7-2所示单击确定按钮。

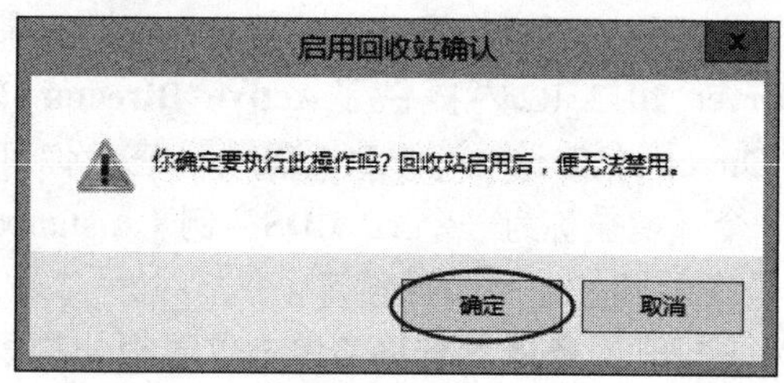

图 5-7-2

STEP 3　在图5-7-3中单击确定按钮后按F5键刷新界面。

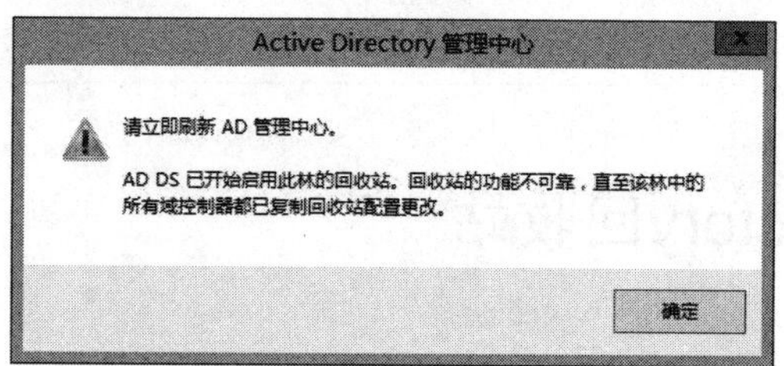

图 5-7-3

附注

若域内有多台域控制器或有多个域，则需等设置值被复制到所有的域控制器后，**Active Directory回收站**的功能才会完全正常。

STEP 4　试着将某个组织单位（假设是**业务部**）删除，但是要先将防止意外删除的选项去除：如图5-7-4所示选中**业务部**、单击右侧的**属性**。

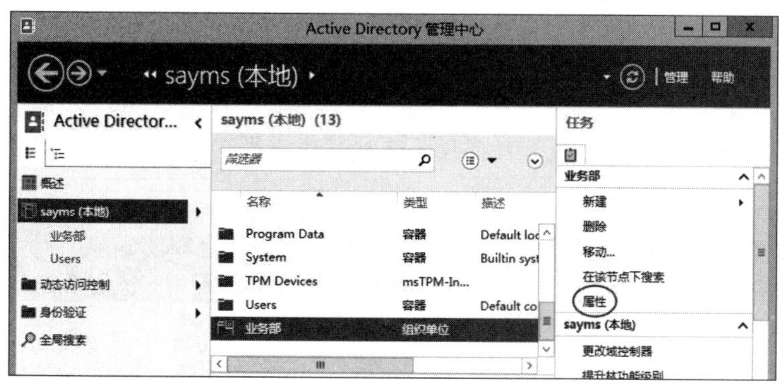

图 5-7-4

STEP 5 取消勾选图5-7-5中选项后单击**确定**按钮➲选中组织单位**业务部**，右击➲删除➲单击2次**是（Y）**按钮。

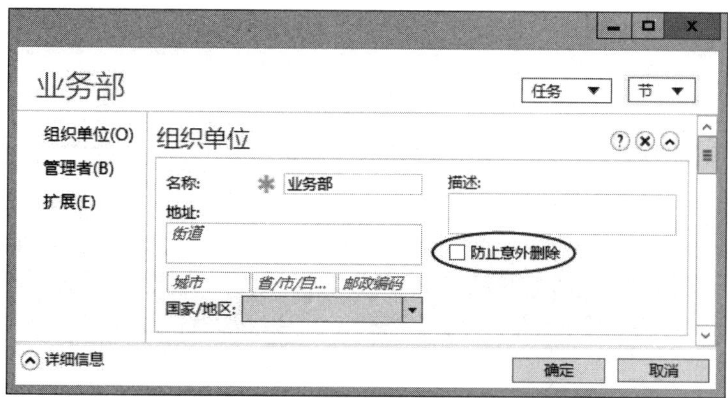

图 5-7-5

STEP 6 接下来通过回收站来找回组织单位**业务部**：双击如图5-7-6所示的**Deleted Objects**容器。

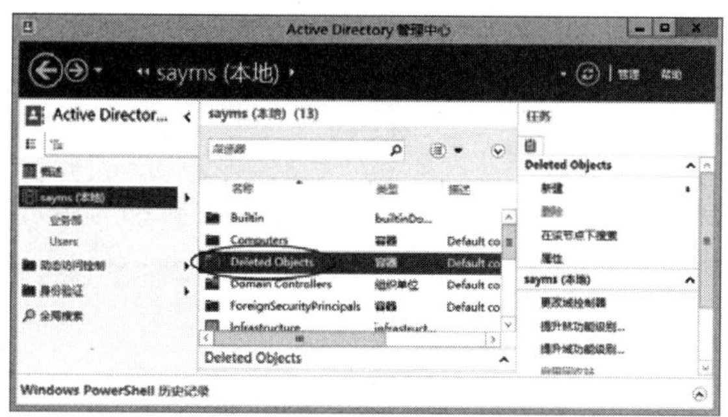

图 5-7-6

STEP 7 在图5-7-7中选择要找回的组织单位**业务部**后，单击右侧的**还原**来将其还原到原始位置。

> **附注**
>
> 若单击**还原为**…的话，则可以选择将其还原到其他位置。

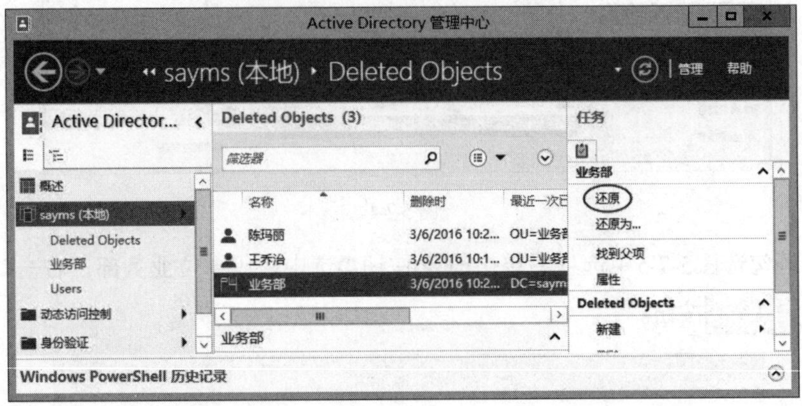

图 5-7-7

STEP 8 组织单位**业务部**还原完成后，接着继续在图5-7-8中选择原本位于组织单位**业务部**内的用户账户后单击**还原**。

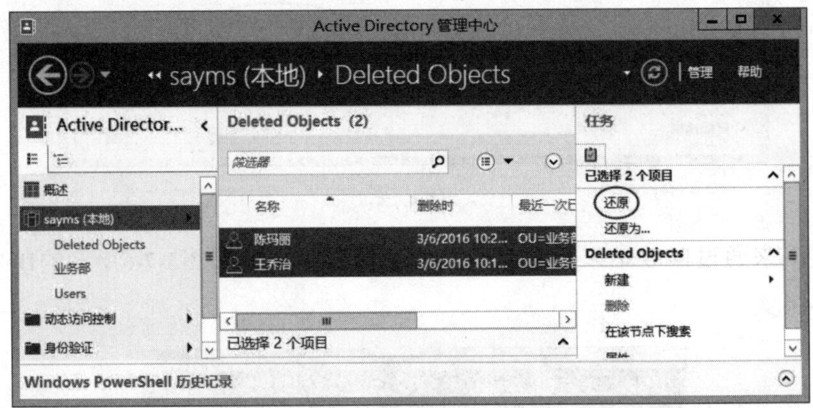

图 5-7-8

STEP 9 利用**Active Directory管理中心**来检查组织单位**业务部**与用户账户**王乔治**、**陈玛丽**是否已被还原，而且这个被还原的账户也会被复制到其他的域控制器。

5.8 卸除域控制器与域

你可以通过降级的方式来卸除域控制器，也就是将AD DS从域控制器删除。在降级前请先注意以下事项。

- 若域内还有其他域控制器存在，则会被降级为该域的成员服务器，例如将图5-8-1中的 server2.sayms.local降级时，由于还有另外一台域控制器server1.sayms.local存在，故server2.sayms.local会被降级为域sayms.local的成员服务器。必须是Domain Admins或Enterprise Admins组的成员才有权限卸除域控制器。
- 若这台域控制器是此域内的最后一台域控制器，例如假设图5-8-1中的server2.sayms.local已被降级，此时再将server1.sayms.local降级的话，则域内将不会再有其他域控制器存在，故域会被卸除，而server1.sayms.local也会被降级为独立服务器。

> **附注**
>
> 建议先将此域的成员计算机（例如win8pc1.sayms.local、server2.sayms.local）退出域，因为域卸除后，就无法在这些计算机上利用域用户账户登录（域卸除后，再将成员计算机退出域亦可）。

必须是Enterprise Admins组的成员才有权限卸除域内的最后一台域控制器（也就是卸除域）。若此域之下还有子域，请先卸除子域。

- 若此域控制器是**全局编录**服务器，请检查其所属站点（site）内是否还有其他**全局编录**服务器，没有的话，请先指派另外一台域控制器来扮演**全局编录**服务器，否则将影响用户登录，指派的方法为【按Windows键⊞切换到**开始**菜单➲管理工具➲Active Directory站点和服务➲Sites➲Default-First-Site-Name➲Servers➲选择服务器➲选中**NTDS Settings**，右击➲属性➲勾选**全局编录**】。
- 若所卸除的域控制器是林内最后一台域控制器，则林会一并被卸除。Enterprise Admins组的成员才有权限卸除这台域控制器与林。

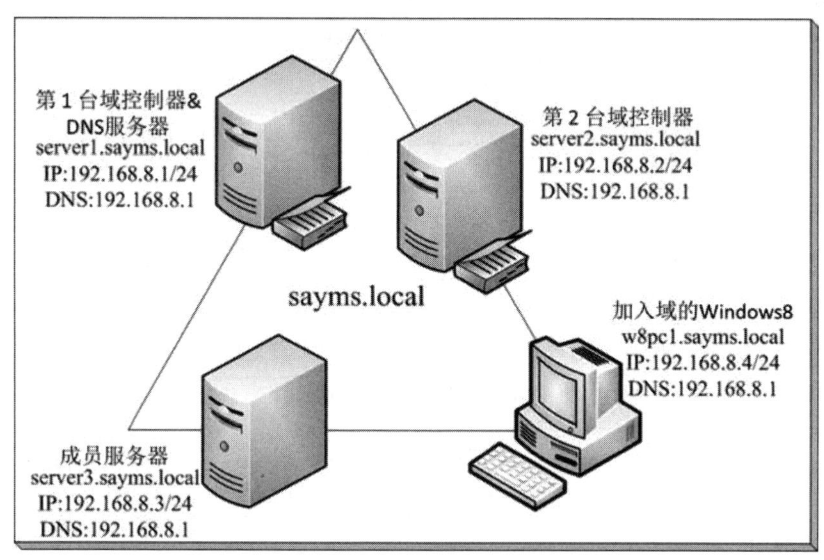

图 5-8-1

卸除域控制器的步骤如下所示。

STEP 1　启动**服务器管理器**➲单击图5-8-2中**管理**菜单下的**删除角色和功能**。

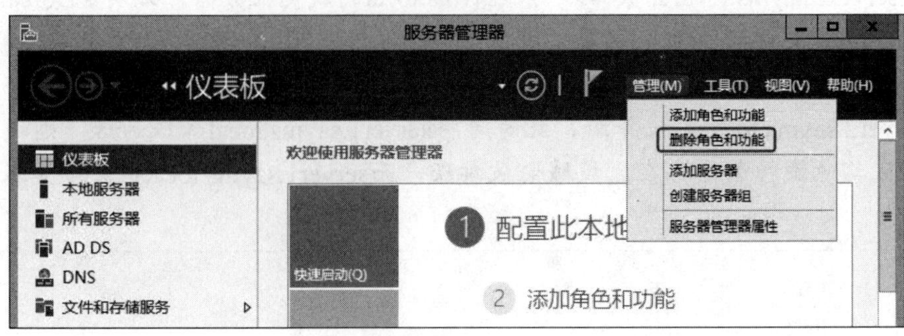

图 5-8-2

STEP 2　出现**开始之前**界面时单击下一步按钮。

STEP 3　确认在**选择目标服务器**界面中的服务器无误后单击下一步按钮。

STEP 4　在图5-8-3中取消勾选**Active Directory域服务**、单击删除功能按钮。

图 5-8-3

STEP 5　出现图5-8-4的界面时，单击**将此域控制器降级**。

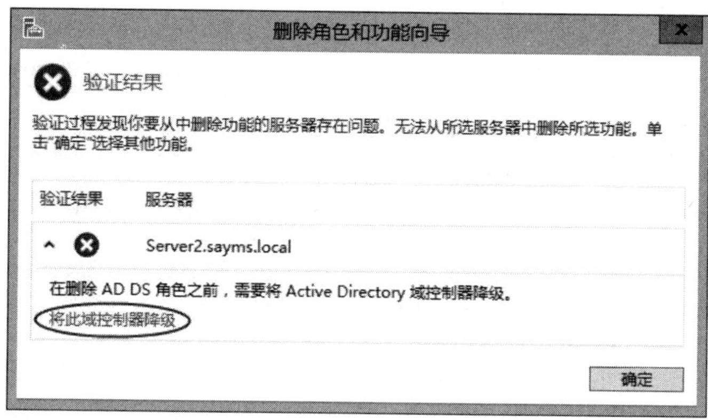

图 5-8-4

STEP 6 在图5-8-5中若当前的用户有权卸载此域控制器，请单击下一步按钮，否则单击更改按钮来输入新的账户与密码。

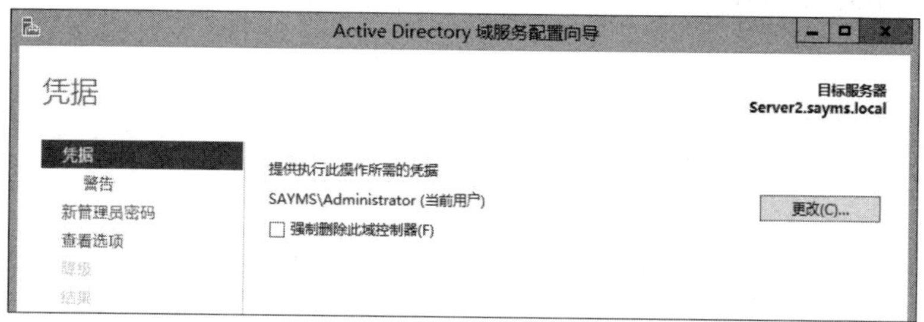

图 5-8-5

附注

若因故无法卸除此域控制器（例如在卸除域控制器时，需要能够先连接到其他域控制器，但却无法连接到），则此时可以勾选图中的**强制删除此域控制器**。

若是最后一台域控制器的话，请勾选图5-8-6中**域中的最后一个域控制器**。

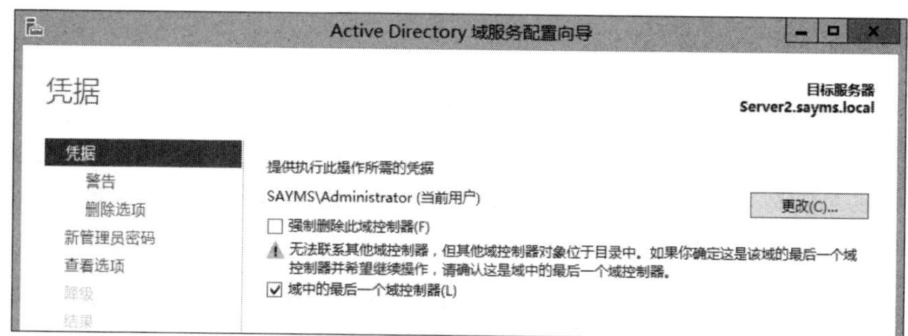

图 5-8-6

STEP 7 在图5-8-7中勾选**继续删除**后单击下一步按钮。

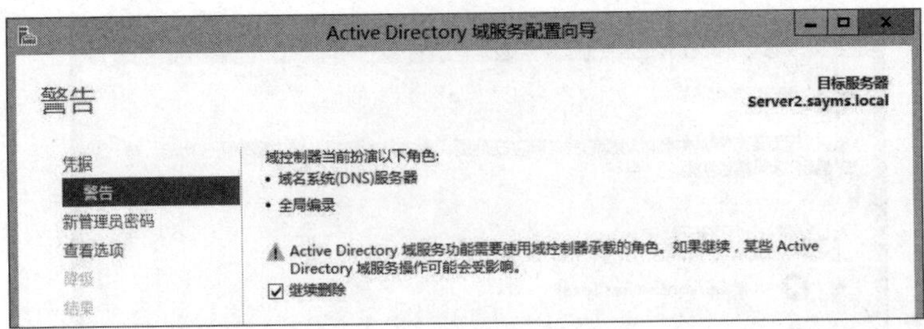

图 5-8-7

STEP 8 若出现图5-8-8所示的界面，则可选择是否要删除DNS区域，然后单击下一步按钮。

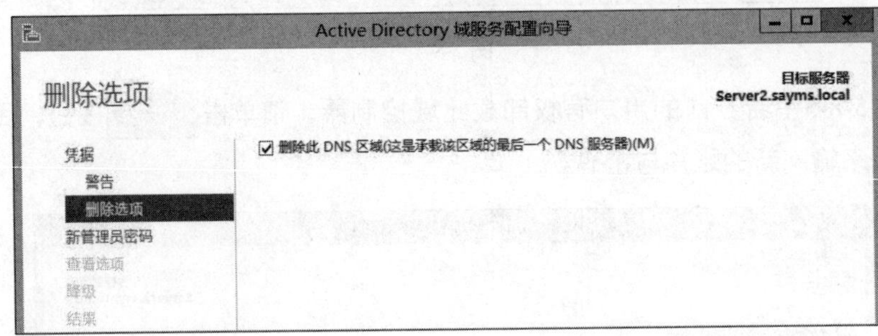

图 5-8-8

STEP 9 在图5-8-9中为这台即将被降级为独立或成员服务器的计算机设定其本地Administrator的新密码后单击下一步按钮。

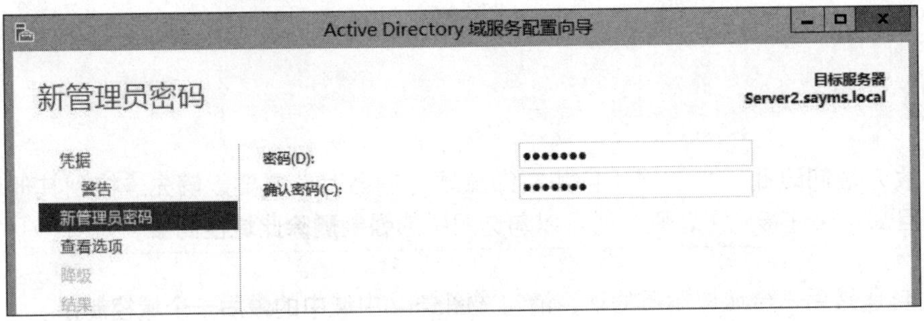

图 5-8-9

> **注意**
>
> 密码默认需至少7个字符，不可包含用户账户名称或全名，还有至少要包含A~Z、a~z、0~9、非字母数字（例如!、$、#、%）4组字符中的3组，例如123abcABC是一个有效的密码，而1234567是无效的密码。

STEP 10 在**查看选项**界面中单击降级按钮。

STEP 11 完成后会自动重新启动计算机，请重新登录。

附注

虽然这台服务器已经不再是域控制器了，但是此时**Active Directory域服务**组件仍然存在，并没有被删除，因此若现在要再将其升级为域控制器，则可参考第101页**附注**的说明。

STEP 12 继续在**服务器管理器**中单击管理菜单下的**删除角色和功能**。

STEP 13 出现**开始之前**界面时单击下一步按钮。

STEP 14 确认在**选择目标服务器**界面的服务器无误后单击下一步按钮。

STEP 15 在图5-8-10中取消勾选**Active Directory域服务**，单击删除功能按钮。

图 5-8-10

STEP 16 回到**删除服务器角色**界面时，确认**Active Directory域服务**已经被取消勾选（也可以一并取消勾选DNS服务器）后单击下一步按钮。

STEP 17 出现**删除功能**界面时，单击下一步按钮。

STEP 18 在**确认删除所选内容**界面中单击删除按钮。

STEP 19 完成后，重新启动计算机。

第 6 章　NTFS 与 ReFS 磁盘的安全性与管理

在Windows Server 2012 R2的文件系统中，NTFS与ReFS磁盘提供了相当多的安全功能，本章将针对这些功能做详细的说明。

- NTFS与ReFS权限的种类
- 用户的有效权限
- 权限的设置
- 文件与文件夹的所有权
- 文件复制或移动后的权限变化
- 文件的压缩
- 加密文件系统
- BitLocker磁盘驱动器加密
- 碎片整理与检查磁盘错误
- 磁盘配额

6.1 NTFS与ReFS权限的种类

用户必须对磁盘内的文件或文件夹拥有适当权限后才可以访问这些资源。权限可分为基本权限与特殊权限，其中基本权限已经可以满足一般需求，而通过特殊权限可以更精细地指派权限。

> **注意**
>
> 以下权限仅适用于文件系统为NTFS与ReFS的磁盘，其他的exFAT、FAT32与FAT均不具备权限功能。

6.1.1 文件基本权限的种类

- **读取**：可以读取文件内容、查看文件属性与权限等（可通过【打开**文件资源管理器**➲选中文件，右击➲属性】的方法来查看**只读**、**隐藏**等文件属性）。
- **写入**：可以修改文件内容、在文件中增加数据与改变文件属性等（用户至少还需要具备**读取**权限才可以修改文件内容）。
- **读取和执行**：除了拥有**读取**的所有权限外，还具备执行应用程序的权限。
- **修改**：除了拥有**读取**、**写入**与**读取和执行**的所有权限外，还可以删除文件。
- **完全控制**：拥有前述所有权限，再加上**修改权限**与**取得所有权**的特殊权限。

6.1.2 文件夹基本权限的种类

- **读取**：可以查看文件夹内的文件与子文件夹名称、查看文件夹属性与权限等。
- **写入**：可以在文件夹内创建文件与子文件夹、改变文件夹属性等。
- **列出文件夹内容**：除了拥有**读取**的所有权限之外，还具备**遍历文件夹**权限，也就是可以进出此文件夹。
- **读取和执行**：与**列出文件夹内容**相同，不过**列出文件夹内容**权限只会被文件夹继承，而**读取和执行**会同时被文件夹与文件继承。
- **修改**：除了拥有前面的所有权限之外，还可以删除此文件夹。
- **完全控制**：拥有前述所有权限，再加上**修改权限**与**取得所有权**的特殊权限。

6.2 用户的有效权限

6.2.1 权限是可以被继承的

当你针对文件夹设置权限后，这个权限默认会被此文件夹之下的子文件夹与文件继承，例如你设置用户A对甲文件夹拥有**读取**的权限，则用户A对甲文件夹内的文件也会拥有**读取**的权限。

设置文件夹权限时，除了可以让子文件夹与文件都继承权限之外，也可以单独让子文件夹或文件来继承，或都不让它们继承。

而设置子文件夹或文件权限时，你可以让子文件夹或文件不要继承父文件夹的权限，如此该子文件夹或文件的权限将是以你直接针对它们设置的权限作为最终有效权限的。

6.2.2 权限具有累加性

若用户同时隶属于多个组，而且该用户与这些组分别对某个文件（或文件夹）拥有不同的权限设置时，则该用户对这个文件的最后有效权限是所有权限来源的总和，例如若用户A同时属于**业务部**与**经理**组，且其权限分别如表6-2-1所示，则用户A最后的有效权限为这3个权限的总和，也就是**写入**+**读取**+**执行**。

表6-2-1

用户或群	权限
用户A	写入
组 **业务部**	读取
组 **经理**	读取和执行
用户A最后的有效权限为 **写入 + 读取 + 执行**	

6.2.3 “拒绝”权限优先级高

虽然用户对某个文件的有效权限是其所有权限来源的总和，但只要其中有一个权限来源被设置为**拒绝**，用户就不会拥有此权限。例如，若用户A同时属于**业务部**与**经理**组，且其权限分别如表6-2-2所示，则用户A的**读取**权限会被**拒绝**，也就是无法读取此文件。

表6-2-2

用户或组	权限
用户A	读取
组 **业务部**	拒绝读取
组 **经理**	修改
用户A的读取权限为 **拒绝**	

> **注意**
>
> 继承的权限优先级比直接设置的权限低。例如，将用户A对甲文件夹的**写入**权限设置为**拒绝**，且让甲文件夹内的文件来继承此权限，则用户A对此文件的**写入**权限也会被拒绝，但若另外直接将用户A对此文件的**写入**权限设置为**允许**，则此时因为它的优先级较高，故用户A对此文件仍然拥有**写入**的权限。

6.3 权限的设置

系统会自动替新的NTFS或ReFS磁盘设置默认权限值。如图6-3-1所示为C:磁盘（NTFS）的默认权限，其中有部分权限会被其下的子文件夹或文件继承。

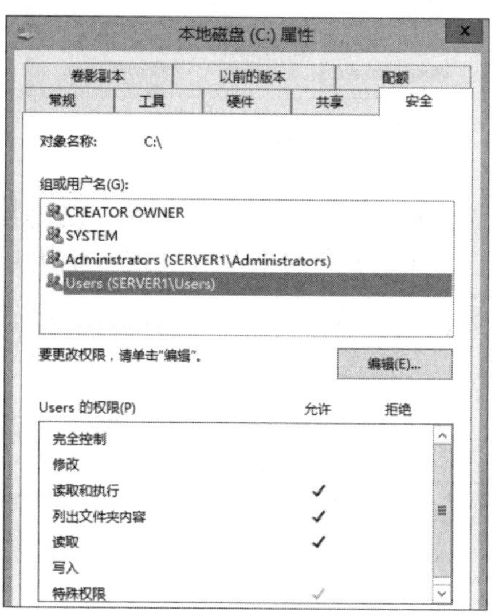

图 6-3-1

6.3.1 设置文件权限

若要为用户设置文件权限，则可【在桌面环境下单击左下方的**文件资源管理器**图标 ➲

单击**这台电脑**➲展开磁盘驱动器➲选中所选文件，右击➲属性➲**安全**选项卡】，之后将出现图6-3-2的界面（以自行建立的文件夹C:\Test内的文件Readme为例），图中的文件已经有一些从父文件夹（也就是C：\Test）继承来的权限，例如Users组的权限（灰色勾表示为继承的权限）。

> **注意**
>
> 只有Administrators组内的成员、文件/文件夹的拥有者、具备**完全控制**权限的用户才有权利来指派这个文件/文件夹的权限。以下步骤假设是在成员服务器Server3上操作。

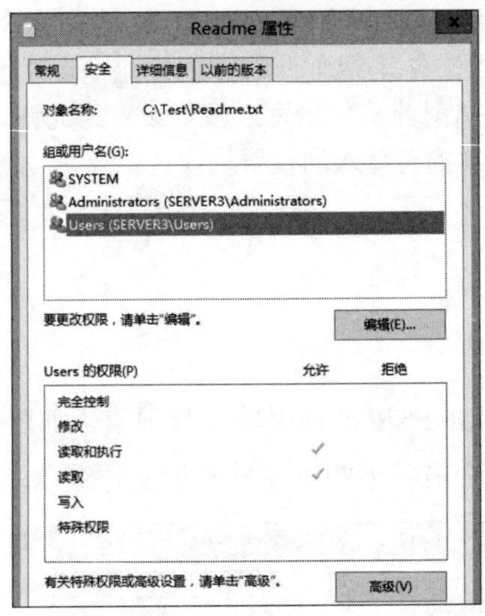

图6-3-2

若要将权限赋予其他用户，则可【单击图6-3-2中间的编辑按钮➲单击图6-3-3背景图中的添加按钮➲通过位置按钮来选择用户账户的来源（域或本地用户）、通过高级按钮来选择用户账户➲立刻查找➲从列表中选择用户或组】，图中假设已经选择了域sayms.local的用户**王乔治**与本地Server3的用户**jackie**。

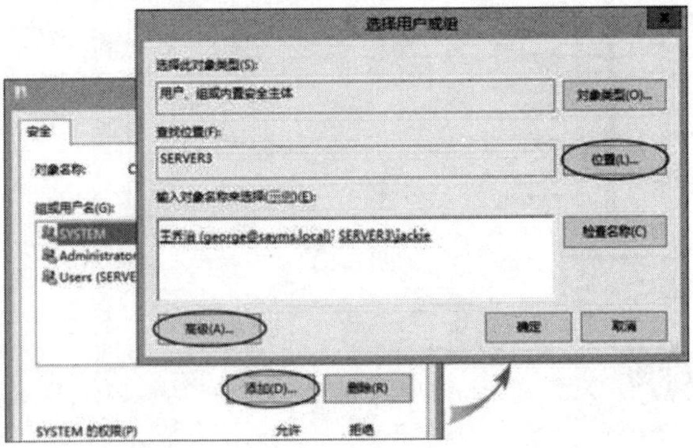

图6-3-3

图6-3-4为完成设置后的界面，王乔治与jackie的默认权限都是**读取和执行**与**读取**，若要修改此权限，勾选权限右侧的**允许**或**拒绝**复选框即可。

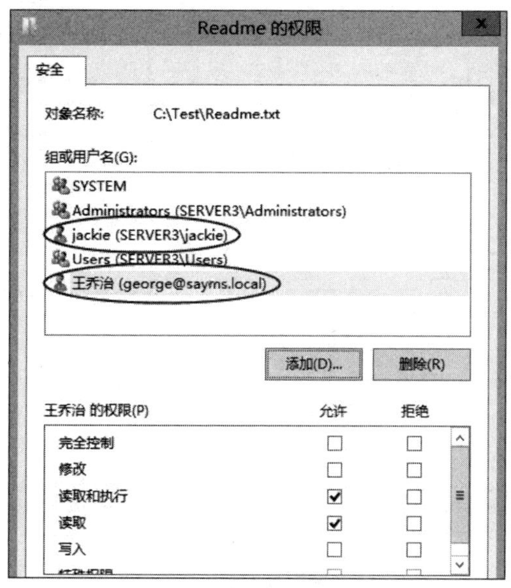

图 6-3-4

不过由父项所继承的权限（例如图中Users的权限），不能够直接将其灰色的勾取消，只可以增加勾选，例如可以增加Users的**写入**权限。若要更改继承的权限，例如Users从父项继承了**读取**权限，则你只要勾选该权限右侧的**拒绝**，就会拒绝其读取权限；又例如若Users从父项继承了读取被拒绝的权限，则你只要勾选该权限右侧的**允许**，就可以让其拥有读取权限。完成图6-3-4中的设置后单击确定按钮。

6.3.2 取消继承父文件夹的权限

若不想继承父项权限，例如不想让文件Readme继承其父文件夹C:\Test的权限，则【单击图6-3-5右下方的高级按钮➲单击禁用继承按钮➲通过前景图来选择将已继承的权限转换为此对象的显示权限或从此对象中删除所有已继承的权限】，之后文件Readme将不会继承C:\Test所设置的权限。

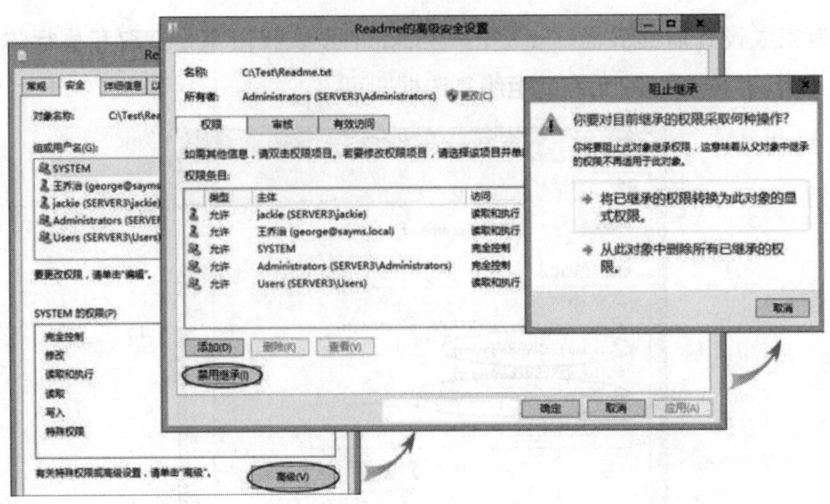

图 6-3-5

6.3.3 设置文件夹权限

当需要为用户分配文件夹权限时，【在桌面环境下单击左下方的**文件资源管理器**图标 ➲单击**本地计算机**➲展开磁盘驱动器➲选中待分配权限文件夹，右击➲属性➲**安全**选项卡】，之后将出现类似图6-3-6所示的界面（以自行建立的文件夹C:\Test为例），图中文件夹已经有一些从父项（C：磁盘）继承来的权限，例如Users组的权限。文件夹权限的分配方法与文件权限的分配方法类似，因此相关设置方法请参考前面的说明。

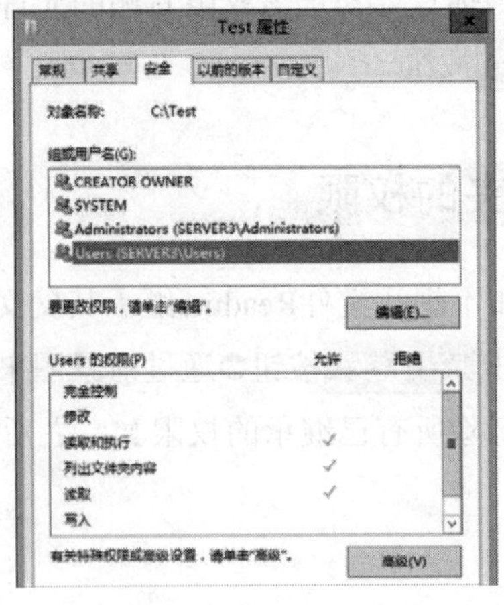

图 6-3-6

6.3.4 分配特殊权限

前面所介绍的是基本权限，是为了简化权限管理而设计的，但已可以满足常规需求。除此之外，你还可以利用特殊权限来更精细地分配权限，以便满足各种不同的需求。

我们以文件夹的特殊权限设置来说明：【在类似图6-3-6上单击右下方高级按钮➲在图6-3-7中选中用户账户后单击编辑按钮➲单击右侧的**显示高级权限**】（若在图6-3-7中未出现编辑按钮，而是查看按钮的话，请先单击禁用继承按钮，图中因已经禁用继承，故其改为显示启用继承按钮）。

附注

图中若勾选**使用可从此对象继承的权限项目替换所有子对象的权限项目**，表示强迫将其下子对象的权限改成与此文件夹相同，不过仅限那些可以被子对象继承的权限。例如，图6-3-7中jackie 的权限会被设置到所有的子对象，包含子文件夹、文件，因为jackie右侧**应用于**的设置为**此文件夹，子文件夹和文件**；然而**王乔治**的权限设置并不会影响到子对象的权限，因为其**应用于**的设置为**只有该文件夹**。

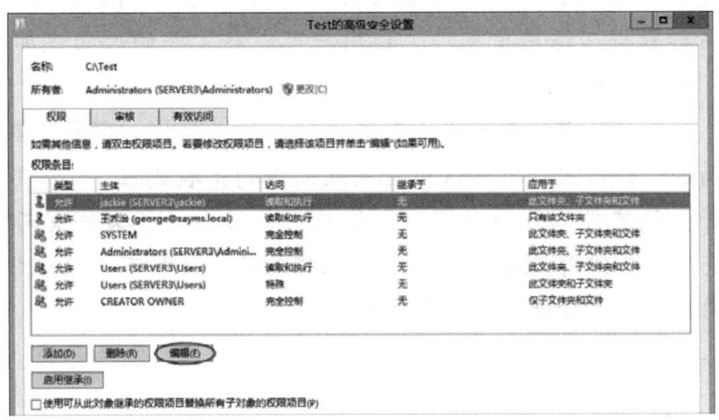

图 6-3-7

接着通过图6-3-8来允许或拒绝将指定权限应用到指定的位置，在6.1节所介绍的基本权限就是这些特殊权限的组合，例如基本权限**读取**就是特殊权限**列出文件夹/读取数据**、**读取属性**、**读取扩展属性**、**读取权限** 4个特殊权限的组合。

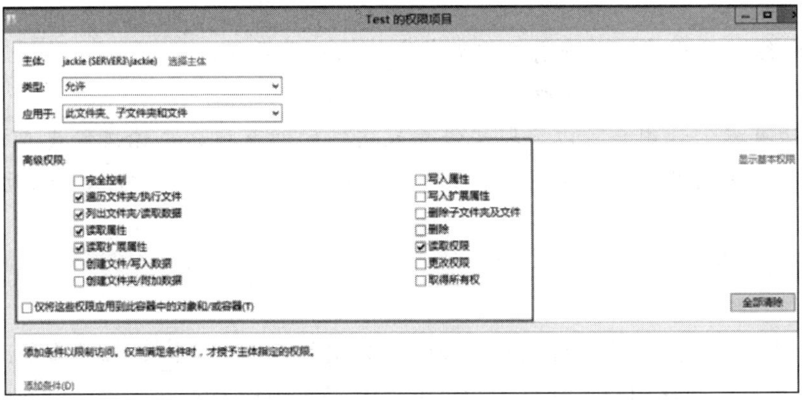

图 6-3-8

特殊权限的意义

- **遍历文件夹/执行文件**：**遍历文件夹**让用户即使在没有权限访问文件夹的情况下，仍然可以切换到该文件夹内。此设置只适用于文件夹，不适用于文件。另外，这个权限只有用户在组策略或本地计算机策略（见第10章）内未被赋予**忽略遍历检查**权限时才有效。**执行文件**让用户可以执行程序，此权限适用于文件，不适用于文件夹。
- **列出文件夹/读取数据**：**列出文件夹**（适用于文件夹）让用户可查看此文件夹内的文件名与子文件夹名称。**读取数据**（适用于文件）让用户可查看文件内容。
- **读取属性**：让用户可以查看文件夹或文件的属性（只读、隐藏等属性）。
- **读取扩展属性**：让用户可以查看文件夹或文件的扩展属性。扩展属性是由应用程序自行定义的，不同的应用程序可能有不同的扩展属性。
- **创建文件/写入数据**：**创建文件**（适用于文件夹）让用户可以在文件夹内建立文件。**写入数据**（适用于文件）让用户能够修改文件内容或覆盖文件内容。
- **创建文件夹/附加数据**：**创建文件夹**（适用于文件夹）让用户可以在文件夹内建立子文件夹。**附加数据**（适用于文件）让用户可以在文件的后面追加数据，但是无法修改、删除、覆盖原有内容。
- **写入属性**：让用户可以修改文件夹或文件的属性（只读、隐藏等属性）。
- **写入扩展属性**：让用户可以修改文件夹或文件的扩展属性。
- **删除子文件夹及文件**：让用户可以删除此文件夹内的子文件夹与文件，即使用户对此子文件夹或文件没有**删除**的权限也可以将其删除（见下一个权限）。
- **删除**：让用户可以删除此文件夹或文件。

> **注意**
>
> 即使用户对此文件夹或文件没有**删除**的权限，但是只要他对父文件夹具有**删除子文件夹及文件**的权限，则他还是可以将此文件夹或文件删除。例如用户对位于C:\Test文件夹内的文件Readme.txt并没有删除的权限，但是却对C:\Test文件夹拥有**删除子文件夹及文件**的权限，所以他还是可以将文件Readme.txt删除。

- **读取权限**：让用户可以查看文件夹或文件的权限设置。
- **更改权限**：让用户可以更改文件夹或文件的权限设置。
- **取得所有权**：让用户可以夺取文件夹或文件的所有权。不论文件夹或文件的拥有者对此文件夹或文件的权限是什么，都具备更改此文件夹或文件权限的能力。

6.3.5 用户的有效权限

你可以通过【选中文件或文件夹右击➲属性➲安全选项卡➲高级按钮➲单击图6-3-9中的有效访问标签➲单击**选择用户**来选择用户➲单击查看有效访问按钮】的方法来查看用户的有

效权限。

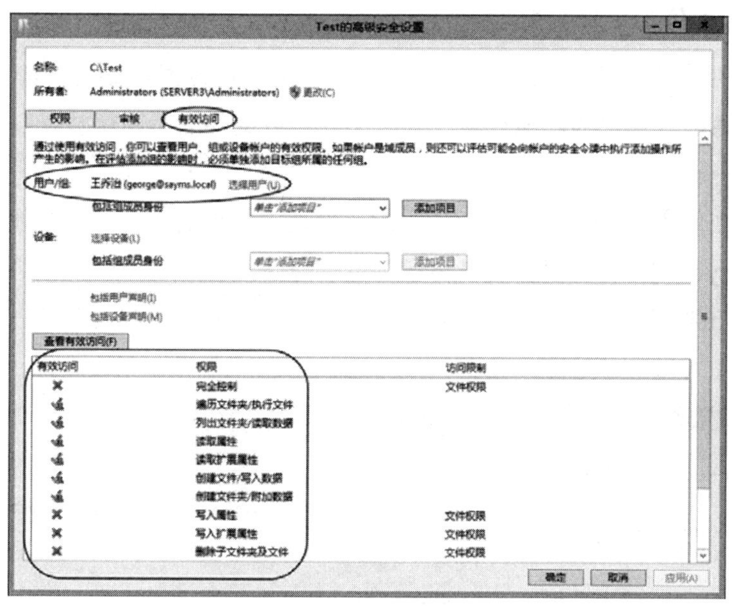

图 6-3-9

前面说过若用户同时隶属于多个组，而且该用户与这些组分别对某个文件（或文件夹）拥有不同的权限设置时，则该用户对这个文件的有效权限是其所有权限来源的总和，不过图6-3-9中的有效权限并非完全如此，图中并不会将某些特殊组的权限计算进来。举例来说，用户A同时属于**业务部**与**经理**组，不论用户未来是网络登录（此时他会隶属于特殊组**Network**，见第4章）还是本地登录（此时他会隶属于特殊组**Interactive**），图6-3-9中的有效权限都不会将**Network**或**Interactive**的权限计算进去，只会将该用户、**业务部**组与**经理**组的权限汇总。有效权限的计算除了用户本身的权限之外，还会将全局组、通用组、本地域组、本地组、Everyone等组的权限汇总。

6.4 文件与文件夹的所有权

NTFS与ReFS磁盘内的每一个文件与文件夹都有**所有者**，默认是建立文件或文件夹的用户，就是该文件或文件夹的所有者。所有者可以更改其所拥有的文件或文件夹的权限，不论其目前是否有权限访问此文件或文件夹。

用户可以夺取文件或文件夹的所有权，使其成为新的所有者，然而用户必须具备以下的条件之一，才可以夺取所有权：

- 具备**取得文件或其他对象的所有权**权限的用户，默认仅Administrators组拥有此权限。

- 对该文件或文件夹拥有**取得所有权**的特殊权限。
- 具备**还原文件及目录**权限的用户。

任何用户在变成文件或文件夹的新所有者后，他便具备更改该文件或文件夹权限的能力，但是并不会影响此用户的其他权限，同时文件夹或文件的所有权被夺取后，也不会影响原拥有者的其他既有权限。

例如，假设文件Note.txt是王乔治所建立的，他是该文件的所有者，若他将**取得所有权**的权限赋予用户mary，则mary可以在登录后通过以下方法来查看或夺取文件的所有权：【选中文件Note.txt，右击➲属性➲**安全**选项卡➲高级➲如图6-4-1所示单击**所有者**右侧的**更改**➲在前景图中选择mary本人后单击确定按钮】。

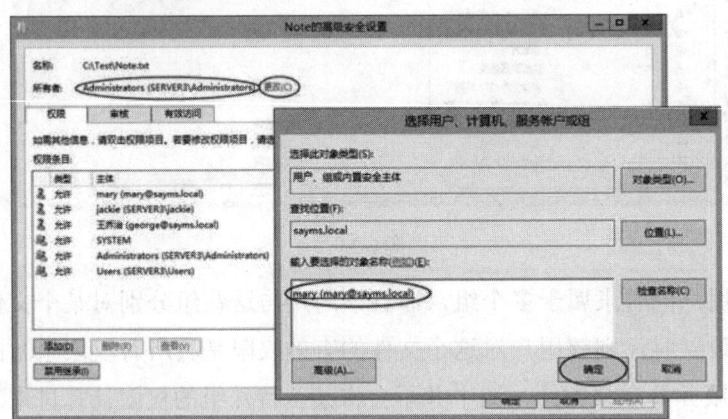

图6-4-1

> **注意**
>
> 必须在**用户账户控制**的通知设置被设置为**从不通知**且组策略中的**用户账户控制：用于内置管理员账户的管理员批准模式**策略被禁用的情况之下，才会直接出现图6-4-1中的前景界面，否则会先要求输入系统管理员的密码。**用户账户控制**的设置方法为【按Windows键⊞切换到**开始**菜单➲控制面板➲用户账户➲用户账户➲更改用户账户控制设置】，组策略的设置方法为（以本地计算机策略为例，详见第10章）【按⊞+R键➲执行gpedit.msc➲计算机配置➲Windows设置➲安全设置➲本地策略➲安全选项】。完成后需重新启动计算机。

6.5 文件复制或移动后的权限变化

磁盘内的文件被复制或移动到另一个文件夹后，其权限可能会改变（参考图6-5-1）。

- **文件被复制到另一个文件夹**：无论是被复制到同一个磁盘或不同磁盘的另一个文件夹

内，都相当于新建一个文件，这个新文件的权限是继承目的地的权限。例如，若用户对位于C:\Data内的文件File1具有**读取**的权限，对文件夹C:\Tools具有**完全控制**的权限，则当File1被复制到C:\Tools文件夹后，用户对这个新文件具有**完全控制**的权限。

- **文件被移动到同一个磁盘的另一个文件夹。**
  - **原文件被设置为继承父文件夹权限**：先删除从源父文件夹所继承的权限（但会保留非继承的权限），然后继承目的地的权限。例如，由C:\Data文件夹移动到C:\Tools文件夹时，会先删除原权限中从C:\Data继承的权限，保留非继承的权限，然后继承C:\Tools的权限。
  - **原文件被设置为不继承父文件夹权限**：仍然保留原权限（权限不变），例如由C:\Data文件夹移动到C:\Tools文件夹。
- **文件被移动到另一个磁盘**：此文件将继承目标文件夹的权限，例如由C:\Data文件夹移动到D:\Common文件夹，因为是在D:\Common产生一个新文件（并将原文件删除），因此会继承D:\Common的权限。

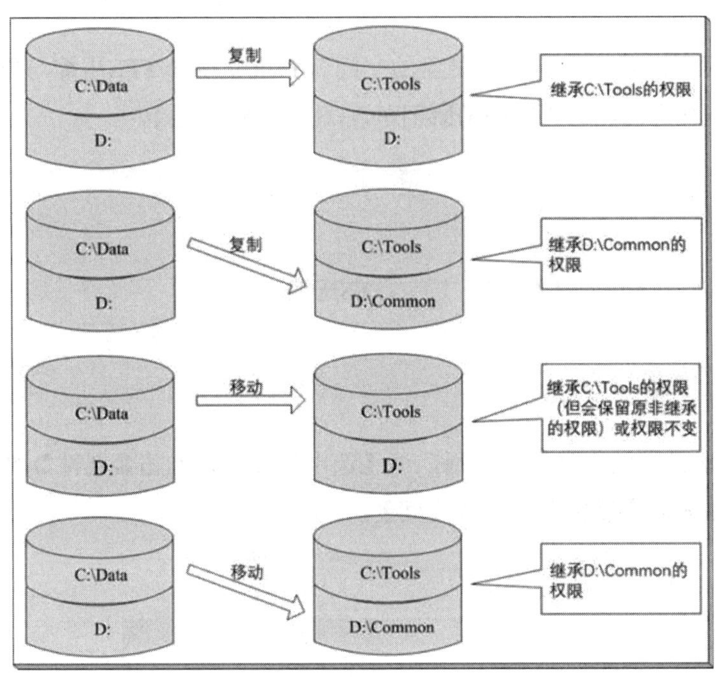

图 6-5-1

将文件移动或复制到目标文件夹的用户会成为此文件的拥有者。文件夹的移动或复制的原理与文件是相同的。

附注

若将文件由NTFS（或ReFS）磁盘移动或复制到FAT、FAT32或exFAT磁盘，则原有权限设置都将被删除，因为FAT、FAT32与exFAT都不支持权限设置功能。

若你要移动文件或文件夹（无论是移动到同一个磁盘还是另一个磁盘），则必须对来源文件或文件夹具备**修改**权限，同时也必须对目标文件夹具备**写入**权限，因为系统在移动文件或文件夹时，会先将文件或文件夹复制到目标文件夹（因此需具备**写入**权限），再将源文件或文件夹删除（因此需具备**修改**权限）。

Q 将文件或文件夹复制或移动到U盘，其权限变化是什么?

A U盘可被格式化成FAT、FAT32、exFAT或NTFS文件系统（卸除式存储媒体不支持ReFS），因此要看它是哪一种文件系统来决定。

6.6 文件的压缩

将文件压缩后可以减少它们占用磁盘的空间。系统支持 **NTFS压缩**与**压缩（zipped）文件夹**两种不同的压缩方法，其中**NTFS压缩**仅NTFS文件系统支持。

附注

ReFS、exFAT、FAT32与FAT都不支持**NTFS压缩**。

6.6.1 NTFS压缩

想要将NTFS磁盘内的文件压缩的话，请【选中该文件，右击➲属性➲如图6-6-1所示单击高级按钮➲勾选**压缩内容以便节省磁盘空间**】。

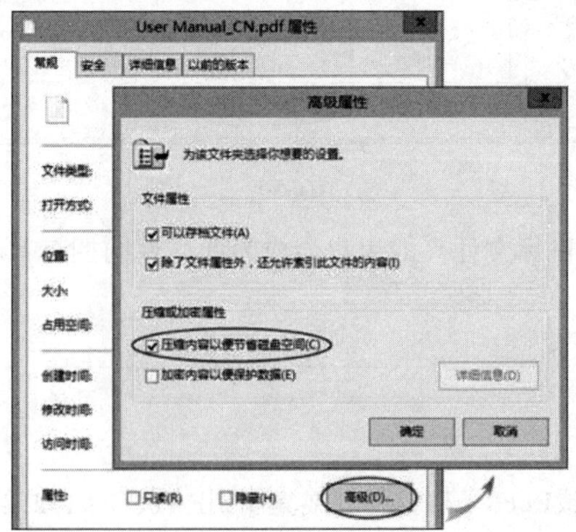

图 6-6-1

若要压缩文件夹，则【选中该文件夹，右击➲属性➲单击高级按钮➲勾选**压缩内容以便节省磁盘空间**➲单击确定按钮➲单击应用按钮➲如图6-6-2所示】。

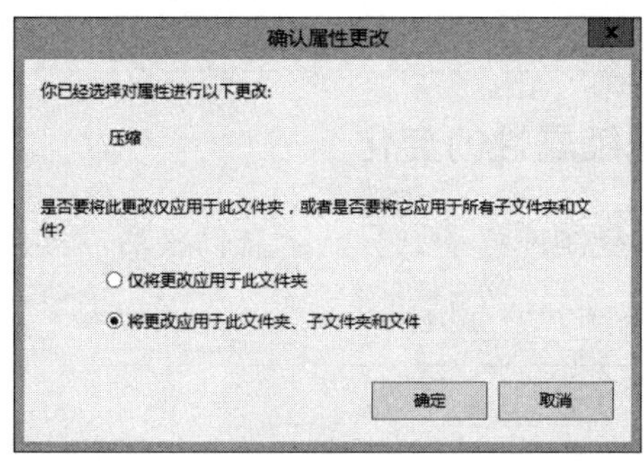

图6-6-2

- **仅将更改应用于此文件夹**：以后在此文件夹内新建的文件、子文件夹与子文件夹内的文件都会被自动压缩，但不会影响到此文件夹内现有的文件与文件夹。
- **将更改应用于此文件夹、子文件夹和文件**：不但以后在此文件夹内新建的文件、子文件夹与子文件夹内的文件都会被自动压缩，而且会将已经存在于此文件夹内的现有文件、子文件夹与子文件夹内的文件一并压缩。

你也可以针对整个磁盘来做压缩设置：【选中磁盘（例如C:），右击➲属性➲压缩此驱动器以节约磁盘空间】。

当用户或应用程序要读取压缩文件时，系统会将文件由磁盘内读出、自动将解压缩后的内容提供给用户或应用程序来使用，然而存储在磁盘内的文件仍然是处于压缩状态的；而当用户或应用程序要将文件写入磁盘时，它们也会被自动压缩后再写入磁盘内。这些操作都是自动的，完全不需要用户介入。

系统默认会以蓝色来显示被压缩的磁盘、文件夹与文件，若要修改此设置，则可【按Windows键⊞切换到**开始**菜单➲单击**这台电脑**图标➲单击上方**查看**菜单➲单击右侧**选项**图标➲如图6-6-3所示，勾选**查看**选项卡下的**用彩色显示加密或压缩的NTFS文件**】。

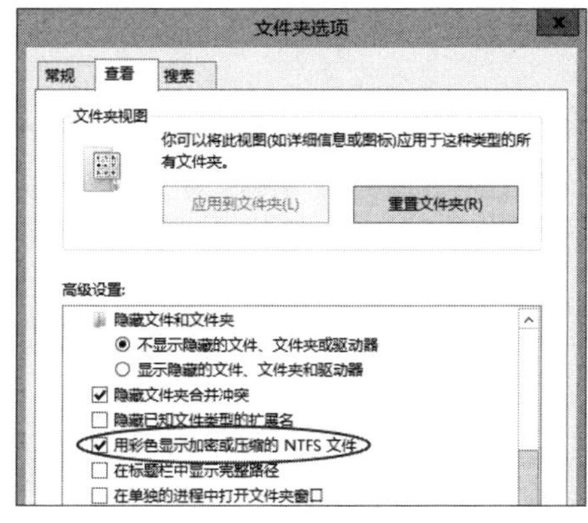

图6-6-3

> **附注**
>
> 已加密的文件与文件夹无法压缩。也可以使用COMPACT.EXE来执行压缩工作。

文件复制或移动时压缩属性的变化

当NTFS磁盘内的文件被复制或移动到另一个文件夹后，其压缩属性的变化与6.5节**文件复制或移动后的权限变化**的原理类似，请直接参考该章节，此处仅以图6-6-4来说明。

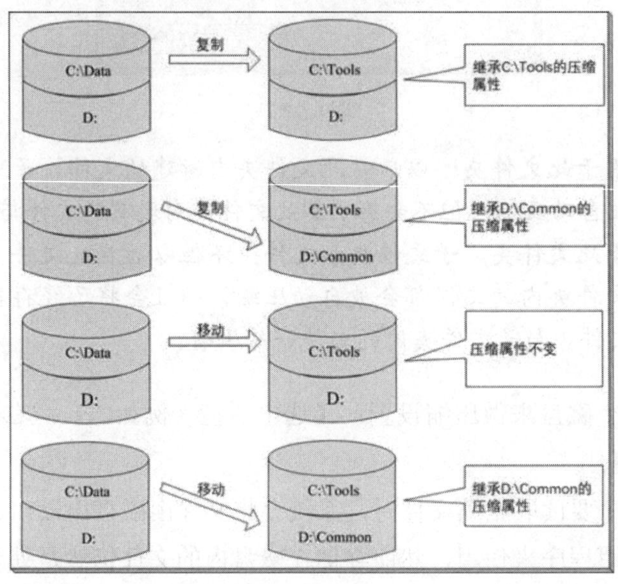

图6-6-4

6.6.2 压缩（zipped）文件夹

无论是FAT、FAT32、exFAT、NTFS还是ReFS磁盘内都可以建立**压缩（zipped）文件夹**，在你利用**文件资源管理器**建立**压缩（zipped）文件夹**后，被复制到此文件夹内的文件都会被自动压缩。

你可以在不需要自行解压缩的情况下直接读取**压缩（zipped）文件夹**内的文件，甚至可以直接执行其中的程序。**压缩（zipped）文件夹**的文件夹名称的扩展名为.zip，可以被WinZip、WinRAR等文件压缩工具程序来解压缩。

你可以通过【在界面右侧空白处右击➲新建➲压缩（zipped）文件夹】的方法来新建**压缩（zipped）文件夹**，如图6-6-5所示。

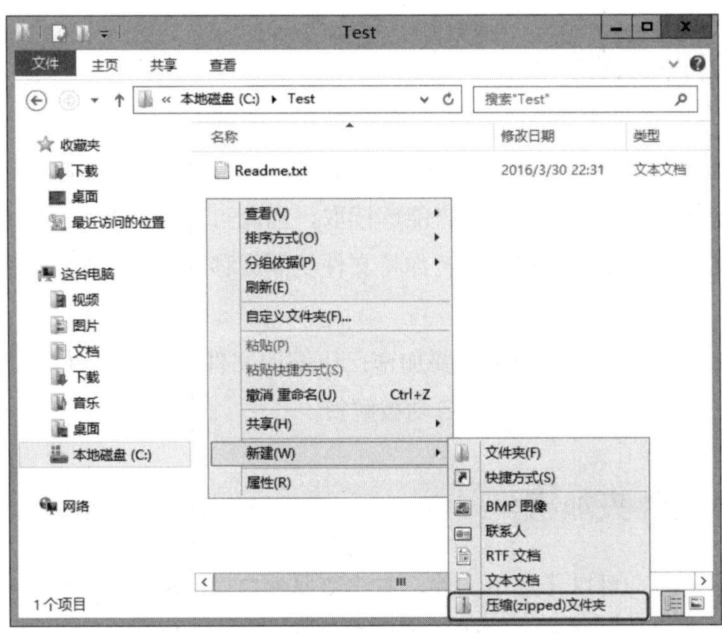

图 6-6-5

你也可以通过【选中要压缩的文件➲右击➲发送到➲压缩（zipped）文件夹】来建立一个存放这些文件的**压缩的（zipped）文件夹**，如图6-6-6所示。

注意

压缩（zipped）文件夹的文件扩展名为.zip，不过系统默认会隐藏扩展名，若要显示扩展名，可以【按Windows键⊞切换到**开始**菜单➲单击**这台电脑**图标➲单击上方的**查看**菜单➲勾选**文件扩展名**】。

若此计算机内安装了WinZip或WinRAR等软件，则当你在**文件资源管理器**内双击**压缩（zipped）文件夹**时，系统会通过这些软件打开**压缩（zipped）文件夹**。

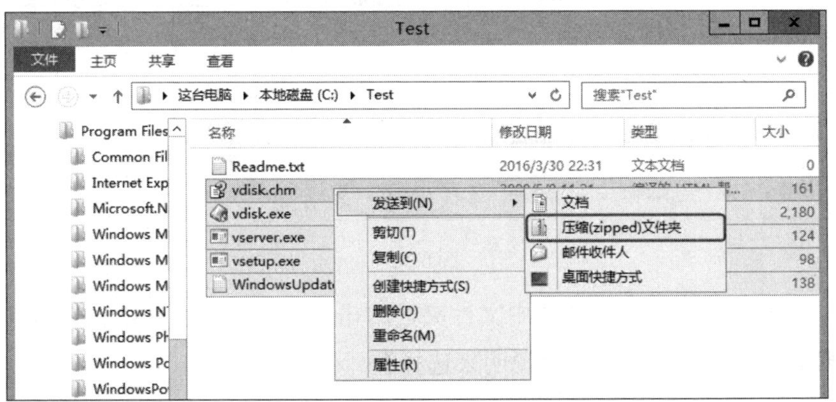

图 6-6-6

6.7 加密文件系统

加密文件系统（Encrypting File System，EFS）提供文件加密的功能。文件经过加密后，只有当初将其加密的用户或被授权的用户能够读取，因此可以增加文件的安全性。只有NTFS磁盘内的文件、文件夹才可以被加密，若你将文件复制或移动到非NTFS磁盘内，则这个新文件会被解密。

文件压缩与加密无法并存。如果你要加密已压缩的文件，则该文件会自动被解压缩。如果你要压缩已加密的文件，则该文件会自动被解密。

6.7.1 文件与文件夹加密

想要对文件加密时，可以【选中文件，右击➲属性➲如图6-7-1所示单击高级按钮➲勾选**加密内容以便保护数据**➲选择**加密文件及其父文件夹**，或**只加密文件**】。若选择加密文件及其父文件夹，则以后在此文件夹内所新建的文件都会自动被加密。

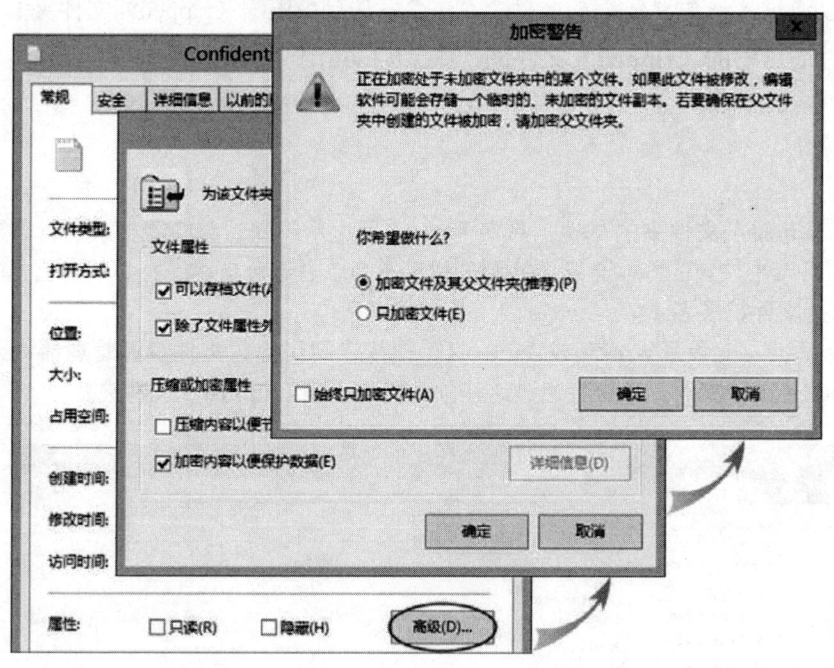

图 6-7-1

想要对文件夹加密时，可以【选中文件夹，右击➲属性➲单击高级按钮➲勾选**加密内容以便保护数据**➲在图6-7-2中参考以下说明来选择】。

- **仅将更改应用于此文件夹**：以后在此文件夹内新建的文件、子文件夹与子文件夹内的文件都会被自动加密，但不会影响到此文件夹内现有的文件与文件夹。

- **将更改应用于此文件夹、子文件夹和文件**：不但以后在此文件夹内所新建的文件、子文件夹与子文件夹内的文件都会被自动加密，而且会将已经存在于此文件夹内的现有文件、子文件夹与子文件夹内的文件一并加密。

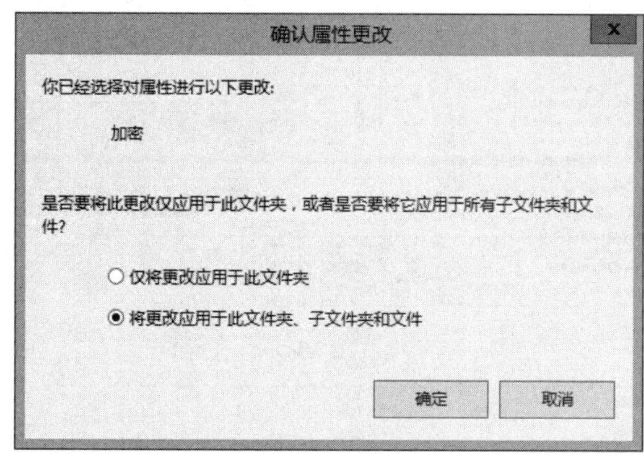

图 6-7-2

当用户或应用程序欲读取加密文件时，系统会将文件由磁盘内读出、自动将解密后的内容提供给用户或应用程序来使用，然而存储在磁盘内的文件仍然处于加密状态；当用户或应用程序要将文件写入磁盘时，它们也会被自动加密后再写入磁盘内。这些操作都是自动的，完全不需要用户介入。

当你将一个未加密文件移动或复制到加密文件夹后，该文件会被自动加密。当你将一个加密文件移动或复制到非加密文件夹时，该文件仍然会保持其加密的状态。

附注

利用EFS加密的文件，只有存储在硬盘内才会被加密，通过网络传输的过程中是没有加密的。若你希望通过网络传输时，仍然是保持加密的安全状态，请通过IPSec或WebDev等方式来加密（详见另一本书《**Windows Server 2012 R2网络管理与架站**》）。

6.7.2 授权其他用户可以读取加密的文件

你所加密的文件只有你可以读取，但是可以授权给其他用户来读取。被授权的用户必须具备**EFS证书**，而一般情况下用户在第1次执行加密操作后，他就会自动被赋予**EFS证书**，也就可以被授权了。

以下范例假设要授权给用户王乔治，因此请先让王乔治对任何一个文件执行加密的操作。授权给用户王乔治的步骤为：【选中加密的文件，右击➲属性➲单击高级按钮➲在图6-7-3中单击详细信息按钮、添加按钮、选择用户王乔治（george）】。

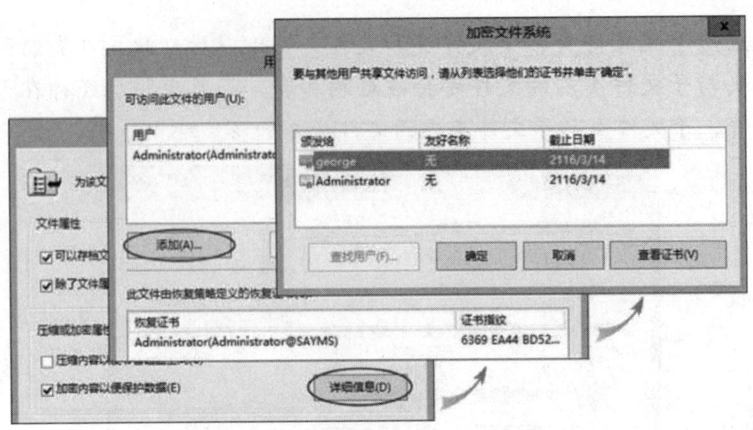

图 6-7-3

附注

具备**恢复证书**的用户也可以访问被加密的文件。默认只有域Administrator拥有**恢复证书**（可在图6-7-3中间图下方的**恢复证书**处查看），不过你可以通过组策略或本地策略来将**恢复证书**分配给其他用户，以本地策略为例（详见第10章），其设置方法为【按Windows键⊞切换到**开始**菜单➲管理工具➲本地安全策略➲公钥策略➲选中**加密文件系统**，右击➲添加数据恢复代理程序】。

6.7.3 备份EFS证书

为了避免你的**EFS证书**丢失或损坏，造成文件无法读取的情况，因此建议利用**证书管理**控制台来备份你的**EFS证书**：【按⊞+R键➲运行**certmgr.msc**➲如图6-7-4所示展开**个人**、**证书**➲选中右侧**预期目的**为**加密文件系统**的证书，右击➲所有任务➲导出➲单击下一步按钮➲选择**是，导出私钥**➲在**导出文件格式**界面中单击下一步按钮来选择默认的.pfx格式➲在**安全**界面中选择用户名或密码（以后只有该用户有权导入，否则需输入此处的密码）➲...】。建议你将此证书文件备份到另外一个安全的地方。若你有多个**EFS证书**，请全部导出存档。

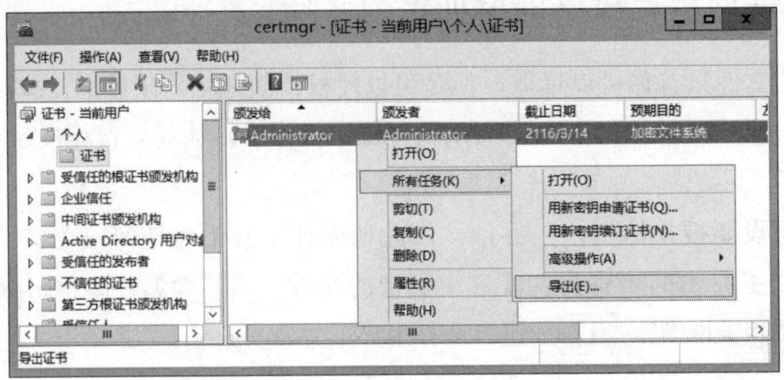

图 6-7-4

6.8 BitLocker磁盘驱动器加密

BitLocker磁盘驱动器加密可以将磁盘加密，以确保其内数据的安全性。即使磁盘丢失，也不需要担心数据外泄，因为它被拿到另一台计算机也无法读取其中的文件。若被加密保护的磁盘是Windows Server 2012 R2操作系统磁盘，则即使它被拿到另一台计算机启动，除非解除锁定，否则无法启动。

此外因可移动磁盘（例如U盘）容易丢失、遭窃，故为了避免磁盘内的数据轻易外泄，系统通过**BitLocker to Go**功能来对可移动式磁盘加密。

> **附注**
>
> 加解密操作会增加系统负担，因此系统效率会比启用BitLocker前差。NTFS与ReFS均支持BitLocker。

6.8.1 BitLocker的需求

你的Windows Server 2012 R2计算机内至少需要两个磁盘分区才可使用BitLocker：

- 一个用来安装Windows Server 2012 R2操作系统的NTFS磁盘分区（一般是C:），你可以选择是否要将此磁盘加密。
- 一个用来启动计算机的磁盘分区（容量至少需350MB），必须被设置为**使用中**（active），而且不可以被加密。若计算机配备的是传统BIOS，则此磁盘分区需为NTFS；若是UEFI BIOS，则此磁盘分区需为FAT32。

当你在一台新计算机上安装Windows Server 2012 R2时，安装程序就会自动建立BitLocker所需的两个磁盘分区（以使用传统BIOS的计算机为例，见第13章）。

针对Windows操作系统磁盘来说，BitLocker可通过以下方式来提供保护功能。

- **可信平台模块（TPM 1.2或新版）**：TPM（Trusted Platform Module）是一个微芯片，若计算机内拥有此芯片，则BitLocker可将解锁密钥存储到此芯片内，计算机启动时会到此芯片内读取解锁密钥，并利用它将操作系统磁盘解锁与启动Windows Server 2012 R2操作系统。此计算机需配备符合TCG（Trusted Computing Group）规范的传统BIOS或UEFI BIOS，且需启用TPM功能。
- **USB设备**：不支持TPM的计算机可以使用USB设备（例如U盘），它会将解锁密钥存储到USB设备内，每次启动计算机时都必须将USB设备插到USB插槽。请确认BIOS设置已经启用对USB设备的支持。
- **密码**：用户在计算机启动时需输入所设置的密码来解锁。

针对固定式或可移动磁盘来说，BitLocker可通过多种方法提供保护，例如密码、智能卡、自动解锁等。

- **密码**：当用户要访问该数据磁盘时，必须输入密码来解锁。
- **智能卡**：当用户要访问该数据磁盘时，需插入智能卡、输入PIN号码来解锁。
- **自动解锁**：针对固定式数据磁盘来说，只要操作系统磁盘有BitLocker加密保护，就可以设置自动将此数据磁盘解锁，以后系统启动时，此数据磁盘就会自动解锁。而针对可移动磁盘来说（操作系统磁盘不需BitLocker加密保护），在先使用密码或智能卡解锁后，就可以设置为以后自动解锁。

6.8.2 BitLocker实例演练

以下实例为将操作系统磁盘加密且采用**密码解锁**的方式。在安装Windows Server 2012 R2时，安装程序会自动建立两个磁盘分区（以使用传统BIOS的计算机为例），其中一个被设置为用来启动计算机（见图6-8-1中标示为**系统保留**的磁盘分区）、另一个用来安装Windows Server 2012 R2（图中C:磁盘），此环境已经可以用来支持BitLocker功能。

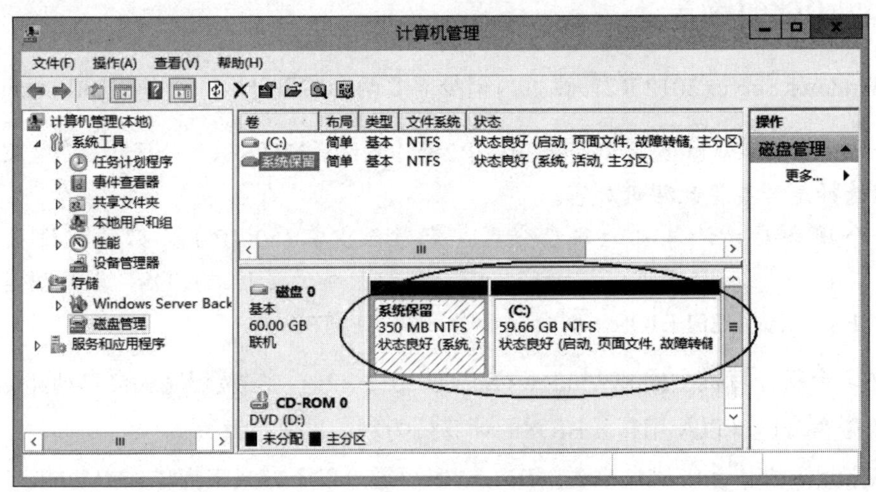

图6-8-1

安装“BitLocker 驱动器加密”

安装**BitLocker驱动器加密**的方法为：【单击左下角的**服务器管理器**图标➲单击**仪表板**处的**添加角色和功能**➲持续单击下一步按钮，一直到出现图6-8-2**选择功能**界面时勾选**BitLocker驱动器加密**➲…】，完成安装后重新启动计算机。

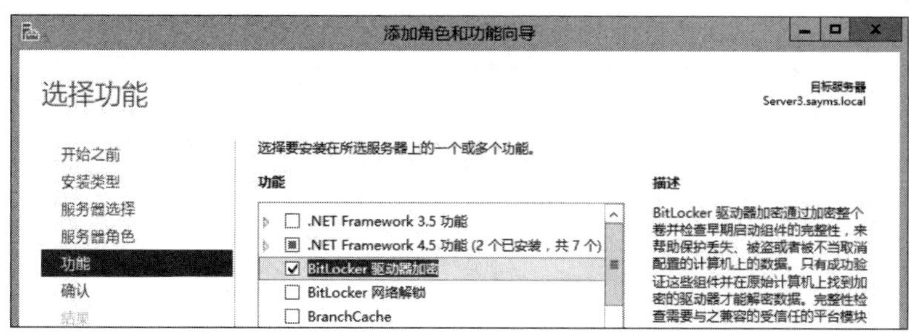

图 6-8-2

附注

在域环境下，若客户端计算机的操作系统磁盘被BitLocker保护、且其BIOS为新版UEFI BIOS（包含DHCP驱动程序）、配备TPM 1.2（或新版）+PIN，则当此计算机启动时，可以通过一台安装**Windows部署服务**的服务器所提供的密钥来远程解锁此客户端计算机。这台**Windows部署服务**的服务器需安装图6-8-2中的**BitLocker网络解锁**功能，并安装适当证书。

允许在无 TPM 环境下来使用 BitLocker

以操作系统磁盘来说，系统默认只支持TPM方式的BitLocker，若要支持其他方式（U盘、密码），则【按⊞+R键➲执行GPEDIT.MSC➲展开图6-8-3中的**计算机配置**➲管理模板➲Windows组件➲BitLocker驱动器加密➲操作系统驱动器➲双击右侧**启动时需要附加身份验证**➲依照前景图所示来勾选➲单击确定按钮】。

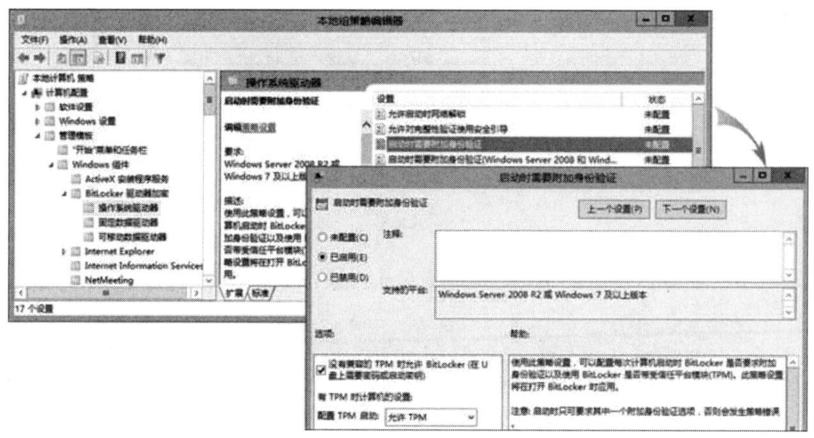

图 6-8-3

启用 BitLocker 驱动器加密

STEP 1 按Windows键⊞切换到**开始**菜单➲控制面板➲系统和安全➲BitLocker驱动器加密➲单击图6-8-4中的**启用BitLocker**。

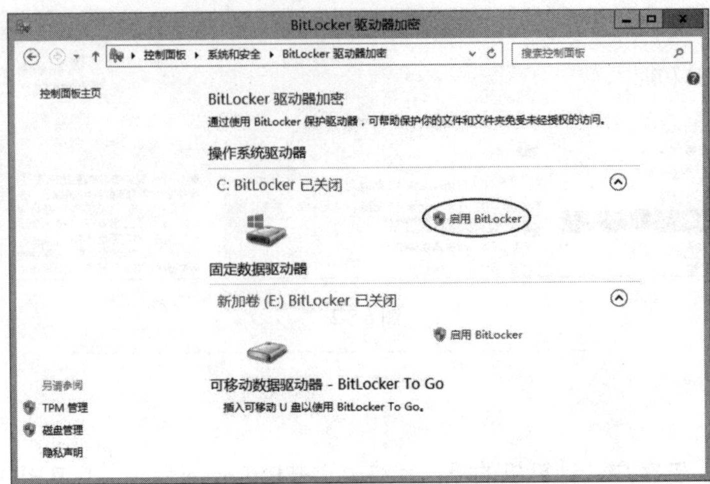

图 6-8-4

附注

若要将固定式或可移动磁盘（例如U盘）加密，请通过图中的固定数据驱动器或可移动数据驱动器 - BitLocker To Go处的启用BitLocker来设置。

STEP 2 我们的范例是要在图6-8-5中选择**输入密码**。

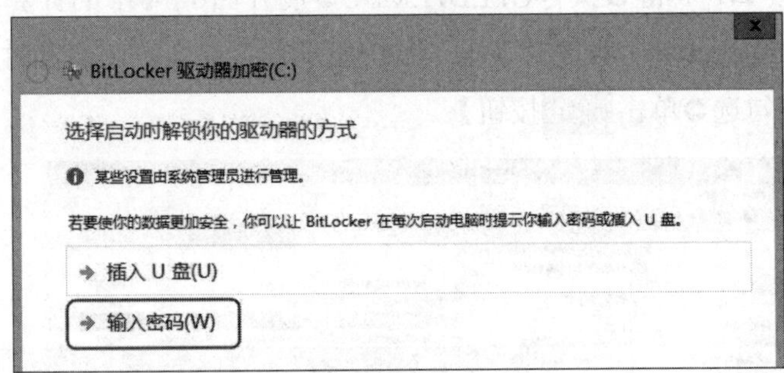

图 6-8-5

STEP 3 如图6-8-6所示输入密码后单击下一步按钮。密码需符合复杂性要求，且至少需8个字符。

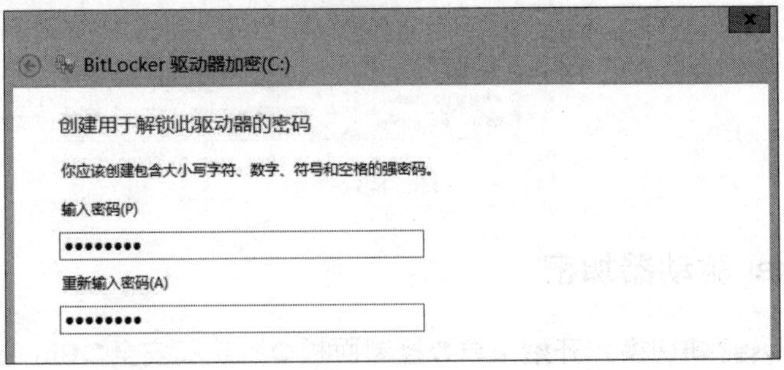

BitLocker 驱动器加密(C:)

创建用于解锁此驱动器的密码

你应该创建包含大小写字符、数字、符号和空格的强密码。

输入密码(P)

••••••••

重新输入密码(A)

••••••••

图 6-8-6

STEP 4 在图6-8-7中可选择将**恢复密钥**（见下面**注意**的说明）保存到U盘、文件或打印恢复密钥。此处我们选择**保存到文件**，单击下一步按钮。

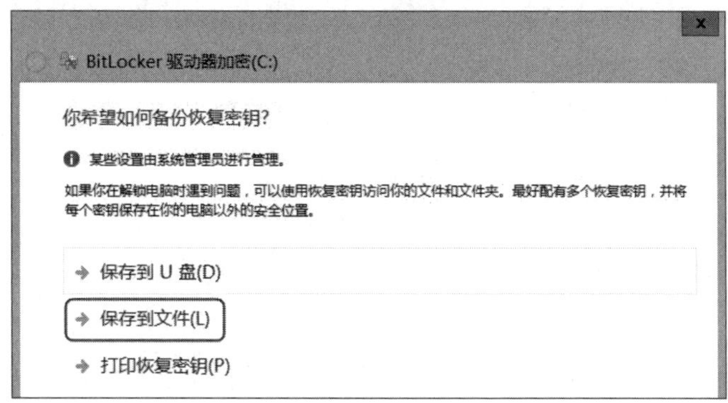

图 6-8-7

注意

启用BitLocker后，使用TPM的计算机启动时，若启动环境有变动（例如BIOS被更新、磁盘有错误、其他启动组件有变动或磁盘被拿到另外一台计算机启动等），BitLocker就不会将操作系统磁盘解锁，无法启动Windows Server 2012 R2，此时用户可利用**恢复密钥**来将磁盘解锁并启动系统，因此你需在首次启用BitLocker时建立**恢复密钥**，否则以后可能会有磁盘无法读取的风险。

使用U盘来存储解锁密钥的计算机虽然不会检查启动环境是否有更改，不过还是需要建立**恢复密钥**，以免U盘故障、丢失。若要将恢复密钥保存到U盘，则建议用另外一个U盘，不要用保存解锁密钥的同一个U盘，以免此U盘丢失时解锁密钥与恢复密钥同时丢失。

STEP 5 在图6-8-8中选择**恢复密钥**的保存位置后单击保存、是（Y）、下一步按钮。注意，不能保存到Windows Server 2012 R2操作系统磁盘内，不能保存到固定数据磁盘的根目录内（图中将其存储到E:\Test内）。

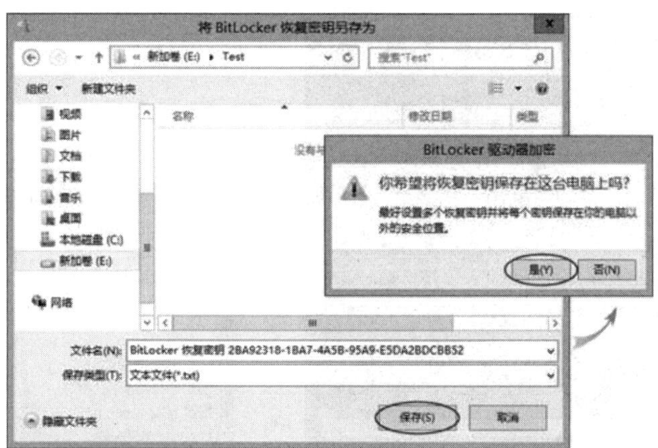

图 6-8-8

STEP 6 在图6-8-9中选择默认选项即可。单击**下一步**按钮。

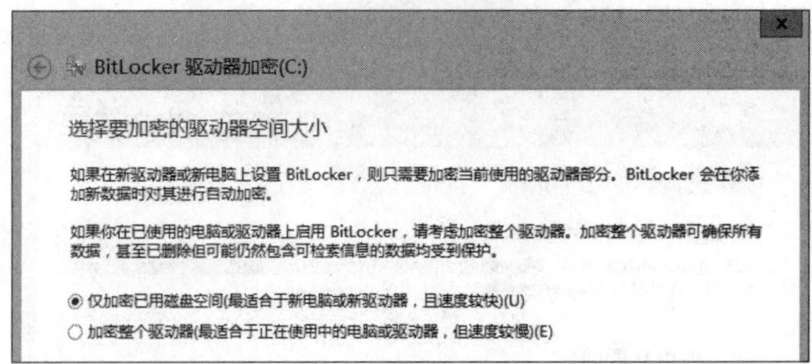

图 6-8-9

STEP 7 在图6-8-10中单击**继续**按钮、取出光盘（若有的话）、重新启动计算机。

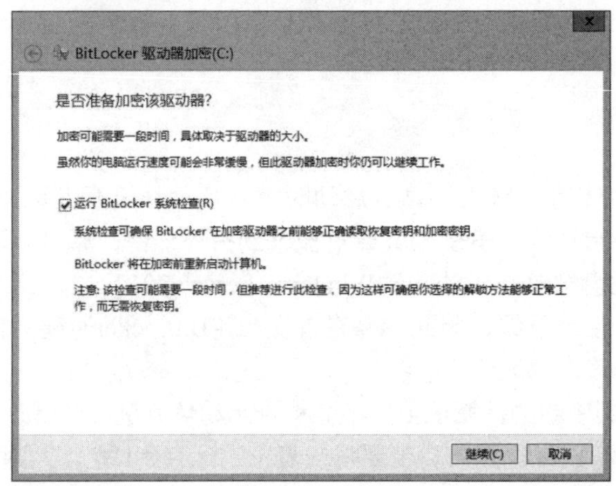

图 6-8-10

STEP 8 重新启动计算机后，如图6-8-11所示输入解锁密码后按**Enter**键（或忘记密码的话，请按**Esc**键来输入**恢复密钥**）、登录，之后可以从任务栏图标得知BitLocker开始将操作系统磁盘加密。单击此图标便可从图6-8-12得知其加密进度，这将花费一段比较长的时间。

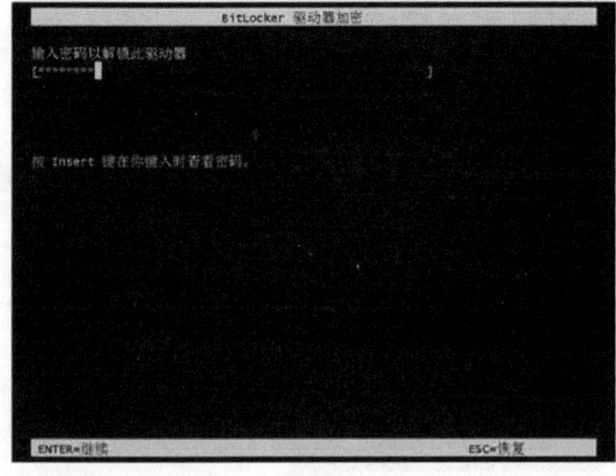

图 6-8-11

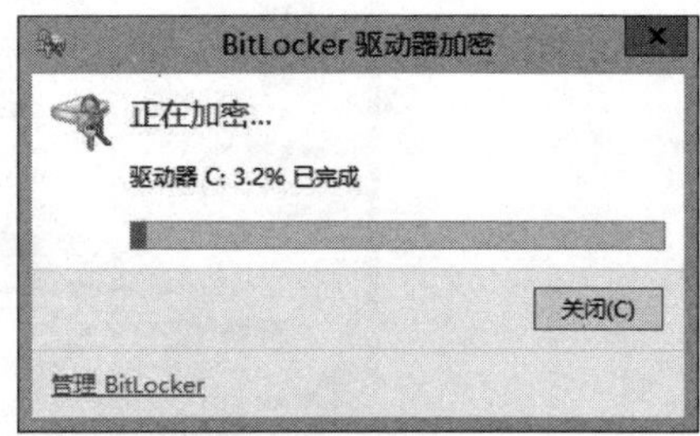

图 6-8-12

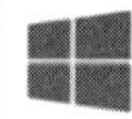

STEP 9 以后每次启动计算机时，都必须输入解锁密码，才可以启动Windows Server 2012 R2；密码忘记时，可以通过输入**恢复密钥**来解锁，否则既无法启动Windows Server 2012 R2，也无法访问该磁盘内的文件。

暂停与关闭 BitLocker

若你需要更新计算机的BIOS设置、硬件或操作系统，请先暂停BitLocker，以免因为启动环境更改而影响到Windows Server 2012 R2的启动。暂停后，下次重新启动计算机时就不需要输入密码了。不过计算机启动完成后，BitLocker就会自动重新启用。暂停BitLocker的方法为如图6-8-13所示单击**挂起保护**、单击是（Y）按钮。

图 6-8-13

挂起后，可以随时重新启用BitLocker，此时由于磁盘仍然是保持加密状态，因此重新启用BitLocker时，不需要再经过冗长的加密过程。重新启用BitLocker的方法为如图6-8-14所示单击**恢复保护**。

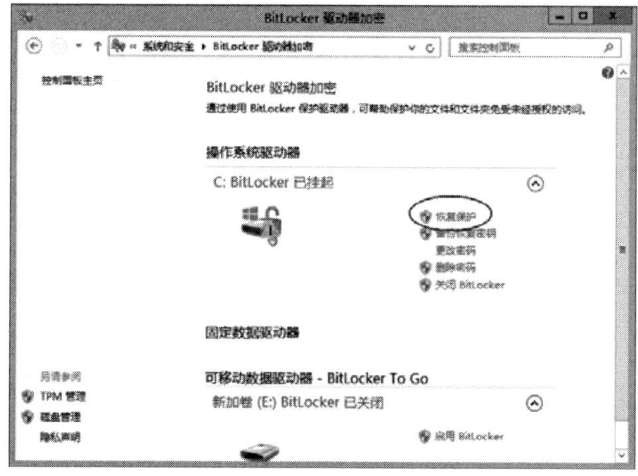

图 6-8-14

若想要将磁盘解密、不再使用BitLocker功能，则可通过关闭BitLocker的方式来设置，如图6-8-15所示单击**关闭BitLocker**。以后若要重新使用BitLocker，则需要建立新的解锁密钥与修复密钥，而且需要花费很多时间来重新对磁盘加密。

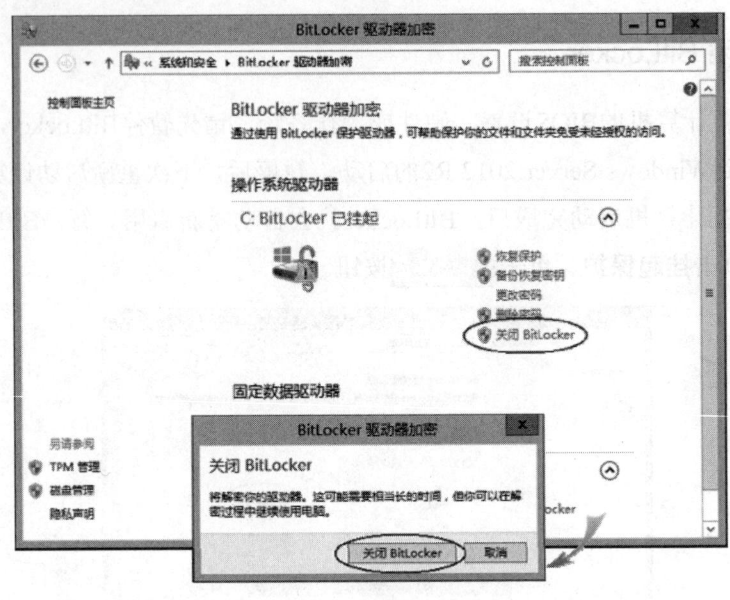

图 6-8-15

6.9 碎片整理与检查磁盘错误

磁盘使用一段时间后，存储在磁盘内的文件可能会零零散散地分布在磁盘内，这会影响到磁盘的访问效率，因此需要整理磁盘。整理时，系统会将磁盘内的文件读出，然后重新写入连续空间内，如此便可以提高访问效率。整理的步骤为【按Windows键⊞切换到**开始**菜单➲单击**这台电脑**➲选中任一磁盘，右击➲属性➲单击图6-9-1中背景图**工具**选项卡下的优化按钮➲选择欲整理的磁盘➲可通过分析按钮来了解该磁盘分散的程度，有需要的话再通过优化按钮来整理磁盘】。

注意

由于固态硬盘（SSD）的特性与一般传统硬盘不同，因此建议不要整理固态硬盘，否则数据访问将会集中在某些区域，造成该区域的使用寿命提早结束。

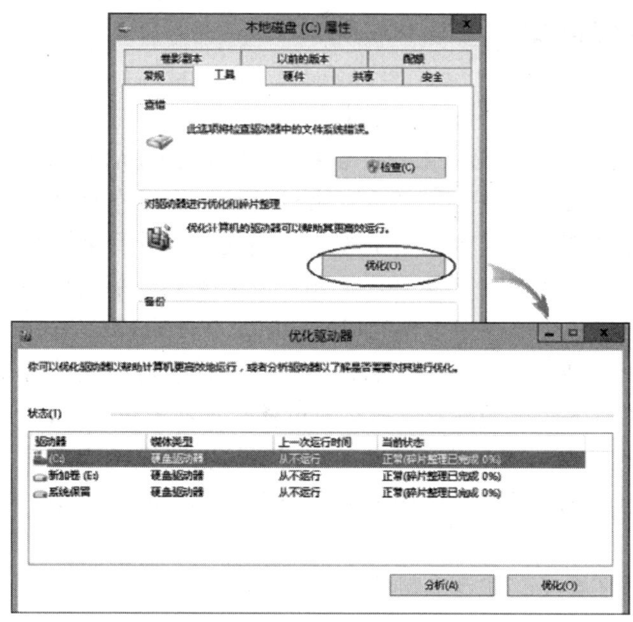

图 6-9-1

你也可以定期检查与修复磁盘的错误，方法为单击图6-9-2中背景图**工具**选项卡下的检查按钮，然后通过前景图的**扫描驱动器**来检查磁盘是否有错误。

图 6-9-2

6.10 磁盘配额

我们既可以通过**磁盘配额**功能来限制用户在NTFS磁盘内的存储空间，也可以跟踪每一个用户的NTFS磁盘空间使用情形。通过磁盘配额的限制，可以避免用户占用大量的硬盘空间。

6.10.1 磁盘配额的特性

- 磁盘配额是针对单一用户来控制与跟踪的。
- 仅NTFS磁盘支持磁盘配额，ReFS、exFAT、FAT32与FAT磁盘不支持。
- 磁盘配额是以文件与文件夹的所有权来计算的：在一个磁盘内，只要文件或文件夹的所有权是属于用户的，所占有的磁盘空间就会被计算到该用户的配额内。例如，当你在一个磁盘内新建一个文件、复制一个文件到此磁盘或夺取了此磁盘内一个文件的所有权后，这个文件所占用的磁盘空间就会被计算在你的配额内。
- 磁盘配额的计算不考虑文件压缩的因素：虽然磁盘内的文件与文件夹可以被压缩，但磁盘配额在计算用户的磁盘空间总使用量时是以文件的原始大小来计算的。
- 每一个磁盘的磁盘配额是独立计算的，不论这些磁盘是否在同一个硬盘内：例如，若第一块硬盘被划分为C:与D:两个磁盘分区，则用户在磁盘C:与D: 分别可以有不同的磁盘配额。
- 系统管理员并不会受到磁盘配额的限制。

6.10.2 磁盘配额的设置

你必须具备系统管理员权限才可以设置磁盘配额：【按Windows键⊞切换到**开始**菜单➲单击**这台电脑**图标➲选中磁盘驱动器（例如C:盘），右击➲属性➲如图6-10-1所示勾选**配额**选项卡下的**启用配额管理**➲单击应用按钮】。

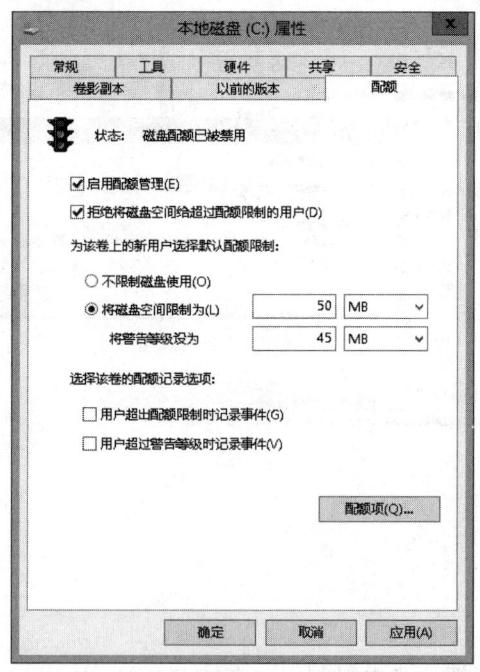

图 6-10-1

- **拒绝将磁盘空间给超过配额限制的用户**：用于在此磁盘所使用的磁盘空间已超过配额限制时。
  - 若未勾选此选项，则用户仍可继续将新数据存储到此磁盘内。此功能可用来跟踪、监视用户的磁盘空间使用情况，但不会限制其磁盘使用空间。
  - 若勾选此选项，则用户就无法再向此磁盘分区内写入任何新数据。如果用户尝试写入数据，屏幕上就会收到类似图6-10-2的拒绝界面。

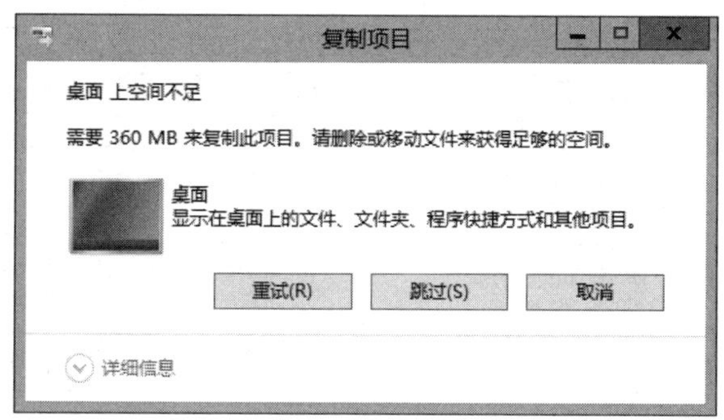

图 6-10-2

- **为该卷上的新用户选择默认的配额限制**：用来设置新用户的磁盘配额。
  - **不限制磁盘使用**：用户在此磁盘的可用空间不受限制。
  - **将磁盘空间限制为**：限制用户在此磁盘的可用空间。磁盘配额未启用前就已经在此磁盘内存储数据的用户不会受到此处的限制，但可另外针对这些用户来设置配额。
  - **将警告等级设为**：可让系统管理员来查看用户所使用的磁盘空间是否已超过此处的警告值。
- **选择该卷的配额记录选项**：用来设置当用户超过配额限制或警告等级时，将这些事项记录到系统日志内，而你可以通过【按Windows键田切换到**开始**菜单➲管理工具➲事件查看器➲Windows日志➲系统➲如图6-10-3所示单击来源为**Ntfs**的事件】的方法来查看其详细信息。

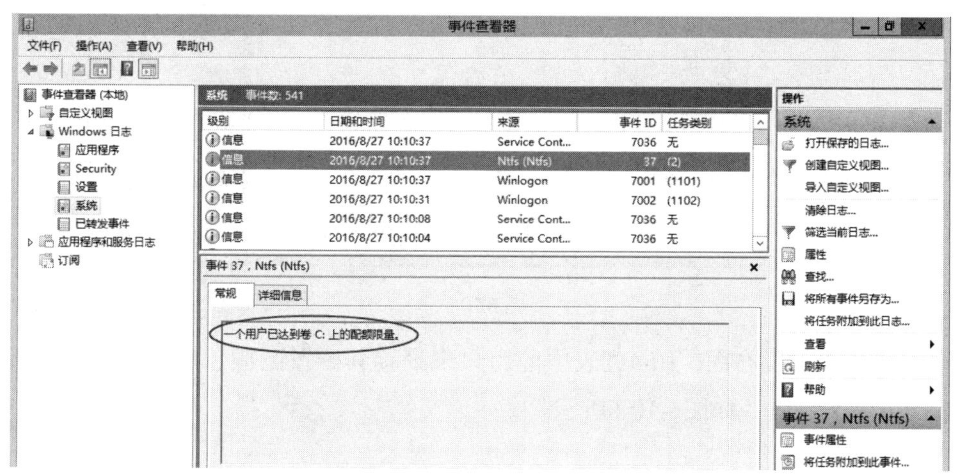

图 6-10-3

6.10.3 监控每一个用户的磁盘配额使用情况

单击图6-10-1右下方的配额项按钮后，就可通过图6-10-4的界面来监视每一个用户的磁盘配额使用情况，也可以通过它来针对特定的用户设置磁盘配额。

(C:) 的配额项

配额(Q) 编辑(E) 查看(V) 帮助(H)

状态	名称	登录名	使用量	配额限制	警告等级	使用...
超出限制	王乔治	george@sayms.local	55.12 MB	50 MB	45 MB	110
警告		NT SERVICE\Truste...	5.84 GB	无限制	45 MB	暂缺
警告		NT AUTHORITY\SY...	759.99 ...	无限制	45 MB	暂缺
警告		NT AUTHORITY\LO...	94.58 MB	无限制	45 MB	暂缺
警告		NT AUTHORITY\NE...	64 MB	无限制	45 MB	暂缺
正常		BUILTIN\Administr...	1.82 GB	无限制	无限制	暂缺
正常		NT SERVICE\AllUse...	1 KB	无限制	45 MB	暂缺
正常		SERVER3\Administr...	206 KB	无限制	45 MB	暂缺
正常	[帐户信息...	S-1-5-21-17525468...	77 KB	无限制	45 MB	暂缺
正常	[帐户信息...	S-1-5-21-41120409...	77 KB	无限制	45 MB	暂缺

项目总数 11 个，已选 1 个。

图 6-10-4

若要更改其中任何一个用户的磁盘配额设置，只要在图6-10-4中双击该用户，然后通过图6-10-5的界面来更改其磁盘配额。

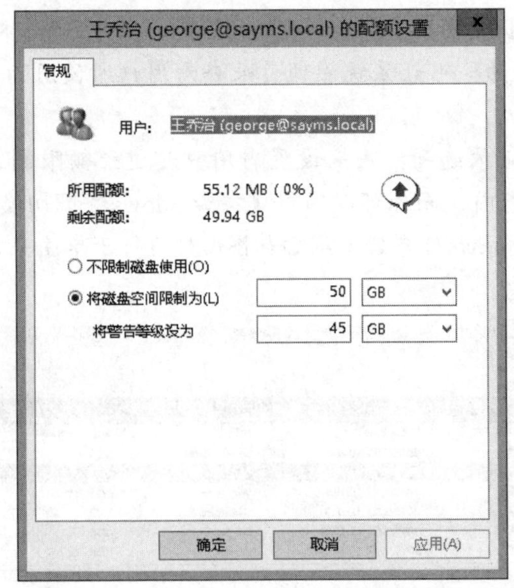

图 6-10-5

如果要针对未出现在图6-10-4列表中的用户来设置其磁盘配额，就请通过【配额➲新建配额项】的方法来设置，如图6-10-6所示。

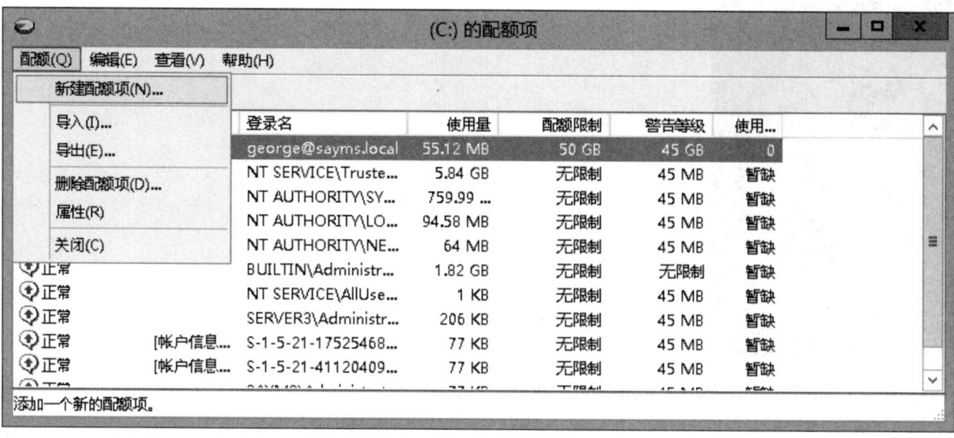
(C:) 的配额项
配额(Q) 编辑(E) 查看(V) 帮助(H)
新建配额项(N)...
导入(I)...
导出(E)...
删除配额项(D)...
属性(R)
关闭(C)
登录名 使用量 配额限制 警告等级 使用...
george@sayms.local 55.12 MB 50 GB 45 GB 0
NT SERVICE\Truste... 5.84 GB 无限制 45 MB 暂缺
NT AUTHORITY\SY... 759.99 ... 无限制 45 MB 暂缺
NT AUTHORITY\LO... 94.58 MB 无限制 45 MB 暂缺
NT AUTHORITY\NE... 64 MB 无限制 45 MB 暂缺
正常 BUILTIN\Administr... 1.82 GB 无限制 无限制 暂缺
正常 NT SERVICE\AllUse... 1 KB 无限制 45 MB 暂缺
正常 SERVER3\Administr... 206 KB 无限制 45 MB 暂缺
正常 [帐户信息... S-1-5-21-17525468... 77 KB 无限制 45 MB 暂缺
正常 [帐户信息... S-1-5-21-41120409... 77 KB 无限制 45 MB 暂缺
添加一个新的配额项。

图 6-10-6

第7章　访问网络文件

资源共享是网络的主要功能之一，因此本章将介绍如何通过**公用文件夹**（public folder）与**共享文件夹**（shared folder）来将文件资源共享给其他用户。

- 公用文件夹
- 共享文件夹
- 共享文件夹的新建与管理
- 用户如何访问网络公用与共享文件夹
- 脱机文件
- 卷影副本

7.1 公用文件夹

磁盘内的文件经过适当权限设置后，每一位登录计算机的用户都只可以访问自己有权限的文件，无法访问其他用户的文件，此时这些用户要相互共享文件的话，该如何做呢？开放权限是一种可行的方法，不过也可以利用**公用文件夹**。一套系统只有一个公用文件夹，每一个在本机登录的用户都可以访问此文件夹，用户可以通过【在桌面下单击左下方的**文件资源管理器**图标➲在图7-1-1中单击**这台电脑**➲展开本地磁盘（C:）➲用户➲公用】的方法来查看公用文件夹。

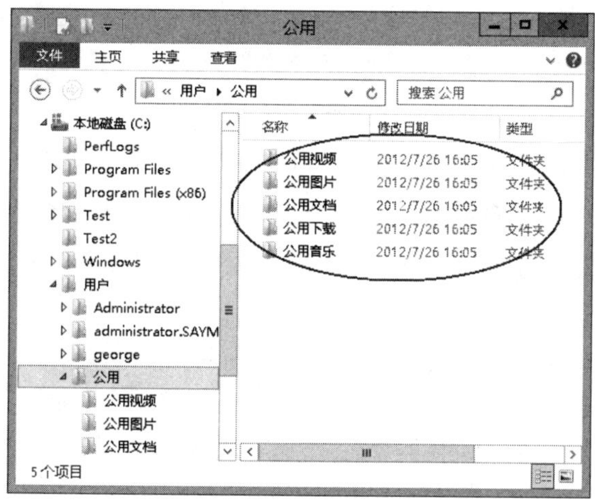

图 7-1-1

由图7-1-1中可知公用文件夹内默认已经有**公用下载**、**公用文档**等文件夹，用户只要把欲共享的文件复制到其中即可。用户也可以在公用文件夹内新建更多文件夹。

系统管理员也可以开放让用户通过网络来访问公用文件夹：【按Windows键切换到**开始**菜单➲控制面板➲网络和Internet➲网络和共享中心➲单击左侧**更改高级共享设置**➲展开**所有网络**➲如图7-1-2所示来选择➲单击保存更改按钮】。

图中最下方**密码保护的共享**若启用的话（这是默认值。加入域的计算机会自动**启用密码保护共享**，且在图7-1-2中不会显示此选项），则网络用户连接此计算机时必须先输入有效的用户账户名与密码后才可以访问公用文件夹。

你无法只针对特定用户来启用公用文件夹，也就是若非开放给网络上所有用户（用户可能需要输入账户与密码），就是都不开放。

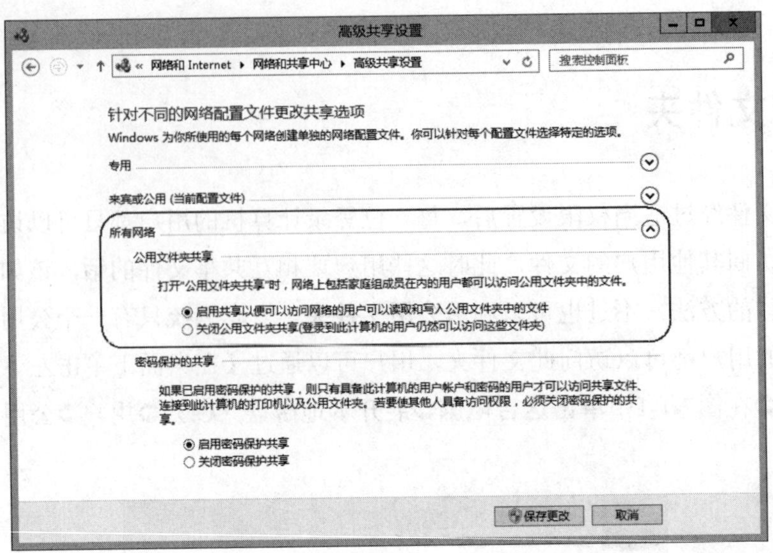

图 7-1-2

假设要启用公用文件夹的计算机IP地址为192.168.8.3，则网络上的用户要连接此公用文件夹时，可以通过【打开**文件资源管理器**➲如图7-1-3输入**\\192.168.8.3**后按Enter键➲输入有权访问此公用文件夹的账号与密码（默认是Everyone都有完全控制的权限）➲单击**Users**➲单击**公用**➲...】。

图 7-1-3

7.2 共享文件夹

即使你不将文件复制到**公用文件夹**，仍然可以通过**共享文件夹**（shared folder）来将文件共享给网络上的其他用户。当你将某个文件夹（例如图7-2-1中的Database）设置为共享文件

夹后，用户就可以通过网络来访问此文件夹内的文件、子档案夹等（当然用户需拥有适当的权限）。

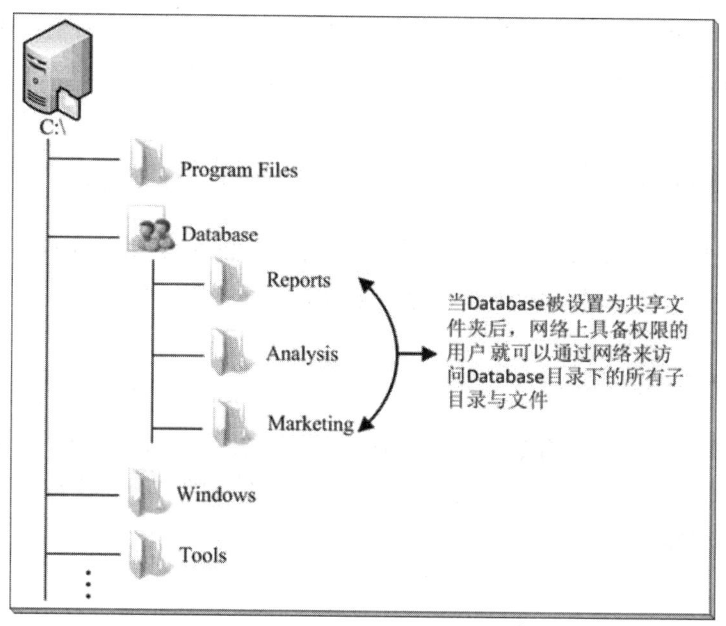

图 7-2-1

位于ReFS、NTFS、FAT32、FAT或exFAT磁盘内的文件夹都可以被设置为共享文件夹，然后通过共享权限来设置网络用户的访问权限。

7.2.1　共享文件夹的权限

网络用户必须拥有适当的共享权限才可以访问共享文件夹。表 7-2-1列出共享权限的种类与其所具备的访问能力。

注意

共享权限只对通过网络来访问此共享文件夹的用户有约束力，若用户由本地登录，也就是直接在计算机前按Ctrl + Alt + Del键登录的话，则不受此权限的约束。

表 7-2-1

具备的能力 \ 权限的种类	读取	修改	完全控制
查看文件名与子文件夹名称，查看文件内的数据，执行程序	✓	✓	✓
新建与删除文件、子文件夹，更改文件内的数据		✓	✓
更改权限（只适用于NTFS、ReFS内的文件或文件夹）			✓

位于FAT、FAT32或exFAT磁盘内的共享文件夹由于没有ReFS、NTFS权限的保护，同时共享权限又对本地登录的用户没有约束力，此时如果用户直接在本地登录，那么他将可以访问FAT、FAT32与exFAT磁盘内的所有文件。因此若磁盘文件系统为FAT、FAT32或exFAT，则建议你不要随意让用户具备**允许本地登录**的权限（见第10章的说明）。

7.2.2 用户的有效权限

如果网络用户同时隶属于多个组，他们分别对某个共享文件夹拥有不同的共享权限的话，那么该网络用户对此共享文件夹的有效共享权限是什么呢？

权限具有累加性

网络用户对共享文件夹的有效权限是其所有权限来源的总和。例如，用户A同时属于**业务部**与**经理**组，其共享权限分别如表7-2-2所示，用户A最后的有效共享权限为这3个权限的总和，也就是**读取** + **修改** = **修改**。

表7-2-2

用户或组	权限
用户A	读取
组 **业务部**	未指定
组 **经理**	修改
用户A最后的有效共享权限为 **读取** + **修改** = **修改**	

“拒绝”权限的优先级高

虽然用户对某个共享文件夹的有效权限是其所有权限来源的总和，但只要其中有一个权限来源被设置为**拒绝**，则用户将不会拥有此权限。例如，若用户A同时属于**业务部**与**经理**组，且其共享权限分别如表7-2-3所示，用户A最后的有效共享权限为**拒绝访问**。

表7-2-3

用户或组	权限
用户A	读取
组 **业务部**	拒绝访问
组 **经理**	修改
用户A最后的有效共享权限为 **拒绝访问**	

由前面两个例子可以看出，**未指定**与**拒绝访问**对最后的有效权限有不同的影响：**未指定**并不参与累加的过程，而**拒绝访问**在累加的过程中会覆盖所有其他的权限来源。

共享文件夹的复制或移动

若你将共享文件夹复制到其他磁盘分区内，则源文件夹仍然保留共享状态，但是复制的那一份新文件夹并不会被设置为共享文件夹。若你将共享文件夹移动到其他磁盘分区内，则此文件夹将不再是共享的文件夹。

与 NTFS（或 ReFS）权限搭配使用

若共享文件夹位于NTFS（或ReFS）磁盘内，那么你还可以设置此文件夹的NTFS权限，以便能够更进一步增加其安全性。当你将文件夹设置为共享文件夹后，网络用户才能看得到并访问此共享文件夹，但是用户到底有没有权限访问此文件夹，需视共享权限与NTFS权限两者的设置情况来决定。

网络用户最后的有效权限是共享权限与NTFS权限两者之中最严格（most restrictive）的设置。例如，经过累加后，若用户A对共享文件夹C:\Test的有效共享权限为**读取**，另外经过累加后，若用户A对此文件夹的有效NTFS权限为**完全控制**，则用户A对C:\Test的最后有效权限为两者之中最严格的**读取**，如表7-2-4所示。

表7-2-4

权限类型	用户A的累加有效权限
C:\Test的共享权限	读取
C:\Test的NTFS权限	完全控制
用户A通过网络访问C：\Test的最后有效权限为最严格的**读取**	

注意

若用户A是直接由本地登录，而不是通过网络登录，则用户A对C:\Test的有效权限是由NTFS权限来决定的，也就是**完全控制**，因为直接由本地登录并不受共享权限的约束。

7.3　共享文件夹的新建与管理

隶属Administrators组的用户具备将文件夹设置为共享文件夹的权限。

7.3.1　新建共享文件夹

STEP 1　按Windows键⊞切换到**开始**菜单➲单击**这台电脑**➲单击磁盘➲如图7-3-1所示选中文件夹（例如Database），右击➲共享➲特定用户。

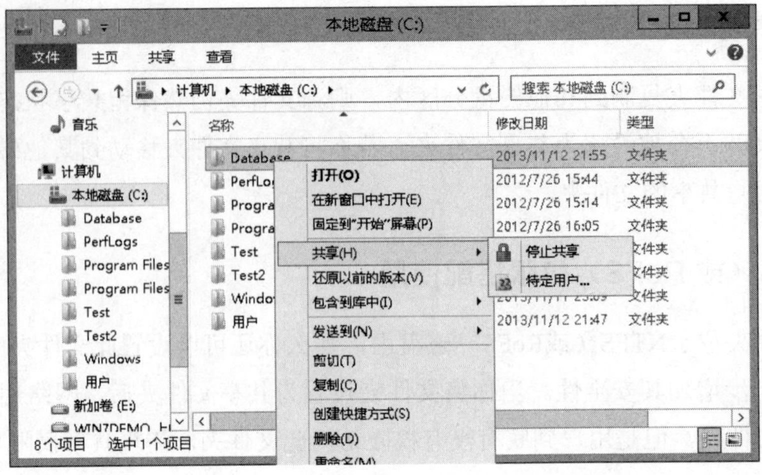

图 7-3-1

STEP 2　在图7-3-2中单击向下箭头来选择你要与之共享的用户或组。

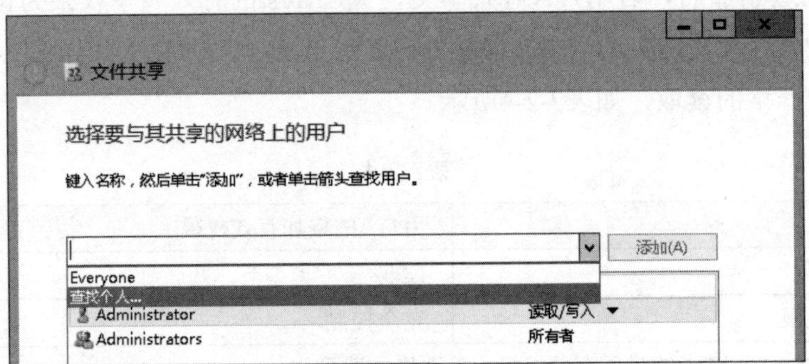

图 7-3-2

STEP 3　被选中的用户或组的默认共享权限为**读取**，若要更改的话，请如图7-3-3所示单击用户右侧向下的箭头，然后从显示的列表中来选择，完成后单击共享按钮。

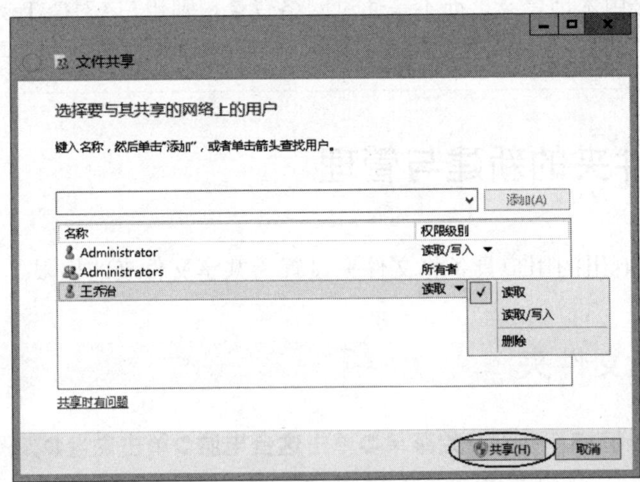

图 7-3-3

附注

当你设置**共享权限**时，系统会将**共享权限**设置为“Everyone为**完全控制**”，同时也将NTFS（ReFS）权限设置为你所指定的**共享权限**。

STEP 4 若此计算机的网络位置为**公用网络**，则会出现图7-3-4供你选择是否要在所有的公用网络启用网络发现与文件共享。若你选择**否**，则此计算机的网络位置会被更改为**专用网络**。

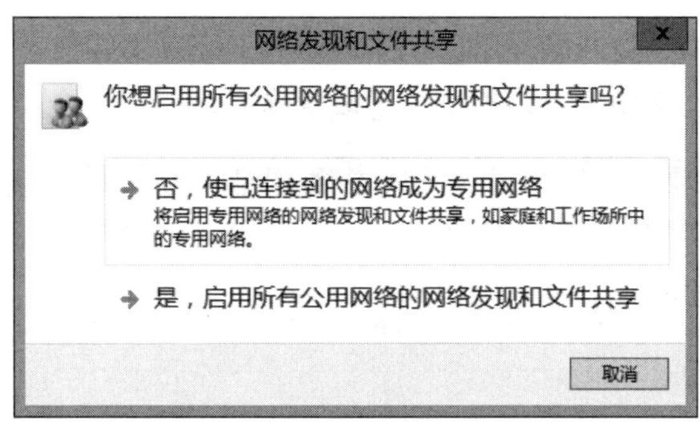

图 7-3-4

STEP 5 出现**你的文件夹已经共享**界面时单击完成按钮。

若**用户账户控制**的通知时机不是**从不通知**，而你又不是系统管理员，则在图7-3-3中单击共享按钮后，系统会要求你输入系统管理员账户与密码后才可以将文件夹共享，如图7-3-5所示。

图 7-3-5

若**用户账户控制**的通知时机为**从不通知**，而你又不是系统管理员的话，则系统会直接拒绝你将文件夹共享。

> **附注**
>
> 更改**用户账户控制设置**通知时机的方法为：【按⊞键切换到**开始**菜单➲控制面板➲用户账户➲用户账户➲更改用户账户控制设置】，完成后需重新启动计算机。

在你第1次将文件夹共享后，系统就会启动**文件与打印机共享**，而你可以通过【按⊞键切换到**开始**菜单➲控制面板➲网络和Internet➲网络和共享中心➲更改高级共享设置】来查看此设置，如图7-3-6所示（图中假设网络位置是**域**网络）。

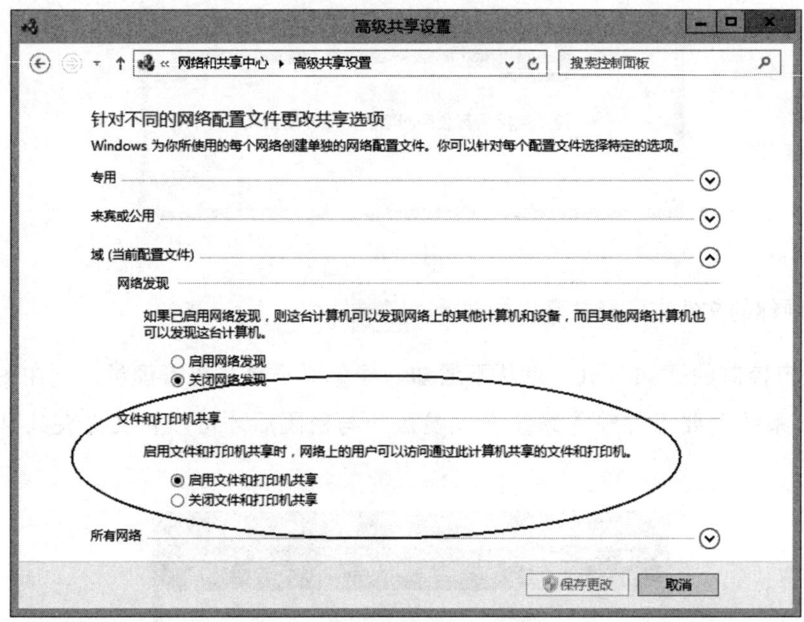

图 7-3-6

7.3.2 停止共享与修改权限

若要停止将文件夹共享，则【选中共享文件夹，右击➲共享➲停止共享➲选择**停止共享**，如图7-3-7所示】。

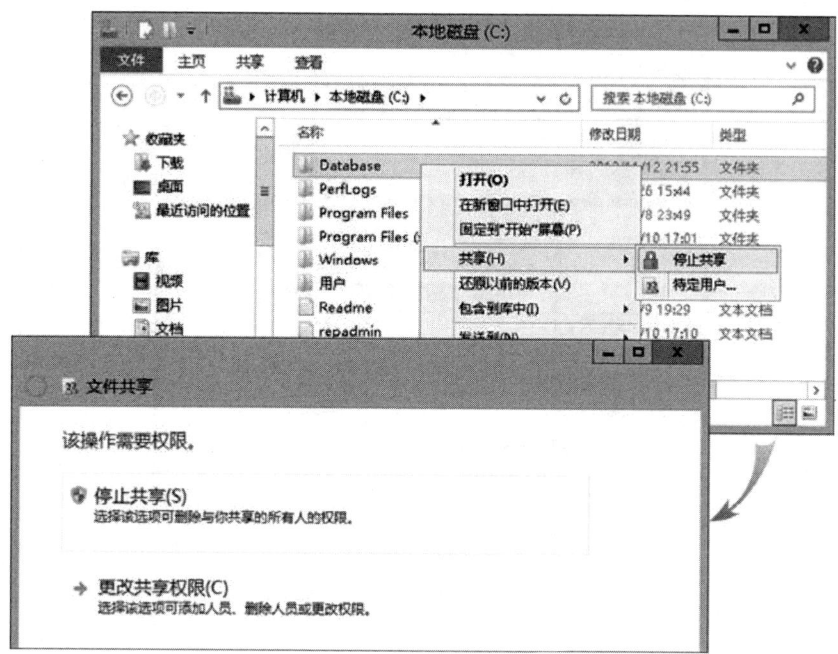

图 7-3-7

若要更改共享权限或添加用户，则可选择图7-3-7中前景图的**更改共享权限**，或直接选择背景图中的**特定用户…**，或通过【选中共享文件夹，右击➲属性➲如图7-3-8所示单击**共享**标签➲单击共享按钮】的方法。

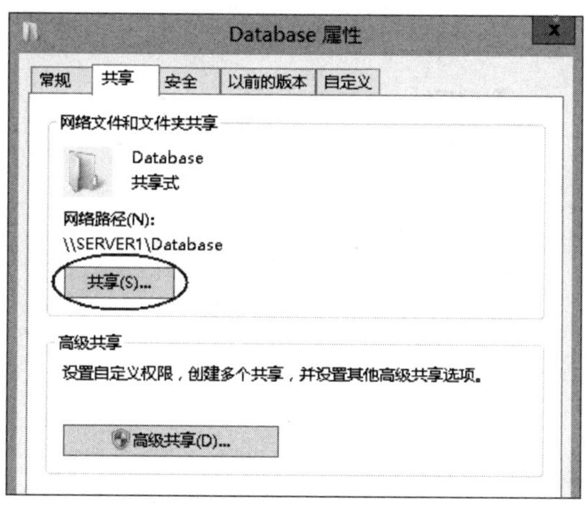

图 7-3-8

也可以单击图7-3-8下方的高级共享按钮，然后通过图7-3-9来设置共享权限。

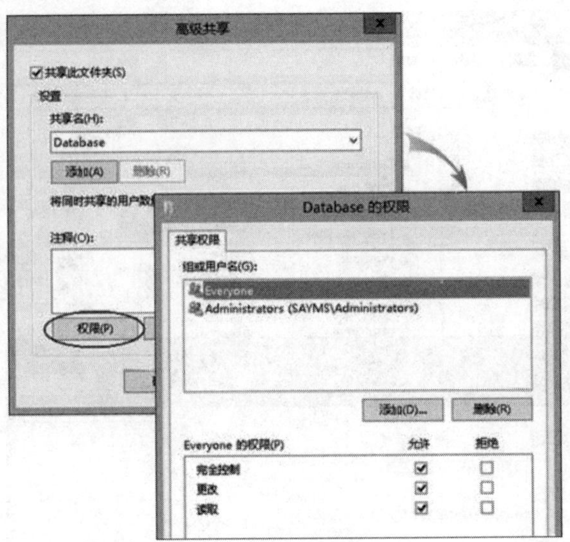

图 7-3-9

7.3.3 添加共享名

每一个共享文件夹都有**共享名**，网络用户通过共享名来访问共享文件夹内的文件，共享名默认就是文件夹名称，例如文件夹名称为Database，则共享名就是Database。若要添加多个共享名，请单击图7-3-8中的高级共享按钮，然后通过图7-3-10的添加按钮来添加共享名。

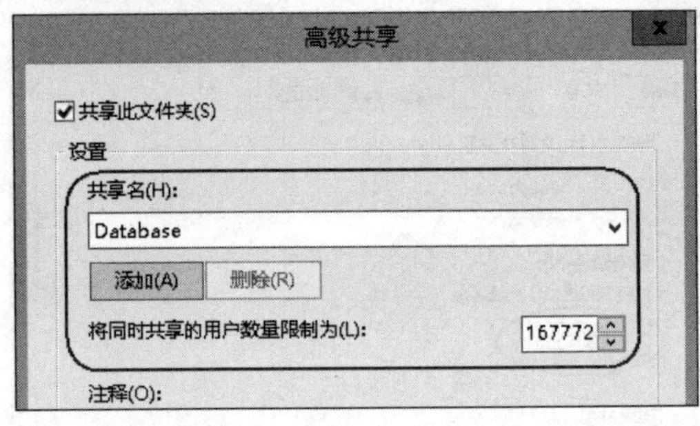

图 7-3-10

7.3.4 隐藏共享文件夹

若共享文件夹有特殊使用目的，不想让用户在网络上浏览到，只要在共享名最后加上一个 $ 符号，就可以将其隐藏起来。例如，将前面的共享名Database改为Database$。更改此共享名的方法为在图7-3-10中单击添加按钮来添加共享名Database$，然后通过单击删除按钮来删除旧的共享名Database。

系统已经自动建立了多个隐藏共享文件夹，它们是供系统内部使用或系统管理用的，例如C$（代表C磁盘）、ADMIN$（代表Windows Server 2012 R2的安装文件夹，例如

C:\Windows）等。

7.3.5　利用“计算机管理”来管理共享文件夹

你可以通过【按Windows键⊞切换到**开始**菜单➲管理工具➲计算机管理➲如图7-3-11所示单击**系统工具**之下的**共享文件夹**➲共享】的方法来管理共享文件夹，图中列出了现有共享文件夹的名称（包含C$、ADMIN$等隐藏共享文件夹）、文件夹路径、适用于哪一种客户端来访问（例如Windows）、目前已经连接到此共享文件夹的用户数量等。

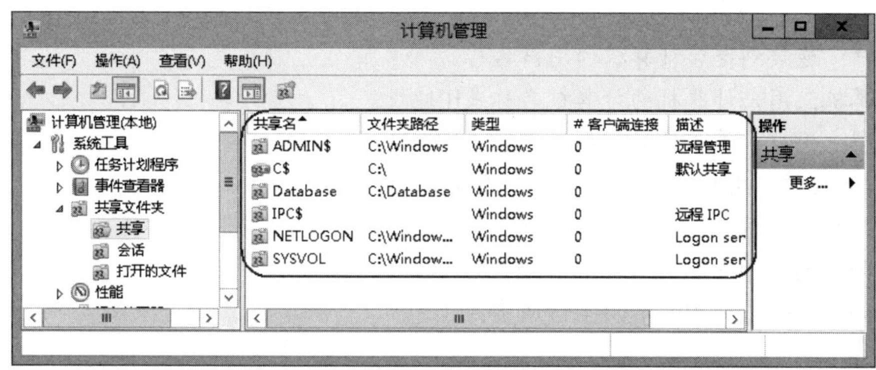

图 7-3-11

> **附注**
>
> 若你有权限的话，也可以通过【选中图中的**计算机管理（本地）**，右击➲连接到另一台计算机】的方法来管理另外一台计算机。

修改与新建共享文件夹

若要停止将文件夹共享给网络用户，可以【选中图7-3-11右侧的共享文件夹，右击➲停止共享】；若要修改共享文件夹（例如修改共享文件夹权限），可以【选中右侧的共享文件夹，右击➲属性】；若要新建共享文件夹，可以【选中左侧的**共享**，右击➲新建共享】。

> **注意**
>
> 请不要将系统自动建立的隐藏共享文件夹停止共享，否则可能会影响到系统的正常工作。即使你将之停用，下次启动计算机时，系统还是会自动将它们共享。

监控与管理已连接的用户

选择图7-3-12中的**会话**后，便可以查看与管理已经连接到此计算机的用户。

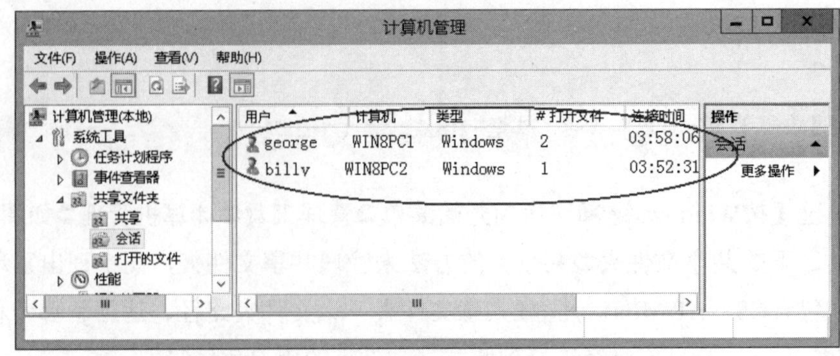

图 7-3-12

- **用户**：连接到这台计算机的用户名称。
- **计算机**：用户计算机的计算机名称或IP地址。
- **类型**：用户计算机的操作系统类型（例如Windows）。
- **#打开文件**：用户在此台计算机内已经打开文件的数目。
- **连接时间**：用户已持续连接的时间。
- **空闲时间**：用户仍连接中，但自从上次访问此台计算机内的资源（例如文件）后，已经闲置一段时间没有再来访问资源了。

若要中断某个用户联机，可以【选中该用户，右击➲关闭会话】。若要中断所有用户的连接，可以【选中界面左侧的**会话**，右击➲中断全部的会话连接】。

监控与管理被打开的文件

你可以选择图7-3-13中的**打开的文件**来查看与管理被打开的文件。

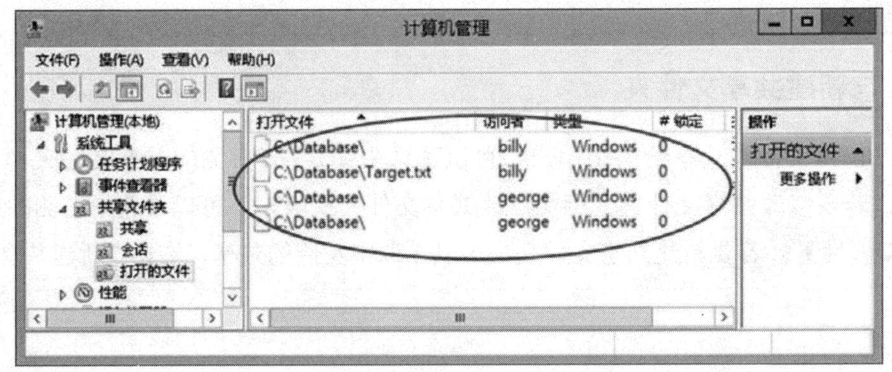

图 7-3-13

- **打开的文件**：在这台计算机内已被打开的文件名（或其他资源的名称）。
- **访问者**：打开此文件的用户账户名称。
- **类型**：用户计算机的操作系统类型（例如Windows）。
- **#锁定**：有的程序会锁住所打开的文件，此处表示该文件被锁定的次数。
- **打开模式**：应用程序打开此文件的访问模式，例如读取、写入等。

若要中断被用户打开的某个文件，可以【选中该文件，右击➲将打开的文件关闭】。若要中断被用户打开的所有文件，【选中界面左侧的**打开的文件**，右击➲中断全部打开的文件】。

7.4 用户如何访问网络公用与共享文件夹

网络用户可利用以下几种方式来连接网络计算机与访问其所共享出来的公用与共享文件夹。

7.4.1 利用网络发现来连接网络计算机

以Windows 8.1（8）客户端来说，若客户端计算机的网络发现尚未打开，则可通过【在桌面窗口下单击左下方的**文件资源管理器**图标➲在图7-4-1中单击**网络**➲单击上方的提示文字来打开**网络发现**功能（必须具备系统管理员权限）】。

附注

（1）也可以通过【按⊞+X键➲控制面板➲网络和Internet➲网络和共享中心➲更改高级共享设置】的方法来启用**网络发现**。

（2）Windows 7客户端用户可使用【开始➲计算机➲网络】的方法。

图 7-4-1

若此计算机的网络位置为**公用网络**（参考3.4节的说明），则会出现图7-4-2的界面，供你选择是否要在所有的公用网络启用网络发现和文件共享。若你选择**否**的话，此计算机的网络位置会被修改为**专用网络**，也会启用网络发现和文件共享。

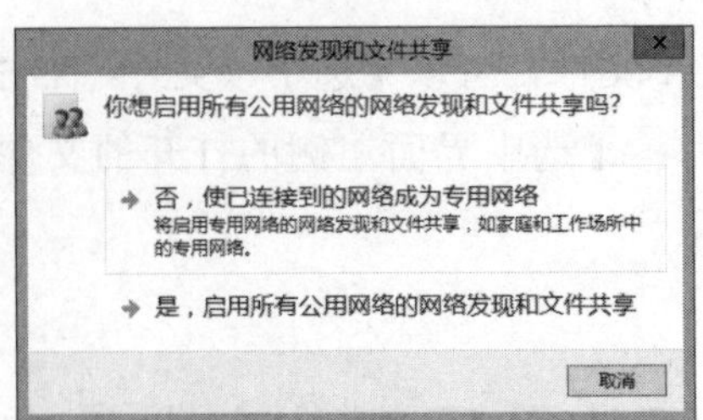

图 7-4-2

之后便可如图7-4-3所示看到网络上的计算机，单击计算机，输入用户账户名称与密码后（见后面的说明），就可以访问此计算机内所共享出来的共享文件夹Database，同时在单击Users文件夹后，还可以访问公用文件夹Public。

注意

若看不到网络上其他Windows Server 2012（R2）、Windows Server 2008（R2）、Windows 8.1（8）、Windows 7、Windows Vista等计算机，请检查这些计算机是否已启用**网络发现**，并检查其Function Discovery Resource Publication服务是否启用（可通过【开始➲管理工具➲服务】来查看与启用此服务）。

图 7-4-3

连接网络计算机的身份验证机制

当你在连接网络上的其他计算机时，你必须提供有效的用户账户名与密码，不过你的计算机会自动以你当前正在使用的账户名与密码来连接该网络计算机，也就是会以你当初按 Ctrl + Alt + Del 键登录时所输入的账户名与密码来连接网络计算机（见图7-4-4），此时是否会连接成功呢？请看下面的分析。

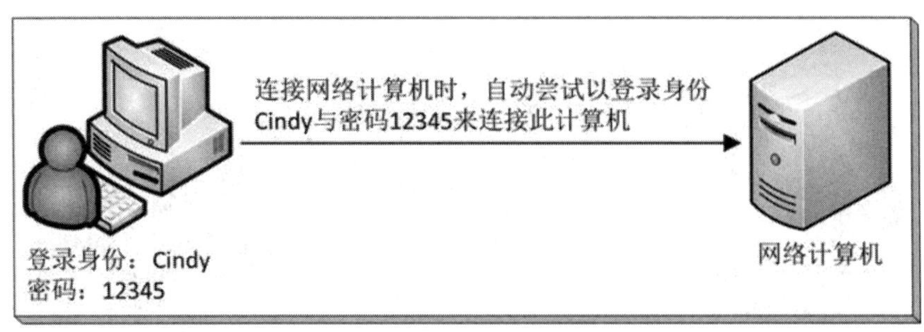

图 7-4-4

若你的计算机与网络计算机都已加入域（同一个域或有信任关系的不同域），而且你当初是利用域用户账户登录，则当你在连接该网络计算机时，系统会自动利用此账户来连接网络计算机，此网络计算机再通过域控制器来确认你的身份后，你就被允许连接该网络计算机，不需要再自行手动输入账户名与密码，如图7-4-5所示（假设两台计算机隶属于同一个域）。

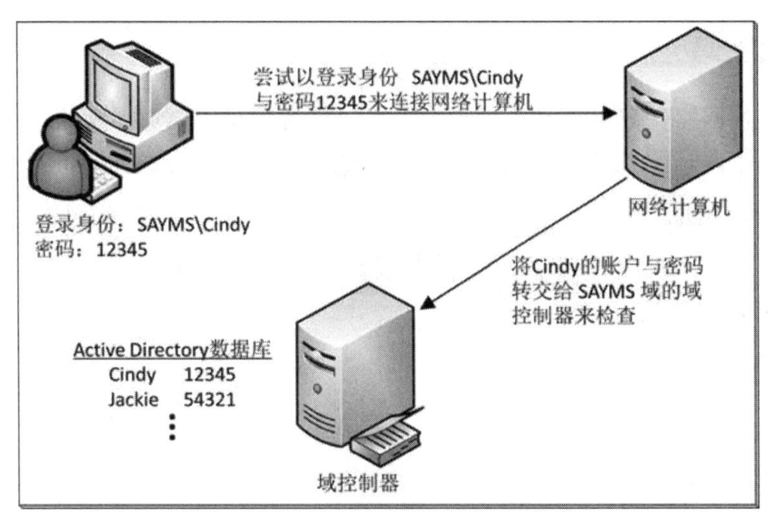

图 7-4-5

若你的计算机与网络计算机并未加入域，或一台计算机已经加入域但另外一台计算机没有加入域，或分别隶属于两个不具备信任关系的域，此时不论当初你是利用本地或域用户账户登录，当你在连接该网络计算机时，系统仍然会自动利用此账户来连接网络计算机。

- 该网络计算机内已经替你建立了一个名称相同的用户账户：
  - 若密码也相同，则你将自动利用此用户账户来成功连接，如图7-4-6所示（以本地用户账户为例）。
  - 若密码不相同，则系统会要求你重新输入用户名与密码。

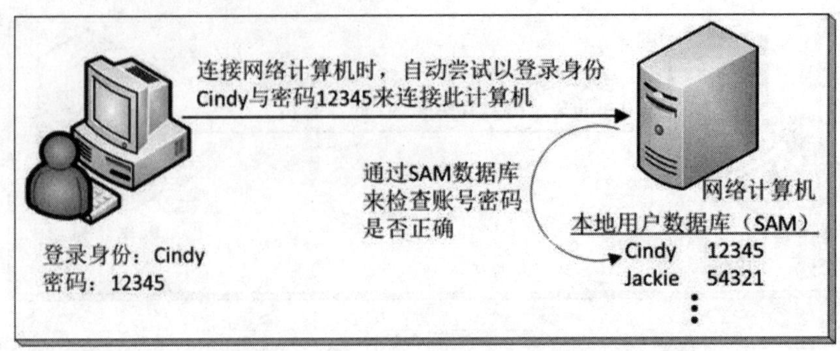

图7-4-6

- 该网络计算机内并未替你建立一个名称相同的用户账户：
  - 若该网络计算机已启用guest账户，则系统会自动让你利用guest身份连接。
  - 若该网络计算机停用guest账户（默认值），则系统会要求你重新输入用户名与密码。

管理网络密码

如果每次连接网络计算机都必须手动输入账户与密码会让你觉得麻烦，那么此时你可以在连接网络计算机时如图7-4-7所示勾选**记住我的凭据**，让系统以后都通过这个用户账户与密码来连接该网络计算机。

图7-4-7

要更进一步来管理网络密码的话，可以【打开**控制面板**➲用户账户➲单击**凭据管理器**之下的**管理Windows凭据**➲通过图7-4-8来管理网络密码】，例如通过**编辑**来更改账户名与密码、通过**删除**来删除账户名与密码、通过右侧**添加Windows凭据**来添加连接其他网络计算机的账户名与密码等。

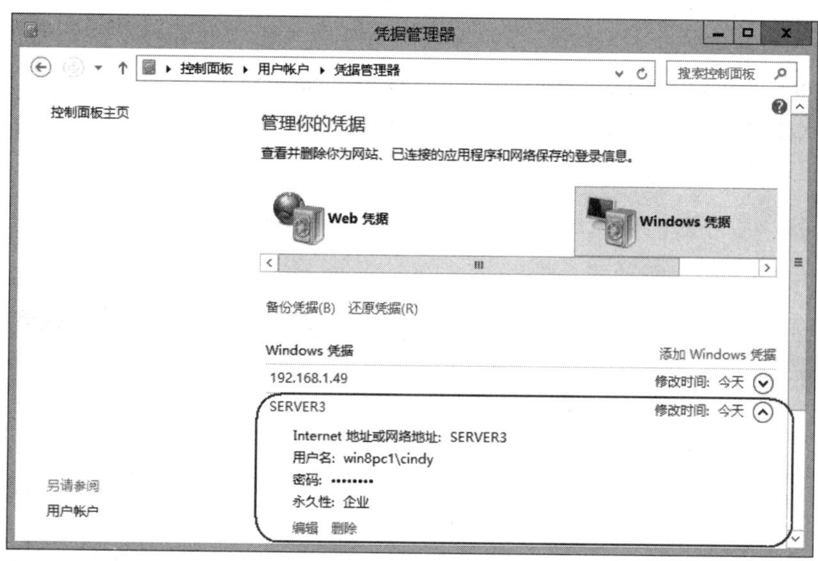

图 7-4-8

7.4.2 利用网络驱动器来连接网络计算机

你可以利用一个驱动器号来固定连接网络计算机的共享文件夹：【在网络上选中共享文件夹，右击➲映射网络驱动器，如图7-4-9所示】。

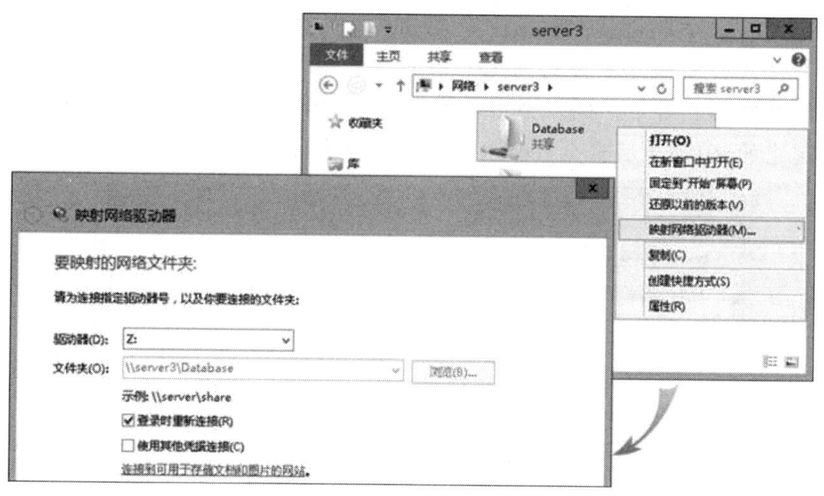

图 7-4-9

- **驱动器**：此处请选择要用来连接共享文件夹的驱动器号，你可以使用任何一个尚未被使用的驱动器号，例如图中选择驱动器号**Z:**。
- **文件夹**：它是共享文件夹的UNC（Universal Naming Convention）路径，也就是**\\计算机名\共享名**，例如\\Server3\Database，其中Server3为计算机名称，而Database为文件夹的共享名。图中因是针对共享文件夹Database来设置的，故会自动填入此路径。若是通过【选中**网络**，右击➲映射网络驱动器】来设置，则请自行输入路径或单击浏览按钮来选择。若Server3已加入域，则可输入包含域名的完整计算机名称，例如\\server3.sayms.local\Database，其中的sayms.local为域名。

- **登录时重新连接**：表示以后你每次登录时，系统都会自动利用所指定的驱动器号来连接此共享文件夹。

完成连接网络驱动器的操作后，你就可以通过该驱动器号来访问共享文件夹内的文件，如图7-4-10所示的Z：磁盘驱动器。

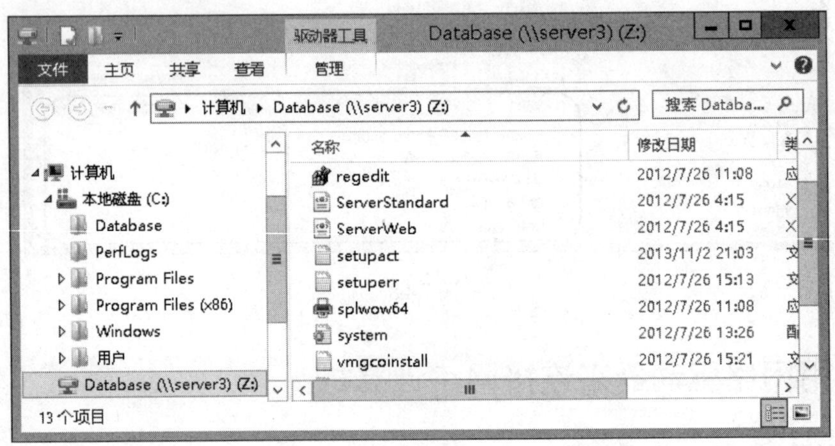

图 7-4-10

其余两个在图7-4-9界面下半段的设置如下。

- **使用其他凭据连接**：若当前的用户账户没有权限连接此共享文件夹，则可通过此处来改用其他账户名与密码。当出现图7-4-11所示的界面时，请输入另一个账号名与密码，图中的sayms为域名，george为用户账号名称。

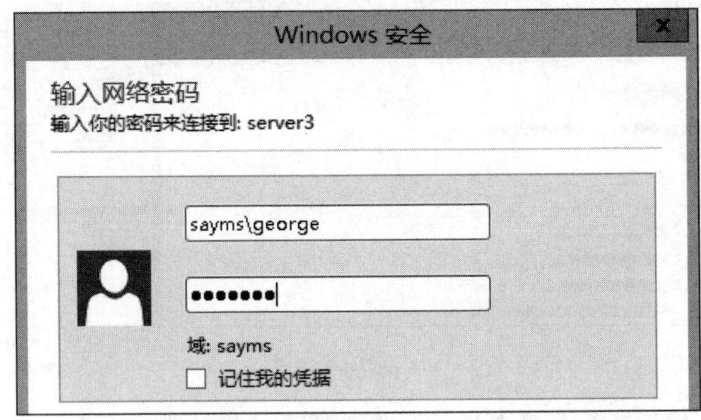

图 7-4-11

- **连接到可用于存储文档和图片的网站**：利用它来建立网络快捷方式，以便通过此快捷方式来访问共享文件夹内的文件（你的计算机需要可以连接到Internet）。出现图7-4-12后，请在背景图中的**Internet地址或网络地址**处输入UNC路径（例如图中的

\\Server3\Database）或利用浏览按钮来选择；而在前景图中为其设置一个名称，图中采用默认值。完成后，即可通过**文件资源管理器**（见图7-4-13）来访问该共享文件夹内的文件。

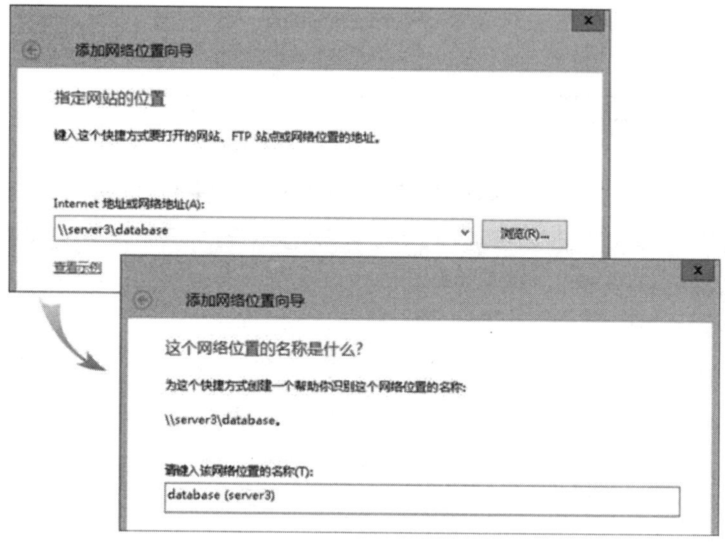

图 7-4-12

附注

图中的**Internet地址或网络地址**处也可以利用URL路径来连接到网站内的文件夹，例如http://www.sayms.local/data，或是连接到FTP服务器内的文件夹，例如ftp://server1.sayms.local/pictures。

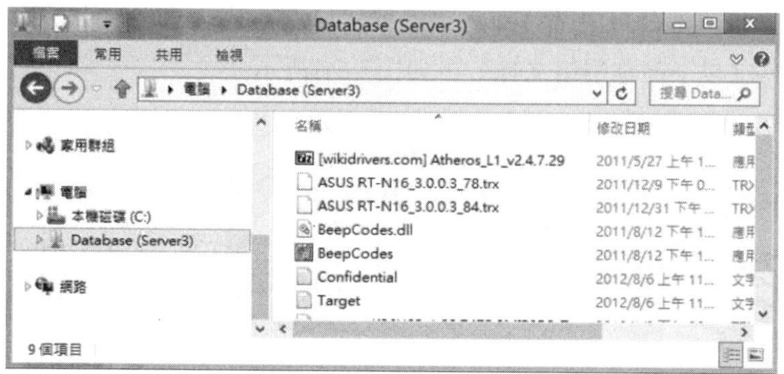

图 7-4-13

7.4.3　其他连接网络共享文件夹的方法

你可以通过【按⊞+R键➲输入命令来连接共享文件夹】，例如：

- **输入UNC 路径**：例如输入\\Server3\Database，按Enter键，之后界面中就会显示该共享文件夹内的文件（可能需要输入用户账户名与密码）。
- **执行NET USE命令**：例如执行**NET USE Z: \\Server3\Database** 命令后，它就会以驱动器号Z:来连接共享文件夹\\Server3\Database。

7.4.4 断开网络驱动器

若要断开网络驱动器连接，可以选中网络驱动器，右击➲断开，如图7-4-14所示。

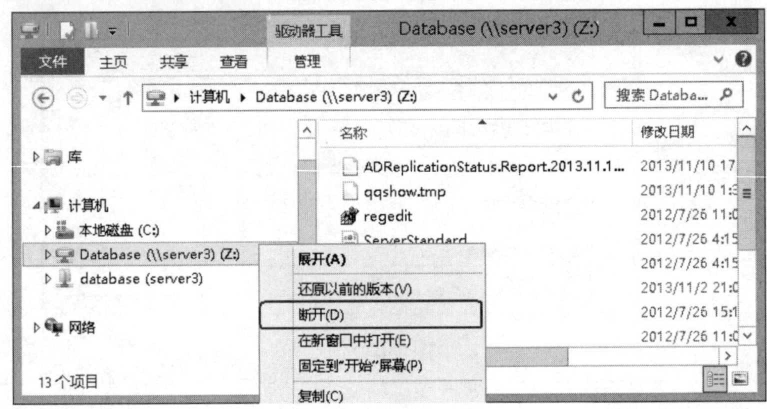

图 7-4-14

7.5 脱机文件

如果你的计算机位于公司内部，那么它应该可以正常连接公司网络、访问网络计算机共享文件夹内的文件（以下简称**网络文件**），如图7-5-1所示。

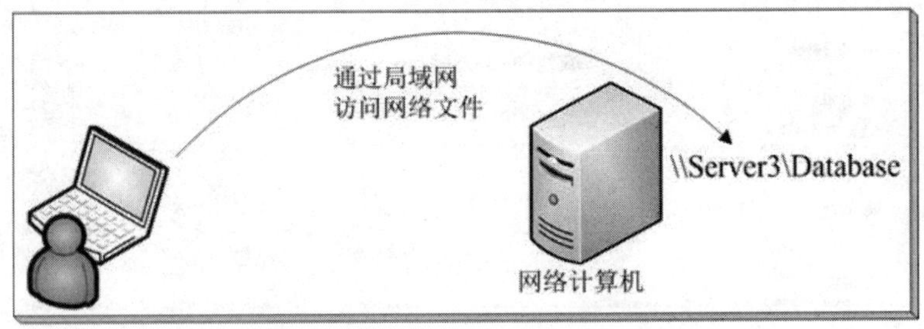

图 7-5-1

然而当你将计算机（例如笔记本电脑）带离公司后，因为该计算机并未连接到公司网络，所以无法访问网络文件，可是你却仍然想要访问网络文件时，该如何是好呢？脱机文件（offline files）可以解决此问题，它让你的计算机在与公司网络未连接的情况下（脱机），仍然可以访问原本位于网络计算机内的文件。如图7-5-2所示，图中用户在脱机的情况下所访

问的文件并不是真正位于网络计算机内的文件，而是存储在本机计算机硬盘内的缓存副本（cache version）。

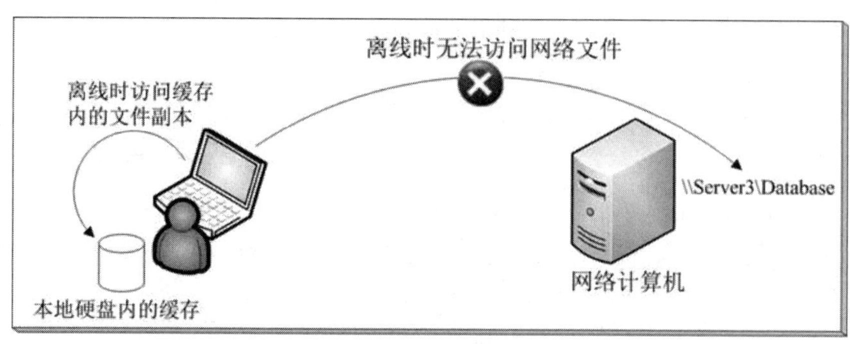

图 7-5-2

当你在正常连接的情况下（online）连接到网络计算机并将所选文件设置为**始终脱机可用**后，这个文件将被复制一份到你计算机的硬盘内。在正常连接的情况下，你所访问的文件是位于网络计算机内的文件，而在你的计算机与网络计算机之间断开的时候，你仍然可以正常访问这份文件，就好像网络未断开一样，不过此时你所访问的文件是位于本地计算机硬盘内的缓存版本。你对此缓存文件的权限与位于网络计算机内的文件是相同的。

当你的计算机恢复与网络计算机连接后，网络文件与缓存文件之间必须同步，以确保两处的文件是一致的。

- 若你修改过缓存文件的内容，但是网络文件的内容并没有被修改过，则系统会将缓存文件复制到网络计算机，并覆盖掉网络文件。
- 若你并未修改缓存文件的内容，但是网络文件的内容被修改过，则系统会将网络文件复制到本地计算机，并覆盖掉缓存文件。
- 若网络文件与缓存文件都被修改过，则系统会让你选择要保留哪一个文件，或将两个文件都保留。

7.5.1 网络计算机端的脱机文件设置

网络计算机的文件夹必须是共享文件夹才具备被脱机使用的功能：【按Windows键⊞切换到**开始**菜单➲这台电脑➲选中共享文件夹，右击➲属性➲如图7-5-3所示，单击**共享**选项卡下的高级共享按钮➲单击缓存按钮➲通过前景图来设置】。

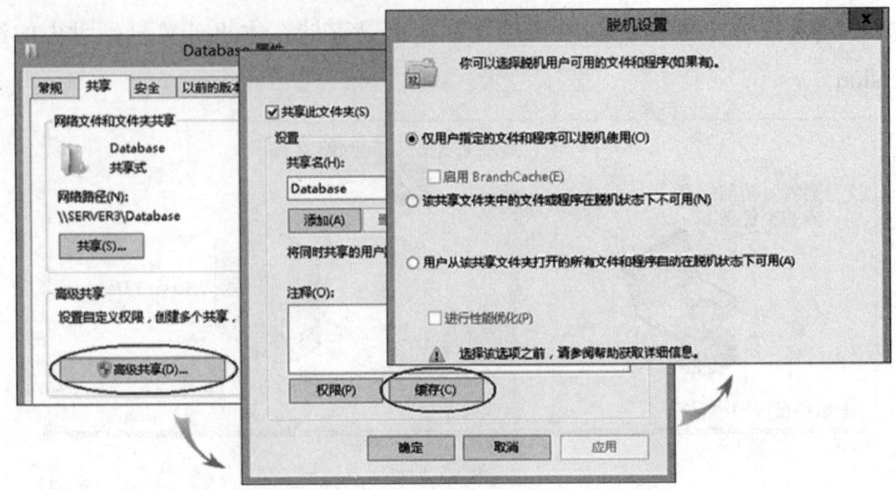

图 7-5-3

- **仅用户指定的文件和程序可以脱机使用**：用户必须自行从共享文件夹内选取希望被缓存到其硬盘的文件，只有被选择的文件才可以脱机使用。
- **该共享文件夹中的文件或程序在脱机状态下不可用**：表示此共享文件夹不提供脱机使用的功能。
- **用户从该共享文件夹打开的所有文件和程序自动在脱机状态下可用**：只要是用户在共享文件夹内访问过的文件，就会自动被缓存到用户的硬盘内供脱机使用。

  勾选**进行性能优化**后会自动将程序（.exe或.dll）缓存到用户的硬盘内，以便用户要执行网络计算机内的程序时，可以直接读取缓存版本，它可减少网络负载、加快程序的执行。此选项特别适合于存放应用程序的服务器来使用。

  注意，若客户端修改了缓存内的应用程序（例如感染计算机病毒），则同步后将造成网络计算机端的应用程序也跟着被修改，故建议应用程序文件不要开放**修改**权限。

7.5.2 网络用户如何脱机使用文件

一旦网络计算机内的共享文件夹被设置为可以脱机使用后，客户端的网络用户就可以将其缓存到硬盘内供脱机访问。

启用脱机文件

不同客户端的脱机文件分别有着不同的默认值，启用的方法也有所不同。

- **Windows 8.1、Windows 8**：按⊞键切换到**开始**菜单➲控制面板➲将右上方的**查看方式**改为**大图标**或**小图标**➲单击**同步中心**➲单击图7-5-4中的**管理脱机文件**，单击启用脱机文件按钮➲完成后依照提示重新启动计算机。

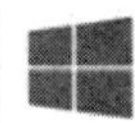

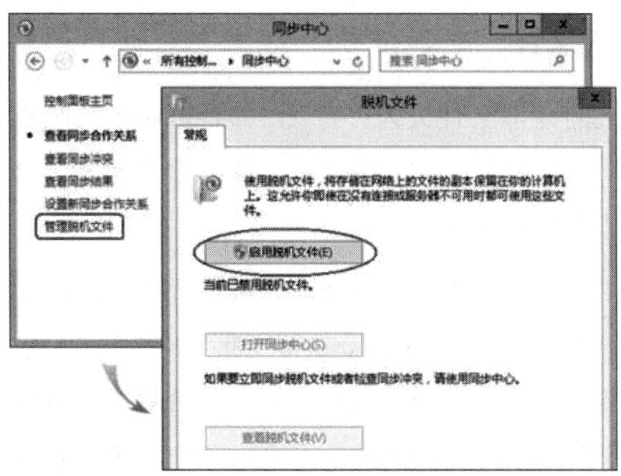

图 7-5-4

- **Windows 7、Window Vista**：默认已经启用。Windows 7的设定方法与Windows 8.1类似。Windows Vista的设置方法为【开始➲控制面板➲经典视图➲脱机文件】。
- **Windows Server 2012 R2、Windows Server 2012、Windows Server 2008 R2**：需先通过**服务器管理器**来添加**桌面体验**功能，如图7-5-5所示为Windows Server 2012 R2的界面，安装完成后需重新启动计算机。接下来的启用方式与Windows 8.1类似。

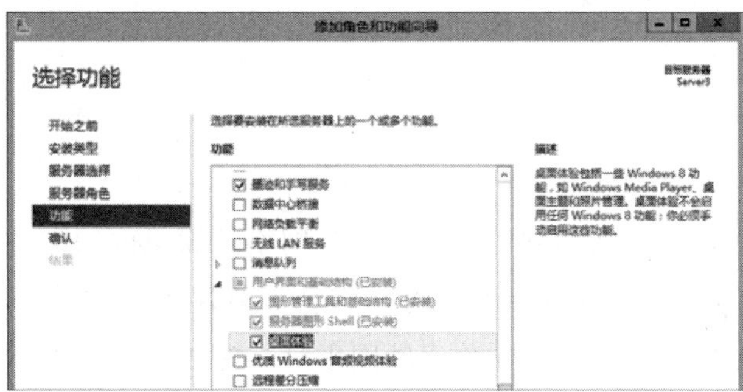

图 7-5-5

- **Windows Server 2008**：需另外启用，方法是【开始➲控制面板➲脱机文件➲单击图7-5-6中的启用脱机文件按钮➲依提示重新启动计算机】。

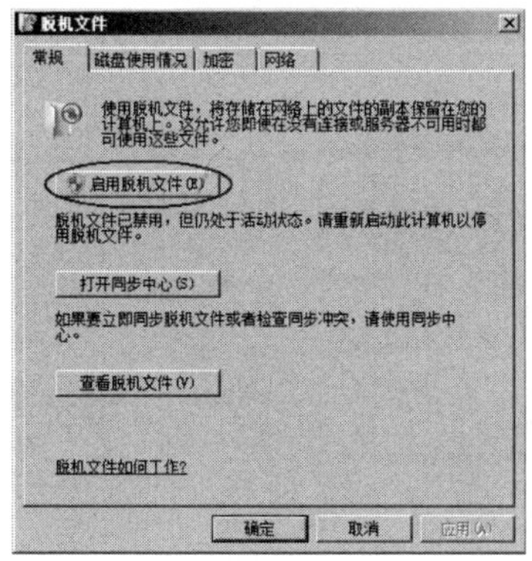

图 7-5-6

选择可脱机使用的文件

下面假设网络计算机的共享文件夹为\\Server3\Database，其脱机设置为**仅用户指定的文件和程序可以脱机使用**，此时用户必须在客户端自行选择欲脱机使用的文件（假设为Confidential）。假设客户端为Windows 8.1。

STEP 1　可先利用网络驱动器来连接网络计算机的共享文件夹，这里假设是利用磁盘驱动器Z:来连接\\Server3\Database（或是建立连接到此共享文件夹的快捷方式）。

STEP 2　如图7-5-7所示选中网络文件setupact，右击，选择**始终脱机可用**。

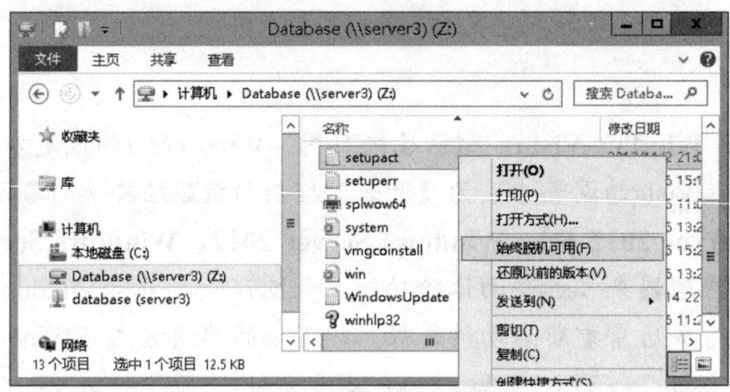

图 7-5-7

同步处理

在网络连接正常时，用户所访问的文件仍然是网络计算机内的文件。系统会自动同步用户的脱机文件，当网络文件内容发生变化时，它会被复制到用户计算机的缓存区，反之亦然。系统并非随时自动同步，当需要立刻手动同步时，【如图7-5-8所示，选中文件，右击，选择**同步**➲同步所选脱机文件】，或是【选中文件，右击，选择**属性**➲**脱机文件**选项卡➲立即同步】。

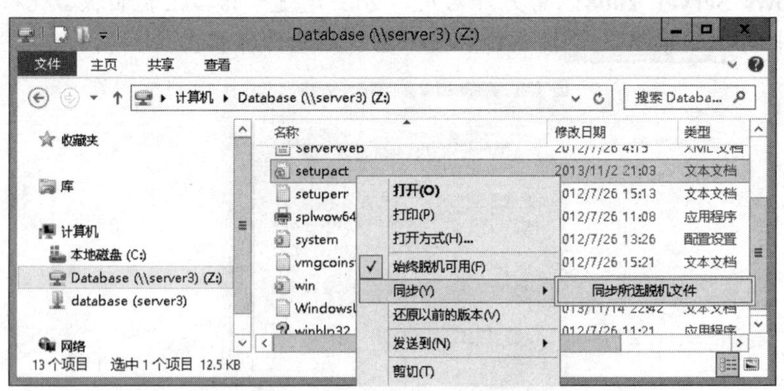

图 7-5-8

若用户的计算机与网络计算机正常连接中，但是连接速度却很慢，则Windows 8.1

（8）、Windows 7、Windows Server 2012（R2）与Windows Server 2008 R2客户端会自动切换到脱机模式，以便用户快速地直接编辑本地缓存内的文件副本，而且客户端也会定期自动与网络计算机同步。客户端计算机会定期检查其与网络计算机的连接速度是否恢复正常，若是，则会自动切换为在线模式。

附注

Windows Vista与Windows Server 2008客户端默认并不会自动根据低速连接切换到脱机模式，但是可以通过组策略（详见第10章）来设置：【计算机设置➲管理模板➲网络➲脱机文件➲配置慢速链接模式】，并通过**Throughput**（传输量）与**latency**（**延迟时间**）来设置何谓“低速”。

用户也可以通过**同步中心**来进一步管理同步工作：【打开**控制面板**➲将右上方的**查看方式**改为**大图标**或**小图标**➲单击**同步中心**➲通过图7-5-9的界面管理同步工作】。

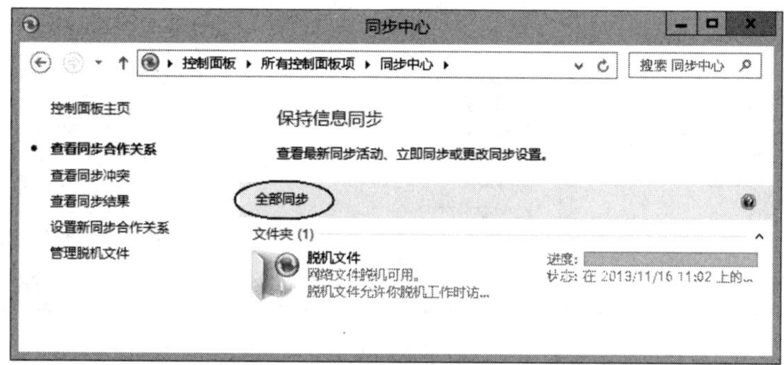

图 7-5-9

用户还可以【单击图7-5-9左下方的**管理脱机文件**➲通过图7-5-10的界面来打开**同步中心**】，或者通过此界面来查看脱机文件。

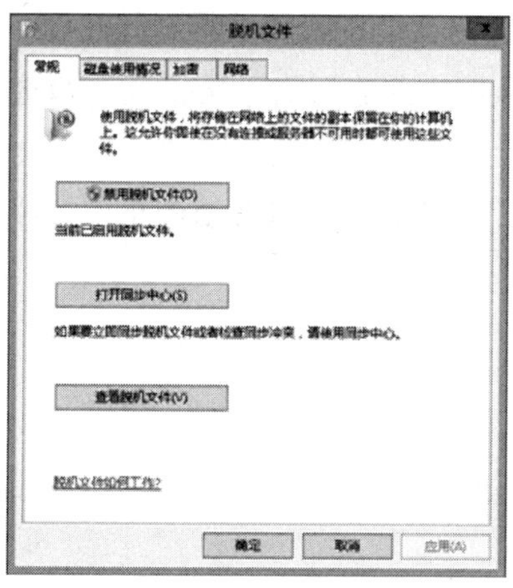

图 7-5-10

附注

用户还可以通过图7-5-10中的**磁盘使用情况**选项卡来设置脱机文件缓存存储区的容量，通过**加密**选项卡来将缓存存储区内的脱机文件加密，通过**网络**选项卡来更改检查是否慢速联机的间隔时间（默认为5分钟），以便自动进入脱机模式。

测试脱机文件是否正常工作

当用户的计算机脱机时，譬如将笔记本电脑带离办公室（你可以通过将网卡停用的方式来模拟脱机），用户在网络上所看到的网络文件与图7-5-11中类似，仍然可以访问脱机文件setupact（前面图标有双箭头），但它是位于本地计算机内的缓存版本。用户无法访问其他不可以脱机使用的文件（前面图标有X符号）。

图 7-5-11

如果用户修改过脱机文件的内容，当用户将计算机重新连接后，通过同步操作就可以将这个新文件复制到网络计算机，并覆盖掉网络文件。

若网络文件与缓存文件都被修改过，则系统会通过屏幕右下角的**同步中心**图标来提醒用户有冲突发生（可能需要单击向上箭头才能看得到此图标），此时【请单击此图标➲单击图7-5-12中的**检查同步冲突**➲从图中来查看有冲突的文件➲选择该文件➲单击**解决**➲通过图7-5-13来选择要保留哪一个文件或将两个都保留（其中一个会被更改文件名）】（也可以在**文件资源管理器**内选中该文件，右击，选择**同步**➲同步所选脱机文件】的方法来直接显示图7-5-13的界面）。

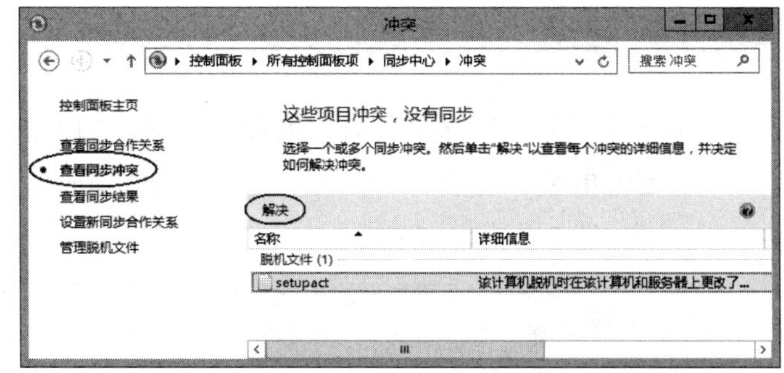

图 7-5-12

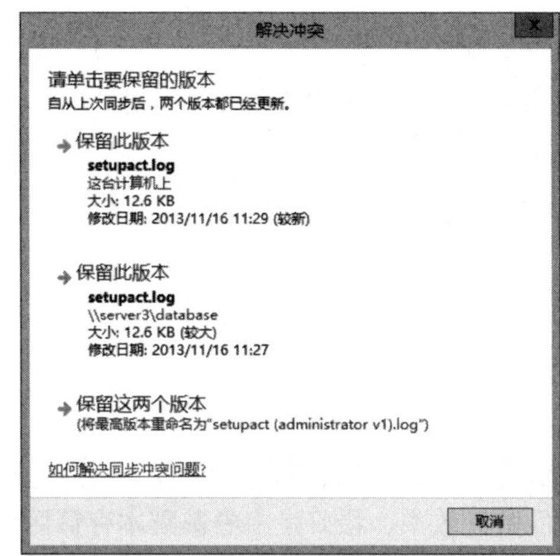

图 7-5-13

7.6 卷影副本

你可以通过**共享文件夹的卷影副本**（Shadow Copies of Shared Folders）功能让系统在指定时间自动将所有共享文件夹内的文件复制到另外一个存储区内备用，这个存储区被称为**卷影副本存储区**。若用户将共享文件夹内的文件误删或误修改文件内容后想要还原文件内容，可以通过**卷影副本存储区**内的备份文件来达到目的，如图7-6-1所示。

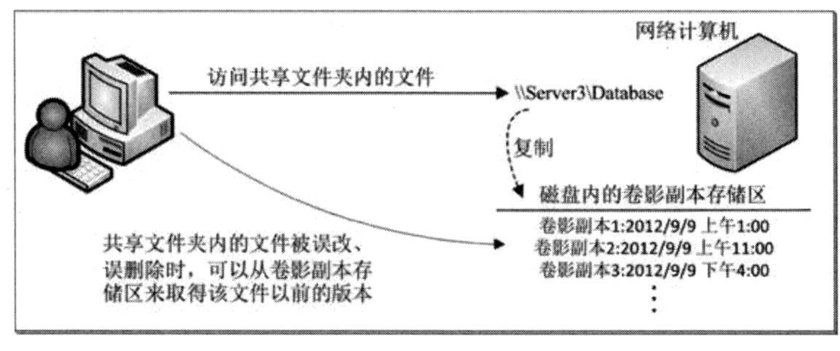

图 7-6-1

7.6.1 网络计算机如何启用“共享文件夹的卷影副本”功能

共享文件夹所在的网络计算机启用**共享文件夹的卷影副本**功能的方法为：【按Windows键⊞切换到**开始**菜单➲单击**这台电脑**➲选中任一磁盘，右击➲属性➲如图7-6-2所示选择欲启用**卷影副本**的磁盘➲单击启用按钮➲单击是按钮】。

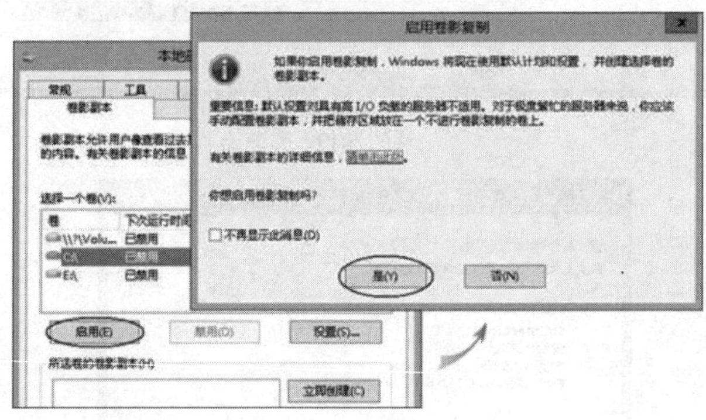

图 7-6-2

附注

系统默认将**卷影副本存储区**建立在启用**卷影副本**的磁盘内，但这不是最佳做法，因为会增加该磁盘的负担、降低系统效率，最好是将**卷影副本存储区**建立到另外一个未启用**卷影副本**的磁盘内（通过背景图中的设置按钮）。背景图中另一个以\\?开头的磁盘是存储启动文件的系统磁盘。

启用时会自动为该磁盘建立第一个**卷影副本**，也就是将该磁盘内所有共享文件夹内的文件都复制到**卷影副本存储区**内，而且默认以后会在星期一到星期五的上午7:00与下午12:00两个时间点分别自动新建一个**卷影副本**。

图7-6-3中的C:磁盘已经有两个**卷影副本**，你也可以单击立即创建按钮来手动建立新的**卷影副本**。用户在还原文件时，可以选择在不同时间点所建立的**卷影副本**内的旧文件来还原文件。

图 7-6-3

附注

卷影副本内的文件只可读取，不可修改，而且每一个磁盘最多只可以有64个**卷影副本**，若达到此限制，最旧的**卷影副本**会被删除。

若要设置**卷影副本存储区**的容量大小，请单击图7-6-3中的设置按钮，然后通过图7-6-4的**最大值**来更改设置。也可以单击计划按钮来更改自动建立**卷影副本**的时间点。还可以通过图中的**存储区域**来修改存储**卷影副本**的磁盘，不过必须在启用**卷影副本**前修改，启用后就无法更改了。

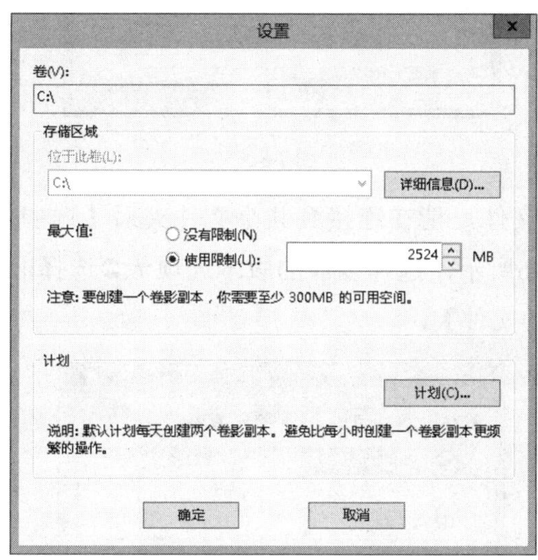

图 7-6-4

7.6.2 客户端如何访问“卷影副本”内的文件

下面利用Windows 8.1客户端来说明。客户端用户通过网络连接共享文件夹后，若误改了某网络文件的内容，可通过以下步骤来恢复原文件内容：【选中文件（以Confidential为例），右击➲还原旧版➲如图7-6-5所示，在**以前的版本**选项卡下，从**文件版本**处选择旧版本的文件➲单击还原按钮】。图中**文件版本**处显示了位于两个**卷影副本**内的旧文件，用户可自行决定要利用哪一个**卷影副本**内的旧文件来还原文件，也可以通过图中的打开按钮来查看旧文件的内容或利用复制按钮来复制文件。

图 7-6-5

如果要还原被删除的文件，请在连接到共享文件夹后【选中文件列表界面中的空白区域，右击➲属性➲如图7-6-6所示，选择**以前的版本**选项卡➲选择旧版本所在的文件夹➲单击打开按钮➲复制需要还原的文件】。

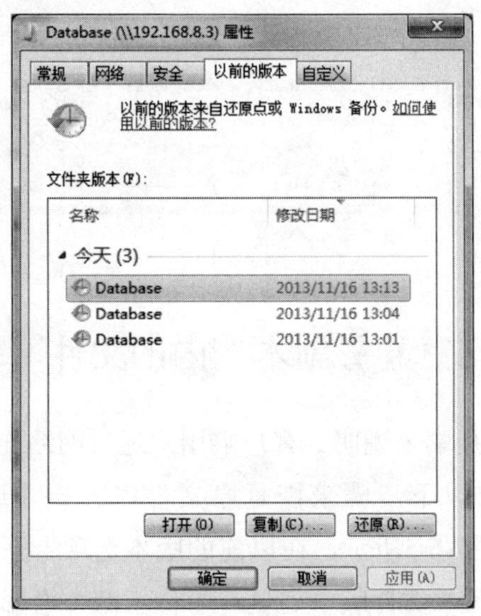

图 7-6-6

第 8 章　打印服务器的设置与管理

通过Windows Server 2012 R2打印服务器的打印管理功能，不仅可以让用户轻易地打印文件，还可以减轻系统管理员的负担。

- 打印服务器概述
- 设置打印服务器
- 用户如何连接网络共享打印机
- 共享打印机的高级设置
- 打印机权限与所有权
- 利用分隔页来分隔打印文件
- 管理等待打印的文件
- 与UNIX系统通信

8.1 打印服务器概述

当你在计算机内安装打印机，并将其共享给网络上的其他用户后，这台计算机便扮演打印服务器的角色。Windows Server 2012 R2打印服务器具有以下特点。

- 支持USB、IEEE 1394（firewire）、无线、蓝牙打印机、包含网卡的网络接口打印机与传统IEEE 1284并行端口等打印机。
- 支持利用网页浏览器来连接与管理打印服务器。
- Windows 客户端的用户连接到打印服务器时，其所需的打印机驱动程序会自动由打印服务器下载并安装到用户的计算机，不需要手动安装。

我们先通过图8-1-1来介绍一些在打印上的术语。

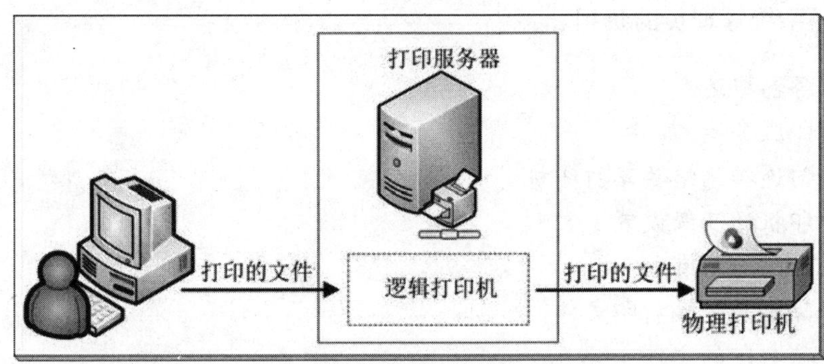

图 8-1-1

- **物理打印机**：可以放置打印纸的物理打印机，也就是打印设备。
- **逻辑打印机**：介于客户端应用程序与物理打印机之间的软件接口，用户的打印文件通过它来发送给物理打印机。

  物理或逻辑打印机都可以被简称为**打印机**，但为了避免混淆，在本章内有些地方我们会以**打印机**来代表逻辑打印机、以**打印设备**来代表物理打印机。
- **打印服务器**：此处标示一台计算机，连接物理打印设备，并将此打印设备共享给网络用户。打印服务器负责接收用户所发来的文件，然后将其送往打印设备来打印。

> **附注**
>
> 图8-1-1所介绍的打印服务器是由计算机来扮演的。市面上也有许多打印服务器产品，例如友讯科技（D-Link）、零壹科技ZO TECH等公司都有类似产品，体积较小（像ADSL调制解调器一般大小）。

- **打印机驱动程序**：打印服务器接收到用户发送来的打印文件后，打印机驱动程序就

会负责将文件转换为打印设备能够识别的格式，然后送往打印设备打印。不同型号的打印设备各有其不同的打印机驱动程序。

8.2 设置打印服务器

你可以选择以下两种方式来搭建打印服务器：

- 直接在欲扮演打印服务器角色的计算机上安装打印机，并将其共享给网络用户，也就是将它设置为**共享打印机**。
- 在一台Windows Server 2012 R2计算机上添加**文件和打印服务器**角色，它会顺便安装**打印管理**控制台，我们可以通过此控制台来集中管理网络上的打印服务器，例如通过它来安装、管理本机计算机与网络计算机上的共享打印机。

8.2.1 直接在本地计算机建立打印服务器

直接在本地计算机安装打印机，并将其设置为共享打印机来共享给网络用户后，它就是一台可以对用户提供服务的打印服务器。

若希望能够通过浏览器来连接或管理这台打印服务器，则需要增加安装**Internet打印**角色服务。请在这台即将扮演打印服务器角色的计算机内执行以下步骤：【打开**服务器管理器**➲单击**仪表板处**的**添加角色和功能**➲持续单击下一步按钮，一直到出现图8-2-1的界面时勾选背景图中的**打印和文件服务**➲…➲在前景图勾选**Internet打印**➲…】，它会顺便安装**Web服务器（IIS）**角色与其他所需的功能。

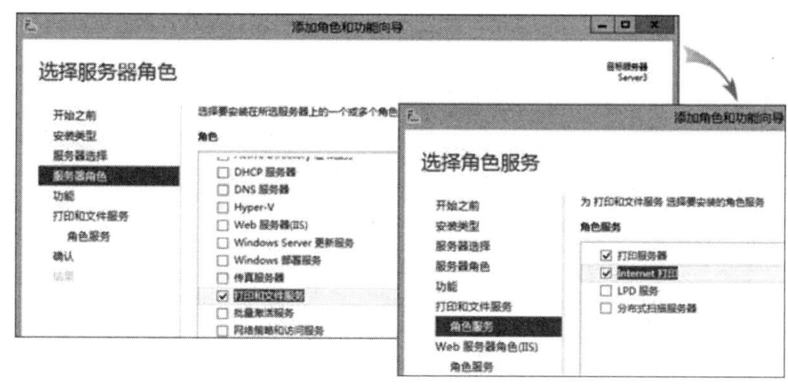

图 8-2-1

安装 USB、IEE1394 等即插即用（Plug-and-Play）打印机

请将打印机连接到计算机的USB、IEEE 1394端口，然后打开打印机电源，如果系统支持此打印机的驱动程序，就会自动检测与安装此打印机。安装打印机时若找不到所需驱动程

序，就自行准备好驱动程序（一般是在打印机厂商所提供的光盘内或通过网络下载），然后依照界面提示来完成安装工作。

你也可以执行厂商提供的光盘内的安装程序（或通过网络下载），这类安装程序通常会提供比较多的功能，不过可能会请你等安装程序要求的时候再将打印机连接到计算机的USB、IEEE 1394端口。

安装传统 IEEE 1284 并行打印机

请将打印机连接到计算机后侧面板的并行端口，然后依照以下步骤来安装（你也可以直接执行厂商提供的光盘内的安装程序）。

STEP 1 按Windows键⊞切换到**开始**菜单➲控制面板➲单击**硬件**下的**查看设备和打印机**➲单击上方的**添加打印机**。

STEP 2 单击图8-2-2中的**我需要的打印机不在列表中**。

添加打印机
找不到打印机。
打印机名称 | 地址
再次搜索(S)
→ 我需要的打印机不在列表中(R)
下一步(N) 取消

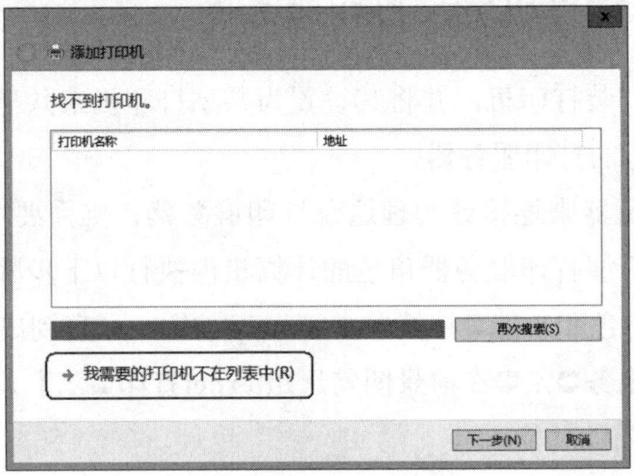

图 8-2-2

STEP 3 如图8-2-3所示选择选项后单击 下一步 按钮。

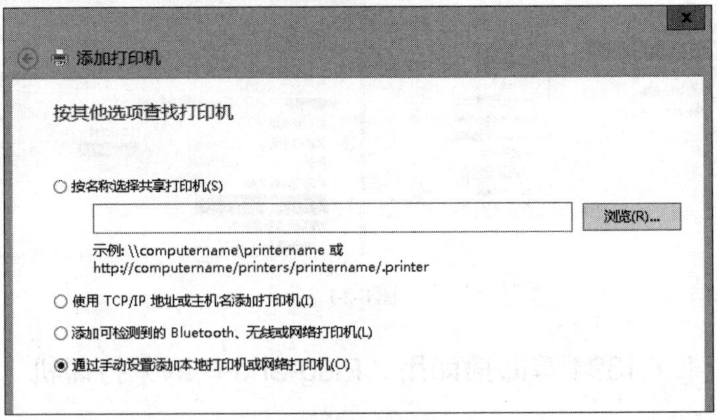

添加打印机
按其他选项查找打印机
○ 按名称选择共享打印机(S)
浏览(R)...
示例: \\computername\printername 或
http://computername/printers/printername/.printer
○ 使用 TCP/IP 地址或主机名添加打印机(I)
○ 添加可检测到的 Bluetooth、无线或网络打印机(L)
◉ 通过手动设置添加本地打印机或网络打印机(O)

图 8-2-3

STEP 4 在图8-2-4中选择打印机端口（一般是LPT1：）后单击下一步按钮。

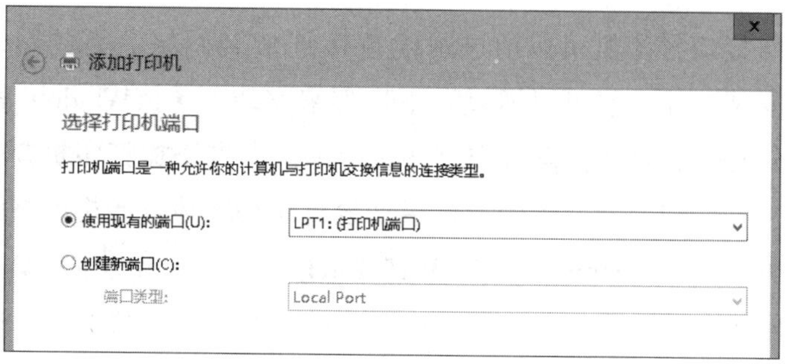

添加打印机

选择打印机端口

打印机端口是一种允许你的计算机与打印机交换信息的连接类型。

◉ 使用现有的端口(U): LPT1: (打印机端口)

○ 创建新端口(C):

端口类型: Local Port

图 8-2-4

STEP 5 在图8-2-5中选择打印机制造商与打印机型号后单击下一步按钮。

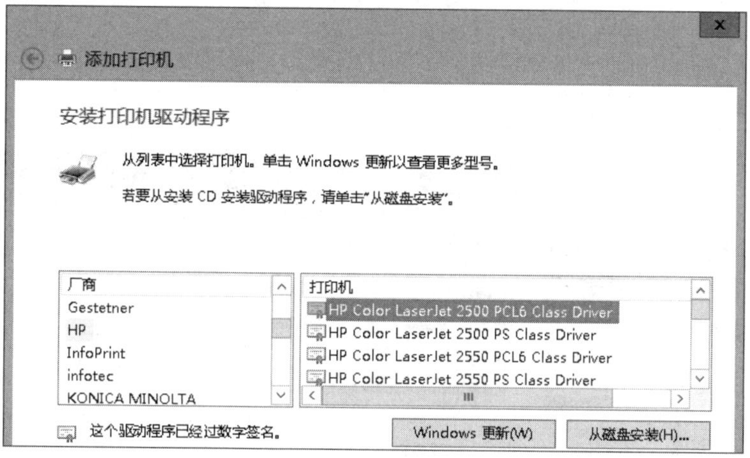

添加打印机

安装打印机驱动程序

从列表中选择打印机。单击 Windows 更新以查看更多型号。

若要从安装 CD 安装驱动程序，请单击"从磁盘安装"。

厂商	打印机
Gestetner	HP Color LaserJet 2500 PCL6 Class Driver
HP	HP Color LaserJet 2500 PS Class Driver
InfoPrint	HP Color LaserJet 2550 PCL6 Class Driver
infotec	HP Color LaserJet 2550 PS Class Driver
KONICA MINOLTA	

这个驱动程序已经过数字签名。 Windows 更新(W) 从磁盘安装(H)...

图 8-2-5

STEP 6 在**输入打印机名称**界面中直接单击下一步按钮或另外指定名称。

STEP 7 在图8-2-6设置打印机共享名后单击下一步按钮。

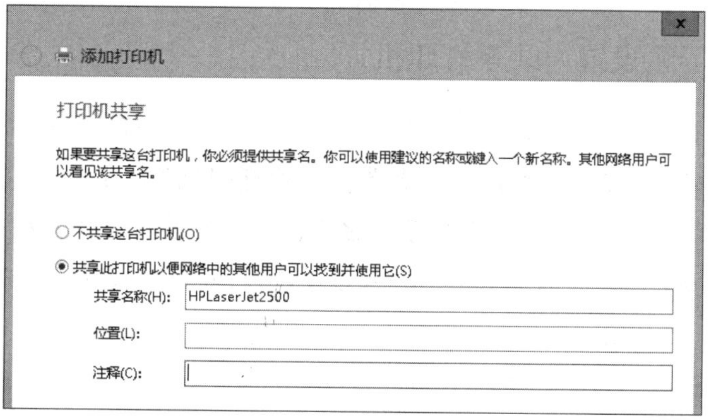

添加打印机

打印机共享

如果要共享这台打印机，你必须提供共享名。你可以使用建议的名称或键入一个新名称。其他网络用户可以看见该共享名。

○ 不共享这台打印机(O)

◉ 共享此打印机以便网络中的其他用户可以找到并使用它(S)

共享名称(H): HPLaserJet2500

位置(L):

注释(C):

图 8-2-6

STEP 8 最后单击完成按钮或先单击打印测试页按钮来测试是否可以正常打印。

安装网络接口打印机

包含网卡的**网络接口打印机**可以通过网线直接连接到网络。有的网络接口打印机需通过厂商所附光盘来安装，而有的可以通过以下步骤来安装：【按Windows键⊞切换到**开始**菜单➲控制面板➲单击**硬件**下的**查看设备和打印机**➲单击上方**添加打印机**➲单击**我需要的打印机不在列表中**➲选中图8-2-7中背景图的**通过手动设置添加本地打印机或网络打印机**➲选中**创建新端口**➲在**端口类型**处选择**Standard TCP/IP Port**后单击下一步按钮➲如前景图所示输入打印机主机名或IP地址，设置端口名称】，接下来的步骤与新建普通并行打印机类似，例如安装打印机驱动程序、设置为共享打印机等。

> **附注**
>
> 由于网络接口打印机是连接到网络上，因此网络用户也可以直接连接网络接口打印机，而不需要通过这台打印服务器。

图 8-2-7

将现有的打印机设置为共享打印机

你可以通过以下方法来将尚未被共享的打印机设置为共享打印机：【按Windows键⊞切换到**开始**菜单➲控制面板➲单击**硬件**下的**查看设备和打印机**➲选中打印机，右击➲打印机属性➲单击**共享**标签➲如图8-2-8所示勾选**共享这台打印机**，并设置共享名】。

在AD DS域环境下，建议勾选图中的**列入目录**，以便将该打印机发布到AD DS，让域用户可以通过AD DS来找到这台打印机。

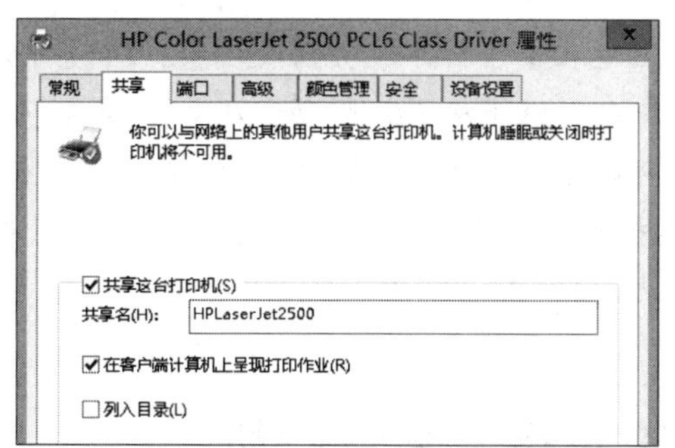

图 8-2-8

8.2.2 利用“打印管理”来建立打印机服务器

当你在Windows Server 2012 R2计算机上安装**打印和文件服务**时，它会顺便安装**打印管理**控制台，而我们可以通过它来安装、管理本地计算机与网络计算机上的共享打印机。**打印管理**控制台的打开方法为：【按Windows键⊞切换到**开始**菜单➲管理工具➲打印管理】。如图8-2-9所示，共有2台打印服务器，即Server3与server1。

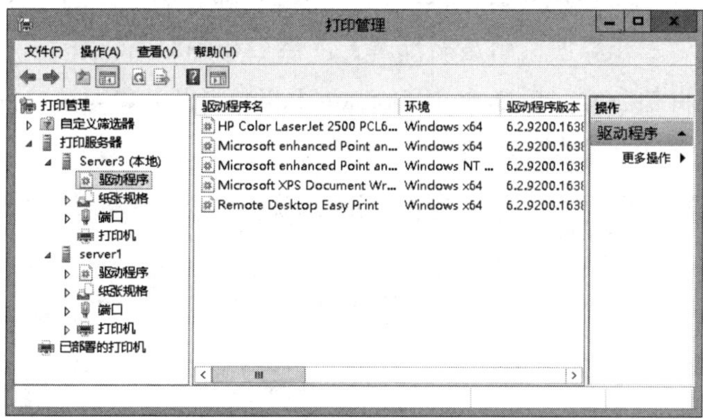

图 8-2-9

- **自定义筛选器**：它让你自行筛选欲显示的打印机，例如图中内置的4个筛选器分别用来显示所有的打印机、包含打印作业（打印文件）的打印机、尚未准备完成的打印机（例如暂停打印）与所有驱动程序。

注意

（1）也可以在Windows Server 2012 R2计算机上仅安装**打印管理**控制台：【打开**服务器管理器**➲添加角色和功能➲…➲在**功能**界面展开**远程服务器管理工具**➲展开**角色管理工具**➲勾选**打印和文件服务工具**】。

（2）你必须具备系统管理员权限才可以管理图中的打印服务器，否则服务器前面的图标会有一个向下的红色箭头。

- **打印服务器**：通过此处来管理打印服务器（图8-2-9中总共有2台打印服务器），例如添加打印机、打印端口、纸张格式、驱动程序、部署打印机等。
- **已部署的打印机**：可以通过AD DS域的组策略来将打印机部署给计算机或用户（见8.3节）。这些计算机或用户应用策略后，就会自动安装被部署的打印机。已部署的打印机会被显示在此处。

8.3 用户如何连接网络共享打印机

在将打印机设置为共享打印机后，网络用户就可以连接打印机并将文件发送到打印机来打印。

8.3.1 利用组策略将共享打印机部署给用户或计算机

通过AD DS域的组策略将打印机部署给计算机或用户后，只要计算机或用户应用这个策略，就会自动为该计算机或用户安装被部署的打印机。部署的方法为：【如图8-3-1所示，选中要被部署的打印机，右击➲使用组策略部署】，然后如图8-3-2所示，【单击浏览按钮来选择要用来部署此打印机的GPO（以Default Domain Policy为例）➲勾选要部署到的用户或计算机后单击添加按钮，再单击确定按钮】。

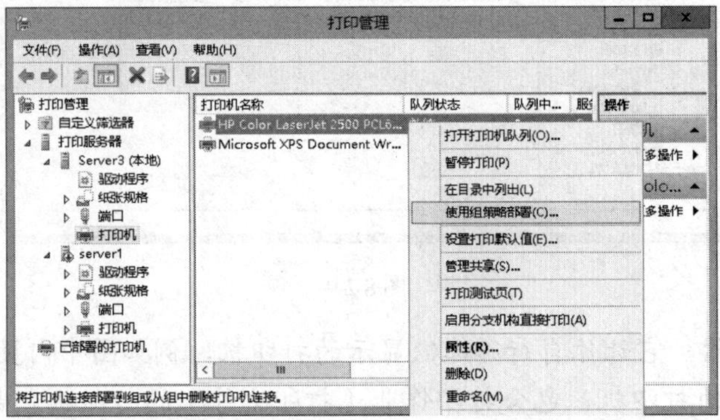

图 8-3-1

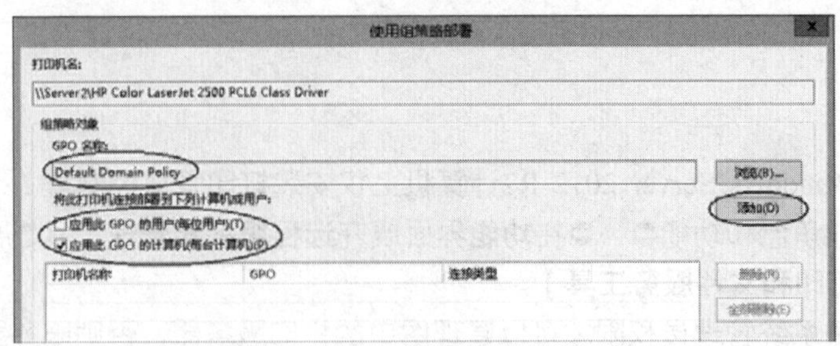

图 8-3-2

此范例是通过域级别的Default Domain Policy来部署，而且是部署给计算机，因此域内所有计算机只要应用此策略后，就会自动安装此打印机。计算机要应用此策略时，可以重新启动，或在该计算机上手动执行**gpupdate /force**命令，或等一段时间后让其自动应用（一般客户端计算机需等待90到120分钟）。

完成后，Windows Server 2012（R2）的用户可以通过【按Windows键⊞切换到**开始**菜单➲控制面板➲单击**硬件**下的**查看设备和打印机**】、Windows 8.1（8）的使用者可以通过【按⊞+X键➲控制面板➲单击**硬件**下的**查看设备和打印机**】、Windows Server 2008 R2与Windows 7的用户可以通过【开始➲设备和打印机】、Windows Server 2008与Windows Vista等用户可以通过【开始➲控制面板➲打印机】来看到此台打印机。

8.3.2 利用网络发现来连接共享打印机

若用户的计算机尚未启用网络发现功能，请先启用，网络发现的相关说明、身份验证机制与网络密码的管理等都已经在7.4节介绍过，可自行前往参考。下面假设用户计算机的网络发现功能已经启用。

客户端可以通过**文件资源管理器**来连接网络共享打印机，以Windows 8.1为例，在打开**文件资源管理器**后【如图8-3-3所示，单击左侧共享打印机所在的服务器➲双击共享打印机】，系统就会自动在用户计算机内安装此打印机。完成后，用户可通过【打开**控制面板**➲单击**硬件和声音**下的**查看设备和打印机**】来看到这台打印机。

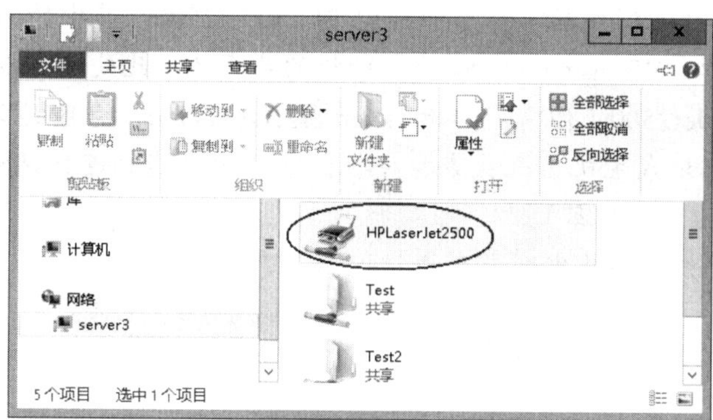

图 8-3-3

8.3.3 利用“添加打印机向导”来连接共享打印机

STEP 1 启用添加打印机向导。

- Windows 8.1（8）、Windows Server 2012（R2）客户端：【打开**控制面板**➲单击**硬件和声音**下的**查看设备和打印机**➲单击上方的**添加打印机**（下面利用Windows 8.1来说明）。

- Windows 7、Windows Server 2008 R2客户端：【开始➲设备和打印机➲添加打印机】。
- Windows Vista、Windows Server 2008等其他客户端：【开始➲控制面板➲打印机➲添加打印机】。

STEP 2　在图8-3-4中会显示已经被发布到AD DS的打印机，请单击欲连接的打印机，然后单击下一步按钮并跳到STEP 4。若打印机未出现在此界面，请单击**我需要的打印机不在列表中**，然后继续下一步。

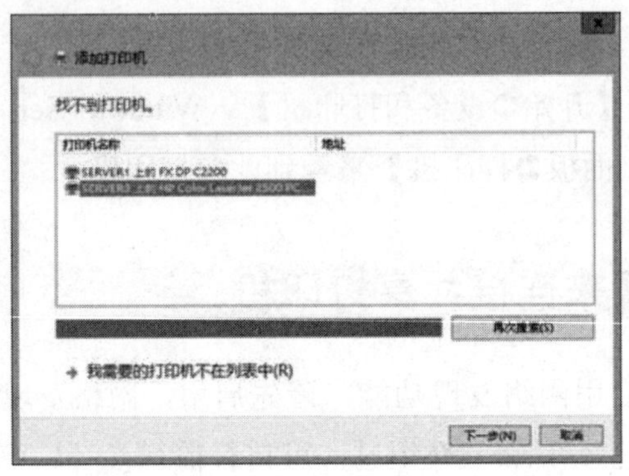

图8-3-4

STEP 3　在图8-3-5中可以通过以下4种方式之一来连接共享打印机，完成后单击下一步按钮（此处利用第2种方式）：

- 查找发布到AD DS的打印机（也就是图8-3-4中的打印机），未加入域的计算机并不会出现此选项。
- 利用UNC路径，例如图中的\\server3\HPLaserJet2500，其中的server3为打印服务器的计算机名称、HPLaserJet2500为打印机的共享名，此处也可以输入\\server3.sayms.local\HPLaserJet2500（但需可解析到server3.sayms.local的IP地址）。
- 利用TCP/IP地址或主机名来找查找印机。它让用户能够连接**网络接口打印机**（相关说明可参考8.2节的内容）。
- 通过蓝牙、无线或网络发现来查找打印机。

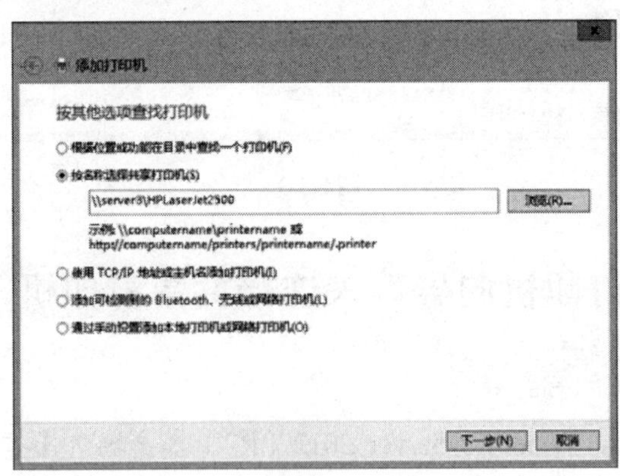

图8-3-5

STEP 4 接下来的两个界面分别单击下一步按钮、完成按钮。

8.3.4 利用网页浏览器来连接共享打印机

若共享打印机所在的打印服务器本身包括Web服务器角色，则用户可以通过网址来连接打印服务器、共享打印机。

附注

（1）若打印服务器尚未安装Web服务器角色，可通过**服务器管理器**来安装**Web服务器（IIS）**角色。

（2）客户端若通过因特网来连接打印服务器，则客户端需安装或启用**Internet打印客户端**功能；但是若通过局域网连接，则不需要安装此功能。

用户可以在网页浏览器内输入URL网址来连接打印服务器，例如**http://server3/printers/**（见图8-3-6）或**http://server3.sayms.local/printers/**，其中的server3为打印服务器的计算机名称、server3.sayms.local为其DNS主机名。若用户没有权限连接打印服务器，则需先输入有权限的用户账户名与密码。

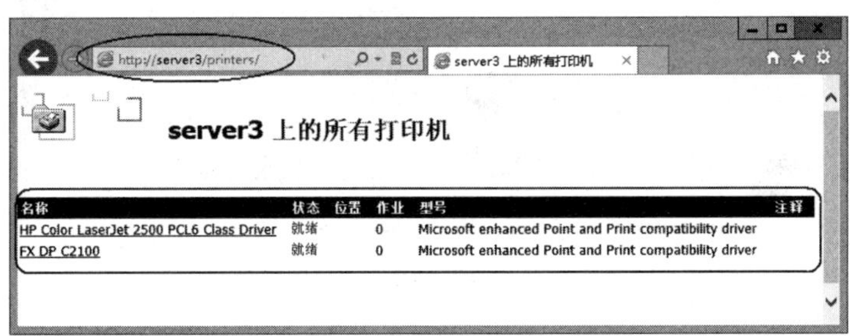

图 8-3-6

它会将打印服务器内所有的共享打印机显示在界面上，当用户单击图8-3-6中的HP Color LaserJet 2500 PCL6 Class Driver打印机后，便可以在图8-3-7中查看、管理此打印机与等待打印的文件。

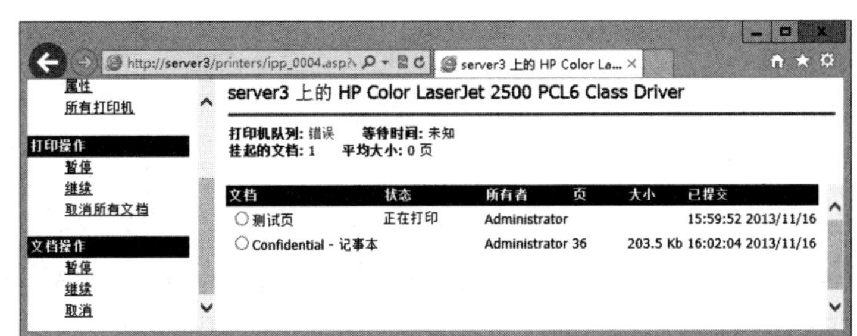

图 8-3-7

8.3.5 其他连接共享打印机的方法

用户可以通过【按⊞+R键➲输入UNC路径来连接共享打印机，例如输入\\server3\HPLaserJet2500、按Enter键（可能需要输入用户账户名与密码）】，之后系统就会自动在用户的计算机内安装此打印机。

8.3.6 断开与共享打印机的连接

如果用户不想要再连接共享打印机，就【选中打印机，右击➲选择**删除设备**即可】。图8-3-8所示为Windows 8.1客户端的示例。

图 8-3-8

8.4 共享打印机的高级设置

你可以根据用户或公司的需求来进一步设置打印机，例如打印优先级、打印时间与打印机池等。

8.4.1 设置打印优先级

若公司内部有一台同时对基层员工与高层主管提供服务的打印设备，而你希望高层主管的文件拥有较高打印优先级，换句话说，你要如何让高层主管的文件可以优先打印呢？

此时可利用**打印优先级**来实现上述目标，你可以如图8-4-1所示在打印服务器内建立两个分别拥有不同打印优先级的逻辑打印机，而这两个打印机都是对应到同一台物理打印设备，

这个方式可以让同一台打印设备处理由多个逻辑打印机所发送来的文件。

图中安装在打印服务器内的打印机HPLaserJet-1拥有较低的打印优先级（1），而打印机HPLaserJet-2的打印优先级较高（99），因此通过HPLaserJet-2打印的文件，可以优先打印（如果打印设备正在打印其他文件，需等此文件打印完成后，才会开始打印这份优先级较高的文件）。你可以通过权限设置来指定只有高层主管才有权使用HPLaserJet-2，而基层员工只能够使用HPLaserJet-1。

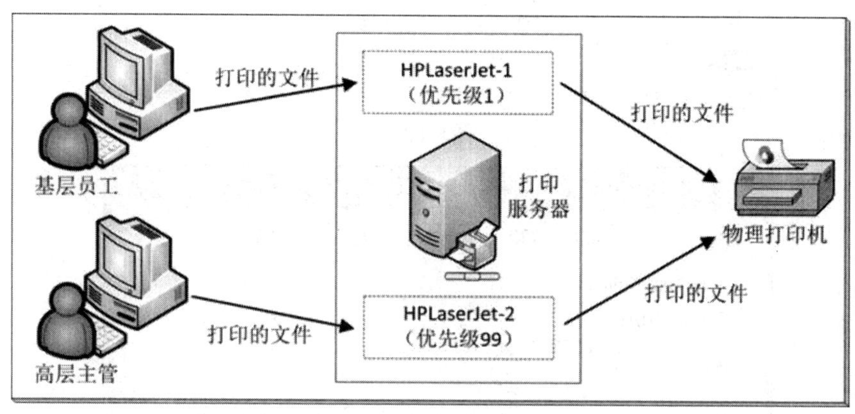

图 8-4-1

这种架构的设置方式为：以图8-4-1为例，请先建立一台打印机（假设为LPT1打印机端口），然后再建立第2台相同的打印机，并选择相同的打印机端口（LPT1打印机端口，如图8-4-2所示）。

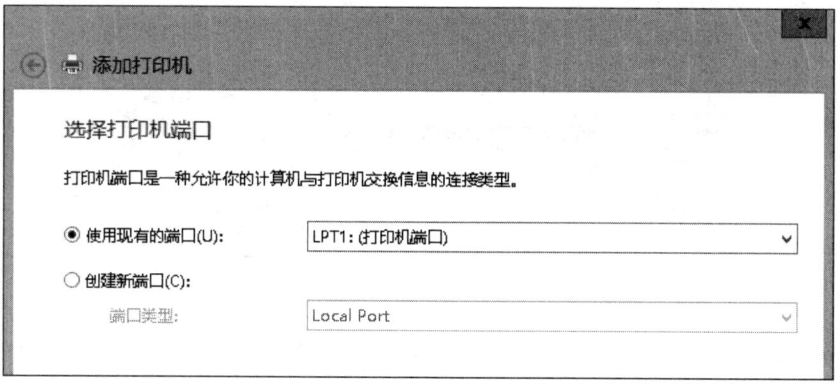

添加打印机

选择打印机端口

打印机端口是一种允许你的计算机与打印机交换信息的连接类型。

◉ 使用现有的端口(U): LPT1: (打印机端口)

○ 创建新端口(C):

端口类型: Local Port

图 8-4-2

完成打印机建立操作后，【如图8-4-3所示，选中打印机，右击（两台打印机被合并在一个图标内）➲打印机属性➲选择欲更改优先级的打印机➲如图8-4-4所示通过**高级**选项卡来设置其优先级】，1代表最低优先级，99代表最高优先级。

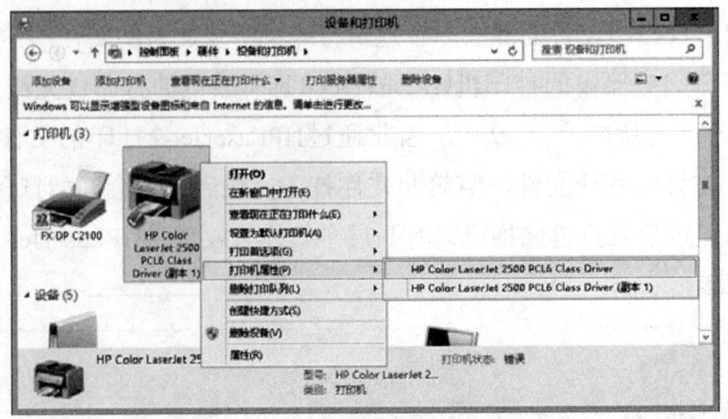

图8-4-3

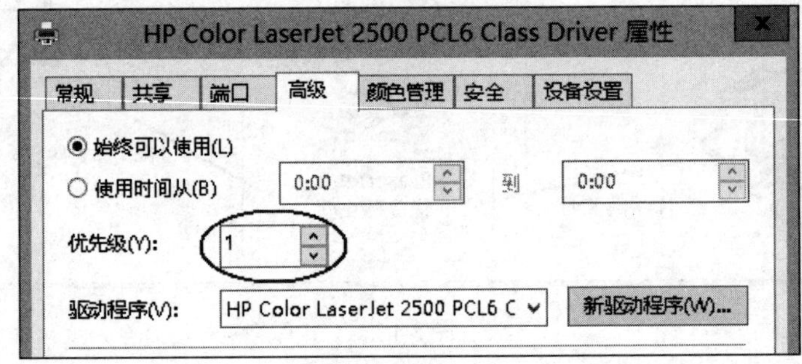

图8-4-4

以上工作也可以通过**打印管理**控制台来完成：【按Windows键⊞切换到**开始**菜单➲管理工具➲打印管理➲在图8-4-5中选中欲设置的打印机，右击➲属性】。

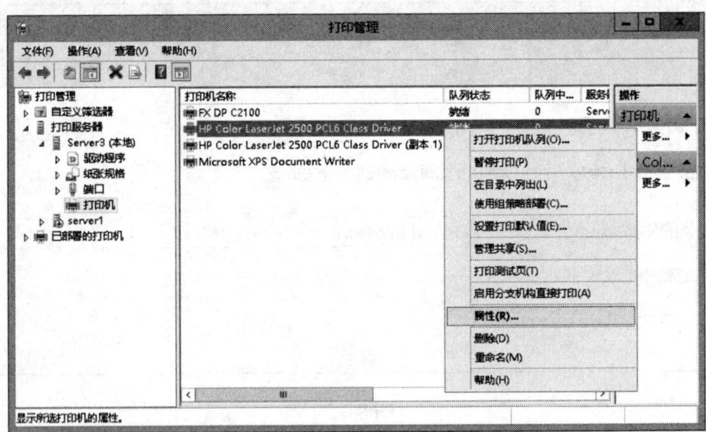

图8-4-5

8.4.2 设置打印机的打印时间

打印设备在白天上班时过于忙碌，因而你希望某些已经发送到打印服务器的非紧急文件不要立刻打印，等到打印设备空闲的特定时段再打印；或某份文件过于庞大，会占用太多打

印时间，因而影响到其他文件的打印，此时你也可以让此份文件等到打印设备空闲的特定时段再打印。

要实现以上目标，可以如图8-4-6所示在打印服务器内建立两个打印时段不同的逻辑打印机，这两个打印机都是使用同一台物理打印设备。图中安装在打印服务器的打印机HPLaserJet-1一天24小时都提供打印服务，而打印机HPLaserJet-2只有18:00到22:00才提供打印服务。因此通过HPLaserJet-1打印的文件，只要轮到它就会开始打印。而发送到HPLaserJet-2的文件，会被暂时搁置在打印服务器，一直等到18:00才会将其发送到打印设备去打印。

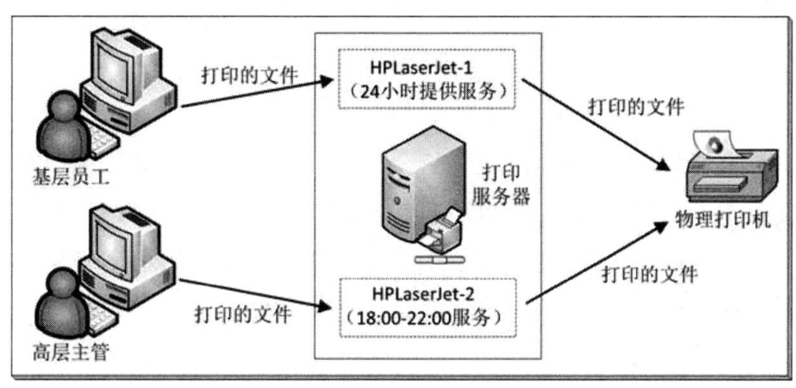

图 8-4-6

这种架构的设置方式为：以图8-4-6为例，请先建立一台打印机，然后再建立第2台相同的打印机，并选择相同的打印机端口，接着【选中打印机，右击➲打印机属性➲分别选择两台打印机➲如图8-4-7所示通过**高级**选项卡来选择打印服务的时段】。

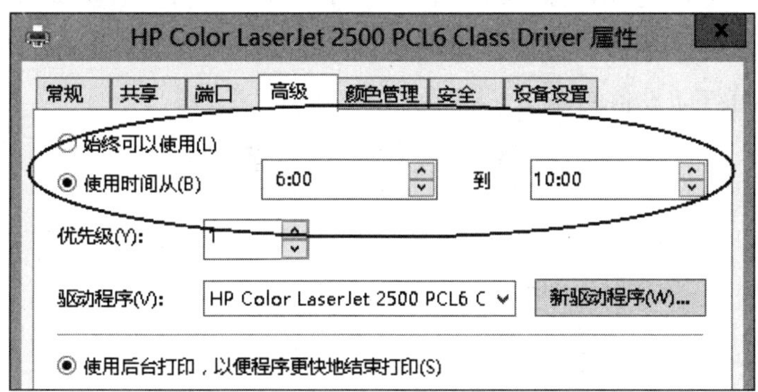

图 8-4-7

8.4.3 设置打印机池

所谓**打印机池**（printer pool）就是将多台相同的（或特性相同的）打印设备集合起来，然后只建立一个逻辑打印机来对应到这些打印设备，也就是让一个逻辑打印机可以同时使用多台打印设备来打印文件，如图8-4-8所示。

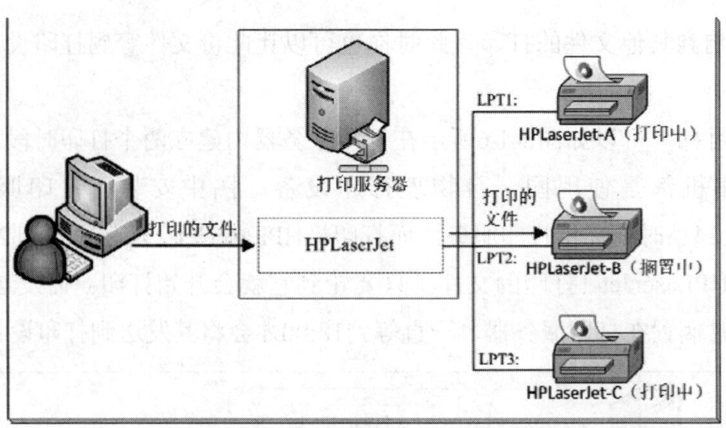

图8-4-8

当用户将文件发送到此打印机时，打印机会视打印设备的忙碌状态来决定要将此文件发送到**打印机池**中的哪一台打印设备来打印。例如图8-4-8中打印服务器内的HPLaserJet为**打印机池**，当其收到用户的打印文件时，由于打印设备HPLaserJet-A与HPLaserJet-C都正在打印文件中，而打印设备HPLaserJet-B正空闲中，因此打印机HPLaserJet会将此文件发送到打印设备HPLaserJet-B打印。

用户通过**打印机池**来打印可以节省自行查找打印设备的时间。建议你这几台打印设备最好是放置在邻近的地方，以便让用户方便拿到打印出来的文件。

若**打印机池**中有一台打印设备因故停止打印（例如缺纸），则只有当前正在打印的文件会被搁置在此台打印设备上，其他文件仍然可由其他打印设备继续正常打印。

打印机池的建立方法为（以图8-4-8为例）：【先建立一台打印机➲选中打印机，右击➲打印机属性➲通过图8-4-9的**端口**选项卡来设置】，图中需先勾选最下方的**启用打印机池**，再勾选上方所有连接着打印设备的端口（假设是LPT打印机端口）。

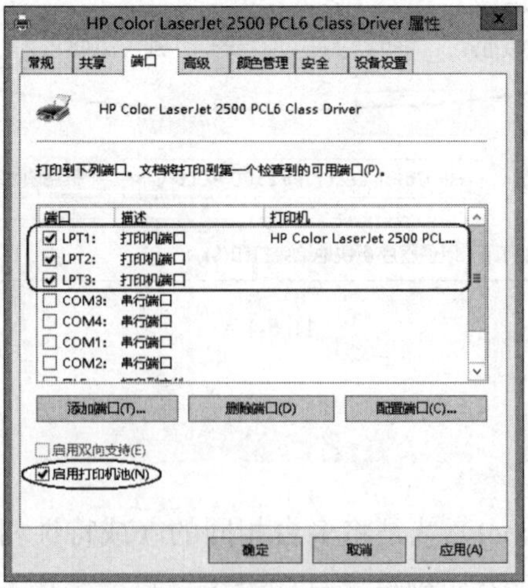

图8-4-9

8.4.4　打印机的其他设置

可以通过【选中打印机，右击➲打印机属性➲**高级**选项卡】的方法进行设置，如图8-4-10所示。

图 8-4-10

- **使用后台打印，以便程序更快地结束打印**：后台打印是一种缓冲（spooling）机制，其作用是先将收到的文件存储在磁盘内，然后将其发送到打印设备打印。将文件发送到打印设备的工作由**多任务缓冲器**（spooler）负责，并且是在后台执行的。
  - **在后台处理完最后一页时开始打印**：需收到文件的所有页数后，才会将其送到打印设备打印。
  - **立即开始打印**：收到文件第一页就开始打印，不需要等到收齐所有页数。
- **直接打印到打印机**：文件是直接送到打印设备，而不会先送到缓冲区。
- **挂起不匹配文档**：若文件的格式设置与打印机不匹配，则此文件会被挂起不打印，例如你将打印设备设置为使用letter size纸张，但是文件格式却不是设置成letter size，则打印机收到此文件后，并不会将其送到打印设备。
- **首先打印后台文档**：先打印已完整送到后台的文件，而尚未完整收齐的文件会晚一点打印，即使这份不完整文件的优先级较高或先收到也是这样。若未勾选此选项，则打印顺序取决于优先级与发送到打印机的先后顺序。
- **保留打印的文档**：当打印文件被发送到打印服务器时，它会先被暂时存储到服务器的磁盘内排队等待打印，这个操作被称为spooling（而此缓冲文件就称为spool file），等到轮到时再将其发送到打印设备打印。此选项让你决定是否在文件发送到打印设备后就将spool file由磁盘内删除。

> **Q** 文件被送到打印服务器后，它是被暂时存储在打印服务器的何处?
>
> **A** 你可以通过【在**设备和打印机**界面下选择任何一台打印机➲单击上方的**打印服务器属性**➲**高级**选项卡】的方法来得知它是被存储在*%Systemroot%*\System32\spool\PRINTERS文件夹内。

- **启用高级打印功能**：此时文件会采用EMF（Enhanced metafile）的格式来转换打印的文件，并且支持一些其他高级打印功能（视打印设备而定）。

8.5 打印机权限与所有权

你所添加的每一台打印机，默认是所有用户都有权限将文件发送到此打印机来打印，而且这台打印机的所有者为SYSTEM。

8.5.1 打印机权限的指派

在某些情况下，你并不希望所有用户都可以使用网络共享打印机，例如某台有特殊用途的高价位打印机，其每张纸的打印成本很高，因此你可能需要通过权限设置来限制只有某些用户才可使用此打印机。

你可以通过【选中打印机，右击➲打印机属性➲如图8-5-1所示打开**安全**选项卡】的方法来查看与更改用户的打印权限，由图中可看出默认是Everyone都有**打印**的权限。由于打印机权限的设置方法与文件权限是相同的，因此此处不再重复，请自行参考第6章的说明，此处仅将打印机的权限种类与其所具备的功能列于表 8-5-1。

图 8-5-1

表 8-5-1

具备的功能 \ 打印机的权限	打印	管理文件	管理这台打印机
连接打印机与打印文件	✓		✓
暂停、继续、重新开始与取消打印用户自己的文件	✓		✓
暂停、继续、重新开始与取消打印所有的文件		✓（见附注）	✓
更改所有文件的打印顺序、时间等设置		✓（见附注）	✓
将打印机设置为共享打印机			✓
修改打印机属性（properties）			✓
删除打印机			✓
修改打印机的权限			✓

附注

用户被赋予**管理文件**权限后，他并不能够管理已经在等待打印的文件，只能够管理在被赋予**管理文件**权限之后才发送到打印机的文件。

若你想将**共享打印机**隐藏起来让用户无法通过网络来浏览，只要将共享名的最后一个字符设置为钱符号$即可。被隐藏起来的打印机，用户还是可以通过自行输入UNC网络路径的方式来连接，例如通过【按 ⊞+R键 ➲ 输入打印机的UNC路径，例如\\Server3\HPLaserJet$】。

8.5.2 打印机的所有权

每一台打印机都有**所有者**，所有者具备修改此打印机权限的能力。打印机的默认所有者是SYSTEM。

由于打印机所有权的相关原理与设置都与文件相同，因此此处不再重复，请自行参考6.4节**文件与文件夹的所有权**的说明。

8.6 利用分隔页来分隔打印文件

由于共享打印机可供多人同时使用，因此在打印设备上可能有多份已经打印完成的文件，但是却不容易分辨出属于何人所有，此时可以利用**分隔页**（separator page）来分隔每一份文件，也就是在打印每一份文件之前先打印分隔页，这个分隔页内可以包含拥有该文件的用户名称、打印日期、打印时间等数据。

分隔页上需要包含哪一些数据是通过**分隔页文件**来设置的。分隔页文件除了可供打印分隔页之外，还具有控制打印机工作的功能。

8.6.1 建立分隔页文件

系统已内置了几个标准分隔页文件，位于%*Windir*%\System32文件夹内（%*Windir* %一般是指C:\Windows），例如：

- **sysprint.sep**：适用于与PostScript兼容的打印设备。
- **pcl.sep**：适用于与PCL兼容的打印设备。它先会将打印设备切换到PCL模式（利用\H命令，后述），然后再打印分隔页。
- **pscript.sep**：适用于与PostScript兼容的打印设备，用来将打印设备切换到PostScript模式（利用\H命令），但是不会打印分隔页。
- **sysprtj.sep**：日文版的sysprint.sep。

若以上标准分隔页文件并不符合你的需求，请自行在%*Windir*%\System32文件夹内利用**记事本**来设计分隔页文件。分隔页文件中的第一行用来代表命令符号（escape character），你可以自行决定此命令符号，例如若你想将 **** 符号当作命令符号，则在第一行输入 **** 后按Enter键。我们通过上述的pcl.sep文件为例来说明，其内容如图8-6-1所示。

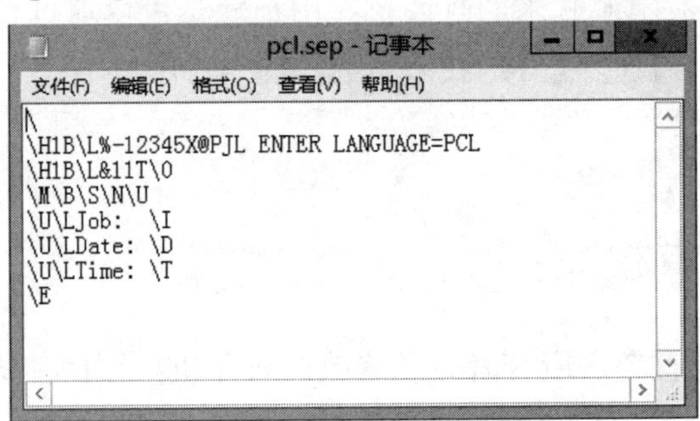

图8-6-1

其中第一行为****（其后跟着按Enter键），表示此文件是以****代表命令符号。表 8-6-1中列出页面文件内可使用的命令，并假设命令符号为****。

表 8-6-1

命令	功能
\J	打印送出此文件的用户的域名，仅Windows Server 2012（R2）、Windows 8.1（8）内的打印队列支持
\N	打印送出此文件的用户名称
\I	打印作业号码（每一个文件都会被赋予一个工作号码）
\D	打印文件被打印出来时的日期，此日期格式与【控制面板➲时钟、语言和区域】内的日期格式相同

（续表）

命令	功能
\T	打印文件被打印出来时的时间，此时间格式与【控制面板➲时钟、语言和区域】内的时间格式相同
\L	打印所有跟在\L后的文字，一直到遇到另一个命令符号为止
\Fpathname	由一个空白行开头，将pathname所指的文件内容打印出来，此文件不会经过任何处理，而是直接打印
\Hnn	送出打印机句柄nn，此句柄随打印机而有不同的定义与功能，请参阅打印机手册
\Wnn	设置分隔页的打印宽度，内定为80，最大为256，超过设置值的字符会被截掉
\U	关闭块字符（block character）打印，兼具跳到下一行的功能
\B\S	以单宽度块字符打印文字，直到遇到\U为止（见以下范例）
\B\M	以双宽度块字符打印文字，直到遇到\U为止
\E	跳页
\n	跳n行（可由0到9），n为0表示跳到下一行

\Fpathname中所指定的文件请保存到以下文件夹之一，否则无法打印此文件：

- %*Windir*%\System32
- % *Windir*%\System32\SepFiles，或是此文件夹之下的任何一个子文件夹内
- 自选文件夹之下的SepFiles文件夹内，例如C:\Test\SepFiles，或是此文件夹之下的任何一个子文件夹内

假设分隔页文件如图8-6-2所示，且文件的打印人为Tom，则打印出来的分隔页会类似图8-6-3，其中tom的字样会被利用#符号拼出来，是因为\B\S命令的关系，若是用\B\M命令，则字会更大（#符号会重复）。

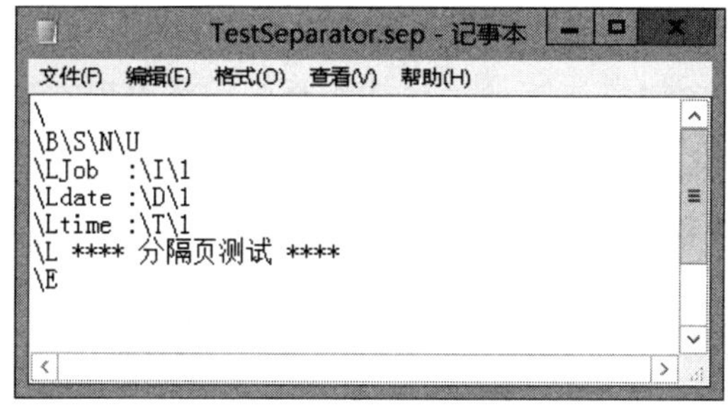

图 8-6-2

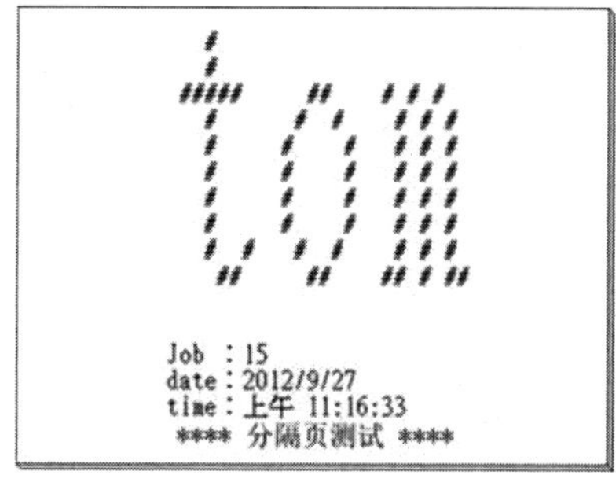

图 8-6-3

8.6.2 选择分隔页文件

选择分隔页文件的方法为：【选中打印机，右击➲打印机属性➲单击图8-6-4**高级**选项卡之下的分隔页按钮➲输入或选择分隔页文件➲单击确定按钮】。

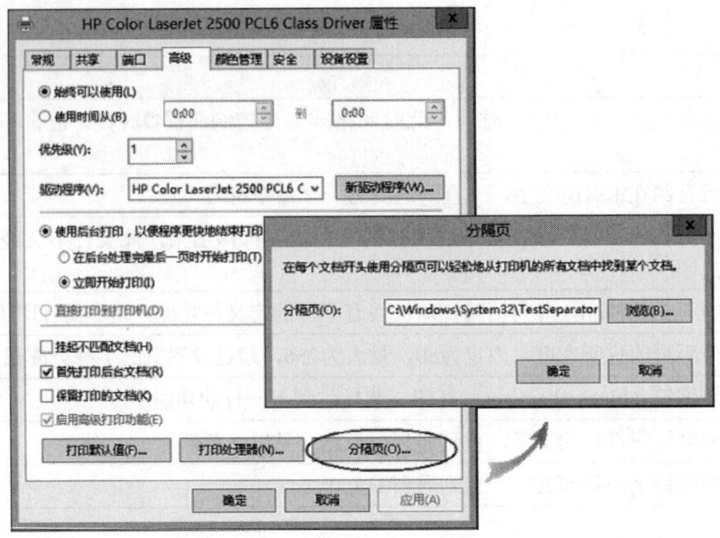

图 8-6-4

8.7 管理等待打印的文件

当打印服务器收到打印文件后，这些文件会在打印机内排队等待打印，如果你具备管理文件的权限，就可以针对这些文件执行管理的工作，例如暂停打印、继续打印、重新开始打印与取消打印等。

8.7.1 暂停、继续、重新开始、取消打印某份文件

如果某份文件在打印时出现问题，你可以暂停打印，待解决问题后再重新打印或取消打印，这些文件管理工作可以通过【在**设备和打印机**界面下单击打印机➲单击**查看现在正在打印什么**➲如图8-7-1所示，选中文件，右击➲使用快捷菜单中的选项来管理文件】的方法，例如暂停（或继续）打印该文件、重新从第1页开始打印（重新启动）或取消打印该份文件。

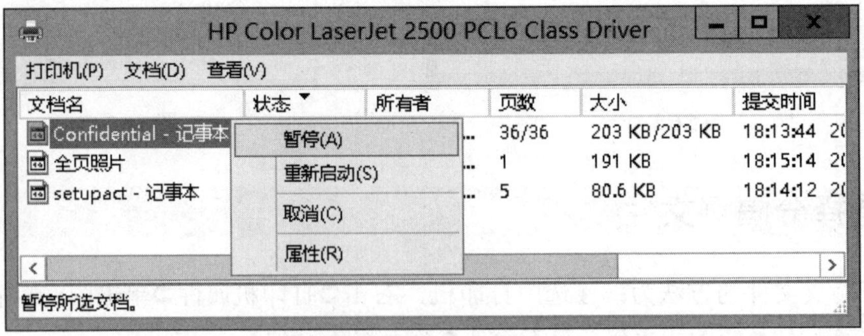

图 8-7-1

8.7.2　暂停、继续、取消打印所有的文件

若打印设备出现问题，你可以暂停打印正在等待的所有文件，待解决问题后再重新打印或取消打印，这些文件管理工作可以通过在打印机界面中选择上方的**打印机**菜单，然后利用出现的菜单选项来暂停（或继续）、取消所有文档，如图8-7-2所示。

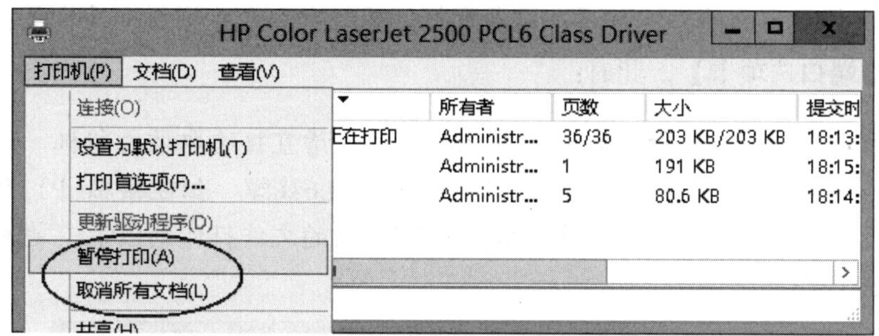

图 8-7-2

8.7.3　更改文件的打印优先级与打印时间

一个打印机内所有文件的默认优先级都相同，此时先发送到打印服务器的文件会先打印，不过你可以更改文件的打印优先级，以便让急件可以优先打印：【选中该份文件，右击➲属性➲通过图8-7-3的界面来设置】，图中文件的优先级号码是默认的1（最低），你只要将优先级的号码调整到比1大即可。

打印机默认是24小时提供服务的，因此发送到打印服务器的文件，只要轮到它就会开始打印，不过你也可针对所选文件来更改其打印时间，在时间未到之前，即使轮到该份文件也不会打印它。你可以通过图8-7-3中最下方的**日程安排**来更改打印时间。

图 8-7-3

8.7.4 将打印文件重定向

若因为打印设备故障，造成正在打印机内排队等待打印的文件无法打印，则你可以将这些文件重定向到其他打印机来打印，免除用户需自行将文件重新发送到其他打印机的操作，不过你必须将其重定向到安装了相同打印机驱动程序的打印机（也就是其打印设备是相同或兼容的）。将文件重定向的方法是【在**设备和打印机**界面下选中要被重定向的打印机，右击➲打印机属性➲**端口**选项卡】，此时：

- **若要重定向到同一台计算机内的其他打印机**：请直接选取该打印机，例如图8-7-4中原本连接在LPT1的HP Color LaserJet 2500 PCL6故障，但连接在LPT2的也是相同的打印设备，此时你可以直接将原本要送到LPT1的文件打印到LPT2，也就是只要改为勾选LPT2即可。

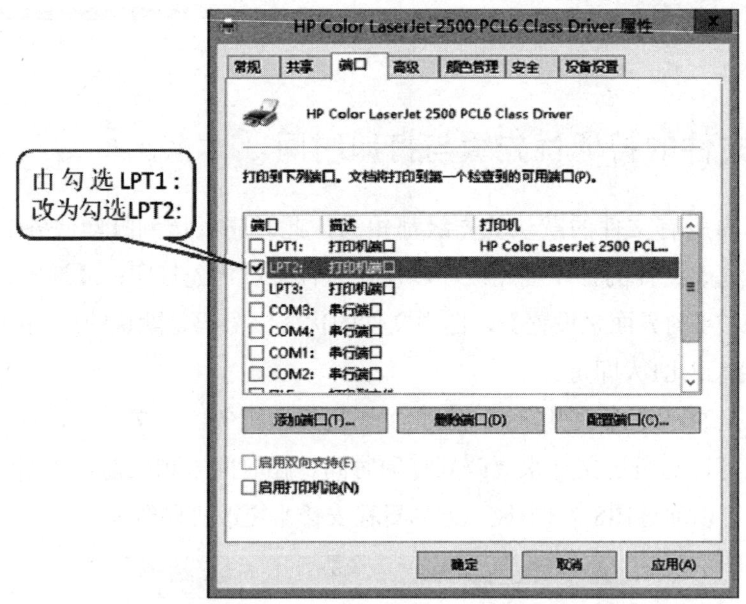

图 8-7-4

- **若要将其重定向到网络上另外一台计算机的共享打印机**：单击图8-7-4左下角的添加端口按钮，然后【在图8-7-5中选择**Local Port**➲单击新端口按钮➲输入目的地打印机的网络路径，例如图中的\\Server2\HPLaserJet】。

附注

除了正在打印中的文件之外，其他所有尚在等待打印的文件都会被重定向，你无法单独只将某份文件重定向。

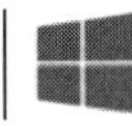

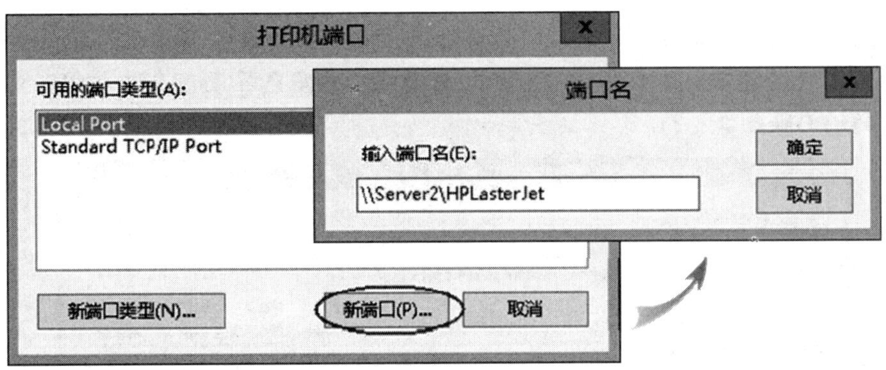

图 8-7-5

8.8 与UNIX系统通信

你可以通过以下两个组件来让Windows Server 2012 R2与UNIX计算机通信。

- **LPD（Line Printer Daemon）服务**：它是让Windows Server 2012 R2能够提供TCP/IP打印服务器的服务，因此可接收由UNIX客户端所发送过来的打印文件。
- **LPR端口监视器（Line Printer Remote Port Monitor）**：它让Windows Server 2012 R2可以将文件发送到执行LPD的UNIX服务器（TCP/IP打印服务器）打印。

8.8.1 接收由UNIX客户端所发送来的打印文件

你需要让Windows Server 2012 R2变成TCP/IP打印服务器，也就是在此计算机内安装**LPD服务**，而此服务是包含在**打印和文件服务**内，其安装方法为：

- 若此计算机尚未安装**打印和文件服务**，【打开**服务器管理器**➲单击**添加角色和功能**➲…➲在**角色**界面下勾选**打印和文件服务**➲单击下一步按钮➲…➲如图8-8-1所示在**选择角色服务**界面下勾选**LPD服务**➲…】。

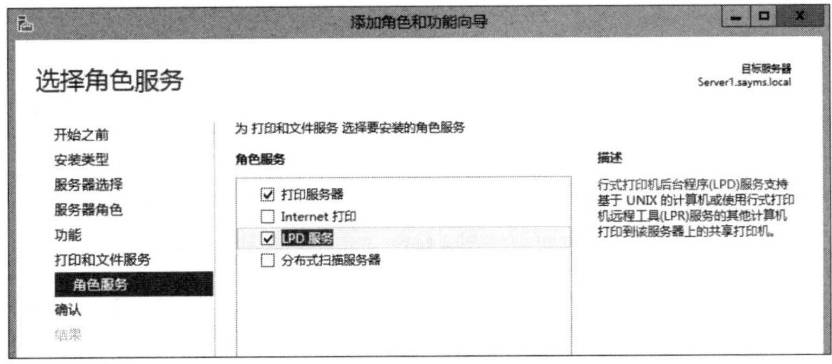

图 8-8-1

- 若此计算机已经安装**打印和文件服务**，【单击左下角**服务器管理器**图标➲单击**添加角色和功能**➲...➲如图8-8-2所示在**选择服务器角色**界面下勾选**打印和文件服务**之下的**LPD服务**➲...】。

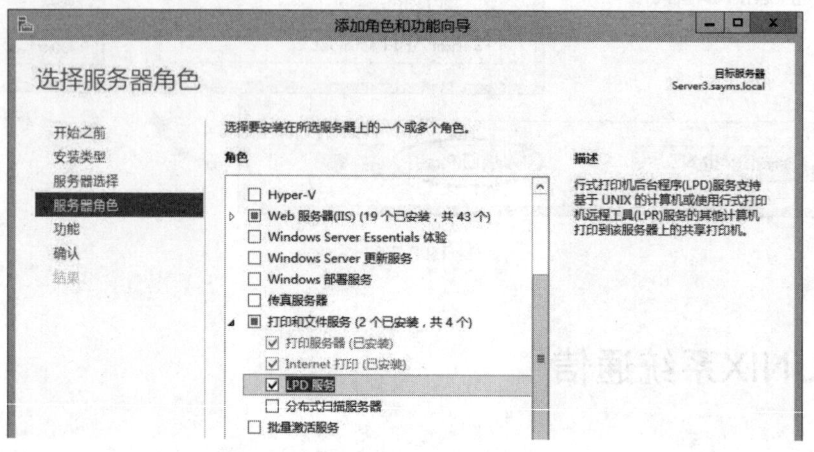

图 8-8-2

8.8.2 将文件送到UNIX的打印服务器打印

你需要在计算机内添加**LPR端口监视器**功能：【打开**服务器管理器**➲持续单击下一步按钮一直到出现图8-8-3的**选择功能**界面时勾选**LPR端口监视器**➲...】。

附注

Windows 8.1启用**LPR端口监视器**的方法：【按⊞+X键➲控制面板➲程序➲启用或关闭Windows功能➲展开**打印和文件服务**➲勾选**LPR端口监视器**】。

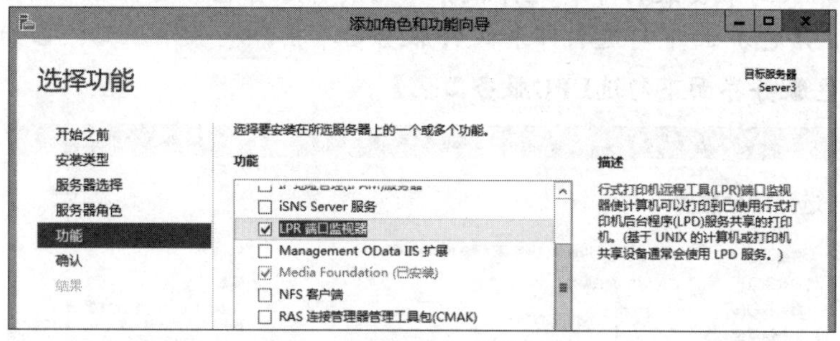

图 8-8-3

接下来请在计算机内添加可以连接到UNIX打印服务器（支持 LPD的TCP/IP打印服务器）的打印机，其步骤如下所示。

STEP 1 按Windows键⊞切换到**开始**菜单➲控制面板➲单击**硬件和声音**下的**查看设备和打印机**

➲单击上方的**添加打印机**。

STEP 2　单击图8-8-4中的**我需要的打印机不在列表中**。

添加打印机

找不到打印机。

打印机名称	地址

再次搜索(S)

我需要的打印机不在列表中(R)

下一步(N)　取消

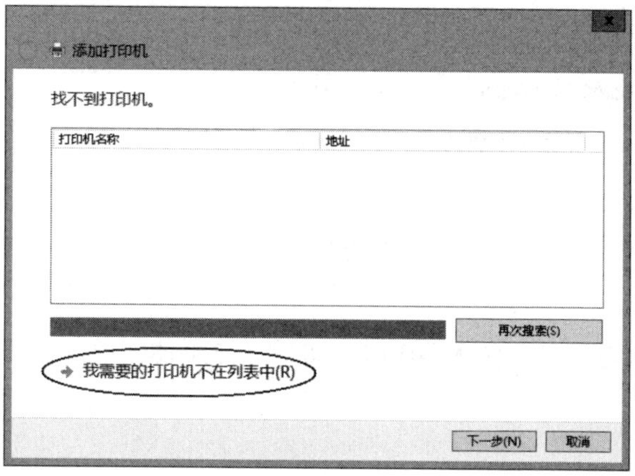

图 8-8-4

STEP 3　如图8-8-5所示选择选项后单击下一步按钮。

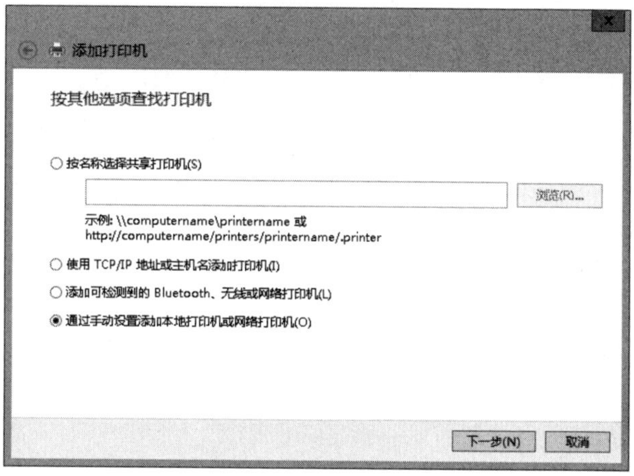

添加打印机

按其他选项查找打印机

○ 按名称选择共享打印机(S)

浏览(R)...

示例: \\computername\printername 或
http://computername/printers/printername/.printer

○ 使用 TCP/IP 地址或主机名添加打印机(I)

○ 添加可检测到的 Bluetooth、无线或网络打印机(L)

◉ 通过手动设置添加本地打印机或网络打印机(O)

下一步(N)　取消

图 8-8-5

STEP 4　选择**LPR Port**，如图8-8-6所示。

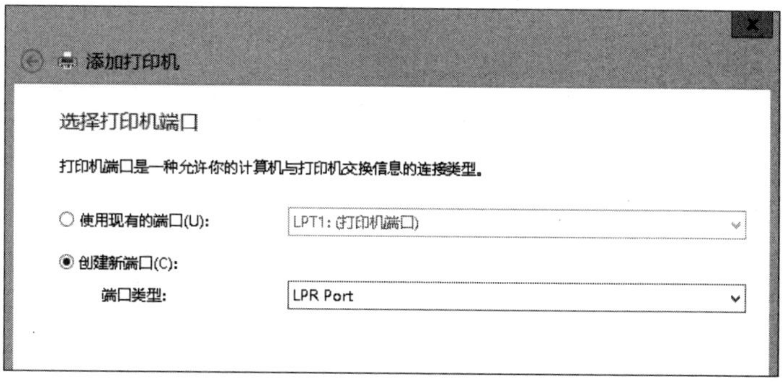

添加打印机

选择打印机端口

打印机端口是一种允许你的计算机与打印机交换信息的连接类型。

○ 使用现有的端口(U):　LPT1: (打印机端口)

◉ 创建新端口(C):

端口类型:　LPR Port

图 8-8-6

STEP 5 在图8-8-7中输入UNIX打印服务器的名称或IP地址、输入打印机名称或打印队列（若打印服务器是支持LPD的Windows Server 2012 R2，则此处要输入打印机共享名）。

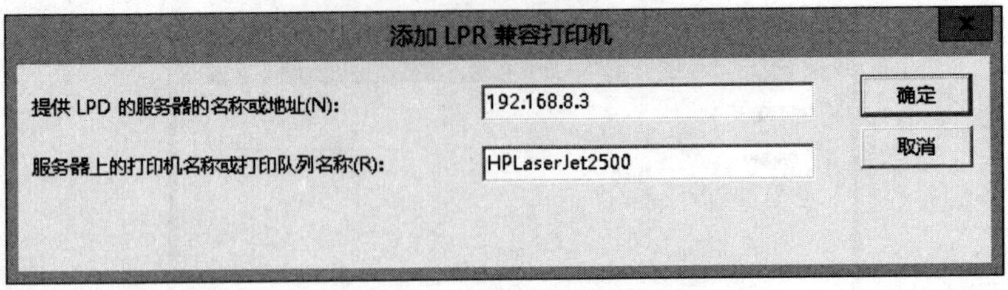

添加 LPR 兼容打印机

提供 LPD 的服务器的名称或地址(N): 192.168.8.3

服务器上的打印机名称或打印队列名称(R): HPLaserJet2500

确定 取消

图 8-8-7

STEP 6 接下来的步骤与添加一台本地IEEE 1284并行打印机相同，请直接参考前面的说明。

第 9 章　利用配置文件来管理用户工作环境

我们可以通过**用户配置文件**（user profile）来存储用户的桌面工作环境，也可以通过登录脚本与主文件夹等来设置用户的桌面工作环境。

- 本地用户配置文件
- 漫游与强制用户配置文件
- 自定义Default配置文件
- 登录脚本
- 利用“主文件夹”来保存私人文件

9.1 本地用户配置文件

本地用户可以通过**本地用户配置文件**来让他每次登录时都有一致的桌面工作环境，例如相同的桌面、相同的网络驱动器、相同的鼠标指针等。

当用户第一次登录计算机时，系统就会自动在磁盘内为用户建立一个**本地用户配置文件**文件夹，用户的桌面工作环境设置会被存储在此文件夹内，用户下次登录时，系统会使用此文件夹的内容来设置用户的桌面工作环境。

用户配置文件文件夹

用户配置文件文件夹位于***%SystemDrive%*\用户**文件夹之下，如图9-1-1所示为Windows 8.1计算机的示例，背景图中共有3个用户配置文件文件夹（administrator、george与john），其中前景图为george的用户配置文件文件夹的内容。

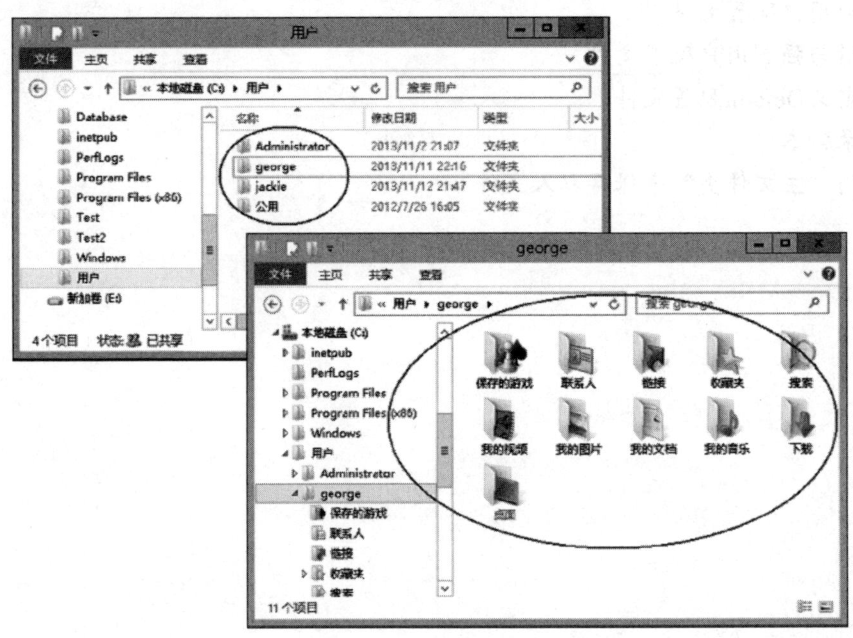

图 9-1-1

由图中可看出系统是利用用户账户名称来当作用户配置文件文件夹的文件夹名称，例如用户账户名称为george，则文件夹名称就是george。即使之后更改用户账户名称，此文件夹名称也不会改变。

系统会在用户第一次登录时为其建立专用的用户配置文件文件夹，此文件夹的默认内容是从Default文件夹复制过来的，由于Default文件夹是隐藏文件夹，因此需通过【在桌面下单

击左下方的**文件资源管理器**图标⊃单击上方的**查看**⊃勾选**隐藏的项目**】的方法来显示，如图9-1-2所示。

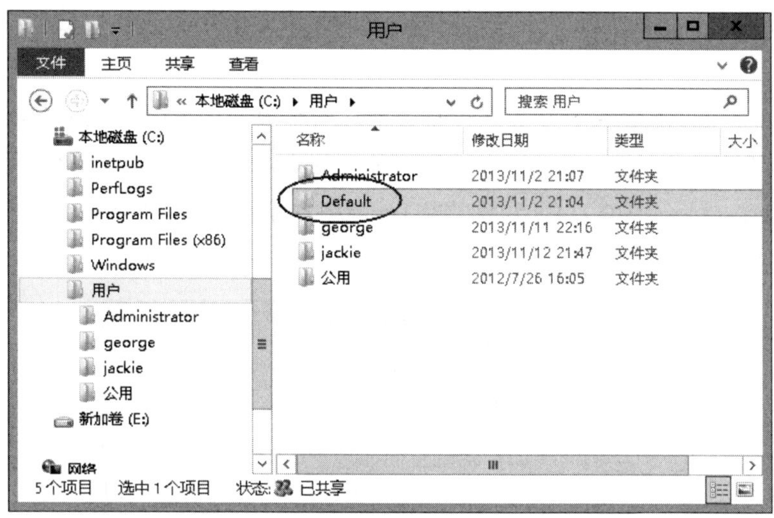

图 9-1-2

事实上用户第一次登录时的桌面工作环境并非单纯由Default文件夹所决定，而是同时由Default与%*SystemDrive*%\ProgramData文件夹来决定的，后者存储着所有用户的共同设置。

> **附注**
>
> 此处的Default与%*SystemDrive*%\ProgramData文件夹在旧版Windows系统内并非使用此名称，而是Default User与All Users文件夹。

当用户第一次登录完成、系统也为其建立专用的用户配置文件文件夹后，以后该用户所做的任何桌面设置上的修改（不含%*SystemDrive*%\ProgramData的内容）都会被存储到此文件夹内，下次该用户再登录此计算机时，就会以这个专属于他个人的配置文件文件夹内容（搭配%*SystemDrive*%\ProgramData文件夹内容）为其桌面工作环境。在整个过程中，Default文件夹的内容并不受影响、保持不变。

> **附注**
>
> 在**公用**文件夹内的**公用文件**与**公用桌面**文件夹（后者为隐藏文件夹）也是分别对应到%*SystemDrive*%\ProgramData内的Documents与Desktop文件夹。

你可以试着练习本地用户配置文件的功能，例如利用用户账户george登录Windows 8.1计算机、通过【按⊞+X键⊃控制面板⊃更改桌面背景】来修改桌面背景、通过【控制面板⊃硬件和声音➲鼠标➲指针】来修改鼠标的指针图案，利用**文件资源管理器**来连接网络驱动器机，然后注销，这些修改过的设置都会被存储到george的本地用户配置文件文件夹内，当你再次利用george账户登录此Windows 8.1计算机时，其桌面工作环境就会是刚才注销前所修改过的环境。

系统管理员也可以通过以下方法来查看当前这台计算机内有哪一些用户配置文件：【按⊞+X键➲控制面板➲系统和安全➲系统➲高级系统设置➲如图9-1-3所示单击**用户配置文件**右侧的设置按钮】，然后由图9-1-4可看到共有3个域用户配置文件、1个本地用户配置文件与一个**默认配置文件**（也就是Default）。

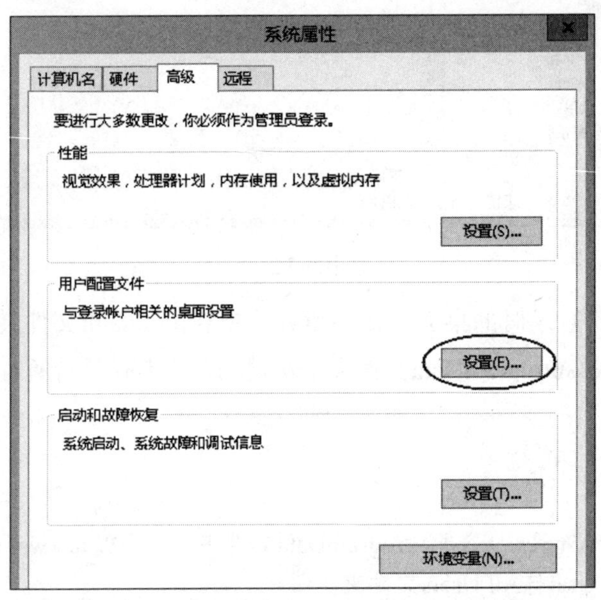

图 9-1-3

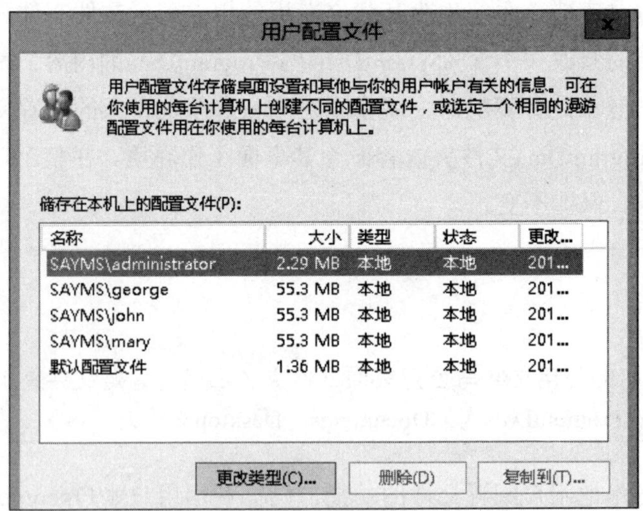

图 9-1-4

9.2 漫游与强制用户配置文件

本地用户配置文件随计算机而异，也就是用户在每一台计算机上的本地用户配置文件都不相同，因此用户到不同计算机登录的桌面工作环境也不相同。如果你希望用户不论到域内任何一台计算机登录时，都能够使用相同的用户配置文件（也就是桌面工作环境都相同），请指定用户采用存储在网络服务器上（非本地计算机上）的**漫游用户配置文件**或**强制用户配置文件**，如图9-2-1所示。

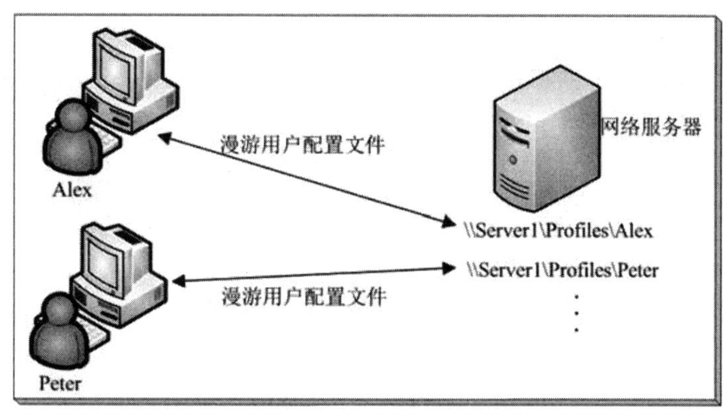

图 9-2-1

附注

漫游与强制用户配置文件只适合于给域用户使用，不适用于本地用户，因为只有域用户账户才可以到域内的各计算机登录。

- **漫游用户配置文件（roaming user profile）**：由于域用户到域内的任何一台计算机登录时会到网络服务器上读取相同的漫游用户配置文件，因此可以拥有一致的桌面工作环境。当用户注销时，其桌面工作环境的更改会被自动保存到漫游用户配置文件内，供下一次登录时使用。
- **强制用户配置文件（mandatory user profile）**：它也属于漫游用户配置文件，不过它是只读的、不可以更改。一般来说，此配置文件的内容是由系统管理员事先设置好的。当用户注销时，其桌面工作环境的更改并不会被保存到强制用户配置文件内，故用户每次登录时，都是使用固定不变的桌面工作环境。

9.2.1 为用户指定漫游用户配置文件

下面假设要指定域用户Alex使用漫游用户配置文件，且将这个漫游用户配置文件存储到网络服务器Server1的共享文件夹Profiles内。

STEP 1 请先在服务器Server1建立一个共享文件夹，共享名设置为本例中的Profiles，并赋予用户至少**读取/写入**的共享权限（系统会根据此权限来设置其NTFS/ReFS权限，同时也将**完全控制**的共享权限赋予Everyone）。

STEP 2 到域控制器上利用Domain Admins或Enterprise Admins成员的身份登录，然后【按⊞键切换到**开始**菜单➲管理工具➲Active Directory管理中心】。

STEP 3 展开用户账户Alex所在的组织单位➲双击用户Alex➲如图9-2-2所示在**配置文件**字段中输入Alex的漫游用户配置文件的网络路径。图中的Server1为计算机名称，Profiles为共享文件夹的共享名，Alex为用户配置文件文件夹名称（建议尽量与用户账户名称同名，此文件夹不需要事先自行建立）。然后单击确定按钮。

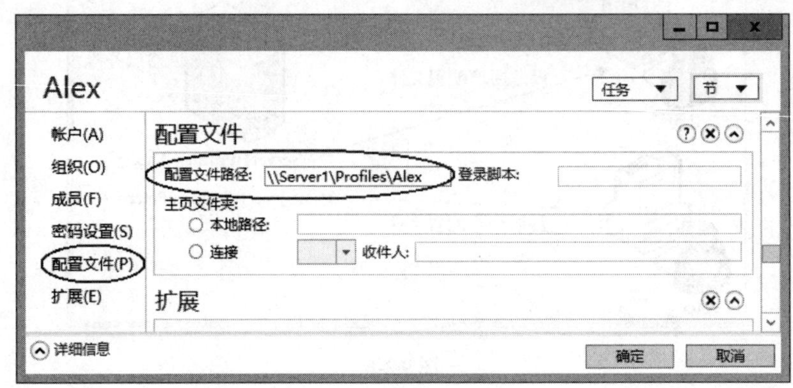

图 9-2-2

上述步骤完成后，用户Alex到域内的任何一台计算机登录时，系统就会自动在上述共享路径\\Server1\Profiles内建立漫游用户配置文件文件夹Alex.V2，不过这时候该文件夹内尚未包含任何数据。此时用户的工作环境设置可能是：

- *若用户第1次利用此计算机登录，则其桌面工作环境是通过Default来设置的。*
- *若用户之前曾经利用此计算机登录过，则其桌面工作环境是通过他的本地用户配置文件来设置的。*

当用户注销时，其桌面工作环境的任何更改都会被存储到漫游用户配置文件（同时也会存储到本地用户配置文件）。你可以利用以下方式来测试：利用Sayms\Alex账户登录后（假设是使用Windows 8.1计算机），试着查找C:\Windows\ System32\Notepad文件，然后【选中Notepad，右击➲选择固定到“开始”屏幕➲之后Notepad就会出现在Modern UI的界面上（见图9-2-3）➲注销】，之后Alex到域内任何一台计算机登录时，都会读取此漫游用户配置文件，并以此配置文件内的设置来决定其桌面工作环境，也就是Notepad会出现在Modern UI的界面上。

当用户Alex到不具备Modern UI的计算机上（例如Windows 7）登录时，此Notepad会出现在【开始➲所有程序】处。

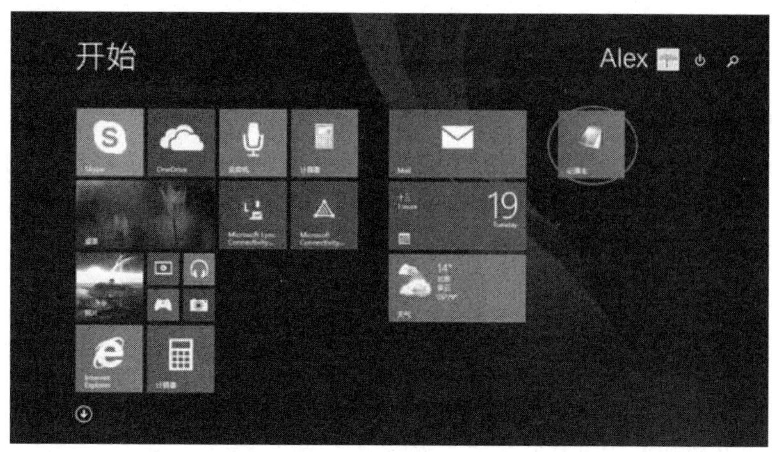

图 9-2-3

你也可以试着利用修改主题的方式来测试漫游用户配置文件，也就是在图9-2-4中修改主题，注销，然后到另一台Windows 8.1计算机登录，此时应该会有相同的主题。

图 9-2-4

注意

Windows 8.1等客户端已包含桌面主题功能，但Windows Server 2012（R2）等服务器需安装**桌面体验**功能后才有主题。用户所选用的主题必须在其他计算机也有相同的主题，否则用户到其他计算机登录时，会找不到此主题可供显示。因此除非选用内置的主题，否则建议选用位于网络服务器的漫游用户配置文件文件夹内的主题，以便让用户无论到哪一台计算机登录都可以访问到这个主题。

9.2.2 漫游用户配置文件的工作机制

域用户登录时，其计算机会读取存储在网络服务器的漫游用户配置文件，而当用户注销时，其工作环境会被同时存储到漫游用户配置文件与本地用户配置文件内。如果域用户登录时，因故无法访问位于网络服务器内的漫游用户配置文件，例如网络断开、权限不足等，此时：

- **若该域用户是第一次利用此台计算机登录**：此时因这台计算机内目前还没有该用户的本地用户配置文件，故系统会以Default配置文件的内容来设置用户的工作环境。当用户注销时，其工作环境既不会被存储到网络服务器上的漫游用户配置文件内，也不会被存储到本地用户配置文件内。
- **若该域用户之前曾经利用此台计算机登录过**：将使用他在此计算机内的本地用户配置文件。当用户注销时，其工作环境并不会被存储到网络服务器上的漫游用户配置文件内，但是会被存储到本地用户配置文件内。用户下一次登录域时，即使此时网络断开、权限不足等问题已经解决，也就是已经可以正常访问网络服务器上的漫游用户配置文件，但因为本地用户配置文件的数据比较新，所以仍然会使用本地用户配置文件，不过之后注销时，就可以正常地将工作环境保存到漫游用户配置文件内。

> **Q** 用户在登录时，若网络服务器的漫游用户配置文件与本地用户配置文件均因故无法访问时，则用户的工作环境如何决定？
>
> **A** 利用Default配置文件来设置用户的工作环境，但是登录后所做的任何工作环境更改都不会被保存。

用户在登录时，系统会比较网络服务器上的漫游用户配置文件与本地计算机内的本机用户配置文件之间哪一个版本比较新来决定要采用哪一个文件：

- 若本地计算机内的比较新，则读取本地用户配置文件。
- 若网络服务器上的比较新，则读取网络服务器上的漫游用户配置文件。
- 若两者是相同的，则直接使用本地用户配置文件，以提高读取效率。

不论是使用哪一个用户配置文件，当用户注销时，其环境的更改都会保存到这两个用户配置文件内。

系统管理员可以让域用户以后登录都直接读取本地用户配置文件：到客户端计算机上【按⊞+X键➲控制面板➲系统和安全➲系统➲高级系统设置➲单击**用户配置文件**右侧的设置按钮➲如图9-2-5所示选择用户配置文件➲单击更改类型按钮➲选择**本地配置文件**】，之后用户所做的环境更改只会被保存到本地用户配置文件内，不会保存到服务器上的漫游用户配置

文件内。

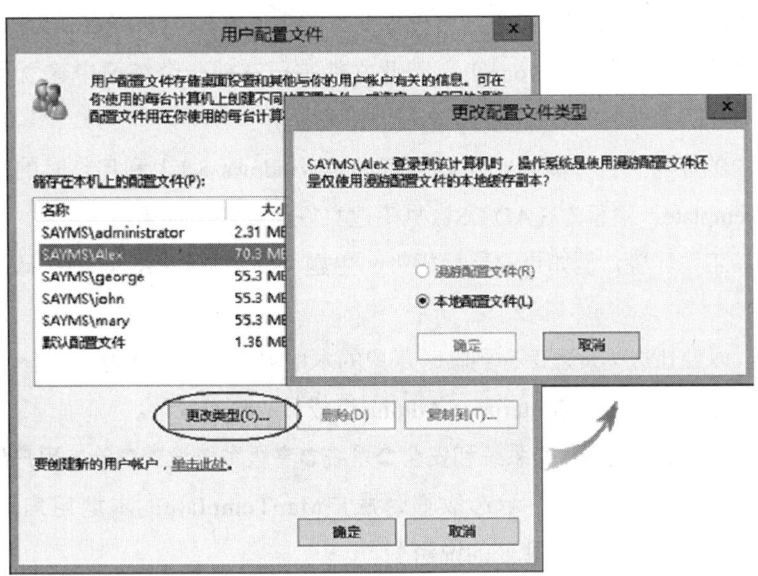

图 9-2-5

> **注意**
>
> 由于**用户账户控制**默认值的关系，如果用户不具备系统管理员权限，就必须输入系统管理员账户与密码后才可以执行上述更改配置文件类型的操作。

9.2.3 为用户指定强制用户配置文件

强制用户配置文件也属于漫游用户配置文件，不过它是只读的、不可以更改。一般来说，此配置文件的内容是由系统管理员事先设置好的。当用户注销时，其桌面工作环境的更改并不会被保存到强制用户配置文件内，故用户每次登录时，都是使用固定不变的工作环境。

下面假设要指定域用户Billy来使用特定内容的强制用户配置文件，并将这个配置文件存储到共享文件夹\\Server1\Profiles内。

建立一个特定内容的用户配置文件

要指定Billy来使用特定内容的强制用户配置文件的话，可以先利用一个临时用户账户登录，然后将工作环境设置成Billy所需要的（例如更改桌面背景、设置网络驱动器等），接着注销以便让这些设置存储到临时账户的本地用户配置文件内，最后将此配置文件复制给Billy来使用。

STEP 1 先在服务器Server1上建立一个共享文件夹，共享名为本例中的Profiles，并赋予用户至少**读取/写入**的共享权限（系统会根据此权限来设置其NTFS/ReFS权限，同时也将**完全控制**共享权限赋予Everyone）。若此文件夹已在前一个练习中建立了，则此步骤可免。

STEP 2 到域内的任何一台计算机上（以下假设是Windows 8.1）利用临时的用户账户（例如ManTemplate，请事先在AD DS数据库建立好此账户）登录。

STEP 3 更改其工作环境，例如更改鼠标指针、主题、网络驱动器、网络打印机、安装应用程序等。

STEP 4 注销，以便让这些设置保存到临时账户的本地用户配置文件内。

STEP 5 利用Domain Admins或Enterprise Admins组成员的身份登录。

STEP 6 按⊞+X键➲控制面板➲系统和安全➲系统➲高级系统设置➲单击**用户配置文件**右侧的设置按钮➲如图9-2-6所示选取临时账户ManTemplate的本地用户配置文件➲单击复制到按钮（见下面**注意**处的说明）。

> **注意**
>
> 在旧版Windows系统中，图中的复制到按钮可以单击，不过Windows Server 2012（R2）、Windows Server 2008 R2的复制到按钮却变成灰色、无法使用，Internet上有一个名称为**Windows Enabler**的程序可以轻易解决这个问题，请上网查找、下载、执行此程序，然后通过单击任务栏上的**Windows Enabler**图标来启用它，再到图9-2-6单击灰色的复制到按钮，它就会变成可用状态。

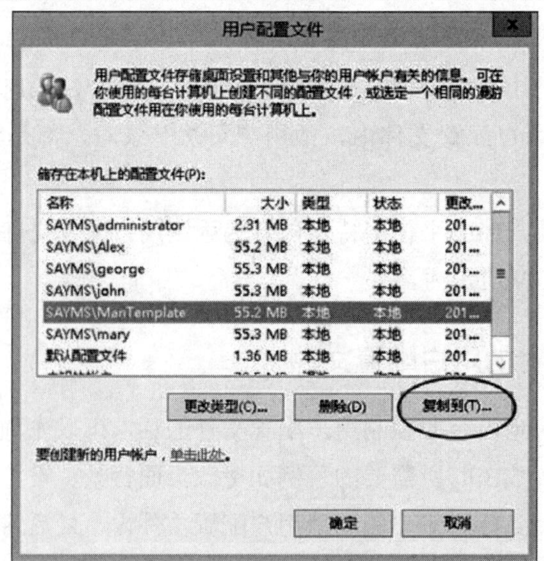

图 9-2-6

STEP 7 请完成图9-2-7中的设置后依序单击三次确定按钮。

- **将配置文件复制到**：输入要保存强制用户配置文件的网络路径。其中，Server1为计算机名称，Profiles为共享文件夹名称，Billy.V2为你自行定义的文件夹名称（名称最后附加 **.V2**，不过此文件夹不需要事先建立）。
- **允许使用**：单击更改按钮来选择SAYMS\Billy，以便让用户Billy有权限访问这个强制用户配置文件文件夹（系统会开放让Billy对此文件夹拥有**完全控制**的权限）。

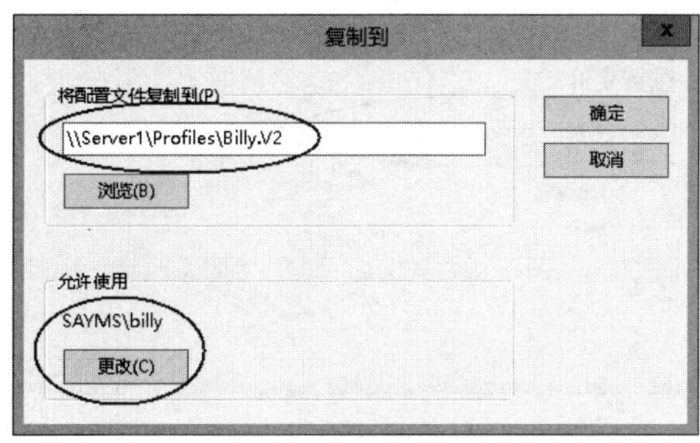

图 9-2-7

STEP 8 在桌面下单击左下方**文件资源管理器**图标➲单击**查看**菜单➲单击右侧**选项**图标➲单击**查看**选项卡➲取消勾选**隐藏已知文件类型的扩展名**与**隐藏受保护的操作系统文件（建议）**、选择**显示隐藏的文件、文件夹和磁盘驱动器**（假设当前正在使用的计算机为Windows 8.1）。

STEP 9 按⊞+R键➲输入\\Server1\Profiles\Billy.V2➲按Enter键来打开Billy的漫游用户配置文件文件夹➲如图9-2-8所示将其内的**NTUSER.DAT**文件名改为**NTUSER.MAN**，如此这个配置文件就变成了强制用户配置文件。

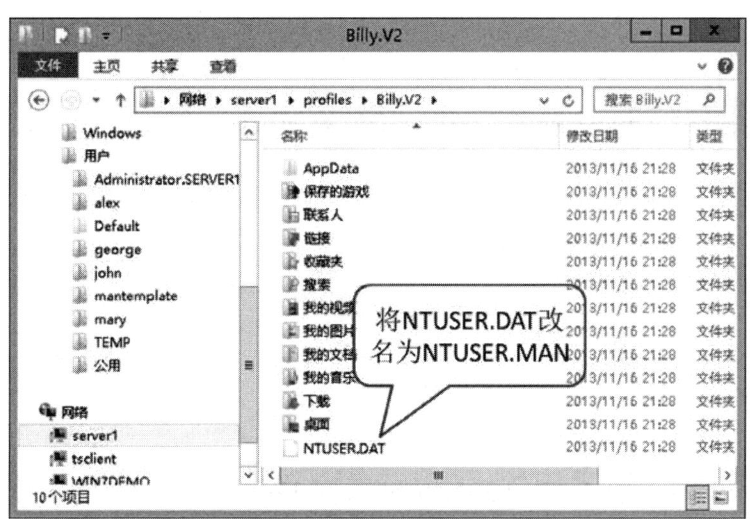

图 9-2-8

STEP 10 到域控制器上按⊞键切换到**开始**菜单➲Active Directory管理中心。

STEP 11 展开用户账户Billy所在的组织单位➲双击用户Billy➲如图9-2-9所示在**配置文件**区域输入Billy的强制用户配置文件的网络路径（最后不需加**.V2**）。完成后，单击确定按钮。

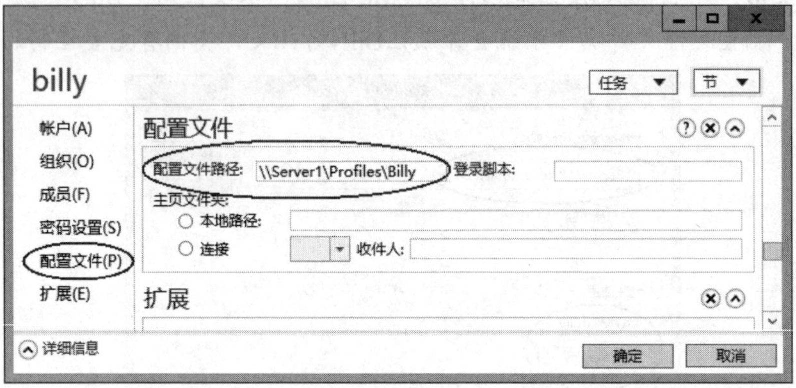

图 9-2-9

完成上述设置后，以后用户Billy登录时，无论其对桌面工作环境执行任何更改，只要这些更改是隶属于用户配置文件的内容（例如变更主题），则当他注销时，这些设置都不会被保存到强制用户配置文件内，因此Billy下次登录时，他的工作环境仍然是维持之前的状态。

9.3 自定义Default配置文件

你可以自定义Default配置文件的内容，以便让所有本地用户或所有域用户第1次登录时能用你所定义的统一的工作环境。

9.3.1 本地用户何时会使用Default配置文件

本地用户在以下情况登录时，系统会利用本地磁盘内的**%*SystemDrive*%\用户\Default**配置文件的内容来设置用户的工作环境：

- 用户第一次利用本地用户账户在此计算机登录。
- 用户不是第一次在此计算机登录，但是却因故无法读取他的本地用户配置文件，例如没有权限读取本地用户配置文件文件夹或文件夹丢失。

9.3.2 域用户何时会使用Default配置文件

域用户在以下情况登录时，系统会以Default配置文件的内容来设置用户的工作环境：

- 域用户未被指定使用网络服务器内的漫游或强制用户配置文件，且是第一次利用其域用户账户在这台计算机登录。
- 域用户已经被指定使用网络服务器内的漫游或强制用户配置文件，但是在登录时，却因故无法读取漫游或强制用户配置文件，同时也无法读取其本地用户配置文件。

另外，域用户所读取的Default配置文件与本地用户有所不同：

- 若在域控制器的NETLOGON共享文件夹内有一个文件夹名称为**Default User.V2**的配置文件，则域用户登录时系统会利用此配置文件的内容来设置用户的工作环境。

> **附注**
>
> NETLOGON共享文件夹对应到域控制器的%*Systemroot*%\SYSVOL\ sysvol*域名*\scripts 文件夹。

- 若在NETLOGON内没有**Default User.V2**文件夹，或用户因故无法读取此文件夹时，则会利用本机的**%*SystemDrive*%\用户\Default**配置文件的内容来设置用户的工作环境。

9.3.3 自定义本地与域的Default配置文件

自定义Default配置文件的方法与第243页**建立一个特定内容的用户配置文件**类似，也就是先利用一个临时用户账户登录，然后设置其所需要的工作环境（例如更改主题），接着注销以便让这些设置保存到临时账户的本地用户配置文件，最后再将此配置文件复制到**Default**或**Default User.V2**配置文件文件夹。详细步骤不再重复，不过在复制配置文件时，注意本地与域Default配置文件的复制路径有所不同。

- **自定义本地Default配置文件**：将临时账户的本地用户配置文件复制到本机的**%*SystemDrive*%\用户\Default**文件夹内（也就是%*SystemDrive*%\Users\ Default文件夹），并设置让Everyone有权限访问，如图9-3-1所示。

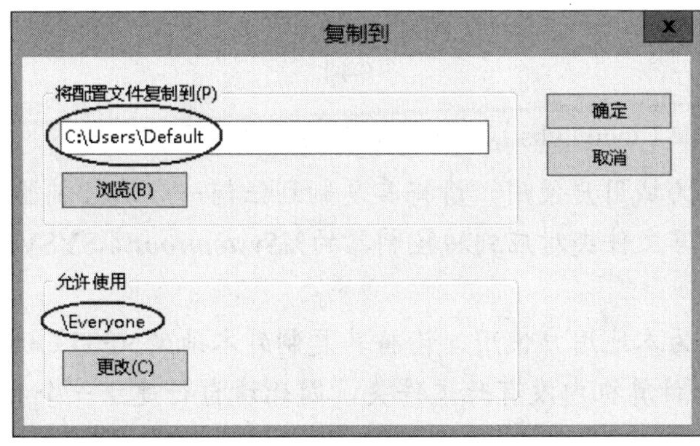

图 9-3-1

- **自定义域Default配置文件**：将临时账户的本地用户配置文件复制到任一台域控制器的**NTELOGON\Default User.V2**文件夹内，并设置让Everyone或Domain Users有权限访问，如图9-3-2所示。

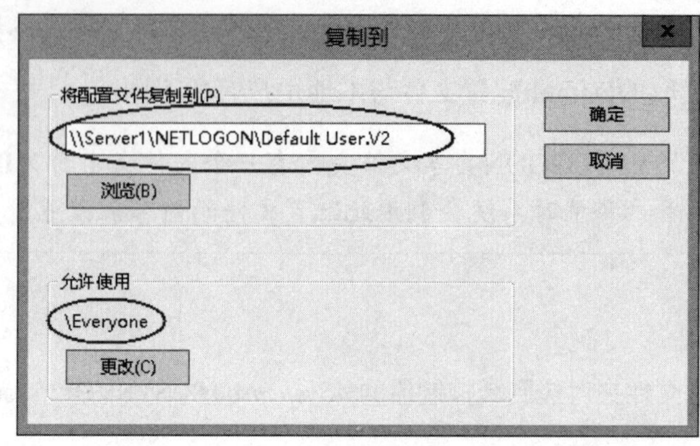

图9-3-2

9.4 登录脚本

登录脚本（logon script）是用户登录时会自动执行的程序，例如扩展名为.BAT或.CMD的批处理文件、.EXE的可执行文件、.vbs的VbScript脚本文件、.ps1的Windows Powershell脚本文件等。系统管理员可以利用脚本文件来执行计算机或网络的管理工作。

图9-4-1是一个简单的VbScript脚本文件范例（logon.vbs），仅在屏幕显示一串文字而已，我们将利用它来练习登录脚本。让用户来使用登录脚本的步骤如下。

图9-4-1

STEP 1 请将登录脚本（logon.vbs）复制到NETLOGON共享文件夹内：

- 若登录脚本是为域用户使用，请将其复制到任何一台域控制器的NETLOGON共享文件夹内，此共享文件夹对应到域控制器的***%Systemroot%*\SYSVOL\sysvol*域名*\scripts**文件夹。
- 若登录脚本是为本地用户使用，请将其复制到本地的NETLOGON共享文件夹内。由于默认在本地计算机内没有此文件夹，因此请自行建立一个共享文件夹，并将其共享名设置为NETLOGON。

STEP 2 指定用户使用登录脚本：

- 若登录脚本是为域用户使用：可以【按Windows键⊞切换到**开始**菜单➲管理工具➲Active Directory管理中心➲选择用户账户所在的组织单位或容器➲双击用户账户➲在图9-4-2中**配置文件**区域的**登录脚本**处输入登录脚本的文件名】。

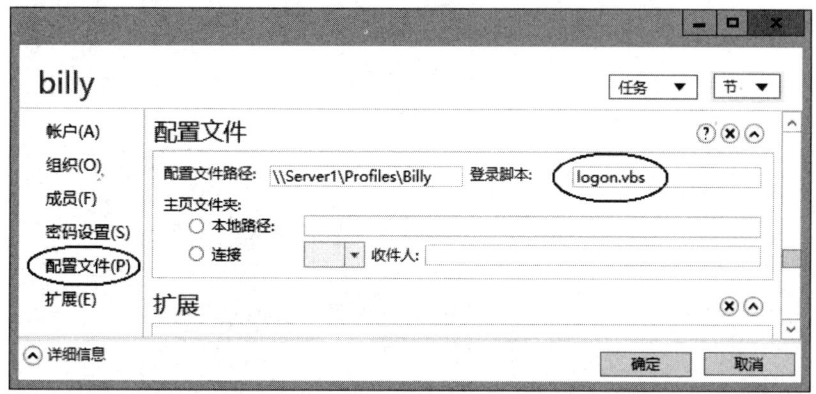

图 9-4-2

> **注意**
>
> 输入文件名即可（例如图中的logon.vbs），不能输入完整的路径（例如\\Server1\NETLOGON\logon.vbs），因为系统是自动到域控制器或本地计算机的NETLOGON 共享文件夹来读取登录脚本的。
>
> 如果你将登录脚本放在NETLOGON之下的子文件夹，例如放在Sales子文件夹内，那么请在此处输入Sales\logon.vbs。

- 若登录脚本为本地用户使用，可以【按Windows键⊞切换到**开始**菜单➲管理工具➲计算机管理➲系统工具➲本地用户和组➲用户➲双击用户账户➲在图9-4-3中**配置文件**选项卡下的**登录脚本**处输入登录脚本的文件名】。

图 9-4-3

STEP 3 完成后，以后该用户登录时，就会从负责审核用户登录身份的域控制器或本地计算机来读取与执行上述登录脚本。图9-4-4所示为在Windows 8.1客户端上所看到的界面

（需切换到桌面）。

图9-4-4

Q 将供域用户来使用的登录脚本放到%*Systemroot*%\SYSVOL \sysvol*域名*\scripts文件夹内有何好处?

A 若域内有多台域控制器，用户登录时会由其中一台域控制器（任何一台都有可能）来负责审核用户的账户与密码，而用户的计算机也就会由该台域控制器来读取登录脚本，因此必须每一台域控制器内都有此登录脚本。由于域控制器会自动将SYSVOL文件夹内的文件复制到其他域控制器，因此将登录脚本放到此处，可以让系统自动将其复制到其他域控制器内。

附注

在《**Windows Server 2012 R2 Active Directory配置指南**》这本书中还会介绍另外一种利用**组策略**来设置登录/注销脚本文件的方法，它的功能更强。

9.5 利用“主文件夹”来保存私人文件

用户配置文件内有很多个内置的文件夹（参见图9-1-1），其中有一个名称为**文档**的文件夹可供用户来存储私人文件，而用户可以很容易地通过【文件资源管理器➲文档】的方法来打开**文档**文件夹。然而采用漫游用户配置文件的用户在登录时可能会浪费时间在下载这个文

件夹内的文件，同时注销时也需要花费时间将文件保存到服务器。

Windows Server 2012 R2还提供一个可以让用户存储私人文件的文件夹，那就是**主文件夹**（home folder）。主文件夹并不包含在用户配置文件内，因此用户登录/注销并不需要下载或保存文件。

域与本地用户均可指定主文件夹，下面针对域用户Robert来说明，并且将其主文件夹设置到服务器Server1的共享文件夹Home内的子文件夹Robert。

STEP 1 请事先在Server1内建立一个共享文件夹，共享名设置为本例中的Home，赋予Everyone或Domain Users**读取/写入**的共享权限（系统会根据此权限来设置其NTFS/ReFS权限，同时也会将**完全控制**的共享权限赋予Everyone），最后将NTFS/ReFS权限更改为只开放给域组Administrators完全控制的权限。

STEP 2 在此共享文件夹之下，为Robert建立一个专用的子文件夹，假设文件夹名称为Robert，并将完全控制的NTFS/ReFS权限赋予用户Robert，此文件夹就是Robert的主目录。

STEP 3 请到域控制器上利用域系统管理员身份登录。

STEP 4 按Windows键⊞切换到**开始**菜单➲Active Directory管理中心➲选择用户账户Robert所在的组织单位或容器➲双击用户账户Robert。

STEP 5 在图9-5-1**配置文件**区域中，通过**连接**来将其主文件夹设置到UNC网络路径\\Server1\Home\Robert或\\Server1\Home\%Username%，并以一个驱动器号（例如Z：）来连接到此文件夹后单击**确定**按钮。

图 9-5-1

设置完成后，当域用户Robert登录时，驱动器号Z:会自动连接到他的主文件夹\\Server1\Home\Robert（见图9-5-2），可以通过Z: 将其私人文件存储到主文件夹内。

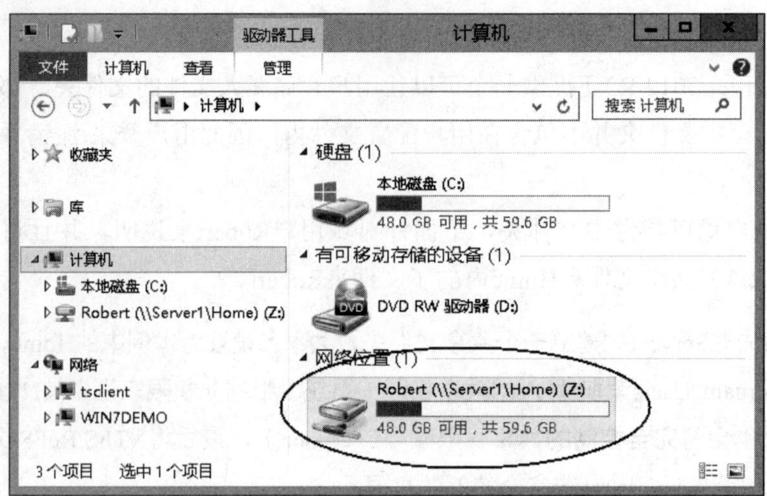

图 9-5-2

建议不要将域用户的主文件夹指定到本地计算机内（通过图9-5-1中的**本地路径**），因为用户所登录的每一台计算机内都必须要有此文件夹存在。

若要指定成员服务器的本地用户的主文件夹，可以【按Windows键⊞切换到**开始**菜单➲管理工具➲计算机管理➲系统工具➲本地用户和组➲用户➲双击用户账户➲配置文件➲设置如图9-5-3所示的**地机路径**】，需将其指定到本地计算机的磁盘内，例如C:\LocalHome\Cindy，不能够使用UNC网络路径。

图 9-5-3

第 10 章　组策略与安全设置

系统管理员可以通过**组策略**（group policy）的强大功能来充分控制网络用户与计算机的工作环境，减轻网络管理的负担。

- 组策略概述
- 本地计算机策略实例演练
- 域策略实例演练
- 本地安全策略
- 域与域控制器安全策略
- 组策略首选项设置
- 审核资源的使用

10.1 组策略概述

组策略是一个能够让系统管理员充分控制用户工作环境的功能，通过它来确保用户拥有该有的工作环境，也通过它来限制用户，如此不但可以让用户拥有适当的环境，而且可以减轻系统管理员的管理负担。

组策略包含**计算机配置**与**用户配置**两部分。计算机配置只对计算机环境有影响，而用户配置只对用户环境有影响。你可以通过以下两个方法来设置组策略。

- **本地计算机策略**：可用来设置单一计算机的策略，这个策略内的计算机设置只会被应用到这台计算机，而用户设置会被应用到在此计算机登录的所有用户。
- **域组策略**：在域内可以针对站点、域或组织单位来设置组策略，其中域策略内的设置会被应用到域内的所有计算机与用户，而组织单位的策略会被应用到该组织单位内的所有计算机与用户。

对加入域的计算机来说，若其本地计算机策略的设置与“域或组织单位”的组策略设置有冲突，则以“域或组织单位”组策略的设置优先，也就是此时本地计算机策略的设置无效。

10.2 本地计算机策略实例演练

下面利用未加入域的计算机来练习本地计算机策略，以免受到域组策略的干扰，造成本地计算机策略的设置无效，因而影响到你验证实验结果。

10.2.1 计算机策略实例演练

当我们要将Windows Server 2012 R2计算机关机时，系统会要求我们提供关机的理由（参见图10-2-1）。以下实例演练完成后，系统就不会再要求你提供关机的理由了。

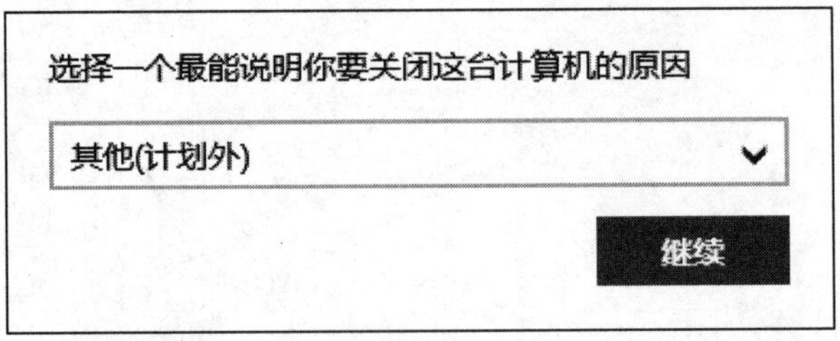

选择一个最能说明你要关闭这台计算机的原因

其他(计划外)

继续

图 10-2-1

请【按⊞+R键➲输入gpedit.msc后按Enter键➲在图10-2-2中单击**计算机配置**➲管理模板➲系统➲双击右侧的**显示"关闭事件追踪程序"**➲选择**已禁用**➲单击确定按钮】，以后要关机或重新启动计算机时，系统就不会再问你关机理由了。

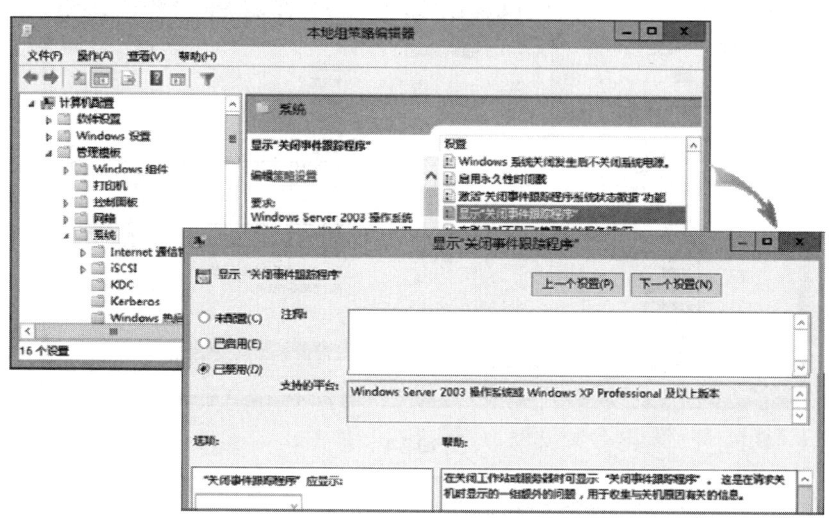

图 10-2-2

附注

请不要随意更改计算机配置，以免变更到会影响系统正常工作的设置值。

10.2.2 用户策略实例演练

下面通过本地计算机策略来限制用户工作环境：删除客户端浏览器Internet Explorer内**Internet选项**的**安全**与**连接**选项卡。也就是经过以下的设置后，图10-2-3中浏览器Internet Explorer的"安全"与"连接"选项卡就会消失。

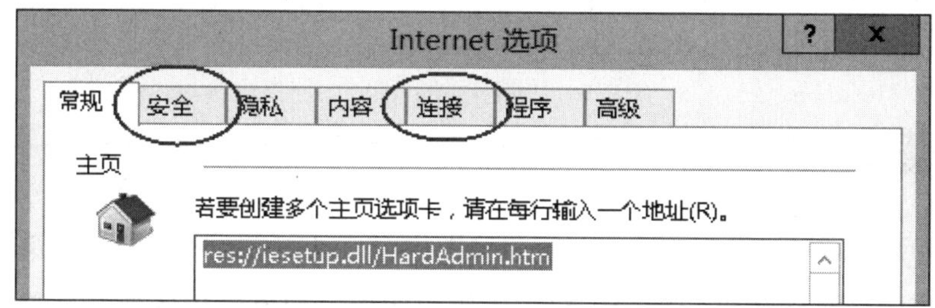

图 10-2-3

如图10-2-4所示，【单击**用户配置**➲管理模板➲Windows组件➲Internet Explorer➲Internet控制面板➲将**禁用连接页**与**禁用安全页**设置为**已启用**】，此设置会立即应用到所有用户：打开Internet Explorer➲单击 Alt键➲**工具**菜单➲Internet选项➲如图10-2-5所示，**安全**与**连接**选项卡消失了。

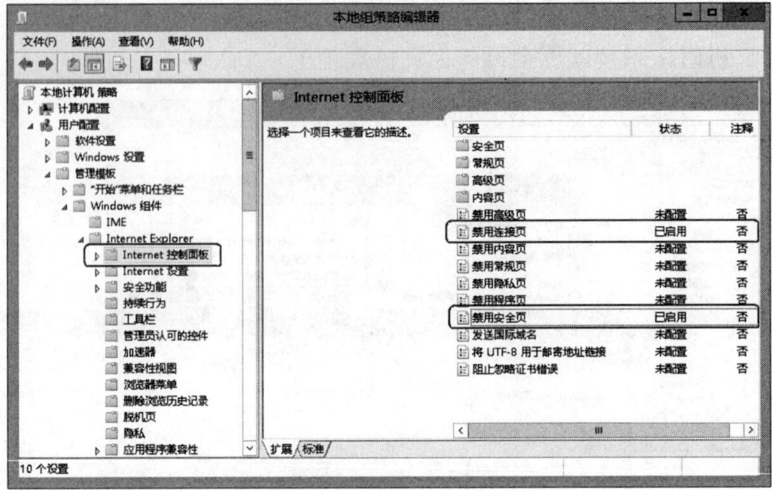

图 10-2-4

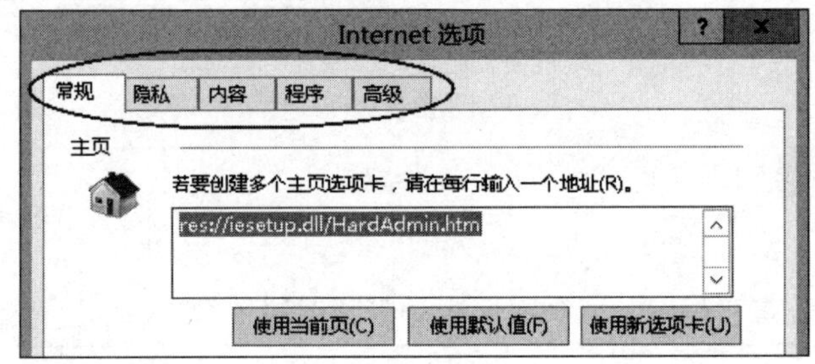

图 10-2-5

10.3 域策略实例演练

虽然在域内可以针对站点、域或组织单位来设置组策略，但是以下内容我们将只针对常用的域与组织单位来说明。

10.3.1 组策略基本概念

如图10-3-1所示，可以针对域sayms.local（图中显示为sayms）来设置组策略，此策略设置会被应用到域内所有计算机与用户，包含图中组织单位**业务部**内的所有计算机与用户（换句话说，**业务部**会继承域sayms.local的策略设置）。

你也可以针对组织单位**业务部**来设置组策略，此策略会应用到该组织单位内所有的计算机与用户。由于**业务部**会继承域sayms.local的策略设置，因此**业务部**最后的有效设置是域sayms.local的策略设置加上**业务部**的策略设置。

若**业务部**的策略设置与域sayms.local的策略设置有冲突，则默认以**业务部**的策略设置优先。

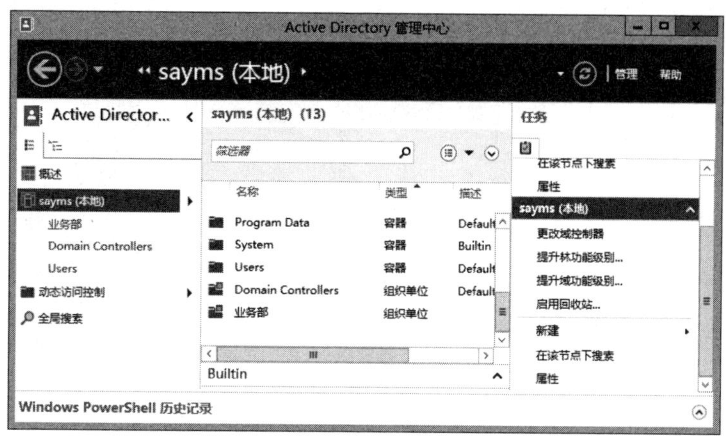

图 10-3-1

组策略是通过GPO（Group Policy Object，组策略对象）来设置的，当你将GPO连接（link）到域sayms.local或组织单位**业务部**后，此GPO设置值就会被应用到域sayms.local或组织单位**业务部**内所有用户与计算机。系统已内建两个GPO：

- **Default Domain Policy**：此GPO已经被连接到域sayms.local，因此这个GPO内的设置值会被应用到域sayms.local内的所有用户与计算机。
- **Default Domain Controllers Policy**：此GPO已经被连接到组织单位Domain Controllers，因此这个GPO内的设置值会被应用到Domain Controllers内的所有用户与计算机。Domain Controllers内默认只有扮演域控制器角色的计算机。

你也可以针对**业务部**（或域sayms.local）来建立多个GPO，此时这些GPO内的设置会合并起来应用到**业务部**内的所有用户与计算机，若这些GPO内的设置有冲突，则以排列在前面的优先。

10.3.2　域组策略实例演练1——隐藏“Windows防火墙”

以下假设要针对图10-3-2中组织单位**业务部**内的所有用户来设置，并设置让这些用户登录后，**控制面板**内的**Windows防火墙**自动被删除。我们要建立一个链接到组织单位**业务部**的GPO，并通过此GPO内的**用户配置**来设置。

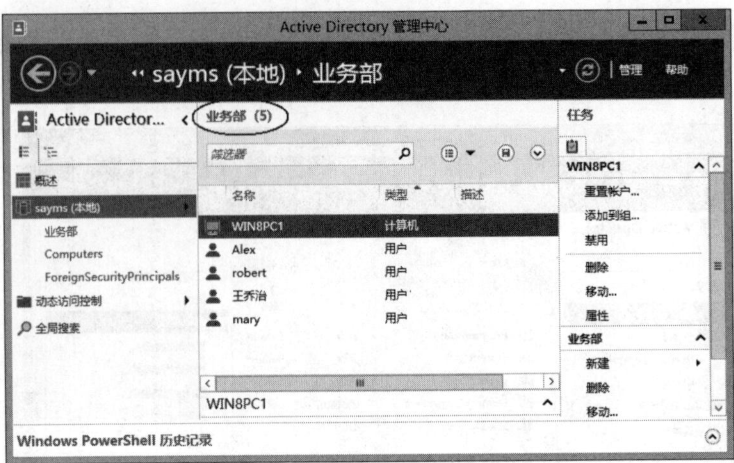

图 10-3-2

STEP 1 到域控制器上利用域系统管理员账户登录。

STEP 2 按Windows键⊞切换到**开始**菜单➲管理工具➲组策略管理。

STEP 3 展开到组织单位**业务部**➲选中**业务部**，右击➲选择**在这个域中创建GPO并在此处链接**，如图10-3-3所示。

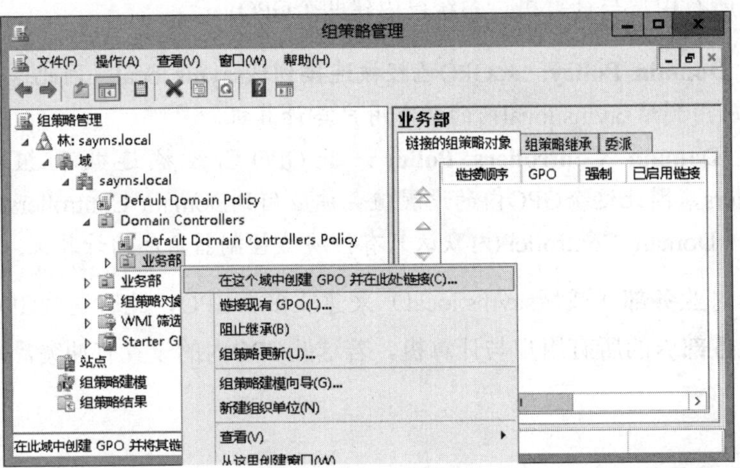

图 10-3-3

注意

（1）图中也可以看到内建的GPO:Default Domain Policy与位于组织单位Domain Controllers之下的Default Domain Controllers Policy。请不要随意更改这两个GPO的内容，以免影响到系统的正常运行。

（2）你可以选中组织单位，右击后选择**阻止继承**，表示不要继承域sayms.local策略设置。也可以选中域GPO（例如Default Domain Policy），右击后选择**强制**，表示域sayms.local之下的组织单位必须继承此GPO设置，不论组织单位是否选择**阻止继承**。

STEP 4　在图10-3-4中为此GPO命名（假设是**测试用的GPO**）后单击确定按钮。

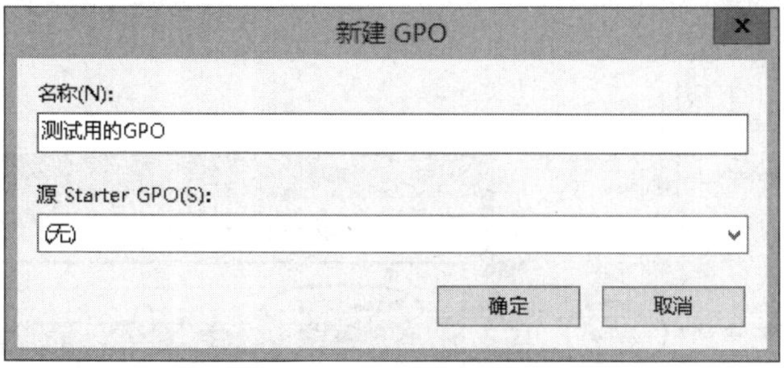

新建 GPO
名称(N):
测试用的GPO
源 Starter GPO(S):
(无)
确定　取消

图 10-3-4

STEP 5　如图10-3-5所示，【选中新建的GPO，右击➲编辑】。

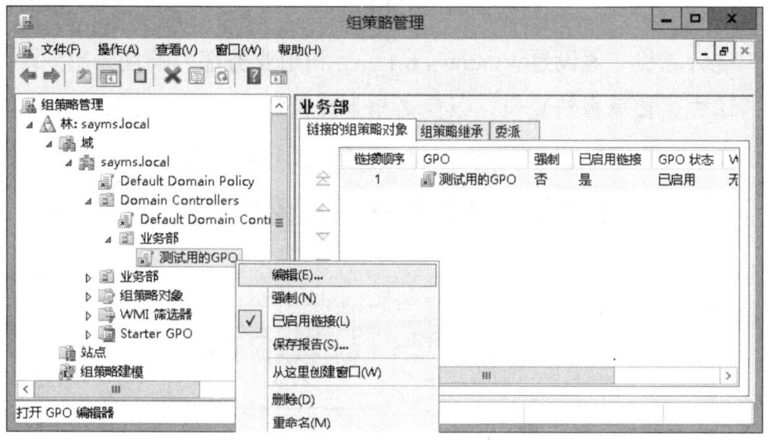

图 10-3-5

STEP 6　如图10-3-6所示，【展开**用户配置**➲策略➲管理模板➲控制面板➲双击右侧**隐藏指定的"控制面板"项**➲在图10-3-7中勾选**已启用**➲单击显示按钮➲输入**Windows 防火墙**（**Windows**与**防火墙**之间有一个空格）➲…】。

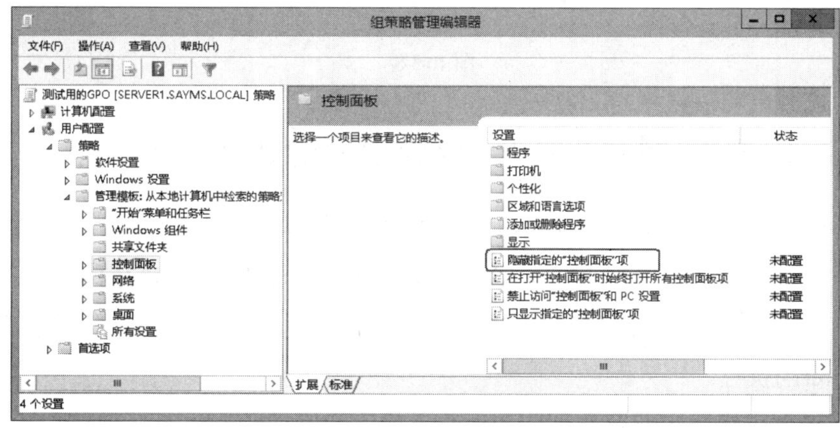

图 10-3-6

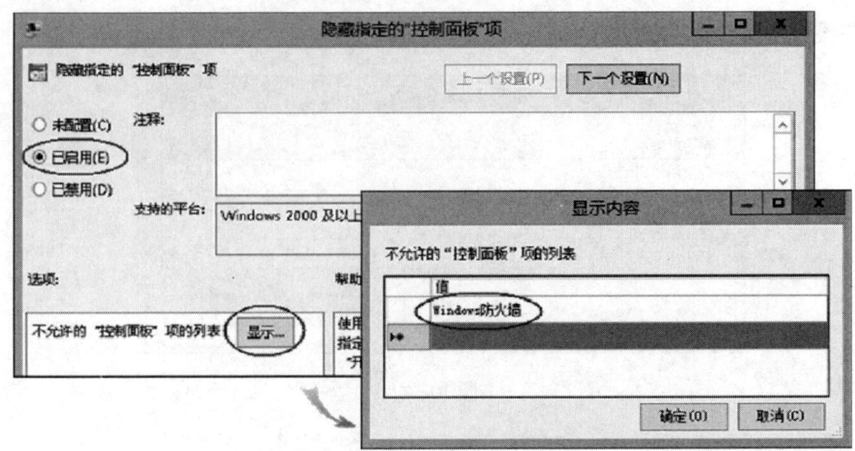

图 10-3-7

STEP 7　到客户端计算机（假设是Windows 8.1）上利用**业务部**内的任一用户账户登录（若已经登录，请先注销再重新登录，以便应用上述策略），之后【按Windows键⊞+X键➲控制面板➲系统和安全】，**Windows 防火墙**在图10-3-8的界面中被删除。

图 10-3-8

10.3.3　域组策略实例演练2——限制程序的执行

以下假设要针对图10-3-9中组织单位**业务部**内的所有计算机（图中只有1台计算机WIN8PC1）来设置，并禁止所有用户在这些计算机上执行浏览器Internet Explorer。我们将利用前一个实例演练所建立的**测试用的GPO**来练习，并通过此GPO内的**计算机配置**来拒绝Internet Explorer的执行。

我们要通过图中组织单位**业务部**内的计算机WIN8PC1来练习，若你要练习的计算机是在Computers容器，请将其移动到组织单位**业务部**（请不要移动位于Domain Controllers内的域控

制器）。

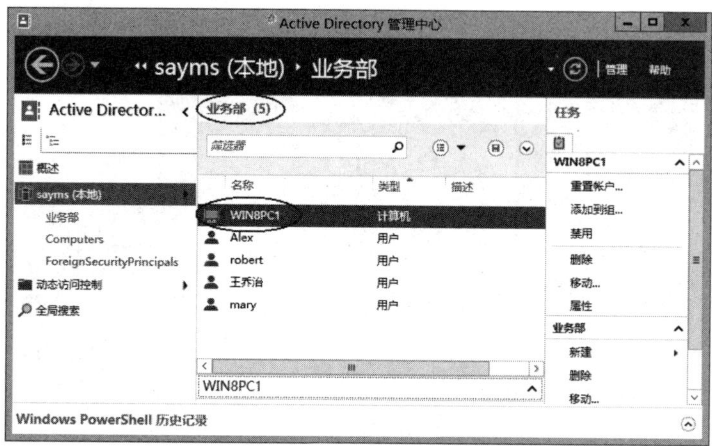

图 10-3-9

AppLocker 基本概念

我们将利用AppLocker功能来拒绝Internet Explorer的运行。AppLocker可以让你针对不同类别的程序来设置不同的规则，它共分为以下5大类别。

- **可执行规则**：适用于.exe与 .com的程序。
- **Windows Installer规则**：适用于.msi、.msp与 .mst的程序。
- **脚本规则**：适用于.ps1、.bat、 .cmd、 .vbs与 .js的程序。
- **封装应用规则**：适用于.appx的程序（例如**天气**、**市场**等应用）。
- **DLL规则**：适用于.dll与 .ocx的程序。

由于Internet Explorer的执行文件为iexplore.exe，因此我们需要通过上述的**可执行文件规则**来阻止它。

> **附注**
>
> 支持AppLocker的域成员：Windows 8.1（8）Enterprise、Windows 7 Ultimate/Enterprise、Windows Server 2012（R2）Datacenter/Standard、Windows Server 2008 R2 Datacenter/ Enterprise/ Standard。
> 若你要针对Windows XP等旧客户端来阻止，请利用软件限制策略。此部分请参考《**Windows Server 2012 R2 Active Directory配置指南**》这本书。

域策略与 AppLocker 实例演练

在Windows 8.1内可通过如图10-3-10所示的两处来执行Internet Explorer，其中背景图为Modern UI的界面、前景图为传统桌面，其文件名为iexplore.exe，且是位于C:\Program

Files\Internet Explorer文件夹内。以下示例要阻止可执行文件iexplore.exe，但并没有要阻止背景图中的其他应用（例如**天气**）。

图 10-3-10

STEP 1 到域控制器上利用域系统管理员账户登录。

STEP 2 按Windows键⊞切换到**开始**菜单➲管理工具➲组策略管理。

STEP 3 如图10-3-11所示展开到组织单位**业务部**➲选中**测试用的GPO**，右击➲编辑。

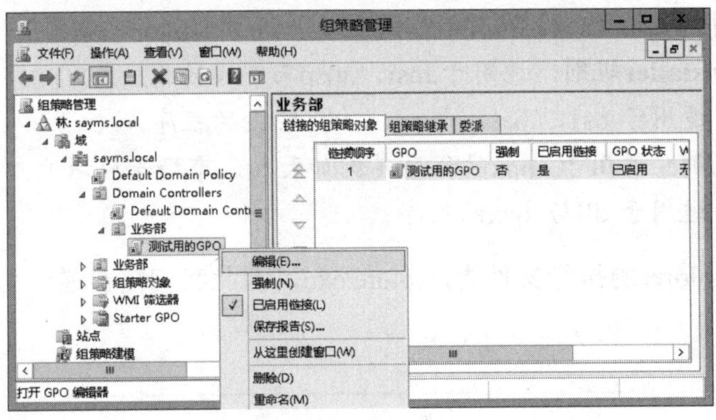

图 10-3-11

STEP 4 在图10-3-12中展开**计算机配置**➲策略➲Windows设置➲安全设置➲应用程序控制策略➲AppLocker➲选中**可执行规则**，右击➲创建默认规则。

> **注意**
>
> 建立规则后，凡是未列在规则内的执行文件都会被阻止，因此我们需要先通过此步骤来建立默认规则，这些默认规则会允许普通用户执行ProgramFiles与Windows文件夹内的所有程序、允许系统管理员执行所有程序。

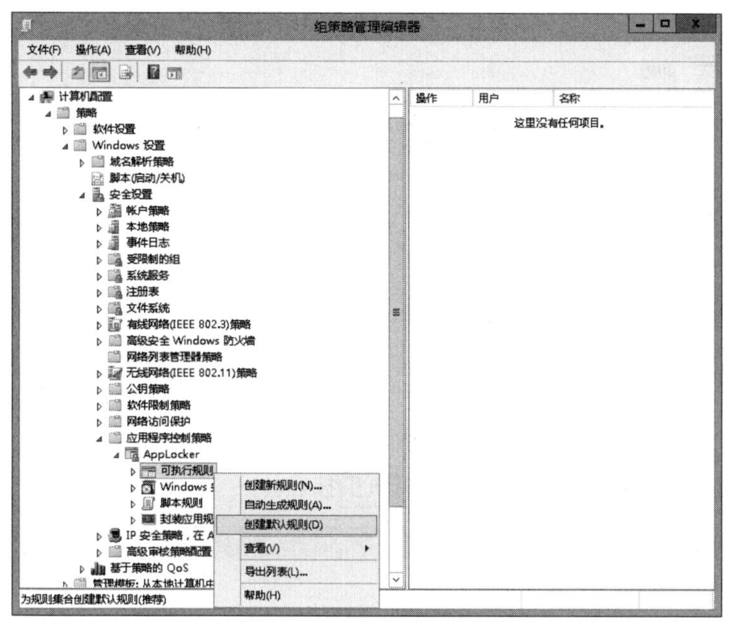

图 10-3-12

STEP 5 图10-3-13右侧3个允许规则是前一个步骤所建立的默认规则，接着请如图10-3-13左侧所示【选中**可执行规则**，右击➲创建新规则】。

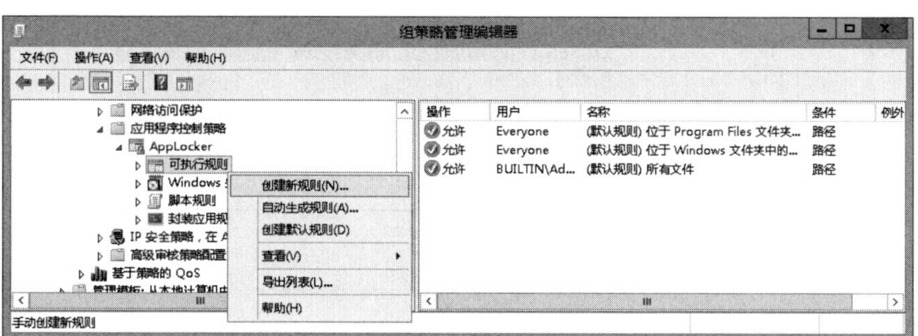

图 10-3-13

附注

因为**DLL规则**会影响到系统性能，且若未设置妥当，还可能造成意外事件，所以默认并未显示**DLL规则**供你来设置，除非通过【选中AppLocker，右击➲属性➲高级】的途径来选用。

STEP 6 出现**在你开始前**界面时单击下一步按钮。

STEP 7 如图10-3-14所示改选**拒绝**后单击下一步按钮。

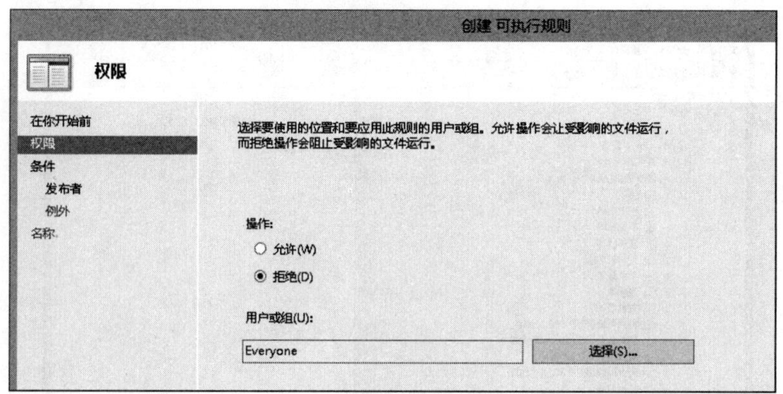

图 10-3-14

STEP 8 如图10-3-15所示选择**路径**后单击下一步按钮。

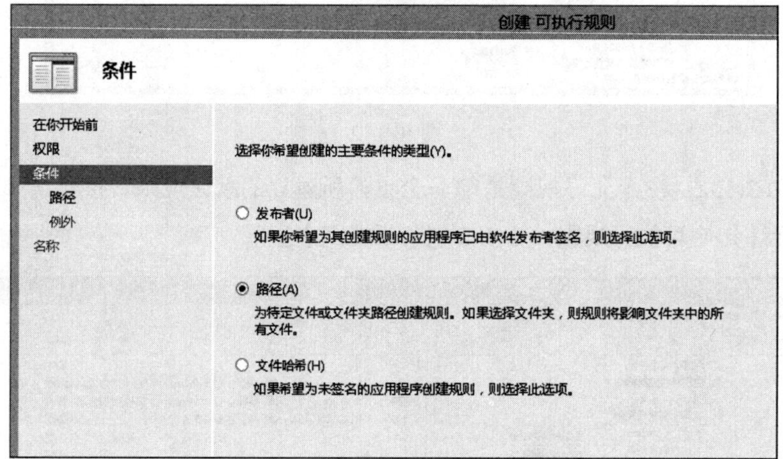

图 10-3-15

附注

若程序经过签署，则图中也可以根据程序**发布者**来设置，也就是拒绝（或允许）指定**发布者**所签署、发行的程序；除此之外，还可以通过图中**文件哈希**来设置，此时系统会计算程序文件的哈希值，客户端用户执行程序时，客户端计算机也会计算其哈希值，只要哈希值与规则内的程序相同，就会被拒绝执行。

STEP 9 在图10-3-16中通过浏览文件按钮来选择Internet Explorer的可执行文件，即C:\Program Files\Internet Explorer\iexplore.exe，图中为完成后的界面。完成后可直接单击建立按钮或一直单击下一步按钮，最后再单击建立按钮。

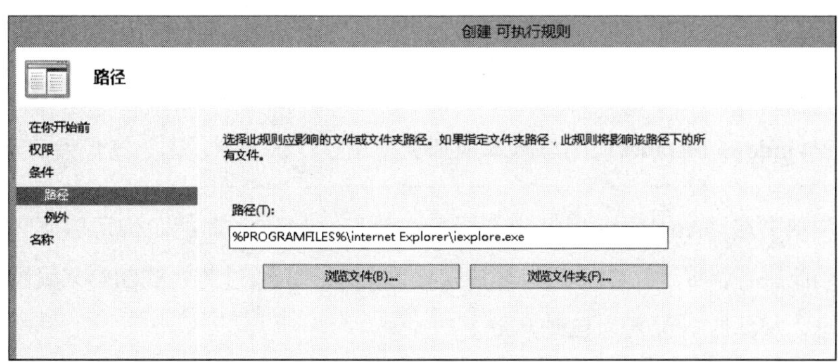

图 10-3-16

附注

因为每一台客户端计算机的Internet Explorer安装文件夹可能都不相同，所以系统自动将图中原本的C:\Program Files改为变量表示法%PROGRAMFILES%。

STEP 10　图10-3-17为完成后的界面。

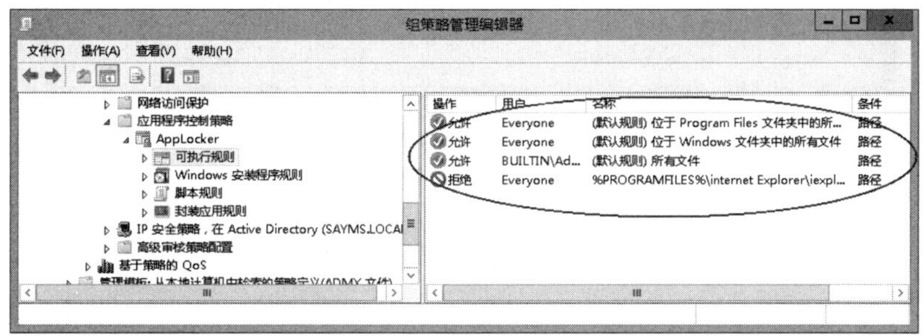

图 10-3-17

STEP 11　一旦建立规则后，凡是未列在规则内的执行文件都会被阻止，虽然我们是在**可执行规则**处建立规则，但是**封装应用规则**也会被阻止（例如天气、市场等.appx应用），所以我们还需要在**封装应用规则**处来放开**封装的应用程序**。我们只需要通过建立默认规则来放开即可：【如图10-3-18所示选中**封装应用规则**，右击➲创建默认规则】，此默认规则会放开所有已签名的**封装的应用程序**。

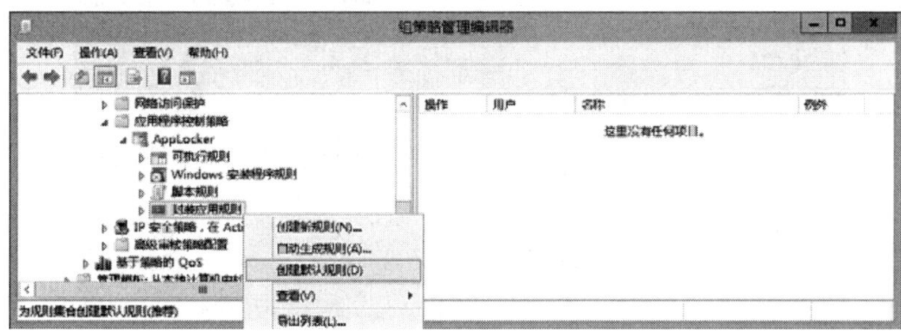

图 10-3-18

可以不在**Windows Installer规则**与**脚本规则**类别建立默认规则，因为它们没有受到影响。

STEP 12 客户端需启动Application Identity服务才具有Applocker功能。你可以到客户端计算机来启动此服务，或通过GPO来为客户端设置。本示例通过此处的GPO来设置：如图10-3-19所示，将此服务设置为**自动**启动。

图 10-3-19

STEP 13 请重新启动位于组织单位**业务部**内的客户端计算机（WIN8PC1），然后利用普通用户账户登录。当执行Internet Explorer时，就会显示如图10-3-20中间所示被阻止的界面（不要用Administrator登录，因Administrator本来就不允许执行Internet Explorer）。由于我们并没有要阻止背景图中其他的应用，因此应该可以正常执行天气、相片、新闻等应用。

图 10-3-20

附注

若要到传统桌面来测试（参考图10-3-10中的前景图），则可先按Windows键 或 Windows +D键来切换到桌面。

AppLocker 的补充说明

若在规则类别内建立了多个规则，其中有的是允许规则、有的是拒绝规则，则AppLocker在处理这些规则时是以拒绝规则优先，至于未列表在规则内的应用程序一律拒绝其执行。

另外，当我们在组织单位**业务部**内的GPO通过AppLocker规则来限制计算机执行程序后，一般来说，等这个规则应用到客户端计算机后就有效，但是却不一定，因为它还与**规则强制**设置有关。

规则强制设置分为**未设置**、**强制规则**与**仅审核**3种，默认是**未设置**，例如图10-3-21中4类规则的状态都显示为“**未配置强制：强制规则**”，冒号前面的“**未配置强制**”表示它们的**规则强制**设置都是**未设置**，而未设置的规则类别默认会被设置为强制规则（显示在冒号后面的“**强制规则**”）。

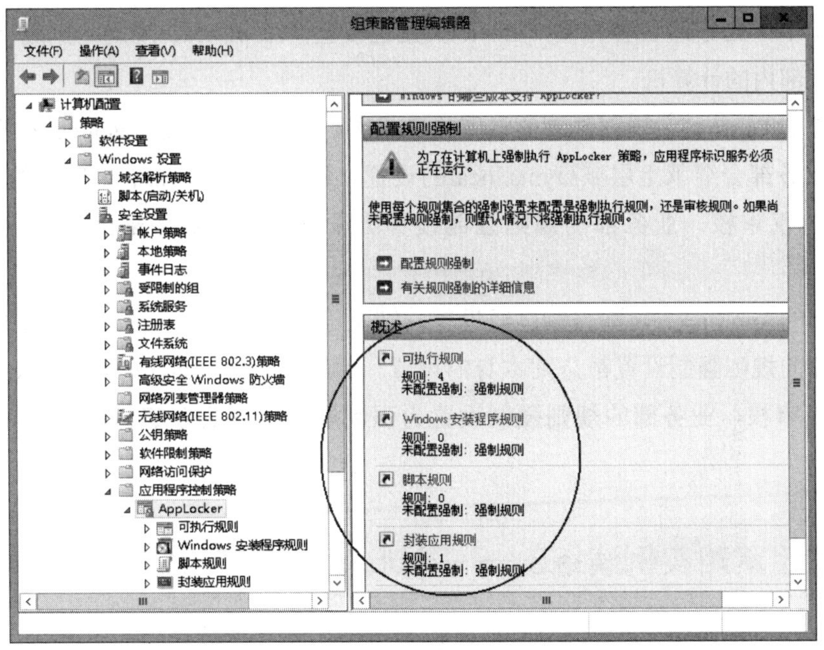

图 10-3-21

若要更改**规则强制**设置，请单击图10-3-21右侧上方的**配置规则强制**，然后在图10-3-22中针对不同的规则类别来勾选，图中勾选了**可执行规则**类别，且可选择**强制规则**与**仅审核**。其中**仅审核**会审核用户执行程序的行为，但不会强制，也就是用户不会受到规则的限制，但系统会在 AppLocker 事件记录文件中记录与此规则相关的信息，以供系统管理员参考。你只可对整个类别来设置**规则强制**，无法单独对单一规则来设置。

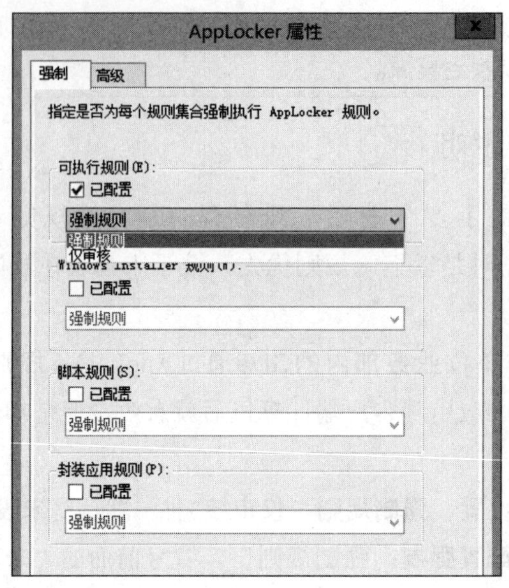

图 10-3-22

若组织单位**业务部**有多个GPO，这些GPO的AppLocker规则会合并应用到**业务部**内的计算机。若组织单位**业务部**上层的域sayms.local处也设置了AppLocker规则，则这些规则也会合并应用到**业务部**内的计算机。

若**业务部**的AppLocker**规则强制**的设置为**未设置**，但是上层域sayms.local处的**规则强制**已经设置，则**业务部**会继承上层域sayms.local的设置。例如，上层域sayms.local的AppLocker**规则强制**设置为**仅审核**，**业务部**的**规则强制**设置为**未设置**，则**业务部**的最后有效设置为**仅审核**。

若**业务部**的AppLocker**规则强制**已经设置，则无论上层域sayms.local处的**规则强制**设置是什么，**业务部**的**规则强制**设置都是其本身的设置。例如，上层域sayms.local的AppLocker**规则强制**设置为**仅审核**，**业务部**的**规则强制**设置为**强制规则**，则**业务部**的最后有效设置为**强制规则**。

10.3.4 域组策略实例演练3——限制.appx程序的执行

以下假设要针对图10-3-9中组织单位**业务部**内的所有计算机来设置，并设置禁止所有用户在这些计算机上执行Modern UI的**天气应用**（它是.appx应用程序）。以下实例演练延续前一个实例演练的环境，也就是假设已经针对组织单位**业务部**建立了**测试用的GPO**，我们将利用此GPO来进行演练。

由于Windows Server 2012 R2计算机上默认并没有应用可作为参考（后述），因此以下步骤我们将借助于Windows 8.1计算机。

STEP 1 请到已经加入域的Windows 8.1计算机上利用域系统管理员账户登录。

STEP 2 到微软网站下载与安装Remote Server Administration Tools for Windows 8.1（Windows 8.1的远程服务管理工具），完成后在Modern UI界面上会多一个**管理工具**应用。

STEP 3 按Windows键⊞切换到**开始**菜单➲单击左下角的向下箭头⬇➲管理工具➲组策略管理➲展开到组织单位**业务部**➲选中**测试用的GPO**，右击➲编辑。

STEP 4 展开**计算机配置**➲策略➲Windows设置➲安全设置➲应用程序控制策略➲AppLocker➲展开**封装应用规则**➲确认图10-3-23中已经建立了默认规则（否则请选中**封装应用规则**，右击➲创建默认规则）。

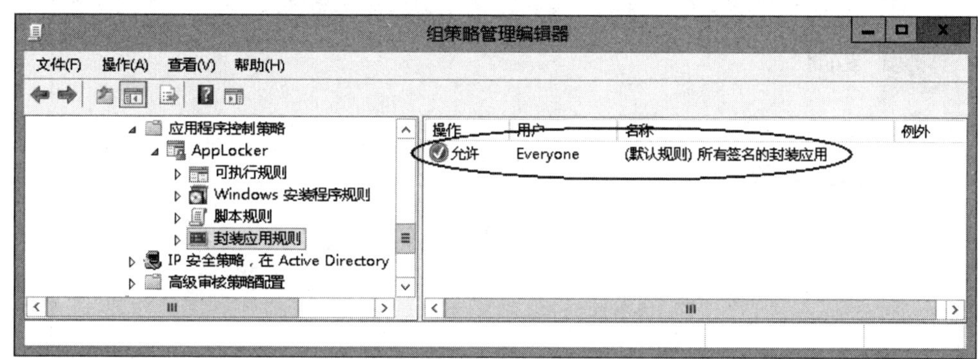

图 10-3-23

STEP 5 如图10-3-24所示选中**封装应用规则**，右击➲创建新规则。

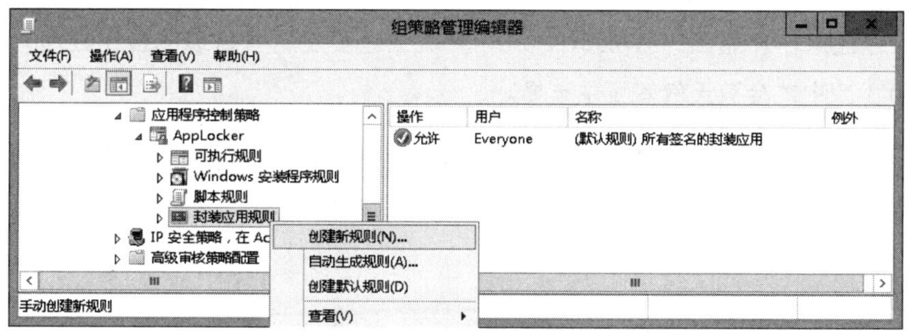

图 10-3-24

STEP 6 出现**在你开始前**界面时单击下一步按钮。

STEP 7 如图10-3-25所示改选**拒绝**后单击下一步按钮。

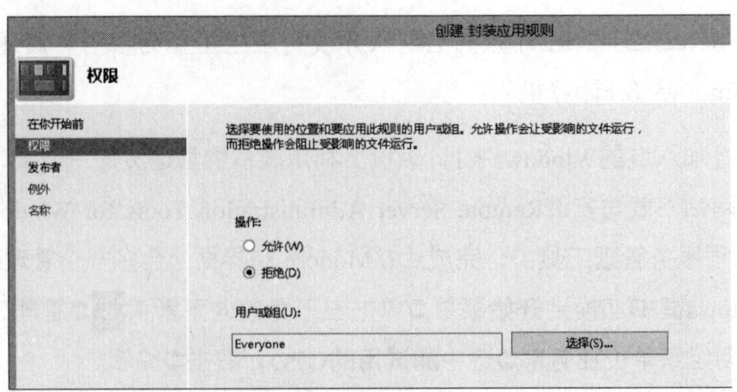

图 10-3-25

STEP 8 如图10-3-26所示选择**使用安装的封装应用作为参考**后单击选择按钮。

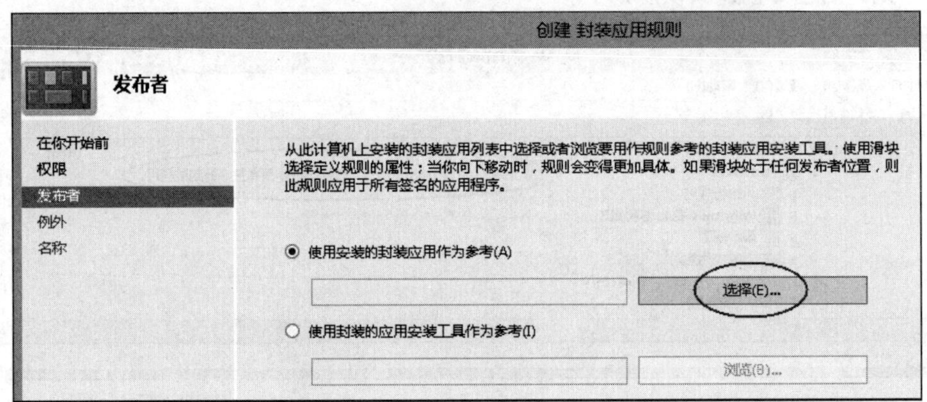

图 10-3-26

STEP 9 在图10-3-27中勾选**天气**后单击确定按钮。我们之所以要到Windows 8.1的计算机上执行这些操作，是因为Windows 8.1计算机上才安装这些**封装的应用程序**，也因此在图10-3-27中才会有**天气**等可供选择。

选择应用程序

搜索...

从下面的列表中选择应用程序

应用程序	程序包名称	程序包版本	发布者
☐ 电脑设置	windows.immersi...	6.2.0.0	CN=Microsoft Windows, O=Microsoft C...
☐ 应用商店	WinStore	1.0.0.0	CN=Microsoft Windows, O=Microsoft C...
☐ 财经	Microsoft.BingF...	1.2.0.135	CN=Microsoft Corporation, O=Microso...
☐ 地图	Microsoft.BingMaps	1.2.0.136	CN=Microsoft Corporation, O=Microso...
☐ 资讯	Microsoft.BingNews	1.2.0.135	CN=Microsoft Corporation, O=Microso...
☐ 体育	Microsoft.BingS...	1.2.0.135	CN=Microsoft Corporation, O=Microso...
☐ 旅游	Microsoft.BingT...	1.2.0.145	CN=Microsoft Corporation, O=Microso...
☑ 天气	Microsoft.BingW...	1.2.0.135	CN=Microsoft Corporation, O=Microso...
☐ 必应 Bing	Microsoft.Bing	1.2.0.137	CN=Microsoft Corporation, O=Microso...
☐ 相机	Microsoft.Camera	6.2.8514.0	CN=Microsoft Corporation, O=Microso...
☐ SkyDrive	microsoft.micro...	16.4.4204.712	CN=Microsoft Corporation, O=Microso...

图 10-3-27

STEP 10 在图10-3-28中还可以通过发布者、程序包名称（应用程序名称）与程序包版本来进一步筛选。图中我们忽略版本，也就是将滑动杆从**程序包版本**向上移动到**程序包名称**，表示不论任何版本的**天气**应用程序都阻止。完成后可直接单击建立按钮或一直单击下一步按钮，最后单击建立按钮。

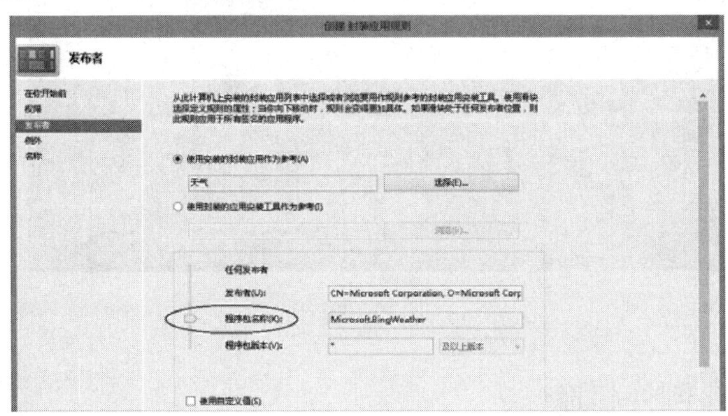

图 10-3-28

STEP 11 图10-3-29为完成后的界面。

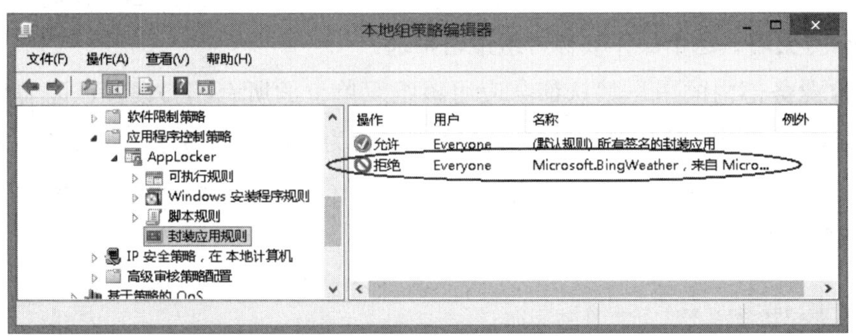

图 10-3-29

STEP 12 客户端需启用Application Identity服务才具有Applocker功能，请确认客户端计算机该服务已经被设置为自动启动（参考前一个演练的说明）。

STEP 13 请重新启动位于组织单位**业务部**内的客户端计算机（WIN8PC1），然后利用普通用户账户登录，当单击**天气**应用时，就会显示如图10-3-30中间所示被阻止的界面（不要用Administrator登录，因Administrator本来就不允许执行**天气**应用）。由于我们并没有阻止其他应用，因此应该可以正常执行相片、日历、新闻等应用。

图 10-3-30

10.3.5 组策略例外排除

前面曾经通过**测试用的GPO**的**用户配置**来删除组织单位**业务部**内所有用户的**Windows防火墙**，但是你也可让此GPO不要应用到特定用户，例如业务部经理Paul，如此他便仍然可以拥有**Windows防火墙**。这个操作被称为**组策略筛选**。

组织单位**业务部**内的用户默认都会应用该组织单位的所有GPO设置，因为他们对这些GPO都具有**读取**与**应用组策略**权限。以**测试用的GPO**为例，可以通过【如图10-3-31所示单击**测试用的GPO**右侧**委派**标签➲单击高级按钮】的途径得知Authenticated Users（见第4章的说明）具有这两个权限。

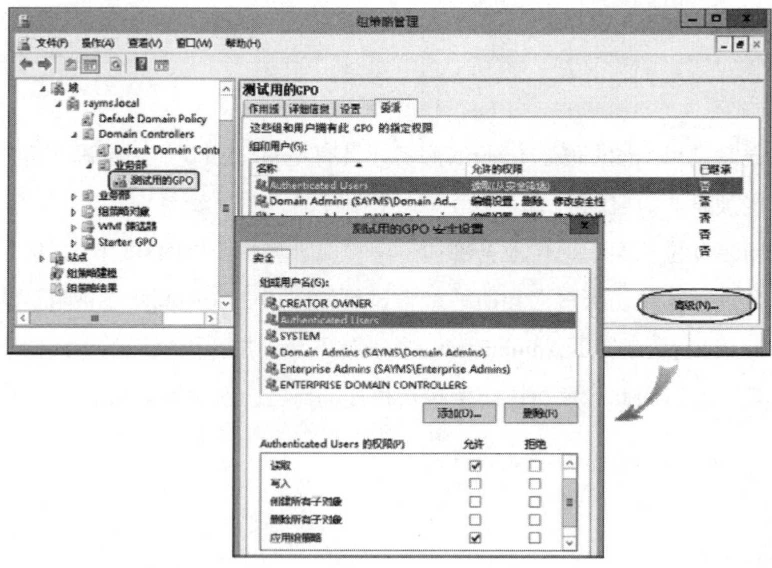

图 10-3-31

若不想将此GPO设置应用到用户Paul，只要单击添加按钮，选择用户Paul，然后将Paul的这两个权限设置为**拒绝**即可，如图10-3-32所示。

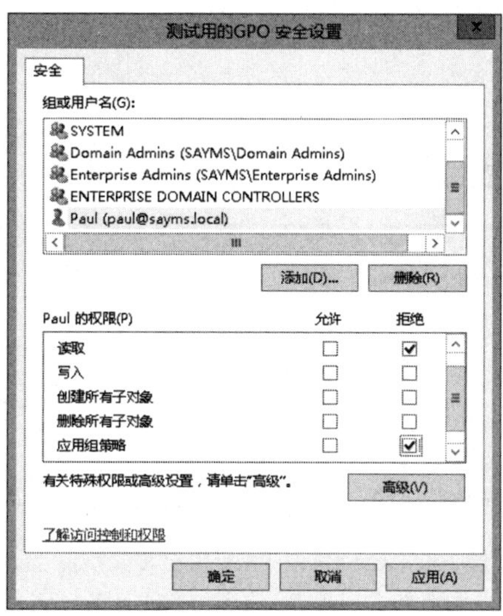

图 10-3-32

10.4 本地安全策略

我们可以利用图10-4-1中背景图**本地计算机策略**中的**安全设置**或【按Windows键⊞切换到**开始**菜单➲管理工具➲本地安全策略（图10-4-1中的前景图）】的途径来确保计算机的安全性，这些设置包含密码策略、账户锁定策略与本地策略等。

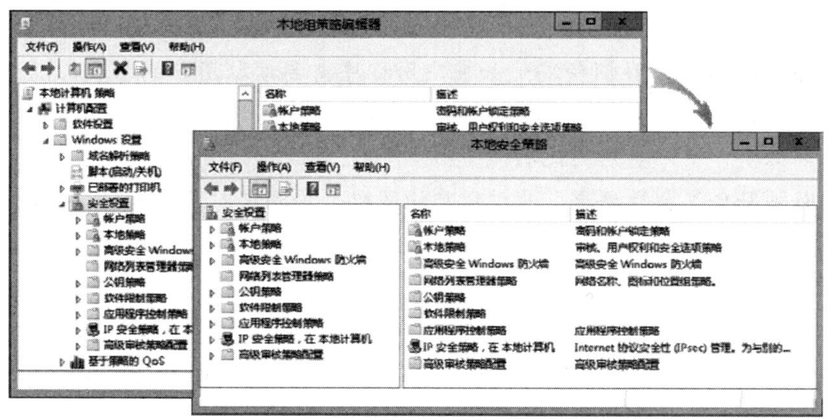

图 10-4-1

下面利用**本地安全策略**来练习，并到未加入域的计算机进行练习，以免受到域组策略的干扰，因为域策略的优先权较高，可能会造成**本地安全策略**的设置无效，从而影响到验证实验结果。

10.4.1 账户策略的设置

此处将介绍密码的使用策略与账户锁定的方式。

密码策略

请如图10-4-2所示选择**密码策略**。

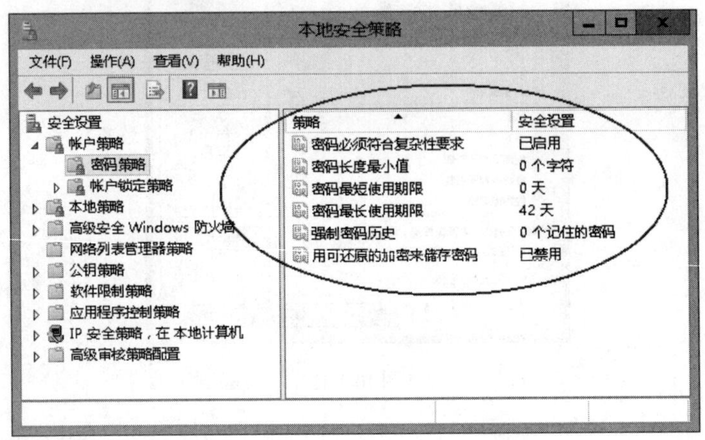

图 10-4-2

附注

在你选择图中右侧的策略后，若系统不让你修改设置值，则表示这台计算机已经加入域，且该策略在域内已经设置了，此时会以域设置为其最后有效设置（未加入域之前，在本机设置的相应策略已经自动无效）。

- **用可还原的加密来存储密码**：如果应用程序需要读取用户的密码，以便验证用户身份，就可以启用此功能。不过因为它相当于用户密码没有加密，并不安全，所以建议若非必要，请不要启用此功能。
- **密码必须符合复杂性要求**：此时用户的密码必须满足以下要求（这是默认值）。
  - 不可包含用户账户名称或全名。
  - 长度至少要6个字符。
  - 至少要包含A~Z、a~z、0~9、特殊字符（例如!、$、#、%）4组字符中的3组。因此123ABCdef是有效的密码，而87654321却是无效的，因为它只使用数字这一种字符。又例如若用户账户名称为mary，则123ABCmary是无效密码，因为密码中包含用户账户名称。
- **密码最长使用期限**：用来设置密码最长的使用期限（可为0~999天）。用户在登录时，若密码使用期限已到，则系统会要求用户更改密码。0表示密码没有使用期限，默认值是42天。

- **密码最短使用期限**：用来设置用户密码最短的使用期限（可为0~998天），期限未到前，用户不得变更密码。0（默认值）表示用户可随时变更密码。
- **强制密码历史**：用来设置是否要保存用户曾经使用过的旧密码，以便用来决定用户在更改其密码时是否可以重复使用旧密码。
  - 1~24：表示要保存密码历史记录。例如，设置为5，则用户的新密码不可与前5次所使用过的旧密码相同。
  - 0（默认值）：表示不保存密码历史记录，因此密码可以重复使用，也就是用户更改密码时，可以将其设置为以前曾经使用过的任何一个旧密码。
- **密码长度最小值**：用来设置用户的密码最少需要几个字符。此处可为0~14，0（默认值）表示用户可以没有密码。

账户锁定策略

你可以选择图10-4-3中的**账户锁定策略**来设置账户锁定的方式。

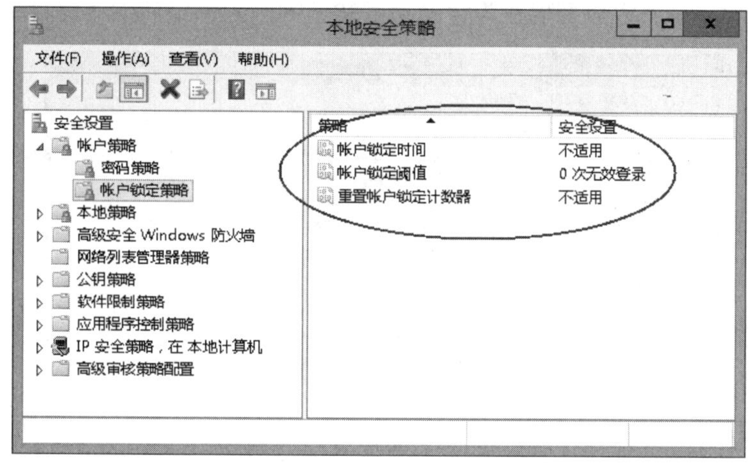

图 10-4-3

- **账户锁定阈值**：我们可以在用户登录多次失败后（密码错误）将该用户账户锁定，在未被解除锁定之前，用户无法再利用此账户来登录。此处用来设置登录失败次数，其值可为0~999。默认值为0，表示账户永远不会被锁定。
- **账户锁定时间**：用来设置锁定账户的期限，期限过后自动解除锁定。此处可为0~99999分钟，0分钟表示永久锁定，不会自动被解除锁定，此时需由系统管理员手动来解除锁定，也就是取消勾选图10-4-4中的**账户已锁定**（账户被锁定后才会出现此勾）。
- **重置账户锁定计数器**："锁定计数器"用来记录用户登录失败的次数，其起始值为0，用户若登录失败，则锁定计数的值加1，若登录成功，则锁定计数器的值归零。若锁定计数器的值等于**账户锁定阈值**，则该账户被锁定。

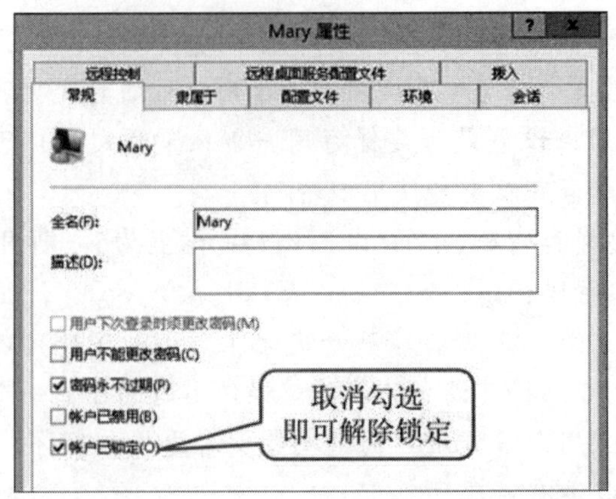

图 10-4-4

若用户最近一次登录失败到现在为止已经超过此处设置的值，则锁定计数器值自动归零。以图10-4-5来说，若用户连续3次登录失败，则账户被锁定。但在尚未连续3次登录失败之前，若最近一次登录失败后到现在为止已超过30分钟，则锁定计数器值自动归零。

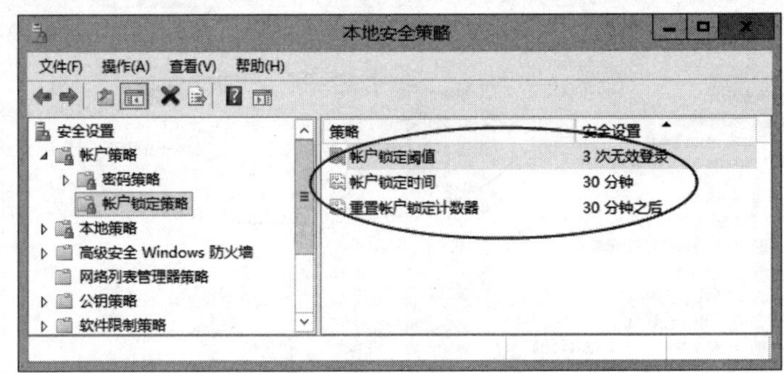

图 10-4-5

10.4.2 本地策略

此处要介绍的本地策略包含**用户权限分配**与**安全选项**策略。

用户权限分配

你可以通过图10-4-6的**用户权限分配**来将权限分配给用户或组。欲分配图中右侧任何一个权限给用户时或组时，只要双击该权限，然后将用户或组加入即可。下面列举几个比较常用的权限来加以说明。

- **允许本地登录**：允许用户直接在这台计算机上按Ctrl + Alt + Del键登录。
- **拒绝本地登录**：与前一个权限刚好相反。此权限优先于前一个权限。
- **将工作站添加到域**：允许用户将计算机加入到域。
- **关闭系统**：允许用户将此计算机关机。

- **从网络访问这台计算机**：允许用户通过网络上其他计算机来连接、访问此计算机。
- **拒绝从网络访问这台计算机**：与前一个权限刚好相反。此权限优先于前一个权限。
- **从远程系统强制关机**：允许用户从远程计算机来将这台计算机关机。
- **备份文件和目录**：允许用户备份硬盘内的文件与文件夹。
- **还原文件和目录**：允许用户还原所备份的文件与文件夹。
- **管理审核和安全日志**：允许用户指定要审核的事件，也允许用户查询与清除安全日志。
- **更改系统时间**：允许用户更改计算机的系统日期与时间。
- **加载和卸载设备驱动程序**：允许用户加载与卸载设备的驱动程序。
- **取得文件或其他对象的所有权**：允许夺取其他用户所拥有的文件、文件夹或其他对象的所有权。

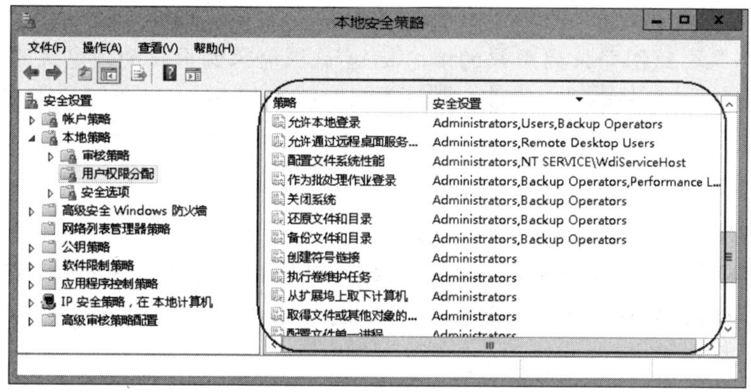

图 10-4-6

安全选项

你可以利用图10-4-7的**安全选项**来启用一些安全设置，下面列举几个比较常用的选项。

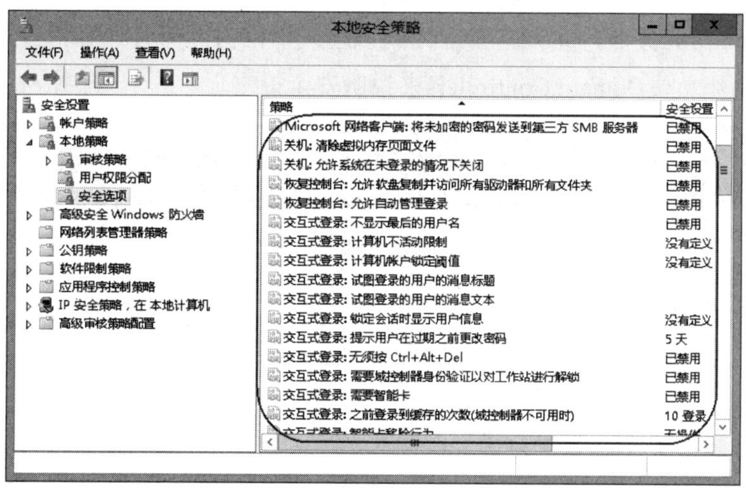

图 10-4-7

- 交互式登录：无须按Ctrl + Alt + Del

  让登录界面不要再显示类似**按 Ctrl + Alt + Delete登录**的提示（这是Windows 8.1等客户端的默认值）。

- 交互式登录：不显示最后的用户名

  让客户端的登录界面上不要显示上一次登录用户的用户名。

- 交互式登录：提示用户在过期之前更改密码

  用来设置在用户的密码过期前几天提示用户更改密码。

- 交互式登录：之前登录到缓存的次数（域控制器不可用时）

  域用户登录成功后，其账户信息会被存储到用户计算机的缓存区，若之后此计算机因故无法与域控制器连接，则该用户还是可以通过缓存区的账户数据来验证身份与登录。你可以通过此策略来设置缓存区内账户数据的数量，默认为记录10个登录用户的账户数据（Windows Server 2008为25个）。

- 交互式登录：试图登录的用户的消息标题/试图登录的用户的消息文本

  若用户在登录时按Ctrl + Alt + Del键后，屏幕上能够显示你希望用户看到的消息，请通过这两个选项来设置，其中一个用来设置消息标题文字，一个用来设置消息文本内容。

- 关机：允许系统在未登录的情况下关闭

  让登录界面的右下角能够显示关机图标，以便在不需要登录的情况下就可以直接通过此图标将计算机关机（这是Windows 8.1等客户端的默认值）。

10.5 域与域控制器安全策略

你可以针对图10-5-1中的域sayms.local（sayms）来设置安全策略，此策略设置会被应用到域内的所有计算机与用户。你也可以针对域内的组织单位来设置安全策略，例如图中的Domain Controllers与**业务部**，此策略会应用到该组织单位内的所有计算机与用户。下面针对域sayms.local与组织单位Domain Controllers来说明安全策略。

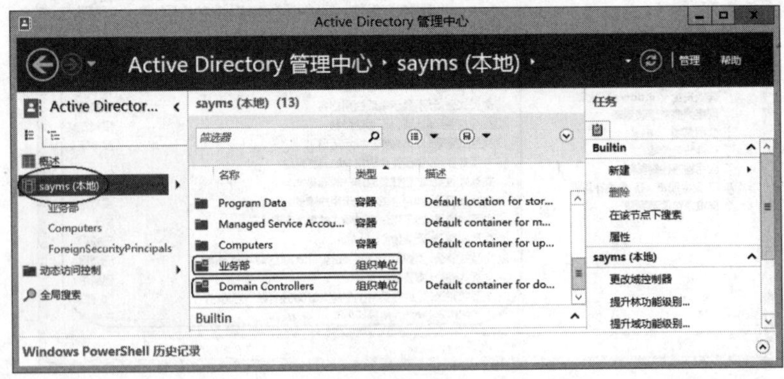

图 10-5-1

10.5.1 域安全策略的设置

你可以到域控制器上利用系统管理身份登录，然后【按Windows键田切换到**开始**菜单➲管理工具➲组策略管理➲如图10-5-2所示选中Default Domain Policy这个GPO，右击➲编辑】来设置域安全策略。由于它的设置方式与本地安全策略相同，因此此处不再重复，仅列出注意事项。

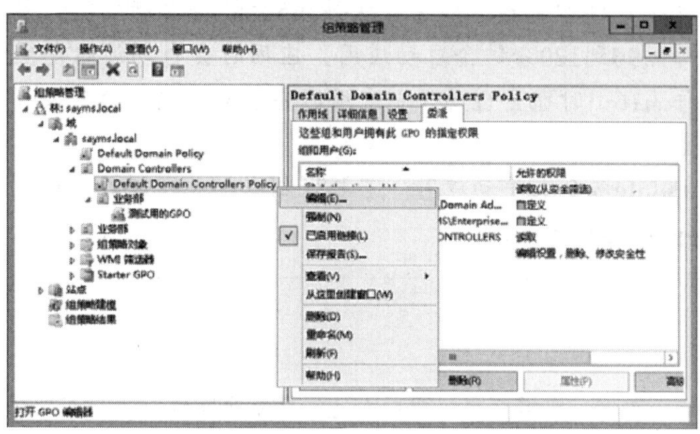

图 10-5-2

- 隶属于域的任何一台计算机都会受到域安全策略的影响。
- 隶属于域的计算机，当**本地安全策略**设置与**域安全策略**设置有冲突时，以**域安全策略**设置优先，也就是本机设置自动无效。

  例如，计算机Server3隶属于域sayms.local，且Server3本地安全策略内已启用**交互式登录：不显示最后的用户名**，此时若将域安全策略**交互式登录：不显示最后的用户名**禁用，则用户在计算机Server3计算机上登录时还是会看到上一次登录用户的账户名称，因为**域安全策略**优先于**本地安全策略**，同时本地安全策略的**交互式登录：不显示最后的用户名**也会自动被改为禁用，而且不允许更改。

  只有在域安全策略内的设置是被设置成如图10-5-3所示的**没有定义**时，本地安全策略的设置才有效，也就是域安全策略内的设置是被设置成**已启用**或**已禁用**，本地安全策略的设置才无效。

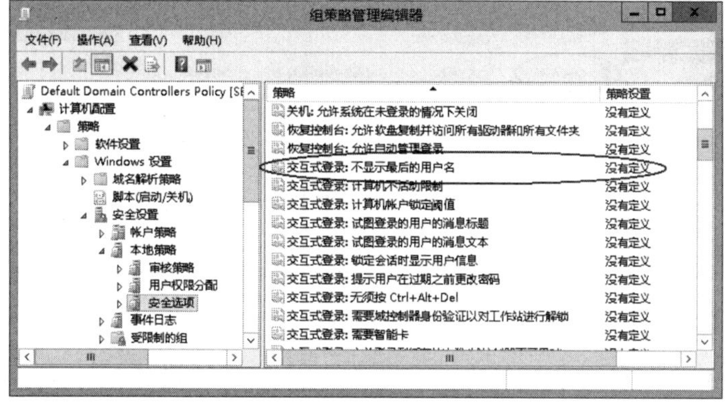

图 10-5-3

- 域安全策略的设置有改动时，这些策略需应用到本机计算机后才对本地计算机有效。应用时，系统会比较域安全策略与本地安全策略，并以域安全策略的设置优先。本地计算机何时才会应用域策略内有更改的设置呢?
  - 本地安全策略发生变化时。
  - 本地计算机重新启动时。
  - 若此计算机是域控制器，则它默认每隔5分钟会自动应用；若不是域控制器，则它默认每隔90到120分钟会自动应用。应用时会自动读取发生变化的设置。所有计算机每隔16小时也会自动强制应用域安全策略内的所有设置，即使策略设置并没有发生变化。
  - 执行**gpupdate**命令来手动应用；若要强制应用（即使策略设置没有发生变化），请执行**gpupdate /force**命令。

注意

若域内有多台域控制器，则域成员计算机在应用**域安全策略**时是从其所连接的域控制器来读取与应用策略的。但是这些策略设置默认都是存储在域内的第一台域控制器，也就是**PDC操作主机**内，而系统默认在15秒钟后会将这些策略设置复制到其他域控制器（也可以自行手动复制），所以你必须等到这些策略设置被复制到其他域控制器后才能够保证域内所有计算机都可以成功地应用这些策略。详情可参考5.4节的说明。

10.5.2 域控制器安全策略的设置

域控制器安全策略设置会影响到组织单位Domain Controllers内的域控制器（见图10-5-4），但是对位于其他组织单位或容器内的计算机（与用户）并没有影响。

图 10-5-4

你可以到域控制器上利用系统管理员身份登录，然后通过【按Windows键⊞切换到**开始**菜单➲管理工具➲组策略管理➲如图10-5-5所示选中Default Domain Controllers Policy，右击➲

编辑】的方法来设置域控制器安全策略。由于它的设置方式与**域安全策略**、**本地安全策略**相同，因此此处不再重复，仅列出注意事项。

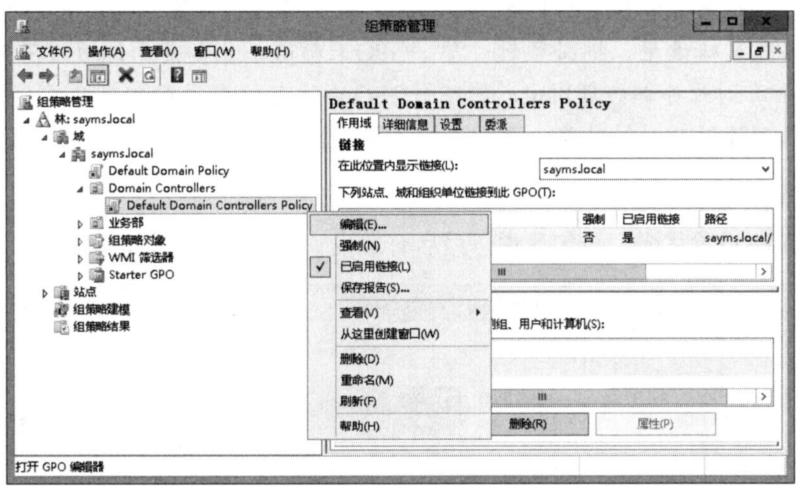

图 10-5-5

- 任何一台位于组织单位Domain Controllers内的域控制器都会受到**域控制器安全策略**的影响。
- **域控制器安全策略**的设置必须要应用到域控制器后才对域控制器起作用。应用时机与其他相关说明已在前面介绍过了。
- **域控制器安全策略**与**域安全策略**的设置有冲突时，对位于Domain Controllers容器内的计算机来说，默认是以**域控制器安全策略**的设置优先，也就是**域安全策略**自动无效。不过**账户策略**例外：**域安全策略**中的**账户策略**设置对域内所有的用户都有效，就算用户账户是位于组织单位Domain Controllers内也有效，也就是说**域控制器安全策略**的**账户策略**对域控制器并没有作用。

附注

系统提供一个称为**安全配置向导**的工具，执行时，它会读取当前这台服务器所扮演的角色、功能、服务、网络安全、登录设置、审核设置等，并将这些设置存储到文件内，你可以将这个文件拿到其他服务器应用。**安全配置向导**位于**开始**菜单的**管理工具**内。

10.6 组策略首选项设置

你也可以通过**组策略首选项设置**（group policy preferences）来设置用户或计算机的工作环境。由图10-6-1中可看出组策略设置被分类为**策略**与**首选项设置**两部分，其中**策略**设置已经在前面几节介绍过了，而**首选项设置**与**策略设置**的主要差异是：

- 只有域组策略才有**首选项设置**功能，本地计算机策略并无此功能。
- **首选项设置**非强制性，客户端可自行更改设置值，故**首选项设置**适合于用来当作默认值；然而**策略设置**是强制性设置，客户端应用这些设置后将无法变更。
- 若要筛选**策略设置**，则必须针对整个GPO来筛选，例如前面练习过不要将**测试用的GPO**应用到业务部经理Paul，使整个GPO的所有设置项目都不会被应用到Paul；然而**首选项设置**可以针对单一设置项目来筛选。

若**策略设置**与**首选项设置**内有相同的设置项目，而且都已做了设置，但是其设置值却不相同时，则以**策略设置**优先，换句话说，最后有效设置值是**策略设置**的设置。

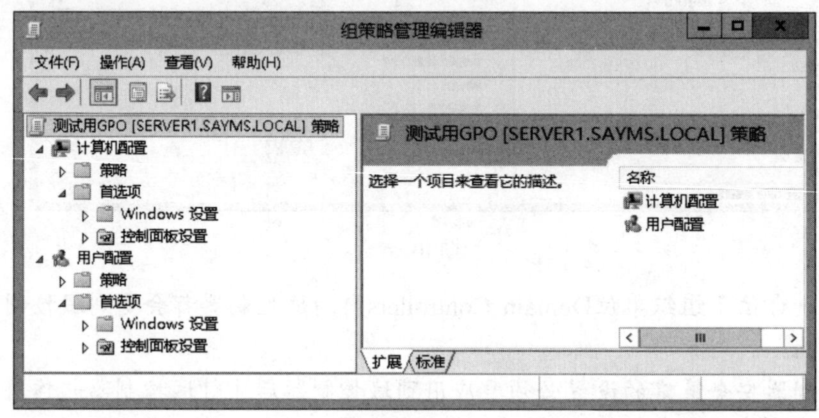

图 10-6-1

要应用**首选项设置**的客户端计算机需安装支持**首选项设置**的client-side extension（CSE），Windows Server 2012（R2）/Windows Server 2008（R2）、Windows 8.1（8）/Windows 7计算机已内含此CSE，但是其他系统需到微软网站下载。Windows Vista SP1&SP2也可以通过安装**Windows Vista 的Microsoft远程服务器管理工具**（Microsoft Remote Server Administration Tools for Windows Vista，RSAT）来安装此CSE。

另外，由图10-6-1中可以看出**首选项设置**分为以下两部分。

- **Windows设置**：以前你可能需要通过编写脚本（scripts）才做得到的事情，现在可以通过此处来设置，不需要再编写脚本了，例如磁盘驱动器映射、环境变量设置、登录值设置、建立文件夹与文件等。
- **控制面板设置**：用来设置客户端**控制面板**内的项目，例如区域选项、电源选项等。

“首选项设置”实例演练

下面仍然沿用前面几节的演练环境。我们要让位于组织单位**业务部**内的用户Paul登录时，其驱动器号Z:会自动连接到\\Server1\Database共享文件夹，不过同样位于**业务部**内的其他用户登录时不会有Z:磁盘。我们要利用前面所建立的**测试用的GPO**来练习。

STEP 1 先到服务器Server1上建立文件夹Database，并将其设置为共享文件夹，然后为Everyone分配**读取/写入**的共享权限。

> **附注**
>
> 你可以直接将域控制器同时当作Server1与客户端计算机来练习，不过需要另外给用户分配**允许本地登录**的权限。

STEP 2 到域控制器上利用域系统管理员账户登录。

STEP 3 按Windows键⊞切换到**开始**菜单➲管理工具➲组策略管理。

STEP 4 在图10-6-2中选中组织单位**业务部**之下的**测试用的GPO**，右击➲编辑。

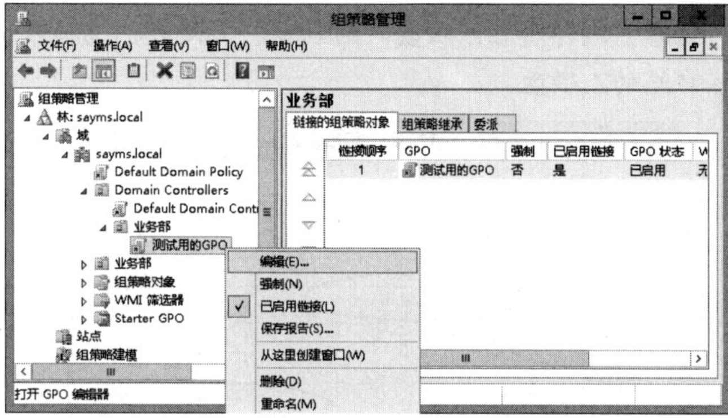

图 10-6-2

STEP 5 如图10-6-3所示展开**用户配置**➲首选项➲Windows设置➲选中**驱动器映射**，右击➲新建➲映射驱动器。

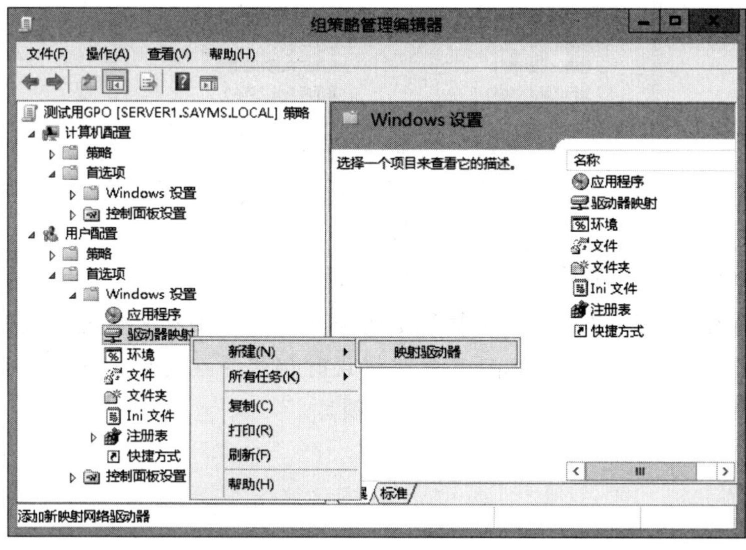

图 10-6-3

在**Windows设置**之下的**应用程序**、**驱动器映射**、**环境**等被称为**扩展**（extension）。

STEP 6　在图10-6-4中的**操作**处选择**更新**，在**位置**处输入共享文件夹路径\\Server1\ Database，使用Z:磁盘来连接此共享文件夹，勾选**重新连接**，以便客户端每次登录时都会自动利用Z:磁盘来连接。其中的**操作**可以有以下选择。

- **创建**：会在客户端计算机建立用来连接此共享文件夹的Z:磁盘。
- **替换**：客户端若已存在网络驱动器Z:，则将其删除后改以此处的设置来取代。若客户端不存在Z:磁盘，则创建。
- **更新**：修改客户端的Z：磁盘设置，例如修改客户端连接共享文件夹时所使用的用户账户与密码。若客户端不存在Z:磁盘，则创建。此处我们选择默认的**更新**。
- **删除**：删除客户端的Z:磁盘。

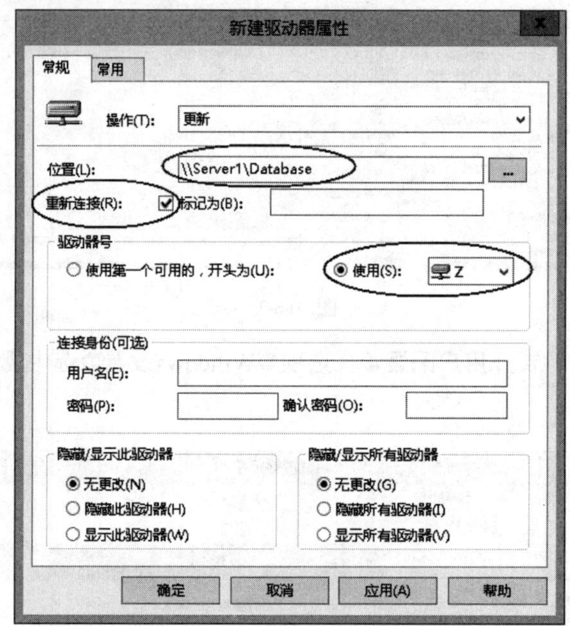

图 10-6-4

STEP 7　单击图10-6-5中的**常用**标签、勾选相应的选项。

- **如果发生错误，则停止处理该扩展中的项目**：若在**磁盘驱动器**扩展中有多个设置项目，则默认当系统在处理本项目发生错误时仍然会继续处理下一个项目，勾选此选项的话就会停止，不再继续处理下一个项目。

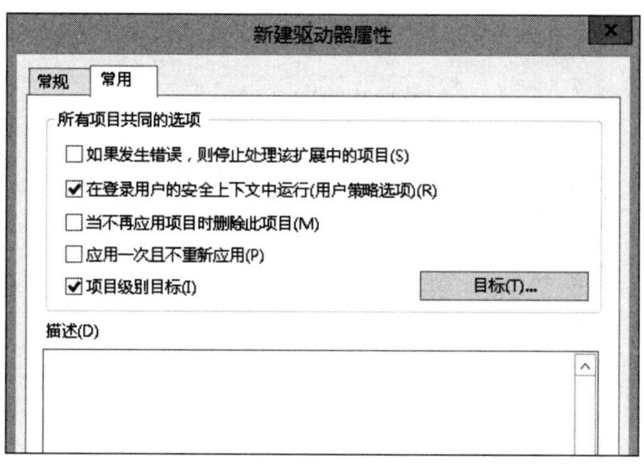

图 10-6-5

- **在登录的用户的安全上下文中运行（用户策略选项）**：客户端CSE默认是利用本地系统账户身份来处理**首选项设置**的项目，这使得CSE只能访问可供本地计算机访问的环境变量与系统资源，而此选项可让CSE改用用户的登录身份来处理**首选项设置**的项目，如此CSE就可以访问本地计算机无权访问的资源或用户环境变量，例如此处利用网络驱动器Z：来连接网络共享文件夹\\Server1\Database，就需要勾选此选项。
- **当不再应用项目时删除此项目**：当GPO被删除后，客户端计算机内与该GPO内**策略设置**有关的设置都会被删除，然而与**首选项设置**有关的设置仍然会被保留，例如此处的网络驱动器Z:仍然会被保留。若勾选此选项，则与**首选项设置**有关的设置会被删除。
- **应用一次且不重新应用**：客户端计算机默认会每隔90分钟重新应用GPO内的**首选项设置**，因此若用户自行更改设置，则重新应用后又会恢复为**首选项设置**内的设置值，若你希望用户能够保留自行更改的设置值，请勾选此选项，此时它只会应用一次。
- **项目级别目标**：它让你针对每一个**首选项设置**项目来决定此项目的应用目标，例如你可以选择将其只应用到特定用户或Windows系统（客户端计算机必须是该系统才可应用）。本演练只是要将设置应用到组织单位**业务部**内的单一用户Paul，故需勾选此选项。

STEP 8　单击图10-6-5中**常用**选项卡下的 目标 按钮，以便将此项目的应用对象指定到用户Paul。换句话说，此项目的**目标**为用户Paul。

STEP 9　在图10-6-6中，【单击左上角的**新建项目**➲选择**用户**】。

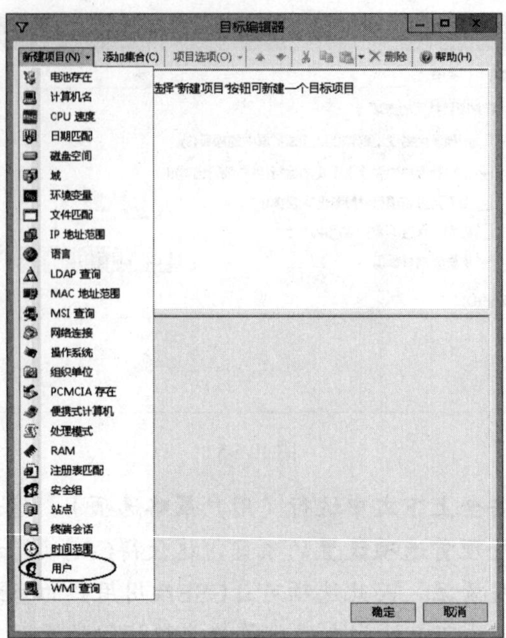

图 10-6-6

STEP 10 在图10-6-7的**用户**处浏览或选择将此项目应用到域SAYMS的用户Paul后单击确定按钮。

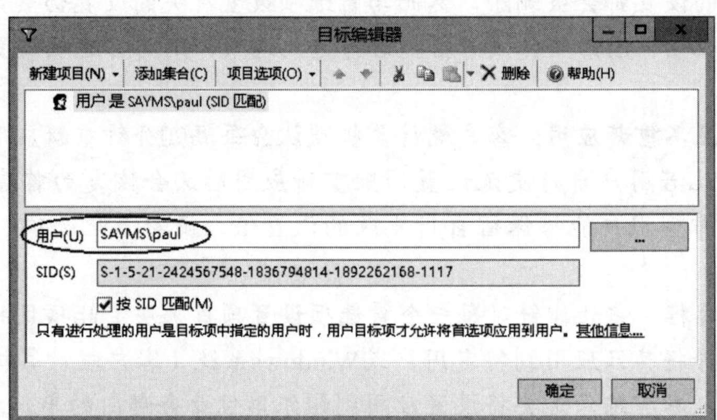

图 10-6-7

STEP 11 回到**新磁盘驱动器属性**界面时单击确定按钮。

STEP 12 图10-6-8右侧为刚才建立、利用Z:磁盘来连接\\Server1\Database共享文件夹的设置，这样的一个设置被称为一个**项目**（item）。

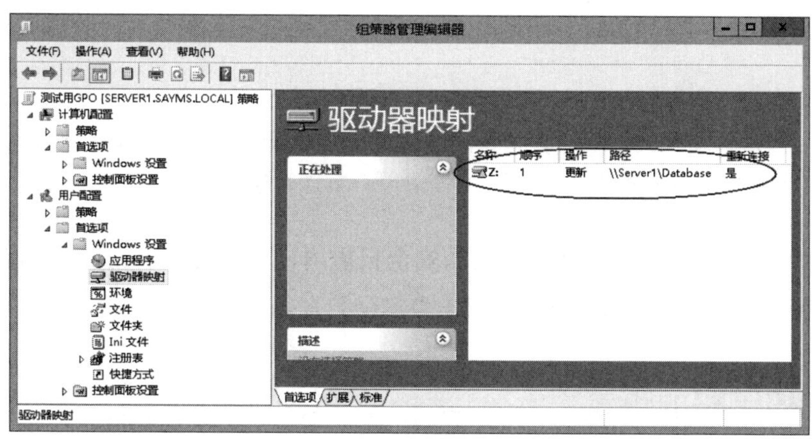

图 10-6-8

STEP 13 到任何一台域成员计算机上利用组织单位**业务部**内的用户账户Paul登录，打开**文件资源管理器**之后，你将看到Z:磁盘已经自动连接到我们指定的共享文件夹，如图10-6-9所示。但是利用组织单位**业务部**内的其他用户账户登录的话，就不会有Z:盘。

图 10-6-9

10.7 审核资源的使用

通过审核（auditing）功能可以让系统管理员来跟踪是否有用户访问计算机内的资源、追踪计算机运行情况等。审核工作通常需要经过以下两个步骤来完成。

- **启用审核策略**：Administrators组内的成员才有权限启用审核策略。
- **设置欲审核的资源**：需具备**管理审核及安全日志**权限的用户才可以审核资源，默认是Administrators组内的成员才有此权限。

附注

你可以利用本地安全策略、域安全策略或域控制器安全策略内的用户权限分配策略（参见10.4节用户权限分配的说明）来赋予其他用户管理审核及安全日志权限。

通过审核策略所记录的数据是被记录在**安全日志**内，而你可以利用【按⊞键切换到**开始**菜单➲管理工具➲事件查看器➲Windows日志➲安全】来查看。

10.7.1 审核策略的设置

审核策略的设置可以通过**本地安全策略**、**域安全策略**、**域控制器安全策略**或组织单位的组策略来设置，其相关的应用策略我们已经解释过了。此处我们利用本地安全策略来举例说明，因此请到未加入域的计算机登录，然后使用【按⊞键切换到**开始**菜单➲管理工具➲本地安全策略➲如图10-7-1所示展开**安全设置**➲本地策略➲审核策略】的方法。

注意

本地安全策略的设置只对本地计算机有效，若你要利用域控制器或域成员计算机做实验，则请设置域控制器安全策略、域安全策略或组织单位的组策略。

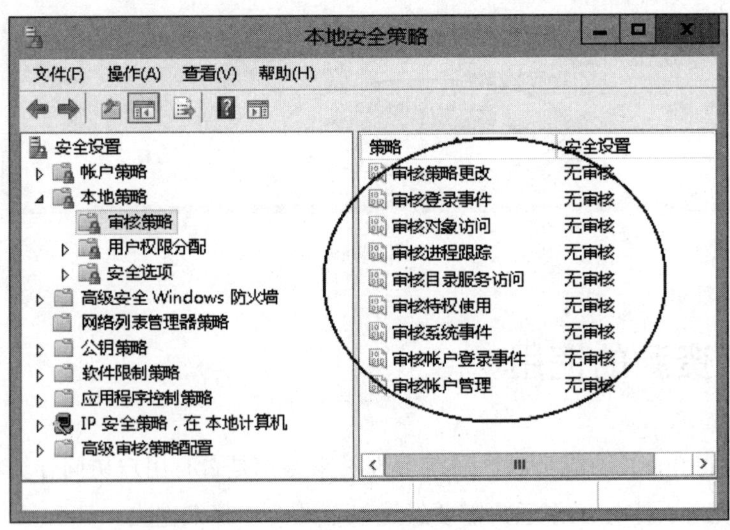

图 10-7-1

由图10-7-1中可知审核策略内提供了以下审核事件。

- **审核目录服务访问**：审核是否有用户访问AD DS内的对象。你必须另外选择欲审核的对象与用户。此设置只对域控制器有作用。

- **审核系统事件**：审核是否有用户重新启动、关机或系统发生了任何会影响到系统安全或影响安全日志正常运行的事件。
- **审核对象访问**：审核是否有用户访问文件、文件夹或打印机等资源。你必须另外选择欲审核的文件、文件夹或打印机。
- **审核策略更改**：审核**用户权限分配策略**、**审核策略**或**信任策略**等是否发生更改。
- **审核特权使用**：审核用户是否使用了**用户权限分配**策略内所分配的权限，例如更改系统时间。

> **附注**
>
> 即使选择**审核特权使用**，系统默认也不会审核**备份文件和目录**、**还原文件和目录**、**绕过遍历检查**、**调试程序**、**创建一个令牌对象**、**替换一个进程级令牌**、**产生安全性审核**等事件，因为它们会产生大量的记录，从而影响到计算机性能。

- **审核账户登录事件**：审核是否发生了利用本地用户账户来登录的事件。例如，我们在本地计算机启用此策略后，若用户在这台计算机上利用本地用户账户登录，则安全日志内会有记录，但是用户利用域用户账户登录就不会有记录。
- **审核账户管理**：审核是否有账户新建、修改、删除、启用、禁用、更改账户名称、更改密码等与账户数据有关的事件发生。
- **审核登录事件**：审核是否发生用户登录与注销的行为，而不管用户是直接在本地登录还是通过网络登录，也不管是利用本地还是域用户账户来登录。
- **审核进程跟踪**：审核程序的执行与结束，例如是否有某个程序被启动或结束。

每一个被审核事件都可以分为**成功**与**失败**两种，也就是说可以审核该事件是否成功发生。例如，你既可以审核用户登录成功的动作，也可以审核用户登录失败的动作。

10.7.2 审核登录事件

我们将练习如何来审核是否有用户在本地登录，而且同时要审核登录成功与失败的事件。首先请检查**审核登录事件**策略是否已经被启用（见图10-7-2）。若尚未被启用，请双击策略，以便进入该策略设置。

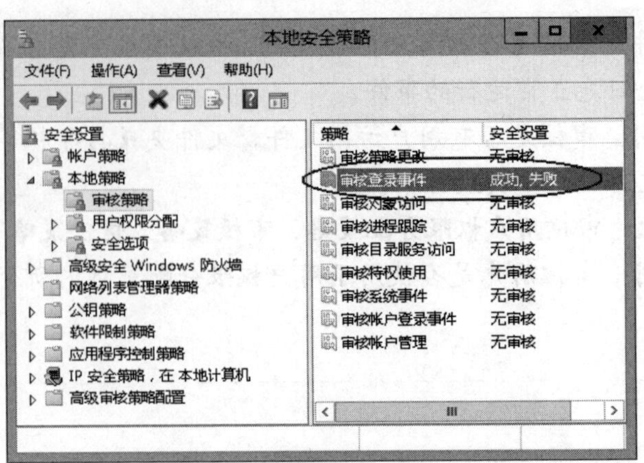

图 10-7-2

请注销，然后改用任何一个本地用户账户（此处假设是Mary）登录，但是故意输入错误密码，然后再改用administrator账户登录（请输入正确的密码）。Mary登录失败与administrator登录成功的操作都会被记录到安全日志内。我们可以利用【按⊞键切换到**开始**菜单➲管理工具➲事件查看器➲如图10-7-3所示展开**Window日志**➲安全】的途径来查看Mary登录失败的事件。图中的失败审核事件（图形为一把锁，任务类别为**登录**）为Mary登录失败的事件，上下滑动或双击该事件，就可以看到包含登录日期/时间、失败的原因、用户名称、计算机名称等。我们还可以看到登录类型为2，表示为本地登录。如果登录类型为3，就表示为网络登录（通过网络来连接）。

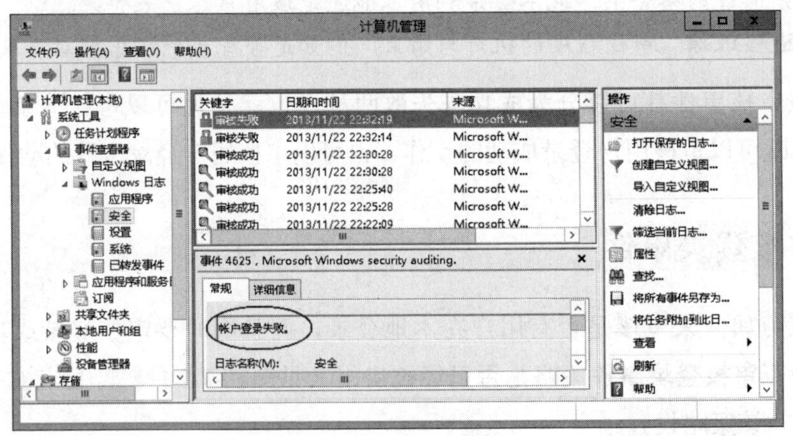

图 10-7-3

10.7.3 审核文件的访问行为

下面将审核用户Mary是否打开我们所指定的文件（假设是本地计算机内的文件report.xls）。首先请如图10-7-4所示启用**审核对象访问**策略。接下来选择欲审核的文件与用户，步骤如下所示。

图 10-7-4

STEP 1 打开**文件资源管理器**➲选中欲审核的文件（reports.xls），右击➲属性➲安全➲高级➲如图10-7-5所示单击**审核**选项卡下的添加按钮。

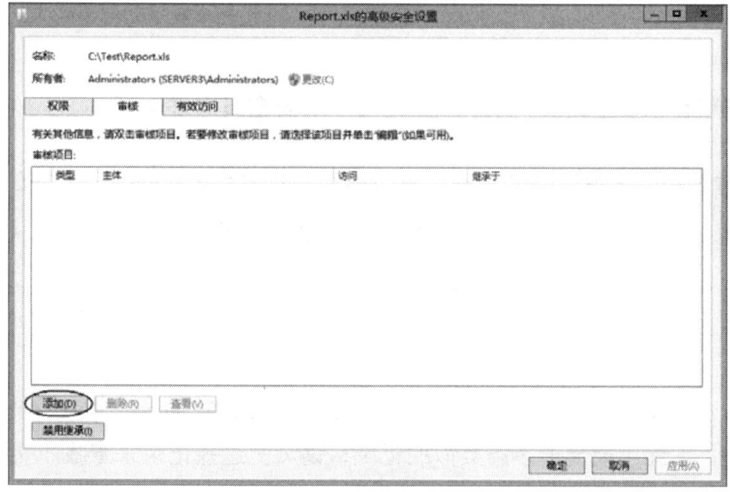

图 10-7-5

注意

若你未具备**管理审核和安全日志**权限，且**用户账户控制设置**的**通知机制**不是**从不通知**，则要输入系统管理员账户与密码才可执行审核设置，如果**通知机制**为**从不通知**，那么你将无法通过编辑按钮来做任何审核设置。

STEP 2 在图10-7-6中通过上方**选择主体**来选择欲审核的用户Mary（图中为完成后的结果），在**类型**处选择审核**全部**事件（成功与失败），通过在图下方勾选欲审核的操作后依序单击确定按钮来结束设置。

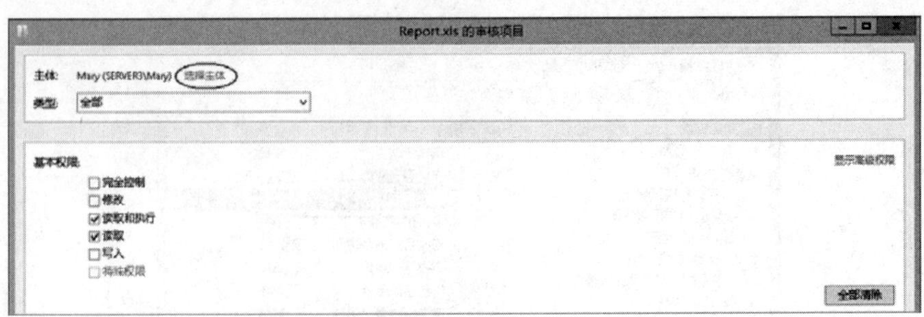

图 10-7-6

接下来我们通过以下步骤来测试与查看审核的结果。

STEP 1 注销Administrator，利用上述被审核的用户账户（Mary）登录。

STEP 2 打开**文件资源管理器**，然后尝试打开上述被审核的文件。

STEP 3 注销，重新再利用Administrator账户登录，以便查看审核记录。

> **注意**
>
> 不具备**管理审核和安全日志**权限的用户无法查看**安全日志** 的内容。

STEP 4 按⊞键切换到**开始**菜单➲管理工具➲事件查看器➲Windows日志➲安全➲双击图10-7-7中所审核到的事件记录，之后就可以看到刚才打开文件的操作已被详细记录在此。

> **附注**
>
> 系统需要执行多个相关步骤来完成用户打开文件的操作，而这些步骤可能都会被记录在安全日志中，因此可能会有多条类似的记录，请浏览这些记录来查找所需的数据。

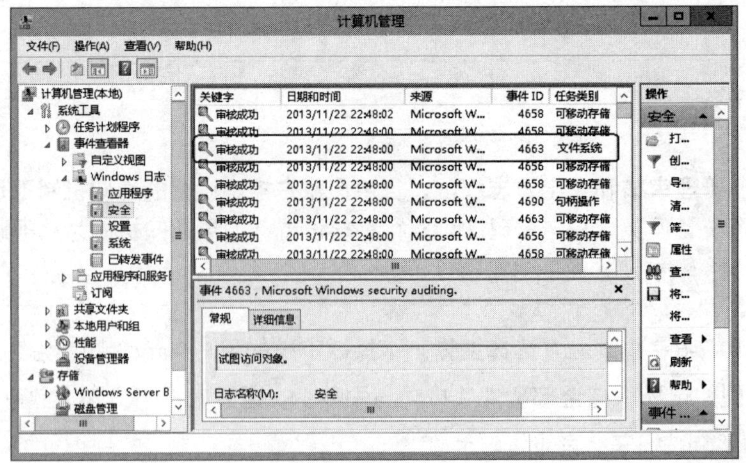

图 10-7-7

10.7.4 审核打印机的访问行为

审核用户是否访问打印机（例如通过打印机打印文件）的设置步骤与审核文件相同，例如也需要启用**审核对象访问**策略，然后通过【按⊞键切换到**开始**菜单➲控制面板➲硬件➲设备和打印机➲选中打印机，右击➲打印机属性➲**安全**选项卡➲高级➲**审核**选项卡➲添加】的途径来设置，此处不再重复说明其操作步骤。

10.7.5 审核AD DS对象的访问行为

我们可以审核是否有用户在AD DS数据库内执行了添加、删除或修改等访问对象的行为。以下练习假设要审核是否有用户在组织单位**业务部**内建立了新用户账户。

请先到域控制器利用Administrator账户登录，然后通过【按⊞键切换到**开始**菜单➲管理工具➲组策略管理➲展开到组织单位Default Domain Controllers➲选中Default Domain Controllers Policy，右击➲编辑】的途径来启用**审核目录服务访问**策略，并假设同时选择审核成功与失败事件，如图10-7-8所示。

图 10-7-8

接下来要审核是否有用户在组织单位**业务部**内添加用户账户。

STEP 1 按⊞键切换到**开始**菜单➲管理工具➲Active Directory管理中心➲如图10-7-9所示单击组织单位**业务部**➲单击**属性**。

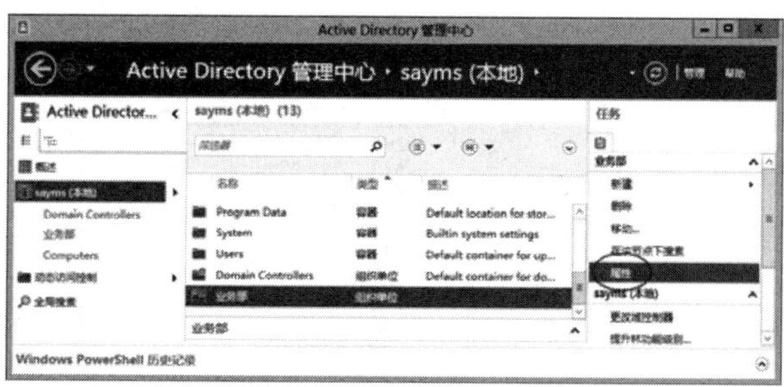

图 10-7-9

STEP 2　如图10-7-10所示单击**扩展**连接，单击**安全**选项卡之下的高级按钮。

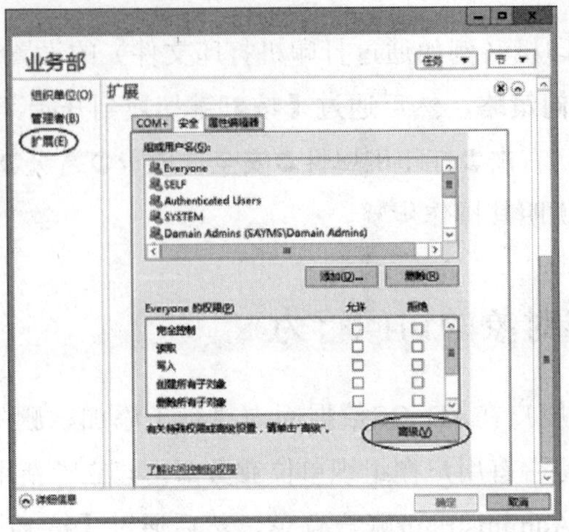

图 10-7-10

STEP 3　如图10-7-11所示单击**审核**选项卡下的添加按钮。

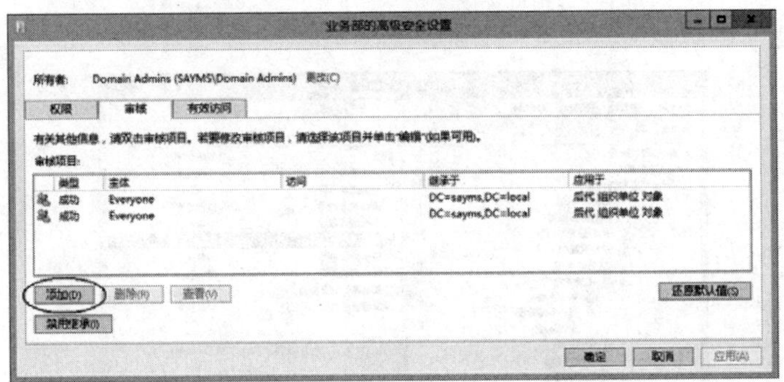

图 10-7-11

STEP 4　在图10-7-12中通过上方**选择主体**来选择欲审核的用户（图中已完成选择Everyone），在**类型**处选择审核**全部**事件（成功与失败），通过下方来选择审核**这个对象及全部后代**后单击确定按钮来结束设置。

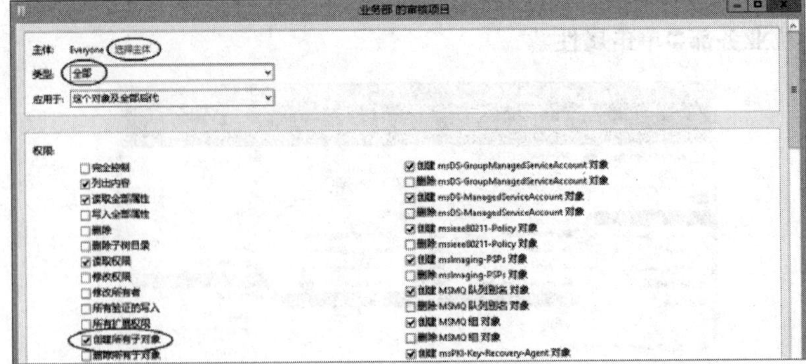

图 10-7-12

STEP 5 图10-7-13为完成后的界面。

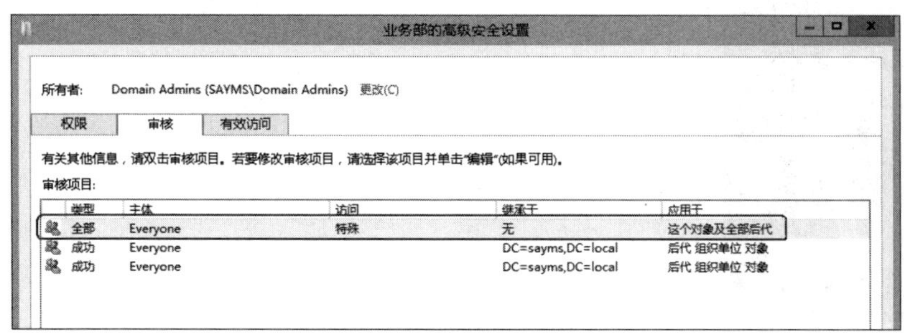

图 10-7-13

等审核策略成功应用到域控制器后（等5分钟，或重新启动域控制器，或手动应用，详情可参考10.5节中 **域安全策略的设置**说明），再执行以下操作。

STEP 1 通过【打开Active Directory管理中心➲选中组织单位**业务部，**右击➲新建➲用户】的途径来建立一个用户账户，例如jackie。

STEP 2 按⊞键切换到**开始**菜单➲管理工具➲事件查看器➲Windows日志➲安全➲双击图10-7-14中所审核到的事件记录（任务类别为**用户账户管理**），之后就可以看到刚才新建用户账户（jackie）的操作已被详细记录在此。

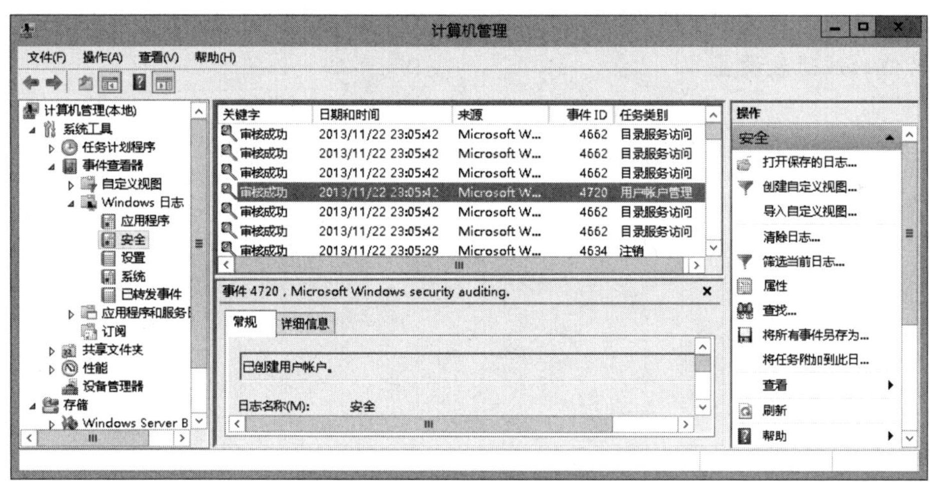

图 10-7-14

第 11 章　注册表与注册表编辑器

注册表（registry）是存储计算机软硬件设置值的重要数据库，而**注册表编辑器**REGEDIT.EXE是一个高级的工具程序，你可以利用它来查看与更改系统的注册表值，以便改变系统或应用程序的运行方式。

- 注册表概述
- 修改注册表的实例演练
- 其他的注册表设置

11.1　注册表概述

注册表是一个非常重要的数据库，存储着这台计算机的软硬件设置值，例如：

- 系统核心设置
- 硬设备的相关设置，例如硬件中断、DMA通道、I/O地址等
- 通信协议的设置
- 服务设置
- 应用程序的设置

平常我们并不需要使用**注册表编辑器**来修改设置值，但是有的应用程序可能会要求你修改或添加注册表值，以便启用该程序的一些特殊功能，或是你的计算机发生了异常情况，需要通过修改注册表值来解决问题。

> **注意**
>
> 除非有绝对的必要性，否则请不要随意更改注册表设置值，因为不适当的修改注册表设置值，可能会造成系统无法正常工作的后果。

11.1.1　注册表数据库的架构

注册表的架构如图11-1-1所示，下面对图中的名词进行解释。

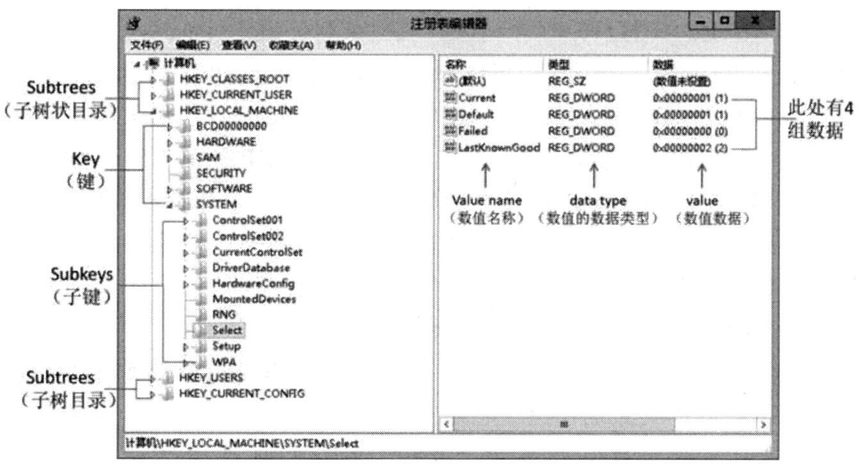

图 11-1-1

- **子树状目录**：这个结构类似于磁盘内的根文件夹（root folder）。Windows系统内目前有 5 个树状目录，分别是 HKEY_LOCAL_MACHINE、HKEY_USERS、

HKEY_CURRENT_USER、HKEY_CLASSES_ROOT与HKEY_CURRENT_CONFIG。

- **键与子键**：键与子键的结构类似于文件夹与子文件夹之间的关系。在键之下可以包含数值与其他子键。
- **数值**：每个数值内包含着3部分，即数值名称、数值的数据类型、数值数据。Windows系统目前所支持的数据类型如表11-1-1所示。

表11-1-1

数据类型	说明
REG_SZ	单一字符串
REG_MULTI_SZ	多重字符串
REG_BINARY	二进制值，大部分与硬件组件有关的数据都是以二进制的形式来存储的
REG_DWORD	32位的数值
REG_QWORD	64位的数值
REG_EXPAND_SZ	包含变量（例如%*systemroot*%）的字符串

11.1.2 子树状目录

系统注册表实际上只分为HKEY_LOCAL_ MACHINE 与HKEY_USERS 两大类，但为了让你更方便在注册表内查找数据，因此在注册表编辑器的界面上特别将其显示为5个子树状目录（见图11-1-1）。

- **HKEY_LOCAL_MACHINE**：存储着本地计算机的设置数据，例如硬件设置、设备驱动程序设置、应用程序设置、安全数据库、系统设置等信息。系统利用这些设置值来决定如何启动与设置计算机环境。
- **HKEY_CLASSES_ROOT**：程序的文件类型关联（file type association）信息会被存储在此处，它同时也存储着COM对象的设置数据。此处所显示的数据是从HKEY_LOCAL_MACHINE\SOFTWARE\Classes或HKEY_CURRENT_USER\SOFTWARE\Classes读取的，如果这两处都有数据，就显示从HKEY_CURRENT_USER读取的信息。
- **HKEY_CURRENT_USER**：当前登录用户的用户配置文件会被存储在此处，例如用户的桌面设置、网络驱动器、网络打印机等。此处所显示的数据是从HKEY_USERS***当前登录用户的SID*** 处读取来的。
- **HKEY_USERS**：包含多个子键，下面两个是我们需要注意的。
  - **.DEFAULT**：系统启动时所显示的“**按 Ctrl+Alt+Delete登录**”界面，其显示颜色、桌面图标等设置就存储在此处。
  - **当前登录用户SID**：当前登录用户的用户配置文件会被存储在此处。HKEY_CURRENT_USER内的数据就是从此处来读取的。
- **HKEY_CURRENT_CONFIG**：此处所显示的数据是从HKEY_LOCAL_MACHINE\SYSTEM\CurrentControlSet\Hardware Profiles\Current中读取来的，存储着当前的硬件

配置文件数据。

11.1.3 注册表配置单元与注册表配置单元文件

注册表配置单元（hive）是部分键、子键与数值数据的集合，每一个**注册表配置单元**都有多个支持文件来存储**配置单元**内的数据，这些文件也被称为**注册表配置单元文件**。Windows系统启动时会读取这些文件内的设置值。

例如，图11-1-2中的SAM、SECURITY、SOFTWARE与SYSTEM都是**配置单元**，它们的设置值分别被存储到不同的文件内（文件参见表11-1-2），而这些文件是在%*Systemroot*%\System32\config文件夹内的。另外，属于用户配置文件的部分（HKEY_CURRENT_USER）是被存储在%*Systemdrive*%\用户*用户名*文件夹内，文件名是NTUSER.DAT（这是受保护的隐藏文件，默认无法在**文件资源管理器**中看到）。

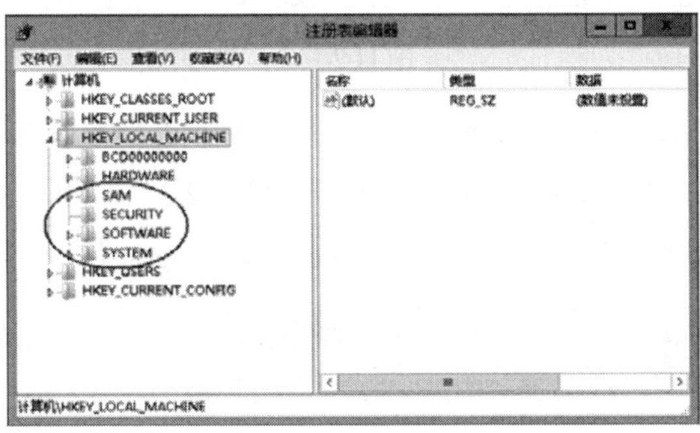

图 11-1-2

表 11-1-2

注册表配置单元（Hive）	相关注册表配置单元文件
HKEY_LOCAL_MACHINE\SAM	SAM、SAM.LOG
HKEY_LOCAL_MACHINE\SECURITY	SECURITY、SECURITY.LOG
HKEY_LOCAL_MACHINE\SOFTWARE	SOFTWARE、SOFTWARE.LOG
HKEY_LOCAL_MACHINE\SYSTEM	SYSTEM、SYSTEM.LOG
HKEY_CURRENT_CONFIG	SYSTEM、SYSTEM.LOG
HKEY_USERS\.DEFAULT	DEFAULT、DEFAULT.LOG
HKEY_CURRENT_USER	NTUSER.DAT、NTUSER.DAT.LOG

11.2 修改注册表的实例演练

域用户一般需同时按Ctrl + Alt + Del 键，然后输入正确用户名称与密码后，才可以登录系统，但是在此我们要介绍如何让计算机启动后自动以事先指定的用户名称与密码来登录，也就是既不需要手动按Ctrl + Alt + Del 键，也不需要手动输入用户名称与密码。

STEP 1 按⊞+R键➲输入注册表编辑器的文件名**regedit**后按Enter键。

STEP 2 如图11-2-1所示展开到以下的键：

HKEY_LOCAL_MACHINE\SOFTWARE\Microsoft\WindowsNT\CurrentVersion\Winlogon

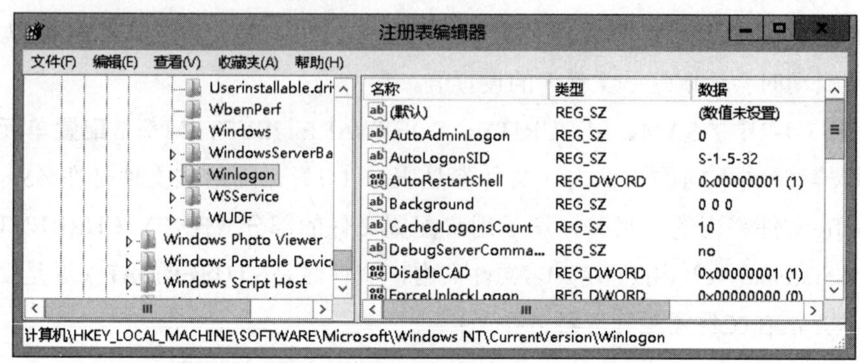

图 11-2-1

STEP 3 新建数值名称AutoAdminLogon（若此名称已存在，请直接跳到下一步），可以让系统不显示**按 Ctrl+Alt+Delete登录**界面：如图11-2-2所示，【选中子键Winlogon，右击➲新建➲字符串值➲将新数值名称改为AutoAdminLogon】。

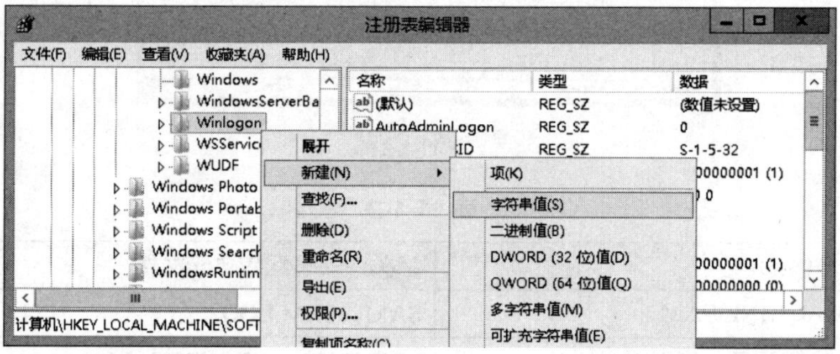

图 11-2-2

STEP 4 双击刚才建立的**AutoAdminLogon**数值名称，然后在图11-2-3的**数值数据**处输入1（表示启用）。完成后单击确定按钮。

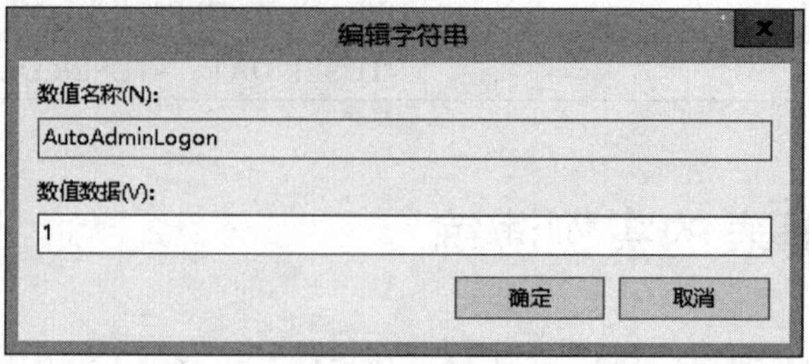

图 11-2-3

STEP 5　依序分别新建DefaultUserName与DefaultPassword两个数值名称，类型为**字符串值**（REG_SZ），数值数据分别设置为要用来自动登录的用户账户名称与密码。图11-2-4为完成后的界面，图中假设账户名称为Administrator、密码为111aaAA。

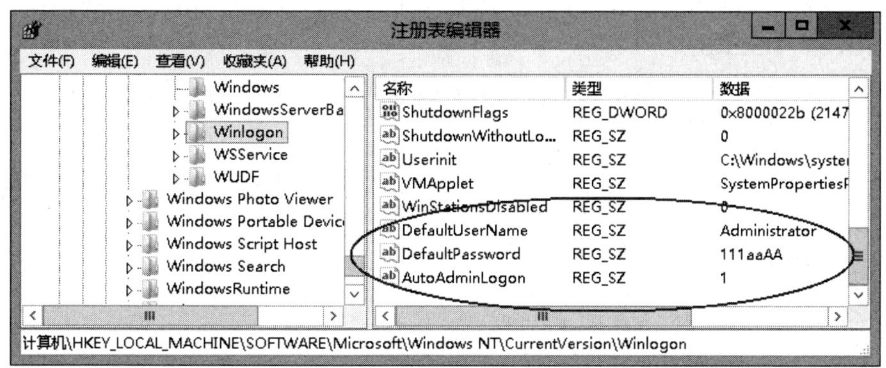

图 11-2-4

注意

（1）没有密码的用户账户无自动登录功能。

（2）若要利用域用户账户来自动登录，则需要新建一个DefaultDomainName数值名称（不存在的话），类型为**字符串值**（REG_SZ），数值数据请输入域名（例如sayms）。以后要改用本地用户账户，只要将其数值数据改为本地计算机名称即可。

STEP 6　重新启动计算机，系统会自动以你所设置的用户账户与密码登录。

若想在启动系统时临时改用其他账户来登录，请在屏幕上Windows图形消失后还未自动登录前按住Shift键不放，系统就会显示**按Ctrl+Alt+ Delete登录**窗口。将AutoAdminLogon的数值改为0即可解除自动登录功能。

附注

未加入域的计算机还可以通过以下途径来启用自动登录功能：**按⊞+**R键、**运行Control Userpasswords2**、取消勾选“**要使用本计算机，用户必须输入用户名和密码**”后单击确定按钮、输入用户名称和密码。

11.3　其他的注册表设置

下面列出其他几个注册表编辑器比较重要的设置或功能。

- 你可以利用注册表编辑器来修改其他远程计算机的注册表设置值：【如图11-3-1所示单击**文件**菜单➲连接网络注册表➲选择欲连接的计算机➲前景图为完成后的界面（假设计算机为Server1）】。连接此计算机时，系统可能会要求你输入用户名与密码。由图可知，只能够看到远程计算机的两个子树状目录：HKEY_LOCAL_MACHINE与HKEY_USERS。

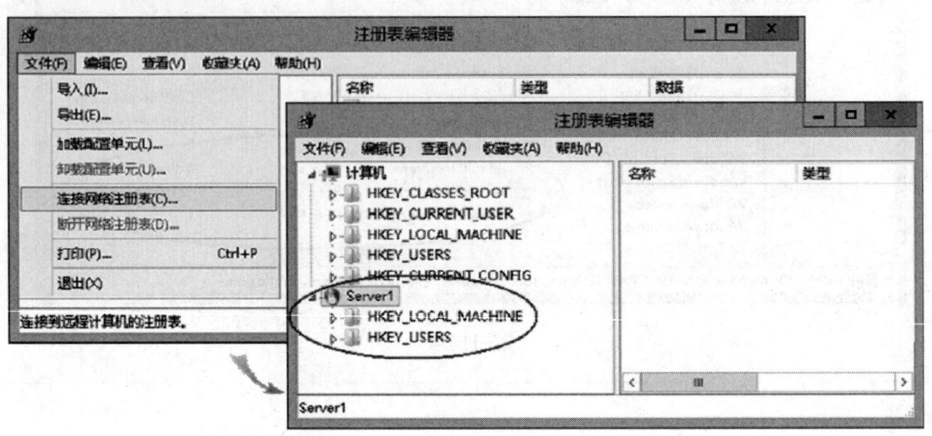

图 11-3-1

- 你可以将注册表设置值导出存档，文件的格式可为**注册表文件（.reg）**、**文本文件（.txt）**、**注册表配置单元文件**或**Win9x/NT登录文件**：【选中计算机、子树状目录或键，右击➲导出➲输入文件名➲选择存档类型➲在**导出范围**处选择导出全部或只导出所选择的部分➲单击保存按钮】。
- 你可以针对子树状目录或键来设置用户权限：【选中子树状目录或键，右击➲权限】。没有权限的用户无法查看或更改注册表的内容。
- 你可以针对子树状目录或键来审核用户访问子键的行为：首先请启用**审核对象访问**策略（参见第10章），然后【选中子树状目录或键，右击➲权限➲高级➲审核】，最后通过【按⊞键切换到**开始**菜单➲管理工具➲事件查看器➲Windows日志➲安全】来查看这些记录的内容。

第 12 章　远程桌面连接

系统管理员可以通过**远程桌面连接**来管理远程计算机与网络，而普通用户也可以通过它来使用远程计算机。

- “远程桌面连接”概述
- “远程桌面连接”实例演练
- “远程桌面连接”的高级设置
- 远程桌面Web连接

12.1 “远程桌面连接”概述

Windows Server 2012 R2通过对**远程桌面通信协议**（Remote Desktop Protocol）的支持实现**远程桌面连接**（Remote Desktop Connection）技术，让用户坐在一台计算机前就可以连接到位于不同地点的其他远程计算机。举例来说（参考图12-1-1），当你要离开公司时，可以让你的办公室计算机内的程序继续执行（不要关机），回家后利用家庭计算机通过Internet来连接办公室计算机，此时你将接管办公室计算机的工作环境，也就是办公室计算机的桌面会显示在你的屏幕上，然后就可以继续进行办公室计算机上的工作，比如执行办公室计算机内的应用程序、使用网络资源等，就好像是坐在这台计算机前一样。

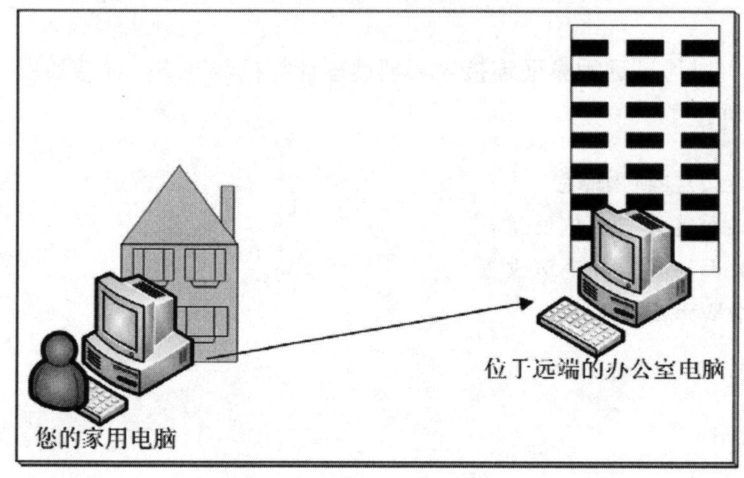

图12-1-1

对系统管理员来说，他可以利用**远程桌面连接**来连接远程计算机，然后通过此计算机来管理远程网络。除此之外，Windows Server 2012 R2也支持**远程桌面Web访问**（Remote Desktop Web Access），让用户可以通过浏览器与**远程桌面Web连接**（Remote Desktop Web Connection）来连接远程计算机。

12.2 “远程桌面连接”实例演练

我们将通过图12-2-1的环境来练习**远程桌面连接**。请先将这两台计算机准备好，并设置好TCP/IPv4的配置值（本范例采用TCP/IPv4）。

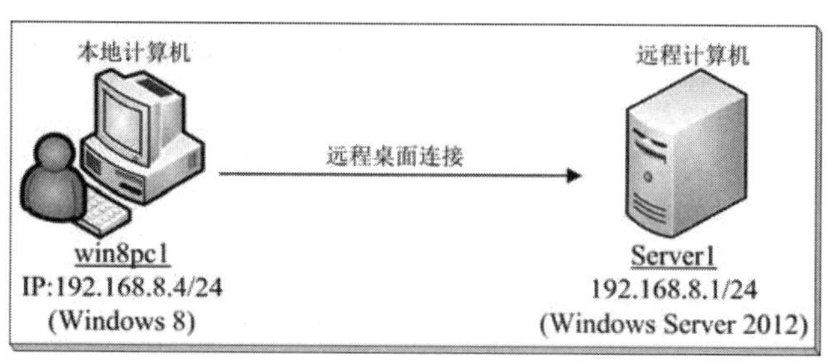

图 12-2-1

12.2.1　远程计算机的配置

你必须在远程计算机上启用**远程桌面**，并且赋予用户**允许通过远程桌面服务登录**的权限，用户才可以利用**远程桌面连接**来连接这台计算机。

启用“远程桌面”

在远程计算机Server1上，【按⊞键切换到**开始**菜单➲控制面板➲系统和安全➲系统➲单击左侧**高级系统设置**➲通过图12-2-2中**远程**选项卡下的**远程桌面**来设置】：

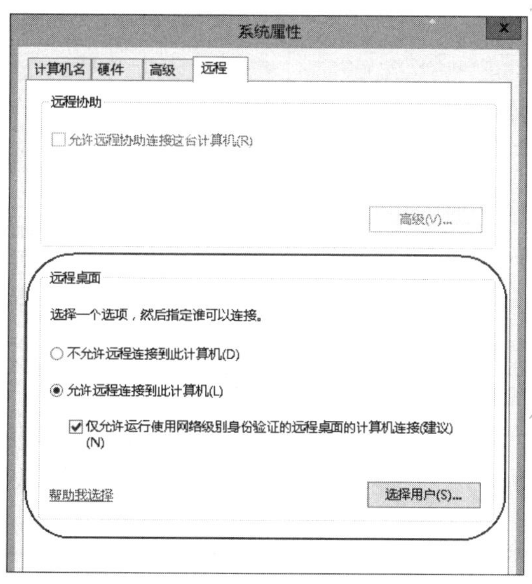

图 12-2-2

- **不允许远程连接到此计算机**：禁止通过远程桌面来连接，这是默认值。
- **允许远程连接到此计算机**：若同时勾选**仅允许运行使用网络级别身份验证的远程桌面的计算机连接（建议）**，则用户的**远程桌面连接**需支持**网络级别身份验证**（Network Level Authentication，NLA）才可以连接。**网络级别身份验证**比较安全，可以避免黑客或恶意软件的攻击。Windows Vista（含）以后的**远程桌面连接**都是使用**网络级别身份验证**。请在图中勾选此选项。

在选中图12-2-2中的第2个选项后，系统会自动在**Windows防火墙**内开放**远程桌面**通过**Windows防火墙**（若出现图12-2-3所示的提示信息，请直接单击确定按钮）。

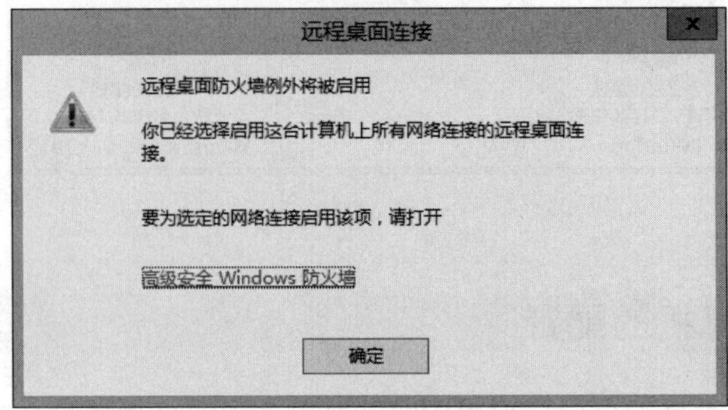

图 12-2-3

附注

可以通过【按⊞+X键➲控制面板➲系统和安全➲Windows防火墙➲允许应用或功能通过Windows防火墙➲】来查看**远程桌面**已被开放，如图12-2-4所示。

图 12-2-4

赋予用户通过“远程桌面”连接的权限

要让用户可以利用**远程桌面**连接远程计算机的话，该用户必须在远程计算机拥有**允许通过远程桌面服务登录**的权限，而“非域控制器”的计算机默认已经启用此权限给Administrators与Remote Desktop Users组，你可以通过以下途径来查看此配置：【按⊞键切换到**开始**菜单➲管理工具➲本地安全策略➲本地策略➲用户权限分配➲如图12-2-5所示】。

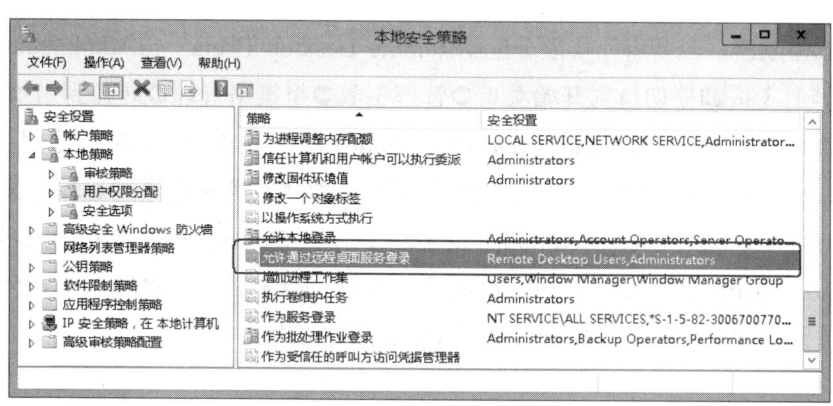

图 12-2-5

若是域控制器，则在“本地安全策略”内，此权限默认仅开放给Administrators组。

要添加其他用户也可以利用**远程桌面**连接远程计算机，只要在此远程计算机上通过上述界面赋予该用户**允许通过远程桌面服务登录**的权限即可。

你也可以利用将用户加入到远程计算机的Remote Desktop Users组的方式来让用户拥有此权限（有下面两种方法）。

- 直接利用**本地用户和组**将用户加入Remote Desktop Users组。
- 单击图12-2-2右下方的选择用户按钮，通过图12-2-6的添加按钮来选择用户（该用户账户会被加入到Remote Desktop Users组）。

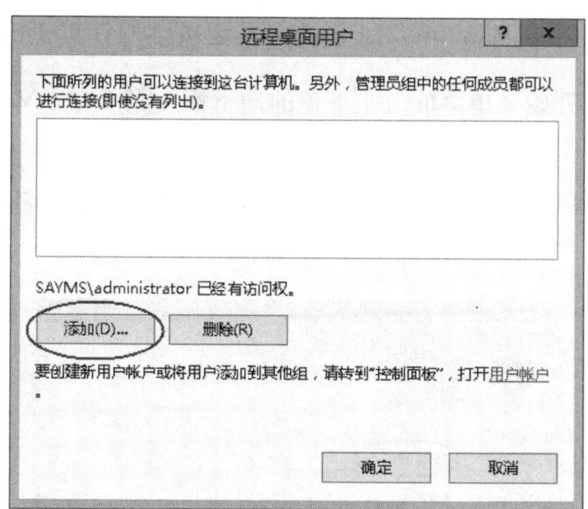

图 12-2-6

由于域控制器默认并没有赋予Remote Desktop Users组**允许通过远程桌面服务登录**的权限，因此若将用户加入域Remote Desktop Users组，则需要另外将权限分配给此组，用户才可以远程连接域控制器。若要将此权限分配给Remote Desktop Users（与Administrators组），可以到域控制器上【按⊞键切换到**开始**菜单➲管理工具➲组策略管理➲展开到组织单位Domain Controllers ➲选中Default Domain Controllers Policy，右击➲编辑➲计算机配置➲策略➲Windows设置➲安全设置➲本地策略➲用户权限分配➲将右侧**允许通过远程桌面服务登录**权限分配给Remote Desktop Users与Administrators组】。注意，虽然在本地安全策略内已经将此权限分配给Administrators组，但是一旦通过域组策略来设置后，原本在本地安全策略内的设置就无效了，因此此处仍然需要将权限赋予Administrators组。

12.2.2 在本地计算机利用"远程桌面连接"来连接远程计算机

Windows XP（含）以上的操作系统都包含**远程桌面连接**，执行的方法如下。

- Windows Server 2012 R2、Windows 8.1：【按⊞键切换到开始菜单➲单击左下角的向下箭头➲单击Windows附件之下的远程桌面连接】。
- Windows Server 2012、Windows 8：【按⊞键切换到开始菜单➲选中空白处，右击➲所有应用程序➲单击Windows附件之下的远程桌面连接】。
- Windows Server 2008（R2）、Windows 7、Windows Vista：【开始➲所有程序➲附件➲远程桌面连接】。
- Windows Server 2003（R2）、Windows XP：【开始➲所有程序➲附件➲通信➲远程桌面连接】。

连接远程计算机

以本范例中的本地计算机Windows 8.1来说，其连接远程计算机的步骤如下所示。

STEP 1 按⊞键切换到**开始**菜单➲单击左下角的向下箭头➲单击**Windows附件**之下的**远程桌面连接**。

STEP 2 输入远程计算机Server1的IP地址（或DNS主机名、计算机名称）后单击连接按钮，如图12-2-7所示。

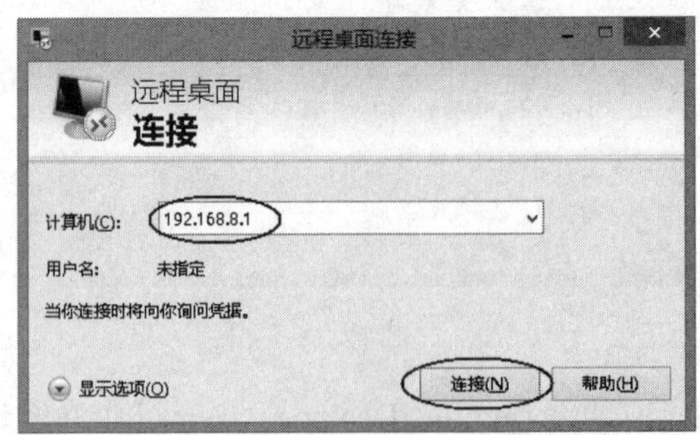

图 12-2-7

STEP 3 输入远程计算机内具备**远程桌面连接**权限的用户账户（例如Administrator）与密码，如图12-2-8所示。

图 12-2-8

STEP 4 若出现图12-2-9所示的界面，暂时不必理会，直接单击**是（Y）**按钮。

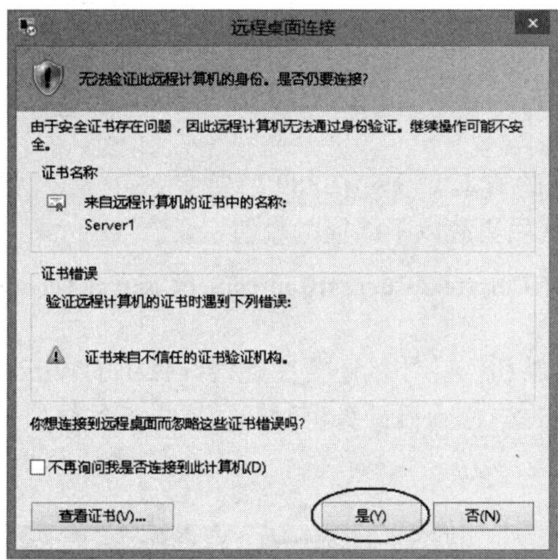

图 12-2-9

STEP 5 图12-2-10为完成连接后的界面，此全屏幕界面所显示的是远程Windows Server 2012 R2计算机的桌面，由图中最上方中间的小区块可知你所连接的远程计算机的IP地址为192.168.8.1。

注意

如果此用户账户（本范例是Administrator）已经通过其他的**远程桌面连接**连上这台远程计算机（包含在远程计算机上本机登录），那么这个用户的工作环境就会被本次的联机来接管，同时也会被退出到**按Ctrl + Alt + Delete登录**界面。

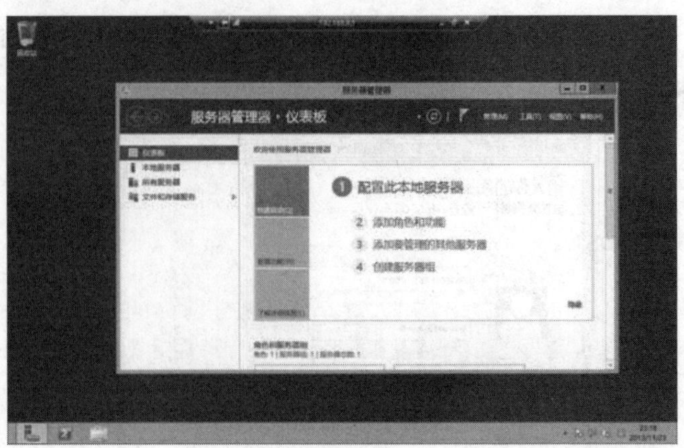

图 12-2-10

STEP 6 若单击图12-2-10最上方中间小区块的缩小窗口符号，则会看到如图12-2-11的窗口界面，图中背景为本地计算机的Windows 8.1桌面，中间窗口为远程计算机的Windows Server 2012 R2桌面。若要在全屏幕与窗口界面之间切换，可以按Ctrl + Alt + Pause键。若要针对远程计算机来使用Alt + Tab等组合键或⊞键，默认需在全屏幕模式下。

附注

远程桌面连接所使用的端口号码为3389，要更改的话，请到远程计算机上执行REGEDIT.EXE程序，然后更改以下路径的数值：

HKEY_LOCAL_MACHINE\System\CurrentControlSet\Control\Terminal Server\ WinStations\RDP-Tcp\PortNumber

完成后重新启动远程计算机。另外，还要在远程计算机的**Windows防火墙**内开放这个新的端口。客户端计算机在连接远程计算机时必须提供新的端口号（假设为3340），例如**192.168.8.1:3340**。

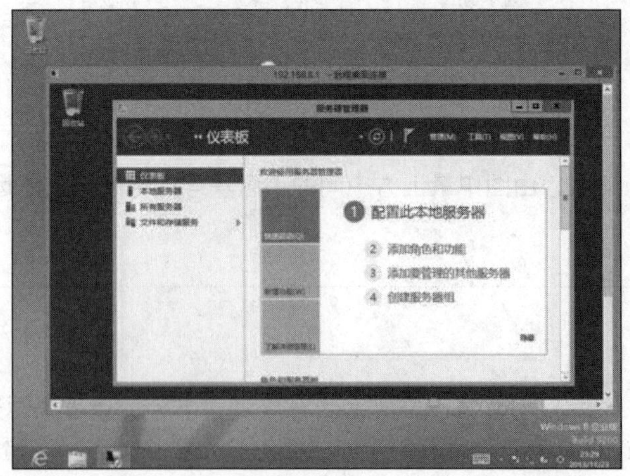

图 12-2-11

> **注意**
>
> 若远程计算机是位于NAT（Network Address Translation，例如IP共享、宽带路由器）设备之后，则需要在NAT上设置将连接转发到远程计算机，也就是需要通过端口转发或虚拟服务器设置来达到目的。若NAT之后有多台远程计算机要被连接，则可以通过更改远程桌面端口的方式来区分这些计算机。

注销或断开连接

若你要结束与远程计算机的连接，则可采用以下两种方法。

- **注销**：注销后，你在远程计算机上所执行的程序会被结束。注销方法为按Ctrl + Alt + End键（不是Del键！），然后单击**注销**。
- **断开**：断开连接并不会结束你正在远程计算机内执行的程序，它们仍然会在远程计算机内继续执行，而且桌面环境也会被保留，你下一次即使是从另外一台计算机来重新连接远程计算机，还是能够继续拥有之前的环境。你只要单击**远程桌面**窗口上方的X符号，就可以断开与远程计算机之间的连接。

12.2.3 最大连接数量

一台Windows Server 2012 R2计算机最多仅允许两个用户连接（包含在本地登录用户），而Windows 8.1等客户端计算机则仅支持一个用户连接。

一个用户账户仅能够有一个连接（包含在本地登录用户），若此用户（本范例是Administrator）已经通过其他**远程桌面连接**连上远程计算机（包含在远程计算机上本地登录），则这个用户的工作环境就会被本次的连接接管，同时他也会被退出到**按Ctrl + Alt + Delete登录**界面。

> **附注**
>
> （1）Windows Server 2012 R2若要支持更多连接数量，请安装**远程桌面服务**角色并取得合法授权数量。
>
> （2）Windows 8.1（8）、Windows 7的低级别版本仅支持传出连接，不支持传入连接。

当你要连接远程计算机时，若该计算机的传入连接数量已经被其他用户账户占用，则系统会如图12-2-12所示显示已经连接的用户名称，你必须从中选择一个账户将其断开后才可以连接，不过需要经过该用户的同意才可以将其断开，也就是该用户的屏幕上会显示如图12-2-13的界面，在该用户单击确定按钮后你就可以连接了。

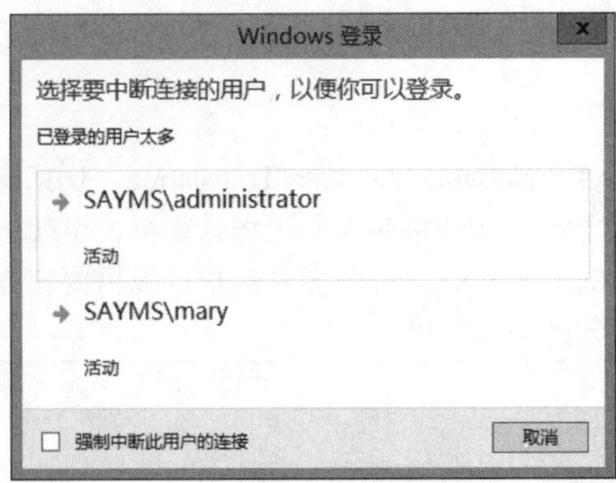

图 12-2-12

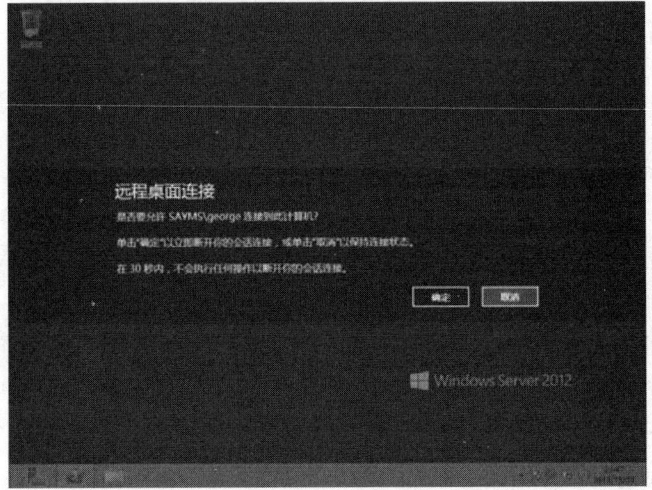

图 12-2-13

12.3 “远程桌面连接”的高级设置

远程桌面连接的用户在单击图12-3-1中的显示选项按钮后，便可以通过图12-3-2来进一步设置**远程桌面连接**（下面利用Windows 8.1的界面来说明）。

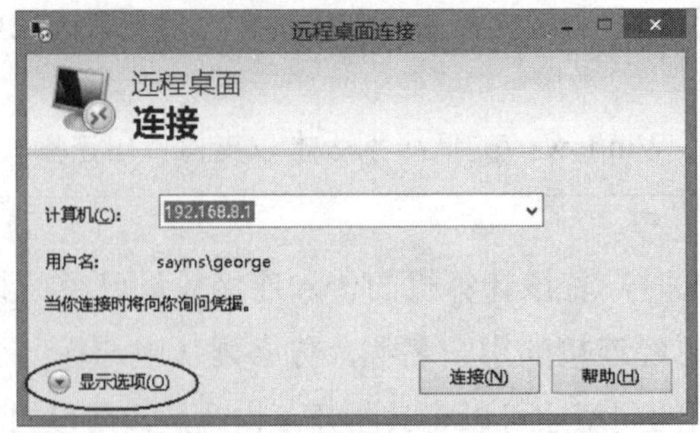

图 12-3-1

图 12-3-2

常规设置

在图12-3-2的界面中，你可以事先设置好要连接的远程计算机、用户名称等数据，也可以将这些连接设置保存（扩展名为.RDP），以后只要选择这个RDP文件，就可以自动利用该账户连接远程计算机。

显示设置

打开图12-3-3中的**显示**选项卡后，便可以调整远程桌面窗口的显示分辨率、颜色质量等。图中最下方的**全屏显示时显示连接栏**中的“连接栏”就是在**远程桌面**窗口最上方中间的小区块（参见图12-2-10）。

图 12-3-3

本地资源

打开图12-3-4中的**本地资源**选项卡后，你可以设置以下选项。

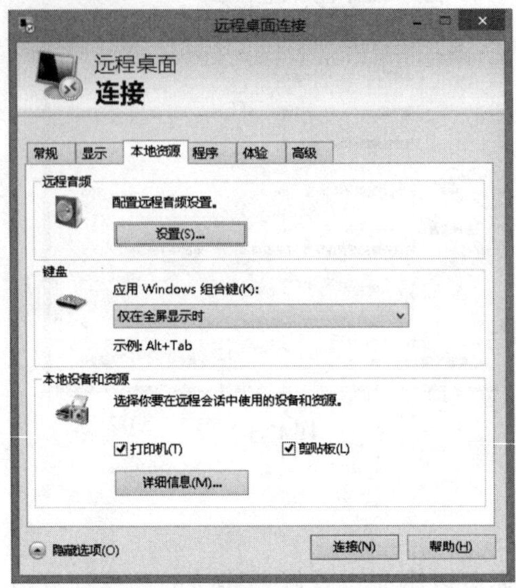

图 12-3-4

- **远程音频**：是否要将远程计算机所播放的声音发送到本机计算机播放，或留在远程计算机播放，或者都不要播放。也可以设置是否要录制远程声音。
- **键盘**：设置当用户按Windows组合键时（例如Alt + Tab 键）是用来控制本地计算机还是远程计算机，或是只有在全屏显示时才用来控制远程计算机。
- **本地设备和资源**：可以将本地设备显示在**远程桌面**的窗口内，以便在此窗口内访问本地设备与资源。例如，将远程计算机内的文件通过本地打印机打印。

单击图12-3-4中的详细信息按钮，还可以通过图12-3-5来访问本地计算机的磁盘驱动器、即插即用设备（例如U盘）等。

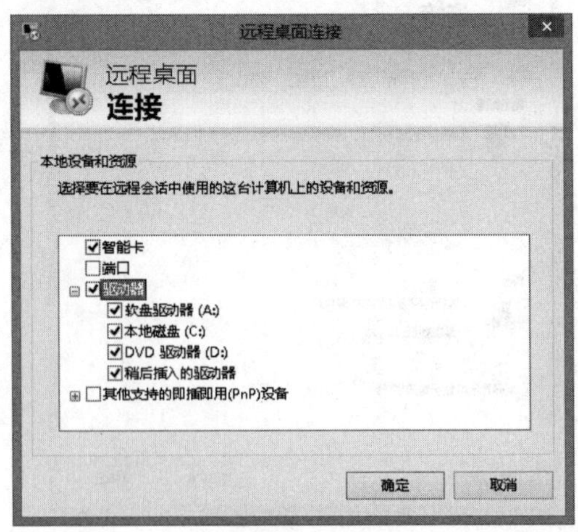

图 12-3-5

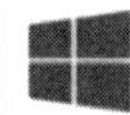

例如，在图12-3-6中的本机计算机为WIN8PC1，其磁盘A、C、D都出现在**远程桌面**的窗口内，因此你可以在此窗口内同时访问远程计算机与本地计算机内的文件资源，比如相互复制文件。

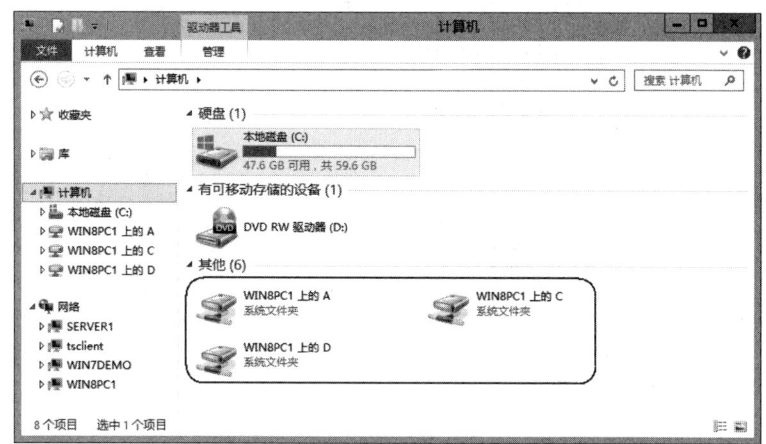

图 12-3-6

程序

通过图12-3-7中的**程序**选项卡可以设置用户登录完成后自动执行指定的程序。你需要设置程序所在的路径与程序名称，同时还可以通过**在以下文件夹中启动**指定要在哪一个文件夹内执行此程序，也就是指定工作目录。

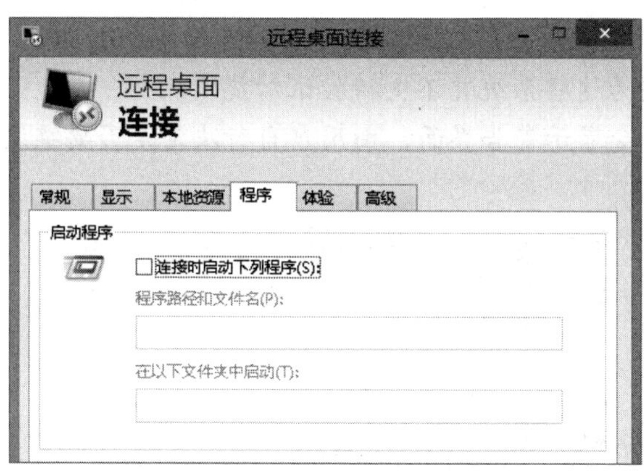

图 12-3-7

体验

打开图12-3-8中的**体验**选项卡后，便可以根据本地计算机与远程计算机之间连接的速度来调整其显示性能。例如，连接速度较慢的话，可以设置不显示桌面背景、不要执行字体平滑处理工作等花费时间的工作，以便提高显示效率。

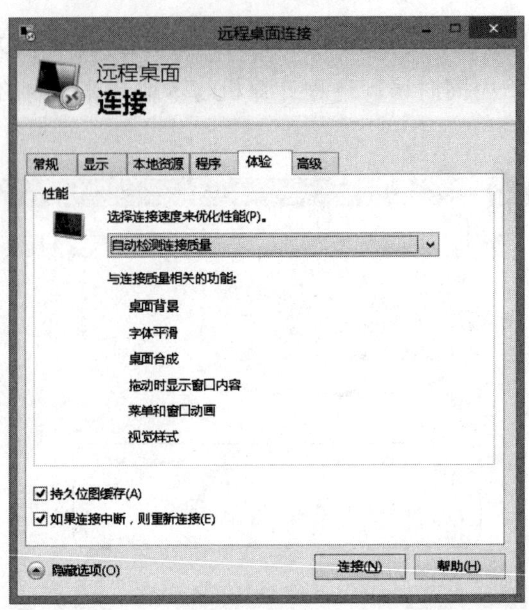

图 12-3-8

高级

系统可以帮助用户验证是否连接到正确的远程计算机（服务器），以增加连接的安全性。在打开图12-3-9中的**高级**选项卡后，便可以通过其中的**如果服务器身份验证失败**来选择服务器验证失败的处理方式。

- **连接且不显示警告**：如果远程计算机是Windows Server 2003 SP1或更旧版本，可以选择此选项，因为这些系统并不支持验证功能。
- **显示警告**：此时会显示警告界面，由用户自行决定是否要继续连接。
- **不连接**。

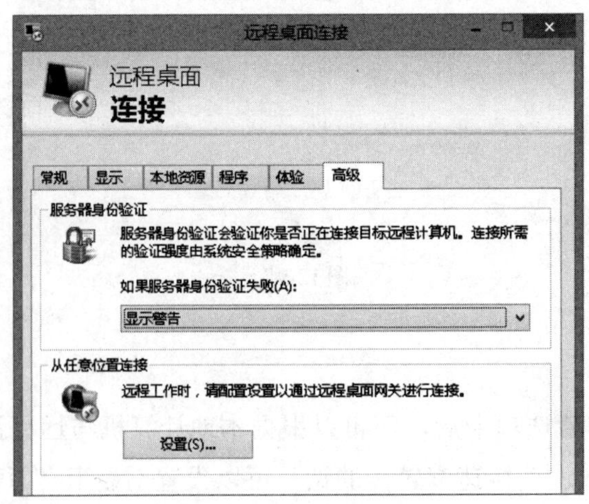

图 12-3-9

12.4 远程桌面Web连接

你也可以利用网页浏览器搭配远程桌面技术来连接远程计算机，这个功能被称为**远程桌面Web连接**（Remote Desktop Web Connection），要使用此功能，请如图12-4-1所示先在网络上的一台Windows Server 2012 R2计算机内安装**远程桌面Web访问**角色服务与网页服务器（IIS），客户端计算机利用网页浏览器连接到**远程桌面Web访问**网站后，再通过此网站来连接远程计算机。

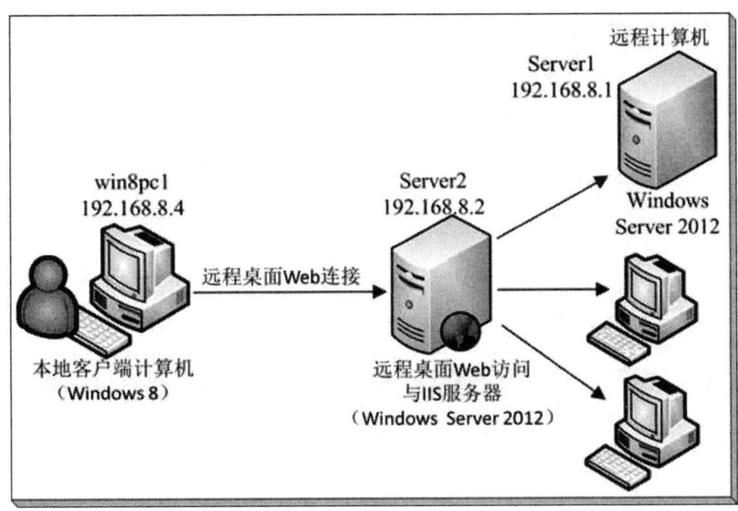

图 12-4-1

> **附注**
>
> 也可以同时将**远程桌面Web访问**与IIS网站安装在要被连接的远程计算机上。

12.4.1 “远程桌面Web访问”网站的设置

按照图12-4-1在Windows Server 2012 R2服务器上（假设为Server2、IP地址为192.168.8.2）安装**远程桌面Web访问**与**Web服务器（IIS）**。

STEP 1 在这台Windows Server 2012 R2计算机上打开**服务器管理器**➲单击**添加角色和功能**➲持续单击下一步按钮一直到出现图12-4-2的界面时勾选**远程桌面服务**后单击下一步按钮】。

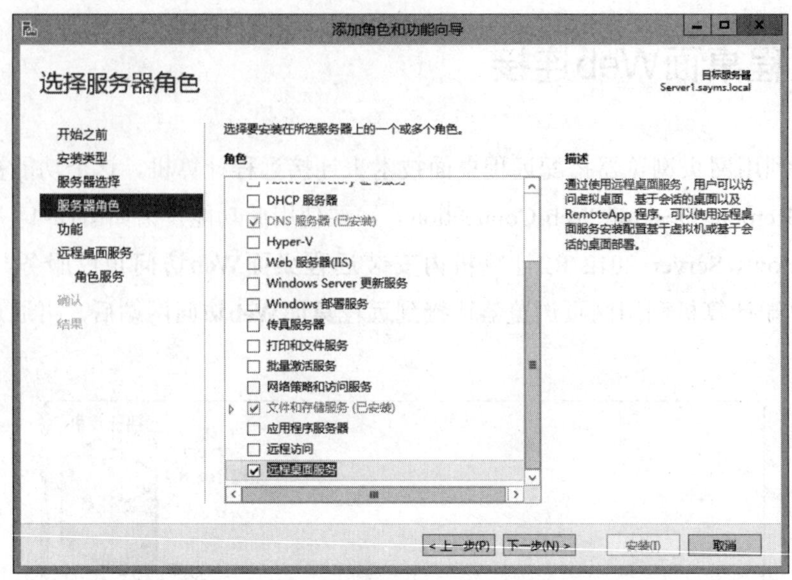

图 12-4-2

STEP 2　持续单击下一步按钮一直到出现图12-4-3背景图时勾选**远程桌面Web访问**➲在前景图中单击添加功能按钮来安装所需的其他功能（例如Web服务器IIS）。

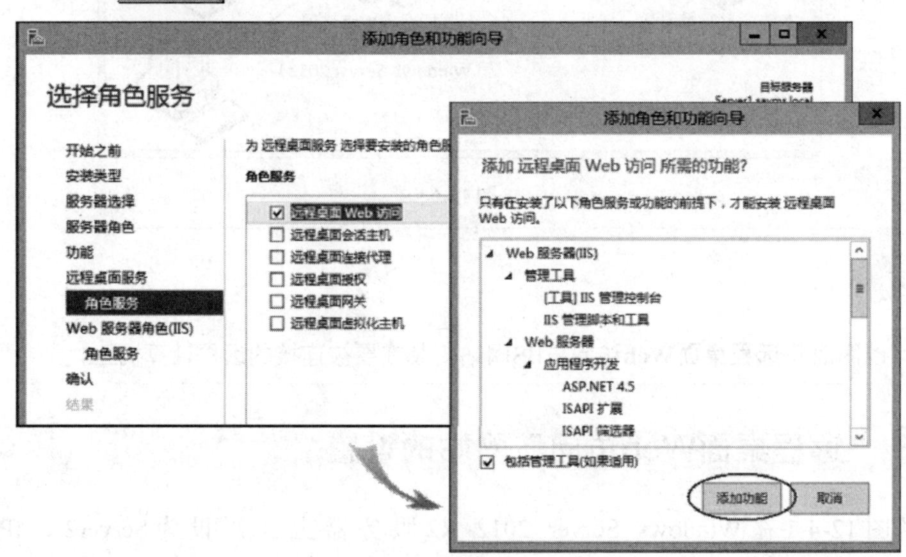

图 12-4-3

STEP 3　持续单击下一步按钮，最后单击安装按钮。

12.4.2 客户端通过浏览器来连接远程计算机

客户端计算机请利用Internet Explorer来连接**远程桌面Web访问**网站，然后通过此网站来连接远程计算机。不过客户端计算机的**远程桌面连接**必须支持Remote Desktop Protocol 6.1

（含）以上，Windows XP SP3/Windows Vista SP1/Windows 7/Windows 8.1（8）、Windows Server 2008（R2）/Windows Server 2012（R2）计算机均具备此条件。

下面假设**远程桌面Web访问**网站的IP地址为192.168.8.2，所要连接的远程计算机的IP地址为192.168.8.1，客户端计算机为Windows 8.1。

STEP 1 到扮演客户端角色的Windows 8.1计算机登录。

STEP 2 打开浏览器Internet Explorer（此处以传统桌面的Internet Explorer为例），然后如图12-4-4输入URL网址**https://192.168.8.2/RDweb/**（需使用https）。出现界面下方的网站安全证书有问题的警告时，可以不必理会，直接单击**继续浏览此网站（不推荐）**。

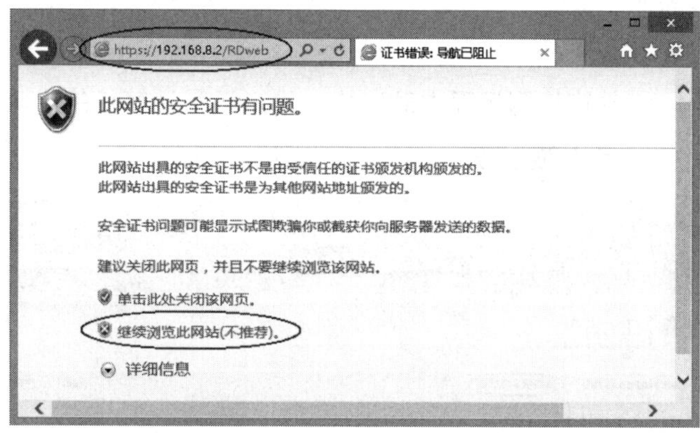

图 12-4-4

STEP 3 若出现图12-4-5的界面，请单击**允许**按钮，它会执行Microsoft Remote Desktop Services Web Access Control附加组件。

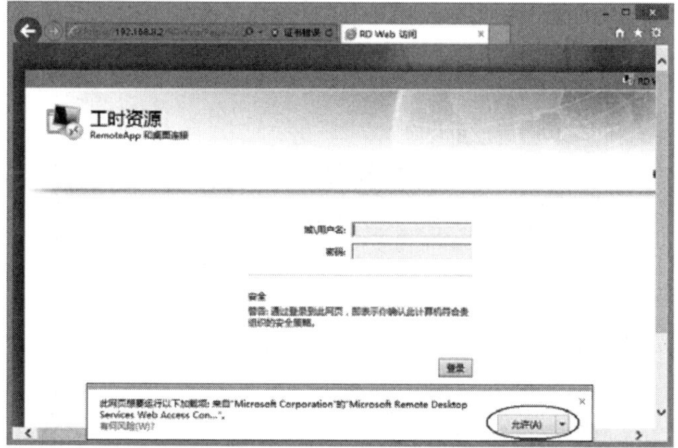

图 12-4-5

STEP 4 在图12-4-6中输入有权限连接此IIS网站的账户与密码后单击**登录**按钮。图中账户为server2\administrator，其中server2为IIS网站的计算机名称。若要利用域用户账户来连接此网站，请将计算机名称改为域名，例如sayms\administrator。

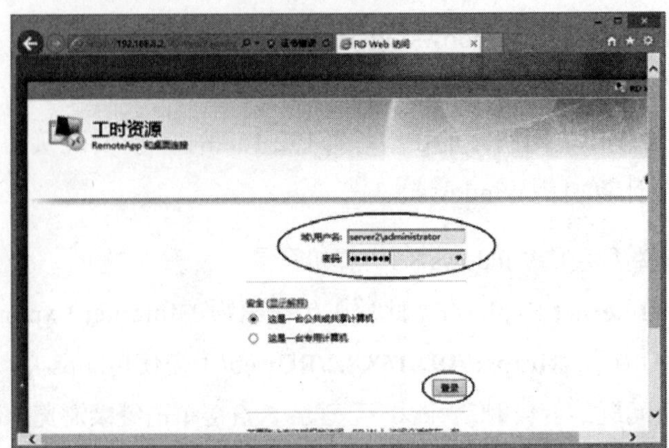

图 12-4-6

STEP 5 单击图12-4-7中的**连接到远程电脑**连接，输入远程计算机的IP地址（或计算机名称、DNS主机名），单击连接按钮。

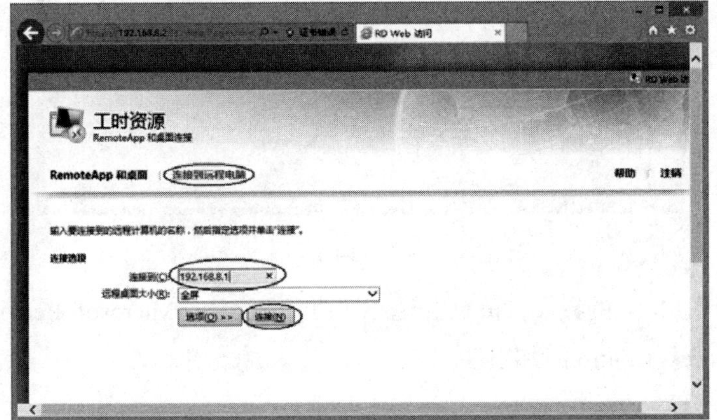

图 12-4-7

STEP 6 在图12-4-8中直接单击连接按钮。

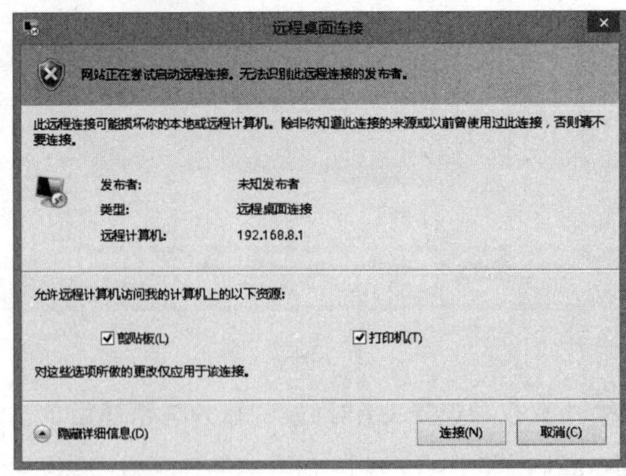

图 12-4-8

STEP 7　在图12-4-9中输入有权限连接远程计算机的账户与密码后单击**确定**按钮。

图 12-4-9

STEP 8　可以不理会图12-4-10中的警告，直接单击**是（Y）**按钮。

远程桌面连接
无法验证此远程计算机的身份。是否仍要连接?
由于安全证书存在问题，因此远程计算机无法通过身份验证。继续操作可能不安全。
证书名称
来自远程计算机的证书中的名称:
Server1
证书错误
验证远程计算机的证书时遇到下列错误:
证书来自不信任的证书验证机构。
你想连接到远程桌面而忽略这些证书错误吗?
查看证书(V)...
是(Y)
否(N)

图 12-4-10

STEP 9　图12-4-11为完成连接后的界面。

图 12-4-11

13

第 13 章　磁盘系统的管理

磁盘内存储着计算机内的所有数据，因此你必须对磁盘有充分的了解，并妥善地管理磁盘，以更好地利用磁盘来存储你宝贵的数据，并确保数据的完整与安全。

- 磁盘概述
- 基本卷的管理
- 动态磁盘的管理
- 移动磁盘
- 存储空间

13.1　磁盘概述

在数据能够被存储到磁盘之前，该磁盘必须被分割成一或数个磁盘分区（partition），如图13-1-1中一个磁盘（一块硬盘）被分割为3个磁盘分区。

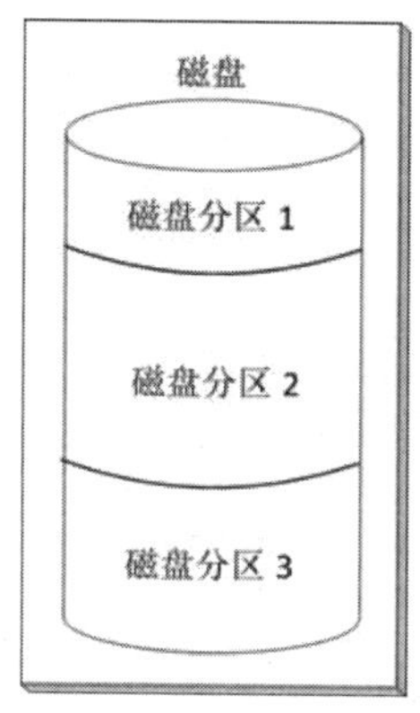

图 13-1-1

在磁盘内有一个被称为**分区表**（partition table）的区域，用来存储这些磁盘分区的相关数据，例如每一个磁盘分区的起始地址、结束地址、是否为**使用中**（active）的磁盘分区等信息。

13.1.1　MBR磁盘与GPT磁盘

磁盘分为**MBR磁盘**与**GPT磁盘**两种磁盘分区形式（style）。

- **MBR磁盘**：它是旧的传统形式，其**磁盘分区表**存储在MBR（master boot record，见图13-1-2左半部）内。MBR位于磁盘最前端，计算机启动时，使用传统BIOS（基本输入输出系统，它是计算机主板上的固件）的计算机，其BIOS会先读取MBR，并将控制权交给MBR内的程序代码，然后由此程序代码来继续后续的启动工作。**MBR磁盘**所支持的硬盘最大只到2.2 TB（1TB=1024GB）。
- **GPT磁盘**：它是新形式，其**磁盘分区表**存储在GPT（GUID partition table，见图13-1-2右半部）内，它也是位于磁盘的前端，而且有**主分区表**与**备份磁盘分区表**，可提供容错功能。使用新式UEFI BIOS的计算机，其BIOS会先读取GPT，并将控制权交给GPT内的程序代码，然后由此程序代码来继续后续的启动工作。GPT磁盘所支持的硬盘可以超过2.2 TB。

你可以利用图形界面的**磁盘管理**工具或**Diskpart**命令将空的MBR磁盘转换成GPT磁盘或将空的GPT磁盘转换成MBR磁盘。

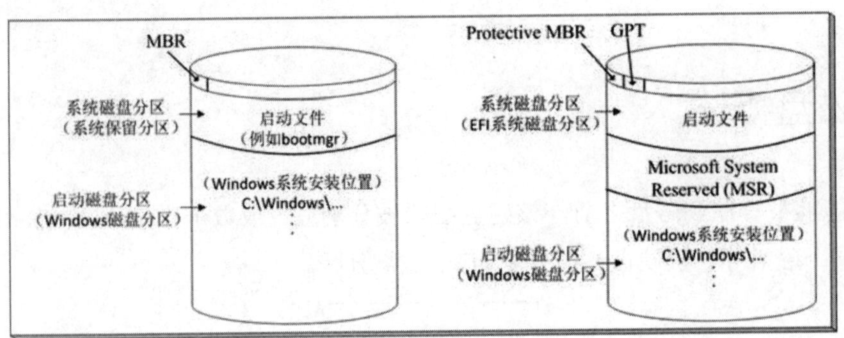

图 13-1-2

附注

为了兼容起见，GPT磁盘内提供了Protective MBR，让仅支持MBR的程序仍然可以正常工作。

13.1.2 基本磁盘与动态磁盘

Windows系统又将磁盘分为**基本磁盘**与**动态磁盘**两种类型。

- **基本磁盘**：旧式的传统磁盘系统，新安装的硬盘默认是基本磁盘。
- **动态磁盘**：它支持多种特殊的磁盘分区，其中有的可以提高系统访问效率，有的可以提供容错功能，有的可以扩大磁盘的使用空间。

下面先针对基本磁盘来说明，至于动态磁盘部分则留待后面的章节再介绍。

主分区与扩展磁盘分区

在数据能够被存储到基本磁盘之前，该磁盘必须被分割成一个或数个磁盘分区，而磁盘分区分为以下两种。

- **主分区**：它可以用来启动操作系统。计算机启动时，MBR或GPT内的程序代码会到**使用中**（active）的主分区内读取与执行启动程序代码，然后将控制权交给此启动程序代码来启动相关的操作系统。
- **扩展磁盘分区**：它只可被用来存储文件，无法被用来启动操作系统，也就是说MBR或GPT内的程序代码不会到扩展磁盘分区内读取与执行启动程序代码。

一个**MBR磁盘**内最多可建立4个主分区，或最多3个主分区加上1个扩展磁盘分区（见图13-1-3左半部）。每一个主分区都可以被赋予一个驱动器号，例如C:、D:等。扩展磁盘分区内可以建立多个逻辑驱动器。基本磁盘内的每一个主分区或逻辑驱动器又被称为**基本卷**（basic volume）。

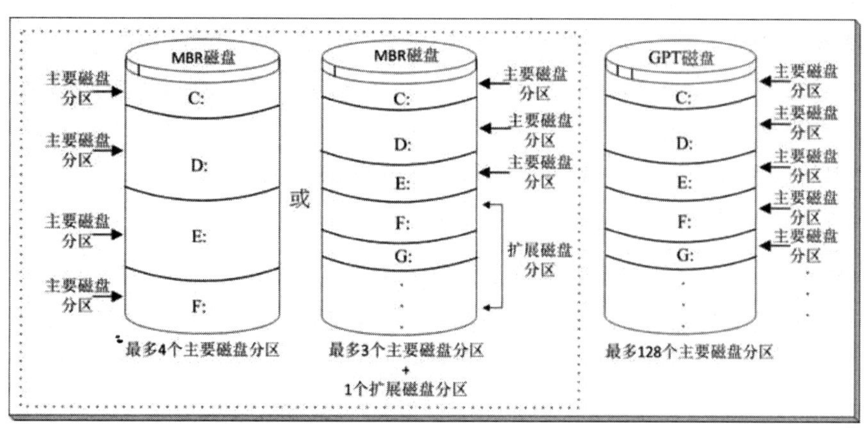

图 13-1-3

Q 卷（volume）与磁盘分区（partition）有何不同?

A 卷是由一个或多个磁盘分区所组成的，我们在后面介绍动态磁盘时会介绍包含多个磁盘分区的卷。

Windows系统的一个GPT磁盘内最多可以建立128个主分区（见图13-1-3右半部），而每一个主分区都可以被赋予一个驱动器号（但最多只有A~Z 26个代号可用）。由于可有多达128个主分区，因此GPT磁盘不需要扩展磁盘分区。大于2.2 TB的磁盘分区需使用GPT磁盘。注意较旧版的Windows系统（例如Windows 2000、32位Windows XP等）无法识别GPT磁盘。

活动卷与系统卷

Windows系统又将卷分为活动卷（boot volume）与系统卷（system volume）两种。

- **活动卷**：它是用来存储Windows操作系统文件的磁盘分区。操作系统文件一般是放在Windows文件夹内，此文件夹所在的磁盘分区就是**活动卷**，以图13-1-4的MBR磁盘来说，其左半部与右半部的C:磁盘驱动器都是存储系统文件（Windows文件夹）的磁盘分区，故它们都是**活动卷**。**活动卷**可以是主分区或扩展磁盘分区内的逻辑驱动器。

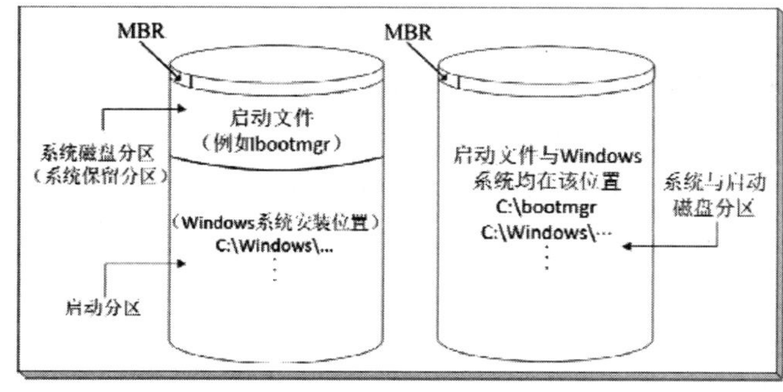

图 13-1-4

- **系统卷**：若将系统启动的程序分为2阶段来看，**系统卷**内存储的就是第1阶段所需要的启动文件（例如**Windows启动管理器**bootmgr）。系统利用其中的启动信息，就可以到**活动卷**的Windows文件夹内读取启动Windows系统所需的其他文件，然后进入第2阶段的启动程序。若计算机内安装了多套Windows操作系统，则**系统卷**内的程序也会负责显示操作系统列表来供用户选择。

例如，图13-1-4左半部的**系统保留分区**与右半部的C:都是**系统卷**，其中右半部因为只有一个磁盘分区，启动文件与Windows文件夹都是存储在此处，故它既是**系统卷**也是**活动卷**。

附注

在你安装Windows Server 2012 R2时，安装程序就会自动建立扮演**系统卷**角色的**系统保留分区**，且无驱动器号（参考图13-1-4左上半部），其容量约350MB，包含**Windows修复环境**（Windows Recovery Environment，Windows RE）。你也可以自行删除此默认分区，只保留1个磁盘分区，如图13-1-4右半部所示。

使用UEFI BIOS的计算机可以选择**UEFI模式**或传统模式（以下将其称为**BIOS模式**）方式来启动Windows Server 2012 R2。若是**UEFI模式**，则启动磁盘需为GPT磁盘，且此磁盘最少需要3个GPT磁盘分区（参见图13-1-5）。

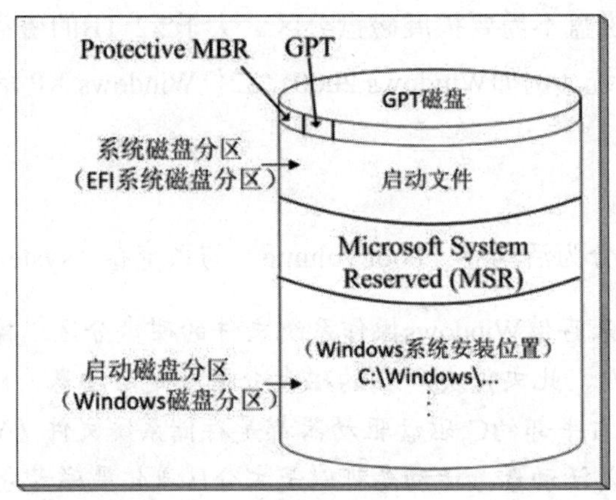

图 13-1-5

- **EFI系统磁盘分区（ESP）**：其文件系统为FAT32，可用来存储BIOS/OEM厂商所需要的文件、启动操作系统所需要的文件等（UEFI的前版被称为EFI）。这个区域占用约350MB（包含**Windows修复环境**（Windows RE））。
- **Microsoft System Reserved（MSR）磁盘分区**：保留供操作系统使用的区域。若磁盘的容量少于16GB，此区域占用约32MB；若磁盘的容量大于或等于16GB，此区域占用约128MB。
- **Windows磁盘分区**：其文件系统为NTFS，是用来存储Windows操作系统文件的磁盘分区。操作系统文件一般放在Windows文件夹内。

在**UEFI模式**之下，若是将Windows Server 2012 R2安装到一个空硬盘，则除了以上3个磁盘分区之外，安装程序还会自动多建立一个**恢复磁盘分区**，如图13-1-6所示，它将**Windows RE**与**EFI系统磁盘分区**分成为两个磁盘分区，存储**Windows RE**的**恢复磁盘分区**的容量约300MB，此时的**EFI系统磁盘分区**容量约100MB。

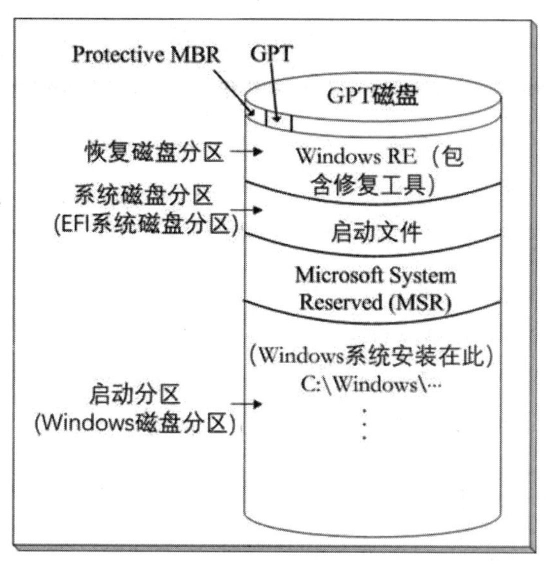

图 13-1-6

若是数据磁盘，则至少需要一个**MSR**与一个用来存储数据的磁盘分区。**UEFI模式**的系统虽然也可以有MBR磁盘，但MBR磁盘只能够当作数据磁盘，无法用作启动磁盘。

在安装Windows Server 2012 R2前，你可能需要先进入BIOS内指定以**UEFI模式**来工作，例如将通过DVD来启动计算机的方式改为UEFI，否则会以传统**BIOS模式**来工作，而不是**UEFI模式**。

附注

在**UEFI模式**下安装Windows Server 2012 R2完成后，系统会自动修改BIOS设置，并将其改为优先通过“**Windows Boot Manager**”来启动计算机。

若硬盘内已经有操作系统且此硬盘是MBR磁盘，则必须先删除其中的所有磁盘分区，然后将其转换为GPT磁盘，方法为：在安装过程中通过单击**修复计算机**来进入**命令提示行**，然后执行**diskpart**程序，接着依序执行**select disk 0**、**clean**、**convert gpt**命令。

在**文件资源管理器**内看不到**系统保留分区**、**恢复磁盘分区**、**EFI系统磁盘分区**与**MSR**等磁盘分区。在Windows系统内建的磁盘管理工具“**磁盘管理**”内看不到MBR、GPT、Protective MBR等特殊信息，虽然可以看到**系统保留分区**（MBR磁盘）、**恢复磁盘分区**与**EFI系统磁盘分区**等磁盘分区，但还是看不到MSR，例如图13-1-7中的磁盘为GPT磁盘，图中可以看到**恢复磁盘分区**与**EFI系统磁盘分区**（当然还有Windows磁盘分区），但看不到MSR。

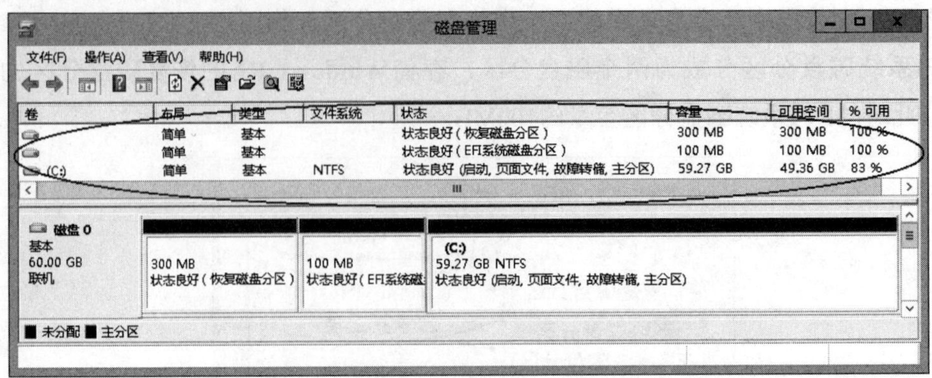

图 13-1-7

不过我们可以通过**diskpart.exe**程序来查看MSR：打开**命令提示符**或Windows PowerShell，如图13-1-8所示执行**diskpart**程序，依序执行**select disk 0**、**list partition**命令，图中所有4个磁盘分区都可以查看。

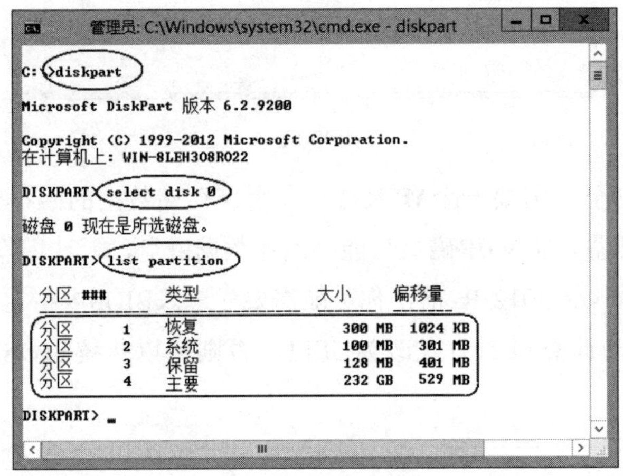

```
C:\>diskpart

Microsoft DiskPart 版本 6.2.9200

Copyright (C) 1999-2012 Microsoft Corporation.
在计算机上: WIN-8LEH308R022

DISKPART> select disk 0

磁盘 0 现在是所选磁盘。

DISKPART> list partition

  分区 ###       类型              大小     偏移量
  -------------  ----------------  -------  -------
  分区     1     恢复              300 MB  1024 KB
  分区     2     系统              100 MB   301 MB
  分区     3     保留              128 MB   401 MB
  分区     4     主要              232 GB   529 MB

DISKPART> _
```

图 13-1-8

> **附注**
>
> 建议你利用Windows Server 2012 R2 Hyper-V（见附录A）的虚拟机与虚拟硬盘来演练本章的内容。

13.2 基本卷的管理

你可以通过【按⊞键切换到**开始**菜单➲管理工具➲计算机管理➲存储➲磁盘管理】的方法来管理基本卷。如图13-2-1所示，图中的磁盘 0为基本磁盘、MBR磁盘，此磁盘在安装

Windows Server 2012 R2时就被划分为图中的2个主分区。其中，第一个为**系统保留**分区，容量约350MB（包含**Windows恢复环境**，Windows RE），是**系统卷**、**使用中**的磁盘分区，没有驱动器号；另一个磁盘分区的驱动器号为C:，容量为59.66GB，是安装Windows Server 2012 R2的**活动卷**。

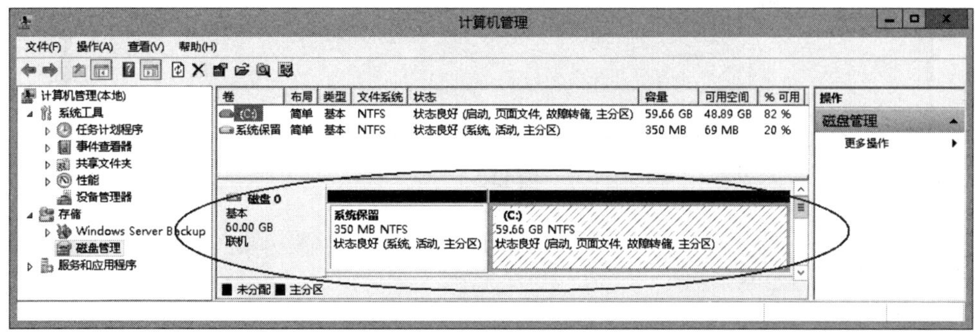

图 13-2-1

13.2.1　压缩卷

你可以将NTFS卷压缩（shrink），以图13-2-1中的磁盘 0来说，其中第2个磁盘分区的驱动器号为C:，虽然C:的容量约为59.66GB，可是实际使用量只有约10GB，如果你想从尚未使用的剩余空间中腾出约20GB，并将其变成另外一个未分割的可用空间，那么此时可以利用系统所提供的**压缩卷**功能来达到目的，也就是缩小原磁盘分区的容量，以便将腾出的空间划分为另外一个磁盘分区：【如图13-2-2所示选中C:磁盘，右击➲压缩卷➲输入欲腾出空间的大小（20480MB，也就是20GB）➲单击压缩按钮】。图13-2-3为完成后的界面，图中右边多出一个约20GB的可用空间，而原来拥有59.66容量的C:磁盘只剩下39.66GB。

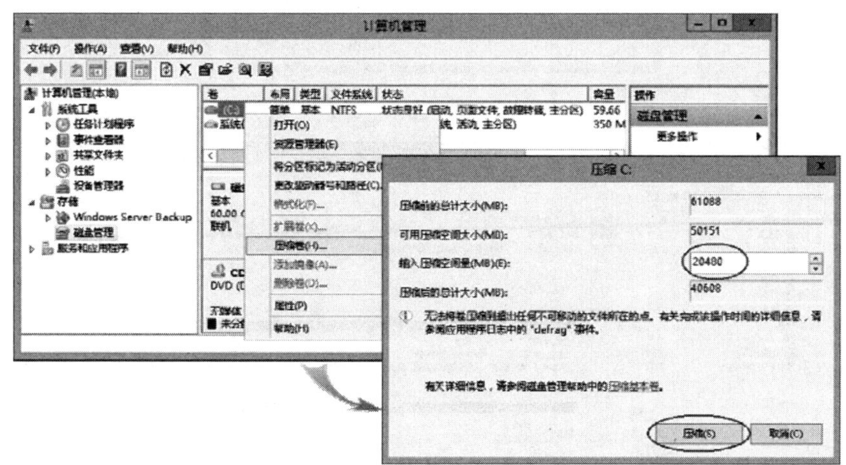

图 13-2-2

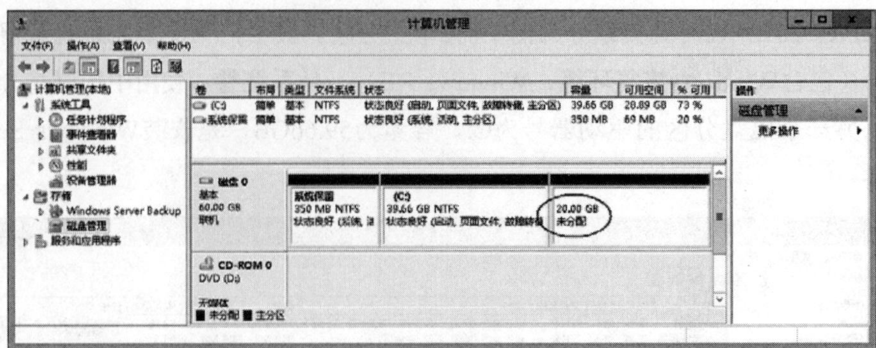

图 13-2-3

13.2.2 安装新磁盘

在计算机内所安装的新磁盘（硬盘）必须经过初始化后才可以使用：【按⊞键切换到**开始**菜单➲管理工具➲计算机管理➲存储➲磁盘管理➲在自动弹出的图13-2-4中勾选欲初始化的新磁盘（若未自动弹出此界面，请如图13-2-5先选中新磁盘，右击➲联机➲再选中这个新磁盘，右击➲初始化磁盘）➲选择**MBR**或**GPT**形式➲单击确定按钮】，接着就可以在新磁盘内创建磁盘分区了。

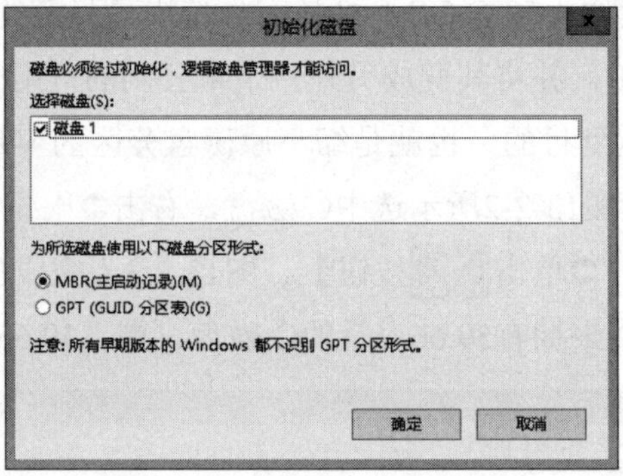

初始化磁盘

磁盘必须经过初始化，逻辑磁盘管理器才能访问。

选择磁盘(S):

☑ 磁盘 1

为所选磁盘使用以下磁盘分区形式:

◉ MBR(主启动记录)(M)

○ GPT (GUID 分区表)(G)

注意: 所有早期版本的 Windows 都不识别 GPT 分区形式。

确定　取消

图 13-2-4

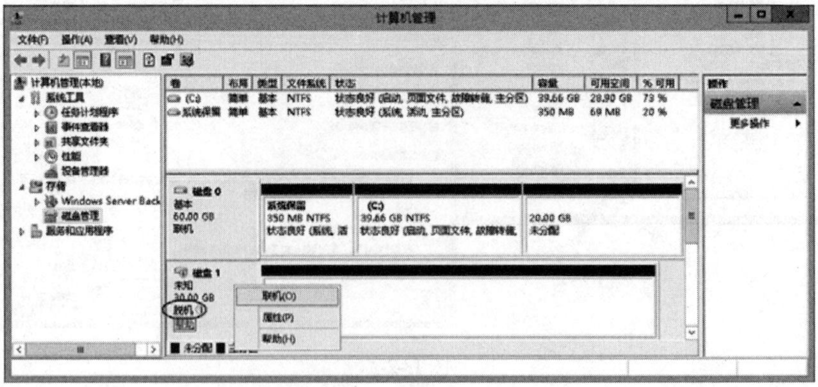

图 13-2-5

> **附注**
>
> 如果界面中看不到新磁盘，请先【选择**操作**菜单➲重新扫描磁盘】。

13.2.3 创建主分区

对MBR磁盘来说，一个基本磁盘内最多可有4个主分区，而对GTP磁盘来说，一个基本磁盘内最多可有128个主分区。

STEP 1 如图13-2-6所示，【选中未分配空间，右击➲新建简单卷】（所新建的简单卷会自动被设置为主分区，但若是新建第4个简单卷，它将自动被设置为扩展磁盘分区）。

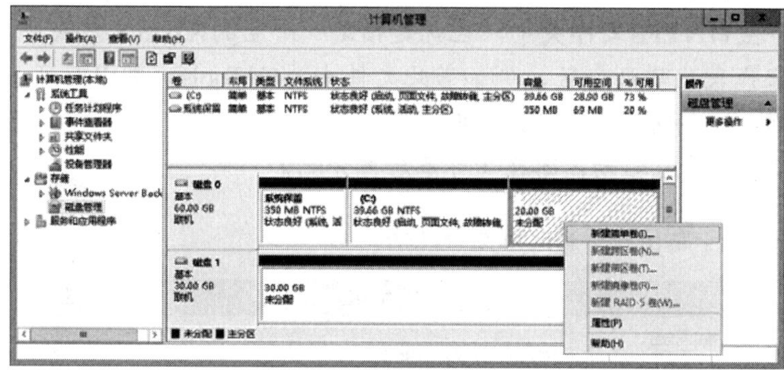

图 13-2-6

STEP 2 出现**欢迎使用新建简单卷向导**界面时单击下一步按钮。

STEP 3 在图13-2-7中设置此主分区的大小（假设是6GB）后单击下一步按钮。

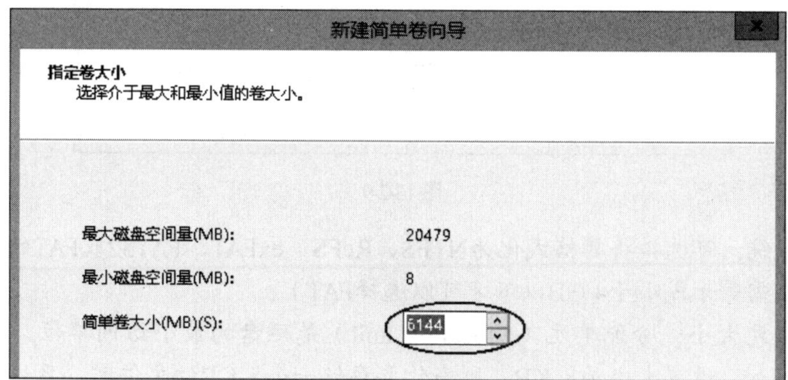

图 13-2-7

STEP 4 完成图13-2-8中的选择后单击下一步按钮（图中选择第1个选项）。

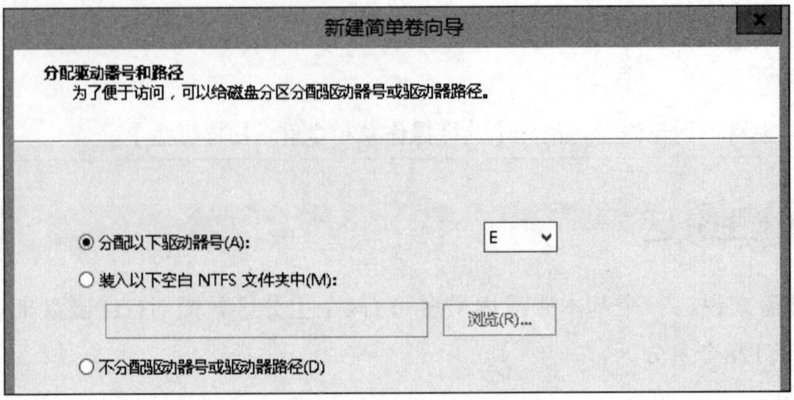

图 13-2-8

- **分配以下驱动器号**，例如E:。
- **装入以下空白NTFS文件夹中**，也就是指定一个空的NTFS文件夹（其中不能有任何文件）来代表此磁盘分区，例如若此文件夹为C:\Tools，则以后所有存储到C:\Tools的文件都会被存储到此磁盘分区内。
- **不分配驱动器号或驱动器路径**（可事后再分配）。

STEP 5 在图13-2-9中默认是要将此磁盘分区格式化。

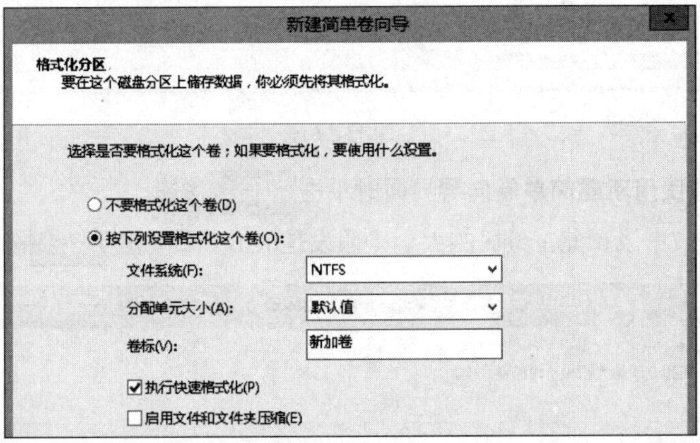

图 13-2-9

- **文件系统**：可选择将其格式化为NTFS、ReFS、exFAT、FAT32或FAT的文件系统（分区容量需等于或小于4 GB以下才可以选择FAT）。
- **分配单元大小**：分配单元（allocation unit）是磁盘的最小访问单位，其大小必须适当。例如，设置大小为8 KB，则当你要存储一个5 KB的文件时，系统就会一次配置8 KB的磁盘空间，然而此文件只会用到5 KB，多余的3 KB将被闲置不用，因此会浪费磁盘空间。如果将分配单元缩小到1KB，那么因为系统一次只配置1 KB，所以必须连续配置5次才够用，这将影响到系统效率。除非有特殊需求，否则建议用默认值，让系统根据分割区大小来自动选择最适当的分配单元大小。
- **卷标**：为此磁盘分区设置一个易于识别的名称。

- **执行快速格式化**：只会重新建立NTFS、Refs、exFAT、FAT32或FAT表格，但不会花费时间去检查是否有坏扇区（bad sector），也不会将扇区内的数据删除。
- **启用文件和文件夹压缩**：会将此分区设置为**压缩磁盘**，以后添加到此分区的文件和文件夹都会自动压缩。

STEP 6　出现**完成新建简单卷向导**界面时单击完成按钮。

STEP 7　之后系统会开始将此磁盘分区格式化。图13-2-10为完成后的界面，其容量大小为6GB。

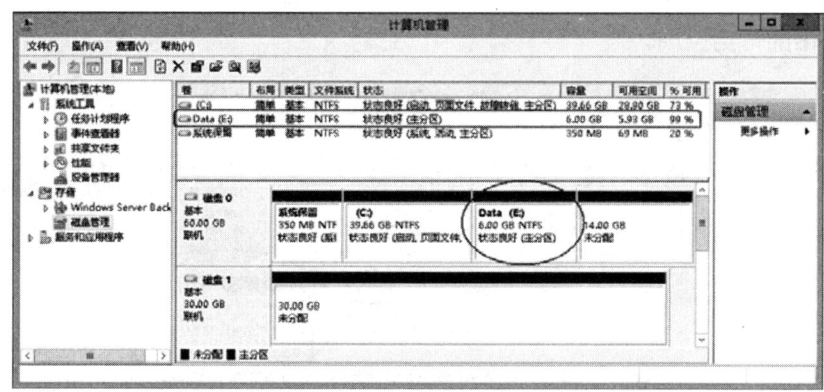

图 13-2-10

若在图13-2-8中选择的是**不分配驱动器号或驱动器路径**，则可在完成磁盘分区的创建后通过【如图13-2-11所示选中该磁盘分区，右击➲更改驱动器号和路径】的方法来指定。

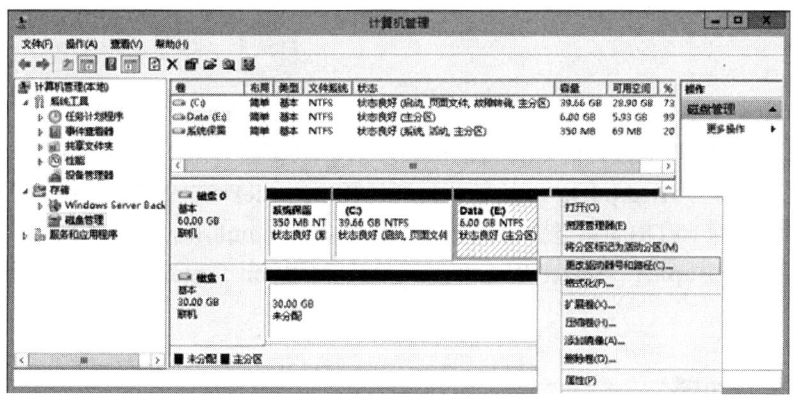

图 13-2-11

13.2.4 建立扩展磁盘分区

你可以在基本磁盘中尚未使用（未配置）的空间内建立扩展磁盘分区（extended partition）。一个基本磁盘内只可以建立一个扩展磁盘分区，但是在这个扩展磁盘分区内可以建立多个逻辑驱动器。

我们将在图13-2-10中14GB的未分配空间内建立一个10GB（10240MB）的简单卷。在已经有3个主分区的情况下，新建第4个简单卷时，它会自动被设置为扩展磁盘分区，因此在图13-2-10中14GB的未分配空间建立一个10GB的简单卷时，会先将此未分配空间设置为扩展磁盘分区，然后在其中建立一个10GB的简单卷，并赋予一个逻辑驱动器代号，剩余的可用空间（4GB）可以再新建多个简单卷。

新建扩展磁盘分区的步骤与前面建立主分区类似，此处不再重复，图13-2-12为完成后的界面，圈起来的部分就是扩展磁盘分区，其中大约10GB的F: 磁盘就是所建立的简单卷，另外还剩余大约4GB的可用空间。

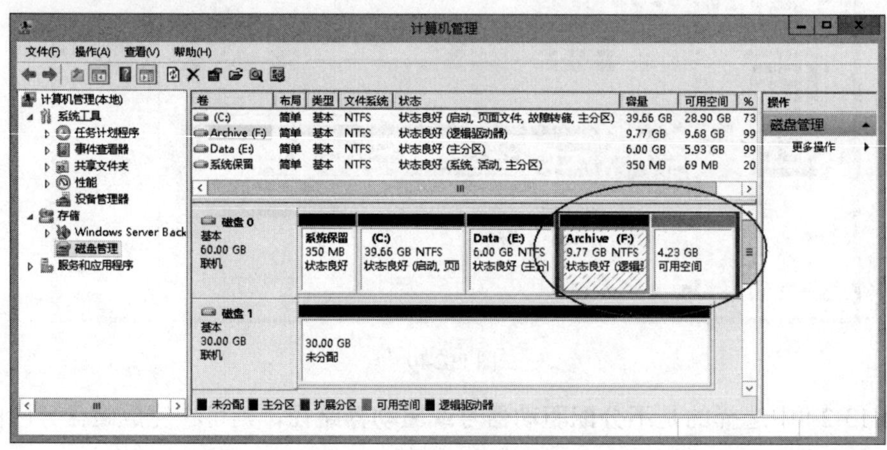

图 13-2-12

附注

只有在建立第4个磁盘分区时才会自动被设置为扩展磁盘分区。若你不希望受限于第4个磁盘分区，请改用**Diskpart.exe**程序。要利用**Diskpart.exe**在图13-2-10中14GB的未分配空间内建立一个10 GB简单卷的话，请打开**命令行**或**Windows PowerShell**，然后依序执行以下指令：**diskpart**、**Select Disk 0**、**create partition extended size=10240**、**exit**、**exit**。

新建逻辑驱动器

我们可以在扩展磁盘分区的可用空间内建立多个逻辑驱动器。

STEP 1 选中图13-2-13中的扩展磁盘分区（绿色区域），右击➲新建简单卷。

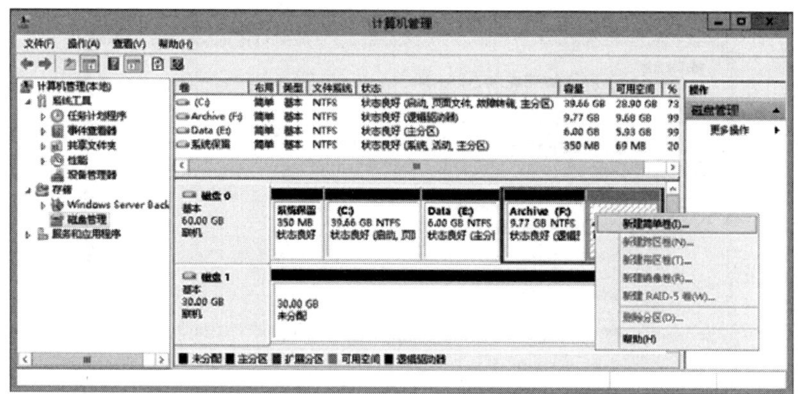

图 13-2-13

STEP 2　出现**欢迎使用新建简单卷向导**界面时单击下一步按钮。

STEP 3　在图13-2-14中设置此磁盘分区的大小后单击下一步按钮。

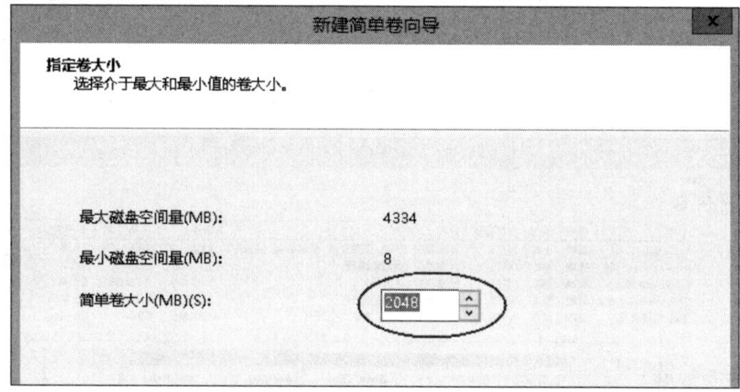

图 13-2-14

STEP 4　在图13-2-15中指定一个驱动器号来代表此磁盘分区后单击下一步按钮（此界面的详细说明可参阅图13-2-8的说明）。

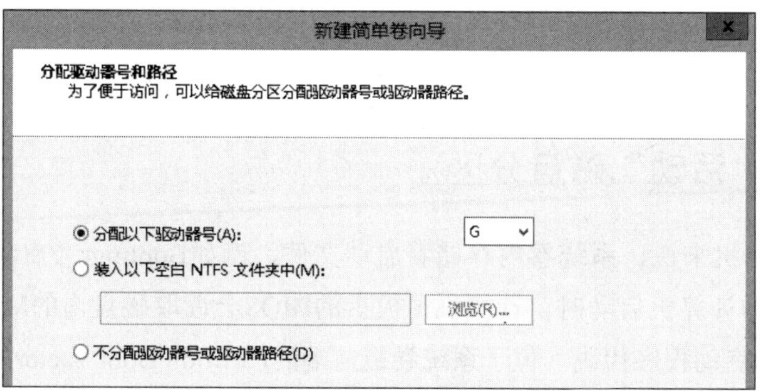

图 13-2-15

STEP 5　在图13-2-16中选择适当的设置值后单击下一步按钮（此界面的详细说明可参阅图13-2-9的说明）。

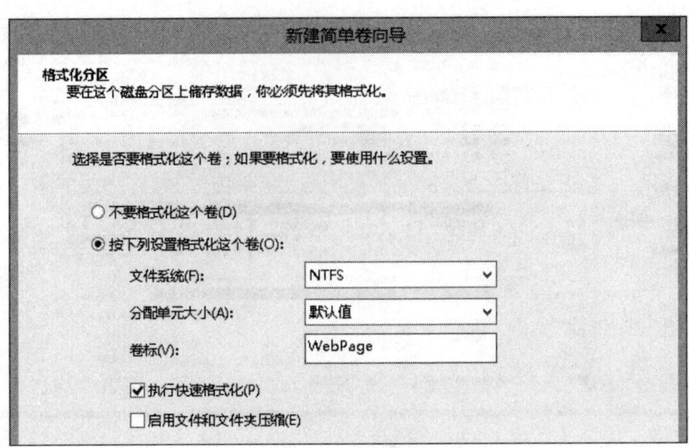

图 13-2-16

STEP 6　出现**完成新建简单卷向导**界面时单击完成按钮。

STEP 7　之后系统会开始将此卷格式化，图13-2-17为完成后的界面（磁盘驱动器G:）。由图中可知此扩展磁盘分区内还有约2GB的可用空间（绿色区域），你可以在此空间内再新建简单卷（逻辑驱动器）。

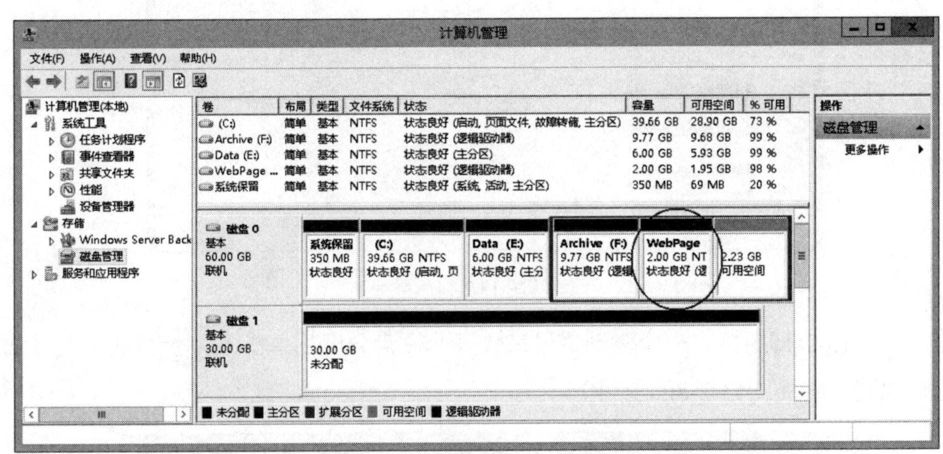

图 13-2-17

13.2.5 指定“活动”磁盘分区

以x86/x64计算机来说，**系统卷**内存储着启动文件，例如Bootmgr（启动管理器）等。使用**BIOS模式**工作的计算机启动时，计算机主板上的BIOS会读取磁盘内的MBR，然后由MBR去读取**系统卷**内的启动程序代码（位于**系统卷**最前端的Partition Boot Sector内），再由此程序代码去读取**系统卷**内启动文件，启动文件再到**活动卷**内加载操作系统文件并启动操作系统。然而因为MBR是到**活动**（active）的磁盘分区去读取启动程序代码，因此必须将**系统卷**设定为**活动**。

以图13-2-18为例，磁盘0中第2个磁盘分区内安装着Windows Server 2012 R2，是**活动卷**；第1个磁盘分区为**系统保留**分区，存储着启动文件，例如Bootmgr（启动管理器），由于是**系统卷**，因此必须是**活动**分区。

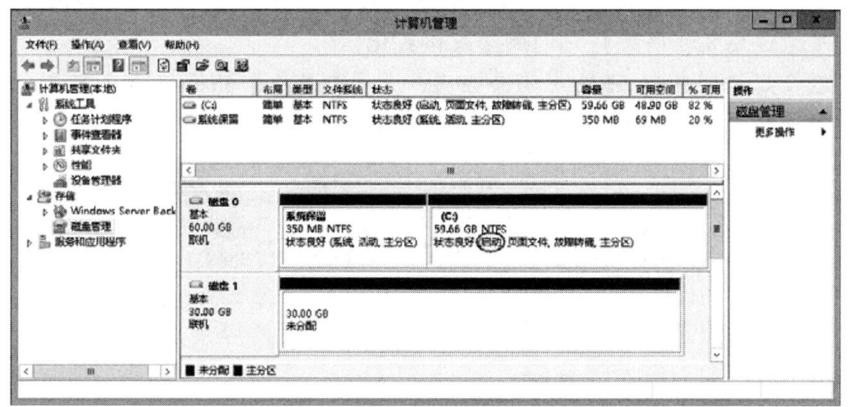

图 13-2-18

注意

若将第2个磁盘分区设置为**活动**，则重新启动计算机时，因为第2个磁盘分区内没有启动文件，所以MBR无法读取到启动文件，界面也会显示**BOOTMGR is missing** 消息，也无法启动Windows Server 2012 R2，此时必须利用其他方法来重新将第1个磁盘分区设置为**活动**，例如利用MS-DOS磁盘或U盘来启动计算机，然后通过FDISK.EXE来设置。你也可以利用Windows Server 2012 R2 DVD光盘来启动计算机，然后通过**修复计算机**选项来修复。

在安装Windows Server 2012 R2时，安装程序会自动建立两个磁盘分区，其中一个为**系统保留**分区，一个用来安装Windows Server 2012 R2（见图13-2-18）。安装程序会将启动文件存储到**系统保留**分区内，并将其设置为**活动**。此磁盘分区扮演的是**系统卷**的角色。若因特殊原因需要将**活动**磁盘分区更改为另外一个主分区，可以【选中该主分区，右击➲将分区标记为活动分区】。

附注

只有主分区可以被设置为**活动**，扩展磁盘分区内的逻辑驱动器无法被设置为**活动**。

13.2.6 磁盘分区的格式化、卷标、转换文件系统与删除

下面说明如何将磁盘分区格式化（format）、如何设置或更改磁盘卷标（label）与如何将FAT/FAT32转换为NTFS文件系统等。

- **格式化**：如果你在建立磁盘分区时并未将其格式化，那么此时可以利用【选中磁盘分区，右击➲格式化】的方法将其格式化。注意，若磁盘分区内已经有数据存在，则格式化后这些数据都将丢失。
  不可以在系统已启动的情况下将**系统卷**或**活动卷**格式化，但是可以在安装操作系统过程中通过安装程序来将它们删除或格式化。
- **添加磁盘卷标**：通过【选中磁盘分区，右击➲属性】的途径为此磁盘分区设置一个易于识别的卷标，如图13-2-19所示。

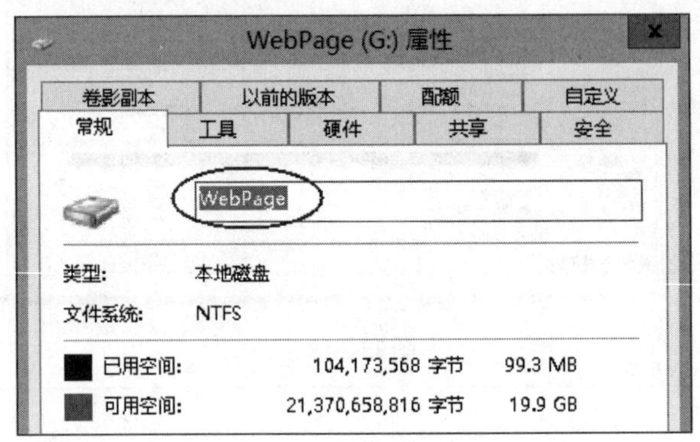

图 13-2-19

- **将FAT/FAT32转换为NTFS文件系统**：可以利用CONVERT.EXE程序将文件系统为FAT/FAT32的卷转换为NTFS（无法转换为ReFS），【按⊞+X键➲命令提示符】或在桌面下单击下方的Windows PowerShell图标，然后执行命令（假设要将磁盘H：转换为NTFS）**CONVERT H: /FS:NTFS**。
- **删除磁盘分区或逻辑驱动器**：可通过【选中该磁盘分区（或卷），右击➲删除磁盘分区（或**删除卷**）】的途径完成。

13.2.7 更改驱动器号及路径

更改驱动器号或磁盘路径时可以【选中卷，右击➲更改驱动器号和路径➲如图13-2-20所示进行操作】。

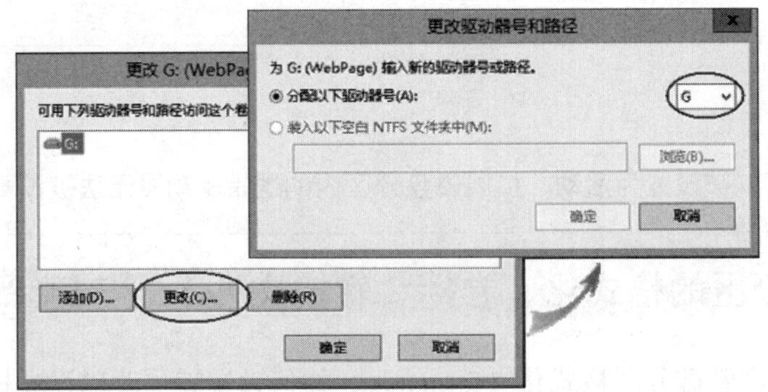

图 13-2-20

注意

（1）请不要随意更改驱动器号，因为有不少应用程序会直接引用盘符来访问数据。如果你更改了驱动器号，那么这些应用程序可能会读不到所需要的数据。

（2）当前正在使用中的**活动卷**的驱动器号是无法更改的。

你也可以通过图13-2-21界面中的**装入以下空白NTFS文件夹中**将一个空文件夹映射到此磁盘分区，例如利用C:\WebPage来代表此磁盘分区，则以后所有要存储到C:\WebPage的文件都会被存储到此磁盘分区内。

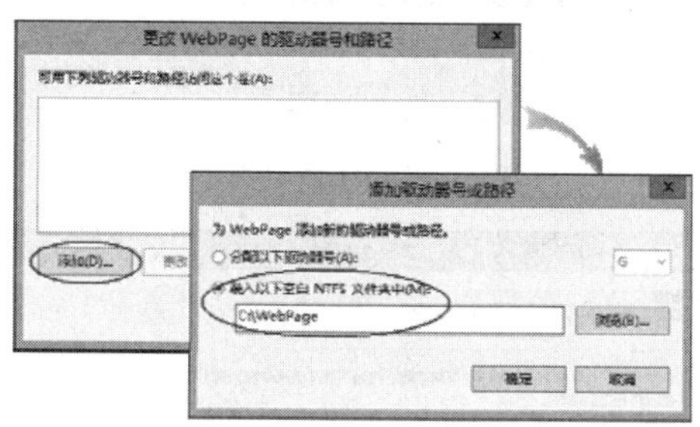

图 13-2-21

13.2.8 扩展基本卷

基本卷可以被扩展，也就是可以将未配置的空间合并到基本卷内，以便扩大其容量，不过需注意以下事项。

- 只有尚未格式化或已被格式化为NTFS、ReFS的卷才可以被扩展，exFAT、FAT32与FAT的卷无法被扩展。
- 新添加的空间，必须是紧跟着此基本卷之后的未分配空间。

假设要扩展图13-2-22中磁盘C:的容量（目前容量约为39.66GB），也就是要将后面20GB的可用空间合并到C:内，合并后的C: 容量为59.66 GB。

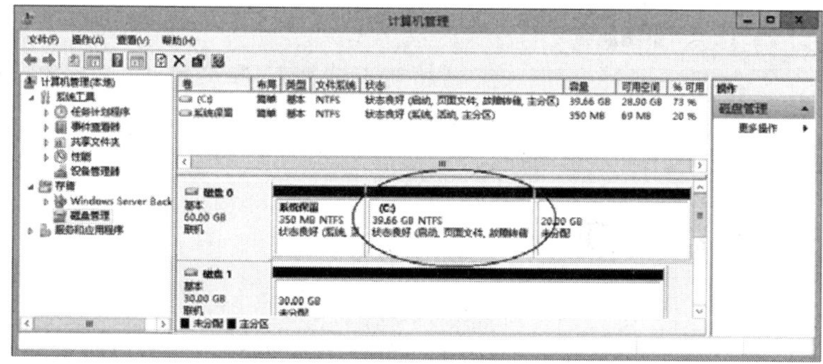

图 13-2-22

【如图13-2-23所示选中磁盘C:，右击➲扩展卷➲如图13-2-24所示设置欲扩展的容量（20480MB）与此容量的来源磁盘（磁盘0）】。图13-2-25为完成后的界面，由图中可看出C:磁盘的容量已被扩大为59.66GB。

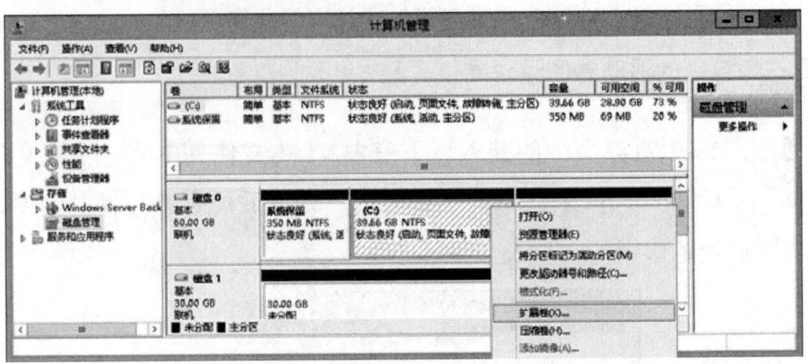

图 13-2-23

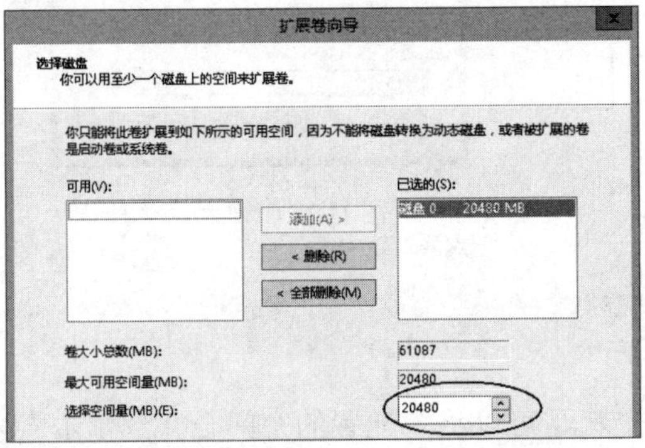

扩展卷向导

选择磁盘

你可以用至少一个磁盘上的空间来扩展卷。

你只能将此卷扩展到如下所示的可用空间，因为不能将磁盘转换为动态磁盘，或者被扩展的卷是启动卷或系统卷。

可用(V):

添加(A) >

< 删除(R)

< 全部删除(M)

已选的(S):

磁盘 0　20480 MB

卷大小总数(MB):　61087

最大可用空间量(MB):　20480

选择空间量(MB)(E):　20480

图 13-2-24

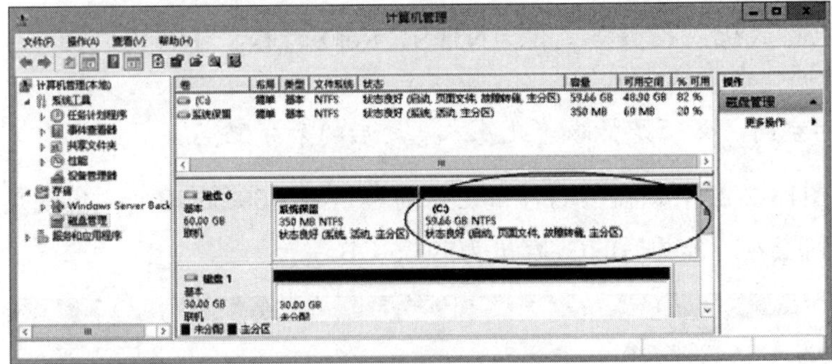

图 13-2-25

13.3　动态磁盘的管理

动态磁盘支持多种类型的动态卷，有的可以提高访问效率，有的可以提供容错功能，有的可以扩大磁盘的使用空间，这些卷包含**简单卷**（simple volume）、**跨区卷**（spanned volume）、

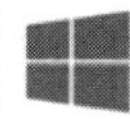

带区卷（striped volume）、**镜像卷**（mirrored volume）、**RAID-5卷**（RAID-5 volume）。其中，简单卷为动态磁盘的基本单位，而其他4种则分别具备着不同的特色，如表13-3-1所示。

表13-3-1

卷种类	磁盘数	可用来存储数据的容量	性能（与单一磁盘比较）	容错
跨区	2~32个	全部	不变	无
带区（RAID-0）	2~32个	全部	读、写都提升许多	无
镜像（RAID-1）	2个	一半	读提升、写稍微下降	有
RAID-5	3~32个	磁盘数 - 1	读提升多、写下降稍多	有

13.3.1 将基本磁盘转换为动态磁盘

你必须先将基本磁盘转换成动态磁盘后才可以在磁盘内建立上述特殊的卷，不过在转换之前请先注意以下事项。

- Administrators或Backup Operators组的成员才有权执行转换操作。
- 在转换之前，请先关闭所有正在执行的程序。
- 一旦转换为动态磁盘后，原有的主分区与逻辑驱动器都会自动被转换成**简单卷**。
- 一旦转换为动态磁盘后，整个磁盘内就不会再有任何的基本卷（主分区或逻辑驱动器）。Windows系统从Windows 2000开始支持动态磁盘，但是Home版本并不支持，例如Window 7与Windows Vista的Home版本。
- 一旦转换为动态磁盘后，就无法直接再将它转换回基本磁盘，除非先删除磁盘内的所有卷，也就是空磁盘才可以被转换回基本磁盘。
- 若一个基本磁盘内同时安装了多套Windows操作系统，也不要将此基本磁盘转成动态磁盘，因为一旦转换为动态磁盘后，则除了目前的操作系统外，可能无法再启动其他操作系统。

将基本磁盘转换为动态磁盘的步骤为：【如图13-3-1所示选中任一个基本磁盘，右击➲转换到动态磁盘➲勾选所有欲转换的基本磁盘➲单击确定按钮➲单击转换按钮】。

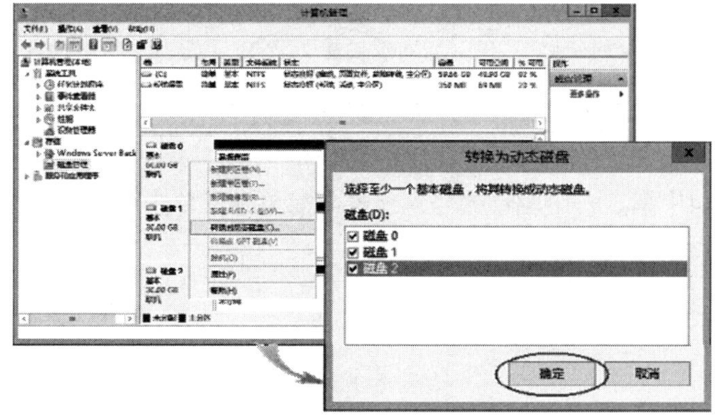

图 13-3-1

13.3.2 简单卷

简单卷是动态卷中的基本单位，地位与基本磁盘中的主分区相当。你可以从一个动态磁盘内选择未分配空间来建立简单卷，并且在必要的时候还可以将此简单卷扩大。

简单卷可以被格式化为NTFS、ReFS、exFAT、FAT32或FAT文件系统，但是要扩展简单卷（扩大简单卷的容量），就必须是NTFS或ReFS。建立简单卷的步骤如下所示。

STEP 1 【如图13-3-2所示选中一块未配置的空间（假设是磁盘1），右击➲新建简单卷】。

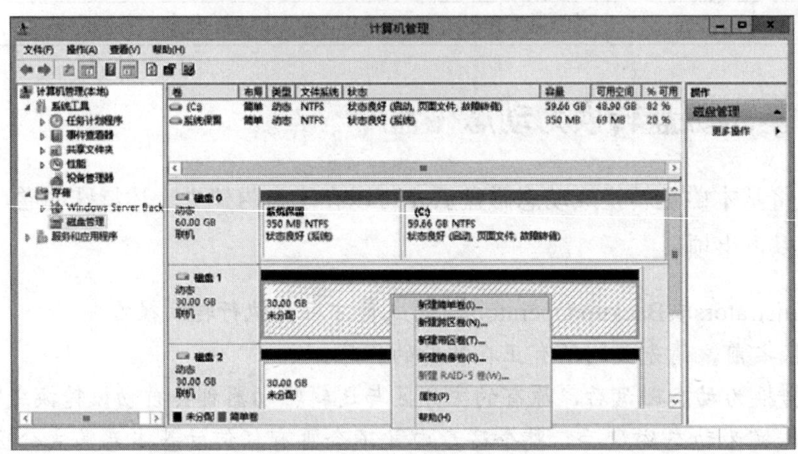

图 13-3-2

STEP 2 出现**欢迎使用新建简单卷向导**界面时单击下一步按钮。

STEP 3 在图13-3-3中设置此简单卷的大小后单击下一步按钮。

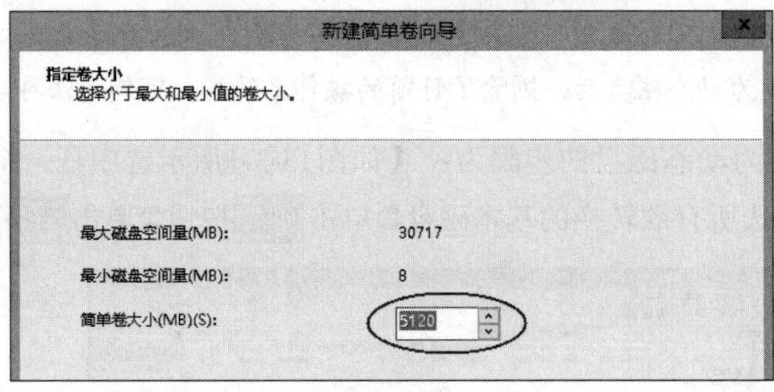

图 13-3-3

STEP 4 在图13-3-4中指定一个驱动器号来代表此简单卷后单击下一步按钮（此界面的详细说明可参阅图13-2-8的说明）。

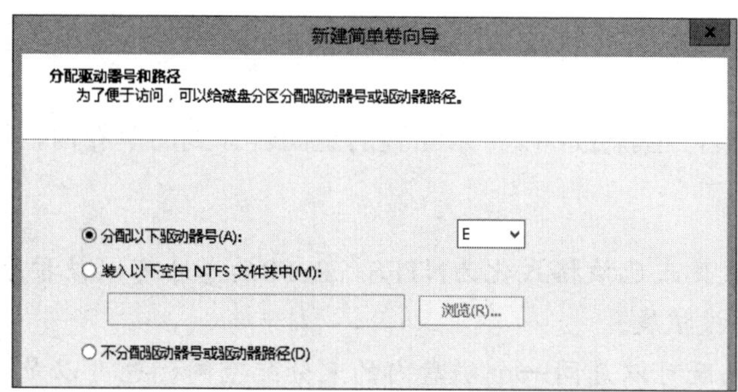

图 13-3-4

STEP 5 在图13-3-5中输入并选择适当的设置值后单击下一步按钮（此界面的详细说明可参阅图13-2-9的说明）。

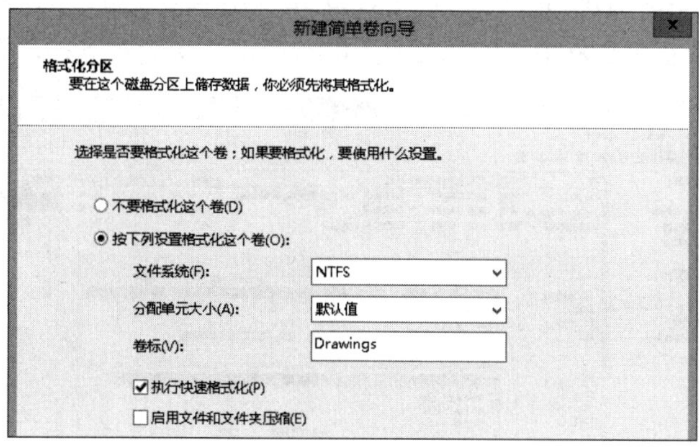

图 13-3-5

STEP 6 出现**完成新建简单卷向导**界面时单击完成按钮。

STEP 7 系统开始格式化此卷。图13-3-6为完成后的界面，图中的E:就是我们所建立的简单卷，其右边为剩余的未分配空间。

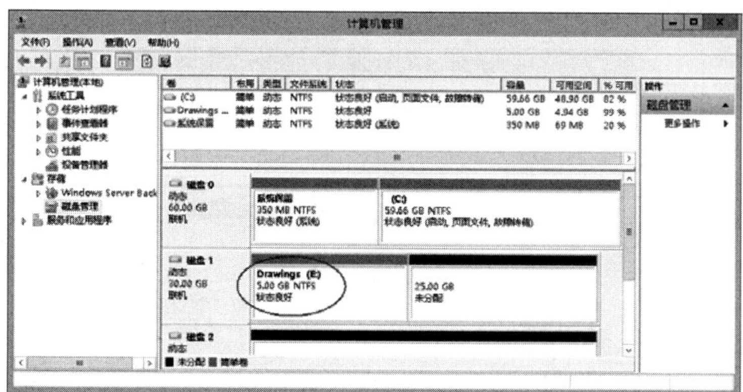

图 13-3-6

13.3.3 扩展简单卷

简单卷可以被扩展，也就是可以将未配置的空间合并到简单卷内，以便扩大其容量，不过请注意以下事项。

- 只有尚未格式化或已被格式化为NTFS、ReFS的卷才可以被扩展，exFAT、FAT32与FAT的卷无法被扩展。
- 新增加的空间既可以是同一个磁盘内的未分配空间，也可以是另外一个磁盘内的未分配空间。若是将简单卷扩展到另外一个磁盘的未分配空间内，则会变成**跨区卷**（spanned volume）。简单卷可以成为**镜像卷**、**带区卷**或**RAID-5卷**的成员之一，但在变成**跨区卷**后，就不具备此功能了。

假设我们要从图13-3-7的磁盘1中未配置的25GB取用3GB并将其加入简单卷E:，也就是将容量为5GB的简单卷E:扩大到8GB，可以如图13-3-7所示选中简单卷E:，右击➲扩展卷。

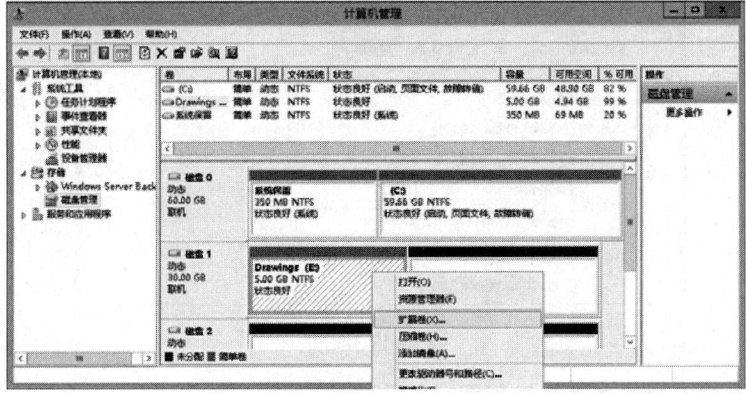

图 13-3-7

然后在图13-3-8中输入欲扩展的容量（3072MB）与此容量的来源磁盘（磁盘1）。图13-3-9为完成后的界面，其中E:磁盘的容量已被扩大。

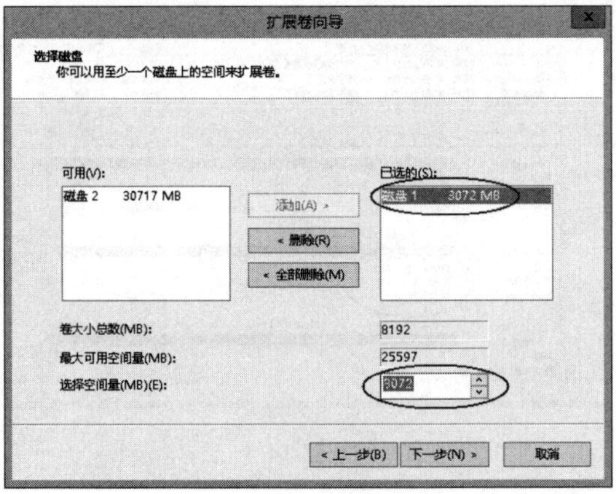

图 13-3-8

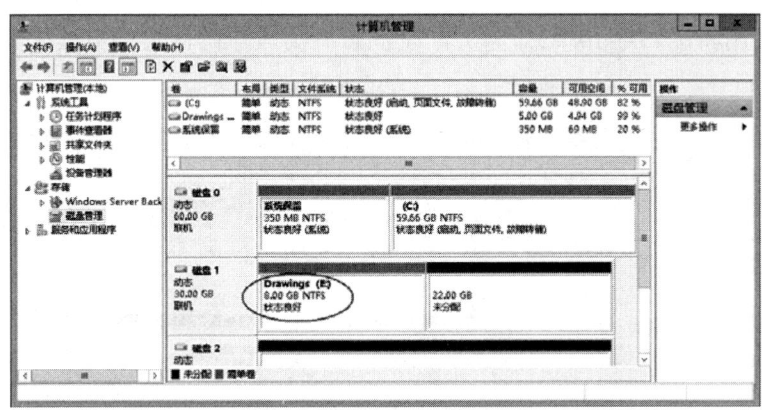

图 13-3-9

13.3.4 跨区卷

跨区卷（spanned volume）是由数个位于不同磁盘的未分配空间所组成的一个逻辑卷，也就是说你可以将数个磁盘内的未分配空间合并成一个跨区卷，并赋予一个共同的驱动器号。跨区卷具备以下特性。

- 你可以将动态磁盘内多个剩余的、容量较小的未分配空间合并为一个容量较大的跨区卷，以便有效率地利用磁盘空间。

> **附注**
>
> 跨区卷与现在很多计算机主板所提供的JBOD（Just a Bunch of Disks）功能类似，通过JBOD可以将多个磁盘组成一个磁盘来使用。

- 你可以选用从2到32磁盘内的未分配空间来组成跨区卷。
- 组成跨区卷的每一个成员容量大小可以不相同。
- 组成跨区卷的成员中不可以包含**系统卷与活动卷**。
- 系统在将数据存储到跨区卷时会先存储到其成员中的第1个磁盘内，待其空间用尽才会将数据存储到第2个磁盘，依此类推。
- 跨区卷不具备提高磁盘访问效率的功能。
- 跨区卷不具备容错的功能，换句话说，成员当中任何一个磁盘故障时整个跨区卷内的数据都将跟着丢失。
- 跨区卷无法成为镜像卷、带区卷或RAID-5卷的成员。
- Windows Server 2012（R2）的跨区卷可以被格式化成NTFS或ReFS格式。
- 你可以将其他未分配空间加入到跨区卷内，以便扩展其容量。
- 整个跨区卷是被视为一体的，你无法将其中任何一个成员独立出来使用，除非先将整个跨区卷删除。

下面我们利用将图13-3-10中3个未分配空间合并为一个跨区卷的方式来说明如何建立跨区卷。

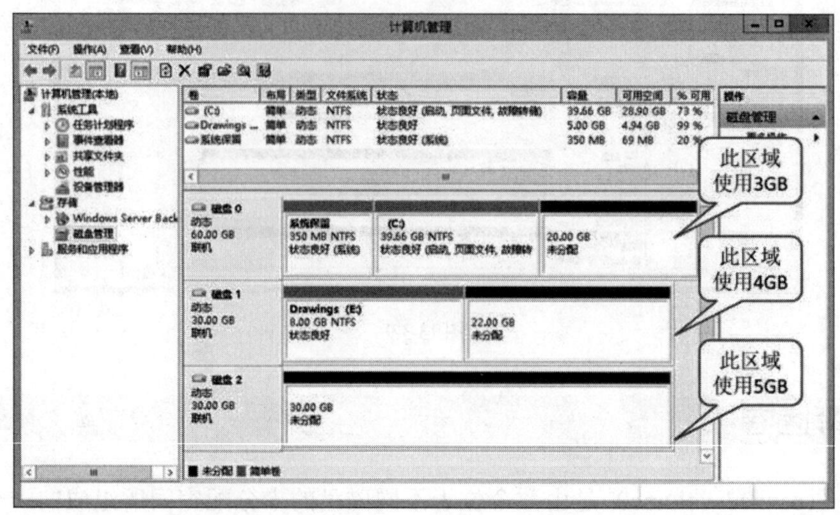

图 13-3-10

STEP 1 选中图13-3-10中3个未分配空间中的任何一个（例如磁盘1），右击➲新建跨区卷。

STEP 2 出现**欢迎使用新建跨区卷向导**界面时单击下一步按钮。

STEP 3 如图13-3-11所示从磁盘0、1、2中分别选用3 GB、4 GB、5 GB的容量（根据图13-3-10的要求）后单击下一步按钮。

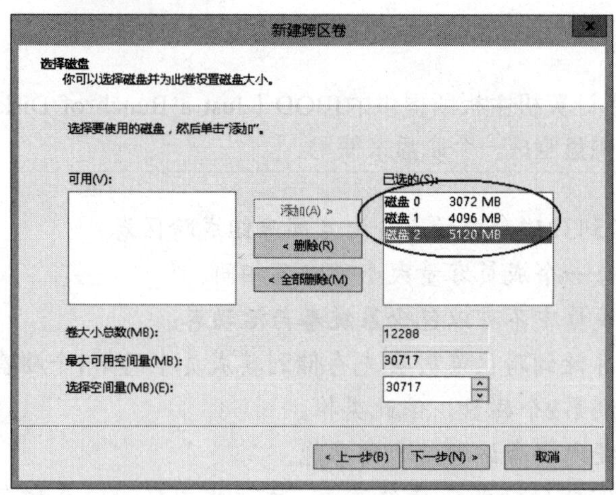

图 13-3-11

STEP 4 在图13-3-12中指定一个驱动器号来代表此跨区卷。完成后单击下一步按钮（此界面的详细说明可参阅图13-2-8的说明）。

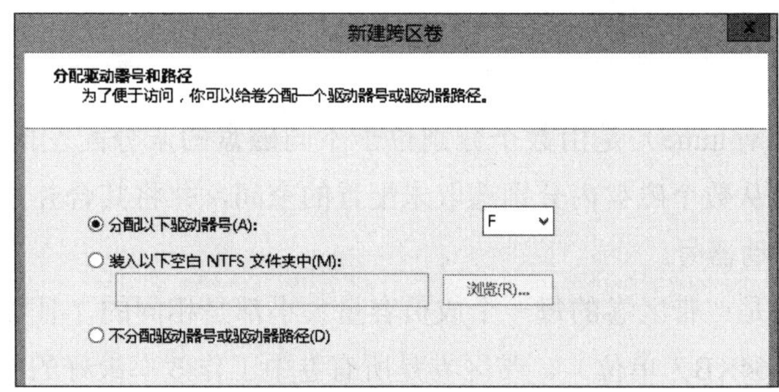

图 13-3-12

STEP 5 在图13-3-13中输入并选择适当的设置值后单击下一步按钮（此界面的详细说明可参阅图13-2-9的说明）。

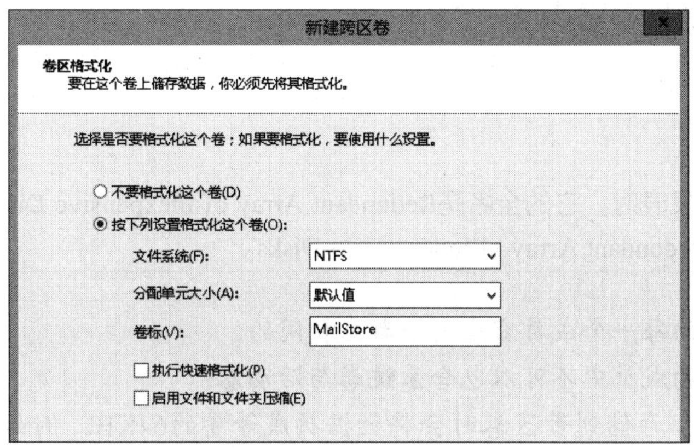

图 13-3-13

STEP 6 出现**正在完成新建跨区卷向导**界面时单击完成按钮。

STEP 7 系统开始建立与格式化此跨区卷。图13-3-14为完成后的界面，图中的F: 磁盘就是跨区卷，分布在3个磁盘内，总容量为12GB。

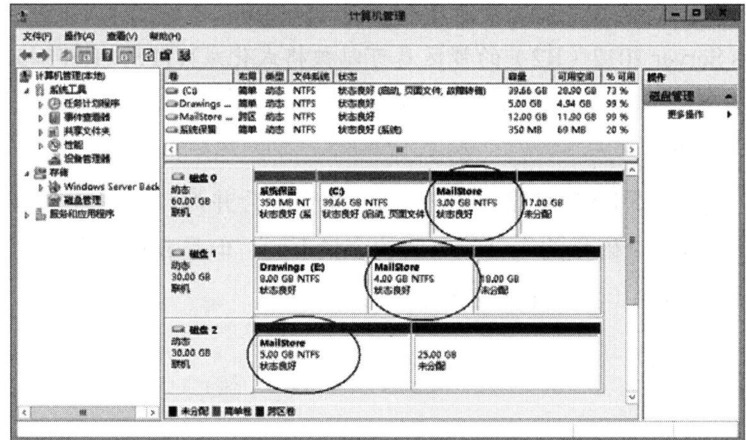

图 13-3-14

13.3.5 带区卷

带区卷（striped volume）是由数个分别位于不同磁盘的未分配空间所组成的一个逻辑卷，也就是说你可以从数个磁盘内分别选取未配置的空间，并将其合并成为一个带区卷，然后赋予一个共同的驱动器号。

与跨区卷不同的是：带区卷的每一个成员容量大小都是相同的，且数据写入时是平均写到每一个磁盘内（以64KB为单位）。带区卷是所有卷中工作效率最好的卷。带区卷具备以下特性。

- 你可以从2到32磁盘内分别选用未分配空间来组成带区卷，这些磁盘最好都是相同的制造商、相同的型号。
- 带区卷使用RAID-0技术。

> **附注**
>
> 当初RAID技术发表时，它的全名是Redundant Array of Inexpensive Disks，不过现在比较常用的全名是Redundant Array of Independent Disks。

- 组成带区卷的每一个成员容量大小都是相同的。
- 组成带区卷的成员中不可以包含**系统卷与活动卷**。
- 系统在将数据存储到带区卷时会将数据拆成等量的64KB。例如，若是由5个磁盘组成的带区卷，则系统会将数据拆成每5个64KB为一组，每一次将一组5个64KB的数据分别写入5个磁盘内，一直到所有数据都写入到磁盘为止。这种方式是所有磁盘同时在工作，因此可以提高磁盘的访问效率。
- 带区卷不具备容错功能，换句话说，成员当中任何一个磁盘出现故障时，整个带区卷内的数据都将跟着丢失。
- 带区卷一旦被建立好，就无法再被扩展（extend），除非将其删除后再重建。
- Windows Server 2012（R2）的带区卷可以被格式化成NTFS或ReFS格式。
- 整个带区卷是被视为一体的，无法将其中任何一个成员独立出来使用，除非先将整个带区卷删除。

下面利用将图13-3-15中3个磁盘内的3个未分配空间合并为一个带区卷的方式来说明如何建立带区卷。图中虽然3个磁盘的未分配空间的容量不同，但是我们会在建立带区卷的过程中从各磁盘内选用相同容量（以7 GB为例）。

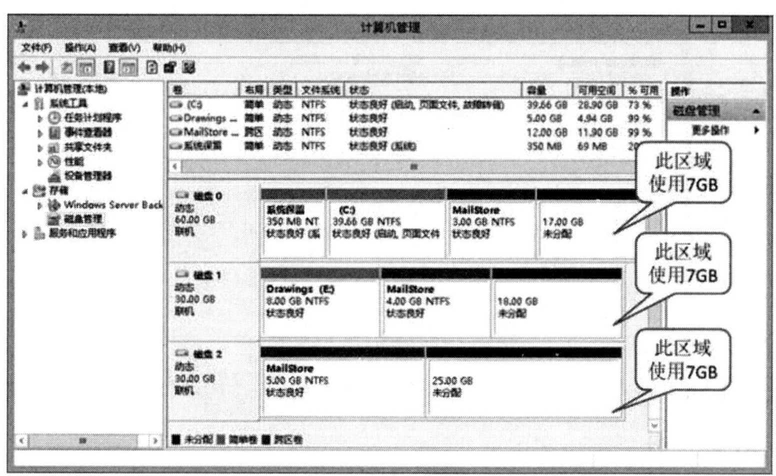

图 13-3-15

STEP 1 选中图13-3-15中3个未分配空间中的任何一个（例如磁盘1），右击➲新建带区卷。

STEP 2 出现**欢迎使用新建带区卷向导**界面时单击下一步按钮。

STEP 3 分别从图13-3-16的各磁盘中选取7168MB（7GB），因此这个带区卷的总容量为21504MB（21 GB）。完成后单击下一步按钮。

> **附注**
>
> 若某个磁盘内没有超过7 GB的连续可用空间，但是却有多个不连续的未分配空间，总容量足够7 GB，则此磁盘也可以成为带区卷的成员。

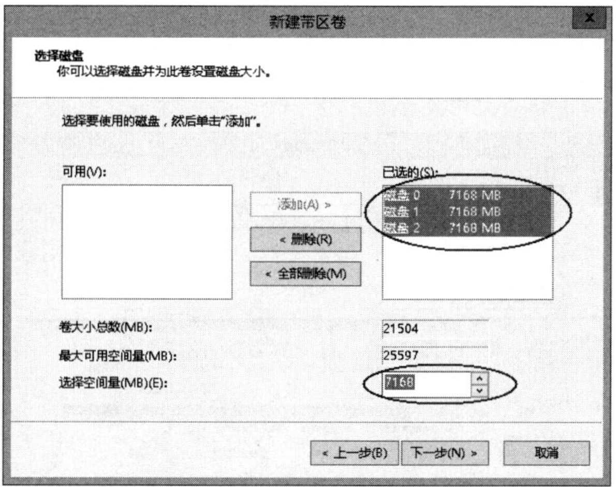

图 13-3-16

STEP 4 在图13-3-17中指定一个驱动器号来代表这个带区卷。完成后单击下一步按钮（此界面的详细说明可参阅图13-2-8的说明）。

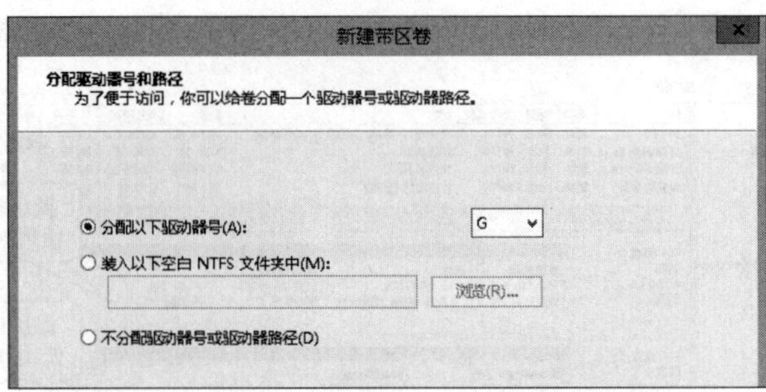

图 13-3-17

STEP 5 在图13-3-18中输入并选择适当的设置值后单击下一步按钮（此界面的详细说明可参阅图13-2-9的说明）。

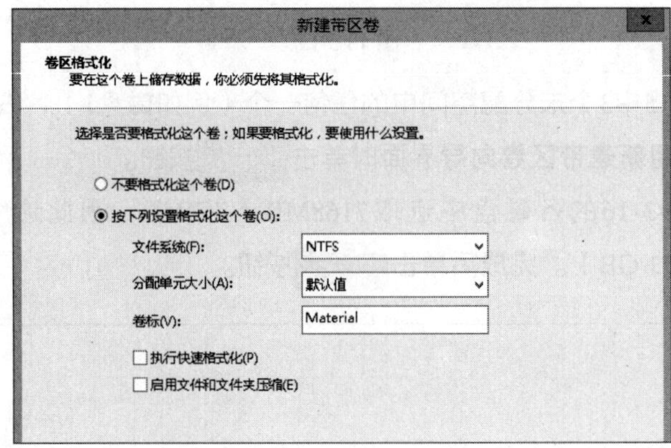

图 13-3-18

STEP 6 出现**正在完成新建带区卷向导**界面时单击完成按钮。

STEP 7 之后系统会开始建立与格式化此带区卷。图13-3-19为完成后的界面，图中G: 磁盘就是带区卷，它分布在3个磁盘内，并且在每一个磁盘内所占用的容量都相同（7GB）。

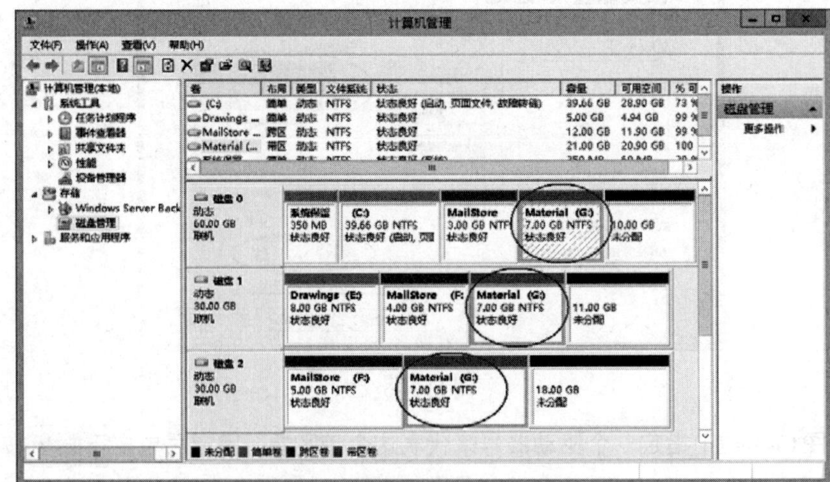

图 13-3-19

13.3.6 镜像卷

镜像卷（mirrored volume）具备容错的功能。你可以将一个简单卷与另一个未分配空间组成一个镜像卷，或将两个未配置的空间组成一个镜像卷，然后给予一个逻辑驱动器代号。这两个区域内将存储完全相同的数据，当有一个磁盘故障时，系统仍然可以使用另一个正常磁盘内的数据，因此它具备容错的能力。镜像卷具备以下特性。

- 镜像卷的成员只有2个，并且需要位于不同的动态磁盘内。你可以选择一个简单卷与一个未配置的空间或两个未配置的空间来组成镜像卷。
- 若是选择将一个简单卷与一个未分配空间来组成镜像卷，则系统在建立镜像卷的过程中会将简单卷内的现有数据复制到另一个成员中。
- 镜像卷使用RAID-1技术。
- 组成镜像卷的2个卷的容量大小是相同的。
- 组成镜像卷的成员中可以包含**系统卷**与**活动卷**。
- 镜像卷的成员中不可以包含**GPT磁盘**的**EFI系统磁盘分区（ESP）**。
- 系统将数据存储到镜像卷时会将一份相同的数据同时存储到两个成员中。当有一个磁盘故障时，系统仍然可以使用另一个磁盘内的数据，因此具备容错的能力。
- 系统在将数据写入镜像卷时，必须多花费一些时间将一份数据同时写到2个磁盘内，故镜像卷的写入效率稍微差一点，因此为了提高镜像卷的写入效率，建议将两个磁盘分别连接到不同的磁盘控制器（controller），也就是采用**Disk Duplexing**架构，此架构也可增加容错功能，因为即使一个控制器故障，系统仍然可利用另外一个控制器来读取另外一台磁盘内的数据。

  在读取镜像卷的数据时，系统可以同时从2个磁盘来读取不同部分的数据，因此可减少读取的时间，提高读取的效率。若其中一个成员故障，则镜像卷的效率将恢复为平常只有一个磁盘时的状态。
- 由于镜像卷的磁盘空间有效使用率只有50%（因为两个磁盘内存储重复的数据），因此每一兆字节的单位存储成本都较高。
- 镜像卷一旦被建立好就无法再被扩展（extend）。
- Windows Server 2012（R2）、Windows Server 2008（R2）、Windows Server 2003（R2）等服务器级别的系统均支持镜像卷。
- Windows Server 2012（R2）的镜像卷可被格式化成NTFS或ReFS格式。不过也可以选择将一个现有的FAT32简单卷与一个未分配空间来组成镜像卷。
- 整个镜像卷是被视为一体的，若想将其中任何一个成员独立出来使用，则先中断镜像关系，或删除镜像，或删除此镜像卷。

建立镜像卷

下面利用将图13-3-20中磁盘1的简单卷F: 与磁盘2的未分配空间组成一个镜像卷的方式来

说明如何创建镜像卷（也可以利用两个未配置的空间来建立镜像卷）。

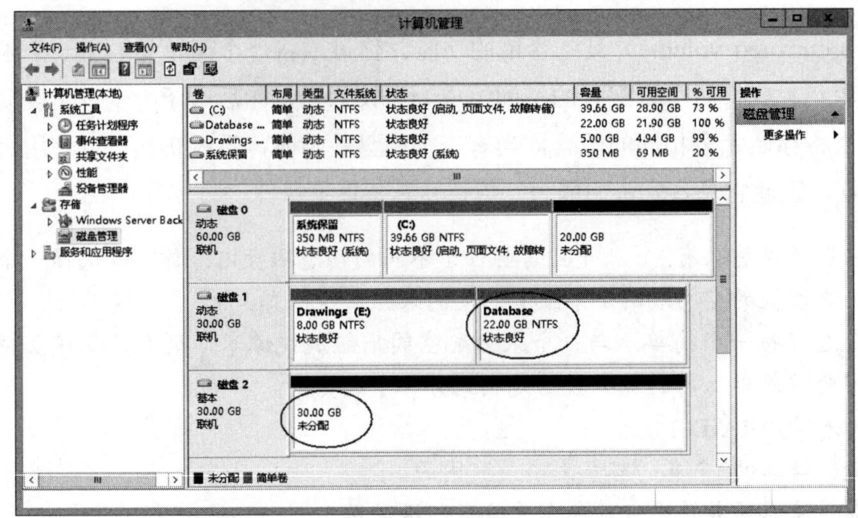

图 13-3-20

STEP 1 选中图13-3-20中的简单卷F:，右击➲添加镜像（若是选中未配置的空间后右击，则“添加镜像”改为“新建镜像卷”）。

STEP 2 在图13-3-21中选择**磁盘2**后单击添加镜像按钮。

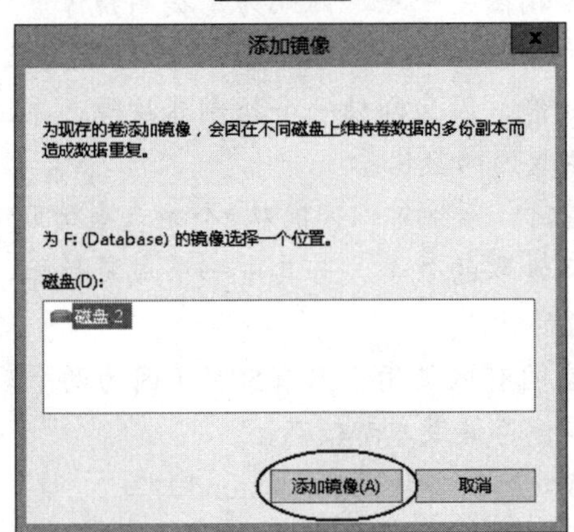

图 13-3-21

Q 为何在图13-3-21中无法选择磁盘0呢?

A 因为在图13-3-20中是针对简单卷F: 来建立镜像卷，容量为22GB，且已包含数据，而建立镜像卷时需将 F: 的数据复制到另一个未分配空间，然而磁盘0的未分配空间的容量不足（仅20GB），故无法选择磁盘0（若系统找不到容量足够的未分配空间，则右击简单卷后无法选择**添加镜像**）。

STEP 3 之后系统会如图13-3-22所示在磁盘2的未分配空间内建立一个与磁盘1的F: 磁盘相同容量的简单卷，且开始将磁盘1的F: 磁盘内的数据复制到磁盘2内的F: 内（同步），完成后的镜像卷F: 分布在2个磁盘内，且2个磁盘内的数据是相同的。

附注

若磁盘2尚未被转换为动态磁盘，则系统在建立**镜像卷**时会自动转换。

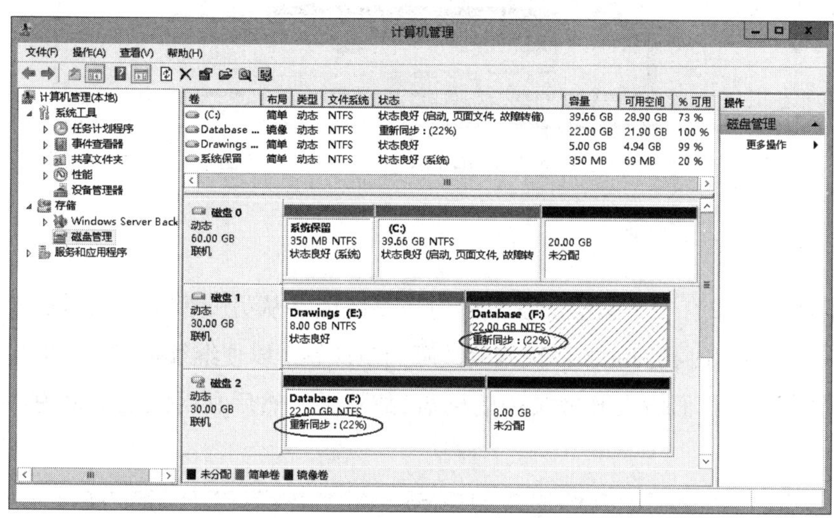

图 13-3-22

中断镜像卷、删除镜像与删除镜像卷

整个镜像卷是被视为一体的，要将其中任何一个成员独立出来使用的话，可以通过以下方法之一来完成。

- **中断镜像卷**：【选中镜像卷，右击➲如图13-3-23所示选择**中断镜像卷**】。中断后，原来的两个成员都会被独立成简单卷，且其中的数据都会保留。其中一个卷的驱动器号会沿用原来的编号，而另一个卷则会被改为下一个可用的驱动器号。
- **删除镜像**：通过【选中镜像卷，右击➲删除镜像（见图13-3-23中的选项）】可以将镜像卷中的一个成员删除，被删除的成员数据将被删除，且其所占用的空间会被改为未分配空间。另一个成员内的数据会被保留。
- **删除镜像卷**：利用【选中镜像卷，右击➲删除卷（见图13-3-23中的选项）】可以将镜像卷删除。它会将两个成员内的数据都删除，并且两个成员都会变成未分配空间。

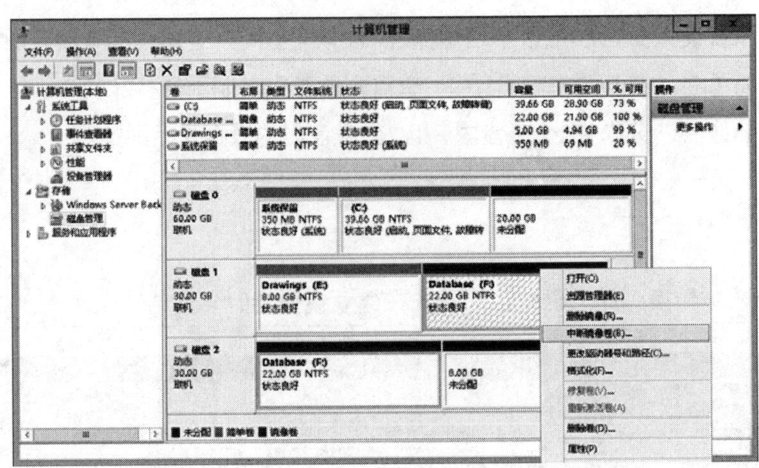

图 13-3-23

修复镜像卷

镜像卷的成员之中有一个磁盘出现故障时，系统能够从另一个正常的磁盘来读取数据，但却丧失容错功能，此时我们应该尽快修复故障的镜像卷，以便继续提供容错功能。图13-3-24的F: 磁盘为镜像卷，我们假设其成员中的磁盘2故障了，然后利用此范例来说明如何修复镜像卷。

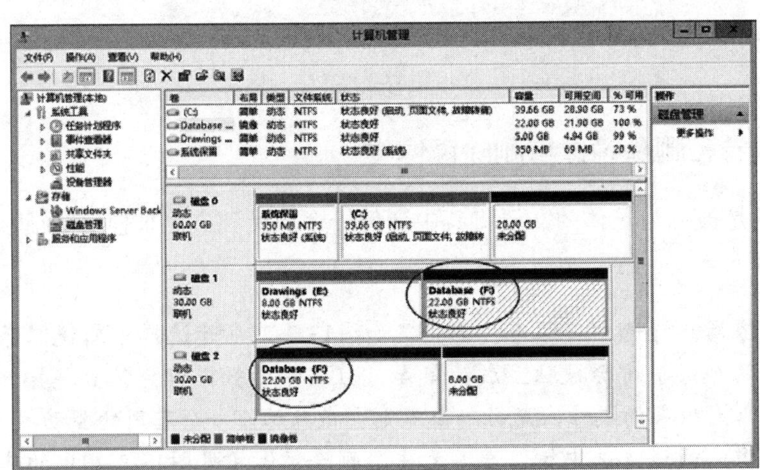

图 13-3-24

STEP 1 关机后从计算机内取出故障的磁盘2。

STEP 2 将新的磁盘（假设容量与故障的磁盘相同）安装到计算机内、重新启动计算机。

STEP 3 切换到**开始**菜单➲管理工具➲计算机管理➲存储➲磁盘管理。

STEP 4 在自动弹出的图13-3-25中选择将新安装的磁盘2初始化，选择磁盘分区形式后单击确定按钮（若未自动弹出此界面，可【选中新磁盘，右击➲联机➲选中新磁盘，右击➲初始化磁盘】）。

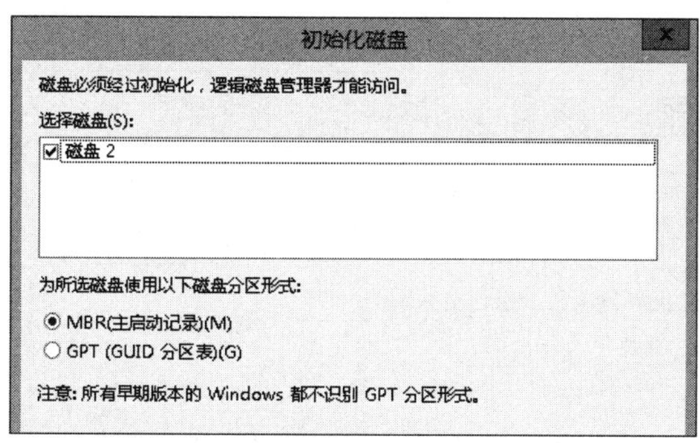

图 13-3-25

STEP 5 之后将出现图13-3-26的界面，其中的磁盘2为新安装的磁盘，而原故障磁盘2被显示在界面的最下方（上面有**丢失**两个字）。

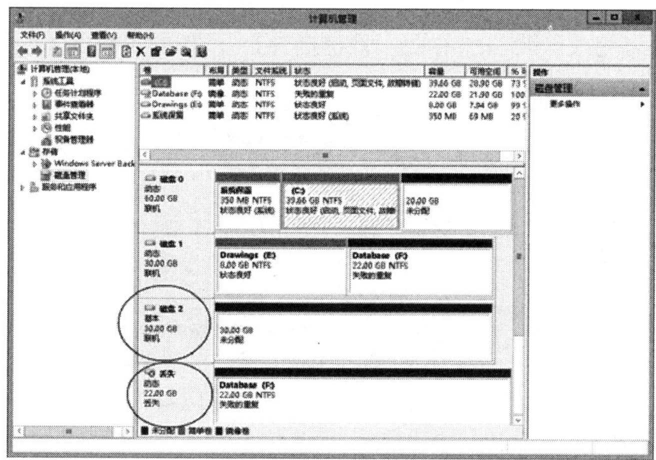

图 13-3-26

STEP 6 如图13-3-27所示，【选中有**失败的重复**字样的任何一个F: 磁盘，右击➲删除镜像】。

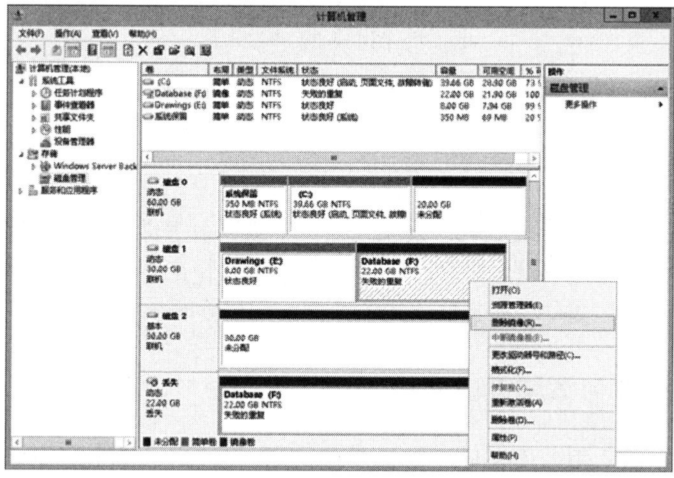

图 13-3-27

STEP 7 在图13-3-28中选择**丢失**磁盘后单击删除镜像、是（Y）按钮。

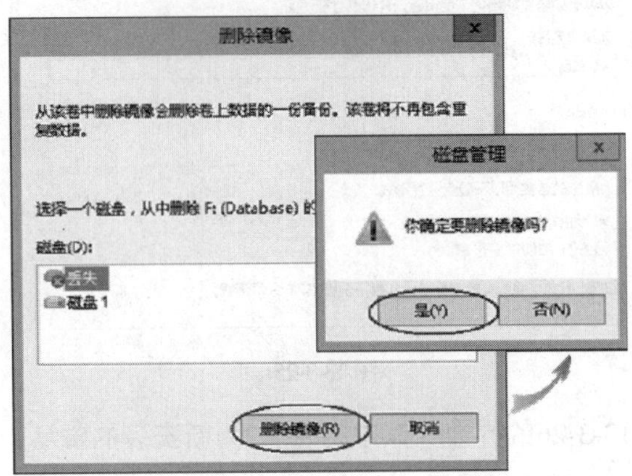

图 13-3-28

STEP 8 图13-3-29为完成删除后的界面，请重新将F: 与新的磁盘2的未分配空间组成镜像卷（参考前面所介绍的步骤）。

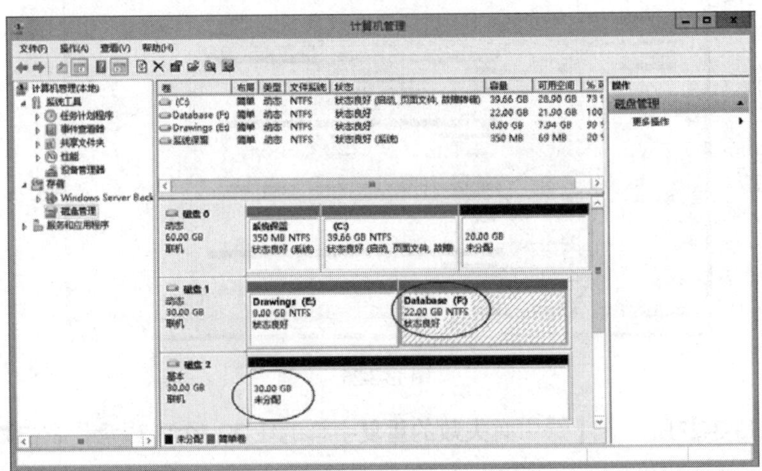

图 13-3-29

> **注意**
>
> 若磁盘并未故障，但却出现**脱机**、**丢失**或**联机（错误）**字样时，可尝试【选中该磁盘，右击➲重新启动磁盘】来将其恢复正常。但若该磁盘经常出现**联机（错误）**字样，则此磁盘可能快要坏了，请尽快备份磁盘内的数据，然后换一块新磁盘。

修复包含系统卷与活动卷的镜像卷

如图13-3-30所示的C:磁盘为镜像卷，也是**活动卷**（安装Windows Server 2012 R2的磁盘分区），因此以后每次启动计算机时，系统都会显示如图13-3-31的操作系统选项列表，其中第

1个选项是磁盘0 内的Windows Server 2012 R2，而第2个选项是磁盘1内的Windows Server 2012 R2，系统默认会通过第1选项（磁盘0）来启动Windows Server 2012 R2，并由它来启动镜像功能。

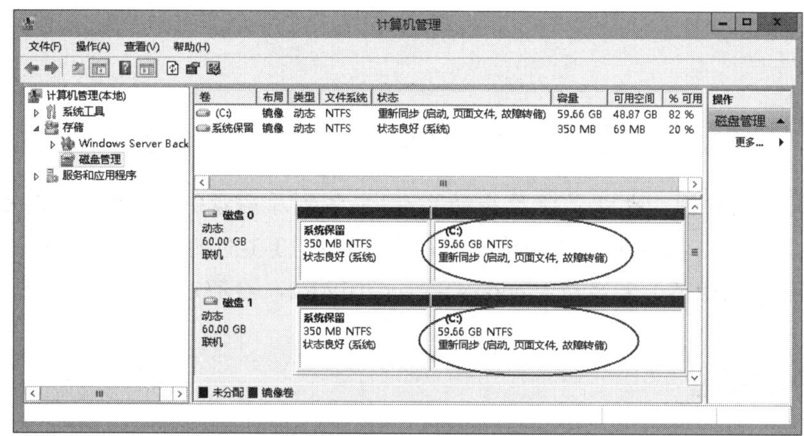

图 13-3-30

图13-3-31中两个磁盘的第1个磁盘分区（扮演**系统卷**角色的**系统保留**区）也是镜像卷。

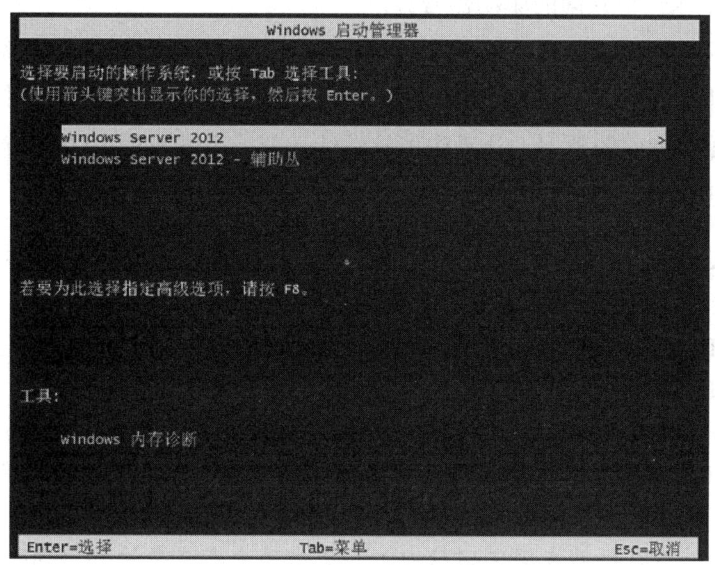

图 13-3-31

若磁盘0故障，虽然系统仍然可以正常运行，但是丧失了容错功能。而且若未将故障的磁盘0从计算机内取出，则重新启动计算机时将无法启动Windows Server 2012 R2，因为一般计算机在启动时，其BIOS会通过磁盘0来启动系统，然而磁盘0已经故障了。即使更换一块新磁盘，BIOS仍然会尝试从新磁盘0来启动系统，所以必然启动失败，因为新磁盘0内没有任何数据。此时可以采用以下方法之一来解决问题并重新建立镜像卷，以便继续提供容错功能。

- 更改BIOS设置，让计算机从磁盘1来启动，当出现图13-3-31的界面时，选择列表中的第2个选项（辅助丛）来启动Windows Server 2012 R2，启动完成后再重新建立镜像卷。完成后，可自行决定是否要将BIOS改回从磁盘0来启动。

> **附注**
>
> 少数计算机的BIOS不让用户更改启动磁盘。

- 将两块磁盘对调，也就是将原来的磁盘1安装到原磁盘0的位置、将新磁盘安装到原磁盘1的位置，然后重新启动计算机，当出现图13-3-31的界面时，请选择列表中的第2个选项（辅助丛）来启动Windows Server 2012 R2，启动完成后再重新建立镜像卷。

13.3.7 RAID-5卷

RAID-5卷与带区卷有一点类似，它也是将数个分别位于不同磁盘的未分配空间组成的一个逻辑卷。也就是说你可以从多块磁盘内分别选取未配置的空间，并将其合并成为一个RAID-5卷，然后赋予一个共同的驱动器号。

与带区卷不同的是：RAID-5在存储数据时会另外根据数据内容计算出其**同位数据**（parity），并将同位数据一并写入到RAID-5卷内。当某个磁盘故障时，系统可以利用同位数据推算出该故障磁盘内的数据，让系统能够继续运行。也就是说RAID-5卷具备容错能力。RAID-5卷具备以下特性。

- 你可以从3到32磁盘内分别选用未分配空间来组成RAID-5卷，这些磁盘最好都是相同的制造商、相同的型号。
- 组成RAID-5卷的每一个成员的容量大小都是相同的。
- 组成RAID-5卷的成员中不可以包含**系统卷与活动卷**。
- 系统在将数据存储到RAID-5卷时会将数据拆成等量的64KB。例如，若是由5个磁盘组成RAID-5卷，则系统会将数据拆成每5个64KB为一组，每一次将一组5个64KB的数据与其同位数据分别写入5 个磁盘内，一直到所有的数据都写入到磁盘为止。
- 同位数据并不是存储在固定磁盘内，而是依序分布在每块磁盘内，例如第一次写入时是存储在磁盘0、第二次是存储在磁盘1……依序类推，存储到最后一个磁盘后，再从磁盘0开始存储。
- 当某个磁盘故障时，系统可以利用同位数据推算出故障磁盘内的数据，让系统能够继续读取RAID-5卷内的数据，也就是说RAID-5卷具备容错功能，不过只有在一个磁盘故障的情况下RAID-5卷才提供容错功能，如果同时有多个磁盘故障，那么系统将无法读取RAID-5卷内的数据。

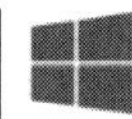

附注

RAID-6则具备在2个磁盘故障的情况下仍然可以正常工作的能力。

- 在写入数据时必须多花费时间计算同位数据，因此其写入效率一般会比镜像卷低（视RAID-5磁盘成员的数量多少而异）。不过读取效率比镜像卷好，因为它会同时从多个磁盘来读取数据（读取时不需要计算同位数据）。如果其中一个磁盘出现故障，那么此时虽然系统仍然可以继续读取RAID-5卷内的数据，但是必须耗用不少系统资源（CPU时间与内存）来算出故障磁盘的内容，故效率会降低。
- RAID-5卷的磁盘空间有效使用率为（n-1）/n，n为磁盘的数目。例如，利用5个磁盘来建立RAID-5卷，因为必须利用1/5的磁盘空间来存储同位数据，磁盘空间有效使用率为4/5，所以每一兆字节的单位存储成本比镜像卷低（其磁盘空间有效使用率为1/2）。
- RAID-5卷一旦被建立好就无法再被扩展（extend）。
- Windows Server 2012（R2）、Windows Server 2008（R2）、Windows Server 2003（R2）等服务器级别的系统皆支持RAID-5卷。
- Windows Server 2012（R2）的RAID-5卷可被格式化成NTFS或ReFS格式。
- 整个RAID-5卷是被视为一体的，无法将其中任何一个成员独立出来使用，除非先将整个RAID-5卷删除。

建立 RAID-5 卷

下面利用将图13-3-32中3个未分配空间组成一个RAID-5卷的方式来说明如何建立RAID-5卷。虽然目前这3个空间的大小不同，但是我们会在建立卷的过程中从各磁盘内选用相同的容量（以8GB为例）。

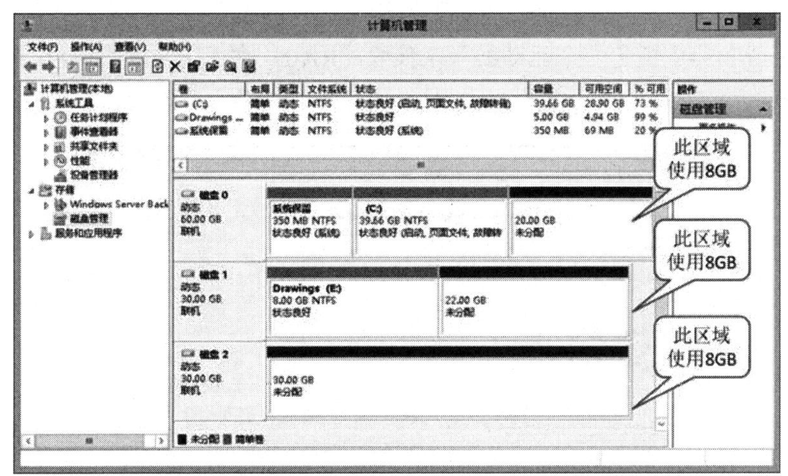

图 13-3-32

STEP 1 选中图13-3-32中的未分配空间（例如磁盘1的未分配空间），右击➲新建RAID-5卷。

STEP 2 出现**欢迎使用新建RAID-5卷向导**界面时单击下一步按钮。

STEP 3 在图13-3-33中分别从磁盘0、1、2选取8192MB（8GB）的空间，也就是这个RAID-5卷的总容量应该是24576MB（24 GB），不过因为需要1/3的容量（8GB）来存储同位数据，所以实际可存储数据的有效容量为16384MB（16GB）。完成后单击下一步按钮。

附注

若某个磁盘内没有超过8 GB的连续可用空间，但是有多个不连续的未分配空间，总容量足够8 GB，则此磁盘也可以成为RAID-5卷的成员。

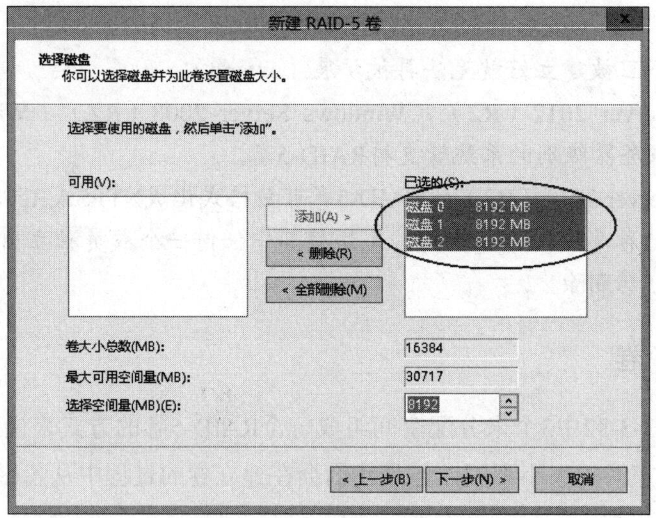

图 13-3-33

STEP 4 在图13-3-34中指定一个驱动器号来代表此RAID-5卷后单击下一步按钮（此界面的详细说明可参阅图13-2-8的说明）。

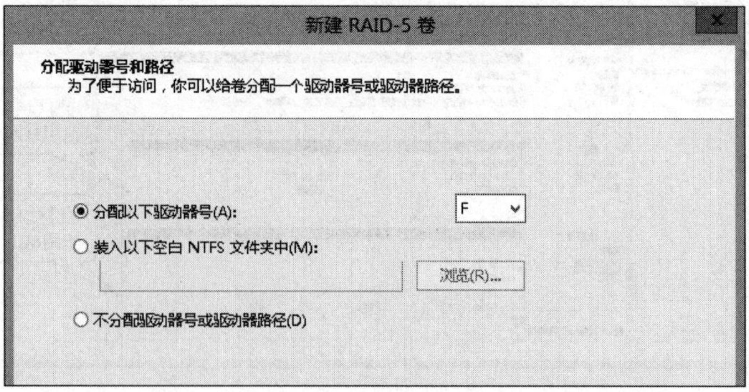

图 13-3-34

STEP 5 在图13-3-35中输入并选择适当的设置值后单击下一步按钮（此界面的详细说明可参阅图13-2-9的说明）。

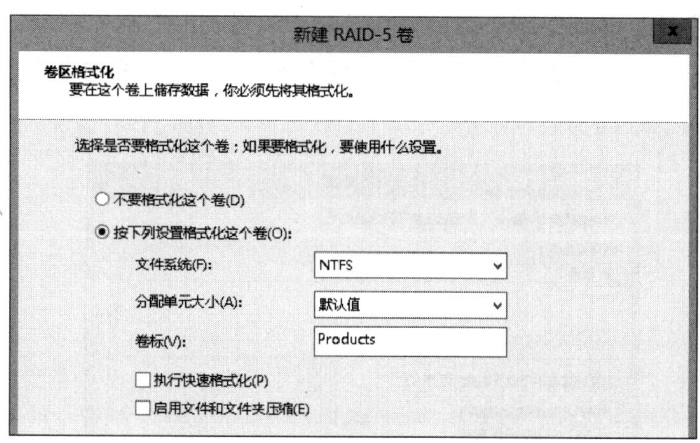

图 13-3-35

STEP 6 出现**正在完成新建RAID-5卷向导**界面时单击完成按钮。

STEP 7 之后系统会开始建立此RAID-5卷。图13-3-36为完成后的界面，图中的F: 磁盘就是RAID-5卷，分布在3个磁盘内，且每一个磁盘的容量都相同（8GB）。

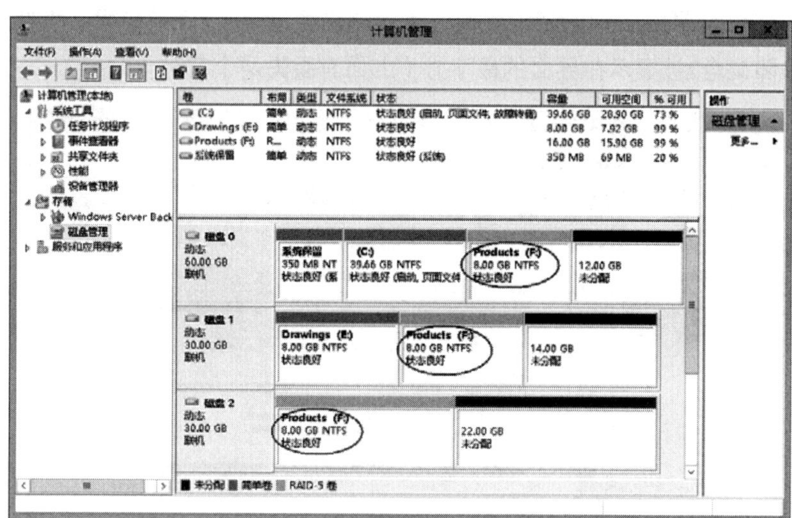

图 13-3-36

修复 RAID-5 卷

RAID-5卷成员之中有一个磁盘出现故障时，虽然系统能够读取RAID-5卷内的数据，但是却丧失容错能力，此时我们应该尽快修复RAID-5卷，以便继续提供容错能力。假设图13-3-36中RAID-5卷F: 的成员之中的磁盘2故障了，利用它来说明如何修复RAID-5卷。

STEP 1 关机后从计算机内取出故障的磁盘2。

STEP 2 将新的磁盘安装到计算机内，重新启动计算机。

STEP 3 切换到**开始**菜单➲管理工具➲计算机管理➲存储➲磁盘管理。

STEP 4 在自动弹出的图13-3-37中选择将新安装的磁盘2初始化，选择磁盘分区形式后单击确定按钮（若未自动弹出此界面，则可【选中新磁盘，右击➲联机➲选中新磁盘，右击➲初始化磁盘】）。

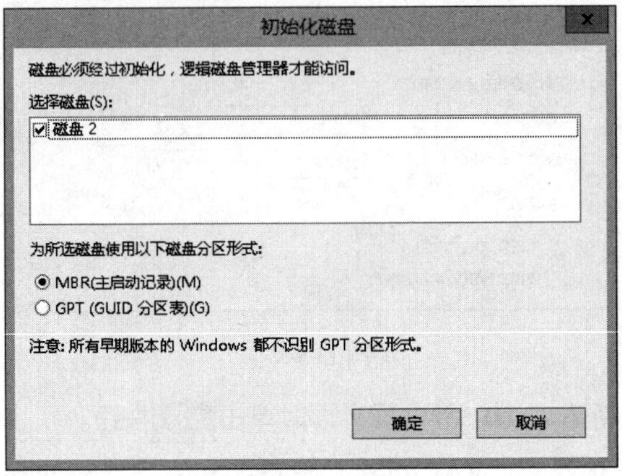

初始化磁盘

磁盘必须经过初始化，逻辑磁盘管理器才能访问。

选择磁盘(S):

☑ 磁盘 2

为所选磁盘使用以下磁盘分区形式:

◉ MBR(主启动记录)(M)

○ GPT (GUID 分区表)(G)

注意: 所有早期版本的 Windows 都不识别 GPT 分区形式。

确定　取消

图 13-3-37

STEP 5 之后将出现图13-3-38所示的界面，其中的磁盘2为新安装的磁盘，而原先RAID-5卷内的故障磁盘2被显示在界面的最下方（上面有**丢失**两个字）。

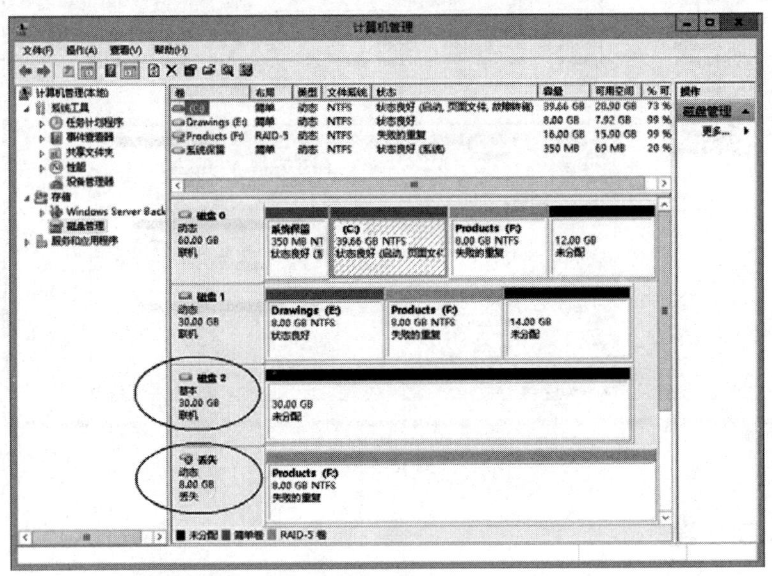

图 13-3-38

STEP 6 如图13-3-39所示，【选中有**失败的重复**字样的任何一个F: 磁盘，右击➲修复卷】。

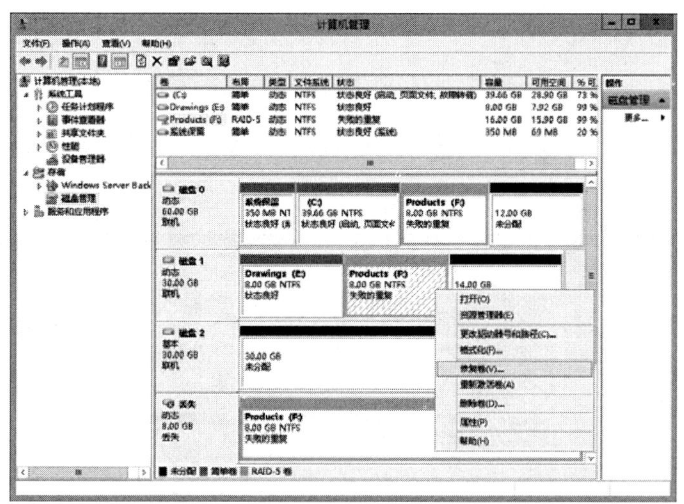

图 13-3-39

STEP 7 在图13-3-40中选择新安装的磁盘2，它会取代原先已损坏的磁盘，以便重新建立RAID-5卷。完成后单击确定按钮。

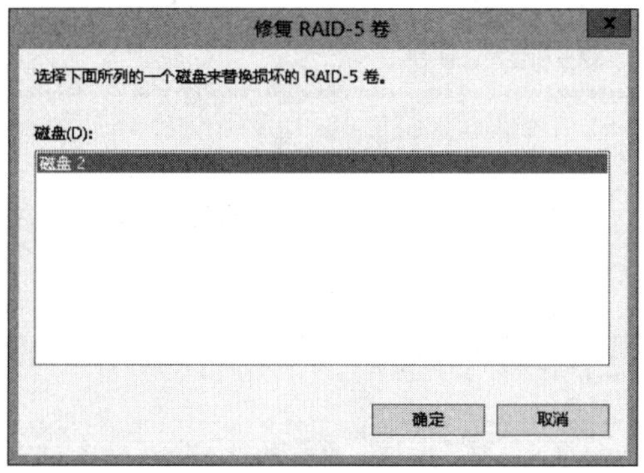

图 13-3-40

STEP 8 若该磁盘尚未被转换为动态磁盘，则会出现如图13-3-41的界面，此时单击是（Y）按钮将其转换为动态磁盘。

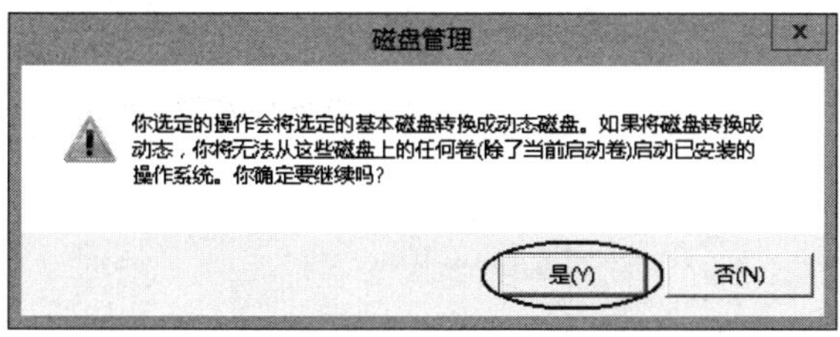

图 13-3-41

STEP 9 之后系统会利用原RAID-5卷中其他正常磁盘的内容将数据重构到新磁盘内（同步），这个操作需要花费较长时间，完成后F: 又恢复为正常的RAID-5卷，如图13-3-42所示。

附注

若重建时出问题，可尝试利用【重新启动➲选中磁盘，右击➲重新启动磁盘】的方式来解决。

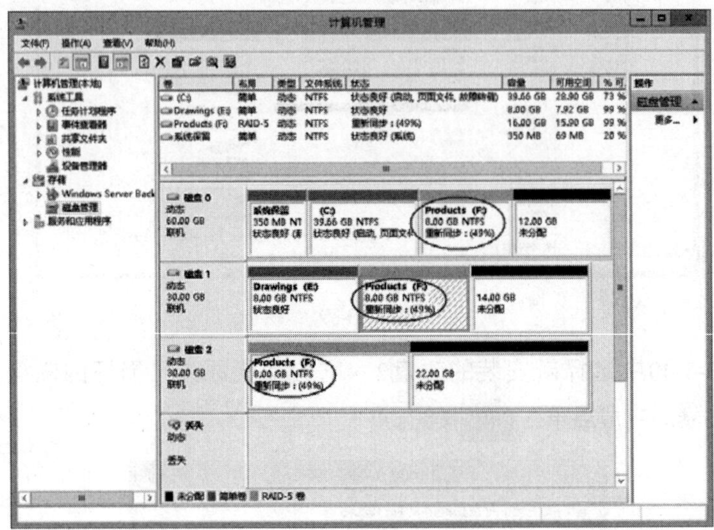

图 13-3-42

STEP 10 如图13-3-43所示，可以通过【选中标记为**丢失**的磁盘，右击➲删除磁盘】将这个磁盘删除。

图 13-3-43

13.4 移动磁盘

13.4.1 将基本磁盘移动到另外一台计算机内

正常情况下，将基本磁盘移动到另外一台Windows Server 2012 R2计算机后，系统会自动检测到磁盘、自动分配驱动器号，之后就可以使用该磁盘了。若因故无法使用此磁盘，则可能还需要执行**联机**操作：【按⊞键切换到**开始**菜单➲管理工具➲计算机管理➲存储➲磁盘管理➲选中这块磁盘，右击➲联机】。

> **附注**
>
> 若在**磁盘管理**界面中看不到这块磁盘，请试着【选择**操作**菜单➲重新扫描磁盘】。若还是没有出现这个磁盘，请试着【打开**设备管理器**➲选中**磁盘驱动器**，右击➲扫描硬件改动】。

13.4.2 将动态磁盘移动到另外一台计算机内

当你将计算机内的动态磁盘移动到另外一台Windows Server 2012 R2计算机后，由于这块动态磁盘会被视为**外部磁盘**（foreign disk），因此你需要【如图13-4-1所示选中这个外部磁盘，右击➲导入外部磁盘➲单击确定按钮】。

图 13-4-1

> **附注**
>
> 图13-4-1中**外部磁盘组**内只有一块磁盘，若是同时将多个动态磁盘移动到另外一台计算机，则界面中的**外部磁盘组**内会有多块磁盘，此时可以通过单击图中的磁盘按钮来查看有哪些磁盘。

移动到另外一台计算机后，动态卷将保留使用原驱动器号。若驱动器号已经在另外一台计算机内被占用了，则将被分配到下一个可用的驱动器号。若此卷原来并没有驱动器号，则移动到另外一台计算机后，仍然不会有驱动器号。

移动跨区卷、带区卷、镜像卷、RAID-5卷时，要将其所有成员都一起移动，否则移动后在另外一台主机内无法访问这些卷内的数据。

13.5 存储空间

存储空间（Storage Spaces）让我们能够将连接在Windows Server 2012 R2服务器的多个物理硬盘组合在一起使用，类似于JBOD（Just a Bunch of Disks）的硬盘空间使用优化功能，但是**存储空间**又具备容错与自我复原能力，类似于RAID，却又与RAID有所不同。

在**存储空间**的架构之下，**存储池**是多块物理硬盘的组合，如图13-5-1所示的存储池内总共有5个物理硬盘，其容量分别为1TB、750GB、750GB、1TB、750GB，也就是说此存储池的容量为4.25TB（各硬盘容量的总和）。下面将针对此图做详细的说明。

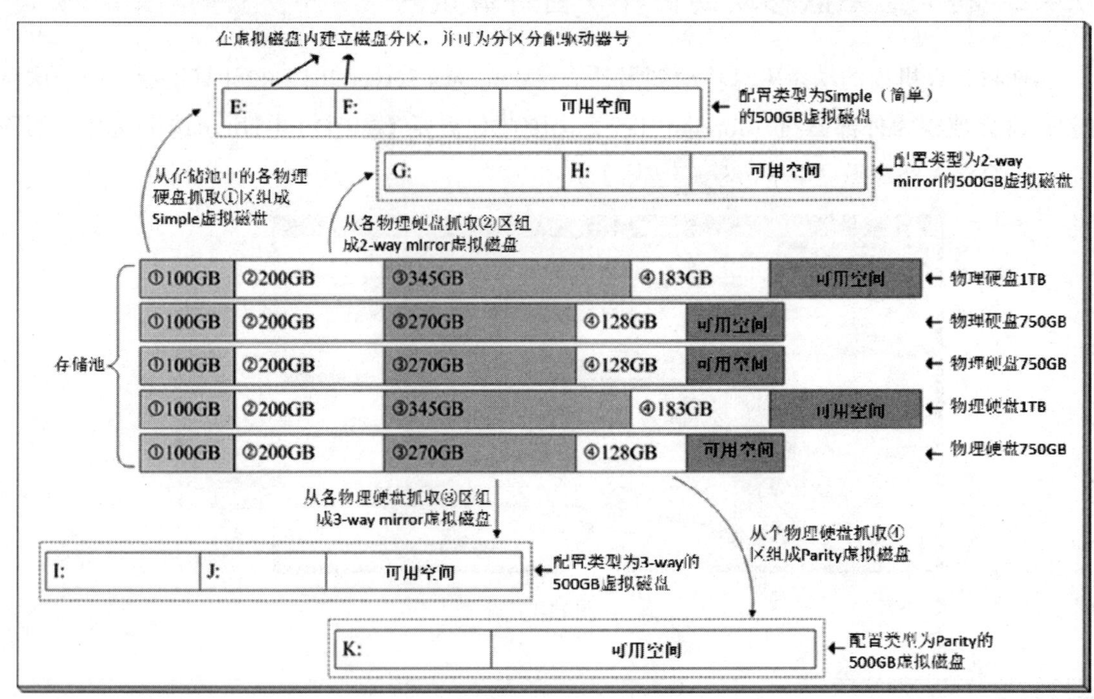

图 13-5-1

13.5.1 虚拟磁盘与卷

我们需要先在存储池内建立**虚拟磁盘**（virtual disk），接着在虚拟磁盘内建立**卷**

（volume），然后赋予卷一个驱动器号，最后通过驱动器号来访问其中的数据。

虚拟磁盘分为以下几种配置类型。

- **Simple（简单）**：数据跨越各硬盘，主要功能是扩大磁盘容量，但会降低数据访问可靠性（因为只要其中1个硬盘故障，就无法访问此虚拟磁盘内的所有数据）。存储池内至少需要1块硬盘才可以建立**Simple虚拟磁盘**。
  例如，当我们在图13-5-1中的存储池内建立一个容量为500GB的**Simple虚拟磁盘**时，系统会自动从每一个硬盘各抓取适当容量（标记①的区域，本范例假设各硬盘都取相同容量的100GB，但并非一定都会选取相同的容量）来组成此虚拟磁盘。
- **2-Way Mirror（双向镜像）**：同一份数据会存储2份，且是跨越各硬盘（并非仅存储在2个硬盘内）。2份相同的数据可以提高数据访问的可靠性，但也因此会占用2倍硬盘空间、降低磁盘实际可存储数据的容量。存储池内至少需要2块硬盘才可以建立**2-Way Mirror虚拟磁盘**，只可以容忍1块硬盘故障，也就是在1块硬盘故障的情况下，仍然可以正常读取磁盘内的数据。
  例如，当我们在图13-5-1中的存储池内建立一个容量为500GB的**2-Way Mirror虚拟磁盘**时，系统会自动从每一个硬盘各抓取适当容量（本范例为标记②的200GB区域）来组成此虚拟磁盘。虽然我们是建立容量为500GB的**2-Way Mirror虚拟磁盘**，但是因为同一份数据会存储2份，所以实际占用硬盘的空间为1000GB（2倍）。
- **3-Way Mirror（三向镜像）**：与**2-Way Mirror**类似，但是同一份数据会存储3份，因此数据访问可靠性更高，但会占用更多硬盘空间。存储池内至少需5块硬盘才可以建立**3-Way Mirror虚拟磁盘**，可以容忍2块硬盘故障。
  在图13-5-1中容量为500GB的**3-Way Mirror虚拟磁盘**由标记③的区域所组成，因为同一份数据会存储3份，所以实际占用硬盘的空间为1500GB（3倍）。
- **Parity（同位数据）**：“**数据**+**Parity**”跨越各硬盘，通过Parity可以提高数据访问的可靠性，但也会因为Parity占用硬盘空间而降低磁盘实际可存储数据的容量。存储池内至少需要3个硬盘才可以建立**Parity虚拟磁盘**，只可以容忍1块硬盘故障。
  在图13-5-1中容量为500GB的**Parity虚拟磁盘**由标记④的区域所组成，因为需要存储Parity，所以实际占用硬盘的容量比500GB多。

若要将数据存储到虚拟磁盘，则需要在虚拟磁盘内先建立卷（volume），然后赋予卷一个驱动器号或将其挂到一个空文件夹之下，接着就可以通过驱动器号或文件夹来访问其中的数据了。例如，我们在图13-5-1中的**Simple虚拟磁盘**内建立了2个驱动器号分别是E: 与F: 的卷。

13.5.2 存储空间实例演练

假设Windows Server 2012 R2服务器内安装了3块容量各为500GB的物理硬盘（不包含安装操作系统的硬盘），而我们要如图13-5-2所示建立包含这3个物理硬盘的存储池，在存储池内建立1个**2-Way Mirror虚拟磁盘**（假设容量为200GB，但硬盘实际占用量为400GB），在虚拟磁盘内建立2个驱动器号分别是E: 与F: 的卷（假设容量分别是120GB与80GB）。

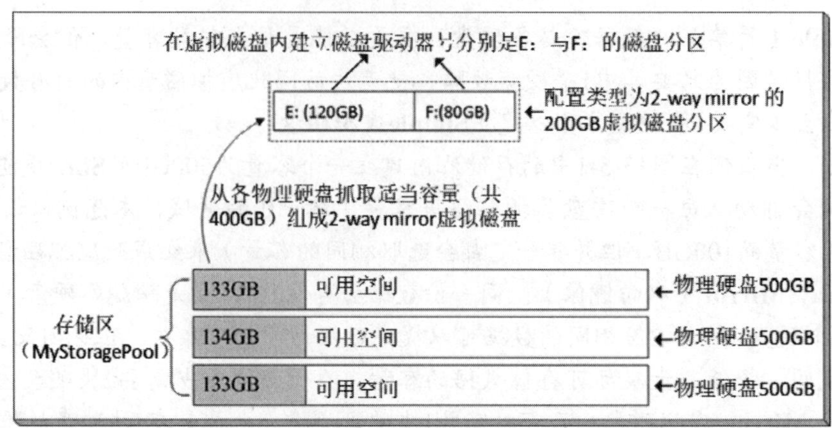

图 13-5-2

STEP 1 以系统管理员身份登录，出现**服务器管理器**界面后单击图13-5-3中的**文件和存储服务**。

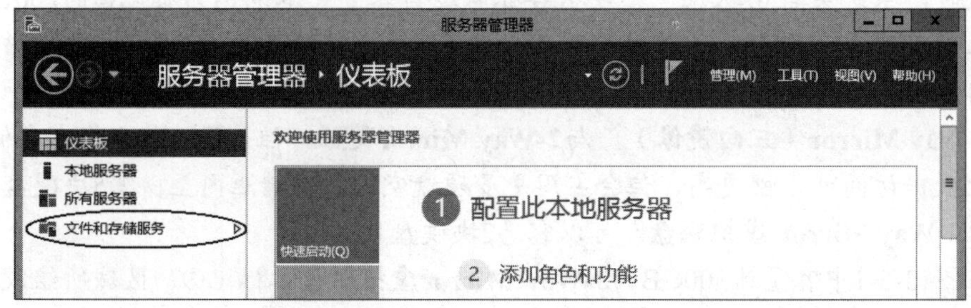

图 13-5-3

STEP 2 如图13-5-4所示，【单击左侧的**存储池**➲单击右方存储池上方的**任务**➲新建存储池】。

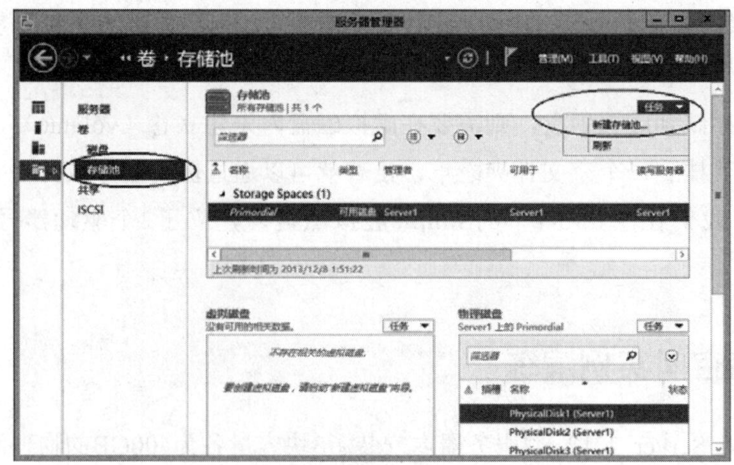

图 13-5-4

> **附注**
>
> 默认已内建一个名称为Primordial的原始存储池，且所安装的3块硬盘（位于图13-5-4右下角）自动位于此存储池内。

STEP 3 出现**开始之前**界面时单击下一步按钮。

STEP 4 在图13-5-5中设置存储池名称（例如MyStoragePool）后单击下一步按钮。

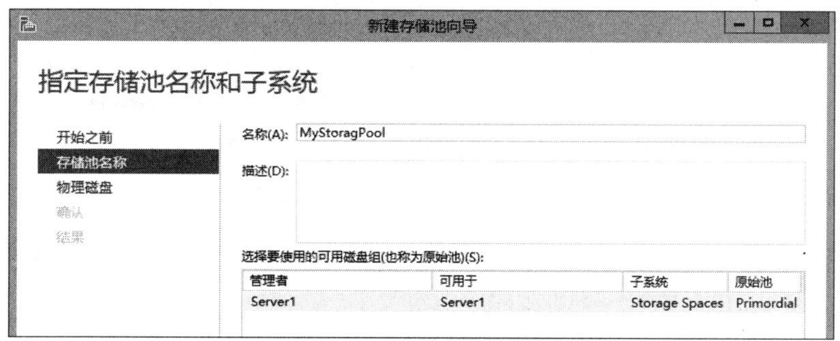

图 13-5-5

STEP 5 在图13-5-6中勾选要加入存储池的硬盘后单击下一步按钮（图中勾选所有的3块硬盘）。

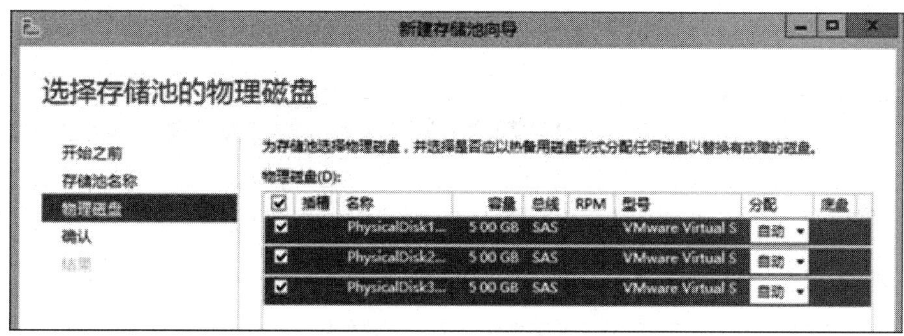

图 13-5-6

> **附注**
>
> 若将图中某个物理硬盘右侧的**分配**字段改为选择**热备**，则该硬盘平常处于备用状态，一旦存储池中有其他硬盘出现故障，此备用硬盘就会立即上线取代故障的硬盘，继续提供服务。

STEP 6 出现**确认选择项目**界面时单击建立按钮，完成后单击关闭按钮。

STEP 7 如图13-5-7所示的MyStoragePool是我们所建立的存储池，界面右下角为存储池内的3块硬盘。

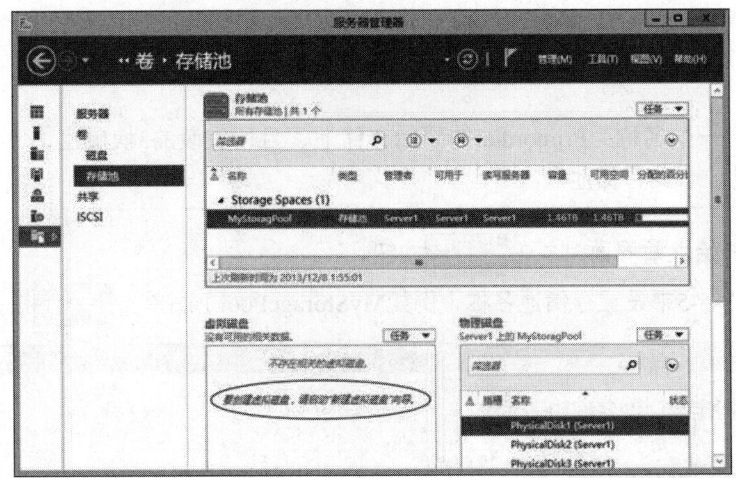

图 13-5-7

STEP 8 接下来要在此存储池内建立虚拟磁盘，请单击图13-5-7左下方**虚拟磁盘**下的链接（或单击该区域右上角的**任务**➲新建虚拟磁盘）。

STEP 9 出现**开始之前**界面时单击下一步按钮。

STEP 10 在图13-5-8中选择存储池MyStoragePool后单击下一步按钮。

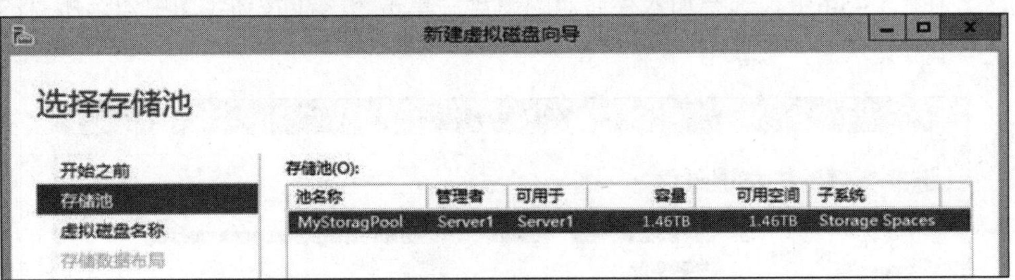

池名称	管理者	可用于	容量	可用空间	子系统
MyStoragPool	Server1	Server1	1.46TB	1.46TB	Storage Spaces

图 13-5-8

STEP 11 在图13-5-9中为虚拟磁盘设置名称后单击下一步按钮。

管理者	可用于	子系统	原始池
Server1	Server1	Storage Spaces	Primordial

图 13-5-9

STEP 12 在图13-5-10中选择Mirror后单击下一步按钮。

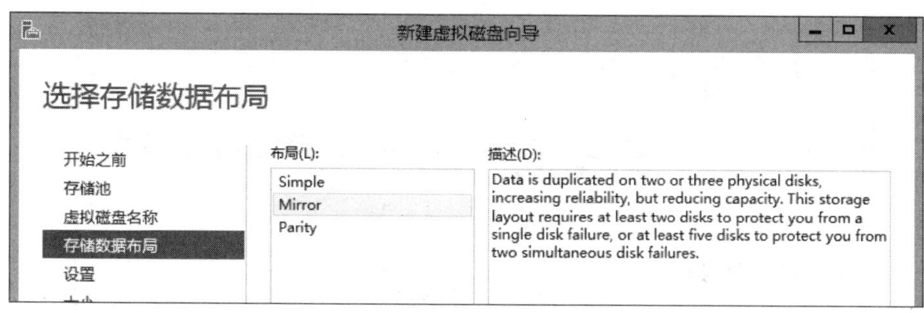

图 13-5-10

附注

若服务器内有5个（含）以上物理硬盘，则接下来会出现选择**双向镜像**或**三向镜像**的界面。本范例只有3个硬盘，故系统自动将其设定为**双向镜像**（2-Way Mirror）。

STEP 13 在图13-5-11中选择适当的选项后单击下一步按钮。

- **精简（thin）**：虚拟磁盘需要使用磁盘空间时才会实际配置空间给虚拟磁盘。例如，我们所建立的200GB的**2-Way Mirror虚拟磁盘**会占用400GB空间，但是系统并非现在就一次配置400GB的磁盘空间给此虚拟磁盘，而是需要存储数据到此虚拟磁盘时再配置所需空间。

  精简方式所建立的虚拟磁盘使用容量可以大于实际硬盘的容量，例如硬盘总容量为1500GB，可以建立容量为1000GB的**2-Way Mirror虚拟磁盘**，需要使用2000GB硬盘空间，缺少的500GB以后需要使用时再通过添加物理硬盘到存储池的方式来补足即可。
- **固定（fixed）**：会一次配置足够的磁盘空间给虚拟磁盘。例如，我们所建立的容量为200GB的**2-Way Mirror虚拟磁盘**，需使用400GB硬盘空间，系统就会一次配置400GB的磁盘空间给虚拟磁盘，故此时必须有足够的硬盘空间。本范例采用此选项。

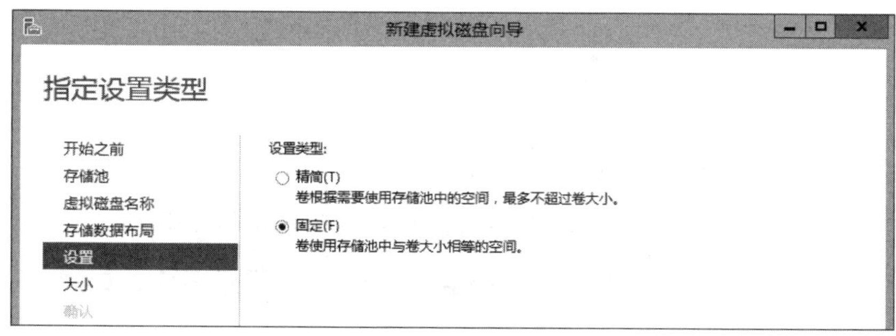

图 13-5-11

STEP 14 在图13-5-12中输入虚拟磁盘的大小后单击下一步按钮。注意，此处是数据存储容量，而不是硬盘使用量，例如200GB表示可存储200GB的数据，但硬盘空间实际使用量为400GB（因为建立的是**2-Way Mirror虚拟磁盘**）。注意不要选错容量的单位。

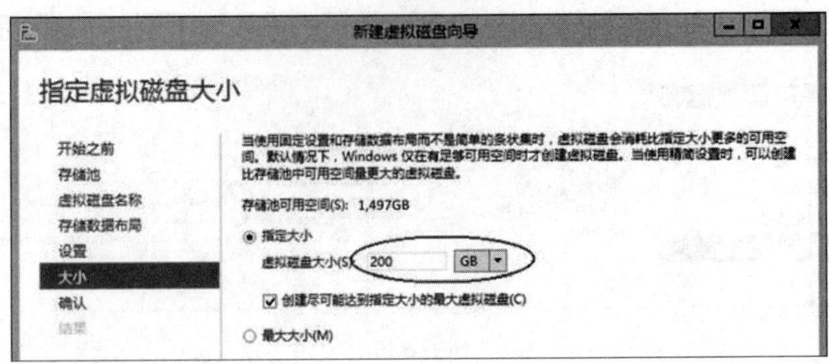

图 13-5-12

附注

若要将硬盘内的所有可用空间都拿来使用，请选择**最大大小**（Maximum size）。以本范例来说，若选择此选项，则会建立750GB的虚拟磁盘（总使用量为3个硬盘的总和1500GB）。

STEP 15 出现**确认选择项目**界面时单击建立按钮。

STEP 16 出现**查看结果**界面时单击关闭按钮，会自动启动**添加卷向导**。

STEP 17 出现**开始之前**界面时单击下一步按钮。

STEP 18 在图13-5-13中直接单击下一步按钮。

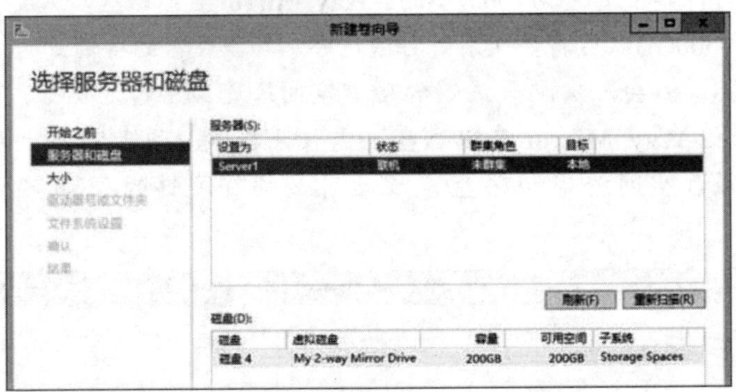

图 13-5-13

STEP 19 在图13-5-14中输入卷的大小（假设是120GB）后单击下一步按钮。

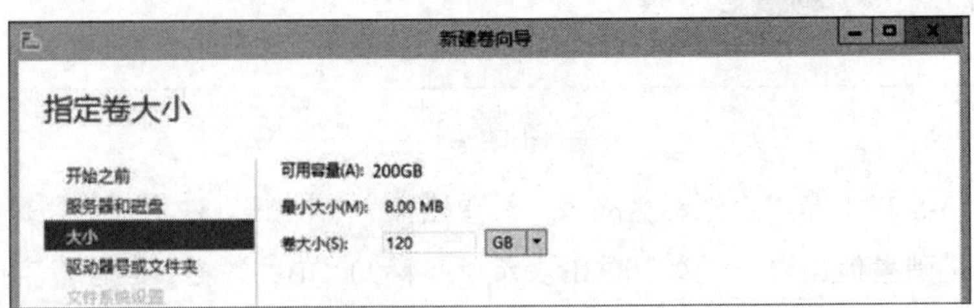

图 13-5-14

STEP 20 在图13-5-15中指定驱动器号E:给此卷后单击下一步按钮。

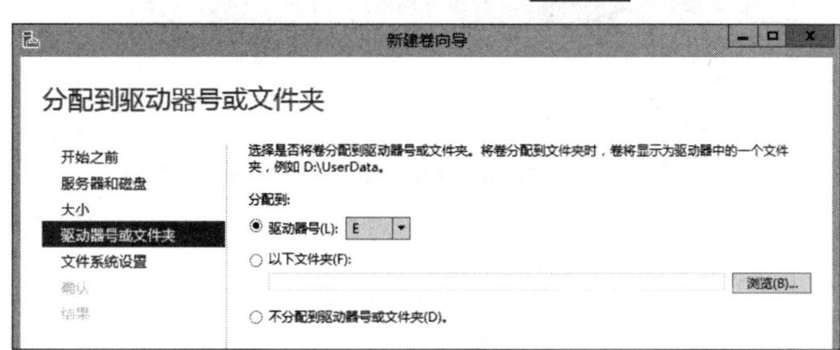

图 13-5-15

STEP 21 按照图13-5-16设置后单击下一步按钮。

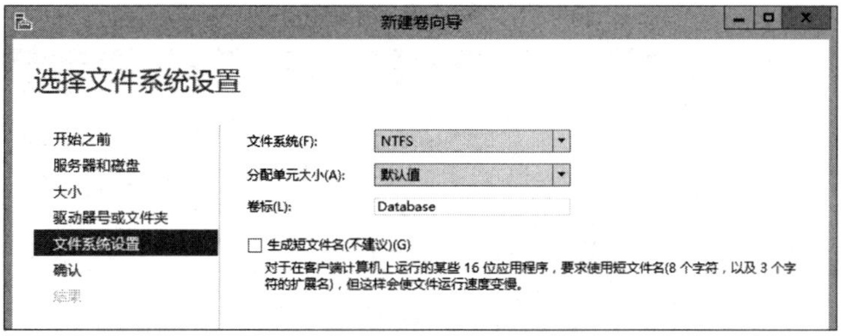

图 13-5-16

STEP 22 出现**确认选择项目**界面时单击建立按钮，完成后单击关闭按钮。

STEP 23 如图13-5-17所示继续新建第2个卷，指定驱动器号F: 给此磁盘，接下来的步骤与前面相同，不再重复（由图中可看到刚才所建立的E:）。

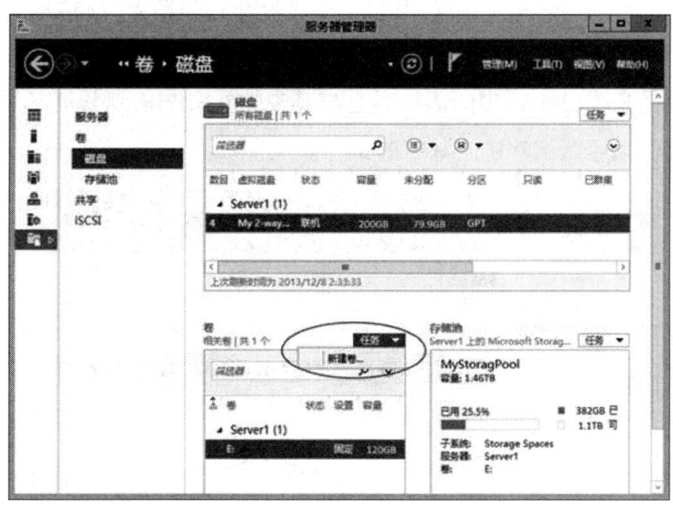

图 13-5-17

STEP 24 图13-5-18所示为完成后的2个卷E: 与F:。在**文件资源管理器**内也可以看到E: 与F: 这两个磁盘，如图13-5-19所示。

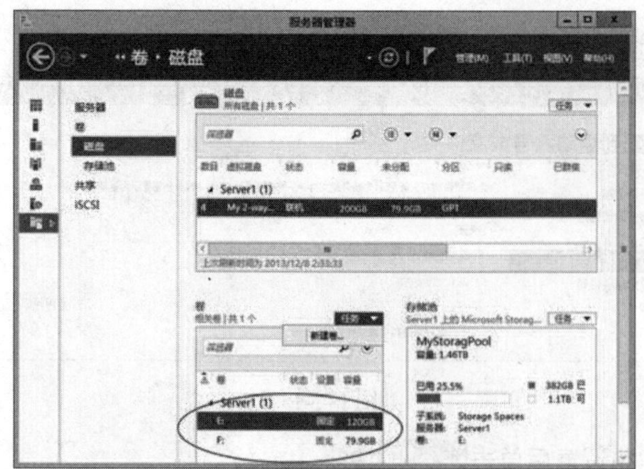

图 13-5-18

图 13-5-19

STEP 25 接下做个简单实验来验证**2-Way Mirror**的功能是否发挥作用。请在E: 内创建一个文件，随意输入一些数据。

STEP 26 将服务器关机，删除属于存储池的1个物理硬盘，然后重新启动。

STEP 27 登录后，在**服务器管理器**内可看到如图13-5-20所示的警告信息，表示存储池内的硬盘有误。但是在图13-5-21中的虚拟磁盘与其中的卷E: 与F: 都没有错误，而且通过**文件资源管理器**仍然可以正常访问其中的文件。

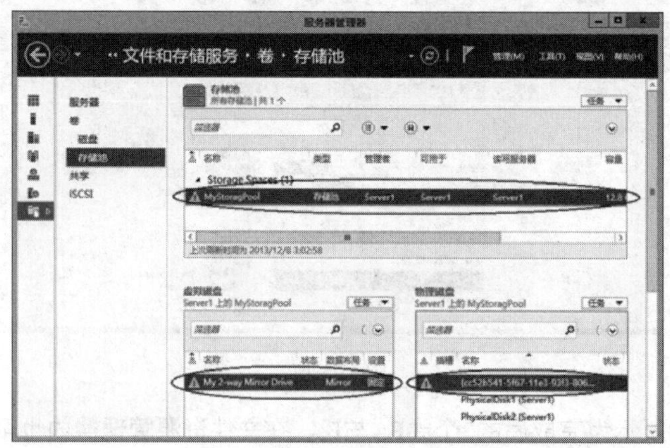

图 13-5-20

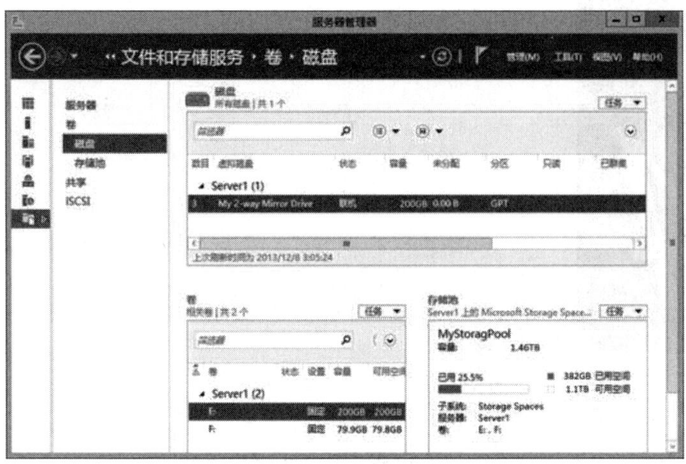

图 13-5-21

附注

指定了备用硬盘的话，此时该硬盘就会立即上线取代故障硬盘，以便继续提供**2-Way Mirror虚拟磁盘**功能。

14

第 14 章　利用 WSUS 部署更新程序

WSUS（Windows Server Update Services）可让你将Microsoft产品的最新更新程序部署到企业内部计算机。

- WSUS概述
- WSUS的系统需求
- WSUS的特性与工作方式
- 安装WSUS服务器
- 设置客户端的自动更新
- 审批更新程序
- 自动更新的组策略设置

14.1 WSUS概述

为了让用户的Windows系统与其他Microsoft产品能够更安全、更稳定、功能更强，Microsoft会不定期在网站上释放出最新的**更新程序**（例如Update、Service Pack等）供用户下载与安装。用户可以通过以下方式来取得这些更新程序。

- 手动连接Microsoft Update网站。
- 通过Windows系统的自动更新功能。

然而以上两种方式对企业内部来说都可能会有以下缺点。

- **影响网络效率**：如果企业内部每一台计算机都自行上网更新，将会增加对外网络的负担、影响对外连接的网络效率。
- **与现有软件相互干扰**：若企业内部所使用的软件与更新程序有冲突，则用户自行下载与安装更新程序可能会影响该软件或更新程序的正常运行。

WSUS是一个可以解决上述问题的产品，例如图14-1-1中企业内部可以通过WSUS服务器来集中从Microsoft Update网站下载更新程序，并在完成这些更新程序的测试工作、确定对企业内部计算机没有不良影响后通过网络管理人员的审批程序（approve）将这些更新程序部署到客户端的计算机上。

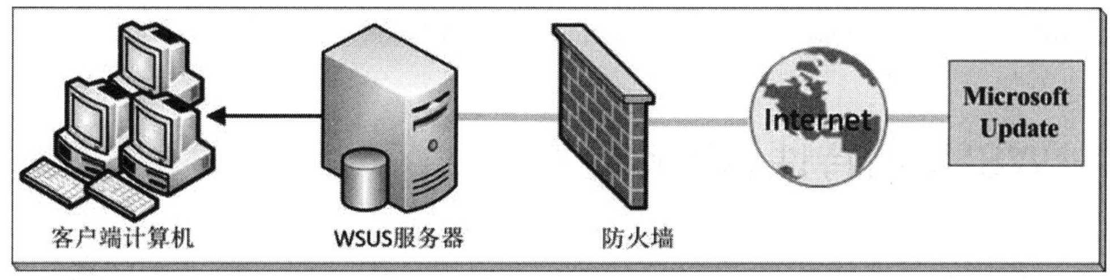

图 14-1-1

14.2 WSUS的系统需求

以图14-1-1的基本WSUS架构来说，WSUS服务器与客户端计算机都必须满足适当的条件后才可以享有WSUS的好处。

你可以在Windows Server 2012 R2内通过添加角色的方式来安装WSUS。安装WSUS之前，需要先安装好以下组件。

- **Microsoft Report Viewer Redistributable 2008**：WSUS服务器需要通过它来制作各种

不同的报告，例如更新程序状态报告、客户端计算机状态报告与同步处理结果报告等。请连接Microsoft网站、下载Microsoft Report Viewer Redistributable 2008或Microsoft Report Viewer 2008 SP1 Redistributable。

- **Windows Server 2012 R2 DVD**：由于Microsoft Report Viewer Redistributable 2008需要.Net Framework 2.0，而.Net Framework 2.0是在Windows Server 2012 R2 DVD内，所以请先准备好此DVD。若是使用Windows Server 2012 R2 ISO文件，请直接【选中此ISO文件，右击➲装载】，便可访问此文件中的内容。

> **附注**
>
> WSUS服务器的系统分区（system partition）与安装WSUS的磁盘分区的文件系统都必须是NTFS。

WSUS客户端计算机必须支持自动更新功能（automatic update），而Windows 2000 SP4（含）以后的客户端均支持。

你可以利用WSUS服务器内建的**WSUS管理控制台**来执行WSUS服务器的管理工作，也可以在其他计算机上管理WSUS服务器，不过需要在这些计算机上安装**WSUS管理控制台**，但是这些计算机必须已经安装以下组件：

- Microsoft .NET Framework 2.0或新版本。
- Microsoft Management Console 3.0或新版本。
- Microsoft Report Viewer Redistributable 2008或新版本。

14.3 WSUS的特性与工作方式

为了让你更容易搭建WSUS环境，因此本节将先详细说明WSUS的基本特性与工作方式。

14.3.1 利用计算机组来部署更新程序

将企业内部客户端计算机适当分组，就可以更容易并且更明确地将更新程序部署到指定的计算机。系统默认内建两个计算机组：**所有计算机**与**未分配的计算机**，客户端计算机在第1次与WSUS服务器接触时，系统默认会将该计算机同时加入到这两个组内。你可以再添加更多的计算机组，例如图14-3-1中的**业务部计算机**，然后将计算机从**未分配的计算机**组内移动到新组内。另外，WSUS服务器从Microsoft Update网站所下载的更新程序最好经过测试后再部署到客户端计算机，因此图中还建立了一个**测试计算机**组，我们应该先将更新程序部署到

测试计算机组内的计算机，待测试无误、确定对企业内部计算机没有不良影响后，再将其部署到其他组内的计算机。

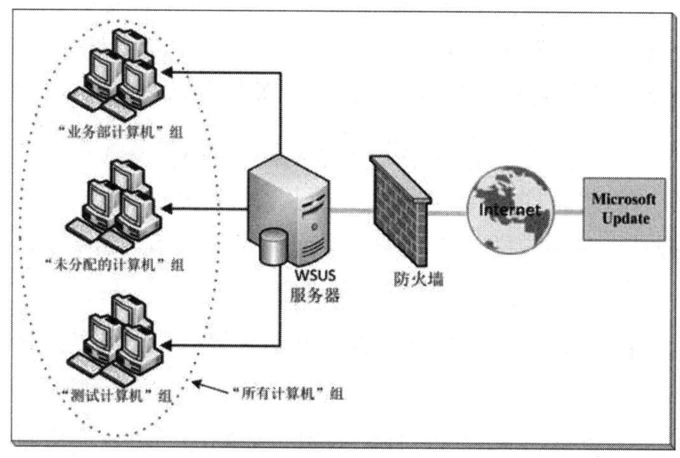

图 14-3-1

14.3.2 WSUS服务器的架构

你也可以建立更复杂的WSUS服务器架构，也就是建立多台WSUS服务器，并设置让其中一台WSUS服务器（称为**主服务器**）从Microsoft Update网站来获取更新程序，但是其他服务器并不直接连接Microsoft Update网站，而是从上游的**主服务器**来取得更新程序，例如图14-3-2中的上游WSUS服务器就是**主服务器**，而下游服务器会从上游的**主服务器**取得更新程序。

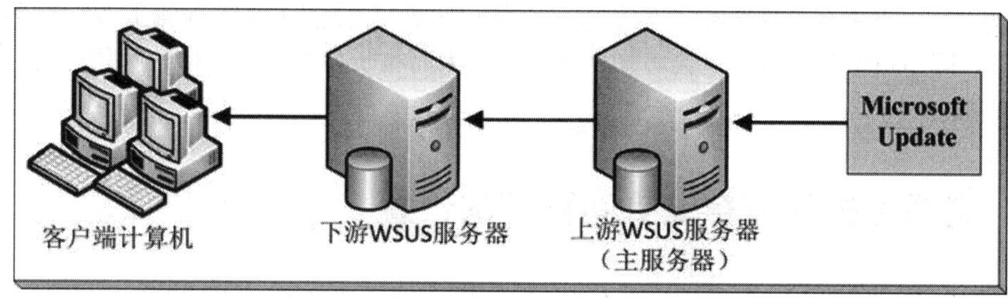

图 14-3-2

这种将WSUS服务器通过上下游方式连接在一起的工作模式有以下两种。

- **自治模式**：上游WSUS服务器会与下游服务器共享更新程序，也就是下游服务器会从上游服务器来取得更新程序，但是并不包含更新程序的审批状态、计算机组信息，因此下游服务器必须自行决定是否要审批这些更新程序与自行建立所需的计算机组。
- **复本模式**：上游WSUS服务器会与下游服务器共享更新程序、更新程序的审批状态与计算机组信息，换句话说，下游服务器是从上游服务器来取得上述资料，所有可以在上游服务器管理的项目均无法在下游服务器自行管理，例如不能够自行改变更新程序的审批状态等。

注意上述计算机组信息只有计算机组本身而已，并不包含计算机组的成员，你必须自行在下游服务器来管理组成员，而客户端计算机在第1次与下游WSUS服务器接触时，这些计算机默认会被同时加入到**所有计算机**与**未分配的计算机**组内。

你可以根据公司网络环境的需要来采用这种上下游WSUS服务器连接的方式，例如只需要从上游服务器下载一次更新程序，然后将它分配给其他下游服务器，以便降低Internet连接的负担；又例如对拥有大量客户端计算机的大公司来说，只用一台WSUS服务器来管理这些客户端计算机的话，负载太重，此时通过上下游服务器来分散管理是比较好的方式；再例如若能够将更新程序放到比较接近客户端计算机的下游服务器，则可以让客户端计算机更快速地取得所需的更新程序。

采用上下游WSUS服务器连接架构，你还需要考虑到不同语言的更新程序，举例来说，如果上游WSUS服务器是架设在总公司，总公司需要的语言是简体中文，而下游服务器架设在分公司，分公司需要的语言是英文，虽然总公司仅需要简体中文的更新程序，但你必须在总公司的上游服务器选择从Microsoft Update网站同时下载简体中文与英文版的更新程序。换句话说，连接Microsoft Update网站的上游WSUS服务器（主服务器）必须下载所有下游服务器所需要的所有语言的更新程序，否则下游服务器将无法取得所需语言的更新程序。

附注

建议这种上下游WSUS服务器连接的方式最好不要超过3层（虽然理论上并没有层数限制），因为每增加一层，就会增加延迟时间，因而拉长将更新程序传递到每一台计算机的时间。

14.3.3 选择数据库与存储更新程序的位置

你可以利用Windows Server 2012 R2的内置数据库或Microsoft SQL Server 2005 SP2（或新版本）来搭建数据库。每一台WSUS服务器都有一个自己独立的数据库，用来存储以下信息。

- WSUS服务器的配置信息。
- 描述每一个更新程序的Metadata。Metadata内包含着以下资料。
  - **更新程序的属性**：例如更新程序的名称、描述、相关的Knowledge Base文章编号等。
  - **适用规则**：用来判断更新程序是否适用于某台计算机。
  - **安装信息**：例如安装时所需的命令行参数（command-line options）。

- 客户端计算机与更新程序之间的关系。

然而上述数据库并不会存储更新程序文件本身，必须另外选择更新程序文件的存储位置，可以有以下两种选择。

- **存储在WSUS服务器的本地硬盘内**：此时WSUS服务器会从Microsoft Update网站（或上游服务器）下载更新程序，并将其存储到本地硬盘内。此种方式让客户端可以直接从WSUS服务器来取得更新程序，不用到Microsoft Update网站下载，如此便可以节省Internet连接的带宽。

  WSUS服务器的硬盘需有足够空间来存储更新程序文件，最少要有20 GB的可用空间，建议是30 GB以上，不过实际需求要看Microsoft所释放出来的更新程序数量、所下载的语言数量、产品的种类数量等因素，可能需再预留更多的可用空间。
- **存储在Microsoft Update网站**：此时WSUS服务器并不会从Microsoft Update网站来下载更新程序，换句话说，当你执行WSUS服务器与Microsoft Update之间的同步工作时，WSUS服务器只会从Microsoft Update网站下载更新程序的Metadata数据，并不会下载更新程序本身。

  因此当你审批客户端可以安装某个更新程序后，客户端是直接连接Microsoft Update网站来下载更新程序。如果客户端计算机的数量不多，或客户端与WSUS服务器之间的连接速度不快，但是客户端与因特网之间的连接速度较快时，就可以选择此选项。

14.3.4　延迟下载更新程序

WSUS允许你延迟（defer）下载更新程序文件，也就是WSUS服务器会先下载更新程序的Metadata，之后再下载更新程序文件。更新程序文件只有在你审批该更新程序后才会被下载，这种方式可以节省网络带宽与WSUS服务器的硬盘空间使用量。Microsoft建议你采用延迟下载更新程序的方式，而它也是WSUS的默认值，如图14-3-3所示。

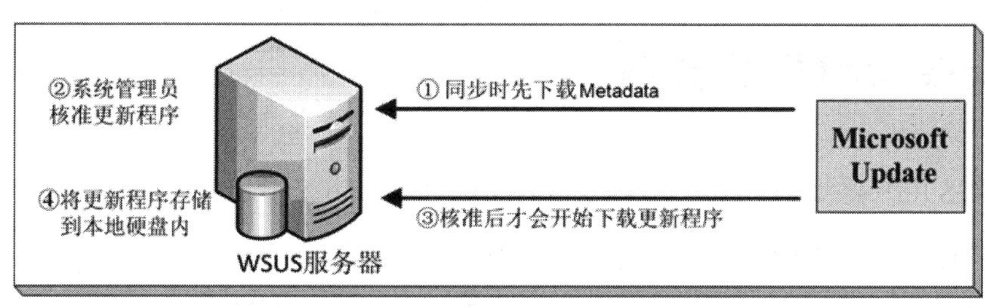

图 14-3-3

14.3.5　使用“快速安装文件”

客户端计算机要安装更新程序时，此计算机内可能已经有该更新程序的旧版文件，这个旧文件与新更新程序之间的差异可能不大，如果客户端能够只下载新版与旧版之间的差异，然后利用将差异合并到旧文件的方式来更新，就可减少从WSUS服务器下载的数据量、降低对企业内部网络的负载。

不过采用这种方式的话，WSUS服务器从Microsoft Update网站所下载的文件（称为**快速安装文件**）会比较大，因为此文件内必须包含新更新程序与各旧版文件之间的差异，因此WSUS服务器在下载文件时会占用比较多的对外网络带宽。

例如，假设更新程序文件的原始大小为100 MB，图14-3-4上半部是未使用**快速安装文件**的情况，此时WSUS服务器会从Microsoft Update网站下载这个大小为100 MB的文件，客户端从WSUS服务器也是下载100 MB的数据量。图下半部是使用**快速安装文件**的情况，此文件变为较大的200 MB（这是为了解释方便的假设值），虽然WSUS服务器需从Microsoft Update下载的文件大小为200MB，但是客户端从WSUS服务器仅需下载30 MB的数据量。系统默认是未使用**快速安装文件**。

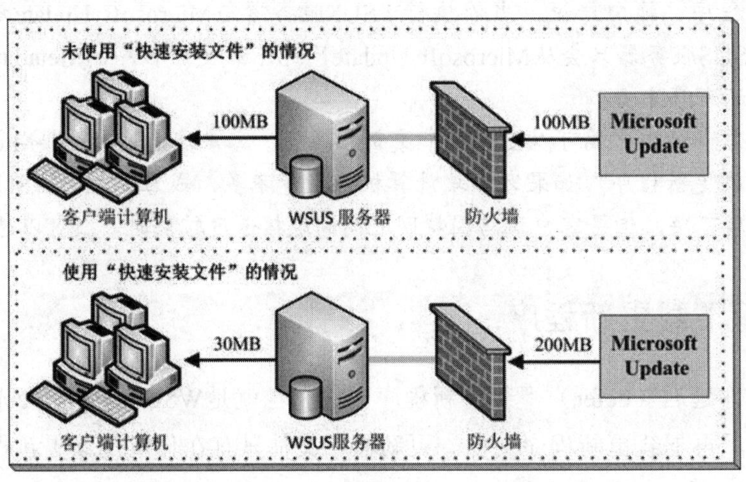

图14-3-4

14.4 安装WSUS服务器

搭建WSUS并不需要AD DS（Active Directory Domain Services）域环境，然而为了利用组策略来充分管理客户端的自动更新设置，建议采用AD DS域环境。

我们将利用图14-4-1的环境来说明。图中安装了一台Windows Server 2012 R2域控制器，计算机名称为DC，域名为sayms.local，同时也是用来支持AD DS的DNS服务器；WSUS服务器为Windows Server 2012 R2成员服务器，计算机名称为WSUS；另外数台客户端计算机可为Windows 8.1、Windows 8、Windows 7等，我们假设它们也都加入域。请先准备好图中的计算机，配置TCP/IPv4设置值（图中采用TCP/IPv4），配置好AD DS域，并将其他计算机加入域。

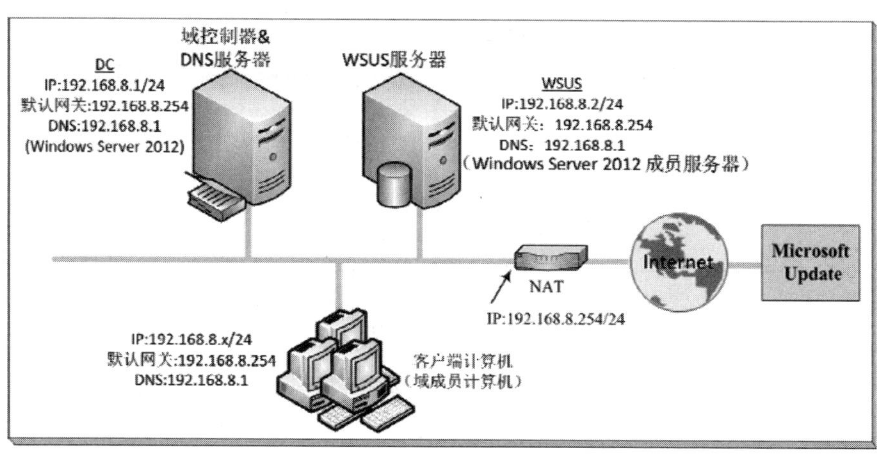

图 14-4-1

另外，为了能够从Microsoft Update网站下载更新程序，要确认此网络可以连上Internet，图中假设此网络通过NAT（Network Address Translation，例如IP共享、宽带路由器等）连接Internet，且假设NAT局域网络端的IP地址为192.168.8.254。

请到图14-4-1中即将扮演WSUS服务器的计算机（计算机名称为WSUS）上利用Administrator身份登录，然后通过以下步骤来安装WSUS。

STEP 1 到微软网站下载Microsoft Report Viewer 2008 SP1 Redistributable并准备好Windows Server 2012 R2 DVD（或ISO文件）。

STEP 2 打开**服务器管理器**，如图14-4-2所示单击**仪表板**处的**添加角色和功能**。

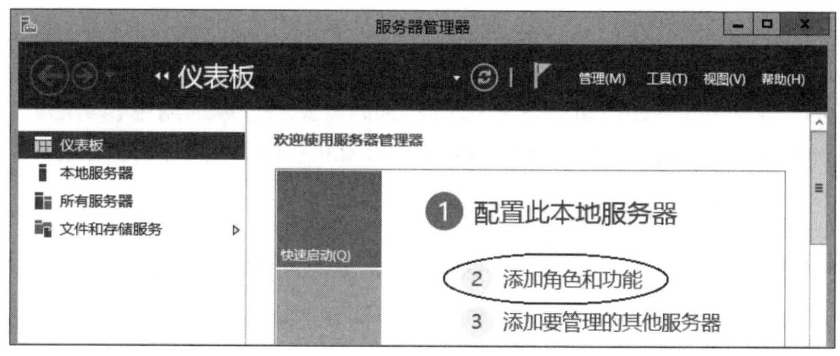

图 14-4-2

STEP 3 持续单击下一步按按钮一直到出现图14-4-3的界面时勾选**Windows Server**更新服务，单击添加功能按钮来安装所需的其功能，单击下一步按按钮。

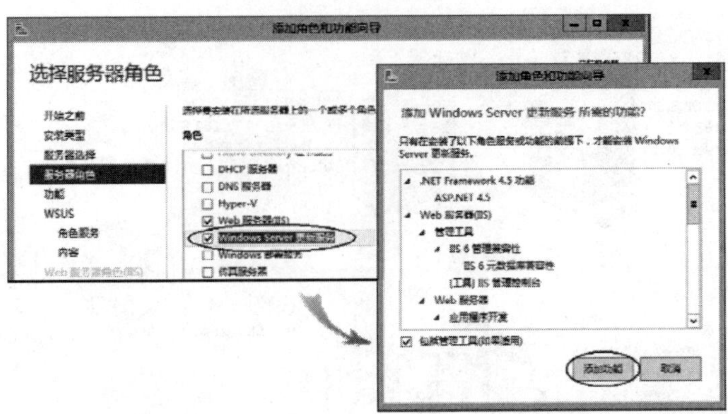

图 14-4-3

STEP 4 在图14-4-4中勾选**.Net Framework 3.5功能**后单击下一步按钮。

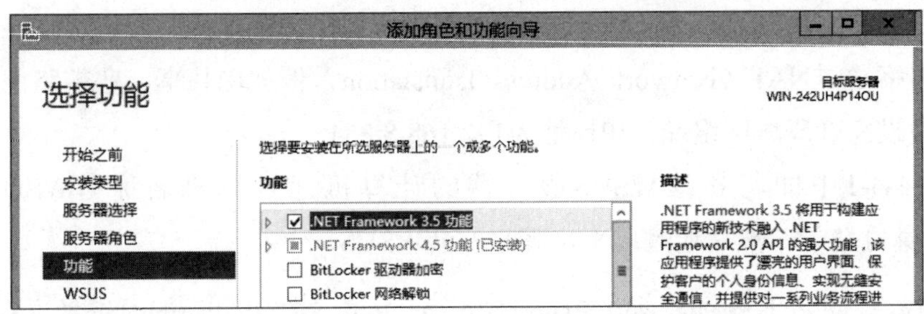

图 14-4-4

> **注意**
>
> Microsoft Report Viewer 2008 SP1 Redistributable需要.Net Framework 2.0，而.Net Framework 2.0包含在.Net Framework 3.5内，且你需要通过**添加角色和功能**的方式来安装包含在.Net Framework 3.5内的.Net Framework 2.0（它目前不支持通过网络下载、安装.Net Framework的方式）。

STEP 5 出现Windows Server Update Services界面时单击下一步按钮。

STEP 6 如图14-4-5所示选择参数后单击下一步按钮。图中选择内置数据库（Windows Internal Database，WID）。若要使用 SQL数据库，请改勾选**数据库**。

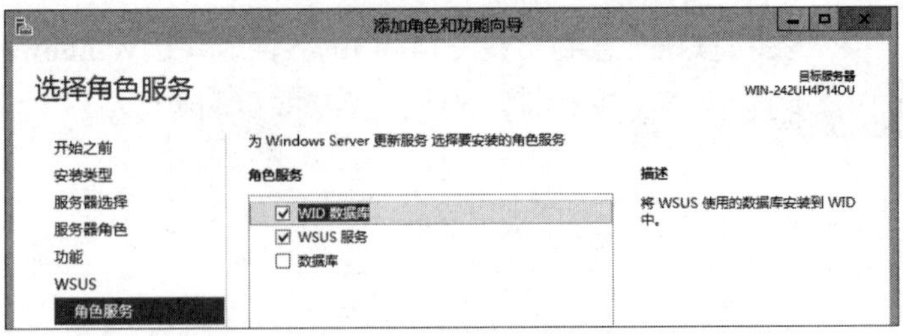

图 14-4-5

STEP 7 在图14-4-6中选择将所下载的更新程序存储到本机的C:\WSUS。

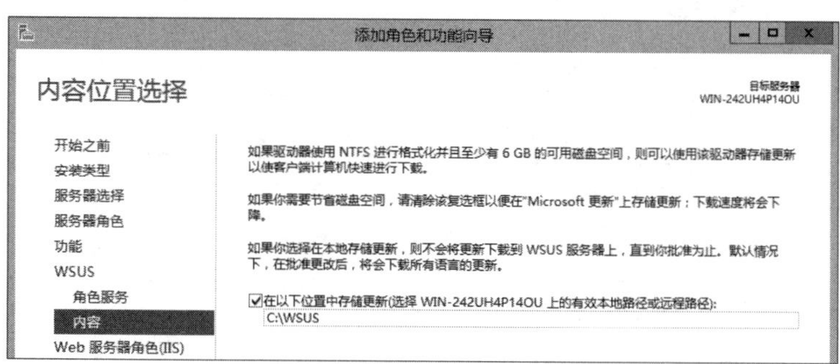

图 14-4-6

STEP 8 出现**Web服务器（IIS）**界面与**选择角色服务**界面时皆单击下一步按钮。

STEP 9 .Net Framework 2.0（.Net Framework 3.5）的安装文件位于Windows Server 2012 R2 DVD内，需要通过单击图14-4-7中**指定备用源路径**的方式到DVD内选择安装文件。

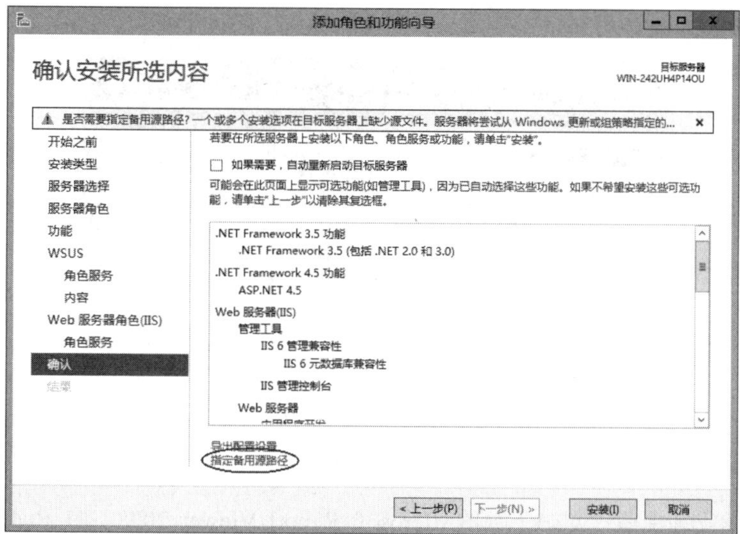

图 14-4-7

STEP 10 假设Windows Server 2012 R2 DVD是在D:盘，请在图14-4-8中输入**D:\sources\sxs**后单击确定按钮。

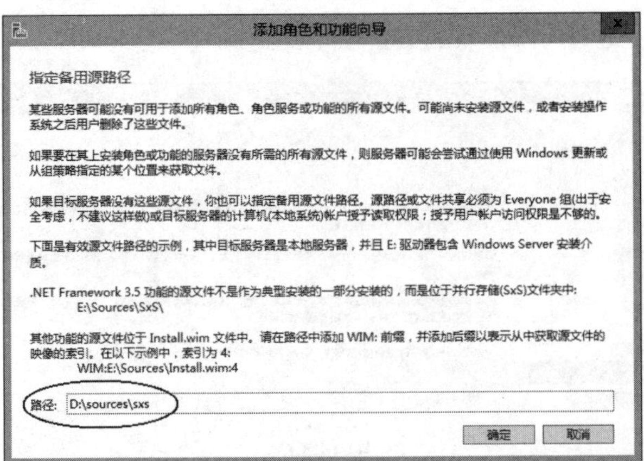

图 14-4-8

STEP 11　回到**确认安装选项**界面时单击安装按钮，接着可等到安装完成后再单击关闭按钮。

STEP 12　如图14-4-9所示来启动后续的安装工作。接下来等待其完成此工作，并且可以单击图上的惊叹号来查看安装的进度。

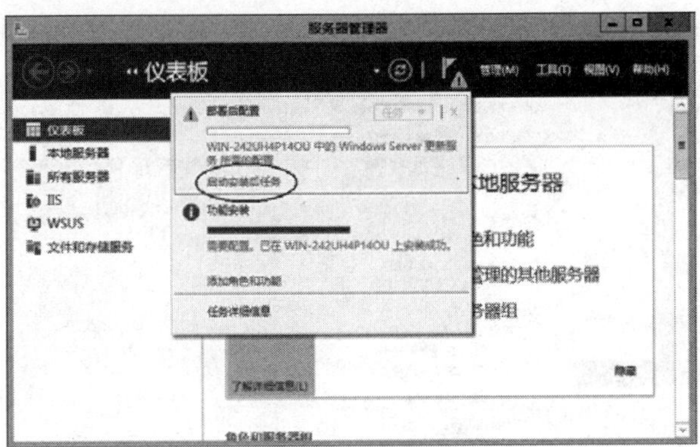

图 14-4-9

STEP 13　接着请安装由微软网站下载的Microsoft Report Viewer 2008 SP1 Redistributable，然后继续进行以下操作。

STEP 14　按Windows键⊞切换到**开始**菜单➲管理工具➲Windows Server Update Services。

STEP 15　接下来会启动如图14-4-10所示的Windows Server Update Services配置向导，单击下一步按钮。

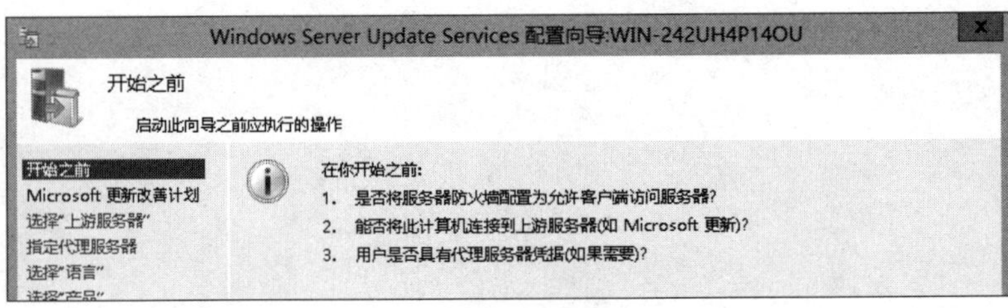

图 14-4-10

也可以稍后通过**WSUS管理控制台**内的**选项**界面来运行配置向导。

STEP 16 出现**参加Microsoft Update改进计划**界面时，请自行决定是否要参与此计划后单击下一步按钮。

STEP 17 在图14-4-11中我们选择让WSUS服务器从Microsoft 更新中进行同步，也就是让服务器直接从Microsoft Update网站下载更新程序与Metabase等。

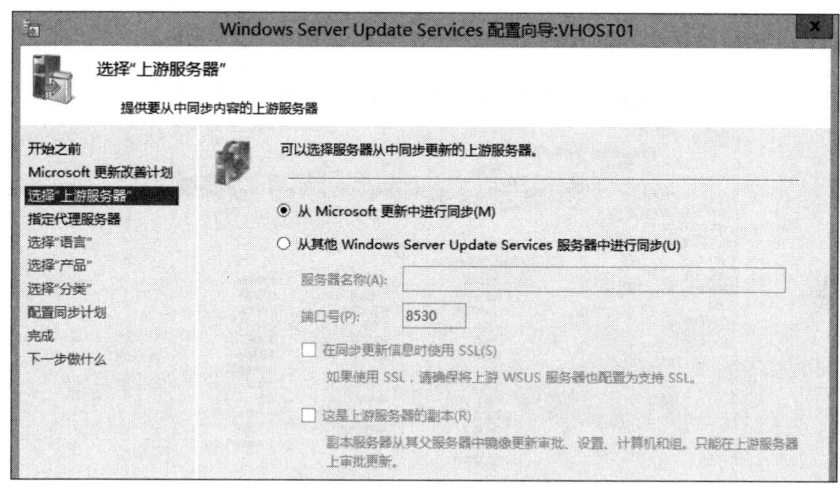

图 14-4-11

STEP 18 如果WSUS服务器需要通过企业内部的Proxy服务器（代理服务器）来连接Internet，就在图14-4-12中输入Proxy服务器的相关信息，包含服务器名称、端口。如果需要验证身份，就再输入用户账户与密码等数据。完成后单击下一步按钮。

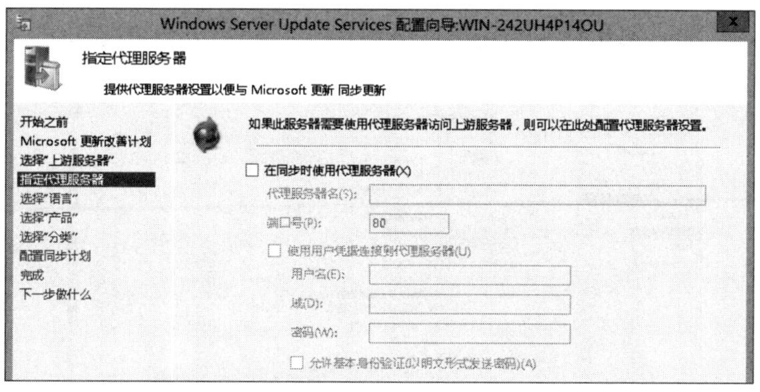

图 14-4-12

STEP 19 单击图14-4-13中的开始连接按钮，以便从Windows Update网站（或上游服务器）取得更新程序的相关信息（需花费一段时间）。完成下载后单击下一步按钮。

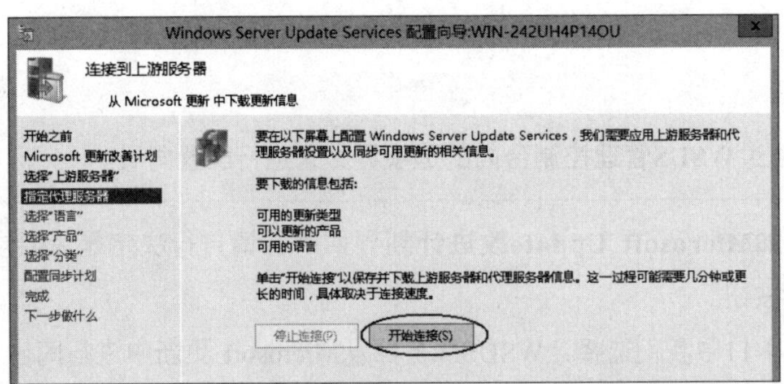

图 14-4-13

STEP 20 在图14-4-14中选择下载所需语言的更新程序后单击下一步按钮。

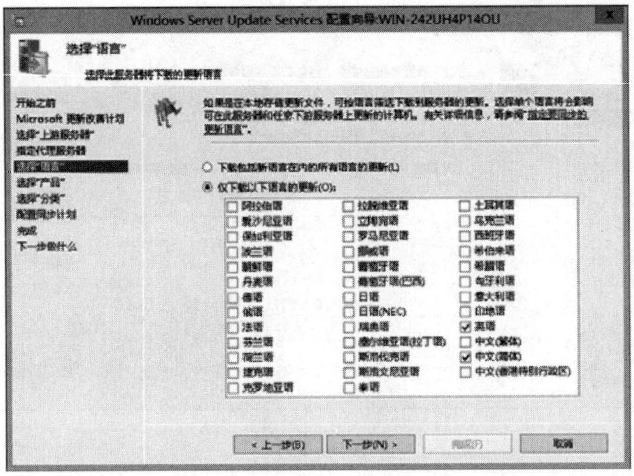

图 14-4-14

STEP 21 在图14-4-15选择需要下载更新程序的产品后单击下一步按钮。系统默认会选择Office与Windows系统的更新程序。

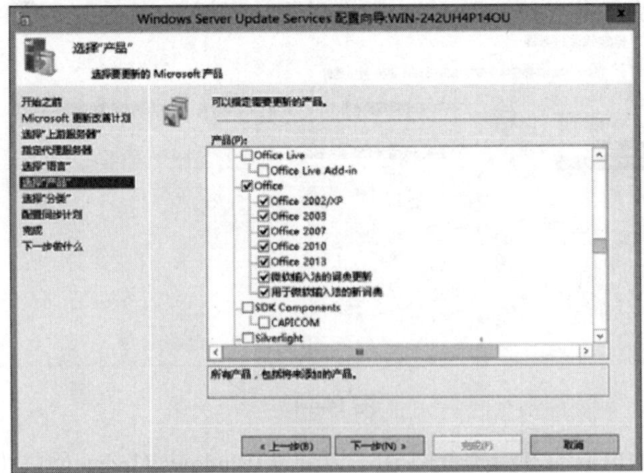

图 14-4-15

STEP 22 在图14-4-16选择下载所需类型的更新程序后单击下一步按钮。

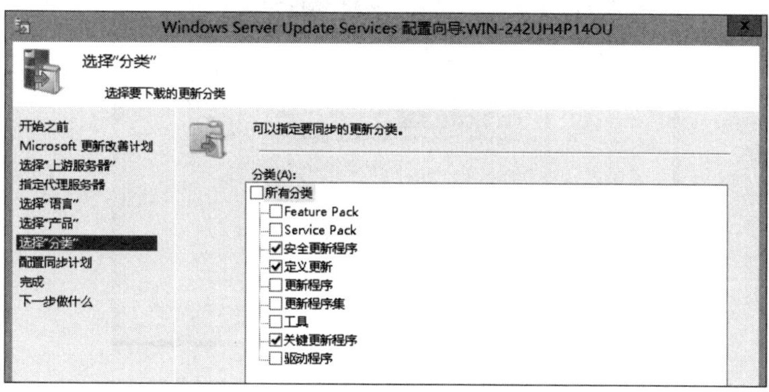

图 14-4-16

STEP 23 在图14-4-17中选择手动或自动同步后单击下一步按钮。若选择自动同步，则要设置第1次同步的时间与每天同步的次数（系统会自动设置同步间隔时间）。举例来说，如果你设置第1次同步时间为3:00AM，且每天同步次数为4次，那么系统会在3:00AM、9:00AM、3:00PM与9:00PM这4个时间点自动执行同步工作。

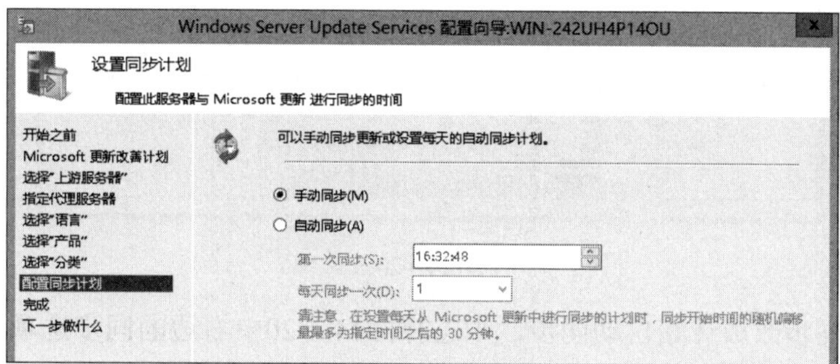

图 14-4-17

STEP 24 可勾选图14-4-18中的选项来执行第1次同步工作，单击下一步按钮。

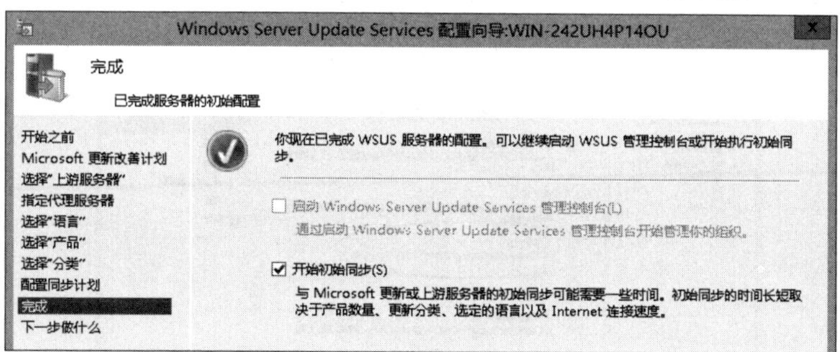

图 14-4-18

STEP 25 出现**下一步做什么**界面时直接单击完成按钮。

STEP 26 由图14-4-19中可看出当前的同步进度。

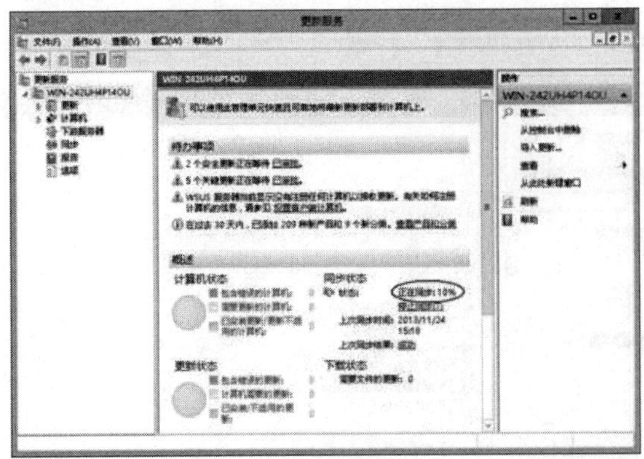

图 14-4-19

以后如果要再次执行手动同步操作，就可以通过图14-4-20中**同步**界面侧的**立即同步**来完成。

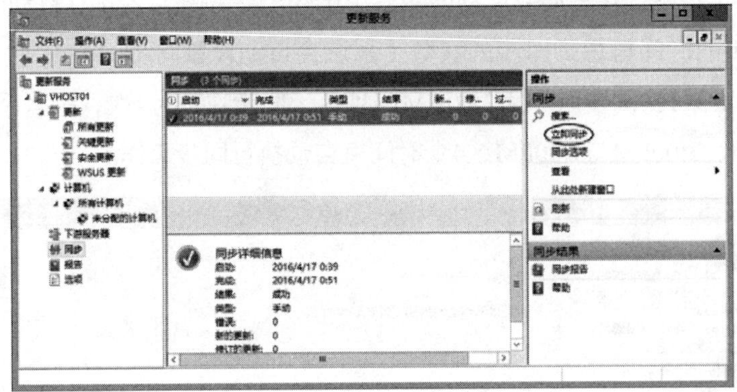

图 14-4-20

若要将手动同步改成计划自动同步，则选择图14-4-20中右边的**同步选项**，或是直接单击图14-4-21中左侧的**选项**，然后通过图中的**同步计划**来设置。除此之外，在前面安装过程中的所有设置也都可以通过此**选项**界面来更改。在同步操作尚未完成之前，无法存储你所更改的设置，因此要耐心等待同步完成后再来更改设置。

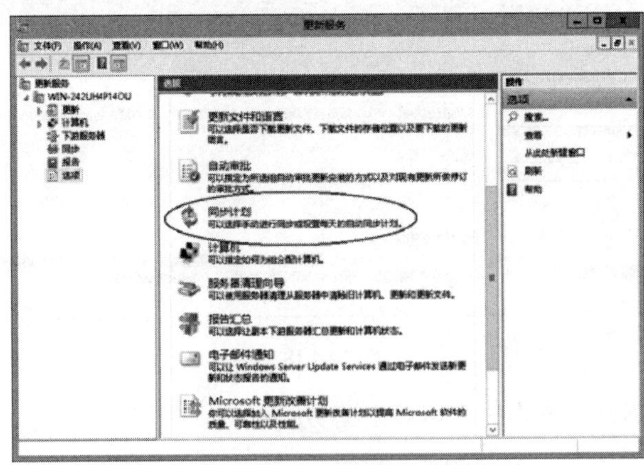

图 14-4-21

14.5 设置客户端的自动更新

我们要让客户端计算机能够通过WSUS服务器来下载更新程序，而这个设置可以通过以下两种途径来完成。

- **组策略**：在AD DS域环境下，可以通过组策略来设置。
- **本地计算机策略**：若没有AD DS域环境，或客户端计算机未加入域，则可通过本地计算机策略来设置。

下面我们利用域组策略来说明。假设要在域sayms.local内建立一个域级别的GPO（组策略对象），其名称为**WSUS策略**，然后通过这个GPO来设置域内所有客户端计算机的自动更新配置。

STEP 1 到域控制器上按⊞键切换到**开始**菜单➲管理工具➲组策略管理。

STEP 2 如图14-5-1所示通过【选中域sayms.local，右击➲在这个域中创建GPO并在此处链接➲设置GPO的名称（例如**WSUS策略**）后单击确定按钮】的途径来建立GPO。

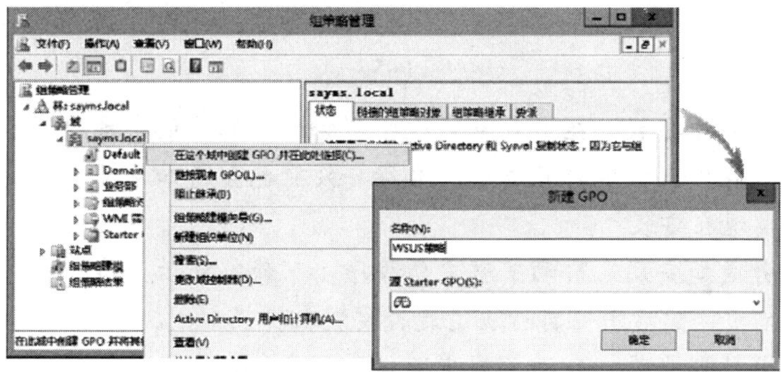

图 14-5-1

STEP 3 如图14-5-2所示，【选中刚才建立的**WSUS策略**，右击➲编辑】。

图 14-5-2

STEP 4 展开**计算机配置**➲策略➲管理模板➲Windows组件➲在图14-5-3中双击**Windows** 更新右侧的**配置自动更新**➲在前景图中选择客户端计算机的自动更新方式（有以下4种）。

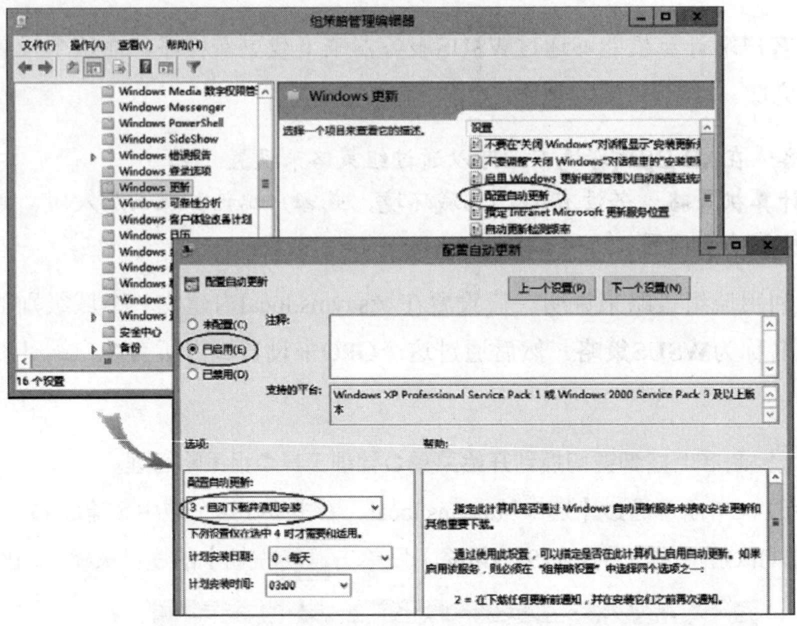

图 14-5-3

- **通知下载和通知安装**：在下载更新程序前会通知已登录的系统管理员，由他自行决定是否要现在下载；下载完成后，准备安装前也会通知系统管理员，然后由他自行决定是否要现在安装。
- **自动下载并通知安装**：自动下载更新程序，下载完成后，准备安装前会通知已登录的系统管理员，然后由他自行决定是否要现在安装。
- **自动下载并计划安装**：自动下载更新程序，且会在指定时间自动安装。选择此选项的话，还必须在界面下半段指定自动安装的日期与时间。
- **允许本地管理员选择设置**：前面几项设置完成后，将无法在客户端修改，但此选项让在客户端登录的系统管理员可以通过**控制面板**来自行选择自动更新方式。

STEP 5 双击图14-5-4中**指定Intranet Microsoft更新服务位置**，然后指定让客户端从WSUS服务器来取得更新程序，同时也设置让客户端将更新结果通知给WSUS服务器，这两处都输入**http://wsus:8530/**，其中的wsus为WSUS服务器的计算机名称，8530为WSUS网站的默认侦听端口号码。完成后单击确定按钮。

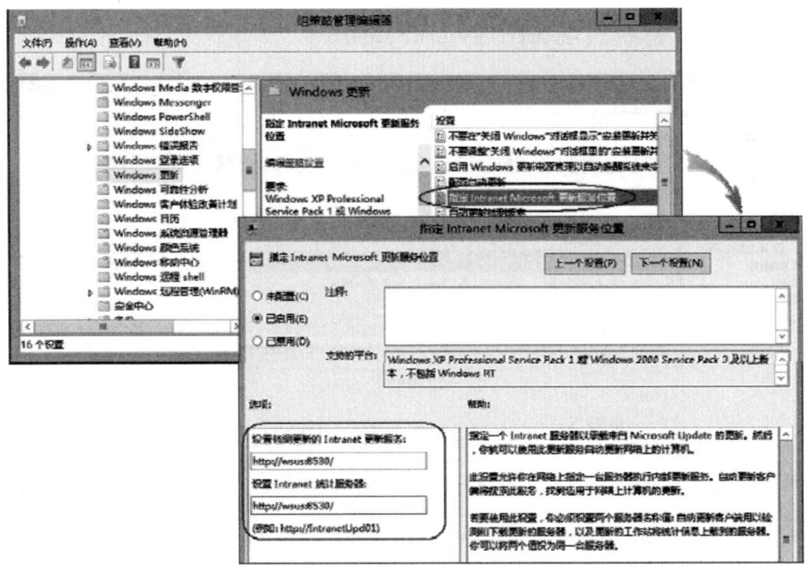

图 14-5-4

配置完成后，需等域内的客户端计算机应用这个策略之后才有效，而客户端计算机默认是每隔90~120分钟应用一次（参考第10章）。若希望客户端能够快一点应用，可到客户端计算机上执行**gpupdate /force**命令（或将客户端计算机重新启动）。

附注

（1） 客户端计算机应用策略后，是无法在客户端更改自动更新设置的。

（2） 未加入域的计算机可执行GPEDIT.MSC，以便通过**本地计算机策略**来完成上述配置，而且设置完成后会立刻应用。

应用完成后，还需等客户端计算机主动开始与WSUS服务器接触后，在**WSUS管理控制台**内才看得到这些客户端计算机，然后就可以开始将更新程序部署到这些计算机。不过客户端计算机在组策略应用完成后约20分钟才会主动去与WSUS服务器接触，不想等待的话，可以利用手动方式来与WSUS服务器接触，方法到客户端上执行**wuauclt /detectnow**命令。

14.6　审批更新程序

在WSUS服务器上【按⊞键切换到**开始**菜单➲管理工具➲Windows Server Update Services➲展开到**计算机**之下的**所有计算机**➲在中间窗口的**状态**栏选择**任何**】，之后将看到如图14-6-1所示的客户端计算机列表，若有客户端计算机仍未显示在此界面中，可以先到这些计算机上通过**gpupdate /force**来立即应用GPO内的组策略设置，然后执行**wuauclt /detectnow**

命令，以便加快让这些计算机出现在图14-6-1的界面中。

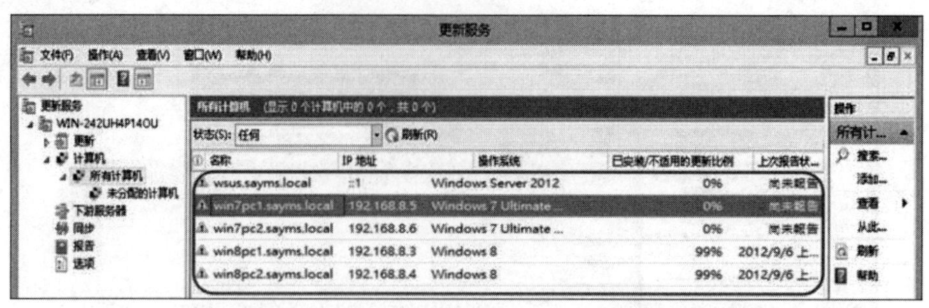

图 14-6-1

图中会显示每一台客户端计算机的计算机名称、IP地址、操作系统的种类、“已安装与不适用于此计算机”的更新程序数量占所有更新程序总数的百分比以及客户端计算机上次向WSUS服务器返回更新状态的时间。你可以在最上方中间的**状态**处选择根据不同的状态来显示计算机信息，例如选择只显示需要安装更新程序的客户端计算机，然后单击**刷新**。图中我们选择显示所有状态（也就是**任何**）的计算机。

附注

若客户端有新的更新状态可返回，而你希望立即返回更新状态的话，请到客户端计算机上执行**wuauclt /reportnow**命令。

14.6.1 建立新计算机组

为便于利用**WSUS管理控制台**来部署客户端计算机所需的更新程序（尤其是计算机数量较多时），建议为客户端计算机进行组分类，因此请先建立计算机组，例如我们要建立一个名称为**业务部计算机**的组，并将隶属于业务部的计算机移动到此组内。

STEP 1 如图14-6-2所示，【单击**所有计算机**界面右侧的**添加计算机组**➲输入组名后单击添加按钮】。

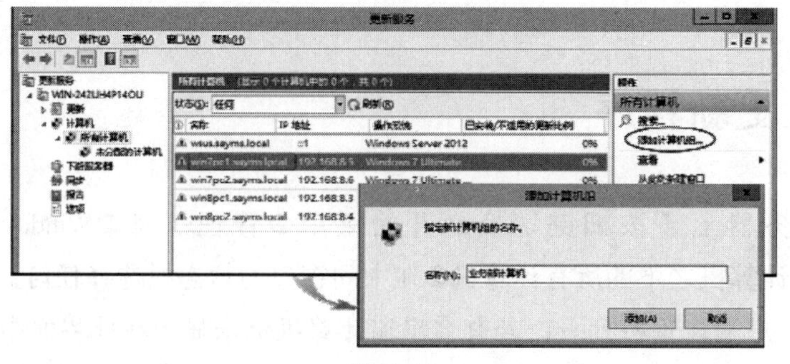

图 14-6-2

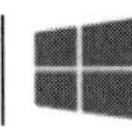

STEP 2 将应该隶属于业务部的计算机从**未分配的计算机**移动到刚刚建立的**业务部计算机**中：【如图14-6-3所示单击左侧**未分配的计算机**➲状态区选择**任何**后单击**刷新**➲选择欲移动到**业务部计算机**的计算机➲单击右侧的**更改成员身份**➲在前景图中勾选**业务部计算机**后单击确定按钮】。

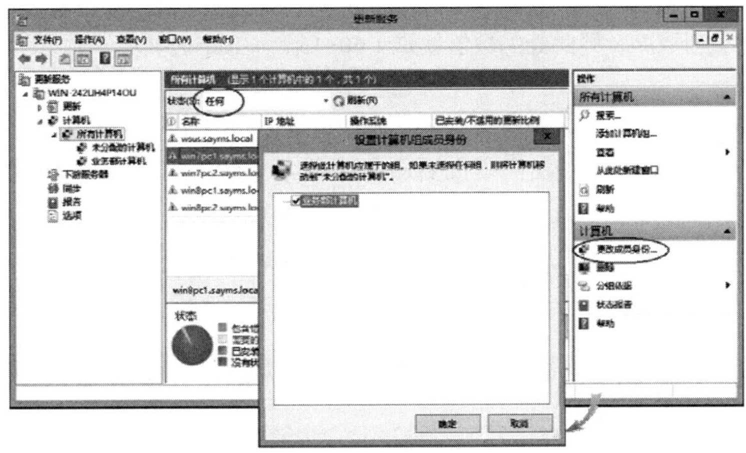

图 14-6-3

14.6.2 审批更新程序的安装

WSUS所下载的所有更新程序都需要经过审批后，才可以在客户端计算机上安装，此处假设要审批某个安全更新，以便让**业务部计算机**内的计算机来安装此更新程序：【如图14-6-4所示单击**安全更新**界面中的一个更新程序➲单击右侧的**审批**➲单击**业务部计算机**➲已审批进行安装➲单击确定按钮】。之后如果要解除审批，可执行相同的步骤，但是要在图14-6-4中选择**拒绝**。

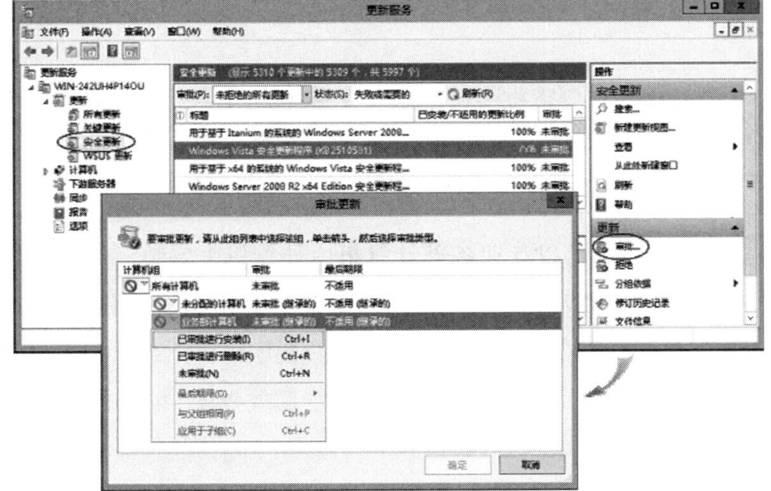

图 14-6-4

> **附注**
>
> 在图14-6-4中更新程序右侧“**已安装/不适用更比例**”字段的数值（图中为75%）表示“已经安装此更新程序与不适用此更新程序”的计算机数量占所有计算机数量总数的百分比，例如总共有100台计算机，其中有60台计算机已经安装了此更新程序、15台计算机不适用此更新程序，则此处的数值就是（60+15）÷100=75%。

由于WSUS默认会推迟下载更新程序，也就是WSUS服务器与Microsoft Update同步时仅会下载更新程序的Metadata，当我们审批更新程序后，更新程序才会被下载。由于我们才刚审批上述更新程序，WSUS服务器正要开始下载此更新程序，在还未下载完成之前，都会看到如图14-6-5所示的提示信息，必须等下载完成后，才可以在客户端计算机上开始安装此更新程序。

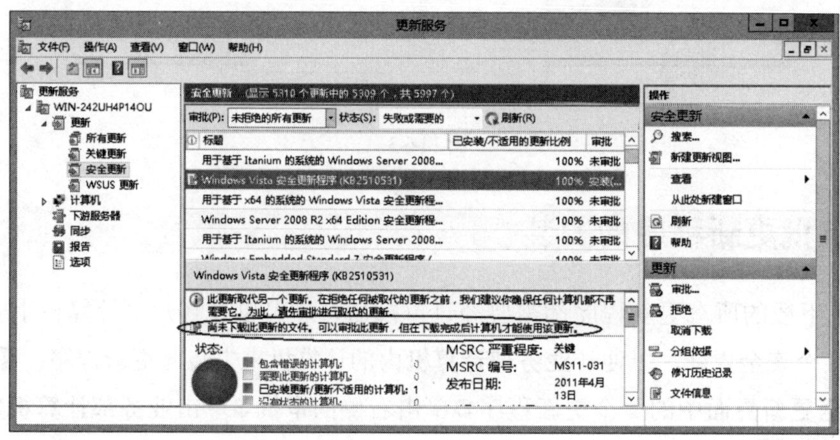

图 14-6-5

> **附注**
>
> 在图14-6-5中更新程序右侧**审批**字段出现了**安装（1/3）**字样，表示目前有3个计算机组，其中有1组已经被审批安装此更新程序，例如目前有**所有计算机**、**未分配的计算机**与**业务部计算机**3组，但仅**业务部计算机**被审批安装此更新程序。

虽然已经审批此更新程序可以让**业务部计算机**内计算机来安装，但是客户端计算机默认每隔17.6 到 22 小时才会连接WSUS服务器来检查是否有最新更新程序可供下载（可利用**wuauclt /detectnow**命令来手动检查）。检查到有更新程序可供下载后，客户端计算机何时会下载此更新程序呢？下载完成后何时才会安装？这些都要视图14-6-6的设置而定，此设置在图14-5-3中已设置并解释过了。

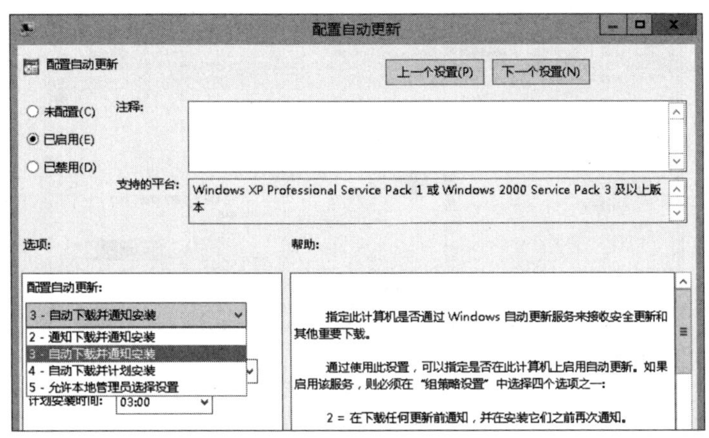

图 14-6-6

客户端默认是每隔17.6到22小时才会连接WSUS服务器来检查是否有最新更新程序可供下载，此时间值可以通过图14-6-7的**自动更新检测频率**来更改，实际时间是此处设置值减掉一个随机值，这个随机值是设置值的0% 到 20 %，例如默认值为22小时，则客户端会每隔17.6 到 22小时之间来检查是否有最新更新程序。若此策略被设置为**已禁用**或**未配置**，则系统默认就是每隔17.6 到 22 小时。

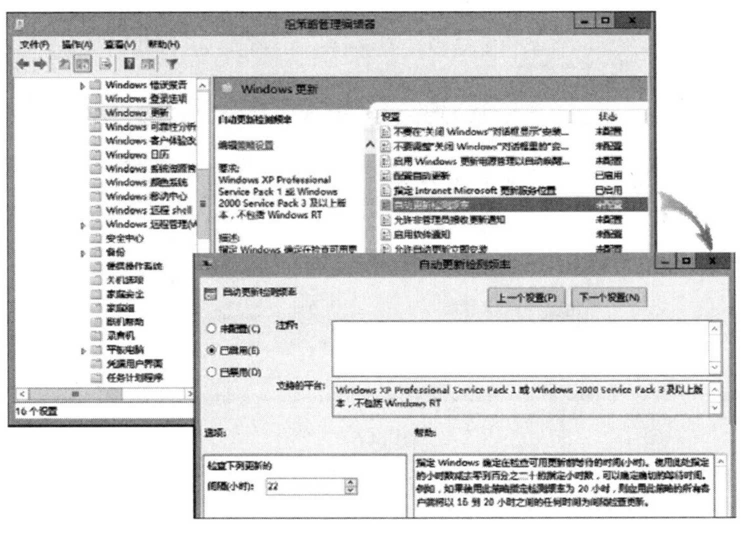

图 14-6-7

若希望客户端计算机能够早一点自动检查、下载与安装，以便来验证WSUS功能是否正常、客户端是否会通过WSUS服务器来安装更新程序，可将图14-6-7的时间缩短，然后到客户端执行**gpupdate/force**立即应用此策略，或者直接到客户端计算机执行**wuauclt/detectow**命令。

只要客户端检测到可供下载与安装的更新程序，右下角任务栏就可能会有提示，并且通过【控制面板➲系统和安全➲Windows Update】可以看到如图14-6-8所示的提示界面。

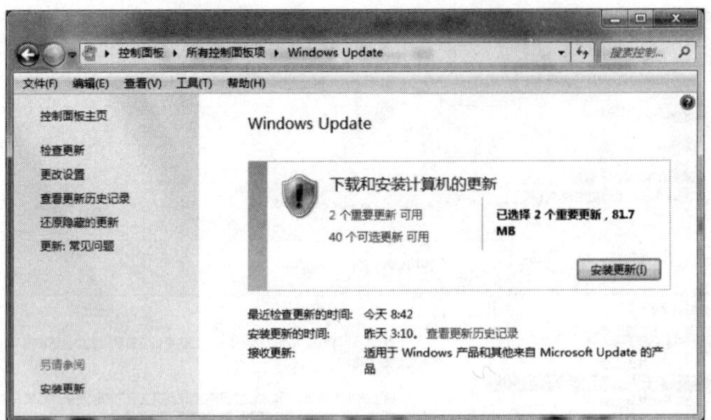

图 14-6-8

14.6.3 拒绝更新程序

如果单击图14-6-9中某个更新程序右侧的**拒绝**，则系统将解除其审批，同时在WSUS数据库内与此更新有关的报告数据（由客户端计算机返回的）都将被删除，另外在此界面上也将看不到此更新程序。若要看到被拒绝的更新程序，可在**审批**处选择**已拒绝**后单击**刷新**，如图14-6-10所示。

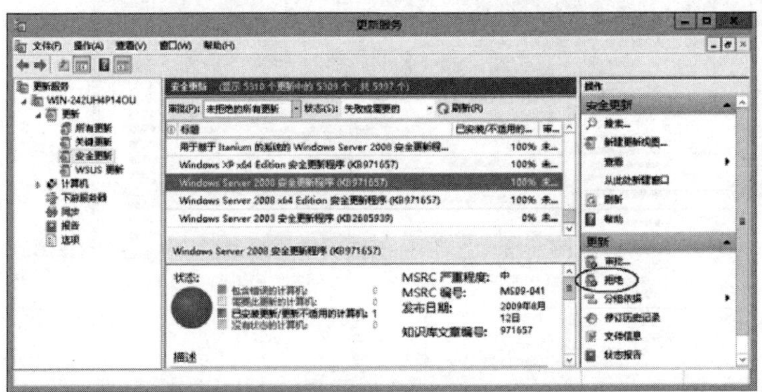

图 14-6-9

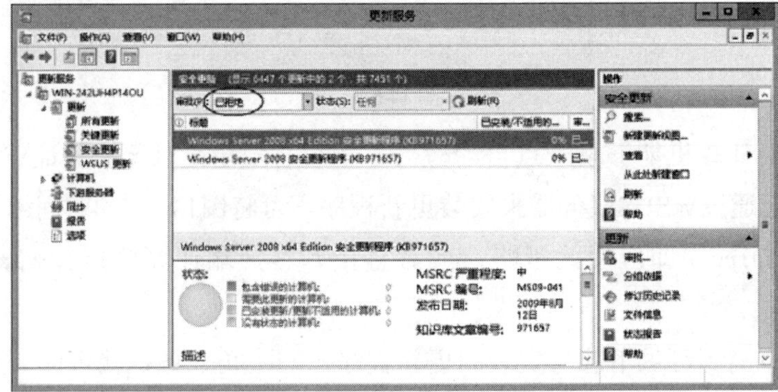

图 14-6-10

14.6.4 自动审批更新程序

你可以设置以后当WSUS服务器与Windows Update同步时自动审批所下载的更新程序，例如希望所有下载的**安全更新**与**重大更新**都能够自动审批给所有计算机：【如图14-6-11所示，单击**选项**界面中的**自动审批**➲在前景图中勾选**默认的自动审批规则**➲单击应用按钮】。如果也要将此规则应用到已经同步的更新程序，可单击界面中的**执行规则**。由图可以看出你还可以自行建立自动审批规则或编辑、删除现有规则。

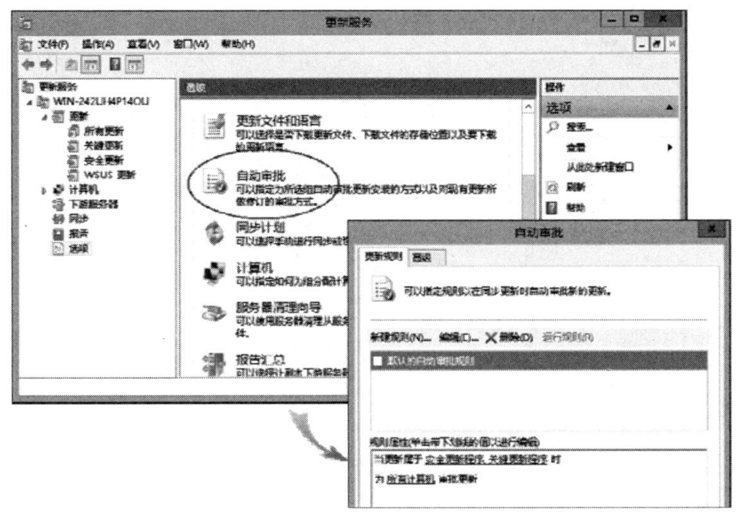

图 14-6-11

在打开图14-6-12中的**高级**选项卡后，还可以更改以下设置。

- **WSUS更新**：可用来设置是否要让WSUS产品本身的更新程序自动被审批。
- 更新修订。
  - **自动审批已审批的更新的新修订**：若已审批的更新程序未来有修订版，则自动审批此修订版本的更新程序。
  - **当新修订导致更新过期时自动拒绝更新**：当未来有新修订的版本出现而使得旧版本过期时，自动拒绝这个过期的旧更新程序。

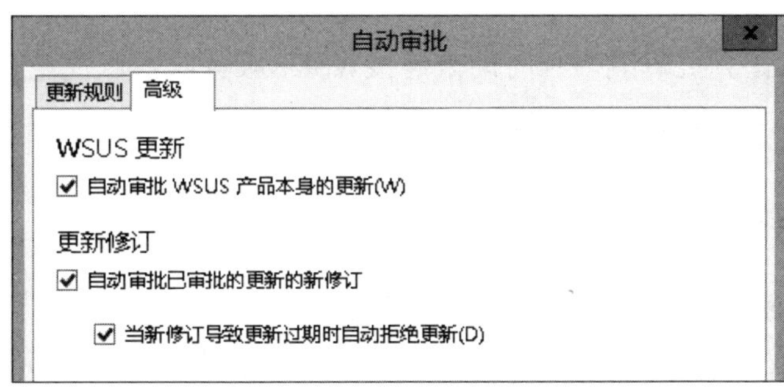

图 14-6-12

14.7 自动更新的组策略设置

前面曾经介绍过几个与自动更新有关的组策略设置，本节将介绍更多的设置（参考图14-7-1），以便于你进一步控制客户端计算机与WSUS服务器之间的沟通方式。你可以针对整个域内的计算机或某个组织单位内的计算机来设置组策略。建议通过另外建立GPO的方式来设置，尽量不要通过内置的Default Domain Policy GPO或Default Domain Controllers GPO来设置。

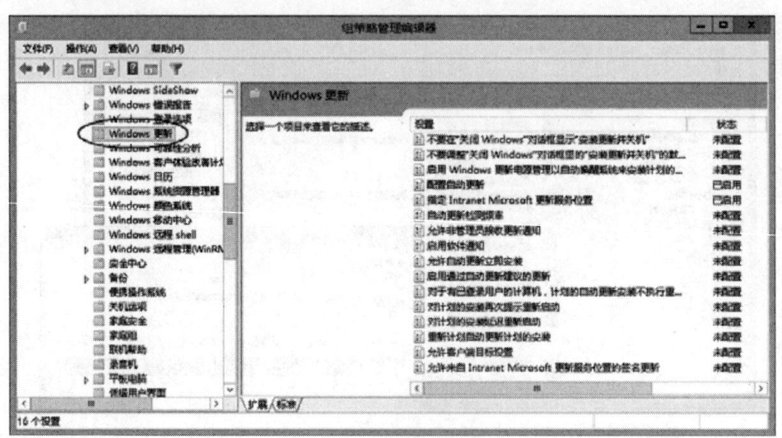

图 14-7-1

配置自动更新

用来设置客户端下载与安装更新程序的方式，此策略已在图14-5-3解释过了。

指定 Intranet Microsoft 更新服务位置

用来指定让客户端计算机从WSUS服务器来取得更新程序，同时也设置让客户端将更新结果返回给WSUS服务器，此策略已经在图14-5-4解释过了。

自动更新检测频率

用来设置客户端计算机每隔多长时间来连接WSUS服务器，以便检查是否有最新的更新程序可供下载与安装，此策略已经在图14-6-7解释过了。

允许非管理员接收更新通知

若在**配置自动更新**策略中被设置成在下载前或安装前通知用户，则默认只有系统管理员才会收到此通知信息（右下角状态栏会显示通知图标）。启用此策略后，可以让非系统管理员也收到通知信息。若此策略被设置为**已禁用**或**未配置**，则只有系统管理员才会收到通知信息。

允许自动更新立即安装

当更新程序下载完成且准备好可以安装时，默认是根据在**配置自动更新**策略内的设置来决定何时安装此更新程序，然而启用**允许自动更新立即安装**策略后，某些更新程序就会被立即安装。这些更新程序是指那些既不会中断Windows服务，也不会重新启动Windows 系统的更新程序。

对于有已登录用户的计算机，计划的自动更新安装不执行重新启动

在**配置自动更新**策略中选择计划安装更新程序，有的更新程序安装完成后需要重新启动计算机。**对于有已登录用户的计算机，计划的自动更新安装不执行重新启动**策略用来设置有用户登录客户端计算机时是否要自动重新启动计算机。

启用此策略，系统仅会通知已经登录的用户，要求用户重新启动系统，以便完成安装程序。

若此策略被设置为**已禁用**或**未配置**，则系统会通知已经登录的用户此计算机将在5分钟后（此时间可通过下一个策略来更改）自动重新启动。

对计划的安装延迟重新启动

用来设置计划安装完成后系统自动重新启动前需等待的时间（默认为5分钟），请参考前一个策略的说明。

对计划的安装再次提示重新启动

通过计划安装更新程序后需要重新启动计算机，且系统也通知已经登录的用户此计算机将在5分钟后（默认值）自动重新启动时，若用户在通知界面选择不要重新启动，则系统等一段时间后（等待时间的长短可通过本策略来设置）还是会再次通知用户计算机将在5分钟后重新启动。

若启用此策略，请指定重新通知用户的等待时间。若此策略被设置为**已禁用**或**未配置**，则默认会等10分钟后再通知用户。

重新计划自动更新计划的安装

若通过计划指定某个时间点来执行安装更新程序的工作，但是时间到达时客户端计算机却没有开机，因此并没有安装已经下载的更新程序。此策略用来设置客户端计算机重新启动完成后需等多长时间开始安装之前错过安装的更新程序。

若如图14-7-2所示启用此策略并指定等待时间，则客户端计算机重新启动后就会等指定时间过后再开始安装之前错过安装的更新程序。若停用此策略，则客户端计算机需等下一次计划的时间到达时才会安装错过安装的更新程序。若此策略被设置为**未配置**，则默认客户端

计算机重新启动后1分钟再开始安装之前错过安装的更新程序。

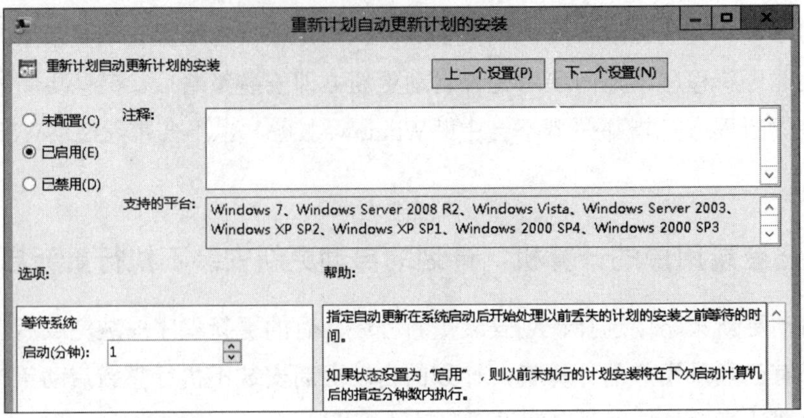

图 14-7-2

允许客户端目标设置

应用此设置的所有客户端计算机会自动加入指定的计算机组内，因此系统管理员不需要利用**WSUS管理控制台**来执行手动加入的操作，例如在图14-7-3中我们通过此策略来让客户端自动加入到**业务部计算机**内。

图 14-7-3

允许来自 Intranet Microsoft 更新服务位置的签名更新

若此策略启用，则客户端计算机可以从WSUS服务器下载由其他第三方所开发与签名的更新程序；若未配置或禁用此策略，则客户端计算机仅能够下载由Microsoft所签名的更新程序。

删除到“Window 更新”的链接和访问

虽然WSUS客户端通过WSUS服务器只能够取得经过审批的更新程序，但是本地系统管理员仍然有可能通过**开始**菜单的**Windows**更新链接私自直接连接Microsoft Update网站、下载

与安装未经过审批的更新程序。为了减少发生这种状况，建议通过此策略来将客户端计算机**开始**菜单的**Window更新**链接删除：【展开**用户配置**➲策略➲管理模板➲“开始”菜单和任务栏➲如图14-7-4所示启用**删除到“Windows 更新”的链接和访问**策略】。完成后，客户端计算机**开始**菜单与Internet Explorer的**工具**菜单内就不会再显示**Windows更新**链接，同时在**控制面板**的**Windows更新**内的**检查更新**也会失效。

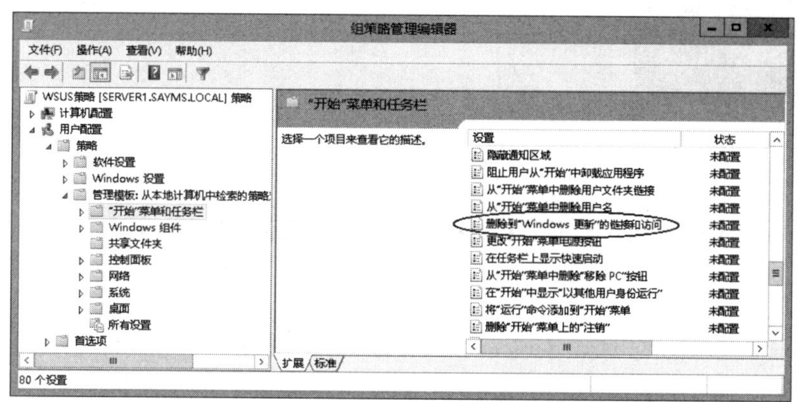

图 14-7-4

关闭对所有 Windows 更新功能的访问

若启用此策略，则会禁止客户端访问Microsoft Update网站，例如客户端通过**开始**菜单的**Windows更新**链接去连接http://windowsupdate.microsoft.com/网站会被拒绝、直接在浏览器内输入上述网址来连接Windows Update网站也会被拒绝等。换句话说，客户端计算机将无法直接从Microsoft Update网站获取更新程序，不过还是可以从WSUS服务器来获取。启用此策略的方法为：【展开**计算机配置**➲策略➲管理模板➲系统➲Internet通信管理➲Internet通信设置➲如图14-7-5所示启用**关闭对所有Windows 更新功能的访问**策略】。

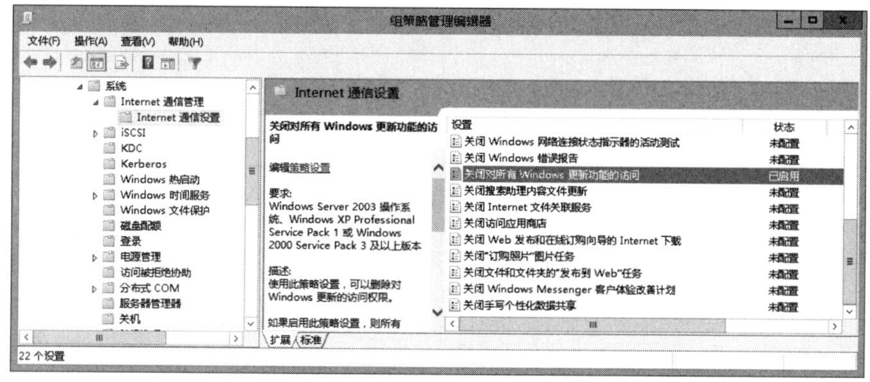

图 14-7-5

15

第 15 章　AD RMS 企业文件版权管理

Active Directory Rights Management Services（AD RMS）能够确保企业内部数字文件的机密性，用户即使有权限读取受保护的文件，但若未被授权，也无法复制与打印该文件。

- AD RMS概述
- AD RMS实例演练
- AD RMS其他高级说明与设置

15.1 AD RMS概述

虽然可以通过NTFS（与ReFS）权限来设置用户的访问权限，但是NTFS权限还是有功能上的局限性。例如，你允许用户可以读取某个包含机密数据的文件，此时用户便可以复制文件内容或另外将文件存储到其他位置，极有可能让这份机密文件内容泄漏出去。现在便携式存储设备广泛应用（例如U盘），因此用户可以轻易地将机密文件带离公司。

Active Directory Rights Management Services（AD RMS）是一种信息保护技术，在配合支持AD RMS的应用程序（以下简称为**AD RMS-enabled应用程序**）后，文件的所有者可以将其设置为版权保护文件，并授予其他用户读取、复制或打印文件等权限。若用户只被授予读取权限，则他无法复制文件内容、无法打印文件。邮件人也可以限制收件人转发此邮件。

每一个版权保护文件内都存储着保护信息，不论这个文件被移动、复制到何处，这些保护信息都仍然存储于文件内，因此可以确保文件不会被未经授权的用户访问。AD RMS可以保护企业内部的机密文件与知识产权，例如财务报表、技术文件、客户数据、法律文件与电子邮件内容等。

15.1.1 AD RMS的需求

一个基本AD RMS环境包含如图15-1-1所示的组件。

- **域控制器**：AD RMS需AD DS的域环境，故需要域控制器。
- **AD RMS服务器**：客户端需要证书（certificate）与许可证（license）才可以进行文件版权保护的工作、访问版权保护文件，而AD RMS服务器就是负责证书与许可证的发放。你可以搭建多台AD RMS服务器来提供容错与负载平衡功能，其中第1台服务器被称为**AD RMS根群集服务器**。

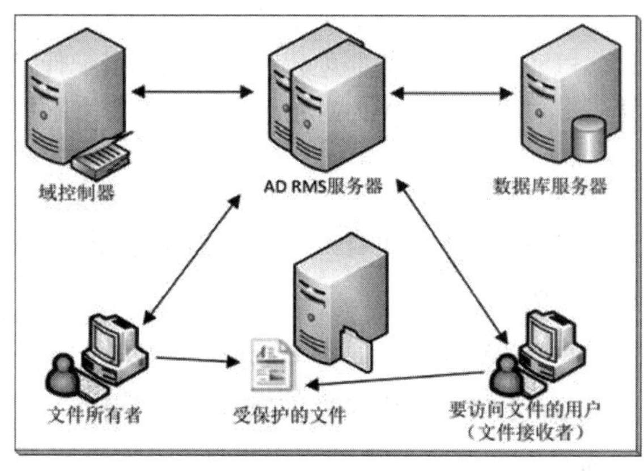

图 15-1-1

由于客户端是通过HTTP或HTTPS来与AD RMS服务器通信。因此AD RMS服务器需搭建IIS（Internet Information Services）网站。

- **数据库服务器**：用来存储AD RMS配置与策略等信息。你可以使用Microsoft SQL Server 来搭建数据库服务器，也可以直接使用AD RMS服务器内置数据库，不过此时只能搭建一台AD RMS服务器。
- **运行"AD RMS-enabled应用程序"的客户端**：用户执行**AD RMS-enabled应用程序**（例如Microsoft Office Word 2010），并利用它来建立、编辑、将文件设置为受保护的文件，然后将此文件存储到其他用户可以访问到的地方，例如网络共享文件夹、U盘等。

15.1.2 AD RMS如何运行

以图15-1-1为例，文件所有者建立受保护的文件、文件接收者访问此文件的流程如下所示。

> **附注**
>
> 以下为简易流程，但容易了解，若需要详细流程，可参考15.3节。

（1）当文件所有者第一次执行保护文件工作时，他会从AD RMS服务器取得证书，拥有证书后便可以执行保护文件的工作。

（2）文件所有者利用AD RMS-enabled应用程序建立文件，并且执行保护文件的步骤，也就是设置此文件的权限与使用条件，同时该应用程序会将此文件加密。接着会建立**发布许可证**。发布许可证内包含着文件的权限、使用条件与解密密钥。

> **附注**
>
> 权限包含读取、更改、打印、转发与复制内容等。权限可搭配使用条件，例如可访问此文件的期限。系统管理员也可以通过AD RMS服务器的设置来限制某些应用程序或用户不能打开受保护的文件。

（3）文件所有者将受保护的文件（包含发布许可证）存储到可供文件接收者访问的位置，或将它直接转发给文件接收者。

（4）文件接收者利用AD RMS-enabled应用程序来打开文件时，会向AD RMS服务器发出索取**使用许可证**的请求（此请求内包含着文件的发布许可证）。

（5）AD RMS服务器通过发布许可证内的信息来确认文件接收者有权访问此文件后会建

立用户所要求的使用许可证（包含权限、使用条件与解密密钥），然后将使用许可证转发给文件接收者。

（6）文件接收者的AD RMS-enabled应用程序收到使用许可证后，会利用使用许可证内的解密密钥来将受保护的文件解密与访问该文件。

15.2 AD RMS实例演练

我们将通过图15-2-1来练习搭建一个AD RMS企业版权管理的环境。图中为了简化环境复杂度，撤除了数据库服务器，改使用AD RMS服务器的内建数据库，同时将版权保护文件直接放置到域控制器DC的共享文件夹内，并且客户端只用一台Windows 8.1计算机（文件所有者与文件接收者都使用这一台计算机）。

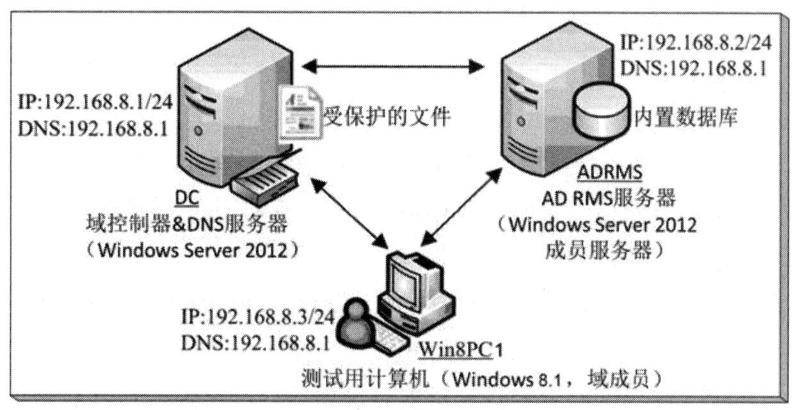

图 15-2-1

准备好计算机

准备好3台计算机，并且需要一个AD DS域环境（假设我们所建立的域为sayms.local）：

- 安装好图中每一台计算机的操作系统，图中域控制器DC与AD RMS服务器都是Windows Server 2012 R2 Datacenter、客户端计算机为Windows 8.1 Enterprise。
- 若使用Windows Server 2012 R2 Hyper-V来建立上述3台虚拟机，请分别在这3个系统内执行Sysprep.exe来更改SID等相关信息。
- 依照图15-2-1来设置每一台计算机的网卡IP地址、子网掩码、首选DNS服务器（默认网关可不用设置）：【按⊞+X键➲控制面板➲网络和Internet➲网络和共享中心➲单击**以太网**➲属性➲Internet协议版本4（TCP/IPv4）】。
- 将3台计算机的计算机名称分别更改为DC、ADRMS与Win8PC1：【按⊞+X键➲控制面板➲系统和安全➲系统➲更改设置】，完成后重新启动计算机。
- 暂时将每一台计算机的**Windows防火墙**关闭（可参考3.4节），以免下一个步骤（执行ping命令）受到**Windows防火墙**的阻挡。

- 执行以下步骤来测试各计算机之间是否可以正常通信：
  - 在域控制器DC上分别利用ping 192.168.8.2与ping 192.168.8.3来测试是否可以与AD RMS服务器、客户端计算机Win8PC1通信。
  - 在AD RMS服务器上分别利用ping 192.168.8.1与ping 192.168.8.3来测试是否可以与域控制器DC、客户端计算机Win8PC1通信。
  - 在客户端计算机Win8PC1上分别利用ping 192.168.8.1与ping 192.168.8.2来测试是否可以与域控制器DC、AD RMS服务器通信。
- 有需要的话，可重新启用每一台计算机的**Windows防火墙**。
- 利用图左上角服务器升级为域控制器的方式来建立域：到该服务器上打开**服务器管理器**、添加**Active Directory域服务**角色，域名为sayms.local，林功能级别选择**Windows Server 2012 R2**，完成后重新启动计算机。
- 分别将计算机AD RMS与Win8PC1加入域sayms.local：【按⊞+X键➲控制面板➲系统和安全➲系统➲更改设置】，完成后重新启动计算机。

建立用户账户

我们要在AD DS数据库内建立文件所有者的账户george与文件接收者的账户mary，还要建立一个用来启动AD RMS服务的账户ADRMSSRVC，这3个账户都是普通账户（名称是我们随意命名的），不需要给予特殊权限。

在域控制器DC上利用域Administrator登录：【按⊞键切换到**开始**菜单➲管理工具➲Active Directory管理中心】，然后分别建立george、mary与ADRMSSRVC这3个账户（假设是建立在Users容器内），在建立账户过程中选择**其他密码选项**后勾选**密码永不过期**，为george与mary设置电子邮件地址（假设分别是george@sayms.local与mary@sayms.local，图15-2-2为george的界面）。

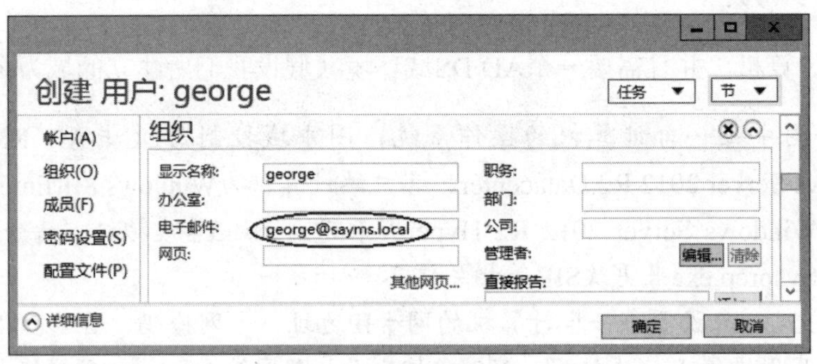

图15-2-2

安装 Active Directory Rights Management Services

在服务器AD RMS上利用域Administrator身份登录，然后通过**添加服务器角色**的方式来安

装Active Directory Rights Management Services。

安装Active Directory Rights Management Services的用户必须隶属于本地组Administrators与域组Enterprise Admins，而我们目前使用的域Administrator默认就是隶属于这两个组。如果要利用其他域用户账户来登录与安装Active Directory Rights Management Services，就要先将此账户加入到这两个组内。

STEP 1 打开**服务器管理器**➲单击**仪表板**处的**添加角色和功能**。

STEP 2 接下来几个界面都单击下一步按钮，一直到出现图15-2-3的界面时勾选Active Directory Rights Management Services，然后单击添加功能按钮。

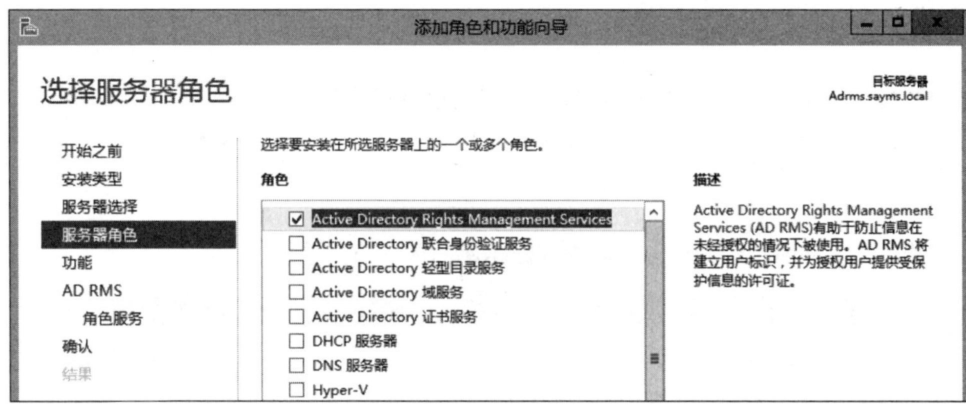

图 15-2-3

STEP 3 接下来的步骤都单击下一步按钮，一直到**确认安装选项**界面时单击安装按钮，安装完成后单击关闭按钮。

STEP 4 如图15-2-4所示单击**执行其他配置**。

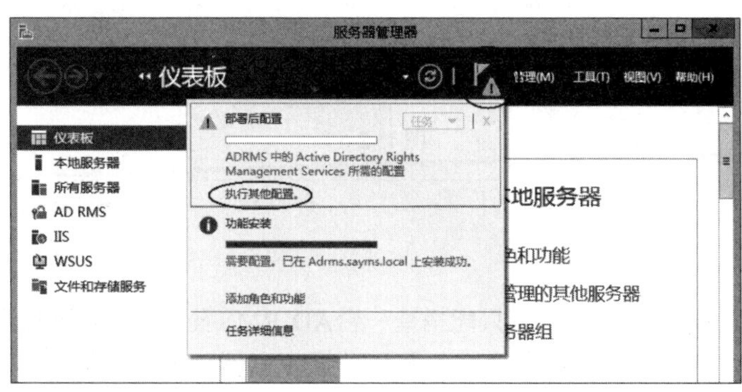

图 15-2-4

STEP 5 出现**AD RMS**界面时单击下一步按钮。

STEP 6　在图15-2-5中单击下一步按钮。由图中得知可搭建两种群集：会发放证书与授权的“根群集”与仅发放授权的“仅授权群集”。所安装的第1台服务器会成为“根群集”。

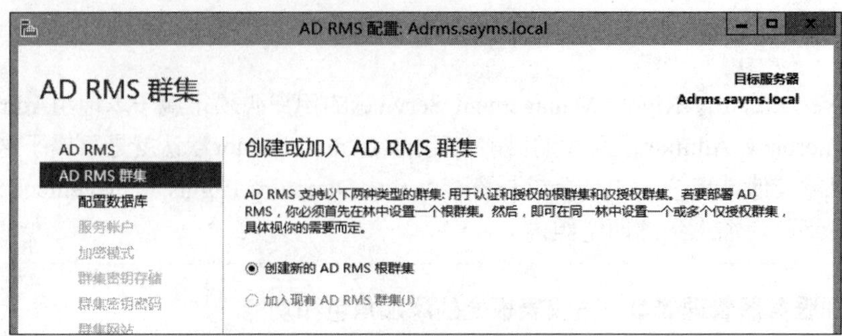

图 15-2-5

附注

若环境比较复杂，可以在搭建**根群集**后再架设**仅授权群集**，不过建议都使用**根群集**，然后将其他AD RMS服务器加入到此**根群集**，因为**根群集**与**仅授权群集**无法被使用在同一个负载平衡池内（load-balancing pool）。

STEP 7　如图15-2-6所示选用**Windows内部数据库**后单击下一步按钮。

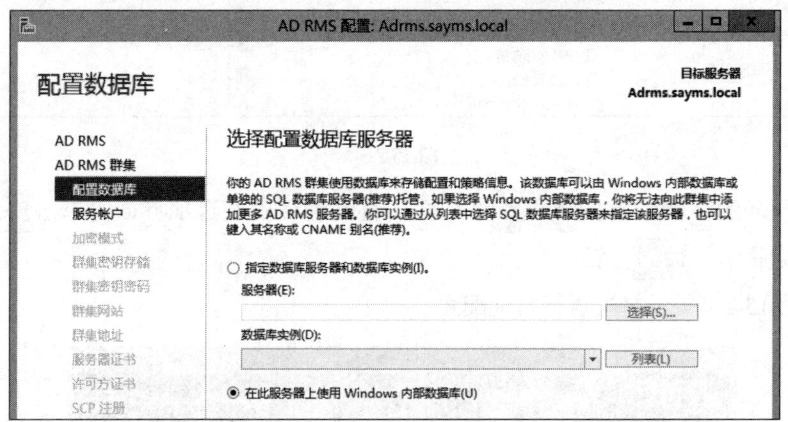

图 15-2-6

注意

因为我们选择内部数据库，所以只能搭建一台AD RMS服务器。若要使用Microsoft SQL Server数据库，请选择**指定数据库服务器和数据库实例**，该服务器必须加入域，同时用来安装Active Directory Rights Management Services的域用户账户也需要隶属于该数据库服务器的本地Administrators组，才有权利在该数据库服务器内建立AD RMS所需的数据库。

STEP 8 在图15-2-7中通过单击指定按钮来选择用来启动AD RMS服务的域用户账户SAYMS\ADRMSSRVC。完成后单击下一步按钮。

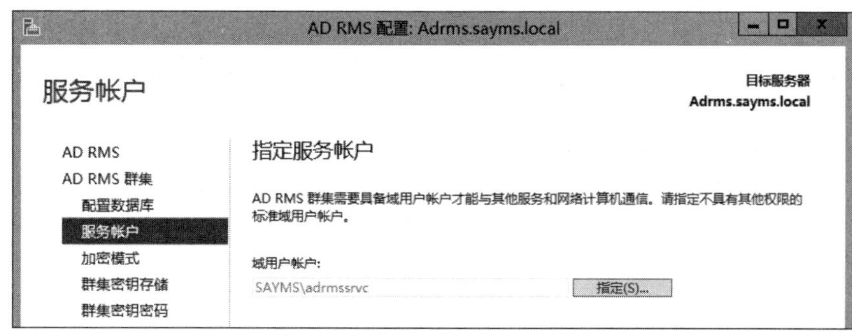

图 15-2-7

STEP 9 在图15-2-8中直接单击下一步按钮。

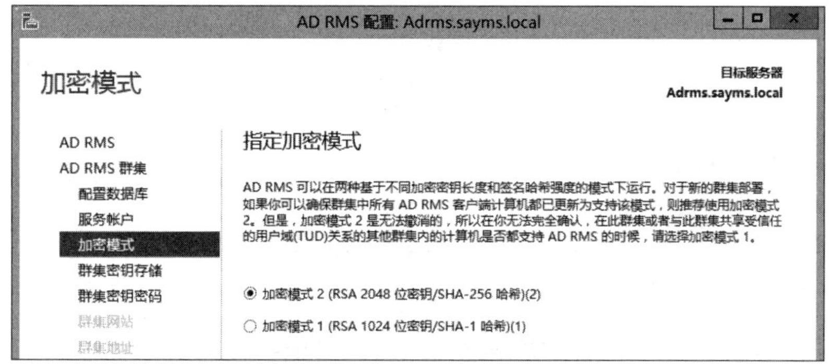

图 15-2-8

STEP 10 在图15-2-9中直接单击下一步按钮。

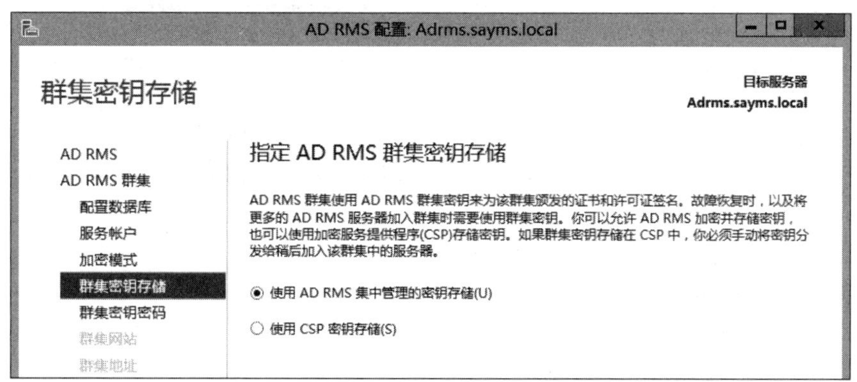

图 15-2-9

STEP 11 在图15-2-10中为群集密钥（cluster key）设置一个密码后单击下一步按钮。当你要将其他AD RMS服务器加入此群集时，必须提供此处所设置的密码。AD RMS会利用群集密钥来签署所发放的证书与授权。

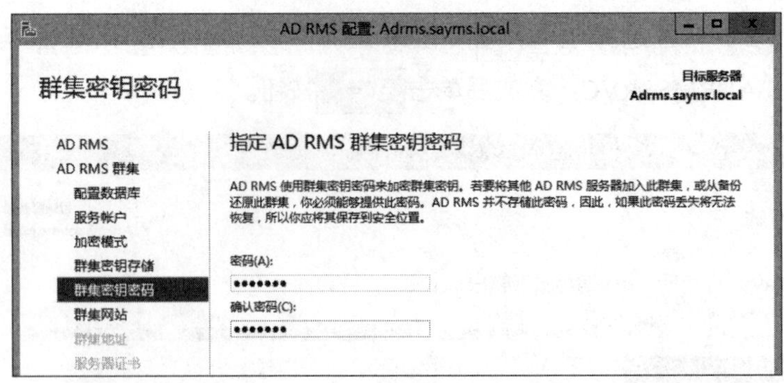

图 15-2-10

STEP 12 在图15-2-11中选择将IIS的Default Web Site当作群集网站。

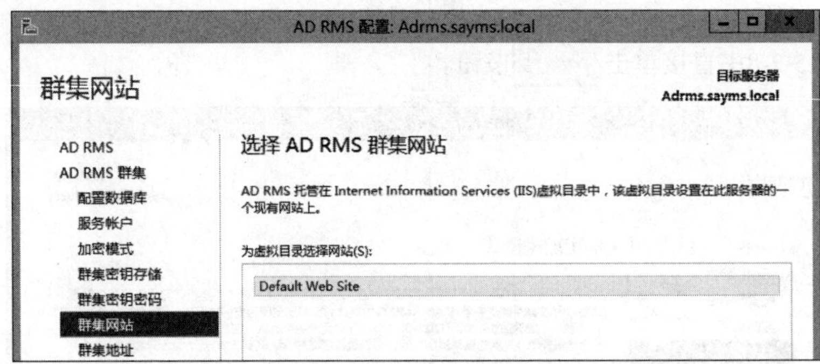

图 15-2-11

STEP 13 在图15-2-12中选择要求客户端必须利用安全的https来连接群集网站，并设置其网址，例如https://adrms.sayms.local，其中的adrms为AD RMS服务器的计算机名称。你也可以选用其他名称，但需在DNS服务器内建立主机与IP地址的记录。完成后单击下一步按钮。

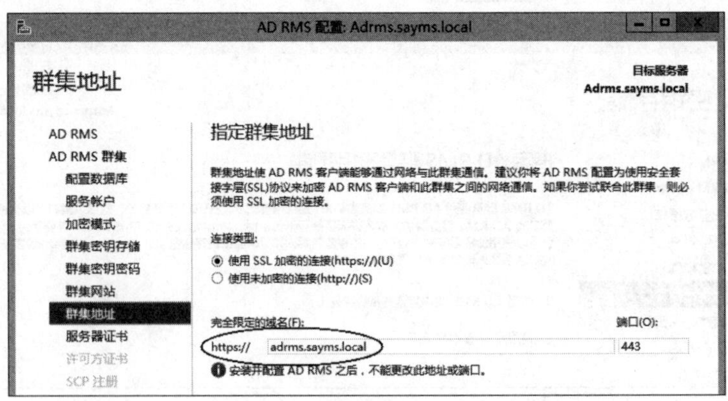

图 15-2-12

STEP 14 在图15-2-13中选择**为SSL加密创建自签名证书**后单击下一步按钮，建议仅在测试或小规模环境下才选用此选项，否则利用第1个选项来选用向**证书颁发机构**（CA）所申请的证书。

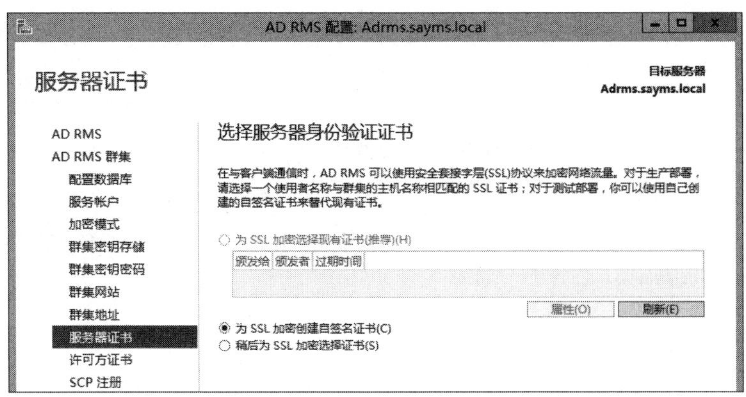

图 15-2-13

附注

向**证书颁发机构**申请证书的步骤包含替网站建立证书申请文件、将此文件内容提交到**证书颁发机构**、下载与安装证书。你也可以利用**Active Directory证书服务**来自行搭建**证书颁发机构**。以上步骤的详细说明可参考另一本书《**Windows Server 2012 R2网络管理与架站**》。

STEP 15 群集中的第1台AD RMS服务器会自行建立一个被称为**命名服务器许可方证书**的证书（server licensor certificate，SLC），拥有此证书便可以对客户端发放证书与授权。请在图15-2-14中替这个SLC命名，以便让客户端通过此名称来识别这个AD RMS群集。（加入此群集的其他AD RMS服务器会共享这个SLC证书。）

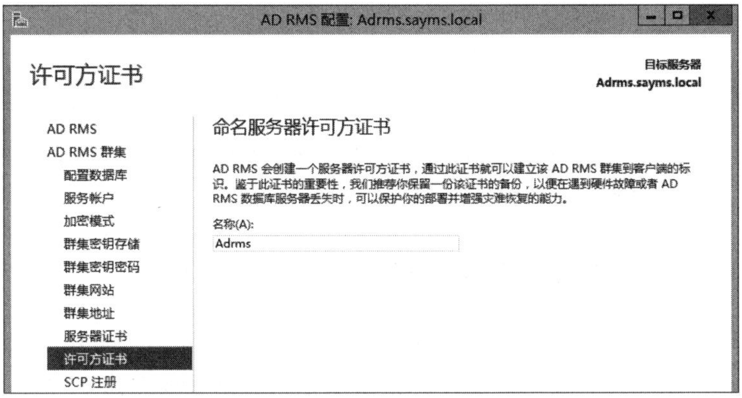

AD RMS 配置: Adrms.sayms.local
许可方证书
目标服务器
Adrms.sayms.local
AD RMS
AD RMS 群集
配置数据库
服务帐户
加密模式
群集密钥存储
群集密钥密码
群集网站
群集地址
服务器证书
许可方证书
SCP 注册
命名服务器许可方证书
AD RMS 会创建一个服务器许可方证书，通过此证书就可以建立该 AD RMS 群集到客户端的标识。鉴于此证书的重要性，我们推荐你保留一份该证书的备份，以便在遇到硬件故障或者 AD RMS 数据库服务器丢失时，可以保护你的部署并增强灾难恢复的能力。
名称(A):
Adrms

图 15-2-14

STEP 16 在图15-2-15中单击下一步按钮，会将AD RMS服务连接点（service connection point，SCP）注册到AD DS数据库内，以便让客户端通过AD DS来找到这台AD RMS服务器。

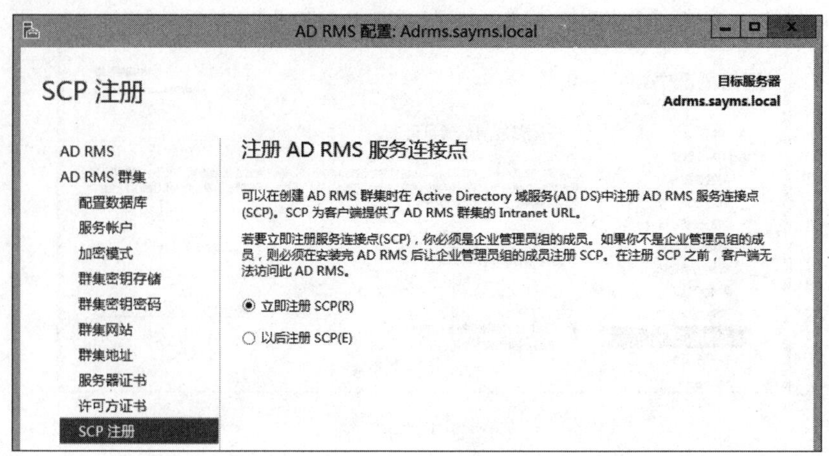

图 15-2-15

附注

用来将AD RMS SCP登录到AD DS的用户账户必须隶属于域组Enterprise Admins，若是利用其他用户来登录与安装Active Directory Rights Management Services，则该用户必须先被加入到Enterprise Admins组内，安装完成后，就可以将其从此组内删除。

STEP 17 出现**确认安装选项界面**时单击安装按钮，安装完成后单击关闭按钮。

STEP 18 完成安装后，当前登录的用户账户（域Administrator）会被加入到本地**AD RMS Enterprise系统管理员**组内，此用户就有权利来管理AD RMS了，不过此用户必须先注销再重新登录后才有效。

附注

注销后再重新登录才会更新用户的**访问令牌**（access token），这样用户才会具备本机**AD RMS Enterprise 系统管理员**组的权限。

建立存储版权保护文件的共享文件夹

我们要建立一个共享文件夹，然后将文件所有者的版权保护文件放到此文件夹内，以便文件接收者可以到共享文件夹来访问文件。此范例要将共享文件夹建立在域控制器DC内（也可以建立在其他计算机内。若你要通过将文件存储到U盘的方式来练习，则以下步骤可免）。

STEP 1 在域控制器DC上利用域Administrator身份登录：【打开**文件资源管理器**➲单击**这台电脑**➲双击C:磁盘➲选中右侧空白处，右击➲新建➲文件夹➲输入文件夹名称，假设为public】。

STEP 2 选中文件夹public，右击➲共享➲特定用户➲如图15-2-16所示赋予Everyone**读取/写入**权限➲单击共享按钮。

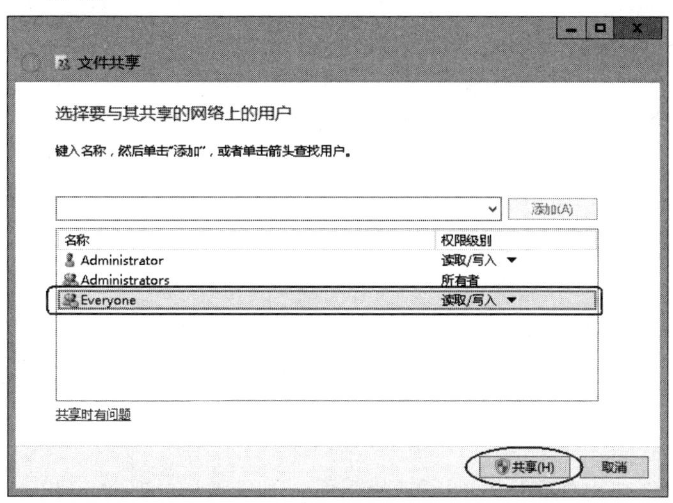

图 15-2-16

STEP 3 出现**你的文件夹已共享**界面时单击完成按钮。

测试 AD RMS 的功能

我们先在客户端计算机Win8PC1上安装Microsoft Word 2010，然后利用george身份登录与建立版权保护文件，最后利用mary身份登录来访问此文件。

限制只能够读取文件，不可打印、复制文件

STEP 1 在客户端计算机Win8PC1上利用george@sayms.local身份登录，安装Microsoft Word 2010（可能需输入具备系统管理员权限的账户与密码）。

STEP 2 通过【切换到桌面➲执行浏览器Internet Explorer➲按Alt键➲**工具**菜单➲Internet选项➲**安全**选项卡➲单击**本地Intranet**➲单击站点按钮➲单击高级按钮➲输入https://adrms.sayms.local➲单击添加按钮➲...】的途径来将AD RMS群集网站加入本地Intranet的安全区域内。

STEP 3 按⊞键切换到**开始**菜单➲单击左下角的向下箭头⬇➲执行Microsoft Word 2010来建立一个文件，然后如图15-2-17所示单击左上角的**文件**➲保护文档➲按人员限制权限➲限制访问。

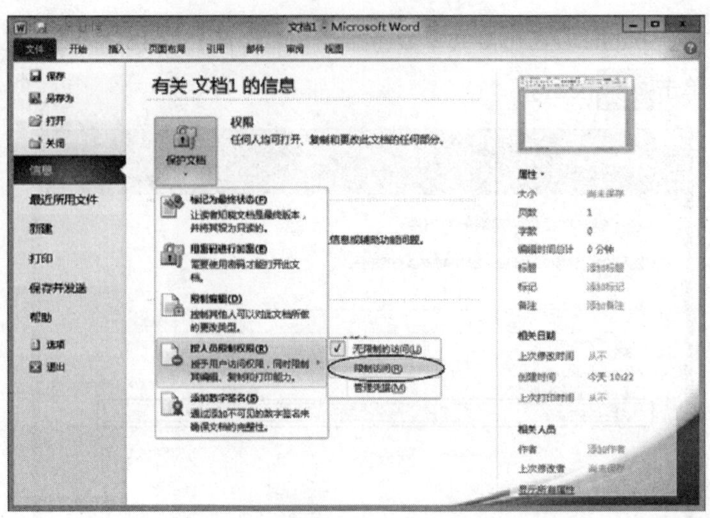

图 15-2-17

STEP 4 接下来可能会出现图15-2-18所示的界面，这是因为此时 Word 2010会连接群集网站，然而群集网站的证书是AD RMS自签名的，而客户端计算机尚未信任由AD RMS自签名的证书。你可以直接单击是（Y）按钮，不过以后每次客户端连接AD RMS服务器时都还是会出现此界面。

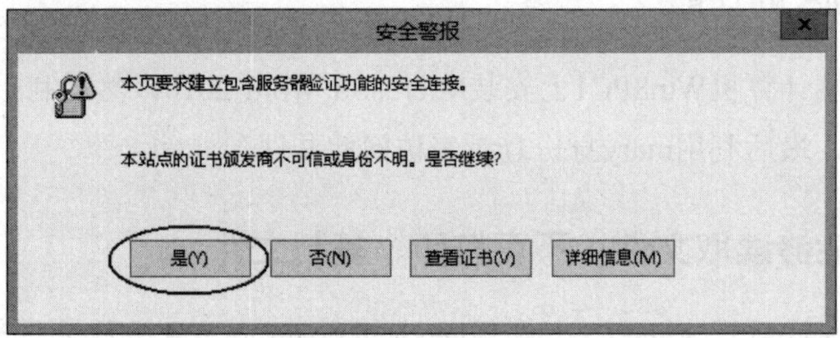

图 15-2-18

> **注意**
>
> 若不想每次都出现此提示，可以通过以下步骤来信任由AD RMS所发放的证书：【单击图15-2-18中的查看证书按钮➲单击安装证书按钮➲单击下一步按钮➲选择**将所有证书都放入下列存储**➲单击浏览按钮➲选择**受信任的根证书颁发机构**后单击确定按钮➲单击下一步按钮➲单击完成按钮➲单击是（Y）按钮➲…】。

STEP 5 在图15-2-19中勾选**限制对此文档的权限**，然后单击读取或更改按钮来开放权限，完成后单击确定按钮。图中我们选择开放读取权限给用户mary@sayms.local。若你要进一步开放权限，请单击其他选项按钮，然后通过图15-2-20来设置（还可以设置文件到期日、是否可打印文件内容、是否可复制内容等）。

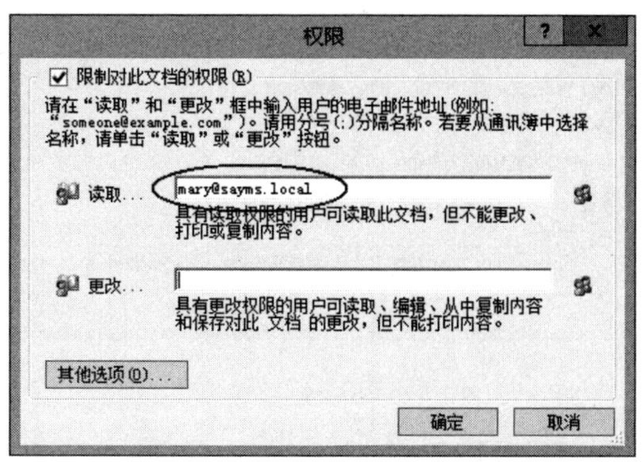

图 15-2-19

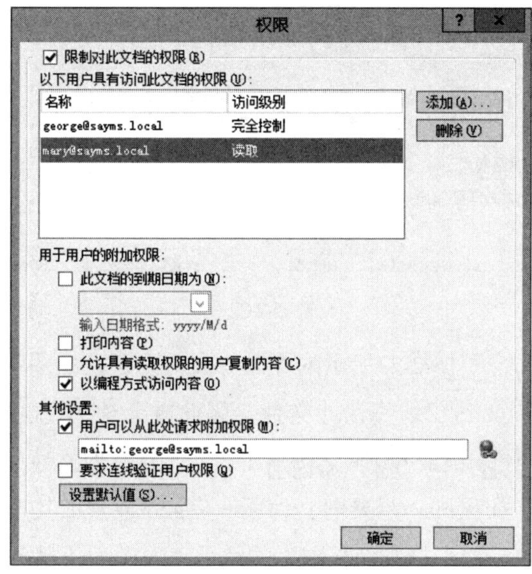

图 15-2-20

STEP 6 通过【单击左上角**文件**➲另存为】来将文件存储到共享文件夹\DC\Public内，假设我们要将文件名设置为**ADRMS测试文件.docx**，此时可直接输入\\DC\Public**ADRMS测试文件**。

STEP 7 注销，改用用户账户mary@sayms.local登录。

STEP 8 通过【切换到桌面➲执行浏览器Internet Explorer➲按Alt键➲**工具**菜单➲Internet选项➲**安全**选项卡➲单击**本地Intranet**➲单击站点按钮➲单击高级按钮➲输入https://adrms.sayms.local➲单击添加按钮➲...】的途径来将AD RMS群集网站加入到本地Intranet的安全区域内。

STEP 9 按⊞键切换到**开始**菜单➲单击左下角的向下箭头⬇➲执行Microsoft Word 2010➲打开\\DC\public下的**ADRMS测试文件.docx**。

STEP 10 出现图15-2-21所示的界面时单击是（Y）按钮（或通过查看证书按钮来执行信任的步骤，请参考STEP 4 的说明）。

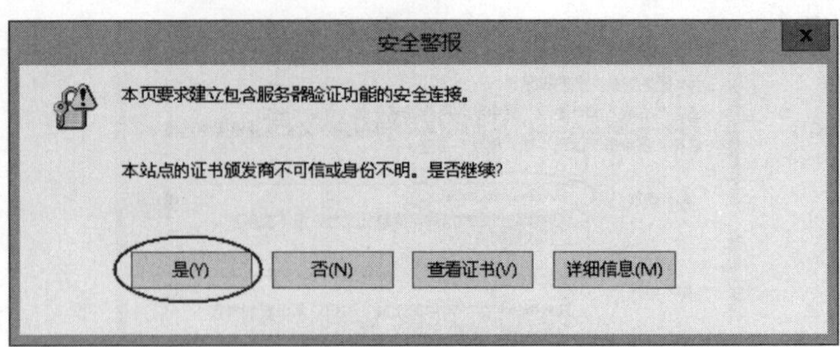

图 15-2-21

STEP 11 图15-2-22显示这是权限受限制的文件，必须通过https的方式来连接AD RMS服务器，以便验证用户的信息。请单击确定按钮。

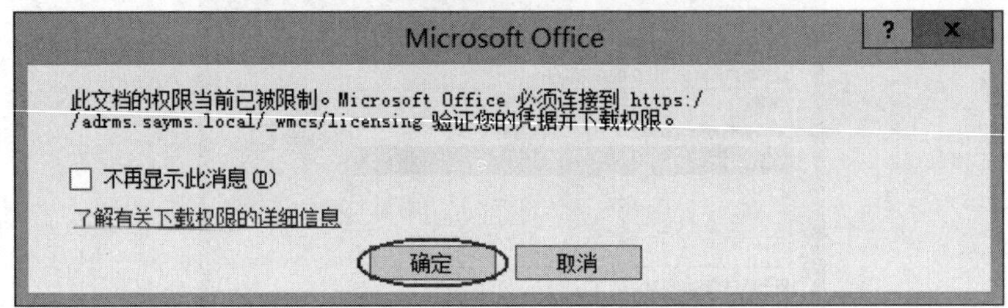

图 15-2-22

STEP 12 验证成功后会出现图15-2-23所示的界面与文件内容，由图中可知这份文件的权限受到限制，目前用户mary仅能阅读此文件，因此既无法另存为新文件，也无法打印文件（包含通过按PrtScr键或Alt + PrtScr键），而且选取文件的任何内容后右击并无法选择**复制**与**剪切**。如果mary想要向文件所有者george索取其他权限，可以通过【单击图中的查看权限按钮➲请求其他权限】的途径来发送索取权限的邮件给george。

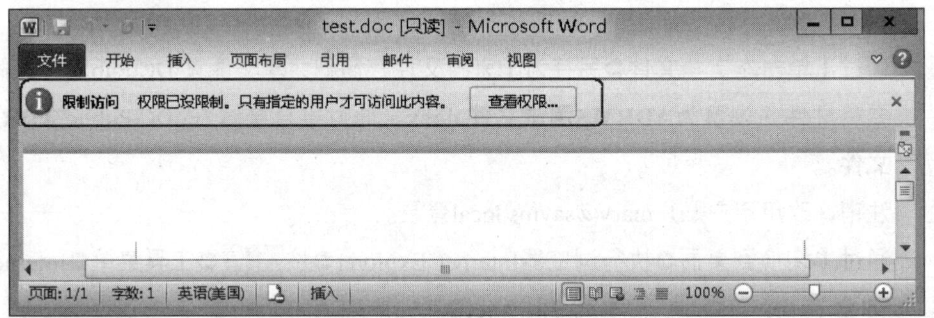

图 15-2-23

限制邮件转发

如果是通过Microsoft Outlook来收发邮件，还可以限制收件人不能转发邮件。在Microsoft Outlook 2010内【单击左上角的**文件**➲设置权限➲不可转发】（见图15-2-24），则收件人收到邮件后将只能阅读此邮件，既无法转发此邮件，也无法打印或复制邮件内容（见图15-2-25）。

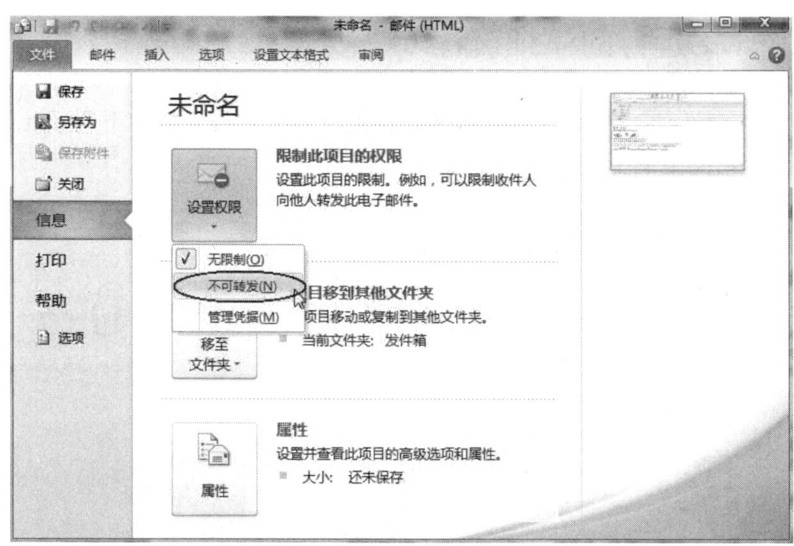

图 15-2-24

附注

如果要练习邮件转发限制，可直接利用我们前面所搭建的测试环境，不过还需要搭建一台Microsoft Exchange Server，为发件人与收件人在Exchange服务器内建立电子邮件信箱，并在客户端计算机安装Microsoft Outlook。

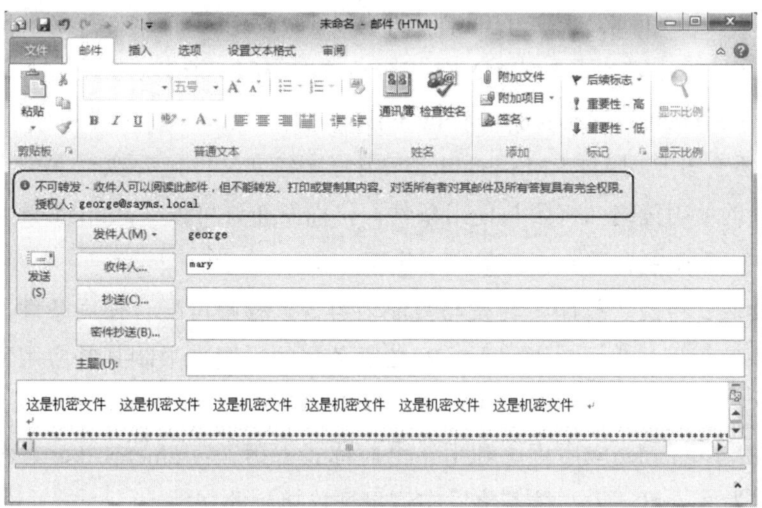

图 15-2-25

15.3　AD RMS其他高级说明与设置

以下内容属于AD RMS的高级说明，有需要再阅读即可。

15.3.1 AD RMS运行的详细流程

文件所有者建立受保护文件、文件接收者访问此文件的流程大概如下所示（参考图15-3-1，但以下流程的编号与图中的编号没有对应关系）。

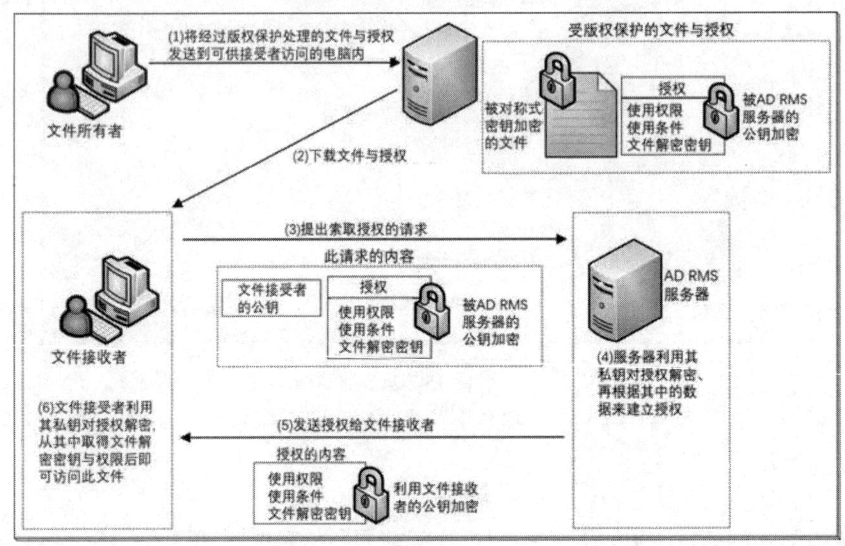

图 15-3-1

（1）当文件所有者第一次执行保护文件的工作时，他会从AD RMS服务器取得一个被称为client licensor certificate（CLC）的证书，拥有证书后便可以执行保护文件的工作。只有在第1次执行保护文件工作时才需要从AD RMS服务器取得CLC证书。拥有CLC证书的用户即使未来在脱机的情况下也可以执行保护文件的工作。

（2）文件所有者利用AD RMS-enabled应用程序建立文件，并执行保护文件的步骤，也就是设置此文件的使用策略（权限与使用条件），而发布许可证（publishing license）也会在这个时候被建立，其中包含着此文件的使用策略。

权限包含读取、更改、打印、转发与复制内容等。权限可配合使用条件，例如可访问此文件的期限。系统管理员也可以通过AD RMS服务器的设置来限制某些应用程序或用户不能打开受保护的文件。

（3）AD RMS-enabled应用程序利用一个对称式密钥（symmetric key）将此文件加密，此密钥会被置入发布许可证内，接着将发布许可证连接到此文件。

对称式密钥表示加密与解密都是使用同一个密钥。系统会利用AD RMS服务器的公钥来将对称式密钥与权限信息（含电子邮件地址）加密，因此这个时候只有AD RMS服务器可以利用它的私钥将其解密。

（4）文件所有者将受保护文件存储到可供文件接收者访问的地方，或直接将它发送给文件接收者。

（5）文件接收者利用AD RMS-enabled应用程序来打开文件。

如果此时文件接收者在计算机内尚未有**权限账户证书**（rights account certificate，RAC），那么他会从AD RMS服务器接收到一个 RAC。

（6）AD RMS-enabled应用程序会向AD RMS服务器发出索取使用许可证（use license）的请求。

索取**使用许可证**的请求内包含着**RAC**（其中包含文件接收者的公钥）与**发布许可证**（其中包含用来将文件解密的对称式密钥，此密钥目前被AD RMS服务器的公钥加密）。

（7）AD RMS服务器接收到客户端发送来的“索取使用许可证要求”后，会将此请求内的权限与对称式密钥解密，然后将使用许可证发送给文件接收者，此使用许可证内包含着文件接收者的权限与对称式密钥，并且会利用文件接收者的公钥将这些信息加密。

（8）文件接收者的AD RMS-enabled应用程序收到使用许可证后，便利用文件接收者的私钥来将使用许可证内的对称式密钥解密，之后就可以利用对称式密钥将受保护的文件解密。

15.3.2 AD RMS服务器的其他高级设置

在AD RMS服务器上利用本地**AD RMS Enterprise系统管理员**组内的用户来登录，只有他们才有权限管理AD RMS，而默认安装Active Directory Rights Management Services的用户会被自动加入到此组内。以我们的示例来说，可以利用域Administrator的身份登录（若安装完AD RMS后尚未注销过，要先注销再重新登录），然后利用【按⊞键切换到**开始**菜单➲管理工具➲Active Directory Rights Management Services】来管理AD RMS。

接下来可能会出现图15-3-2所示的界面，这是因为群集网站的证书是AD RMS自签名的，而AD RMS服务器尚未信任由AD RMS自签名的证书，此时单击是（Y）按钮即可。

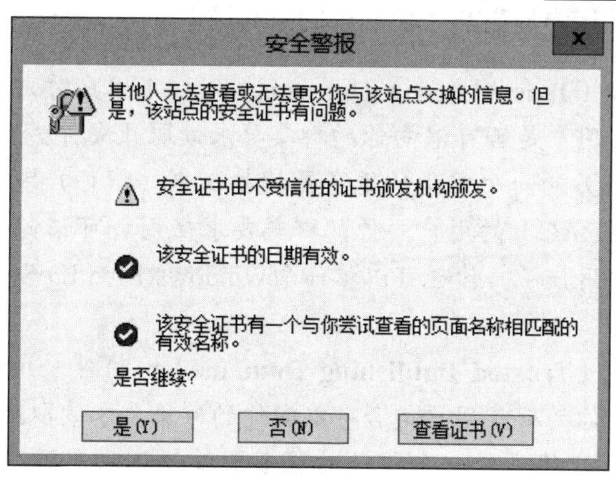

图 15-3-2

附注

若不想每次都出现此界面，可通过以下步骤来信任由AD RMS所发放的证书：【单击查看证书按钮➲单击安装证书按钮➲单击下一步按钮➲选择**将所有证书放入下列存储**➲单击浏览按钮➲选择**受信任的根证书颁发机构**后单击确定按钮➲单击下一步按钮➲单击完成按钮➲单击是（Y）按钮➲…】。

接下来会出现如图15-3-3所示的界面，下面针对此界面做概念性的说明。

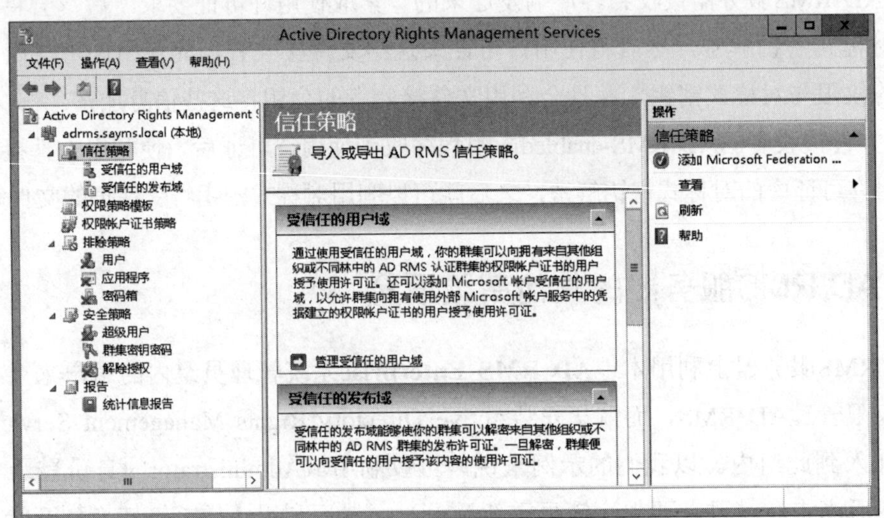

图 15-3-3

信任策略

用来设置“受信任的用户域”与“受信任的发布域”。

- **受信任的用户域（Trusted Users Domains）**：群集用户对文件保护后，另外一个组织或林内的群集用户是否可以向你的群集要求读取此文件呢？ 可以的，但是首先必须通过此处来将另外一个群集的**服务器授权证书**（SLC）导入。之后从该群集取得**权限账户证书**（RAC）的用户向你的群集要求**使用许可证**时，你的群集就可以发放**使用许可证**给此用户了。你也可以信任向Windows Live ID Service索取**权限账户证书**的用户。
- **受信任的发布域（Trusted Publishing Domains）**：另外一个组织或林内的群集用户将文件保护后，你的群集用户是否可以向你的群集要求读取此文件呢?可以的，但是首先必须通过此处将另外一个群集的**服务器授权证书**与群集密钥（cluster key）导入。之后你的群集用户将该文件的**发布许可证**发送给你的群集后，你的群集便可以将**发布许可证**解密，取得解密的数据后再发放**使用许可证**给此用户。

权限策略模板

可以事先建立一个权限策略模板，其中包含用户的权限、到期日等设置。用户在发行版权保护文件时可以应用这个模板。

权限账户证书策略

在此处可以设置**权限账户证书**（RAC）的有效期限，分为以下两种。

- **标准RAC**：标准RAC一般使用在用户的主要计算机上，也就是当用户在平常使用的计算机上访问版权保护文件时会使用标准RAC，这个RAC的有效期限默认为365天。
- **临时RAC**：当用户到其他位置（例如其他用户的计算机或公用计算机）访问版权保护文件时使用临时RAC，有效期限为15分钟。

排除策略

你可以通过此处来针对以下项目设置排除策略：

- **用户**：被排除的用户将无法从AD RMS群集取得**使用许可证**。你可以通过用户的电子邮件地址或公钥来排除用户，一般是通过电子邮件地址，但若用户的**权限账户证书**（RAC）被窃取，则可通过RAC内的公钥来排除，以后用户必须取得一个新的RAC（包含新的密钥）后才可以向AD RMS群集索取**使用许可证**。
- **应用程序**：你可以限制某应用程序不能访问版权保护文件，设置时需输入应用程序的执行文件名称，例如App1.exe，同时指定欲排除的版本范围（需输入最小版本与最大版本），版本号码的格式x.x.x.x，例如12.3.44.123，字段不足的话补0，例如版本号码为12.3，就输入12.3.0.0。

  被排除的应用程序要向AD RMS群集索取新的**使用许可证**时会被拒绝，不过仍然可以访问之前已经取得**使用许可证**的版权保护文件。
- **Lockbox**：Lockbox是用户私钥的存储位置，如果Microsoft发现Lockbox有可能被入侵、破坏，Microsoft就会发行新版的Lockbox。你可以在此处设置最小的Lockbox版本，如果客户端**AD RMS-enabled应用程序**的Lockbox版本低于此处设置的版本，就无法从AD RMS群集取得**权限账户证书**（RAC）或**使用许可证**。

安全策略

你可以通过此处来设置以下几项。

- **超级用户（Super Users）**：超级用户向群集申请**使用许可证**时，所获得的是**所有者使用许可证**（owner use license），可以让超级用户访问通过此群集保护的所有文件。
- **群集密钥密码**：AD RMS利用群集密钥来签署所发放的证书与授权，而群集密钥密码用来将群集密钥加密，以确保群集密钥的安全性。

- **解除委派（Decommissioning）**：一旦解除委派，所有用户就都可以访问版权保护文件，只有在要将AD RMS撤销时才执行解除委派的工作。

报告

可以利用此处来建立统计信息报告、健康情况报告、移难排除报告等。

第 16 章　分布式文件系统

分布式文件系统（Distributed File System，DFS）可以提高文件的访问效率、提高文件的可用性与分散服务器的负载。

- 分布式文件系统概述
- 分布式文件系统实例演练
- 客户端的引用设置

16.1 分布式文件系统概述

通过**分布式文件系统**（DFS）将相同的文件同时存储到网络上多台服务器后，便可以拥有以下功能。

- **提高文件的访问效率**：当客户端通过DFS来访问文件时，DFS会引导客户端从最接近客户端的服务器来访问文件，让客户端快速访问到所需的文件。
  实际上DFS提供的是一份客户端的服务器列表，这些服务器内都有客户端所需要的文件，但是DFS会将最接近客户端的服务器放在列表最前面，例如跟客户端同一个AD DS站点（Active Directory Domain Services site），以便让客户端优先从这台服务器访问文件。
- **提高文件的可用性**：即使位于服务器列表中最前面的服务器意外故障了，客户端仍然可从列表中的下一台服务器来取得所需的文件，也就是说DFS提供容错功能。
- **服务器负载平衡功能**：每一个客户端所获得列表中的服务器排列顺序可能都不相同，因此它们所访问的服务器也可能不相同，也就是说不同客户端可能会从不同服务器来访问所需文件，因此可分散服务器的负载。

16.1.1 DFS的架构

Windows Server 2012 R2是通过**文件和访问服务**角色内的**DFS命名空间**与**DFS复制**这两个服务来构建DFS的。下面根据图16-1-1来说明DFS中的各个组件。

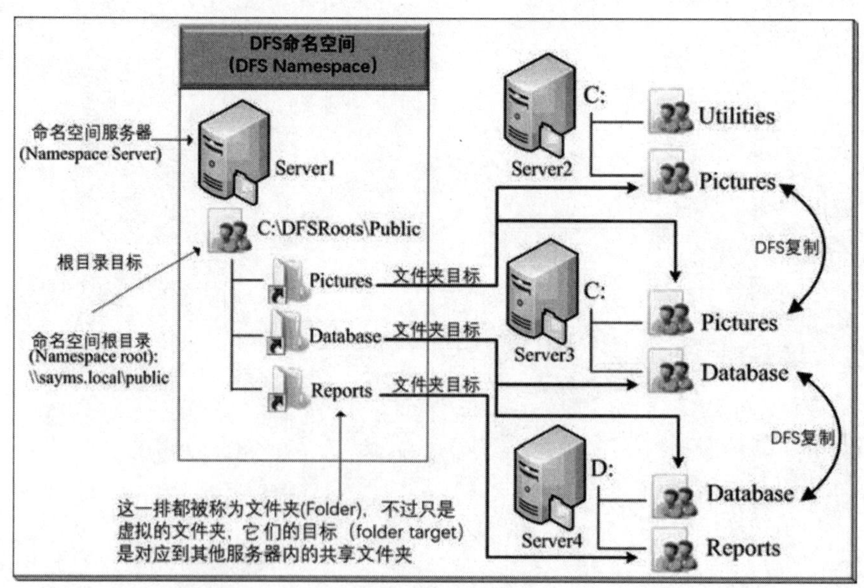

图16-1-1

- **DFS命名空间**：你可以通过**DFS命名空间**来将位于不同服务器内的共享文件夹集合在一起，并以一个虚拟文件夹的树状结构呈现给客户端。DFS命名空间分为以下两种。
  - **域命名空间**：将命名空间的设置数据存储到AD DS数据库与命名空间服务器。若你建立多台命名空间服务器，则它还具备命名空间的容错功能。

    从Windows Server 2008开始新增一种称为**Windows Server 2008 模式**的域命名空间，并将以前旧版的域命名空间称为**Windows 2000 Server模式**。**Windows Server 2008模式**域命名空间支持**基于访问的枚举**（access-based enumeration，ABE，或翻译为**访问型枚举**），根据用户的权限来决定用户是否可以看到共享文件夹内的文件与文件夹，也就是说当用户浏览共享文件夹时，他只能够看到有权访问的文件与文件夹。
  - **独立命名空间**：将命名空间的设置数据存储到命名空间服务器的登录数据库（registry）。由于独立命名空间只能够有一台命名空间服务器，因此不具备命名空间的容错能力。
- **命名空间服务器**：用来控制命名空间（host namespace）的服务器。若是域命名空间，则这台服务器可以是成员服务器或域控制器，而且可以设置多台命名空间服务器；若是独立命名空间，则这台服务器可以是成员服务器、域控制器或独立服务器，不过只能够有一台命名空间服务器。
- **命名空间根目录**：命名空间的起点，以图16-1-1来说，此根目录的名称为public、命名空间的名称为\\sayms.local\public，而且它是一个域命名空间，其名称以域名开头（sayms.local）。如果这是一个独立命名空间，那么命名空间的名称会以计算机名开头，例如\\Server1\public。

  由图可知此命名空间根目录是被映射到命名空间服务器内的一个共享文件夹，默认是%*SystemDrive*%\DFSRoots\Public，必须位于NTFS磁盘分区。
- **文件夹与文件夹目标**：这些虚拟文件夹的目标分别对应到其他服务器内的共享文件夹，当客户端浏览文件夹时，DFS会将客户端导向到文件夹目标所对应到的共享文件夹。图16-1-1中共有3个文件夹，分别是pictues、Database、Reports。
  - **Pictures**：此文件夹有2个目标，分别对应到服务器Server2的C:\Pictures与Server3的C:\Pictures共享文件夹，具备文件夹的容错功能，例如客户端在读取文件夹Pictures内的文件时，即使Server2故障，仍然可以从Server3的C:\Pictures读到文件。当然Server2的C:\Pictures与Server3的C:\Pictures内所存储的文件应该相同（同步）。
  - **Database**：此文件夹有2个目标，分别对应到服务器Server3的C:\Database与Server4的D:\Database共享文件夹，也具备文件夹的容错功能。
  - **Reports**：此文件夹只有1个目标，对应到服务器Server4的D:\Reports共享文件夹。目标只有1个，不具备容错功能。
- **DFS复制**：图16-1-1中Pictures文件夹的两个目标所对应的共享文件夹提供给客户端的文件必须同步（相同），而这个同步操作可由**DFS复制服务**来自动执行。**DFS复**

制服务使用一个称为**远程差分压缩**（Remote Differential Compression，RDC）的压缩运算技术，能够检测文件改动位置，因此复制文件时仅会复制有改动的区块，而不是整个文件，可以降低网络的负载。

独立命名空间的目标服务器若未加入域，则其目标所对应到的共享文件夹内的文件需手动同步。

旧版Windows系统是通过**文件复制服务**（File Replication Service，FRS）来负责DFS文件夹的复制与域控制器SYSVOL文件夹的复制，不过现在只要域功能级别是Windows Server 2008（含）以上，就会改由**DFS复制服务**来负责。

16.1.2 复制拓扑

拓扑（topology）一般用来描述网络上多个组件之间的关系，而此处的**复制拓扑**是用来描述DFS内各服务器之间的逻辑连接关系的，并让**DFS复制服务**利用这些关系在服务器之间复制文件。针对每一个文件夹，你可以选择以下拓扑之一来复制文件（参见图16-1-2）。

- **集散（hub and spoke）**：将一台服务器当作中央节点，并建立与其他所有服务器（节点）之间的连接。文件是从中央节点复制到所有的节点，并且也会从节点复制到中央节点。节点之间并不会直接相互复制数据。
- **全交错（full mesh）**：建立所有服务器之间的相互连接，文件会从每一台服务器直接复制到其他所有的服务器。
- **自定义拓扑**：可以自行建立各服务器之间的逻辑连接关系，也就是自行指定服务器，只有被指定的服务器之间才会复制文件。

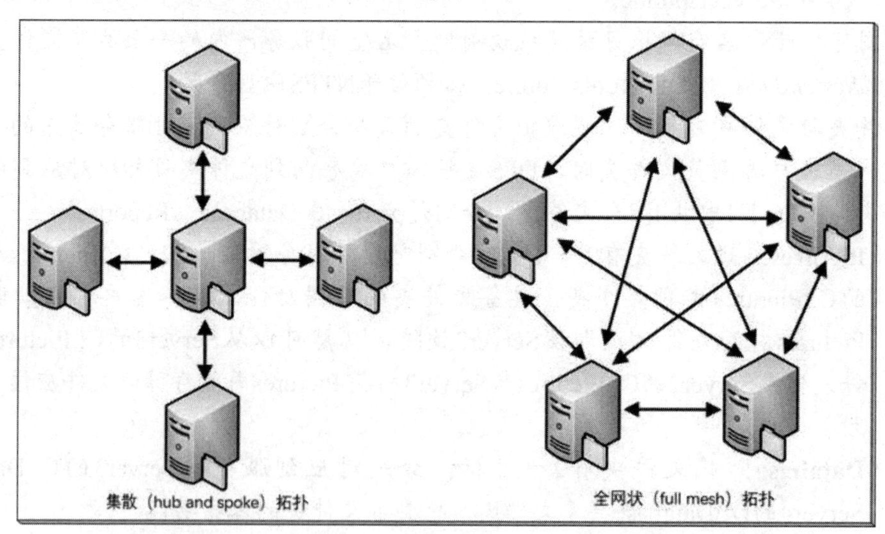

图 16-1-2

可以视公司网络的带宽、网络的地理位置与公司的组织结构等来决定采用哪一种拓扑。但是不论选择了哪一种拓扑，都可以自行启用或禁用两台服务器之间的连接关系，例如不想

让Server2将文件复制到Server3，就可以将Server2到Server3的单向连接关系禁用。

附注

图16-1-2中的各种拓扑中各计算机之间的连接关系并不是在硬件上真正以此形状来连接，而是指在复制文件时利用这些形状所描述的逻辑连接关系来复制文件。

16.1.3 DFS的系统需求

独立命名空间服务器可以由域控制器、成员服务器或独立服务器来扮演，而域命名空间服务器可以由域控制器或成员服务器来扮演。

参与DFS复制的服务器必须位于同一个AD DS林，被复制的文件夹必须位于NTFS磁盘分区内（ReFS、FAT32与FAT均不支持）。防病毒软件必须与DFS兼容，必要时请联系防病毒软件厂商，以便确认是否兼容。

如果要将域命名空间的模式设置为**Windows Server 2008模式**，则域功能级别必须至少是**Windows Server 2008**，所有的域命名空间服务器都必须至少是Windows Server 2008。

16.2 分布式文件系统实例演练

我们将练习如何来建立一个如图16-2-1所示的域命名空间，图中假设3台服务器都是Windows Server 2012 R2 Datacenter，而且Server1为域控制器、Server2与Server3 都是成员服务器，请先自行将此域环境建立好。

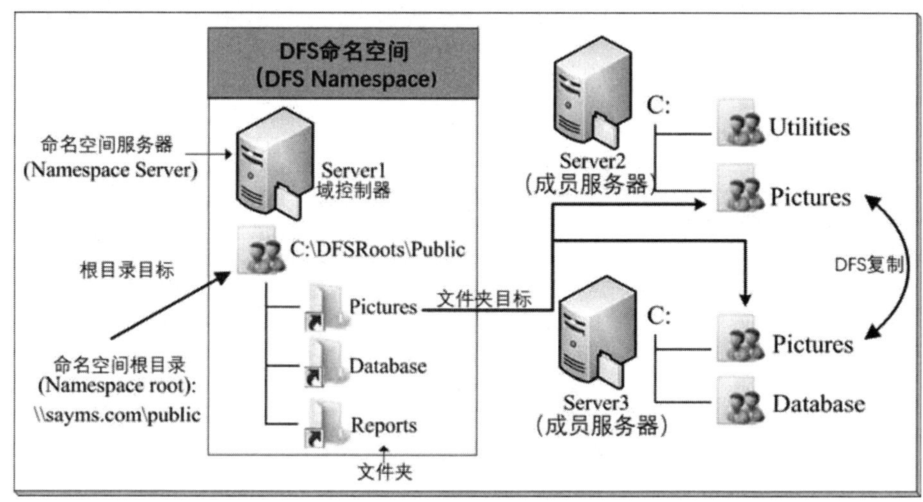

图 16-2-1

图中命名空间的名称（命名空间根目录的名称）为public，由于是域命名空间，因此完整的名称将是\\sayms.local\public（sayms.local为域名），对应到命名空间服务器Server1的C:\DFSRoots\Public文件夹。命名空间的配置信息会被存储到AD DS与命名空间服务器Server1。另外，图中还建立了文件夹Pictures，它有两个目标，分别指向Server2与Server3的共享文件夹。

16.2.1 安装DFS的相关组件

由于图16-2-1中各服务器所扮演的角色并不完全相同，因此所需要安装的服务与功能也有所不同。

- **Server1**：图中Server1是命名空间服务器，需要安装**DFS命名空间服务**（DNS Namespace service），不过因为这台计算机同时也是域控制器，而域控制器默认会自动安装与启动这个服务，所以不需要再另外手动安装。我们要利用这台服务器来管理DFS，因此需要自行安装DFS管理工具。
- **Server2与Server3**：这两台目标服务器需要相互复制Pictures共享文件夹内的文件，因此它们都需要安装**DFS复制服务**。安装**DFS复制服务**时，系统会同时自动安装DFS管理工具，让你可以在Server2与Server3上来管理DFS。

在 Server1 上安装 DFS 管理工具

安装DFS管理工具的方法为：【打开**服务器管理器**➲单击**仪表板**处的**添加角色和功能**➲持续单击下一步按钮，一直到**选择功能**界面时展开**远程服务器管理工具**➲展开**角色管理工具**➲展开**文件服务工具**➲如图16-2-2所示勾选**DFS管理工具**➲…】。

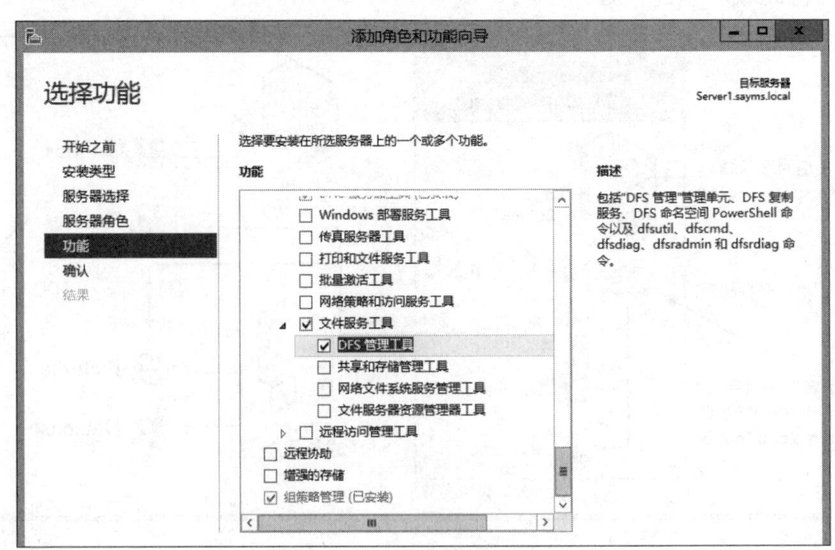

图 16-2-2

在 Server2 与 Server3 上安装所需的 DFS 组件

分别到Server2与Server3安装**DFS复制**服务：【打开**服务器管理器**➲单击**仪表板**处的**添加角色和功能**➲持续单击下一步按钮，一直到如图16-2-3所示的**选择服务器角色**界面时展开**文件和存储服务**➲展开**文件和iSCSI服务**➲勾选**DFS复制**➲单击添加功能按钮➲…】。

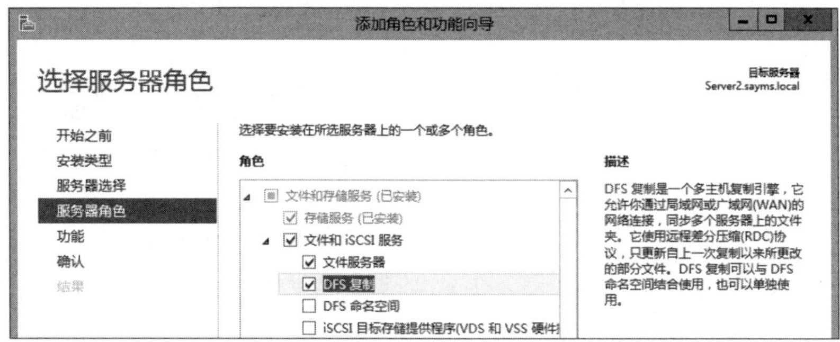

图 16-2-3

在 Server2 与 Server3 上建立共享文件夹

请建立图16-2-1中Pictures文件夹所对应到的两个目标文件夹，也就是Server2与Server3中的文件夹C:\Pictures，并将其设置为共享文件夹，假设共享名都是Pictures，将**读取/写入**的共享权限赋予Everyone。同时复制一些文件到Server2的C:\Pictures内（见图16-2-4），以便于验证这些文件是否确实可以通过DFS机制被自动复制到Server3。

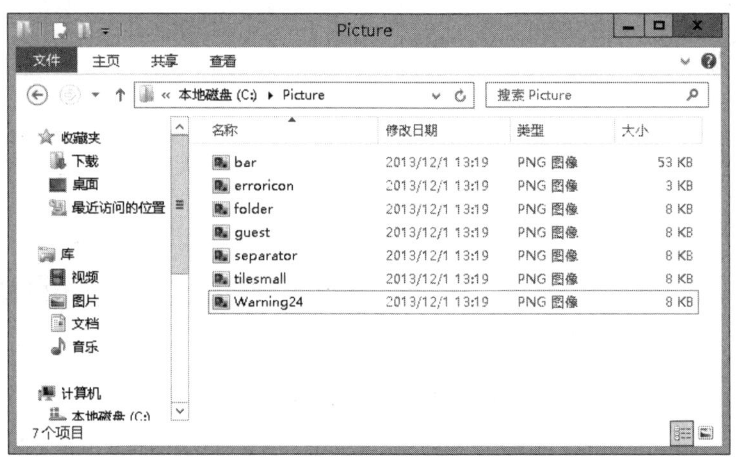

图 16-2-4

> **注意**
>
> 各目标所对应到的共享文件夹应通过适当的权限设置来确保其中文件的安全性，此处假设是将**读取/写入**的共享权限赋予Everyone。

16.2.2 建立新的命名空间

STEP 1 到Server1上按⊞键切换到**开始**菜单➲管理工具➲DFS管理➲如图16-2-5所示单击**命名空间**右侧的**新建命名空间...**。

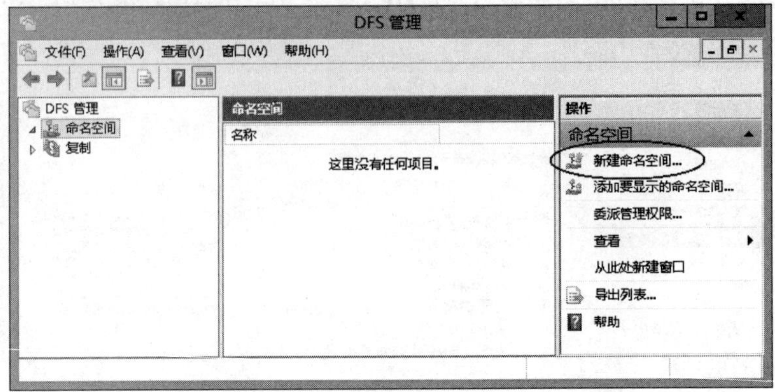

图 16-2-5

STEP 2 在图16-2-6中选择Server1为命名空间服务器后单击下一步按钮。

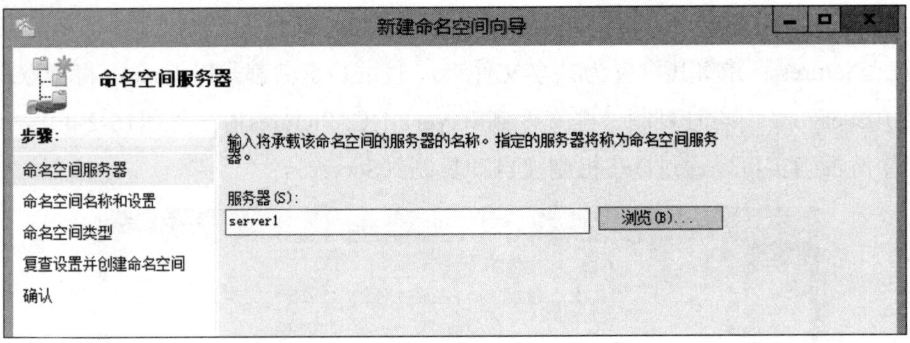

新建命名空间向导
命名空间服务器
步骤:
命名空间服务器
命名空间名称和设置
命名空间类型
复查设置并创建命名空间
确认
输入将承载该命名空间的服务器的名称。指定的服务器将称为命名空间服务器。
服务器(S):
server1
浏览(B)...

图 16-2-6

STEP 3 在图16-2-7中设置命名空间名称（例如Public）后单击下一步按钮。

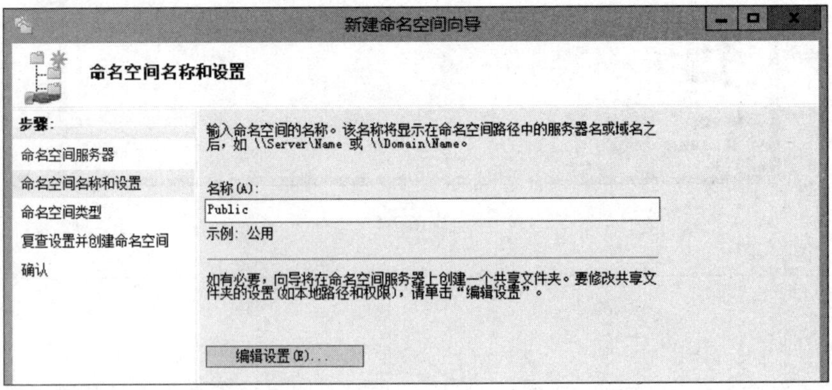

新建命名空间向导
命名空间名称和设置
步骤:
命名空间服务器
命名空间名称和设置
命名空间类型
复查设置并创建命名空间
确认
输入命名空间的名称。该名称将显示在命名空间路径中的服务器名或域名之后，如 \\Server\Name 或 \\Domain\Name。
名称(A):
Public
示例: 公用
如有必要，向导将在命名空间服务器上创建一个共享文件夹。要修改共享文件夹的设置(如本地路径和权限)，请单击“编辑设置”。
编辑设置(E)...

图 16-2-7

附注

系统默认会在命名空间服务器的%*SystemDrive*%磁盘内建立DFSRoots\Public共享文件夹，共享名为Public，所有用户都有只读权限，若要更改设置，可单击图中的编辑设置按钮。

STEP 4 在图16-2-8中选择**基于域的命名空间**，其默认会选择**启用Windows Server 2008模式**。由于域名为sayms.local，因此完整的命名空间名称将是\\sayms.local\Public。

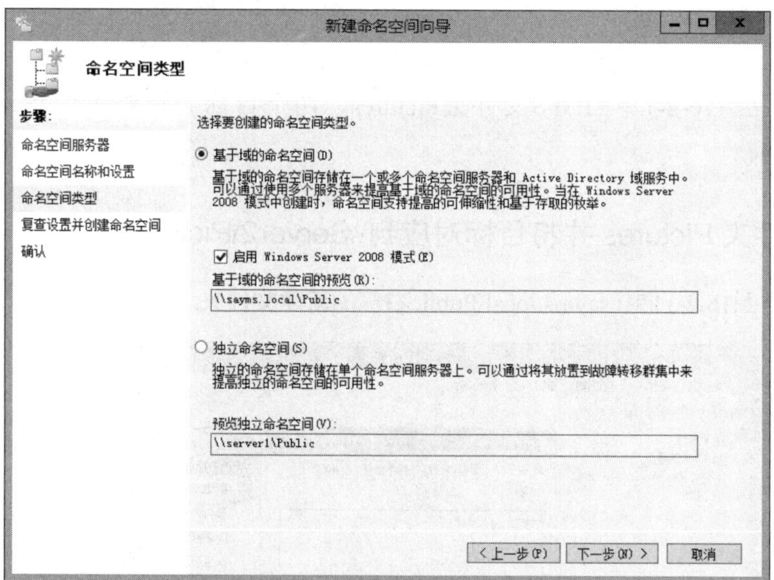

图 16-2-8

STEP 5 检查图16-2-9中的设置无误后先单击建立按钮再单击关闭按钮。

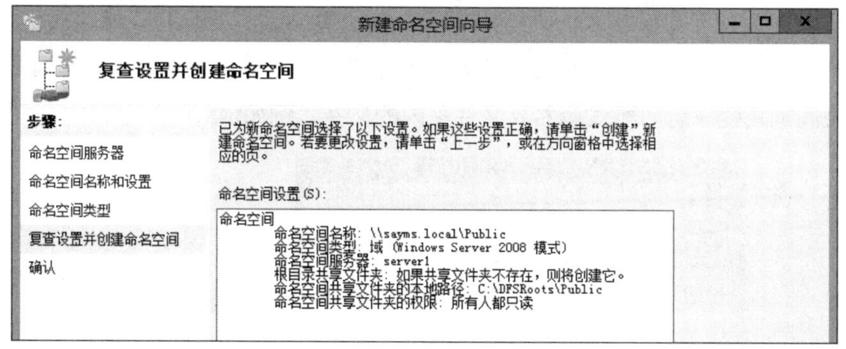

图 16-2-9

STEP 6 图16-2-10为完成后的界面。

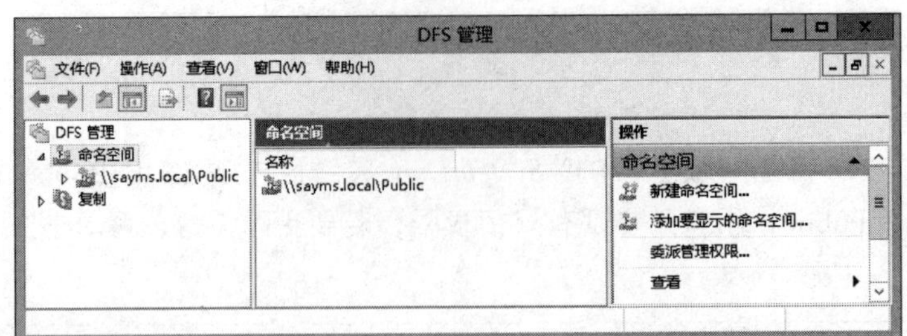

图 16-2-10

16.2.3 建立文件夹

下面将建立图16-2-1中的DFS文件夹Pictures，两个目标分别对应到\\Server2\Pictures与\\Server3\Pictures。

建立文件夹 Pictures 并将目标对应到\\Server2\Pictures

STEP 1 单击图16-2-11中\\sayms.local\Public右侧的**新建文件夹...**。

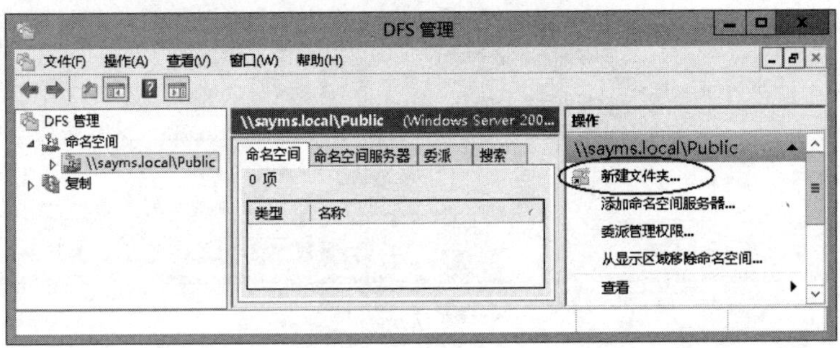

图 16-2-11

STEP 2 在图16-2-12中【设置文件夹名称（Pictures）➲单击添加按钮➲输入或浏览文件夹的目标路径，例如\\Server2\Pictures➲单击确定按钮】。客户端可以通过背景图中**预览命名空间**的路径来访问所对应共享文件夹内的文件，例如\\sayms.local\Public\Pictures。

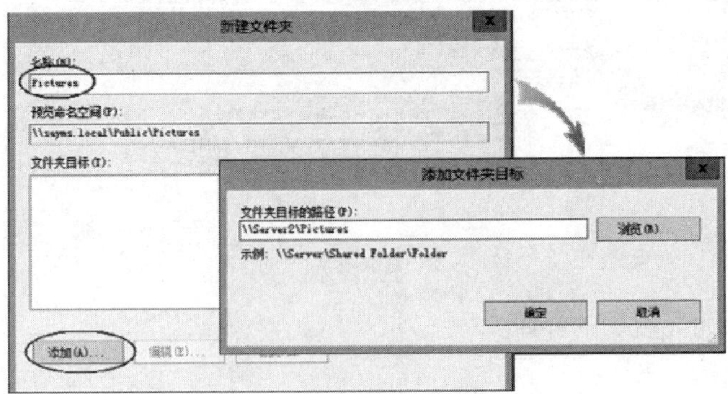

图 16-2-12

新建另一个目标并对应到\\Server3\Pictures

STEP 1　继续单击图16-2-13中的添加按钮来设置文件夹的新目标路径，例如图中的\\Server3\Pictures。完成后连续单击两次确定按钮。

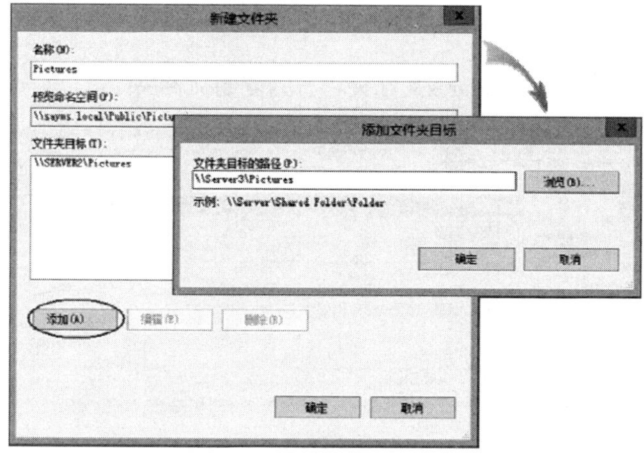

图 16-2-13

STEP 2　可在图16-2-14中单击否按钮，等到下一节**复制组与复制设置**再来说明两个目标之间的复制设置。

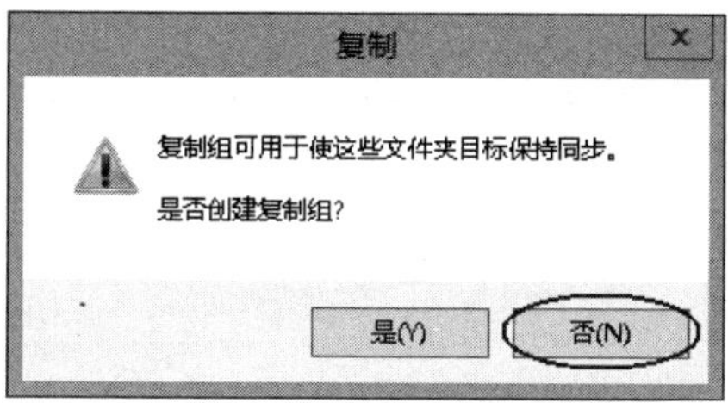

图 16-2-14

STEP 3　图16-2-15为完成后的界面，Pictures文件夹的目标同时对应到\\Server2\Pictures与\\Server3\Pictures共享文件夹。之后若要增加新目标，可单击右侧的**添加文件夹目标...**。

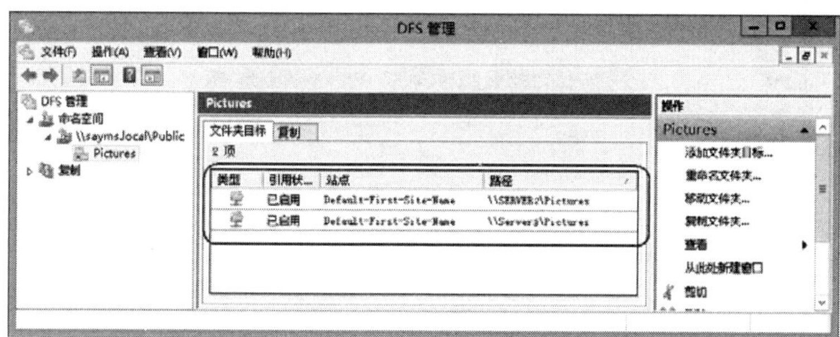

图 16-2-15

16.2.4 复制组与复制设置

一个DFS文件夹有多个目标的话，这些目标所对应的共享文件夹内的文件必须同步（相同）。我们可以让这些目标之间自动复制文件来同步，不过需要将这些目标服务器设置为同一个复制组，并做适当的设置。

STEP 1　如图16-2-16所示单击Pictures文件夹右方的**复制文件夹…**。

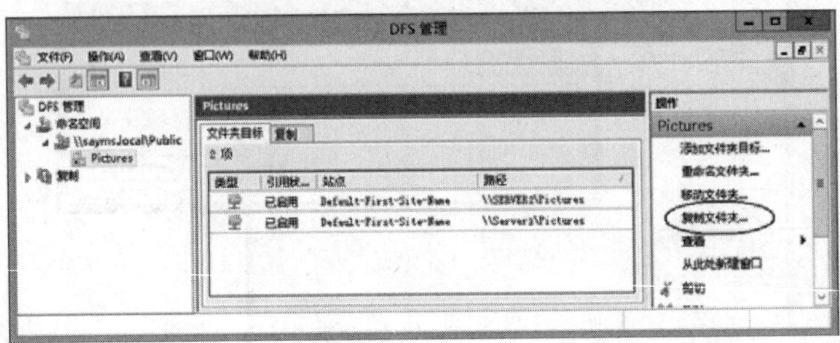

图 16-2-16

STEP 2　在图16-2-17中可直接单击下一步按钮来使用默认的复制组名与文件夹名称（或自行设置名称）。

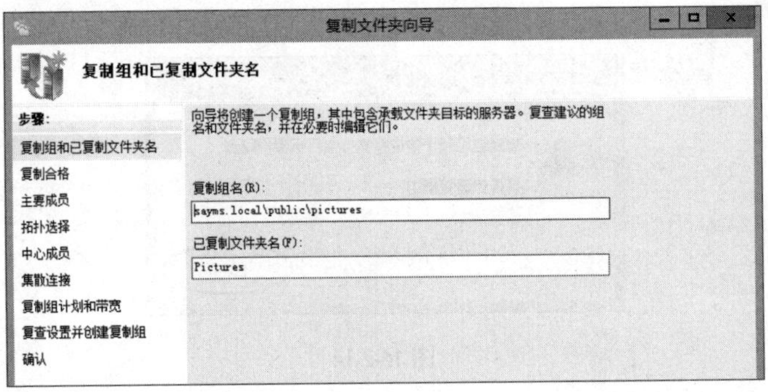

图 16-2-17

STEP 3　图16-2-18中会列出有资格参与复制的服务器，请单击下一步按钮。

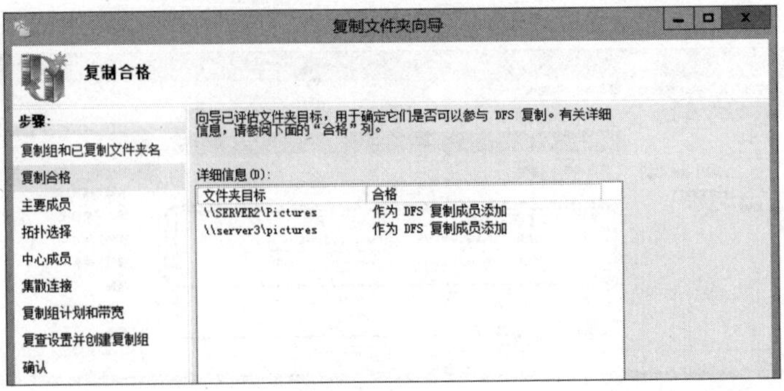

图 16-2-18

STEP 4　请从图16-2-19选择**主要成员**（例如Server2），当DFS第1次开始执行复制文件的操作时，会将这台主要成员内的文件复制到其他的所有目标。完成后单击下一步按钮。

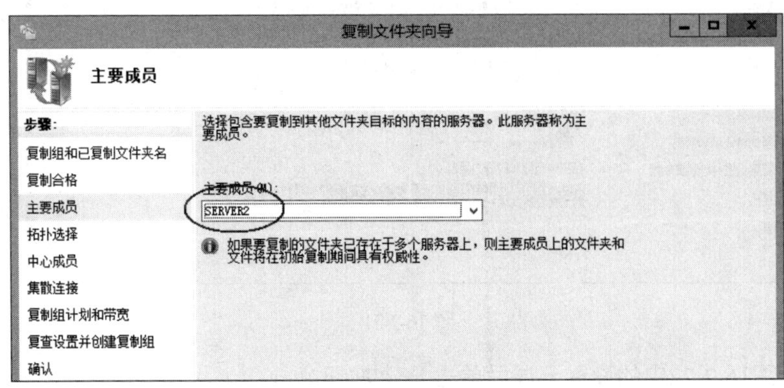

图 16-2-19

附注

只有在第1次执行复制文件操作时，DFS才会将主要成员的文件复制到其他的目标，之后的复制工作是依照所选的复制拓扑来复制的。

STEP 5　在图16-2-20中选择复制拓扑后单击完成按钮（必须有3（含）台以上的服务器参与复制才可以选择**集散**拓扑）。

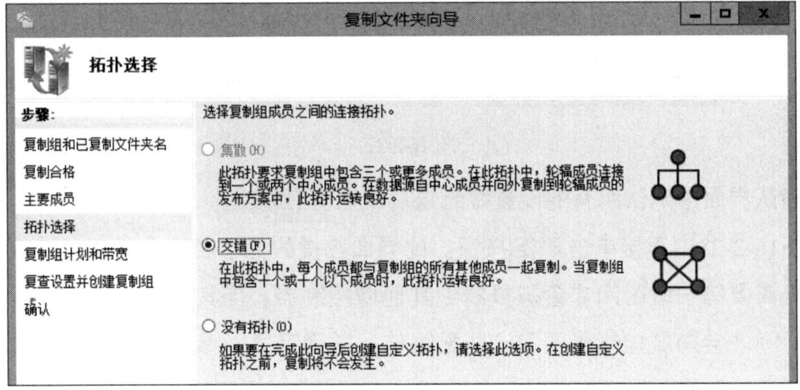

图 16-2-20

STEP 6　可以如图16-2-21所示选择全天候、使用完整的带宽来复制，也可以选择**在指定日期和时间内复制**来进一步设置。

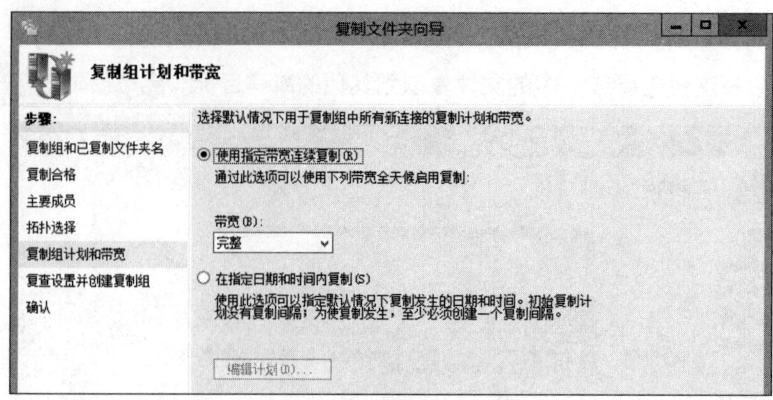

图 16-2-21

STEP 7 检查图16-2-22中的设置无误后单击**创建**按钮。

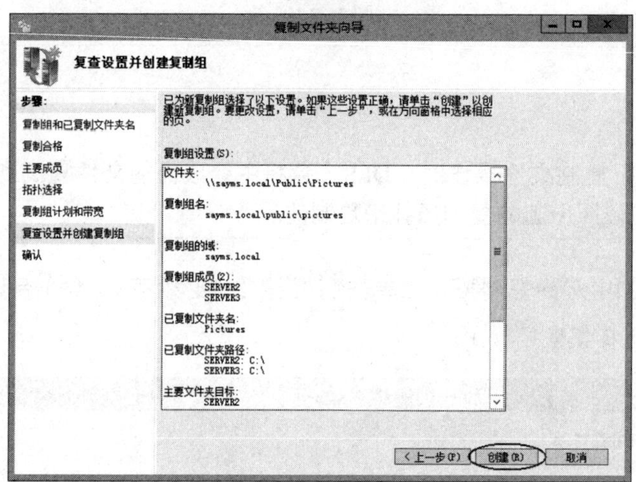

图 16-2-22

STEP 8 在**确认**界面中确认所有的设置都无误后单击**关闭**按钮。

STEP 9 在图16-2-23中直接单击**确定**按钮。此界面在提醒你：若域内有多台域控制器，则以上设置需要等一段时间才会被复制到其他域控制器，而其他参与复制的服务器也需要一段时间才会向域控制器索取这些配置值。总而言之，参与复制的服务器可能需要一段时间后才会开始执行复制的工作。

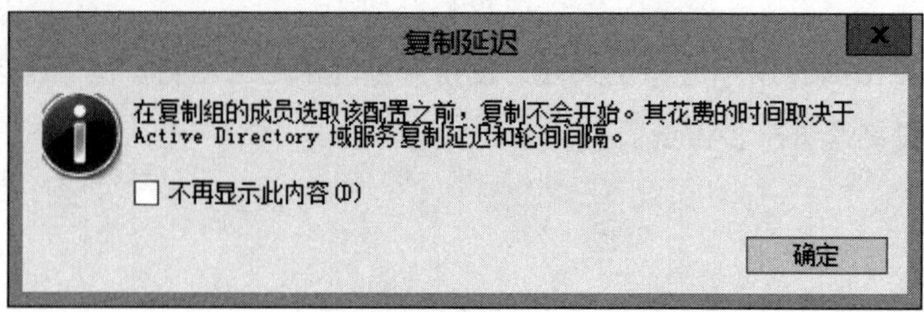

图 16-2-23

STEP 10 由于我们在图16-2-19中是将Server2设置为主要成员，因此稍后当DFS第1 次执行复制操作时会将\\Server2\Pictures内的文件复制到\\Server3\Pictures。图16-2-24所示为复制完成后在\\Server3\Pictures内的文件。

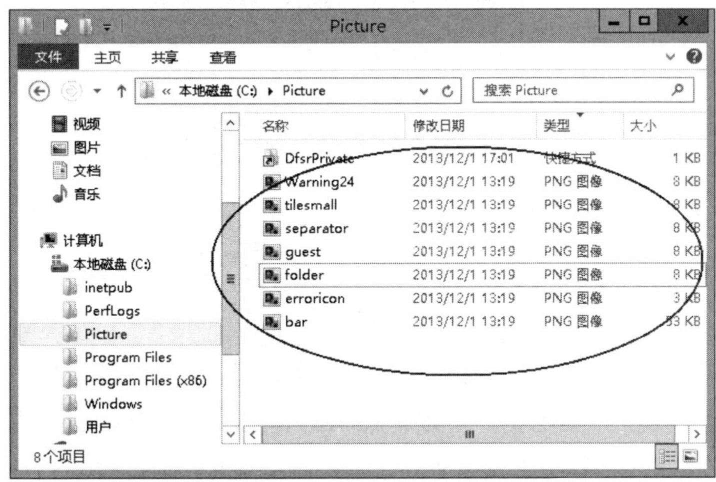

图 16-2-24

附注

在第1次复制时，系统会将原本就存在\\Server3\Pictures内的文件（若有的话）移动到DfsrPrivate\PreExisting文件夹内，不过因为DfsrPrivate是隐藏文件夹，所以若要看得此文件夹，可以【打开**文件资源管理器**➲单击**查看**➲单击右侧**选项**图标➲查看➲取消勾选**隐藏受保护的操作系统文件**与选择**显示隐藏的文件、文件夹及磁盘驱动器**】。

从第2次开始的复制操作将依照复制拓扑来决定复制的方式，例如若复制拓扑被设置为**网状**，则当你将一个文件复制到任何一台服务器的共享文件夹后，**DFS复制服务**会将这个文件复制到其他所有的服务器。

16.2.5 复制拓扑与计划设置

若要修改复制设置，请单击图16-2-25左侧的复制组sayms.local\public\pictures，然后通过右侧**操作**窗格来更改复制设置，例如增加参与复制的服务器（新成员）、新建复制文件夹（新复制文件夹）、建立服务器之间的复制链接（新链接）、更改复制拓扑（新拓扑）、建立诊断报告、将复制的管理工作委派给其他用户（委派管理权限）、复制组计划（编辑复制组计划）等。

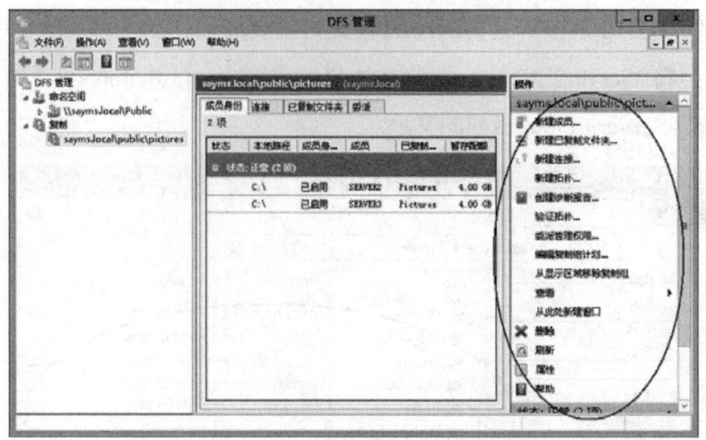

图 16-2-25

不论复制拓扑为何，你都可以自行启用或禁用两台服务器之间的连接关系，例如，不想让Server3将文件复制到Server2的话，可以将Server3到Server2的单向链接关系禁用：【如图16-2-26所示打开背景图中的**连接**选项卡➲双击发送成员SERVER3➲取消勾选**在此连接上启用复制**】。

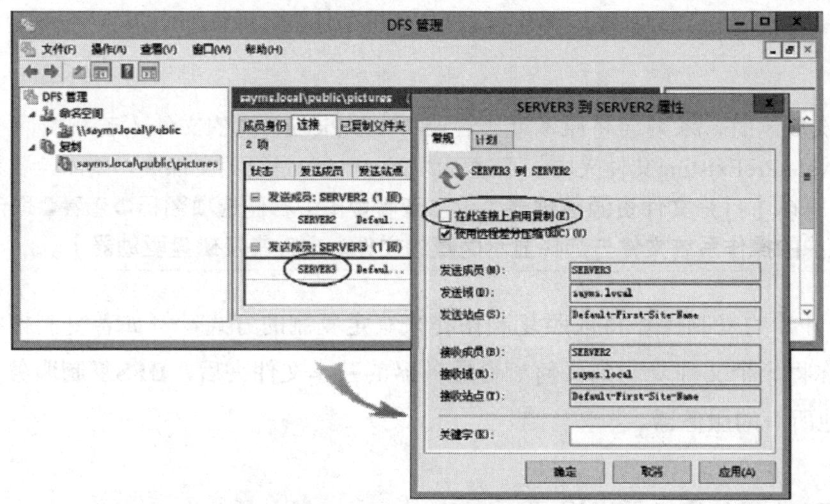

图 16-2-26

你也可以通过双击图16-2-27中**已复制文件夹**选项卡下的Pictures文件夹的方式来筛选文件或子文件夹，被筛选的文件或子文件夹将不会被复制。筛选时可使用?或通配符*，例如*.tmp表示排除所有扩展名为.tmp的文件。

图 16-2-27

16.2.6 从客户端来测试DFS功能是否正常

我们利用Windows 8.1客户端来说明如何访问DFS文件。请【切换到桌面➲单击左下方的**文件资源管理器**图标➲选中**这台电脑**，右击➲连接网络驱动器➲如图16-2-28所示】，图中利用Z:磁盘来连接\\sayms.local\public\pictures，其中sayms.local为域名、public为DFS命名空间根目录的名称、pictures为DFS文件夹名称。你可能还必须输入用户名称与密码。完成后，就可以通过Z:磁盘来访问pictures文件夹内的文件了。

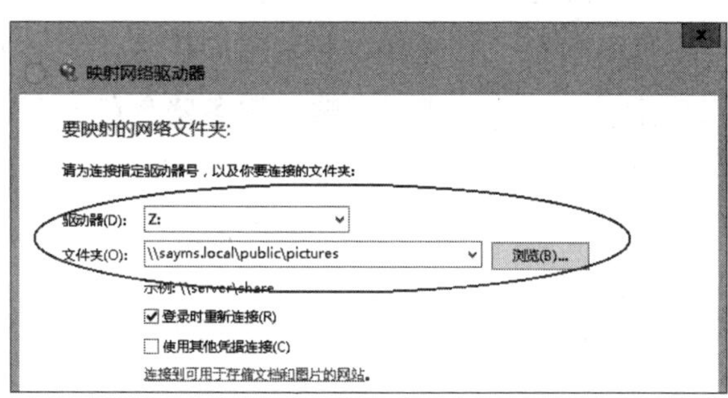

图 16-2-28

附注

（1）你也可以【按⊞+R键➲输入\\sayms.local\public或\\sayms.local\public\ pictures】来访问DFS内的文件。

（2）若要访问独立DFS的话，请将域名改为计算机名称，例如\\Server5\public\ pictures，其中Server5为命名空间服务器的计算机名称、public为命名空间根目录名、pictures为DFS文件夹名称。

客户端所访问到的文件是位于Server2的Pictures内还是位于Server3呢？可以利用以下方法来检查：分别到Server2与Server3上【按⊞键切换到**开始**菜单➲管理工具➲计算机管理➲如图16-2-29所示进行查看】，此时只要查看客户端的用户与计算机名称（或IP地址）是显示在Server2或Server3的界面上，就可以知道客户端连接到了哪一台服务器。

得知你所连接的服务器后，请将这台服务器关机，然后再到Windows 8.1计算机来访问Pictures内的文件，你会发现还是可以访问到Pictures内的文件，因为DFS已经将你导向到另外一台服务器（会稍有延迟）。

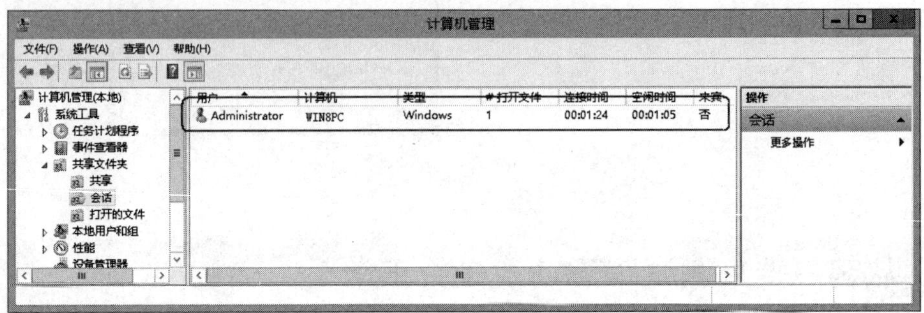

图 16-2-29

16.2.7 新建多台命名空间服务器

域命名空间的DFS架构内可以安装多台命名空间服务器，以便提供更高的可用性。所有的命名空间服务器都必须隶属于相同的域。

首先这台新的命名空间服务器必须安装**DFS命名空间**服务，安装方法是利用**服务器管理器**内的**添加角色和功能**，然后如图16-2-30所示在**选择服务器角色**界面勾选**DFS命名空间**。

> **附注**
>
> 安装**DFS命名空间**服务时，系统会顺便自动安装DFS管理工具，让你可以通过这台服务器来管理DFS。

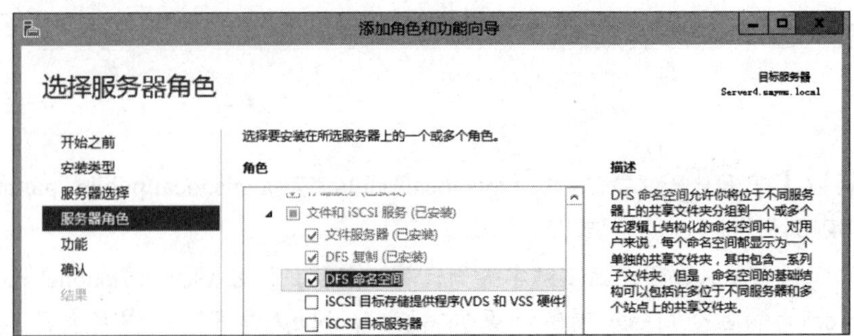

图 16-2-30

接下来可到Server1上【按⊞键切换到**开始**菜单➲管理工具➲DFS管理➲如图16-2-31所示展开到命名空间\\sayms.local\public➲单击右侧的**添加命名空间服务器**➲输入或浏览服务器名称（例如Server4）➲单击确定按钮】。

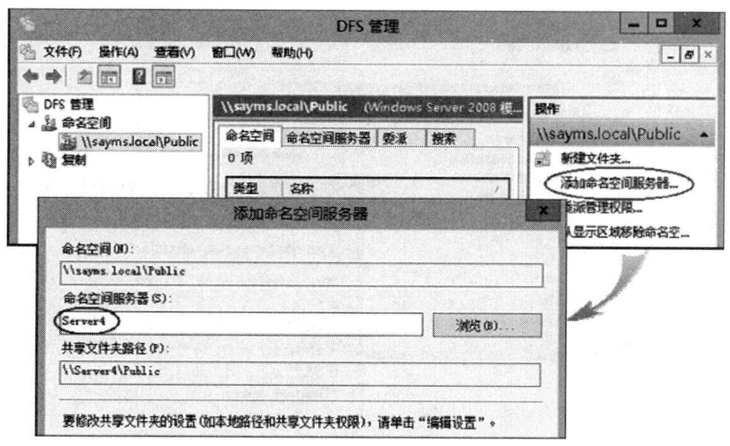

图 16-2-31

16.3 客户端的引用设置

当DFS客户端要访问命名空间内的资源（文件夹或文件等）时，域控制器或命名空间服务器会提供客户端一个**引用列表**（referrals），此列表内包含着拥有此资源的目标服务器，客户端会尝试从位于列表中最前面的服务器来访问所需的资源，如果这台服务器因故无法提供服务，客户端就会转向列表中的下一个目标服务器。

如果某台目标服务器因故必须暂停服务，例如要关机维护，就应该避免客户端被导向到这台服务器，也就是不要让这台服务器出现在**引用列表**中，其设置方法为【如图16-3-1所示单击\\sayms.local\Pubic命名空间之下的Pictures文件夹➲选中该服务器，右击➲禁用文件夹目标】。

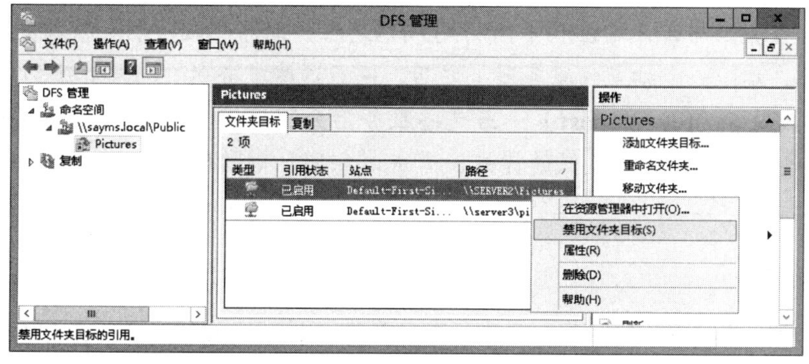

图 16-3-1

另外，你要如何决定**引用列表**中目标服务器的先后顺序呢？可以【如图16-3-2所示选中\\sayms.local\Pubic命名空间，右击➲属性➲**引用**选项卡】，设置缓存期间、排序方法（先后顺序）与客户端故障回复。

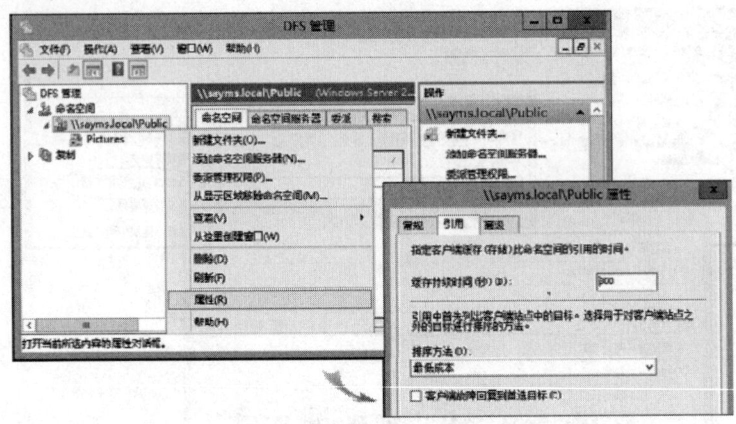

图 16-3-2

16.3.1 缓存期间

当客户端取得引用列表后，会将这份列表缓存到客户端计算机内，以后客户端需要此份列表时，可以直接从缓存区获取，不需要再向命名空间服务器或域控制器来索取，如此便可以提高运行效率，但是这份位于缓存区的列表有一定的有效期限，这个期限就是通过图16-3-2中的**缓存持续时间**来设置的，图中默认值为300 秒。

16.3.2 设置引用列表中目标服务器的先后顺序

客户端所取得的引用列表中，目标服务器被排序在列表中的先后顺序如下。

- 若目标服务器与客户端位于同一个AD DS站点，则此服务器会被列在列表中的最前面，如果有多台服务器，那么这些服务器会被随机排列在最前面。
- 若目标服务器与客户端位于不同的AD DS站点，则这些服务器会被排列在前述服务器（与客户端同一个站点的服务器）之后，而且这些服务器之间具有下列排序方法：
  - **最低成本（lowest cost）**：若这些服务器分别位于不同的AD DS站点，则以站点连接成本（花费）最低的优先。若成本相同，则随机排序。

附注

若你对站台连接成本（花费）有兴趣，可参考另一本书**Windows Server 2012 R2 Active Directory**系统配置指南。

- **随机顺序（random order）**：不论目标服务器位于哪一个AD DS站台内，都以随机顺序来排列这些服务器。
- **排除客户端站台外的目标（exclude targets outside of client's site）**：只要目标服务器与客户端是在不同的AD DS站台，就不将这些目标服务器列于转介列表内。

> **附注**
>
> 命名空间的引用设置会被其下的文件夹与文件夹目标继承，不过你也可以直接针对文件夹来设置，且其设置会覆盖由命名空间继承的配置。你还可以针对文件夹目标来设置，且其设置会覆盖由命名空间与文件夹继承的设置。

16.3.3 客户端故障回复

当DFS客户端所访问的首选目标服务器因故无法提供服务时（例如服务器故障），客户端会转向列表中的下一台目标服务器，即使之后原先故障的首选服务器恢复正常了，客户端仍然会继续访问这一台并不是最佳的服务器（例如它是位于另外一个连接成本比较高的站点）。若你希望原来那一台首选服务器恢复正常后客户端能够自动转回到此服务器，可勾选图16-3-2中的**客户端故障回复到首选目标**。

> **附注**
>
> 一旦转回原来的首选服务器后，所有新访问的文件就会从这一台首选服务器来读取，不过之前已经从非首选服务器打开的文件仍然会继续从那一台服务器来读取。

第 17 章　搭建 iSCSI 文件服务器故障转移群集

故障转移群集（failover cluster）可提供一个高可用性的应用程序或服务的网络环境，本章将介绍如何搭建iSCSI SAN文件服务器故障转移群集。

- 故障转移群集概述
- 建立故障转移群集实例演练
- 在群集中添加节点、删除节点与删除群集

17.1 故障转移群集概述

我们可以将多台服务器组成一个**故障转移群集**（failover cluster），这些服务器会协同工作以提供一个高可用性的应用程序或服务环境。群集内每一台服务器被称为一个**节点**（node），节点之间通过网络硬件与软件连接在一起来对用户提供服务。若群集之中有一个节点故障，则其他节点会继续提供服务，这个机制被称为**故障转移**（failover），它让用户能够不中断地继续使用服务器所提供的服务。

17.1.1 FC SAN或iSCSI SAN架构的群集

一般来说，群集需要存储设备来存储数据，而存储设备需要被连接到群集中的每一个节点服务器，其连接方式可为**光纤信道**（fiber channel）或**iSCSI**（Internet SCSI）。

FC SAN 群集（Fiber Channel SAN Cluster）

我们以图17-1-1中的两节点群集来说明FC SAN（光纤信道SAN）群集的架构。图中两个节点服务器各通过一片称为Fiber Channel HBA（Host Bus Adapter）的适配卡来连接到**光纤信道交换机**（Fiber Channel Switch），同时存储设备也连接到此交换机，服务器与存储设备之间所使用的通信协议为Fiber Channel Protocol（FCP），FCP会将SCSI命令封装后发送到光纤信道上传送。另外，这两台节点服务器也各有一块网卡连接到客户端所在的局域网，它让客户端可以通过这两台节点服务器访问存储设备内的文件，这个存储设备可以是磁盘阵列（disk array）、光纤盘柜（optical jukebox）或磁带库（tape library）等。

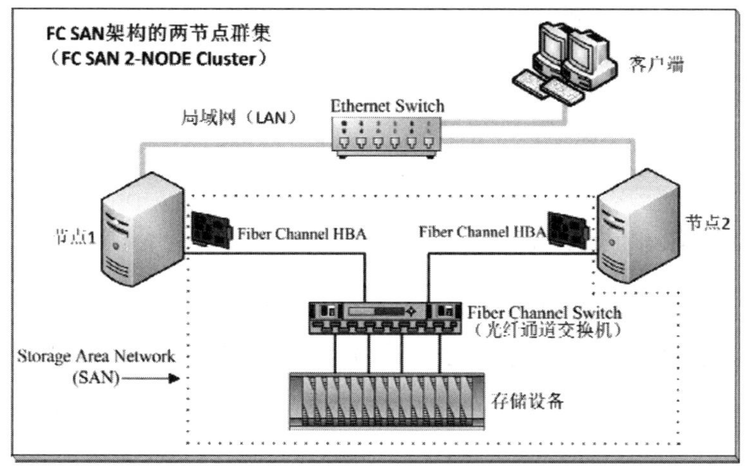

图 17-1-1

图中虚线框起来的Storage Area Network（SAN，存储区域网络）为一种用来将存储设备连接到服务器的架构。在SAN架构下，服务器会将这些SAN存储设备视为好像是直接连接在服务器上一样，例如服务器会将SAN磁盘阵列内的一个卷（volume）或一个逻辑单元编号（logical unit number，LUN）视为一块磁盘（硬盘），因此当你在服务器上【按⊞键切换到**开始**菜单➲管理工具➲计算机管理➲存储➲磁盘管理】，会看到界面上多了一块磁盘，例如图17-1-2中的磁盘1，然而它并不是一个真正连接在这台服务器上的磁盘，而是磁盘阵列内的一个磁盘区或一个LUN。

附注

存储设备分为Block Level与File Level两种类型，SAN存储设备属于Block Level。另外一种被称为NAS（Network Attached Storage）架构的存储设备则属于File Level，在NAS架构下，服务器利用网络驱动器机来连接NAS存储设备，在**文件资源管理器**内可看到一个连接到NAS存储设备的驱动器号，但是在磁盘管理界面内不会多出一块磁盘。NAS架构所使用的通信协议为NFS或SMB/CIFS。

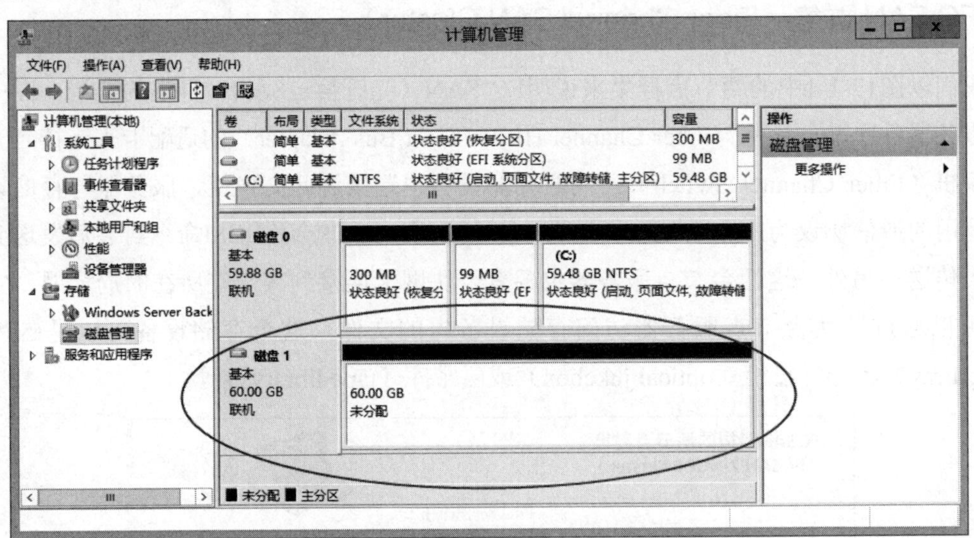

图 17-1-2

iSCSI SAN 群集（iSCSI SAN Cluster）

我们以图17-1-3中的两节点群集来说明iSCSI SAN群集的架构。与FC SAN不同的是：在iSCSI SAN（Internet SCSI SAN，又称为IP SAN）的架构之下，服务器与存储系统之间只需要通过IP网络就可以连接在一起。图中两台节点服务器可以通过以下两种方式之一来连接存储系统。

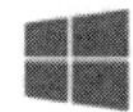

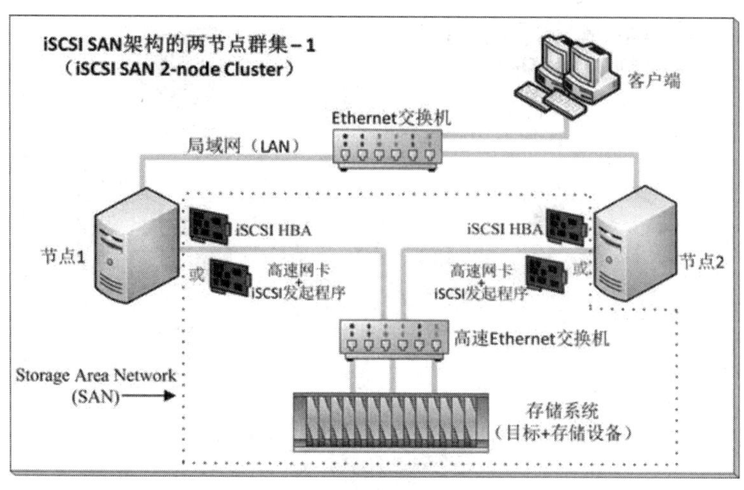

图 17-1-3

- **安装iSCSI HBA适配卡**：iSCSI HBA卡包含iSCSI启动器固件（iSCSI initiator firmware），服务器利用iSCSI启动器将SCSI命令封装后发送到IP网络上传送。由于服务器在处理整个TCP/IP堆栈时会耗费不少的CPU资源，因而可能会影响到服务器运行效率，此时可以改采用 TOE iSCSI HBA适配卡来改善效率，因为拥有TOE（TCP Offload Engine）功能的iSCSI HBA适配卡会将这些比较耗费资源的处理工作改由适配卡来负责。
- **安装1Gb（含）以上的高速Ethernet网卡**：此时需要在节点服务器上另外安装iSCSI启动器软件。

两台节点服务器通过iSCSI HBA或高速Ethernet网卡连接到高速Ethernet 交换机，同时存储系统也连接到此交换机。服务器与存储系统之间所使用的通信协议为iSCSI Protocol。

> **附注**
>
> 为了能够有良好的网络传输效率，因此应该采用高速的1Gb或 10Gb（或更高速）网卡与交换机。

图中的存储系统内包含着**目标**（target）和存储设备，服务器是先连接到**目标**，再通过**目标**来访问存储设备。服务器将通过**目标**所连接到的SAN存储设备视为好像是直接连接在服务器上一样。图中两台服务器也各有一块网卡连接到客户端所在的局域网，让客户端可以通过这两台服务器访问存储设备内的文件。

图17-1-3中存储系统内的**目标**可以改由图17-1-4中的**目标服务器**来取代，这台**目标服务器**可安装普通操作系统（例如Windows Server 2012 R2），然后在其内安装**目标服务器**软件，而存储设备可以是这台服务器内的普通磁盘（PATA、SATA、SCSI、USB、FireWire等存储设备）、连接在这台服务器上的磁盘阵列或者直接利用现有磁盘内的文件来模拟成虚拟磁盘。

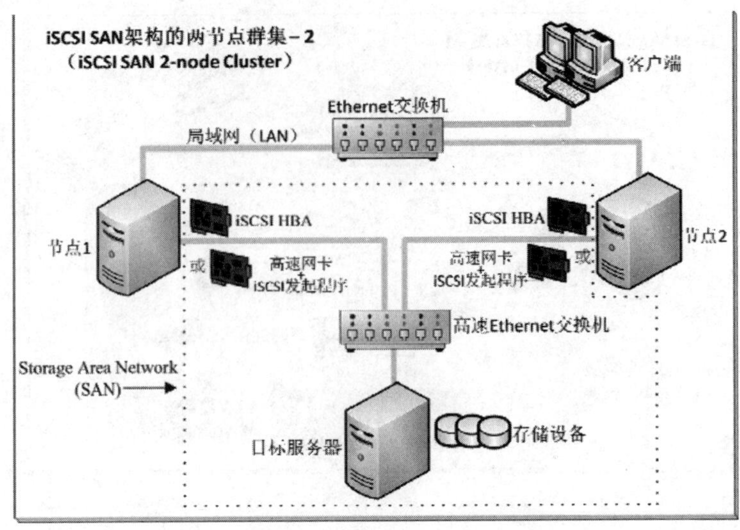

图 17-1-4

17.1.2 群集的仲裁设置

当群集中的节点故障时，会由其他节点继续来提供服务，不过当节点之间通信有问题或太多节点故障时，群集就会停止服务，可是群集可以容忍多少个节点故障呢？这要由**仲裁设置**（quorum configuration）来决定，quorum的中文就是**法定数量**的意思，也就是只要群集中仍然正常工作的节点数量达到法定数量，群集就会继续提供服务，否则就停止服务。在停止服务期间，仍然正常的节点会继续监听故障节点是否恢复正常，一旦正常节点的数量恢复到法定数量，群集就会继续提供服务。

在计算法定数量时，有的仲裁设置会使用到**见证磁盘**（witness disk），又称为**仲裁磁盘**（quorum disk）。仲裁设置可分为以下几种。

- 节点多数（Node Majority）
  这种设置不会使用到**见证磁盘**，而所谓**节点多数**就是在正常节点数量占多数的情况下群集才会提供服务，否则就停止服务。该设置适用于奇数节点的群集。例如，5个节点的群集，其正常节点的数量必须至少3个，群集才会提供服务。
- 节点与磁盘多数（Node and Disk Majority）
  适用于偶数节点的群集，它在计算法定数量时会将**见证磁盘**计算进来，例如4个节点+1个**见证磁盘**的群集，你可以将其视为5个节点的群集，此时正常节点的数量必须至少3个，群集才会提供服务。
- 节点与文件共享多数（Node and File Share Majority）
  它与**节点与磁盘多数**类似，不过将**见证磁盘**改为共享文件夹内的文件。
- 没有多数：只有磁盘（No Majority: Disk Only）
  只要**见证磁盘**脱机，群集就会停止提供服务（不建议采用）。

17.2　建立故障转移群集实例演练

我们将通过图17-2-1来演练如何搭建一个iSCSI SAN两节点的文件服务器故障转移群集，其仲裁设定默认为**节点与磁盘多数**。

17.2.1　软硬件需求

要建立图中iSCSI SAN两节点群集的话，其软硬件配置需符合下面叙述的要求，建议你利用Hyper-V所提供的虚拟环境来练习（参见附录A）。

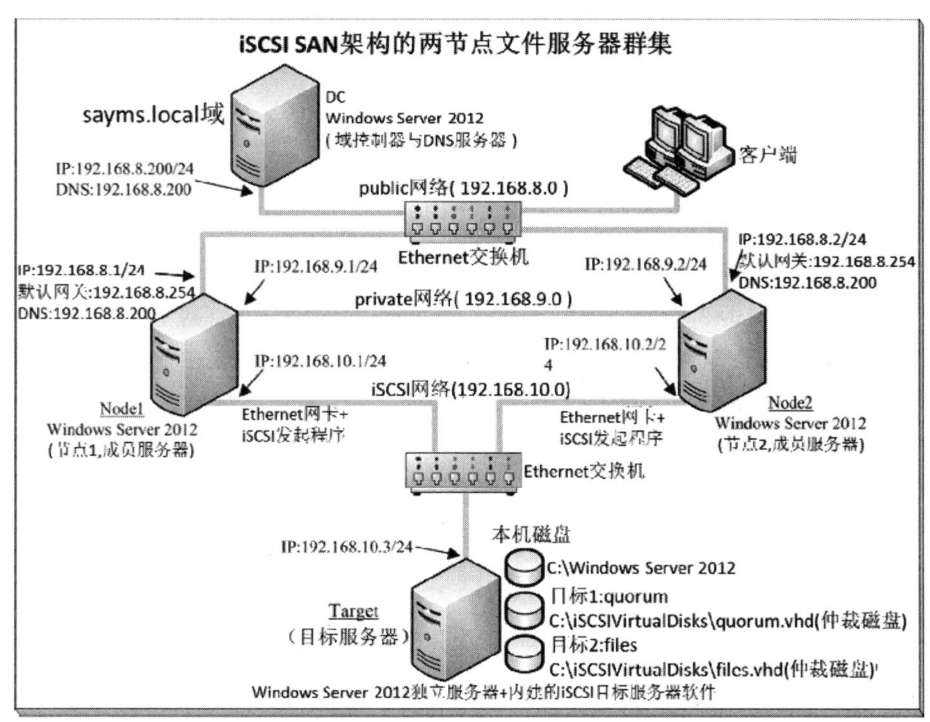

图 17-2-1

服务器

搭建群集需要AD DS域，群集中的节点服务器需隶属于同一个域，且应该扮演同样的域角色，也就是都是成员服务器（建议）或都是域控制器。本范例的域名为sayms.local，图中左上角的服务器DC为域控制器兼DNS服务器，Node1与Node2为两个节点（都是成员服务器），最下面的服务器为**目标服务器**，其内将安装Windows Server 2012 R2内建的**iSCSI目标服务器**软件，这台服务器不需要加入域。

为了让群集功能正常运行，群集中的两台节点服务器应该都要配备相同或类似的硬件，而且需要安装相同版本的操作系统，包含相同的硬件版本（32位、64位），同时也要安装相同的Service Pack与软件更新（update）。Windows Server 2012 R2 Datacenter与Standard版本都具备群集功能，图中两个节点我们都安装了Windows Server 2012 R2 Datacenter。为了方便起见，域控制器与**目标服务器**也都采用Windows Server 2012 R2 Datacenter。

网络设置

图中两台节点服务器各有3块网卡，分别连接到public、private与iSCSI网络。

- **public网络**：两台节点服务器各有1块网卡连接到public网络，并通过public网络来与域控制器通信，客户端也通过public网络来连接节点服务器。
- **private网络**：两台节点服务器之间需要随时监听对方的"心跳（heartbeat）"情况，以便得知对方是否故障或故障后是否又恢复正常。为了避免受到其他网络流量的干扰，以便实时得知对方心跳状态，建议节点之间通过专用网络来通信，例如图中两个节点各有1块网卡连接这个专用的private网络。由于本范例只有两个节点，因此若是利用物理机来练习，可以直接利用"计算机对计算机"的crossover网线（跳线）来串联这两个节点，不需要交换机。
- 为了提高容错能力，我们会设置让节点之间也可通过前面的public网络来通信，它在节点之间因故无法通过private网络通信时，还可以选择public网络。
- **iSCSI网络**：两个节点各有1块网卡连接到iSCSI网络，并通过此网络来连接目标服务器与访问存储设备内的文件，这个网络应该仅用于节点与目标服务器之间使用iSCSI protocol来通信的专用网络，请勿作为其他用途，例如不要设定让两个节点之间通过这个网络来通信。两个节点用来连接iSCSI网络的网卡应该相同，而且iSCSI网络内应采用高速交换机（1Gb/s、10Gb/s或更高速），不过本演练采用100Mb/s交换机即可。

附注

为了避免单点故障而影响到群集的运行，建议在两个节点与客户端之间、两个节点与**目标服务器**之间的通信通道采取适当的容错措施，例如以节点与客户端之间来说，可以在节点利用两块网卡来连接两个网络，而通过这两个网络都可以跟客户端通信。你也可以采用具备teaming功能的网卡来提供容错功能，例如可以在public网络采用teaming网卡，但是不要在private网络使用teaming网卡，以免因为延迟问题而影响到节点之间的实时通信，此外iSCSI并不一定支持teaming，因此iSCSI网络不要使用teaming网卡。

teaming就是将一台计算机内的多块物理网卡（Network Interface Card，NIC）通过驱动程序将其绑定为一块虚拟网卡，其他计算机通过此虚拟网卡来与这台计算机通信，但是数据实际上是通过多块物理网卡来传递的。teaming网卡可以提高网络传输速度、提供负载平衡与容错功能。Windows Server 2012 R2已经内建网卡的teaming驱动程序，不需要另外安装。此功能在Windows Server 2012 R2内被称为NIC teaming（NIC组）。

目标服务器与存储设备

Windows Server 2012 R2要求存储设备必须遵循SCSI Primary Command-3（SPC-3）的标准，尤其是必须支持SPC-3 Persistent Reservation（SPC-3继续保留）。我们要利用Windows Server 2012 R2内置的“**iSCSI目标服务器**”搭建iSCSI 目标服务器，通过它所建立的iSCSI磁盘支持上述的SPC-3要求。

本范例为两个节点的文件服务器群集，因此**仲裁设置**为**节点与磁盘多数**，此时除了存储文件的**文件磁盘**外，还需要一个**见证磁盘**，这两个磁盘：

- 必须是基本磁盘，不可以是动态磁盘。
- 见证磁盘需被格式化成NTFS，但是文件磁盘并没有强制规定，不过建议为NTFS。
- 磁盘分区形式可以是**MBR磁盘**或**GPT磁盘**。
- 本范例中的见证磁盘与文件磁盘都是直接使用本地计算机C:磁盘内的文件来模拟，文件名分别是C:\iSCSIVirtualDisks\Quorum.vhdx与C:\iSCSIVirtualDisks \Files.vhdx。

17.2.2 iSCSI SAN两节点文件服务器群集实例演练

我们将按部就班地说明如何搭建图17-2-3的iSCSI SAN两节点文件服务器群集，并按照以下步骤来练习，不要急躁，以减少出错的概率。

准备网络环境与计算机

准备好网络环境与4台服务器：

- DC的网卡连接到Public网络、目标服务器的网卡连接到iSCSI网络，两个节点的3块网卡分别连接到Public、Private与iSCSI网络。
  若使用Windows Server 2012 R2 Hyper-V，请自行建立图中的3 个虚拟网络（虚拟交换机），其虚拟网络（虚拟交换机）类型选择**内部**即可。
- 目标服务器需多准备两块磁盘。这两块磁盘分别作为见证磁盘与文件磁盘（在后面的步骤会建立这两块磁盘），其中见证磁盘的容量建议为512 MB以上，而文件磁盘的容量可自定义。本范例将使用虚拟磁盘，也就是直接使用本地C:磁盘内的文件来模拟这两块磁盘，其中见证磁盘的文件名是C:\iSCSIVirtualDisks\Quorum.vhdx、文件磁盘的文件名是C:\iSCSIVirtualDisks\Files.vhdx。
- 在这4台服务器上安装Windows Server 2012 R2 Datacenter。安装完成后，将它们的计算机名称分别改为DC、Node1、Node2与Target。若使用Hyper-V虚拟机，且这4台服务器是从现有虚拟机（或使用**差异虚拟硬盘**）复制来的，可请先在这4台服务器上执行Sysprep.exe更改其SID等数据，然后将计算机名分别改为DC、Node1、Node2与Target。
- 建议更改两台节点服务器内3块网卡的网络连接名称，以利于识别，例如图17-2-2中分别是连接到Public、iSCSI与Private网络的网络连接：【按⊞键切换到**开始**菜单➲控制面板➲网络和Internet➲网络和共享中心➲更改适配器设置➲分别选中3个网络连接，右击➲重命名】。

图 17-2-2

➘ 按照实例演练图（图17-2-3）来设置4台服务器每一块网卡的IP地址、子网掩码、首选DNS服务器与2个节点的Public网卡的默认网关（若未设置默认网关，将无法通过群集设置的验证程序，图中假设默认网关的IP地址为192.168.8.254）：【按⊞键切换到**开始**菜单➲控制面板➲网络和Internet➲网络和共享中心➲单击欲配置的网络连接➲属性➲Internet通信协议版本4（TCP/IPv4）】（本范例采用IPv4）。

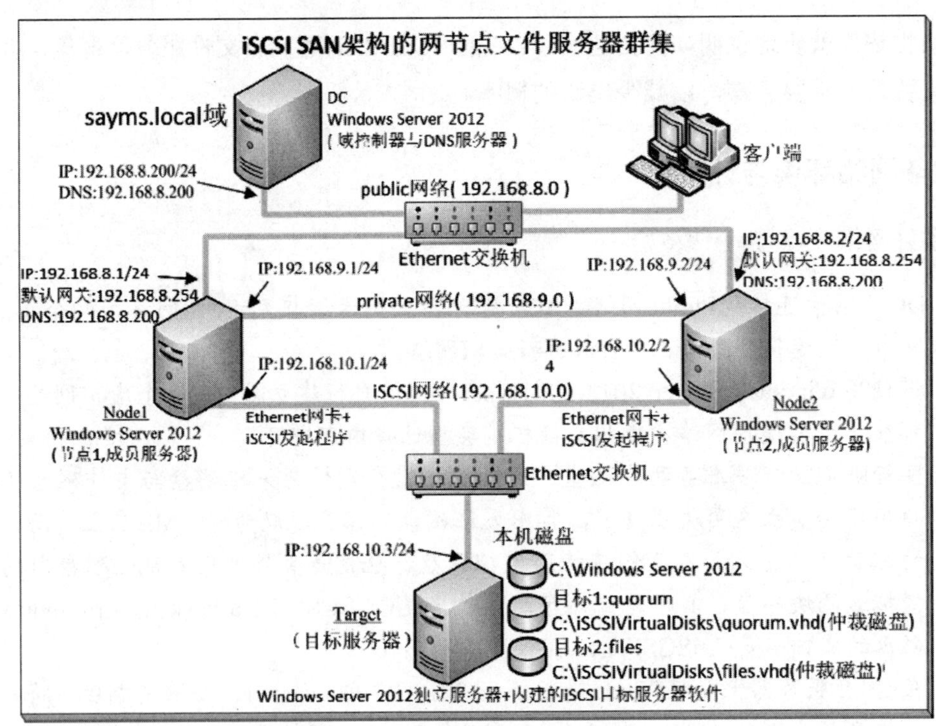

图 17-2-3

➘ 将DC、Node1、Node2与Target的**Windows防火墙**暂时关闭：【按⊞键切换到**开始**菜单➲控制面板➲系统和安全➲Windows防火墙】。请将所有网络位置的防火墙都关闭，包括**公用网络**与**专用网**。

- 务必执行以下步骤来测试同一个子网内的服务器之间是否可以正常通信，以减少后面排错的困难程度（先确认4台服务器的**Windows防火墙**已经关闭）。
  - 在DC上分别利用ping 192.168.8.1与ping 192.168.8.2来确认可以跟Node1与Node2通信。
  - 在Node1上分别利用ping 192.168.8.200、ping 192.168.8.2、ping 192.168.9.2与ping 192.168.10.3来确认可以跟DC、Node2与目标服务器通信。
  - 在Node2上分别利用ping 192.168.8.200、ping 192.168.8.1、ping 192.168.9.1与ping 192.168.10.3来确认可以跟DC、Node1与目标服务器通信。
  - 在目标服务器Target上分别利用ping 192.168.10.1与ping 192.168.10.2来确认可以跟Node1与Node2通信。
- 通过将服务器DC升级为域控制器的方式来建立域：【打开**服务器管理器**➲单击**仪表板**处的**添加角色和功能**➲...➲添加**Active Directory域服务**角色➲...】，域名请设置为sayms.local，完成后重新启动。
- 到Node1与Node2上将它们加入域sayms.local：【按⊞键切换到**开始**菜单➲选中**这台电脑**，右击➲属性➲单击**更改设置**➲...】。完成后重新启动，并利用域Administrator身份登录。
- 可以重新启用DC的**Windows防火墙**，但是Node1、Node2、Target的**Windows防火墙**请继续保持关闭（包含Node1与Node2加入域后自动新添加的**域网络**也要关闭）。若要重新启用Node1、Node2、Target的**Windows防火墙**，请务必在Node1与Node2例外开放**远程卷管理**的流量（后述），否则无法在群集内建立共享文件夹。

适当的节点设置

为了让群集运行更有效率，建议调整两台节点服务器的设置值。例如，为了让两台节点服务器能够实时通过Private网络来监听对方的“心跳”状况，应该避免在这个网络上传送其他不相干的流量；还有iSCSI网络是仅用于节点与目标服务器之间使用iSCSI protocol来通信的专用网络，因此也应该避免在这个网络上传输其他不相干的流量。以下步骤并非绝对必要，但是可以提高群集运行的效率。

STEP 1 到Node1执行以下步骤：【按⊞键切换到**开始**菜单➲控制面板➲网络和Internet➲网络和共享中心➲更改适配器设置➲选中Private网络连接，右击➲属性】，然后如图17-2-4所示将用不到的**Microsoft网络客户端**与**Microsoft网络的文件和打印机共享**禁用。

此范例使用的是TCP/IPv4，因此建议取消勾选没有用到的TCP/IPv6。接着勾选图中**Internet协议版本4（TCP/IPv4）**➲单击属性按钮。

图 17-2-4

附注

Microsoft网络客户端用来访问网络上其他计算机内的共享文件与打印机；**Microsoft网络的文件和打印机共享**是让网络上其他计算机来访问本地计算机上的共享文件与打印机。由于不需要通过private与iSCSI网络来与其他计算机有此类访问，因此可以停用。

STEP 2　如图17-2-5所示不要设置**首选DNS服务器**与**备用DNS服务器**，然后单击下方的高级按钮。

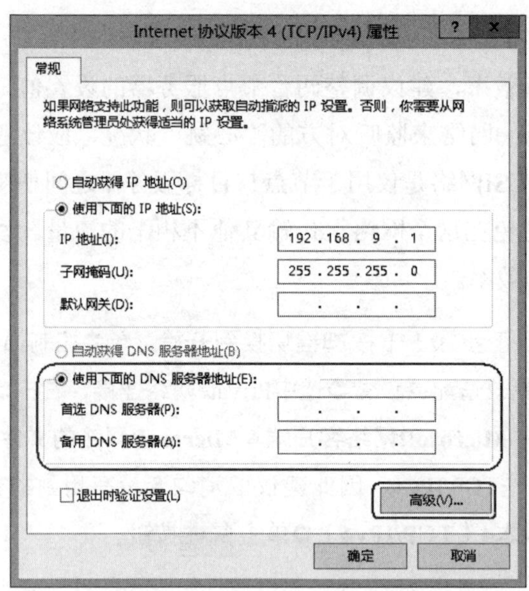

图 17-2-5

STEP 3　如图17-2-6所示取消勾选**DNS**选项卡下的**在DNS中注册此连接的地址**。

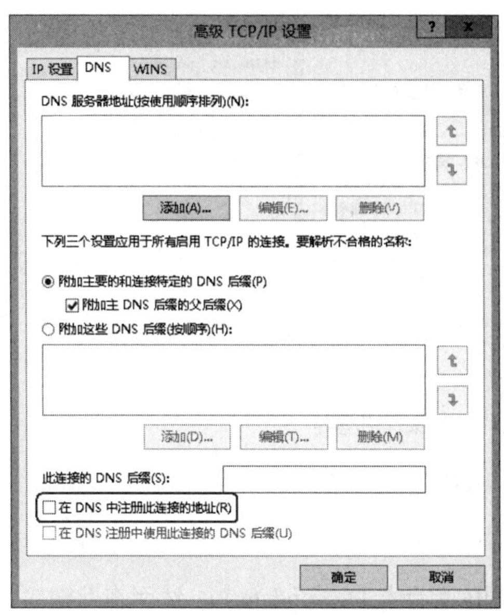

图 17-2-6

STEP 4 如图17-2-7所示取消**WINS**选项卡下与NetBIOS有关的功能。

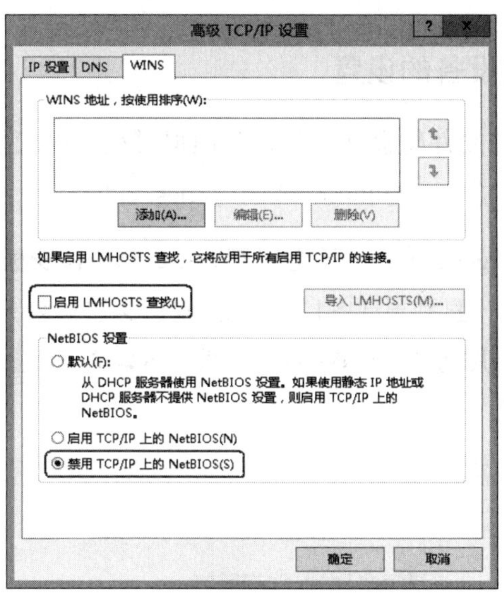

图 17-2-7

STEP 5 继续针对iSCSI网络连接来重复以上步骤。

STEP 6 由于Private与iSCSI网络都有专门用途，因此我们希望所有其他类型的网络流量能够优先使用Public网络，此时可通过调整网络连接的连接顺序来达到目的：在回到图17-2-8背景的**网络连接**窗口时【按Alt键➲如图17-2-8所示单击**高级**菜单➲高级设置➲通过前景图来调整网络连接的连接顺序】，图中网络连接的先后顺序为Public、Private、iSCSI。

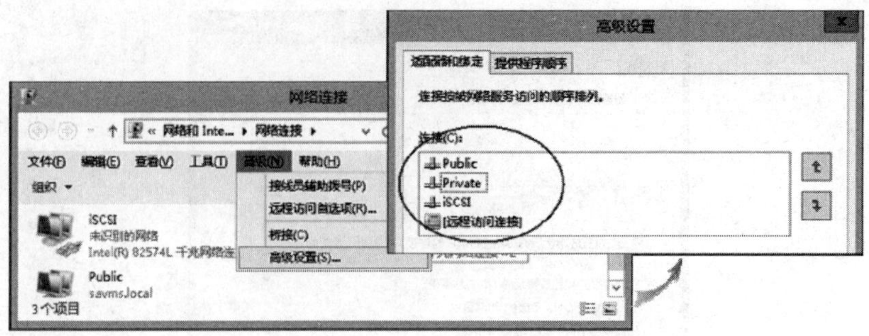

图 17-2-8

STEP 7　继续到Node2重复上述操作步骤。

> **附注**
>
> 两个节点需要安装相同的更新程序（update），然而在此建议不要启动自动更新功能，而是由系统管理员手动更新，以便能够确保两个节点拥有相同的更新程序。可以通过以下途径来检查与更改自动更新的设置：【按⊞键切换到**开始**菜单➲控制面板➲系统和安全➲**Windows更新**】。

目标服务器与存储设备的设置

本范例中的**见证磁盘**与**文件磁盘**使用的都是虚拟磁盘，也就是直接使用**目标服务器**C:磁盘内的文件来模拟，文件名分别是Quorum.vhdx与Files.vhdx。

STEP 1　到目标服务器Target上【打开**服务器管理器**➲单击**仪表板**处的**添加角色和功能**➲持续单击下一步按钮一直到出现图17-2-9的**选择服务器角色**界面时展开**文件和存储服务**➲展开**文件和iSCSI服务**➲勾选**iSCSI目标服务器**➲单击添加功能按钮➲…】，安装完成后单击关闭按钮。

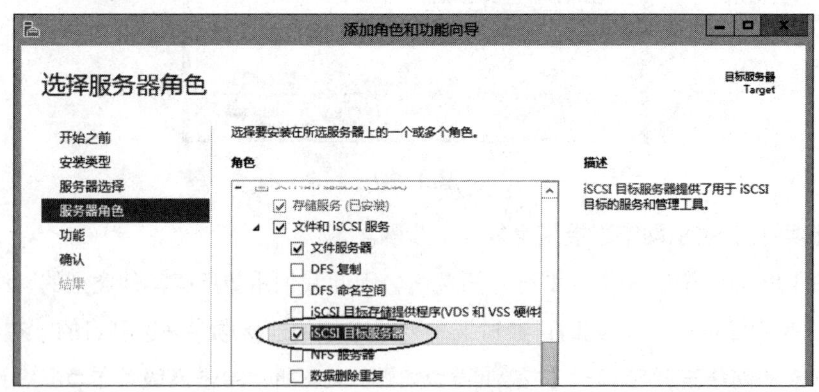

图 17-2-9

STEP 2　单击图17-2-10中的**文件和存储服务**。

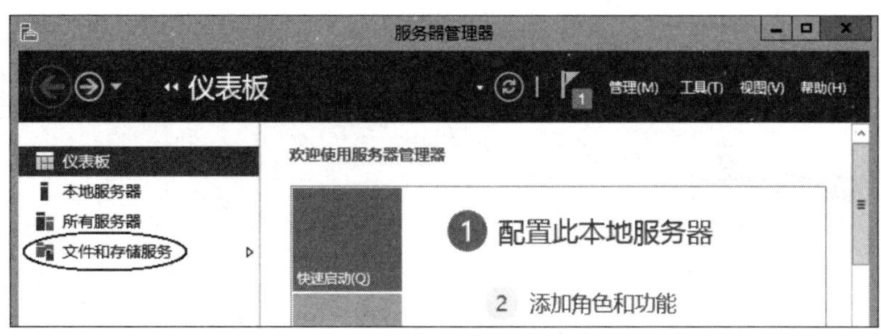

图 17-2-10

STEP 3　如图17-2-11所示单击iSCSI右侧圈起来的部分，或【单击右上方的任务➲新建iSCSI虚拟磁盘】。

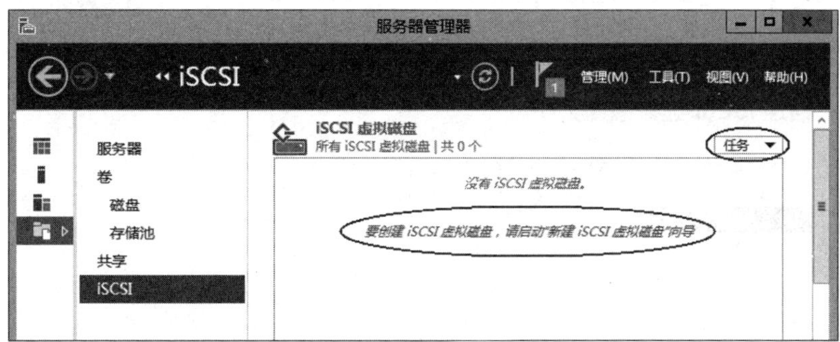

图 17-2-11

STEP 4　在图17-2-12中选择iSCSI虚拟磁盘的存储位置后单击下一步按钮，图中采用默认值（C：\iSCSIVirtualDisks），也可以通过**键入自定义路径**来更改存储位置。

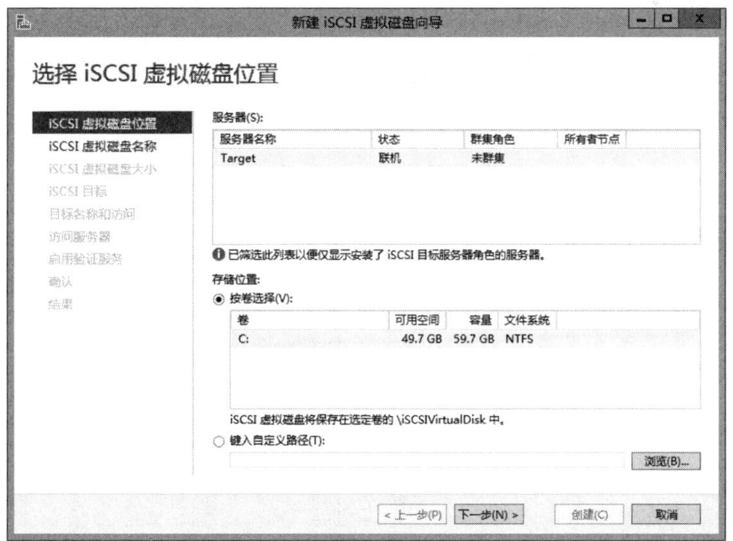

图 17-2-12

STEP 5　如图17-2-13所示为此iSCSI虚拟磁盘命名（例如quorum）后单击下一步按钮。

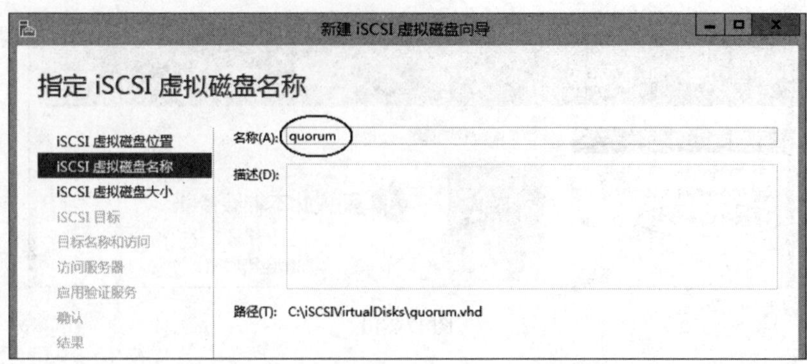

图 17-2-13

STEP 6　在图17-2-14中设置此虚拟磁盘的大小（例如512MB）后单击下一步按钮。

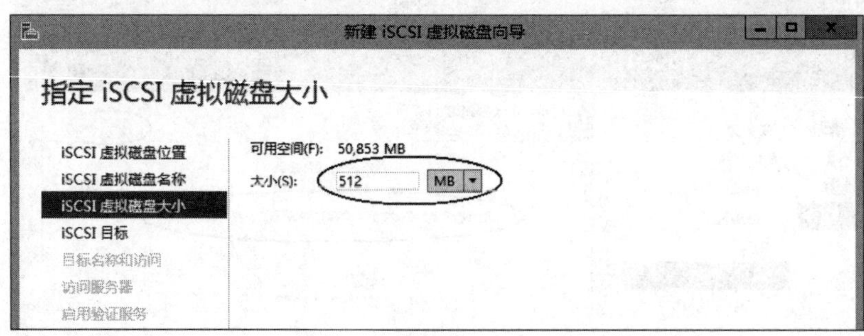

图 17-2-14

STEP 7　我们需要将此虚拟磁盘分配给一个iSCSI目标，安装在Node1与Node2的iSCSI启动器需要通过iSCSI目标来连接虚拟磁盘。由于当前尚未有任何iSCSI目标，因此需要如图17-2-15所示点选择**新建iSCSI目标**，然后单击下一步按钮。

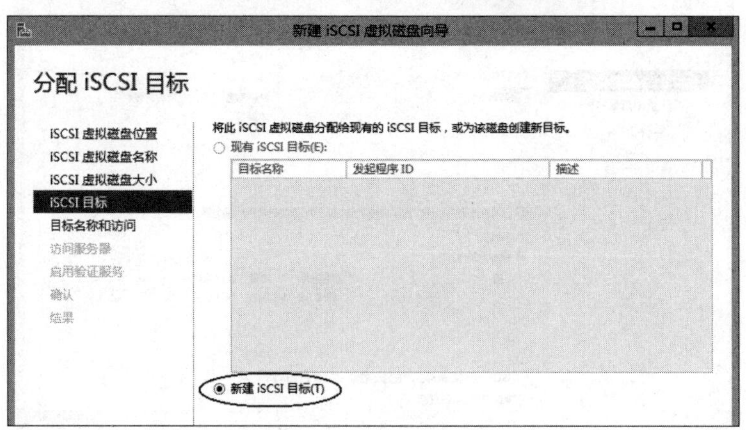

图 17-2-15

STEP 8　如图17-2-16所示为此iSCSI目标命名（例如quorum）后单击下一步按钮。

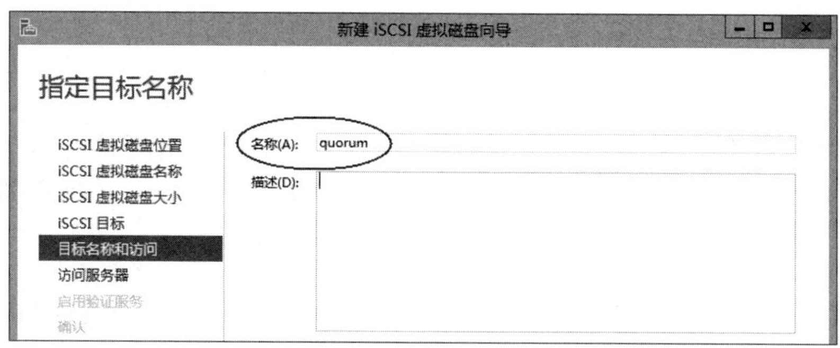

图 17-2-16

STEP 9 我们需如图17-2-17所示单击添加按钮来指定可以连接此iSCSI虚拟磁盘的iSCSI启动器（安装在节点Node1与Node2内）。

图 17-2-17

STEP 10 在图17-2-18中的**类型**下选择**IP地址**，输入Node1的iSCSI卡IP地址192.168.10.1后单击确定按钮。

图 17-2-18

附注

在图中**类型**处也可以选择节点的DNS名称、MAC地址或iSCSI启动器的IQN。其中，IQN需先到节点Node1与Node2来查询（在启动iSCSI启动器后（后述），位于**设置**选项卡下的**启动器名称**处）。

STEP 11　继续单击图17-2-19中的添加按钮将Node2的iSCSI启动器加入可连接iSCSI虚拟磁盘的允许列表内。

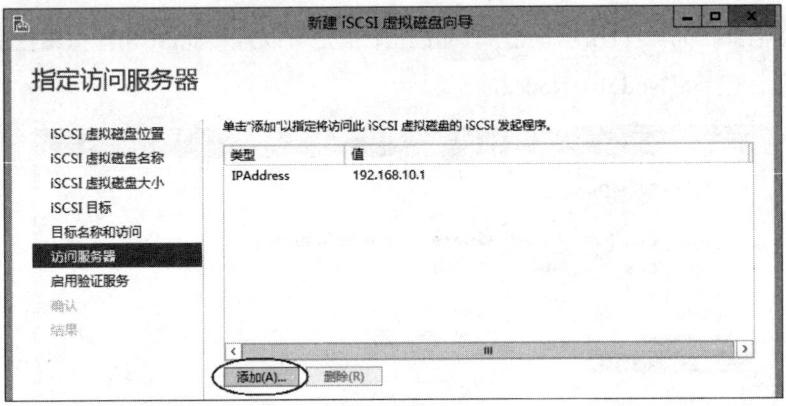

图 17-2-19

STEP 12　如图17-2-20所示来输入Node2的iSCSI网卡的IP地址。

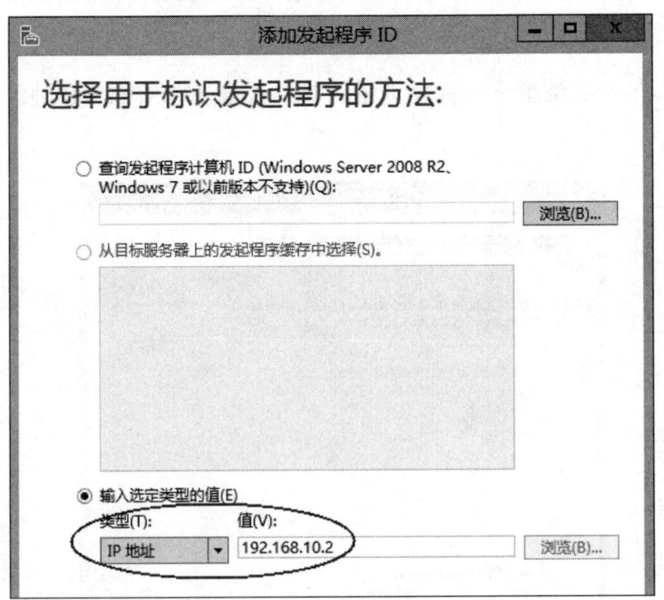

图 17-2-20

STEP 13　在图17-2-21中直接单击下一步按钮。

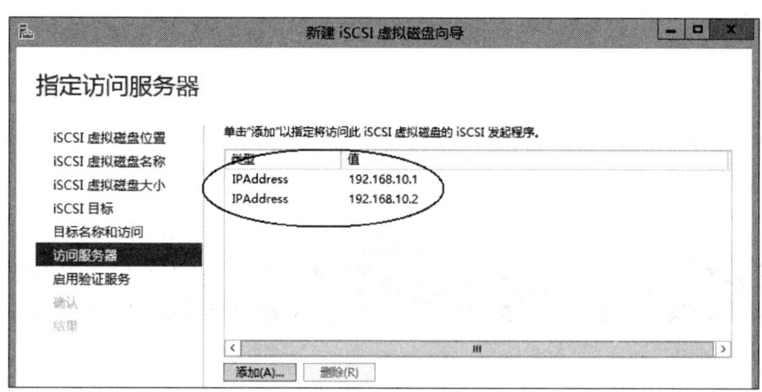

图 17-2-21

STEP 14　出现**启用验证服务**界面时直接单击下一步按钮。

附注

可以要求iSCSI启动器端（群集节点）必须经过验证后才能连接iSCSI虚拟磁盘，其方法为【勾选此**启用验证**界面中的**启用CHAP**，然后分别设置用户名与密码】，在iSCSI启动器端必须提供此处的用户名与密码后才可以连接iSCSI虚拟磁盘。

反过来说，iSCSI启动器端也可以验证iSCSI目标，此时需要勾选此**启用验证**界面中的**启用反向CHAP**，然后输入iSCSI启动器端所指定的用户名称与密码。

STEP 15　确认图17-2-22的设置无误后单击创建按钮。完成后单击关闭按钮。

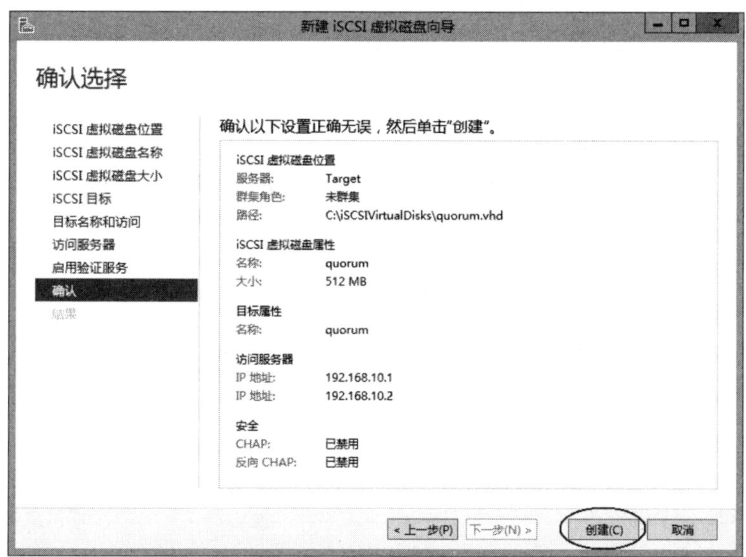

图 17-2-22

STEP 16　图17-2-23为完成后的界面，上半部为所建立的iSCSI虚拟磁盘，下半部为iSCSI目标。

附注

若要更改iSCSI虚拟磁盘或iSCSI目标的设置，可直接选中iSCSI虚拟磁盘或iSCSI目标，右击，然后通过菜单来设置。

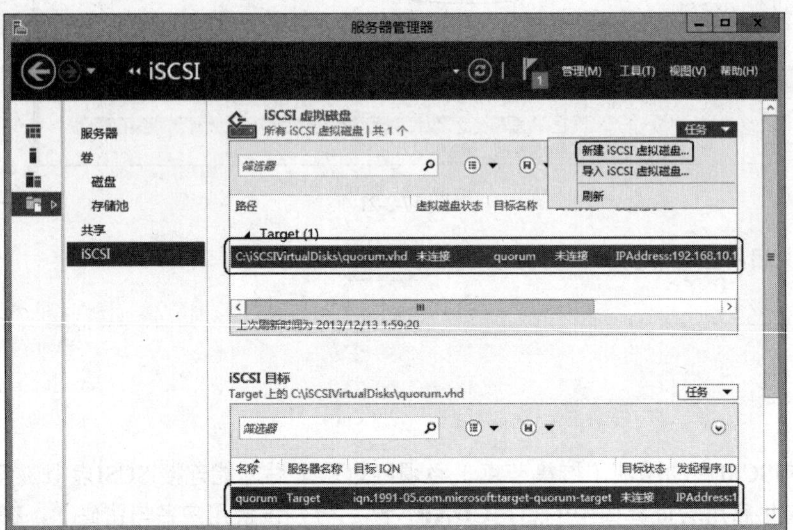

图 17-2-23

STEP 17 单击图17-2-23右上方**任务**处**新建iSCSI虚拟磁盘**来继续增加另外一个iSCSI虚拟磁盘files。

STEP 18 在图17-2-24中直接单击 下一步 按钮。

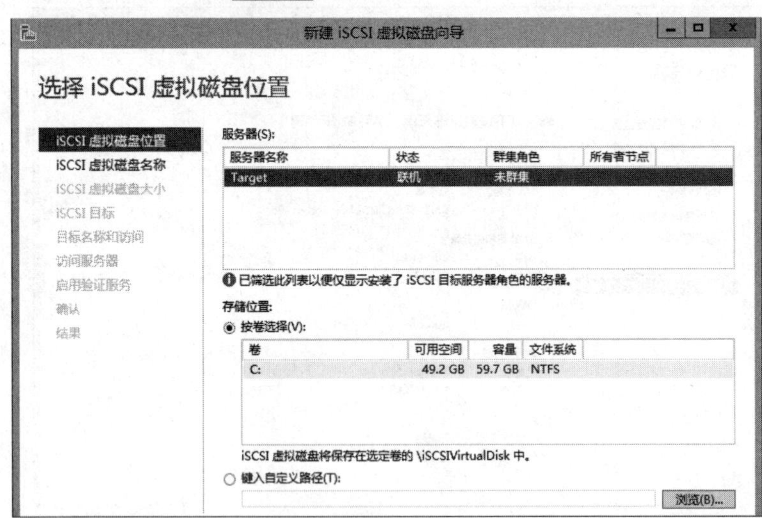

图 17-2-24

STEP 19 如图17-2-25所示为此iSCSI虚拟磁盘命名（例如files）后单击 下一步 按钮。

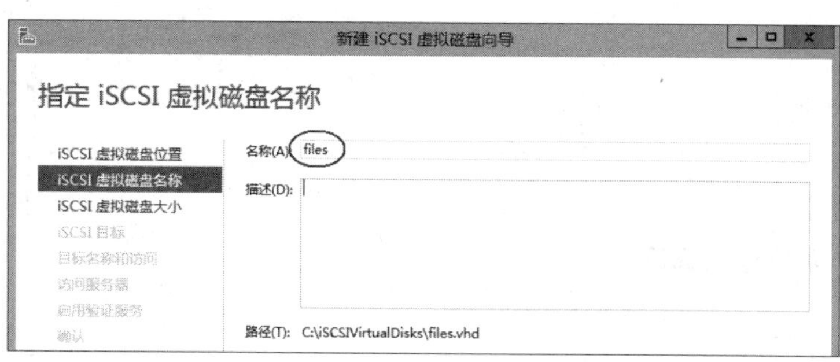

图 17-2-25

STEP 20 在图17-2-26中设置此虚拟磁盘的大小（例如10GB）后单击下一步按钮。

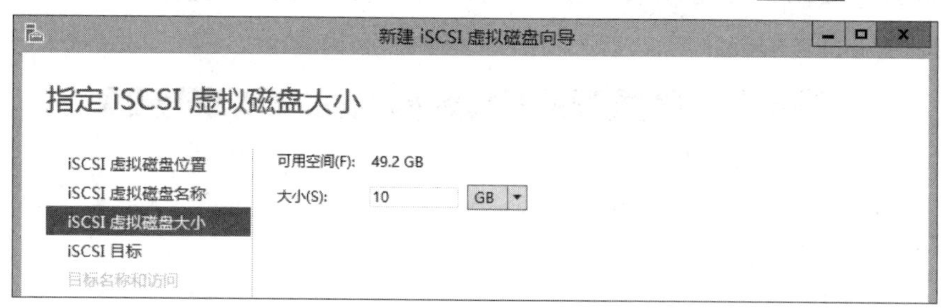

图 17-2-26

STEP 21 将此虚拟磁盘分配给一个iSCSI目标，按图17-2-27所示选择**新建iSCSI目标**，然后单击下一步按钮。

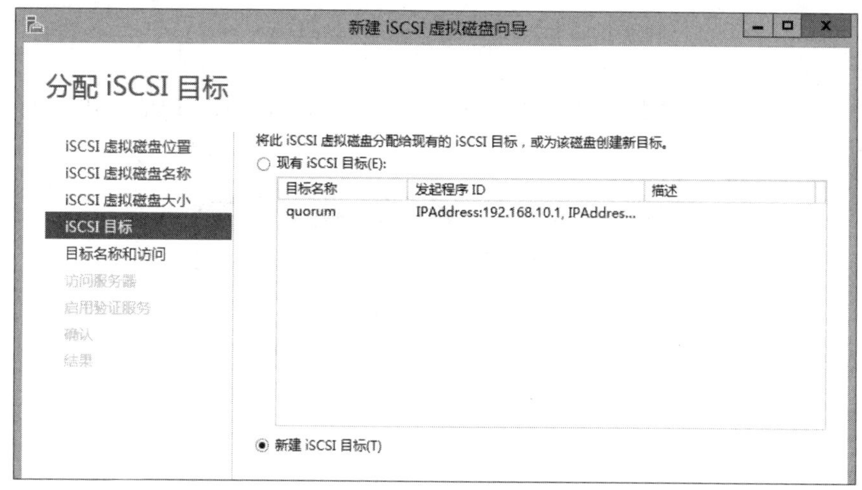

图 17-2-27

STEP 22 如图17-2-28所示为此iSCSI目标命名（例如files）后单击下一步按钮。

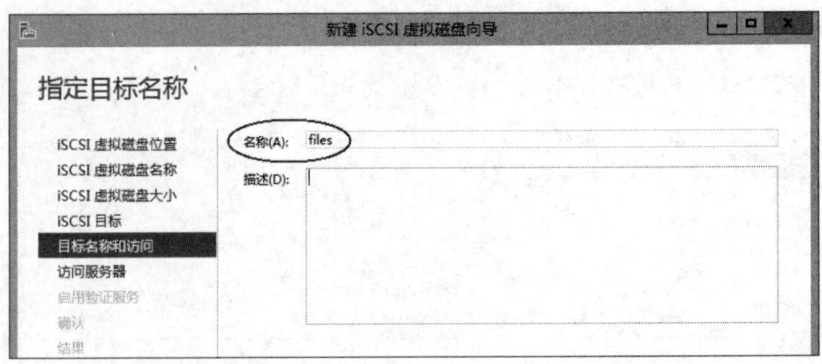

图 17-2-28

STEP 23 如图17-2-29所示单击添加按钮指定可以连接此iSCSI虚拟磁盘的iSCSI启动器（安装在节点Node1与Node2内）。

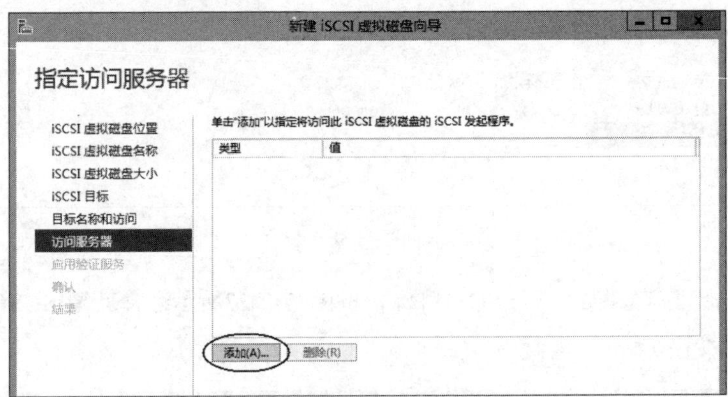

图 17-2-29

STEP 24 在图17-2-30中的**类型中**选择**IP地址**，输入Node1的iSCSI卡IP地址192.168.10.1后单击确定按钮。

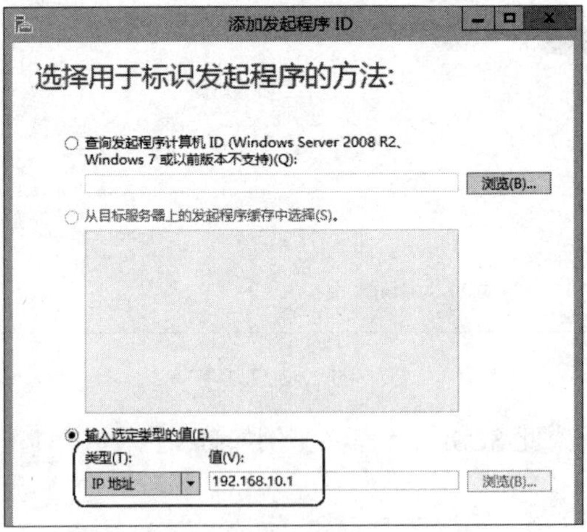

图 17-2-30

STEP 25 继续单击图17-2-31中的添加按钮将Node2的iSCSI启动器加入可连接iSCSI虚拟磁盘的

允许列表内。

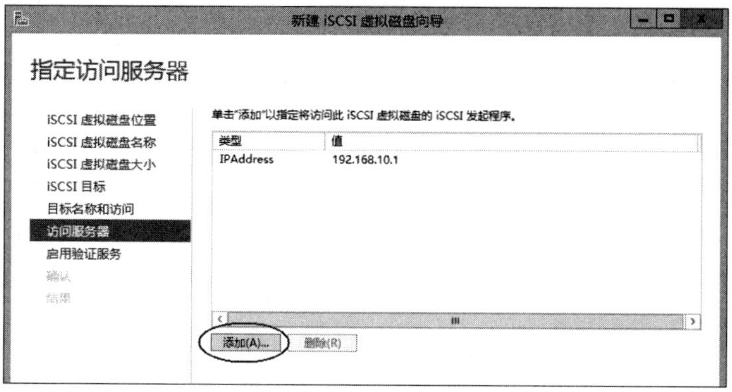

图 17-2-31

STEP 26　如图17-2-32所示输入Node2的iSCSI网卡的IP地址。

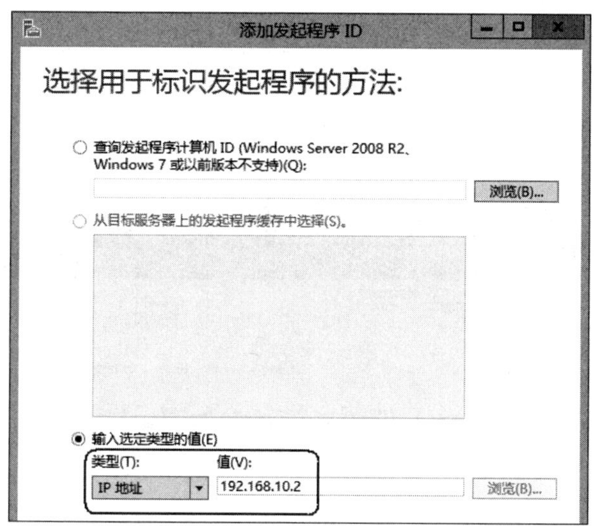

图 17-2-32

STEP 27　在图17-2-33中直接单击**下一步**按钮。

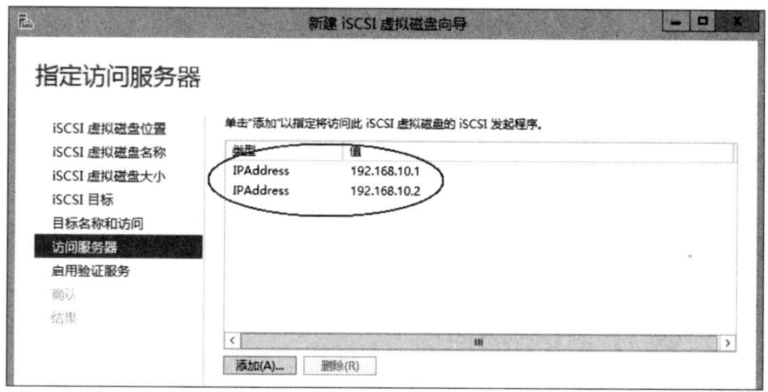

图 17-2-33

STEP 28　出现**启用验证服务**界面时直接单击下一步按钮。

STEP 29　确认图17-2-34的设置无误后单击创建按钮。完成后单击关闭按钮。

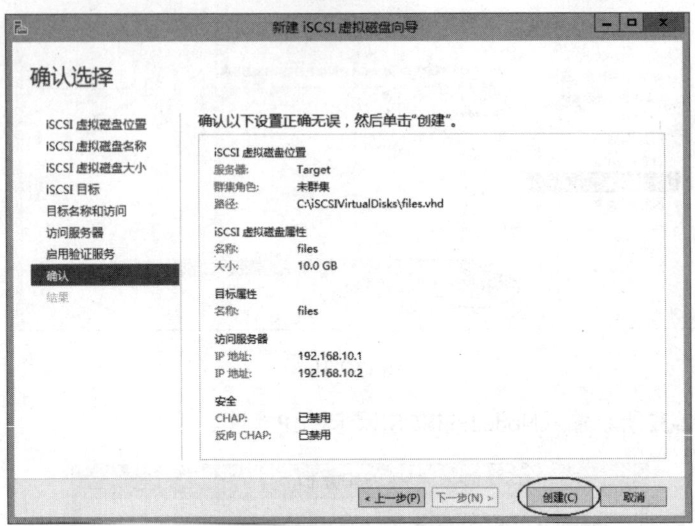

图 17-2-34

STEP 30　图17-2-35为完成后的界面，上半部为所建立的iSCSI虚拟磁盘，下半部为iSCSI目标。

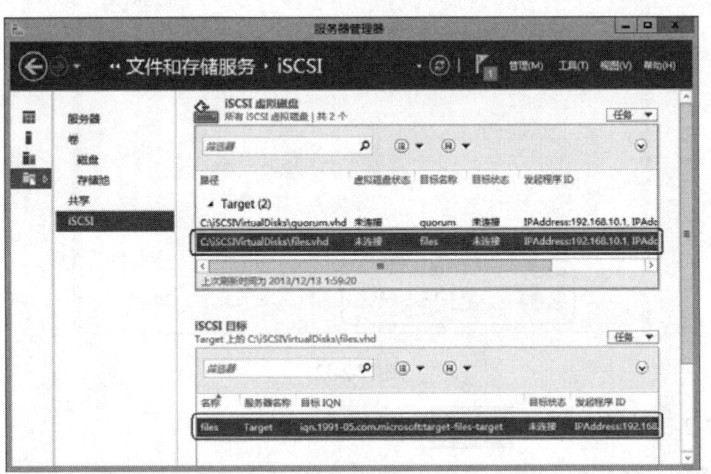

图 17-2-35

> **附注**
>
> iSCSI目标所使用的端口号码为TCP 3260，在通过**服务器管理器**安装iSCSI目标时，系统就已经自动在**Windows防火墙**开放了TCP 3260的入站流量。

让节点服务器连接 iSCSI 虚拟磁盘

分别到两台节点服务器上设置iSCSI启动器，以便通过它来连接目标服务器的目标，然后

通过目标访问iSCSI虚拟磁盘。

STEP 1　先到节点Node1上【按⊞键切换到**开始**菜单➲管理工具➲iSCSI启动器➲出现图17-2-36所示的界面时单击**是（Y）**按钮来启动**iSCSI启动器**服务】。

图 17-2-36

STEP 2　单击图17-2-37中**发现**选项卡下的**发现门户**按钮。

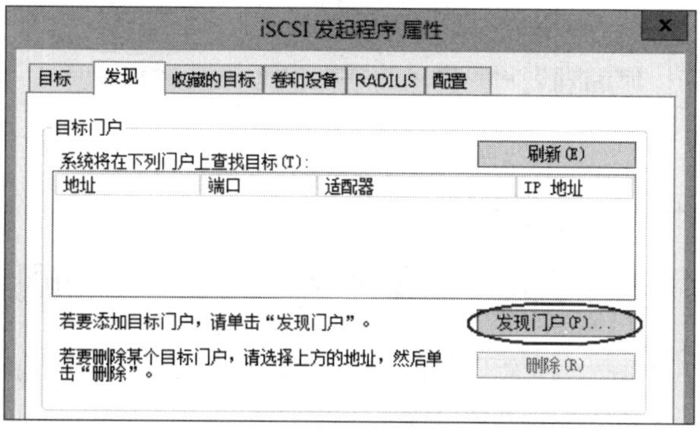

图 17-2-37

STEP 3　在图17-2-38中输入**发现目标门户**的IP地址192.168.10.3后单击**确定**按钮。其默认的端口号为3260。

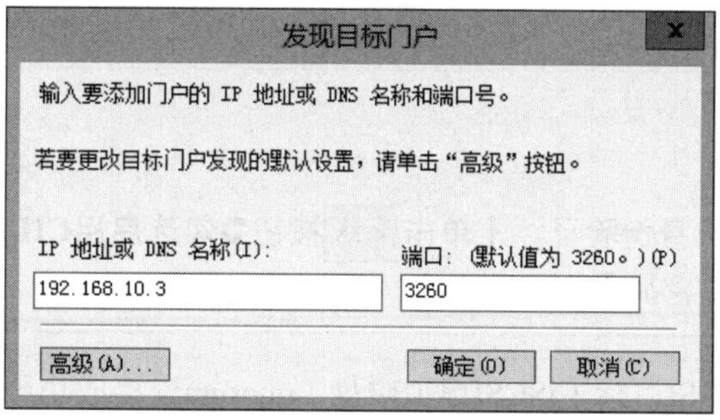

图 17-2-38

附注

若连接失败，请确认**目标服务器**的**Windows防火墙**已经关闭或有开放iSCSI流量（端口号为3260）。

STEP 4 选择图17-2-39中**目标**选项卡下欲连接的目标（例如用来连接iSCSI虚拟磁盘quorum的目标）后单击连接按钮。

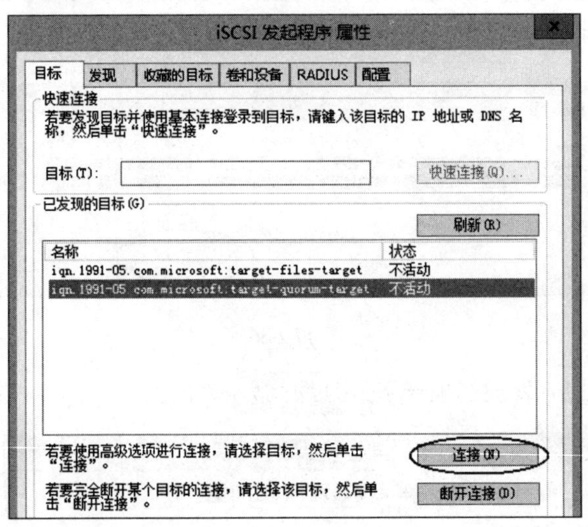

图 17-2-39

STEP 5 在图17-2-40中直接单击确定按钮。

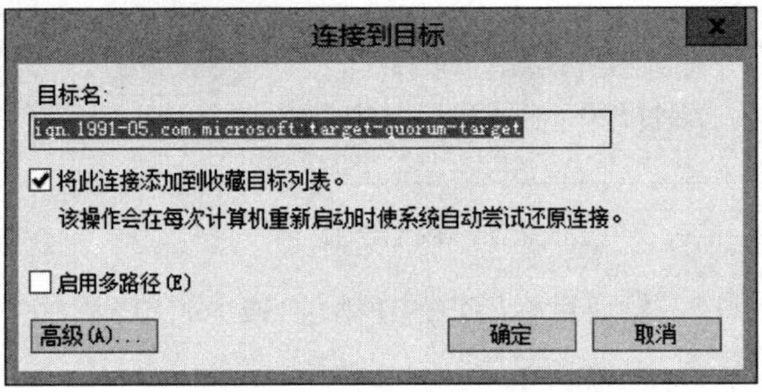

图 17-2-40

附注

若目标服务器端要求身份验证，【单击高级按钮➲勾选**启用CHAP登录**➲输入**目标服务器**端指定的用户名与密码】。

STEP 6 图17-2-41为iSCSI目标（iSCSI虚拟磁盘）quorum连接成功后的界面。

STEP 7 重复**STEP 4**与**STEP 6**来连接另一个iSCSI目标（虚拟磁盘）文件。

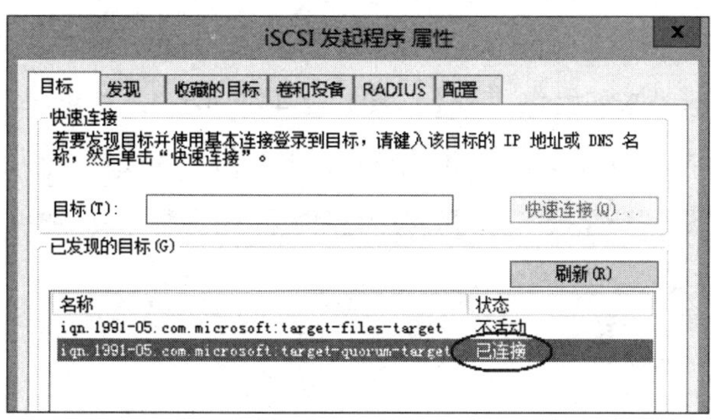

图 17-2-41

STEP 8 图17-2-42为完成连接两个iSCSI目标（虚拟磁盘）后的界面。单击确定按钮来关闭**iSCSI启动器**的设置界面。

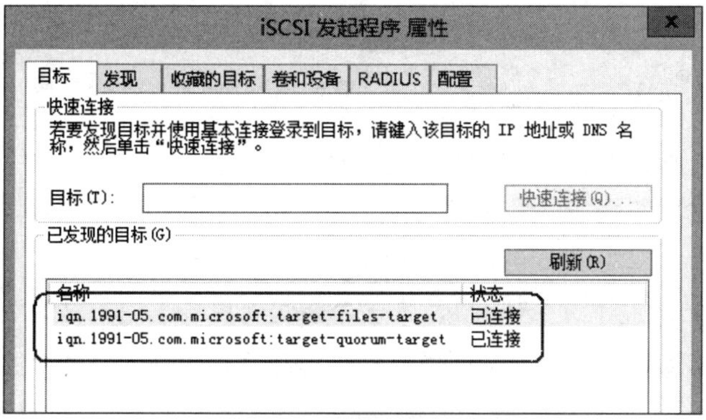

图 17-2-42

STEP 9 按⊞键切换到**开始**菜单➲管理工具➲计算机管理➲单击**存储**之下的**磁盘管理**。若两个磁盘处于脱机状态，可【如图17-2-43所示选中磁盘1（512MB的quorum），右击➲联机】。

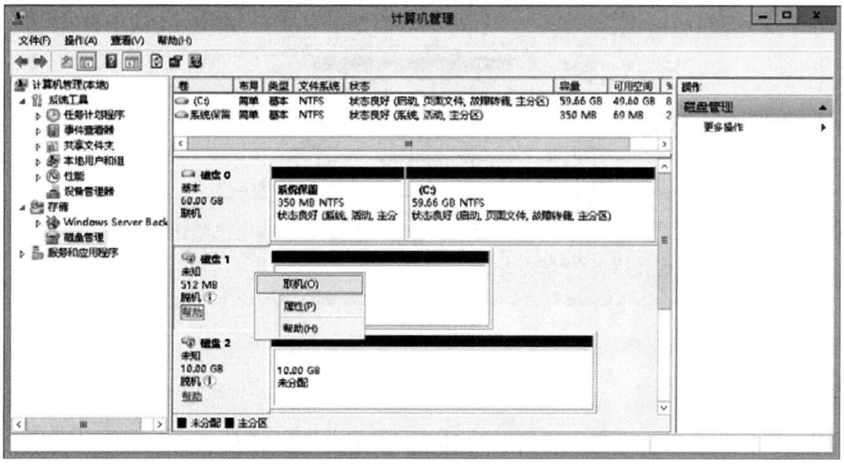

图 17-2-43

STEP 10 重复STEP 9将磁盘2（10GB的文件）联机。

STEP 11 若这两个磁盘尚未初始化，则【如图17-2-44所示选中这两个磁盘中任一个，右击➲初始化磁盘➲确认已勾选前景图中的磁盘1与磁盘2后单击确定按钮】。

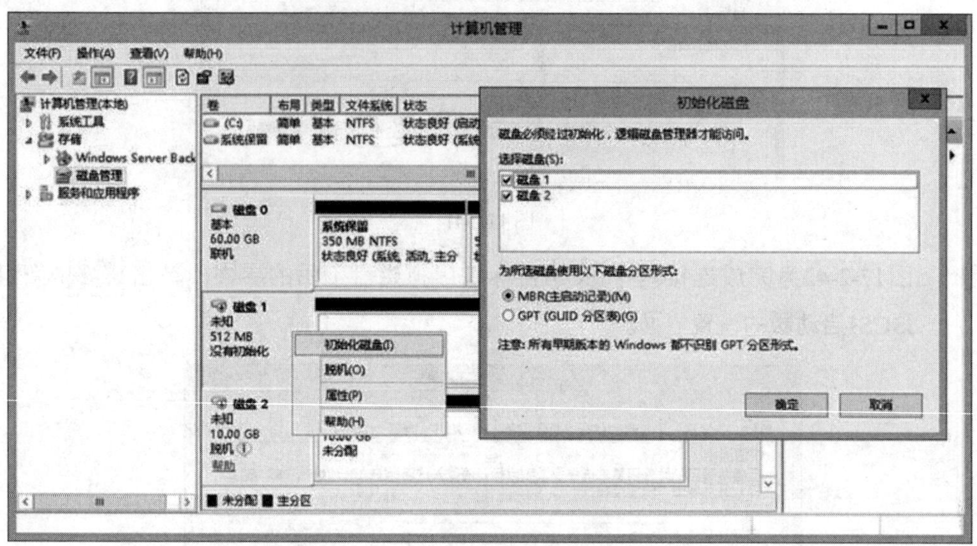

图 17-2-44

STEP 12 如图17-2-45通过【选中磁盘1，右击➲新建简单卷】的方法来建立一个卷，给予一个驱动器号（假设为Q:），设置磁盘卷标（假设为quorum）并格式化。

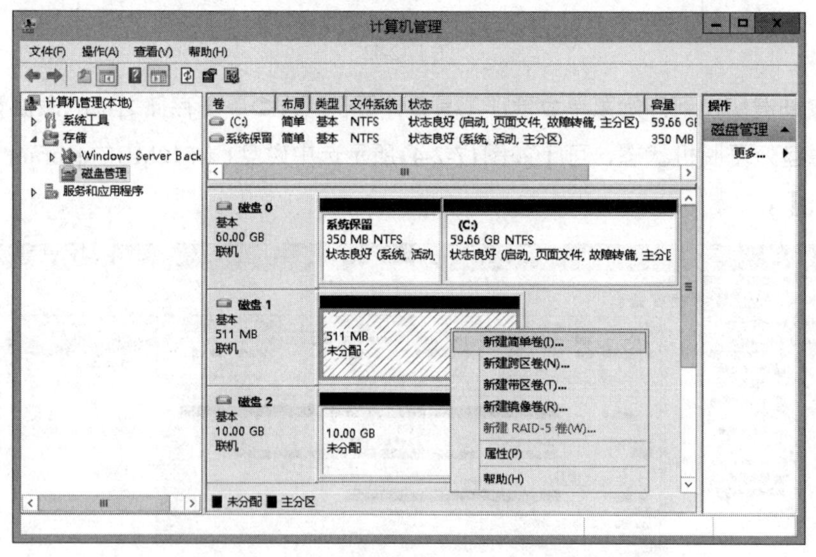

图 17-2-45

STEP 13 重复STEP 12的操作，在磁盘2建立一个卷，给予一个驱动器号（假设为F:），设置磁盘卷标（假设为files）并格式化。图17-2-46为完成后的Q:与F:磁盘分区。

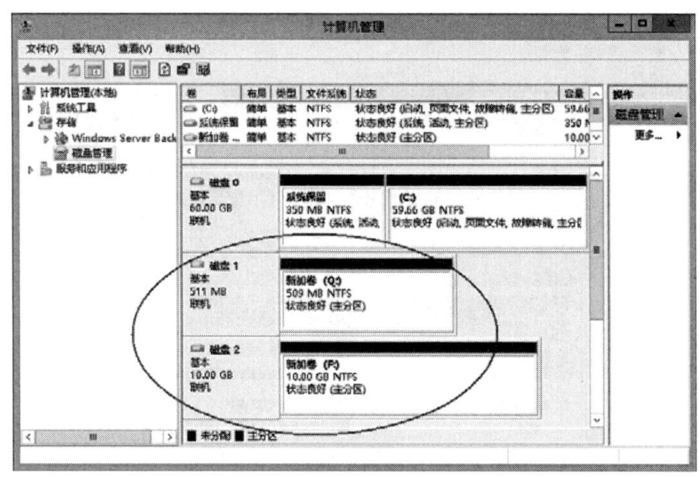

图 17-2-46

STEP 14 可直接在这台节点服务器Node1上利用**文件资源管理器**在这两个磁盘内添加文件，以便测试是否可以正常访问这两个磁盘。

STEP 15 到节点服务器Node2重复STEP 1到STEP 8（不需要执行从STEP 9开始的步骤，尤其不要重新格式化，否则磁盘内的数据都将丢失）。

在节点服务器安装“故障转移群集”功能

分别到两台节点服务器安装**故障转移群集**（failover cluster）功能：【打开**服务器管理器**➲单击**仪表板**处的**添加角色和功能**➲持续单击下一步按钮一直到出现图17-2-47的**选择功能**界面时勾选**故障转移群集**➲...】，等安装完成后再继续以下步骤。

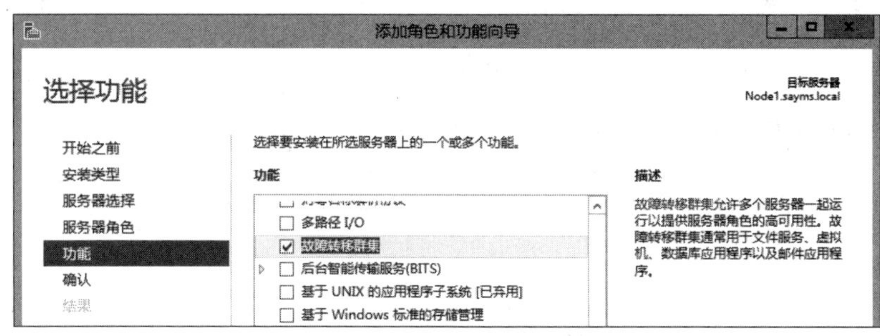

图 17-2-47

验证群集设置

在开始建立群集之前，强烈建议执行群集设置验证程序，它会检查节点服务器、网络与存储设备等是否符合群集的要求。

STEP 1 到Node1或Node2上【按⊞键切换到**开始**菜单➲管理工具➲故障转移群集管理器➲如图17-2-48所示单击**验证配置**】。

图 17-2-48

STEP 2　出现**开始之前**界面时单击下一步按钮。

STEP 3　在图17-2-49中输入或选择要被验证的节点Node1与Node2后单击下一步按钮（图中为完成选择后的界面）。

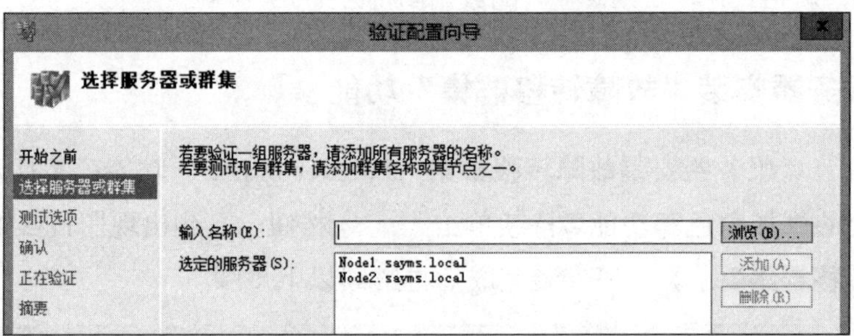

图 17-2-49

STEP 4　在图17-2-50中选择**运行所有测试（推荐）**后单击下一步按钮。

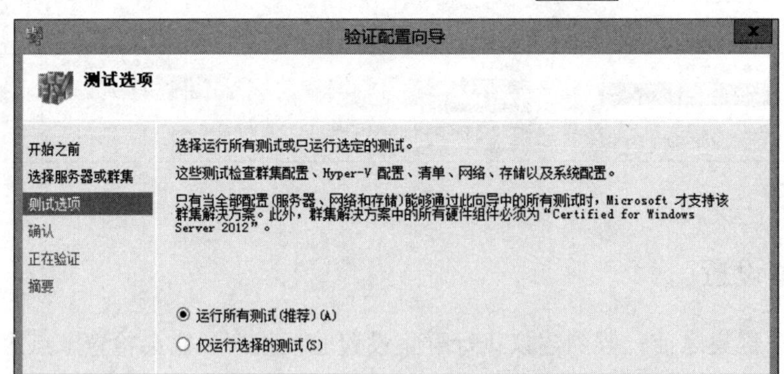

图 17-2-50

STEP 5　在图17-2-51中确认要被验证的项目无误后单击下一步按钮。

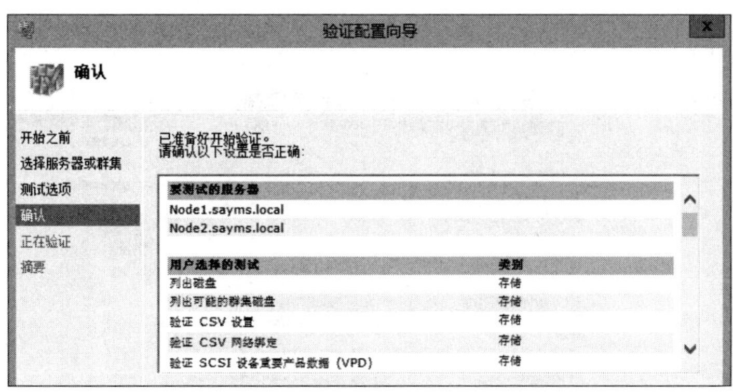

图 17-2-51

STEP 6 图17-2-52为完成验证后的界面，若完全通过验证（如图17-2-52中所示），没有任何警告或失败项目，就可以直接单击**完成**按钮来立即开始建立群集（跳到下一个程序的STEP **1**）。

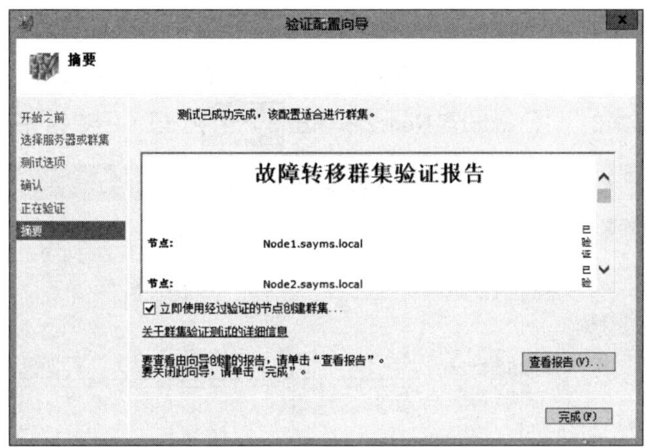

图 17-2-52

> **注意**
>
> （1）若验证结果只有警告事项，可能不会影响群集的建立，例如群集节点之间只通过一块网卡来通信（没有通过多块网卡或没有teaming功能等），则验证向导会列出警告信息，但是它不会影响群集的建立。
>
> （2）若验证结果显示有其他未通过验证的失败事件，可排除此问题后再重新验证，否则所建立的群集可能无法正常工作。

建立群集

我们将利用**群集创建向导**来建立群集。

STEP 1 若在前面最后一个步骤的图17-2-52中直接单击**完成**按钮，则会启动以下的群集创建程序。若取消勾选图17-2-52中的选项，可自行如图17-2-53所示单击**创建群集**。

图 17-2-53

STEP 2　出现**开始之前**界面时单击下一步按钮。

STEP 3　若是通过单击图17-2-53中**创建群集**的方式，则会出现图17-2-54的界面，此时请输入或选择要加入群集的节点Node1与Node2后单击下一步按钮（图中为完成选择后的界面）。

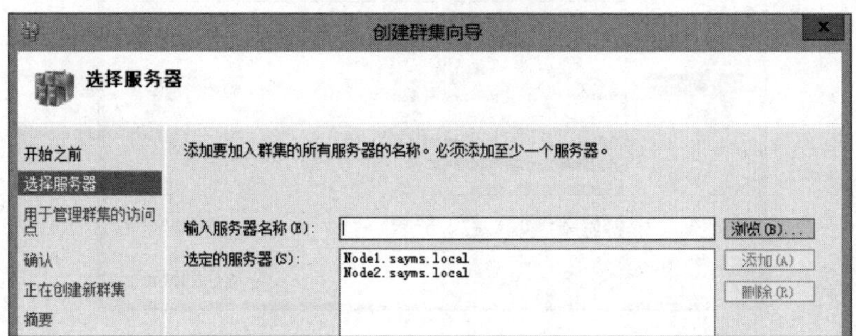

图 17-2-54

STEP 4　在图17-2-55中为此群集命名（例如MyCluster），设置群集的IP地址（它是隶属于Public网络的IP地址，图中我们选用192.168.8.10）。你将通过此IP地址来管理群集。群集名称与IP地址会被注册到DNS服务器内。

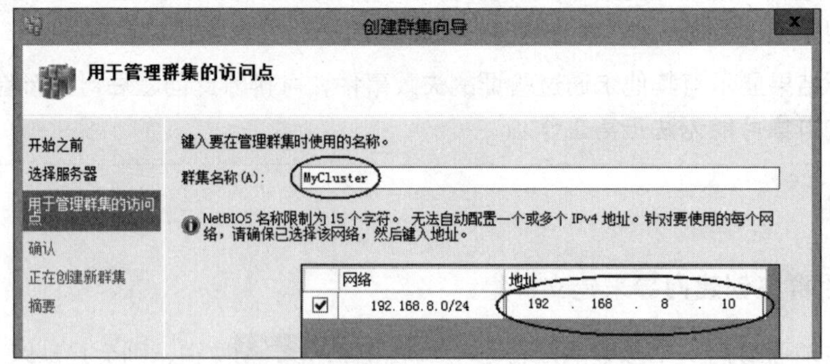

图 17-2-55

STEP 5　确认图17-2-56中的群集设置无误后单击下一步按钮。

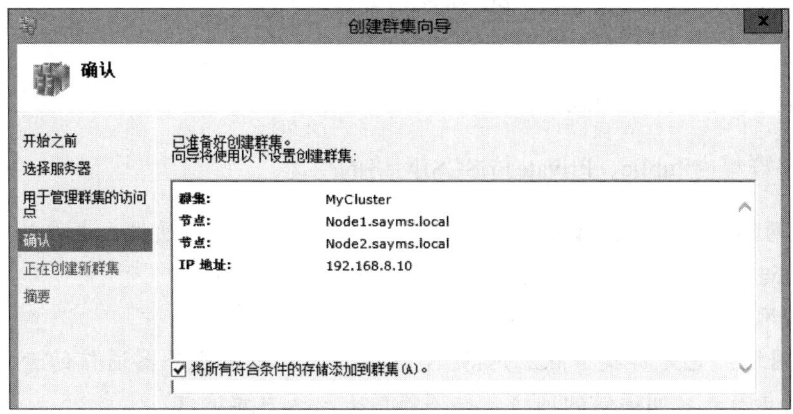

图 17-2-56

STEP 6　出现**摘要**界面时单击完成按钮。

STEP 7　图17-2-57为完成后的界面，从界面中可以看出其仲裁设置自动被配置为会使用**见证磁盘**的**节点和磁盘多数**，因为此群集为偶数节点（2个节点）。括号内**群集磁盘2**表示**见证磁盘**（**仲裁磁盘**）为群集中的第2块磁盘。

附注

若要改由其他磁盘来扮演**见证磁盘**角色，则【选择群集MyCluster.sayms.local➲单击界面右边的**更多操作**➲配置群集仲裁设置】。

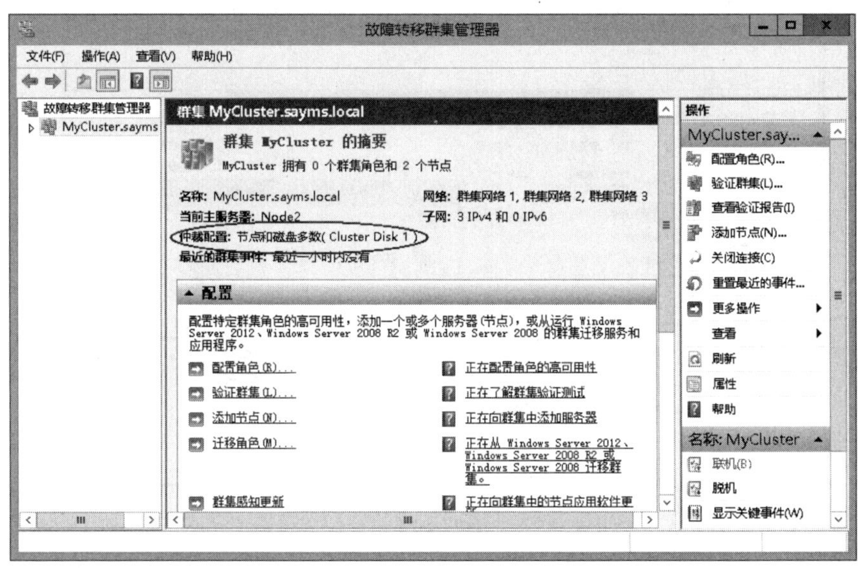

图 17-2-57

设置两节点的文件服务器故障转移群集

设置群集网络的用途

我们要调整群集内Public、Private与iSCSI网络的用途。

- **Public网络**：我们要让客户端可通过此网络来与群集节点通信，也要让群集节点之间可以通过此网络来通信（当作Private网络的备用网络）。
- **private网络**：此网络专供群集节点之间通信使用。
- **iSCSI网络**：它是群集节点利用iSCSI通信协议与目标服务器通信的专用网络，不能作为群集节点之间通信的网络，也不能用来与客户端通信。

下面假设你已经将**故障转移群集管理器**控制台关闭。

STEP 1 按⊞键切换到**开始**菜单➲管理工具➲故障转移群集管理器➲展开群集➲展开**网络**。

> **附注**
>
> 若窗口中没有看到你要管理的群集，可单击中间窗口的**连接到群集**，然后选择要管理的群集。

STEP 2 在图17-2-58中【选中代表Public的网络，右击➲属性➲选择**允许在此网络上进行群集网络通信**，勾选**允许客户端通过该网络连接**】。

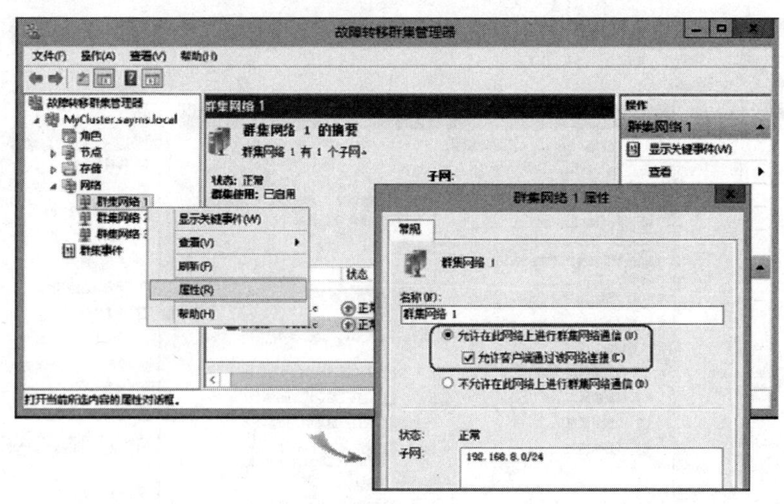

图 17-2-58

STEP 3 在图17-2-59中【选中代表Private的网络，右击➲属性➲选择**允许在此网络上进行群集网络通信**，取消勾选**允许客户端通过该网络连接**】。

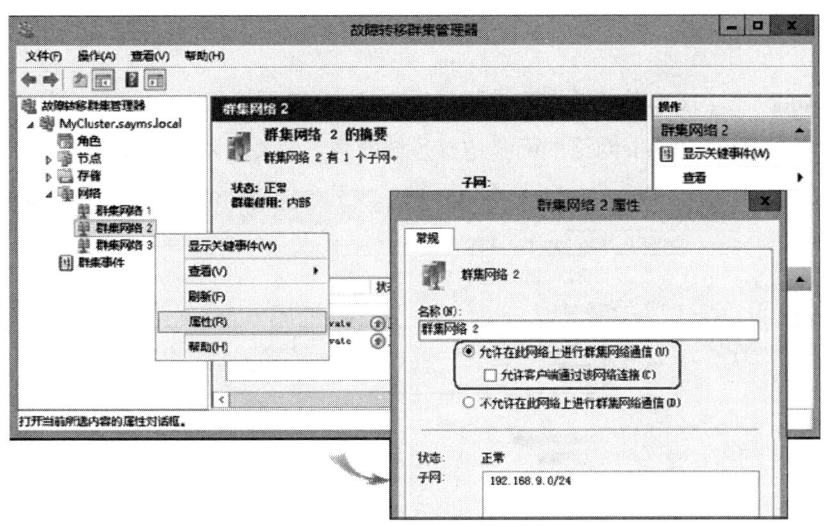

图 17-2-59

STEP 4　在图17-2-60中【选中代表iSCSI的网络，右击➲属性➲选择 **不允许在此网络上进行群集网络通信**】。

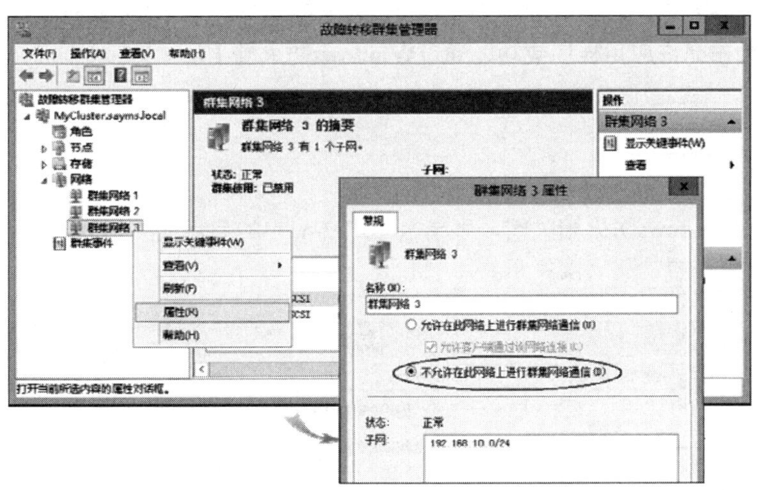

图 17-2-60

⇨ 建立与测试两节点的文件服务器故障转移群集

在 Windows 防火墙开放所需流量

在建立文件服务器故障转移群集之前，需要在两台节点服务器的**Windows 防火墙**开放**远程卷管理**流量，否则无法在群集内建立共享文件夹。由于两个节点之间是通过Public网络来通信的，因此首先我们需要找出Public网络的网络位置，然后只需要针对此网络位置来开放

远程卷管理通信协议即可。

STEP 1　在Node1上【按⊞键切换到**开始**菜单➲控制面板➲网络和Internet➲网络和共享中心➲由图17-2-61可知Public网络的网络位置是**域网络**】。关闭**网络和共享中心**。

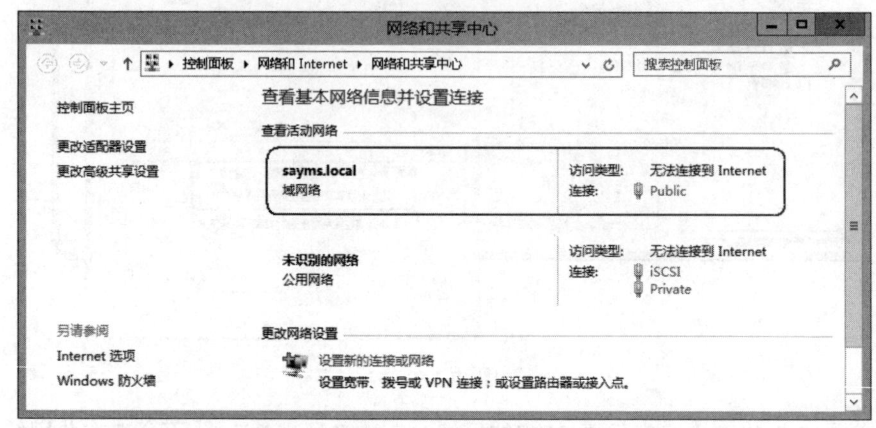

图 17-2-61

STEP 2　继续【按⊞键切换到**开始**菜单➲控制面板➲系统和安全➲Windows防火墙➲如图17-2-62所示单击**允许应用程序或功能通过Windows防火墙**】。

附注

若要直接将**Windows防火墙**关闭，可单击图17-2-62中的**启用或关闭Windows防火墙**，并选择将**域网络**位置的防火墙关闭。

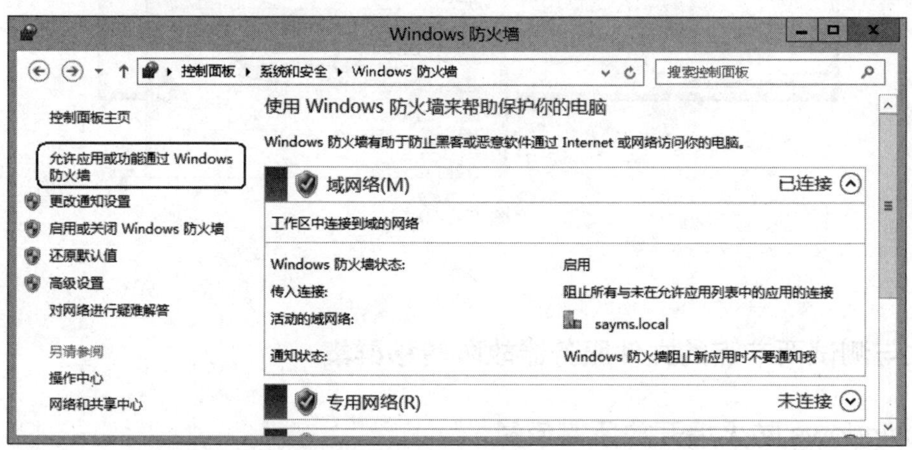

图 17-2-62

STEP 3　如图17-2-63所示勾选**远程卷管理**，勾选**域**字段后单击确定按钮。

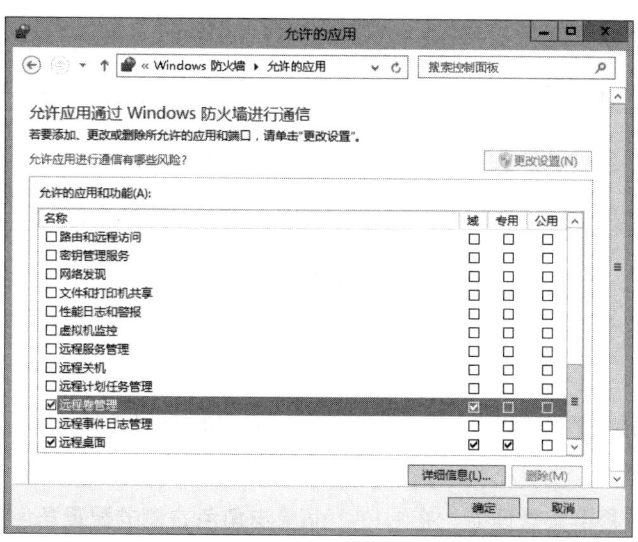

图 17-2-63

STEP 4　继续到Node2重复以上步骤。

建立文件服务器故障转移群集

两个节点服务器需要先安装**文件服务器**角色服务。

STEP 1　到任一节点上【打开**服务器管理器**➲单击**仪表板**处的**添加角色和功能**➲按2次下一步按钮】。

STEP 2　在图17-2-64的**选择目标服务器**界面中先选择 Node1 后再单击下一步按钮。

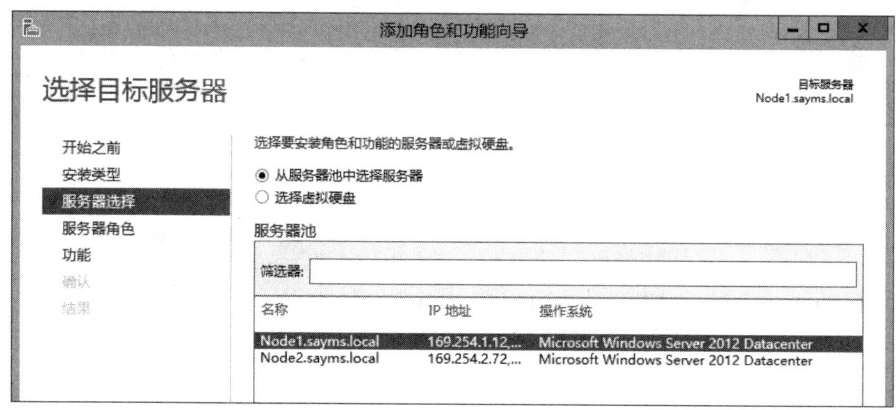

图 17-2-64

STEP 3　如图17-2-65所示在**选择服务器角色**界面下展开**文件和存储服务**➲展开**文件和iSCSI服务**➲勾选**文件服务器**➲…】，安装完成后单击关闭按钮。

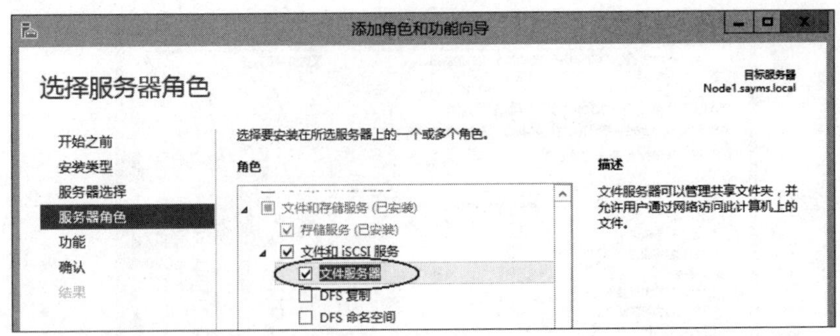

图 17-2-65

STEP 4　重复STEP 1到STEP 3的步骤，不过这次在**选择目标服务器**界面下改选在Node2安装**文件服务器**服务。

STEP 5　打开**故障转移群集管理器**，在图17-2-66单击**角色**右侧的**配置角色**。

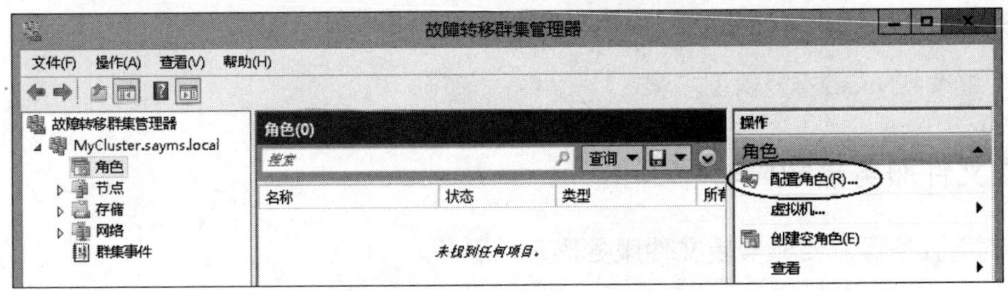

图 17-2-66

STEP 6　出现**开始之前**界面时单击下一步按钮。

STEP 7　如图17-2-67所示选择**文件服务器**后单击下一步按钮。

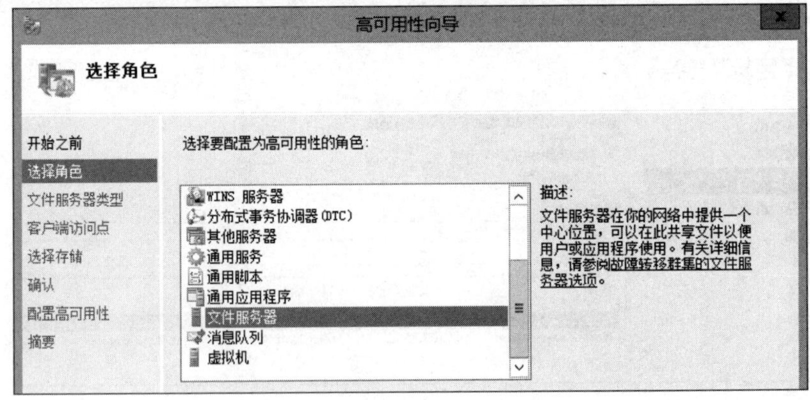

图 17-2-67

STEP 8　在图17-2-68中直接单击下一步按钮。

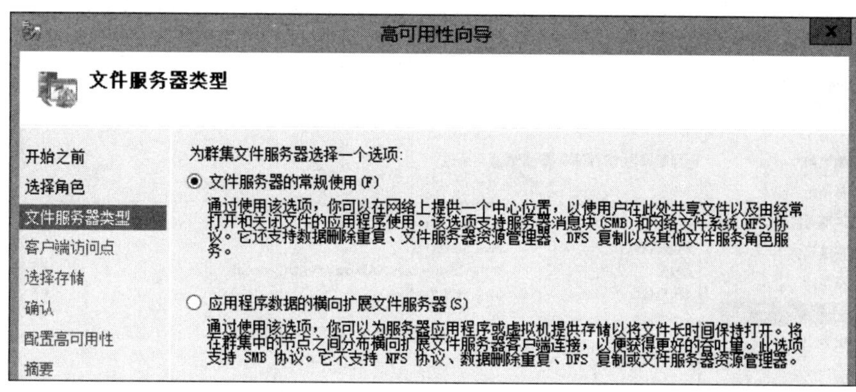

图 17-2-68

STEP 9　在图17-2-69中为此文件服务器命名（例如MyClusterFS）、设置IP地址（隶属于Public网络的IP地址，例如192.168.8.11）。客户端通过此IP地址来连接文件服务器。文件服务器名称与IP地址会被注册到DNS服务器内。

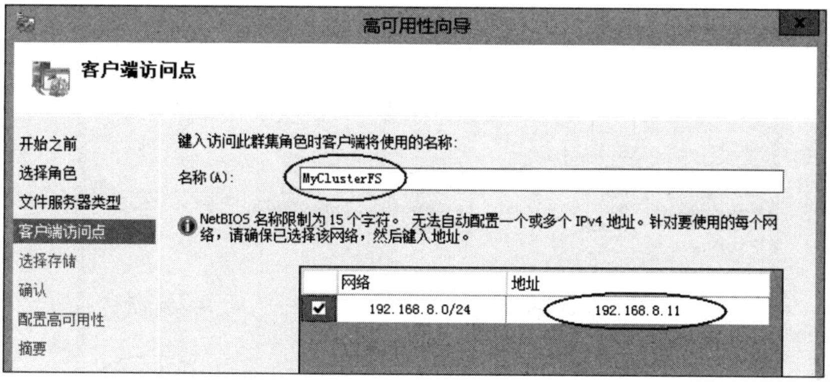

图 17-2-69

STEP 10　在图17-2-70中勾选要分配给文件服务器使用的磁盘，如图中的**群集磁盘 1**就是**文件磁盘**。

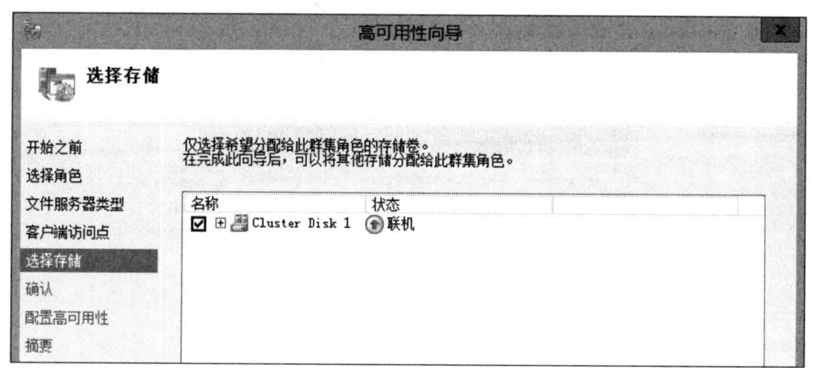

图 17-2-70

STEP 11　确认图17-2-71中的设置无误后单击下一步按钮。

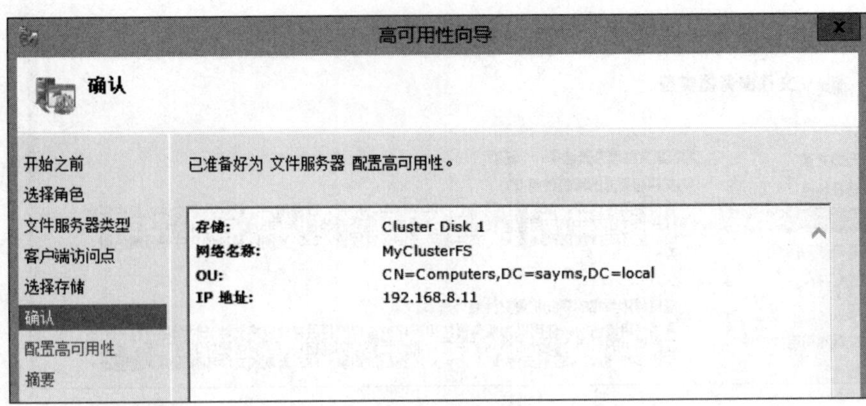

图 17-2-71

STEP 12 确认图17-2-72中的配置无误后单击完成按钮。

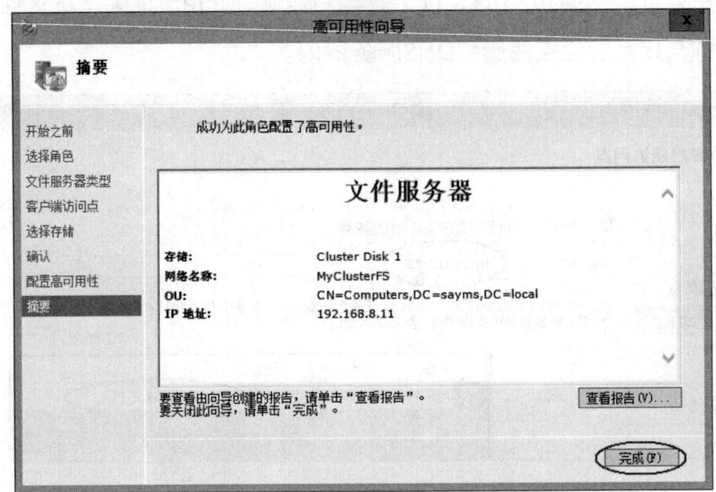

图 17-2-72

STEP 13 图17-2-73为完成后的界面，由图中可知此文件服务器当前的拥有者是Node2，因此当客户端连接群集中的文件服务器时是由Node2来提供服务的。

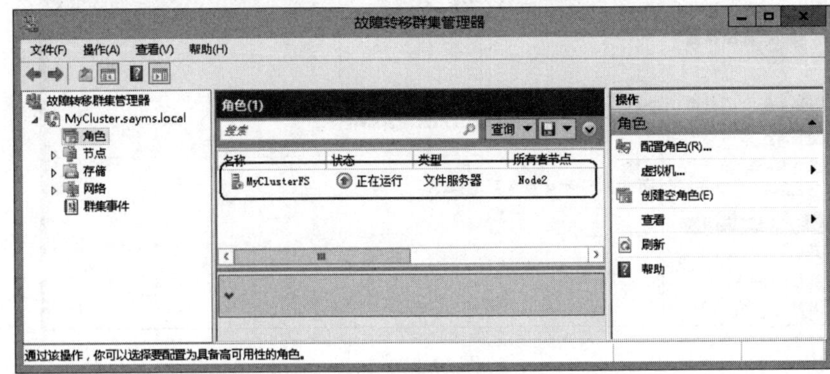

图 17-2-73

STEP 14　单击图17-2-74中文件服务器MyClusterFS右侧的**添加文件共享**。

> 注意
>
> 若两台节点服务器的**Windows 防火墙**未关闭或没有开放**远程卷管理**流量，此时将无法添加文件共享。

图 17-2-74

STEP 15　在图17-2-75中直接单击下一步按钮。

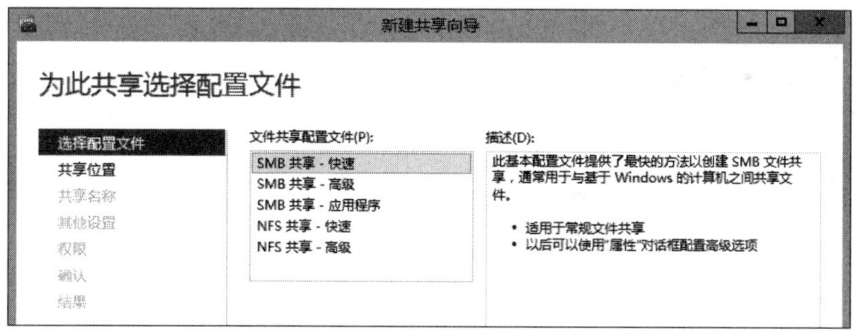

图 17-2-75

STEP 16　在图17-2-76中单击下一步按钮（采用默认值即可），会将E:\Shares内的指定文件夹设置为共享文件夹。你也可以自行指定文件夹路径。

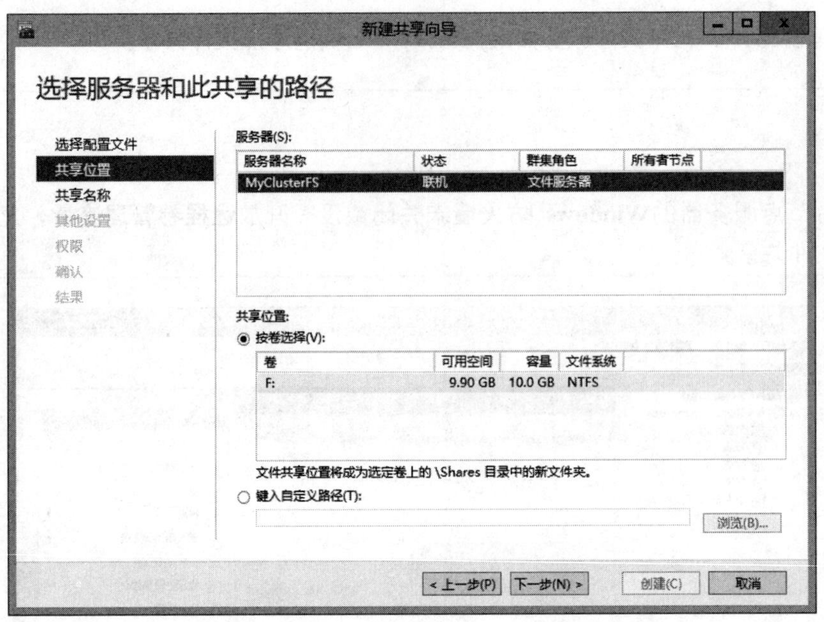

图 17-2-76

STEP 17 在图17-2-77中设置共享名，例如database，系统会将F:\Shares\database设置为共享文件夹。客户端可通过\\MyclusterFS\database访问此文件夹。

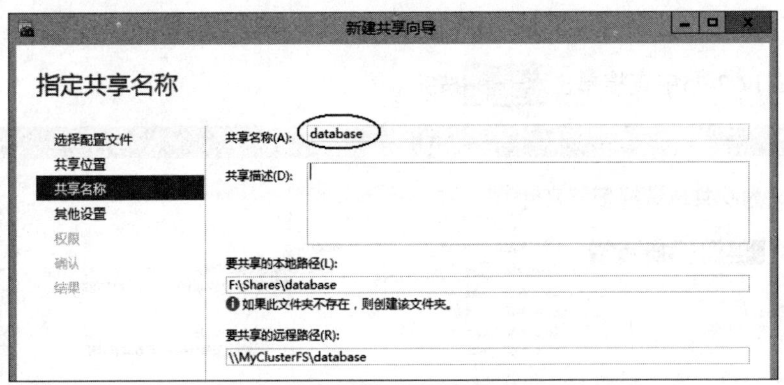

图 17-2-77

> **注意**
>
> 请通过**故障转移群集管理器**控制台来共享群集磁盘内的文件夹，不要通过其他途径，例如**文件资源管理器**。

STEP 18 在图17-2-78中直接单击下一步按钮。

STEP 19 在图17-2-79中直接单击下一步按钮来采用默认权限设置（开放**完全控制**的权限给系统管理员、开放**读取**与**写入**的权限给其他用户等）。若要更改权限，可单击自定义权限按钮。

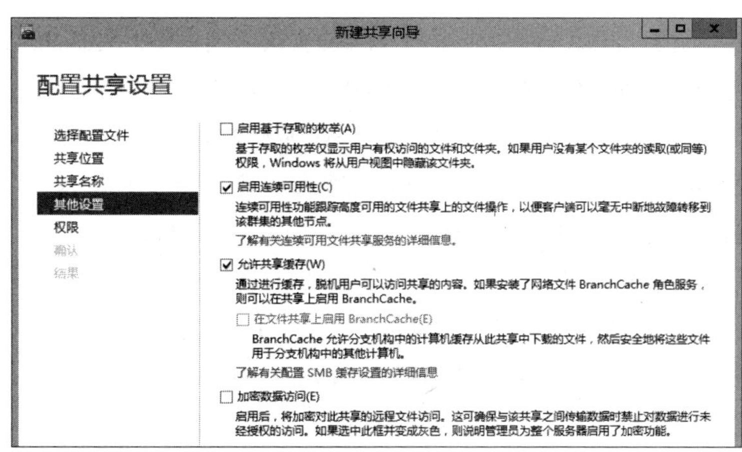

图 17-2-78

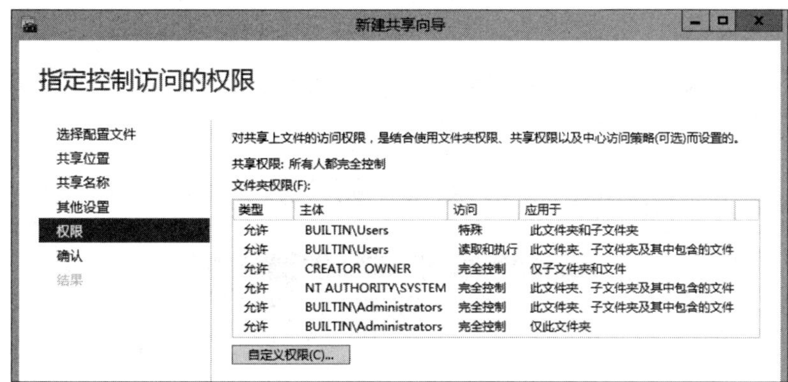

图 17-2-79

STEP 20 出现**确认选择项目**界面时直接单击创建按钮，完成后单击关闭按钮。

STEP 21 图17-2-80为完成后的界面。

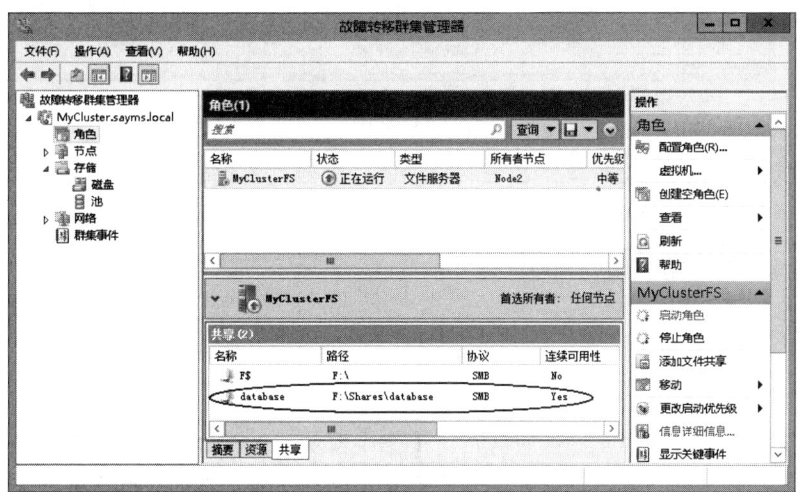

图 17-2-80

STEP 22 到客户端计算机测试是否可以访问文件服务器内共享文件夹database内的文件，此处我们直接将图17-2-1中的域控制器DC当作客户端计算机来执行测试工作。

到DC上【利用域Administrator登录➲按⊞+R键➲输入\\MyclusterFS\database】来连接文件服务器的共享文件夹database，然后新建一个文件、保存，由于我们是让Administrator拥有修改权限，因此这些访问操作都可以成功。

STEP 23 可以从图17-2-81中看出文件服务器当前的拥有者为节点Node2，因此刚才的访问操作都是通过Node2来提供服务的。现在可以试着【选中MyClusterFS，右击➲移动➲选择**最佳节点**或**选择节点**】来将拥有者改为Node1，此时可以在客户端（域控制器DC）上访问刚才所建立的文件，不过这次通过Node1来提供服务。

> **附注**
>
> 若将某个节点**暂停**，此节点当前所拥有的角色仍然会继续提供服务，但是你无法将由其他节点所拥有的角色转移到这个被暂停的节点。

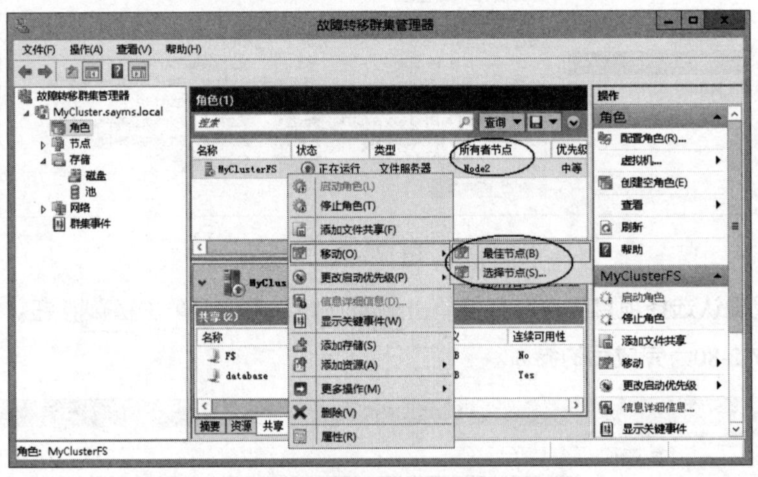

图 17-2-81

STEP 24 可以进一步来验证群集的故障转移功能：将当前的拥有者关机，此时另一个节点会自动检测到拥有者已经不在线，它会继续对客户端提供服务，故你在客户端（域控制器DC）上还是可以访问到刚才建立的文件。

> **附注**
>
> 若要让群集停止对客户端提供服务，可【选中群集，右击➲更多操作➲关闭群集】，以后可以通过【选中群集，右击（可能需要先连接到群集）➲启动群集服务】来重新提供服务。

17.3 在群集中添加节点、删除节点与删除群集

我们将利用17.2节所建立的文件服务器群集来说明如何在群集中添加节点、删除节点与将群集删除。

添加节点

可以在17.2节所建立的两节点群集内依照以下步骤来添加第3个节点。

STEP 1 到新节点服务器上完成所有设置：例如安装所需的3块网卡、安装操作系统、设置各网卡的IP地址、关闭**Windows防火墙**、测试与其他服务器之间通信是否正常、加入域、将**Windows防火墙**内刚加入域后所增加的**域网络**也关闭、调整TCP/IP设置、到目标服务器Target上设置让新节点的iSCSI启动器可以来连接目标quorum与files（通过【分别选中这2个目标，右击➲属性➲启动器】的方法）、回到新节点服务器继续设置iSCSI启动器来连接上述2个目标、安装**故障转移群集**功能、在**Windows防火墙**开放Public网络的**远程卷管理**流量（若**Windows防火墙**启用）等。

STEP 2 建议到其他节点【打开**故障转移群集管理器**控制台➲单击图17-3-1中的**验证配置**】来验证新节点是否符合成为群集节点的要求。在验证完成后的结果界面中（见图17-3-2）取消勾选其中的**立即使用经过验证的节点创建群集**，单击完成按钮。

图 17-3-1

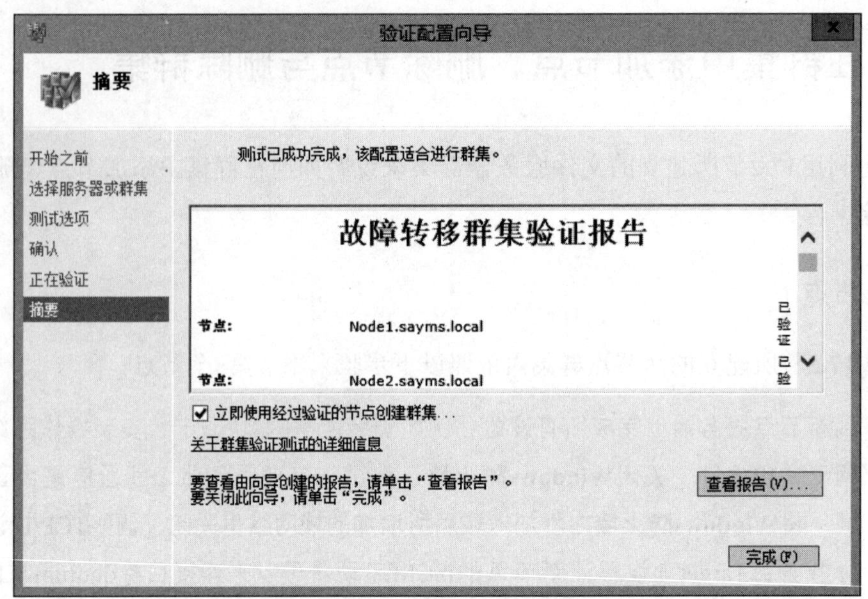

图 17-3-2

STEP 3 单击图17-3-3中的**添加节点**来将刚经过验证的节点加入群集。

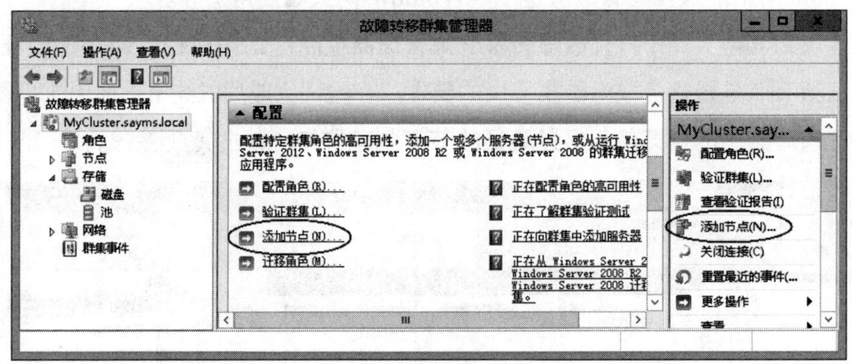

图 17-3-3

STEP 4 添加节点完成后，由于现在的节点数量变成奇数（3个节点），因此可以改为选择不需要见证磁盘的仲裁设置。更改仲裁配置的途径为：如图17-3-4所示【选中MyCluster.sayms.local，右击➲**更多操作**➲配置群集仲裁设置➲通过图17-3-5中的选项来设置】。图17-3-5中可选用**使用典型设置**来让系统自动决定仲裁设置，或选用**添加或更改仲裁见证**来选择不需要见证磁盘，通过**高级仲裁设置与见证选项**来自行选用要参与仲裁的节点。

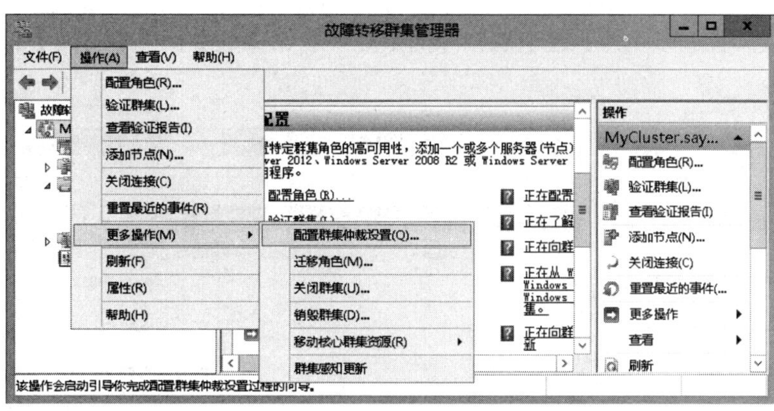

图 17-3-4

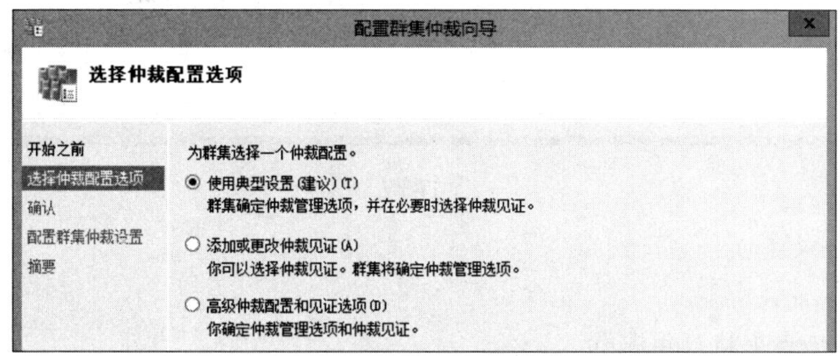

图 17-3-5

删除节点

要从群集中删除某个节点服务器的话，可通过图17-3-6中间查看该节点是否为文件服务器的拥有者，若是，就【如图17-3-6所示选中MyClusterFS，右击➲移动➲选择**最佳节点**或**选择节点**】来将拥有者移动到其他节点。

图 17-3-6

接着通过【如图17-3-7所示选中欲删除的节点，右击➲更多操作➲逐出】的途径来将此节点从群集中删除。

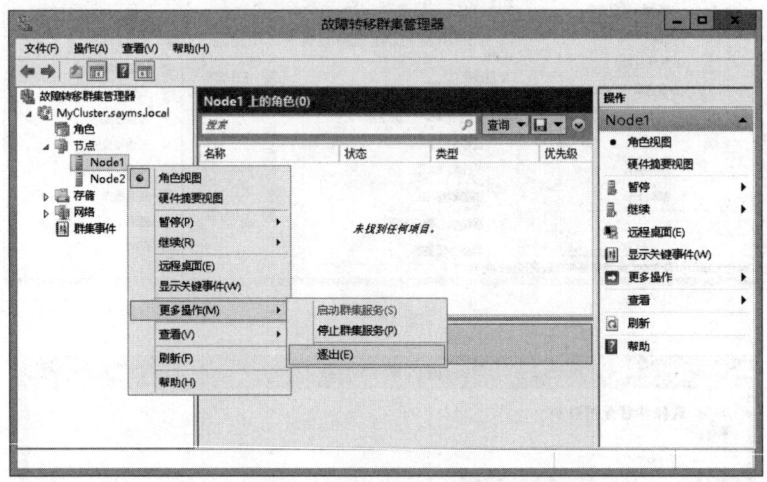

图 17-3-7

删除群集

请依照以下步骤来将群集删除。

STEP 1 必须先删除群集内的角色后才可以将群集删除，因此要先【选择图17-3-8中的文件服务器MyClusterFS➲单击右侧的**删除**】。

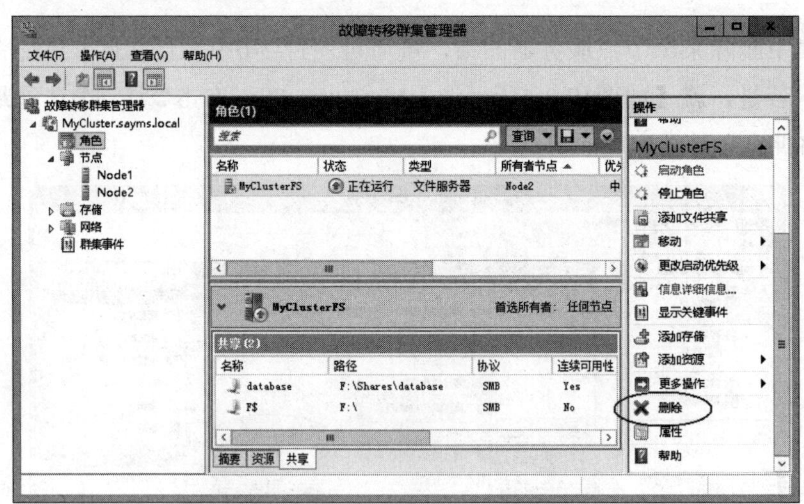

图 17-3-8

STEP 2 文件服务器删除后，接下来【如图17-3-9所示选中群集MyCluster.sayms.local，右击➲更多操作➲销毁群集➲单击是（Y）按钮】。

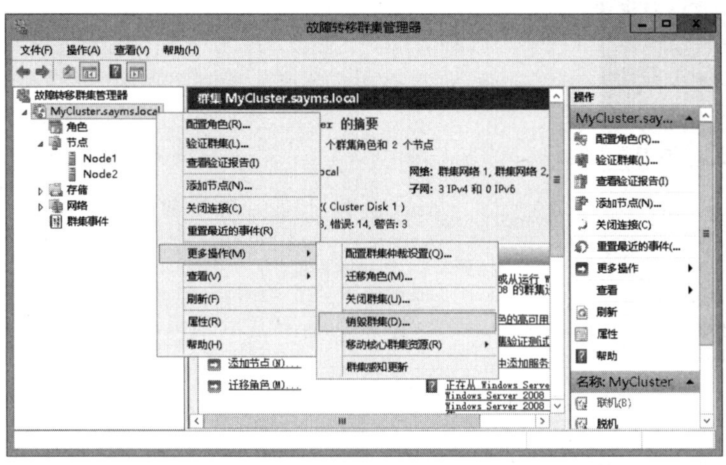

图 17-3-9

STEP 3 群集删除后，建议到域控制器DC上执行**Active Directory管理中心**，然后确认图17-3-10中**Computers**容器内与群集名称相同的计算机对象（例如MYCLSUTER）已经被停用或不存在此对象，否则下一次重建相同名称的群集时将会出现图17-3-11所示的警告提示。

图 17-3-10

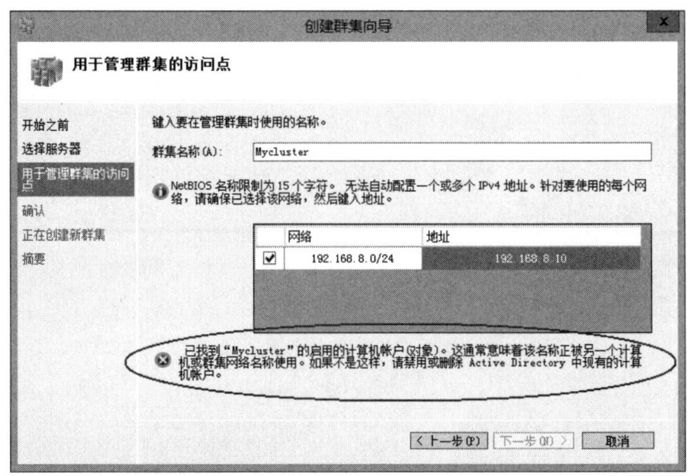

图 17-3-11

第 18 章 系统启动的疑难排除

若Windows Server 2012 R2系统因故无法正常启动，可以尝试利用本章所介绍的方法来解决问题。

- 选择“最近一次的正确配置”启动系统
- 安全模式与其他高级启动选项
- 备份与恢复系统

18.1 选择"最近一次的正确配置"启动系统

只要Windows系统正常启动，用户也成功登录，系统就会将当前的**系统配置**存储到**最近一次的正确配置**（Last Known Good Configuration）内。**最近一次的正确配置**有什么用处呢？当用户因为更改系统设置造成下一次无法正常启动Windows系统时，可以选择**最近一次的正确配置**来正常启动Windows系统。

系统配置内存储着设备驱动程序与服务等相关设置，例如哪些设备驱动程序（服务）需要启动、何时启动、这些设备驱动程序（服务）之间的相互依赖关系等。系统在启动时会根据**系统配置**的设置值来启动相关的设备驱动程序与服务。

系统配置可分为**当前的系统配置**、**默认系统配置**与**最近一次的正确配置** 3种。这些系统配置之间有什么关系呢？

- 计算机启动时：
  - 若用户并未选择**最近一次的正确配置**来启动Windows系统，则系统会利用**默认系统配置**来启动Windows系统，然后将**默认系统配置**复制到**当前的系统配置**。
  - 若用户选择**最近一次的正确配置**来启动Windows系统（用户前一次使用计算机时更改了系统配置，使得Windows 系统无法正常启动，从而选择**最近一次的正确配置**来启动Windows系统），则启动成功后系统会将**最近一次的正确配置**复制到**当前的系统配置**。
- 用户登录成功后，**当前的系统配置**会被复制到**最近一次的正确配置**。
- 用户登录成功后，对系统配置的更改都会被存储到**当前的系统配置**内，之后将计算机关机或重新启动时，**当前的系统配置**内的配置值都会被复制到**默认系统配置**，以供下一次启动Windows系统时使用。

> **附注**
>
> 选择**最近一次的正确配置**来启动系统并不会影响到用户个人的文件，例如电子邮件、图片文件等，只会影响到系统配置。

18.1.1 适合选择"最近一次的正确配置"的场合

可以在发生下列情况时选用**最近一次的正确配置**来启动Windows系统。

- 安装了新的设备驱动程序后Windows 系统停止响应或无法启动时，可选用**最近一次的正确配置**来启动Windows系统。因为在**最近一次的正确配置**内并没有包含此设备的驱动程序，所以并不会发生此设备驱动程序所造成的问题。

- 有些关键性的设备驱动程序是不应该被禁用的，否则系统将无法正常启动。如果你不小心将这类驱动程序禁用，就可以选择**最近一次的正确配置**来启动Windows系统，因为在**最近一次的正确配置**内并没有将这个驱动程序禁用。

> **附注**
>
> 有些关键性的设备驱动程序或服务若无法被启动，则系统会自动以**最近一次的正确配置**来重新启动Windows系统。

18.1.2 不适合选择“最近一次的正确配置”的场合

以下情况并不适合利用**最近一次的正确配置**来解决。

- 所发生的问题并不是与系统配置有关：**最近一次的正确配置**只可以用来解决设备驱动程序与服务等系统配置有关的问题。
- 虽然系统启动时有问题，但是仍然可以启动，而且用户也可以成功登录：**最近一次的正确配置**会被**当前的系统配置**（此时它是有问题的设置）所覆盖，因此前一个**最近一次的正确配置**也就丢失了。
- 无法启动的原因是因为硬件故障或系统文件损毁、丢失：因为**最近一次的正确配置**内只是存储系统配置，无法解决硬件故障或系统文件损毁、丢失的问题。

18.1.3 如何选择“最近一次的正确配置”

注意：如果不是通过以下步骤启动计算机，而是以正常模式来启动计算机，那么即使会正常出现“**按Ctrl + Alt + Delete 登录**”的界面，也不要登录，否则你想要选择的**最近一次的正确配置**会被覆盖。

STEP 1 打开**命令提示符**窗口，然后执行以下指令：

Bcdedit /set {bootmgr} displaybootmenu Yes

STEP 2 重新启动后将出现如图18-1-1的**Windows启动管理器**界面，此时请在30秒内按F8键。

> **附注**
>
> （1）若希望以后启动时不要再显示此界面，可再执行上述bcdedit程序，但是要将最后的Yes改为No。
>
> （2）也可以【通过重新启动➲完成自检➲系统启动初期立刻按F8键】的方式。

图 18-1-1

STEP 3 如图18-1-2所示选择**最近一次的正确配置（高级）**后按Enter键。

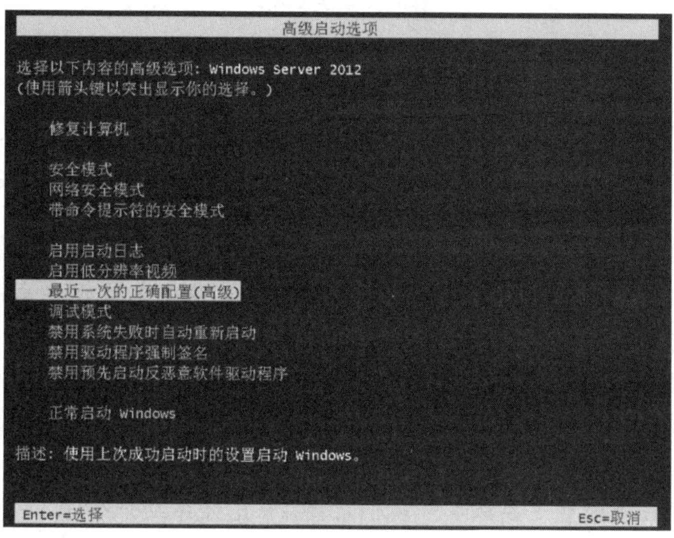

图 18-1-2

18.2 安全模式与其他高级启动选项

除了**最近一次的正确配置**外，还可以通过图18-1-2中的多个高级启动选项来协助你查找与修复系统启动时所碰到的问题。

- **安全模式**：如果是因为不适当的设备驱动程序或服务而影响Windows系统正常启动，那么此时可以尝试选择安全模式来启动Windows系统，因为它只会启动一些基本服务与设备驱动程序（而且会使用低分辨率显示模式），例如鼠标、键盘、大容量存储设备与一些标准的系统服务，其他非必要的服务与设备驱动程序并不会被启动。进入安全模式后，你就可以修正有问题的设置值，然后重新以普通模式来启动系统。

例如，在安装了高级声卡驱动程序后，Windows系统因而无法正常启动，此时就可以选择安全模式来启动Windows系统。因为它并不会启动此高级声卡驱动程序，所以就不会无法启动Windows系统。利用安全模式启动后，再将高级声卡驱动程序删除、禁用或重新安装正确的驱动程序，然后就可以利用正常模式来启动Windows系统了。

- **网络安全模式**：与安全模式类似，不过还会启动网络驱动程序与服务，因此可以连接Internet或网络上其他计算机。如果你所发生的问题是因为网络功能所造成的，不要选择此选项。
- **带命令提示符的安全模式**：类似于安全模式，但是没有网络功能，启动后也没有**开始**菜单，而且是直接进入**命令提示符**环境，你需要通过命令来解决问题，例如将有问题的驱动程序或服务停用。

附注

由于鼠标还可以使用，因此可以输入**MMC**后按Enter键，然后新建一个包含**设备管理器的**嵌入式管理单元的控制台，就可以利用鼠标与**设备管理器**来将有问题的设备驱动程序禁用或删除。

- **启用启动日志**：会以普通模式来启动Windows系统，不过会将启动时所加载的设备驱动程序与服务信息记录到%*Systemroot*%\Ntbtlog.txt文件内。
- **启用低分辨率视频**：使用当前的显卡驱动程序来启动Windows系统，但是会以低分辨率（例如800 × 600）与低刷新率来启动。在你安装了有问题的显卡驱动程序或显示设置错误而无法正常显示或运行时，就可以通过此选项来启动系统。
- **最近一次的正确配置（高级）**：我们在18.1节已经详细介绍过了。
- **目录服务恢复模式**：可利用它来恢复Active Directory数据库，此功能只适用于域控制器。
- **调试模式**：会将Windows系统启动的过程通过串行端口（COM端口）发送给其他的计算机，以便IT专业人员利用这些信息来查找问题所在。
- **禁用系统失败时自动重新启动**：可以让Windows系统失败时不要自动重新启动。如果Windows系统失败时自动重新启动，但是重新启动时又失败、又重新启动，如此将循环不停，此时请选择此选项。
- **禁用驱动程序强制签名**：允许系统启动时加载未经过数字签名的驱动程序。
- **禁用预先启动反恶意软件驱动程序**：系统在开机初期会视驱动程序是否为恶意软件来决定是否要初始化该驱动程序。系统将驱动程序分为以下几种。

- **良好**：驱动程序已经过签名，且未遭窜改。
- **不良**：驱动程序已被识别为恶意代码。
- **不良，但为开机所需要**：驱动程序已被识别为恶意代码，但计算机必须加载此驱动程序才能成功开机。
- **不明**：此驱动程序未经过你的“恶意代码检测应用程序”的保证，也未经“**启动反恶意软件驱动程序**”来分类。

系统启动时，默认会初始化被判断为**良好**、**不明**或“**不良，但为开机所需要**”的驱动程序，但不会初始化被判断为**不良**的驱动程序。你可以在开机时来选用此选项，以便停用此分类功能。

> **附注**
>
> 若要更改相关设置，可【按⊞+R键➲执行gpedit.msc➲计算机配置➲管理模板➲系统➲提前启动反恶意软件】。

18.3　备份与恢复系统

存储在磁盘内的数据可能会因为天灾、人祸、设备故障等因素而丢失，因而造成公司或个人的严重损失，但是只要你平常定期备份（backup）磁盘，并将其存放在安全的地方，之后即使发生上述意外事故，仍然可以利用这些备份来迅速恢复数据，使系统正常运行。

18.3.1　备份与恢复概述

可以通过Windows Server Backup来备份磁盘，而它支持以下两种备份方式。

- **完整服务器备份**：会备份这台服务器内所有卷（volume）内的数据，也就是会备份所有磁盘分区（C:、D:、…）内的所有文件，包含应用程序与系统状态。你可以利用此备份来恢复整台计算机，包含Windows Server 2012 R2操作系统与所有其他文件。
- **自定义备份**：既可以选择备份**系统保留**卷、普通卷（例如C:、D:），也可以选择备份这些卷内指定的文件；还可以选择备份**系统状态**；甚至可以选择**裸机恢复**（bare metal recovery）备份，也就是会备份整个操作系统，包含**系统状态**、**系统保留**卷与安装操作系统的卷，日后可以利用**裸机恢复**备份来恢复整个Windows Server 2012 R2操作系统。

Windows Server Backup提供以下两种选择来执行备份工作。

- **计划备份**：利用它来定义备份计划，以便在每天指定的日期与时间自动执行备份工作。备份目标（存储备份数据的位置）可以选择本地磁盘、USB或IEEE 1394外接式磁盘、网络共享文件夹等。

- **一次性备份**：也就是手动立即执行单次备份工作，备份目的地可以选择本地磁盘、USB或IEEE 1394外接式磁盘、网络共享文件夹，如果计算机内安装了DVD刻录机，还可以备份到DVD内。

18.3.2 如何备份磁盘

先添加Windows Server Backup功能：【打开**服务器管理器**➲单击**仪表板**处的**添加角色和功能**➲持续单击下一步按钮一直到出现图18-3-1的**选择功能**界面时勾选Windows Server Backup➲...】。

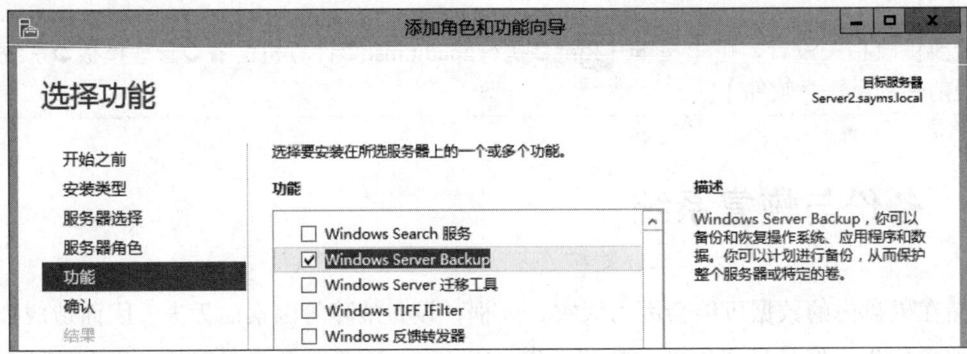

图 18-3-1

添加完成后，可以通过【按⊞键切换到**开始**菜单➲管理工具➲Windows Server Backup】来执行备份工作。

计划完整服务器备份

下面说明如何定义计划来执行完整服务器备份，当所定义的日期与时间到达时，系统就会开始执行备份工作。

STEP 1 如图18-3-2所示单击**备份计划**。

> **附注**
>
> 若要备份另一台服务器，可通过【按⊞+R键➲运行MMC➲添加Windows Server Backup管理单元】的方法来选择其他服务器。

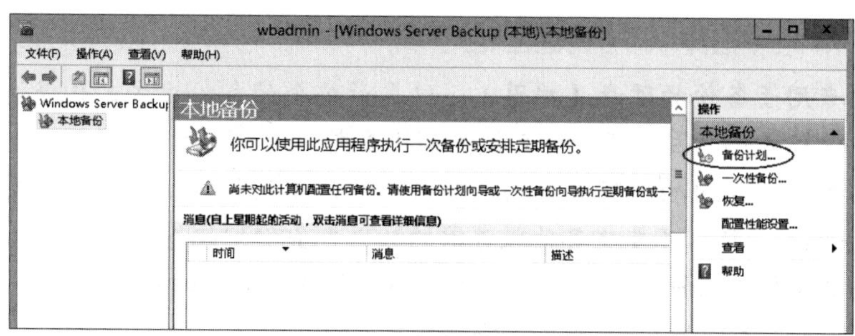

图 18-3-2

STEP 2 出现**开始**界面时单击下一步按钮。

STEP 3 假设在图18-3-3中选择**整个服务器（推荐）**备份。

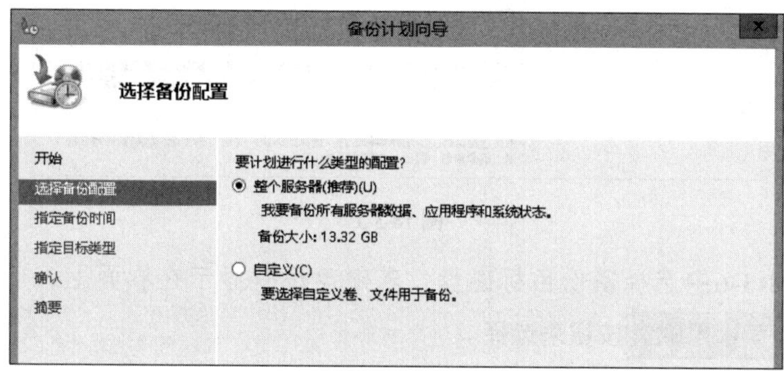

图 18-3-3

STEP 4 在图18-3-4中选择每日一次或每日多次，并选择备份时间。

> **附注**
>
> 图中的时间是以半小时为单位的，如果要改用其他时间单位，例如要选择下午9:15备份，就使用**wbadmin**命令来备份。

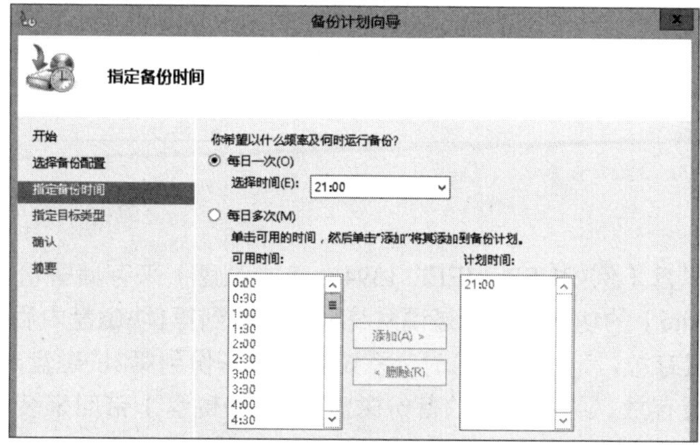

图 18-3-4

STEP 5　在图18-3-5中选择存储备份的位置。

- **备份到专用于备份的硬盘（推荐）**：这是最安全的备份方式，但是这种方式会将此专用硬盘格式化，因此其内现有数据都将丢失。
- **备份到卷**：此卷内的现有数据仍然会被保留，不过该卷的运行效率会降低（最多会降低200%）。建议不要将其他服务器的数据也备份到此卷。
- **备份到共享网络文件夹**：可以备份到网络上其他计算机的共享文件夹内。

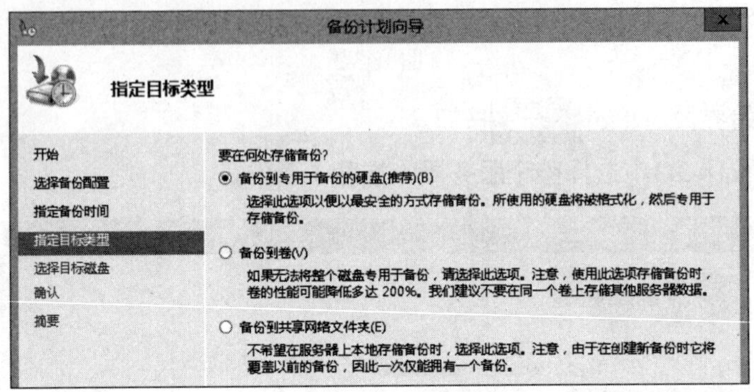

图 18-3-5

STEP 6　在图18-3-6中选择备份目标磁盘，若磁盘没有显示在界面上，可先单击右下方的显示所有可用磁盘按钮来选择。

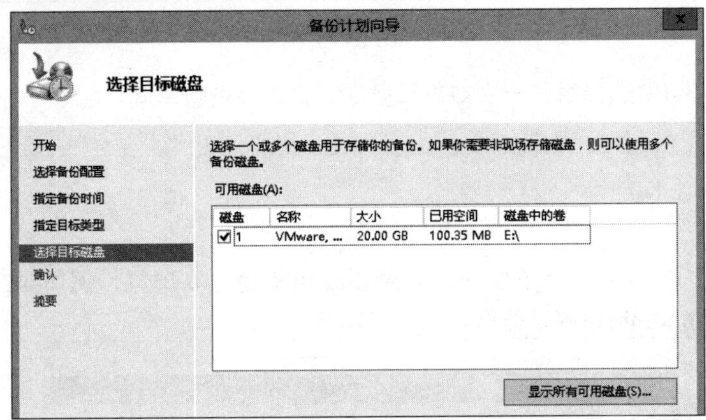

图 18-3-6

注意

如果选择多个磁盘（例如USB、IEEE 1394外接式磁盘）来存储备份，则具备**离线存储**（store disk offsite）的功能，也就是说系统将其备份到第1块磁盘内后，你就可以将此磁盘拿到其他位置存放，下一次备份时，系统会自动备份到第2块磁盘内，你再将第2个磁盘拿到其他位置存放，并将之前的备份磁盘（第1块磁盘）带回来装好，以便让下一次备份时可以备份到这块磁盘内。这种轮流离线存放的方式，可以让数据多一份保障。

STEP 7 注意，备份目标磁盘会被格式化，现有数据都将被删除，因此目标磁盘不可以被包含在要被备份的磁盘内。然而因为我们选择的是**完整服务器**备份，将会备份所有磁盘，包含备份目标磁盘，所以此时会出现图18-3-7的警告界面，必须单击确定按钮来将此磁盘排除。

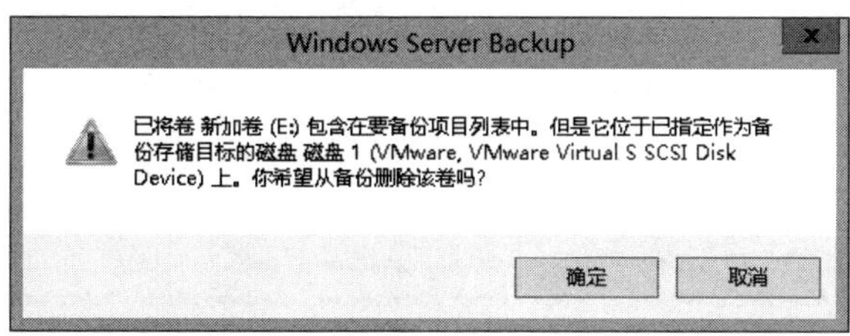

图 18-3-7

STEP 8 图18-3-8中提醒你目标磁盘会被格式化，因此其中所有数据都将被删除。而且为了便于**脱机存储**（offsite storage）与确保备份的完整性，此磁盘将专用于存储备份，不会有驱动器号，也就是在**文件资源管理器**内看不到此磁盘。确认后单击是（Y）按钮。

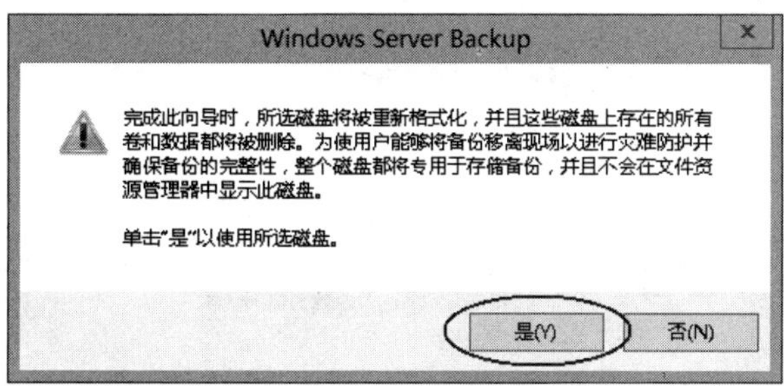

图 18-3-8

STEP 9 由图18-3-9中的**标签**字段可以看出系统会为此备份设置一个识别标签，请记录此标签，以后进行恢复工作时便可以很容易地通过这个标签来识别备份，然后单击完成按钮。

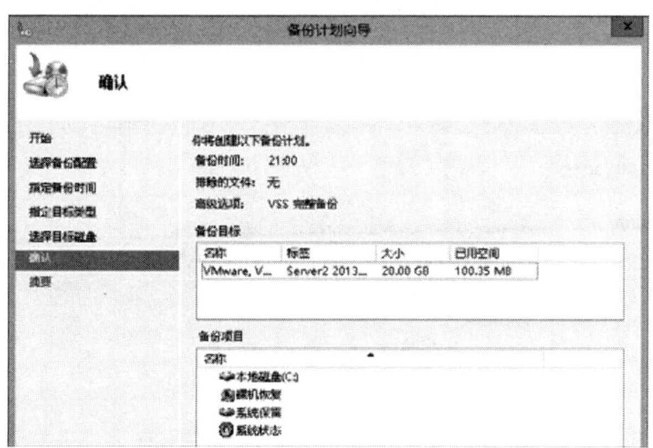

图 18-3-9

STEP 10 出现**摘要**界面时单击关闭按钮。

STEP 11 当计划的时间到达时，系统便会开始备份，而你可以通过图18-3-10来查看当前的备份进度。

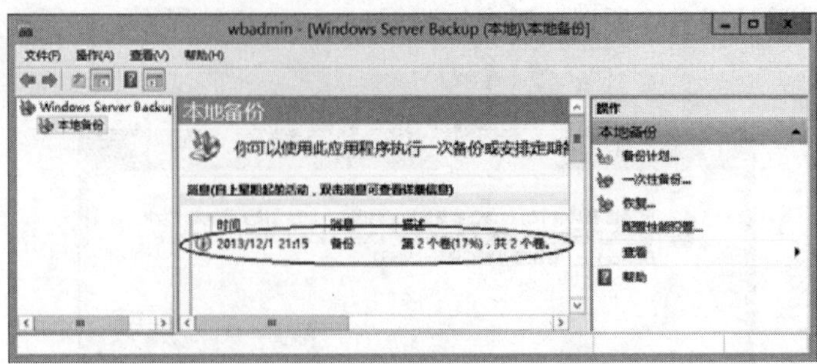

图 18-3-10

计划自定义备份

你可以自行选择要备份的项目，然后计划时间来执行备份这些项目，其设置方式与计划完整备份类似，不过在图18-3-11中需选择**自定义**。

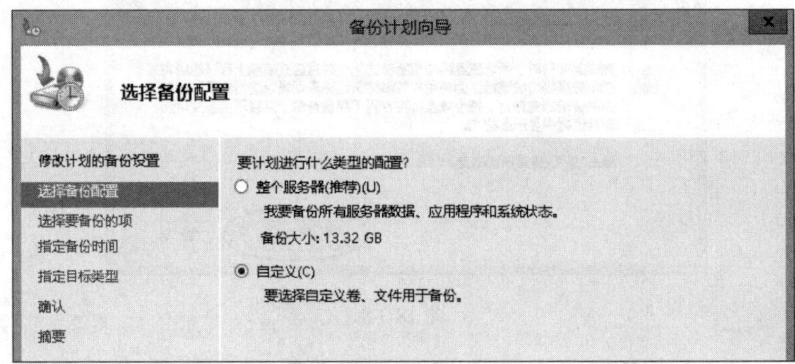

图 18-3-11

然后在图18-3-12背景图中单击添加项目按钮、在前景图中选择欲备份的项目，例如裸机恢复、系统状态、系统保留、卷或卷内的文件。

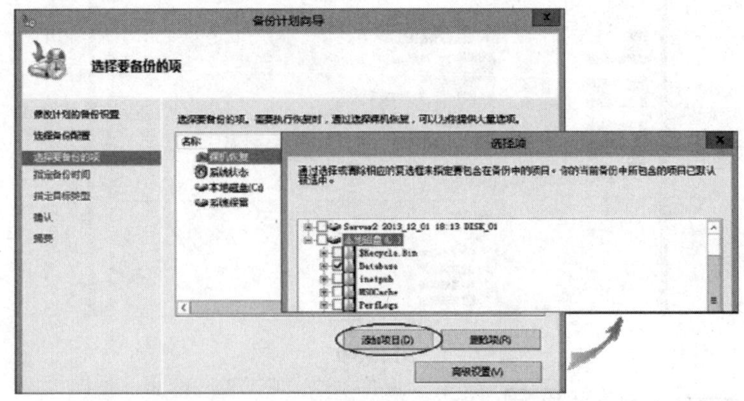

图 18-3-12

在图18-3-12的背景图中单击右下角的高级设置按钮，还可以通过图18-3-13中的背景图来选择将某些文件夹或文件排除。

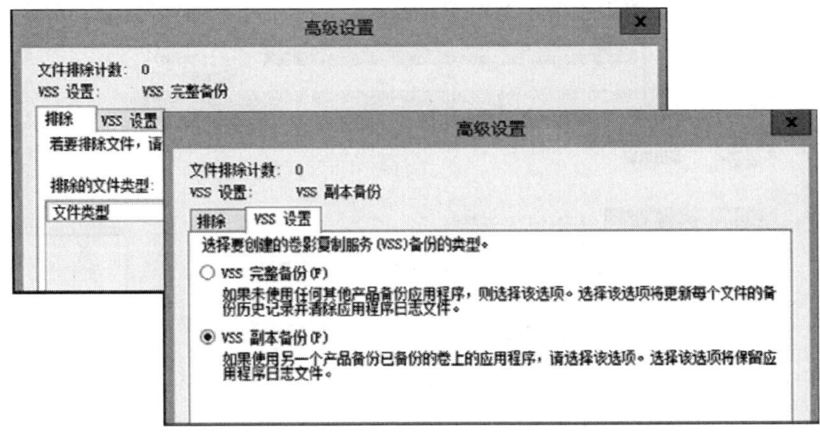

图 18-3-13

在图18-3-13所示的前景图中可以选择以下两项。

- **VSS完整备份**：如果没有使用其他备份软件来备份磁盘内的应用程序，就选择此选项。请确定没有使用其他备份软件来备份磁盘内的应用程序才选择此选项，因为它会破坏应用程序日志文件。
- **VSS副本备份**：若使用其他备份软件来备份磁盘内的应用程序，则此选项可保留应用程序日志文件。

附注

VSS（Volume Shadow Copy Service，卷影复制服务）让用户可以访问正在备份的文件，而且备份时不会跳过已被用户打开的文件。

一次性备份

可以如图18-3-14背景图所示单击**一次性备份**来手动立即执行一次备份工作，然后在前景图中选择备份方式。

- **计划的备份选项**：如果有计划备份，就可以选择与该计划备份相同的设置来备份，这些设置包括完整服务器备份或自定义备份、备份时间、备份目标磁盘等。
- **其他选项**：重新选择备份设置。

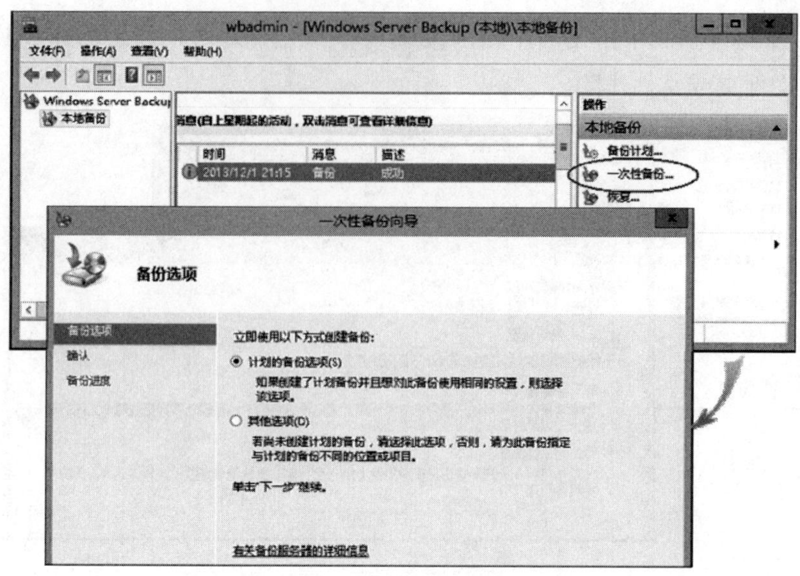

图 18-3-14

一次性备份的步骤与计划备份类似，不过若在图18-3-14选择**其他选项**，则还可以如图18-3-15所示选择备份到DVD或远程共享文件夹。

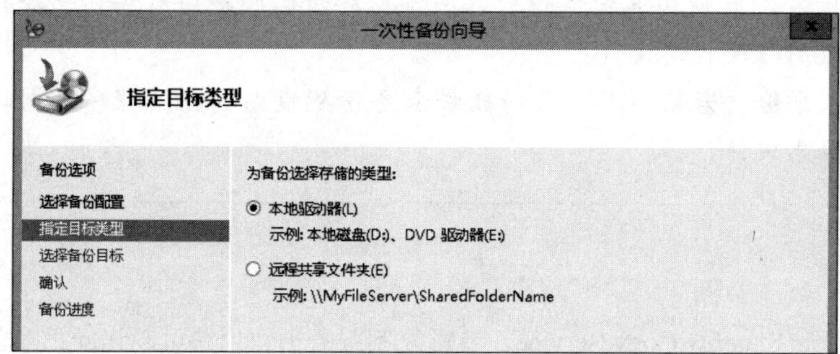

图 18-3-15

18.3.3 如何恢复文件、磁盘或系统

可以利用之前通过Windows Server Backup所建立的备份来恢复文件、文件夹、应用程序、卷（例如D:、E:等）、操作系统或整台计算机。

恢复文件、文件夹、应用程序或卷

STEP 1　单击图18-3-16中的**恢复...**。

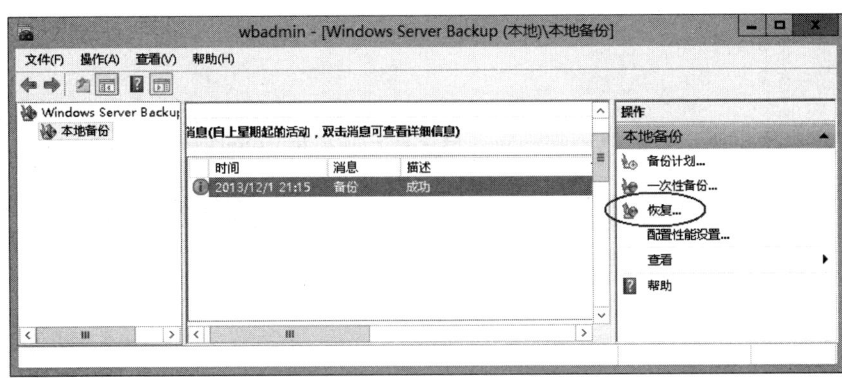

图 18-3-16

STEP 2　在图18-3-17中选择备份文件的来源（存储位置）后单击**下一步**按钮。

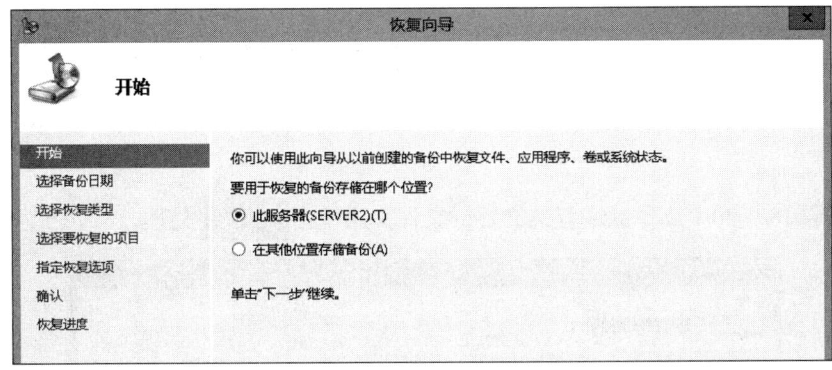

图 18-3-17

STEP 3　在图18-3-18中通过日期与时间来选择之前的备份后单击**下一步**按钮。

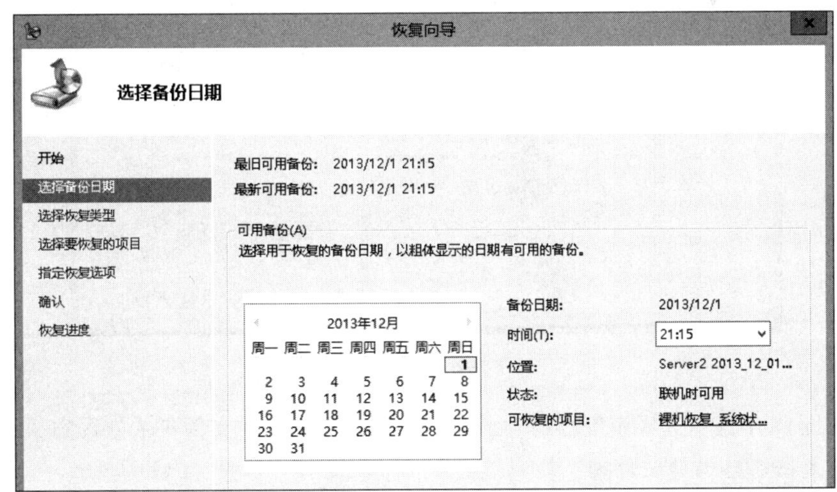

图 18-3-18

STEP 4　在图18-3-19可选择恢复**文件和文件夹**、**应用程序**、**卷**或**系统状态**后单击**下一步**按钮（图中假设选择恢复**文件和文件夹**）。

若要恢复应用程序与其数据，则该应用程序要与Windows Server Backup兼容。

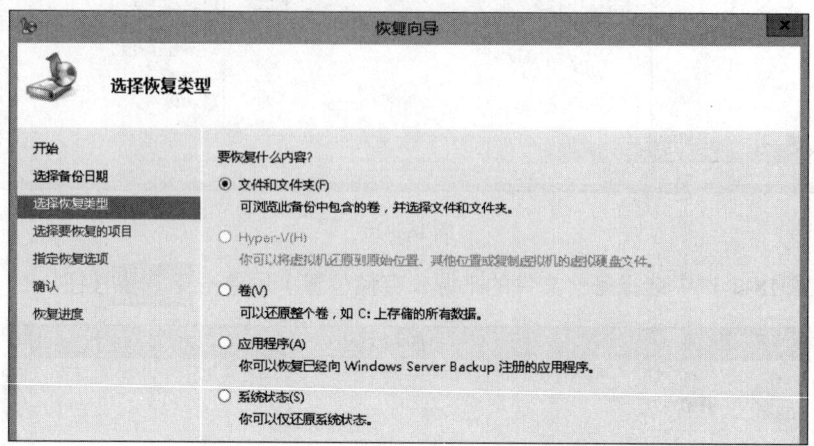

图 18-3-19

STEP 5 在图18-3-20中选择欲恢复的文件或文件夹后单击下一步按钮。

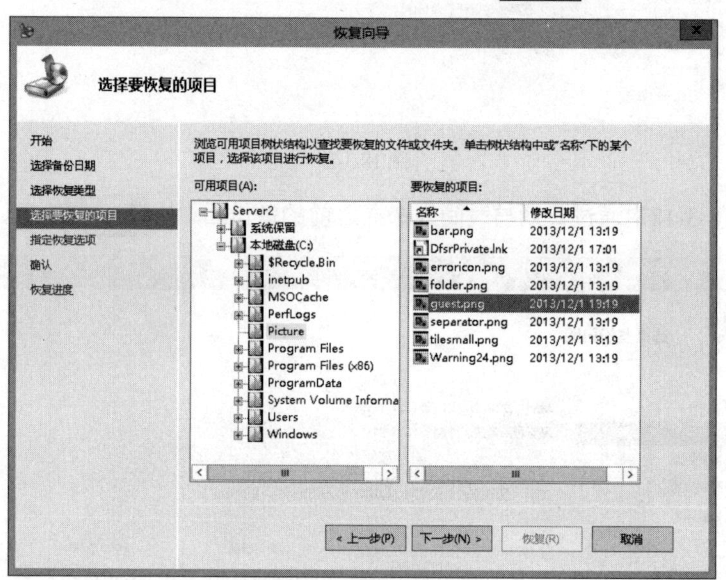

图 18-3-20

STEP 6 在图18-3-21中选择恢复目标、若目标已存在该文件或文件夹的处理方式、是否恢复其原有的安全设置（权限）。

STEP 7 出现**确认**界面时单击恢复按钮。

STEP 8 查看**恢复进度**界面，完成恢复后单击关闭按钮。

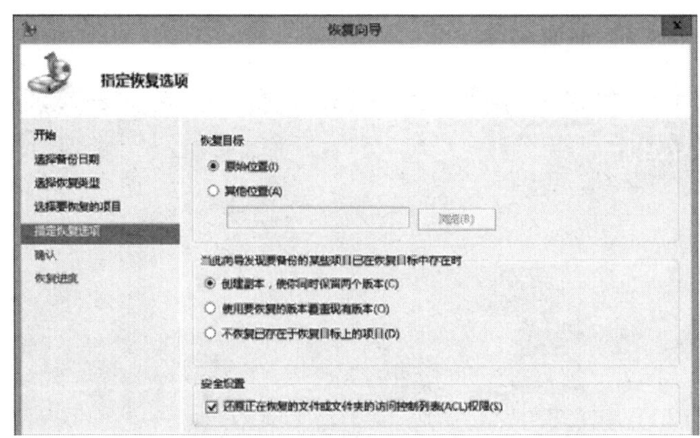

图 18-3-21

恢复操作系统或整台计算机

可以选择以下两种方式之一来恢复操作系统或整台计算机。

- 计算机启动时按F8键，然后选择**高级开机选项**中的**修复计算机**。
- 利用Windows Server 2012 R2 DVD启动计算机，选择**修复计算机**。

利用“高级开机选项”

准备好包含操作系统（裸机恢复）或完整服务器的备份，然后按照以下步骤来恢复（假设是使用**裸机恢复**备份）。

STEP 1 打开**命令提示符**窗口，然后执行以下指令：

Bcdedit /set {bootmgr} displaybootmenu Yes

STEP 2 重新启动后将出现**Windows开机管理程序**界面，请在30秒内按F8键。

STEP 3 如图18-3-22所示选择**修复计算机**后按Enter键。

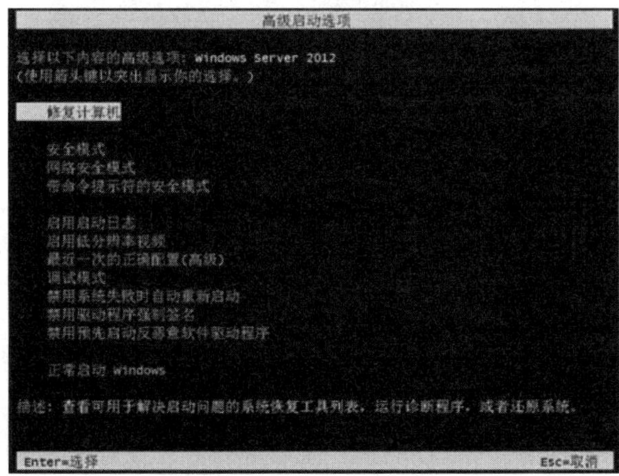

图 18-3-22

STEP 4　在图18-3-23中单击**疑难解答**。

图 18-3-23

STEP 5　在图18-3-24中单击**系统映像恢复**。

图 18-3-24

STEP 6　在图18-3-25中单击系统管理员账户Administrator。

图 18-3-25

STEP 7　在图18-3-26中输入Administrator的密码后单击继续按钮。

图 18-3-26

STEP 8　在图18-3-27中可以选择系统自行找到的最新可用备份来恢复，也可通过**选择系统镜像**来选择其他备份，例如位于网络共享文件夹、USB/IEE 1394外接式磁盘（可能需安装驱动程序）内的备份。完成后单击下一步按钮。

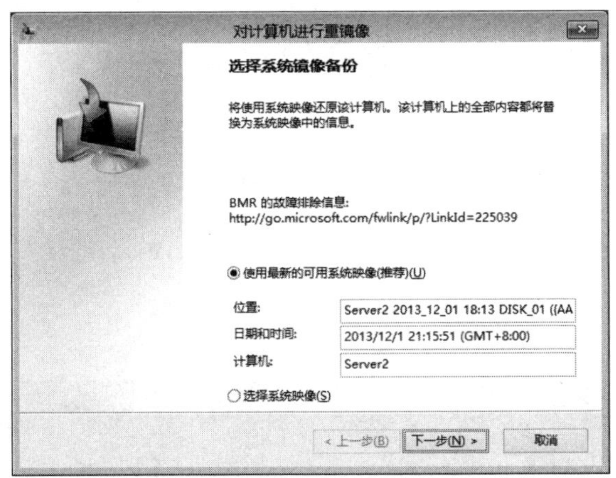

图 18-3-27

STEP 9　在图18-3-28中单击下一步按钮。

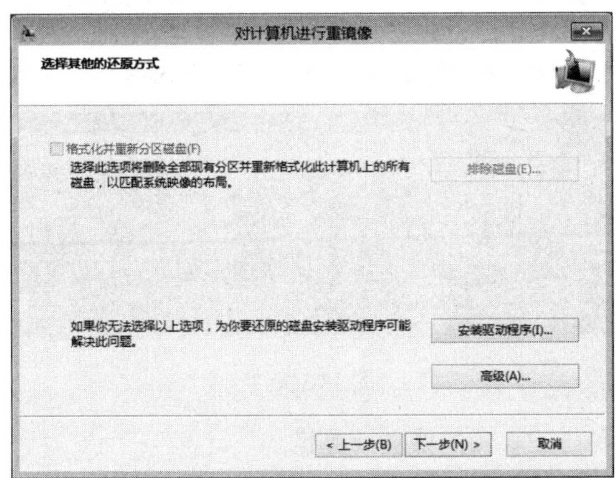

图 18-3-28

STEP 10　在图18-3-29中单击完成按钮。完成后，默认会重新启动，若不想重新启动，可先通过

图18-3-28中的高级按钮来设置。

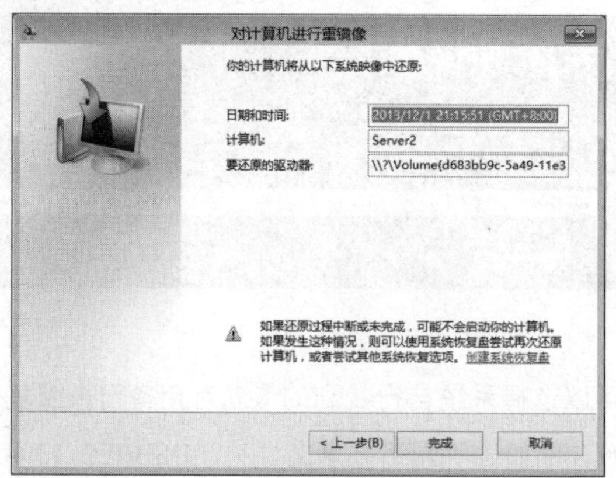

图 18-3-29

利用“Windows Server 2012 R2 DVD 启动计算机”

准备好Windows Server 2012 R2 DVD、包含操作系统（裸机恢复）或完整服务器的备份，然后按照以下步骤来恢复（假设是使用**裸机恢复**备份）。

STEP 1 将Windows Server 2012 R2 DVD放到光驱内，从DVD启动计算机。

STEP 2 在图18-3-30中单击下一步按钮。

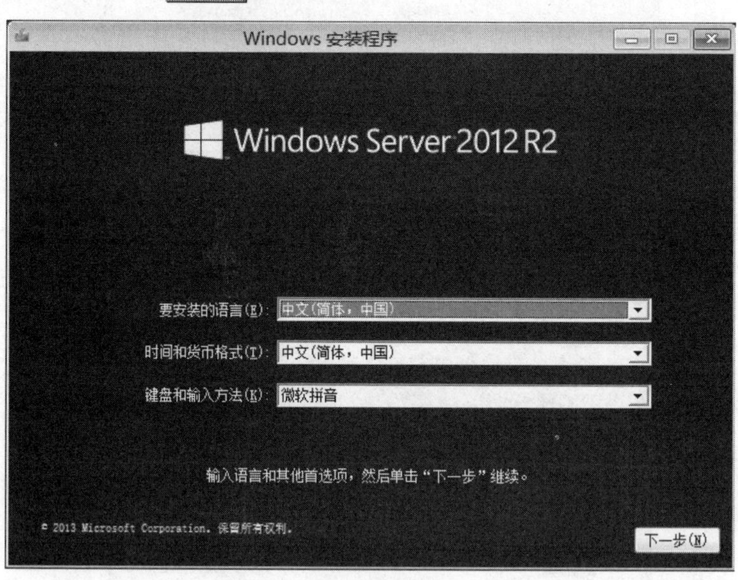

图 18-3-30

STEP 3 在图18-3-31中单击左下角的**修复计算机**。

图 18-3-31

STEP 4 在图18-3-32中单击**疑难解答**。

图 18-3-32

STEP 5 在图18-3-33中单击**系统映像恢复**。

图 18-3-33

STEP 6 在图18-3-34中选择欲修复的系统。

图 18-3-34

STEP 7 在图18-3-35中可选择系统自行找到的最新可用备份来恢复，也可以通过**选择系统映像**来选择其他备份，例如位于网络共享文件夹、USB/IEE 1394外接式磁盘（可能需安装驱动程序）内的备份。完成后单击下一步按钮。

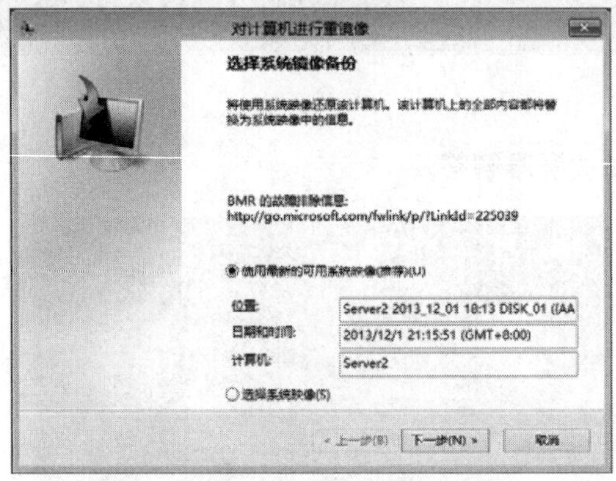

图 18-3-35

STEP 8 在图18-3-36中单击下一步按钮。

若勾选图18-3-36中**格式化并重新分区磁盘**，则其中现有数据都将会被删除，不过包含备份的磁盘会被自动排除，如果要另外增加被排除的磁盘，就单击排除磁盘按钮。

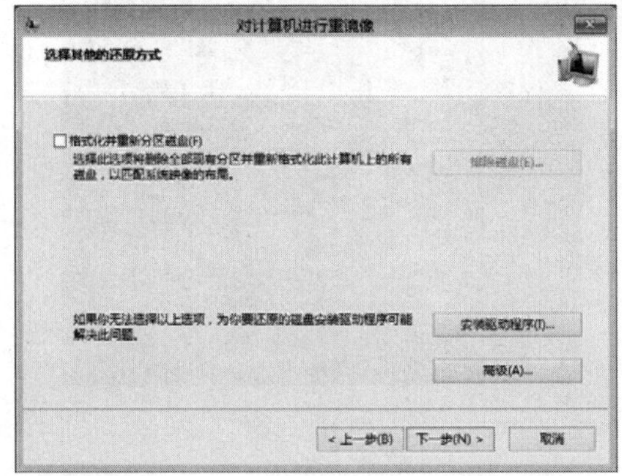

图 18-3-36

STEP 9 在图18-3-37中单击完成按钮。完成后，默认会重新启动，若不想重新启动，可先通过图18-3-36中的高级按钮来设置。

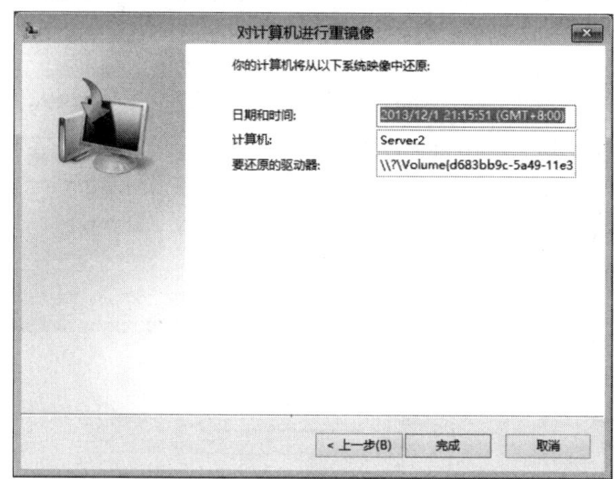

图 18-3-37

STEP 10 在图18-3-38中单击是（Y）按钮。

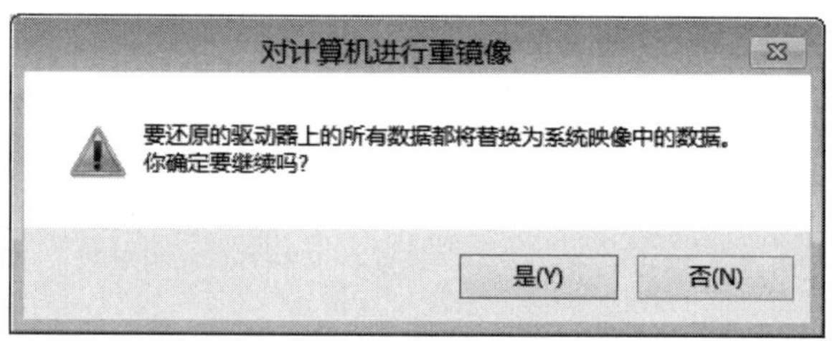

图 18-3-38

18.3.4 其他备份设置

单击图18-3-39背景图中的**配置性能设置**，就可以通过前景图来针对备份性能进行高级设置。以下设置仅适用于你的备份包含所有卷，若你的备份只包含系统状态、文件或文件夹，则这些设置不适用。

- **普通备份性能**：建立备份的时间会与所备份的数据量成正比。这种备份方式不会降低服务器的运行性能。
- **快速备份性能**：所选磁盘内只有添加的文件或有更改的文件才会被备份，以前备份过但没有再更改的文件不再备份。这种**增量备份**（incremental backup）方式的备份速度较快，但是追踪文件改动状态的操作会降低整体系统性能。
- **自定义**：可以针对不同的磁盘来选择不同的备份方式（完整备份或增量备份）。

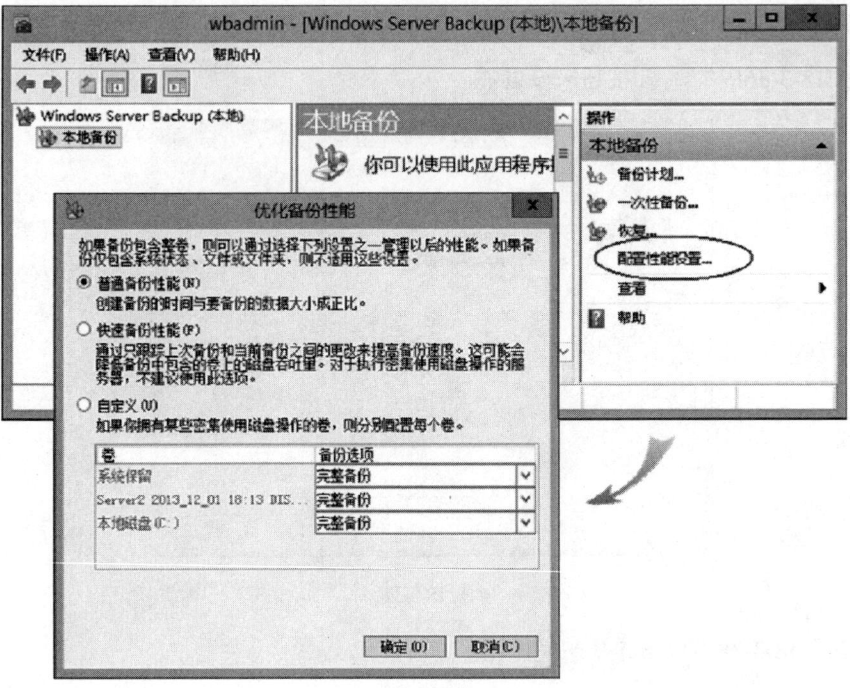
wbadmin - [Windows Server Backup (本地)\本地备份]
文件(F) 操作(A) 查看(V) 帮助(H)
Windows Server Backup (本地)
本地备份
本地备份
你可以使用此应用程序
操作
本地备份
备份计划...
一次性备份...
恢复...
配置性能设置...
查看
帮助
优化备份性能
如果备份包含整卷，则可以通过选择下列设置之一管理以后的性能。如果备份仅包含系统状态、文件或文件夹，则不适用这些设置。
普通备份性能(N)
创建备份的时间与要备份的数据大小成正比。
快速备份性能(F)
通过只跟踪上次备份和当前备份之间的更改来提高备份速度。这可能会降低备份中包含的卷上的磁盘吞吐量。对于执行密集使用磁盘操作的服务器，不建议使用此选项。
自定义(U)
如果你拥有某些密集使用磁盘操作的卷，则分别配置每个卷。
卷
备份选项
系统保留
完整备份
Server2 2013_12_01 18:13 DIS...
完整备份
本地磁盘(C:)
完整备份
确定(O)
取消(C)

图 18-3-39

附录A　利用 Hyper-V 搭建测试环境

在研读本书的过程中，需要一个包含多台计算机的网络环境来练习与验证书中所介绍的内容，然而一般读者要同时准备多台计算机可能有些困难，好在现在可以使用虚拟化软件（例如Windows Server 2012 R2内建的 Hyper-V），来让你轻易地拥有包含虚拟网络与虚拟机的测试环境。

- Hyper-V的硬件需求
- 安装Hyper-V
- 创建虚拟交换机与虚拟机
- 创建更多的虚拟机
- 通过Hyper-V主机连接Internet

A.1 Hyper-V的硬件需求

使用Hyper-V虚拟技术来搭建测试环境时，需要准备一台CPU（中央处理器）速度够快、内存够多、硬盘容量够大的物理计算机，在这台计算机上利用内建的Hyper-V来创建多台虚拟机与虚拟交换机（旧版将其称为“虚拟网络”），然后在虚拟机里面安装操作系统，例如Windows Server 2012 R2、Windows 8.1等。

这台物理计算机可以是Windows Server 2012 R2、Windows Server 2012、Windows Server 2008 R2或64位版本的Windows Server 2008，由于是64位操作系统，因此CPU必须是64位。同时Hyper-V还要求此计算机的硬件符合以下要求。

- 需要支持**硬件虚拟化技术**（hardware-assisted virtualization），也就是CPU需支持Intel VT（Intel Virtualization Technology）或AMD-V（AMD Virtualization），且需要确认主板的BIOS已经启用Intel VT或AMD-V。
- 需要启用**硬件数据执行保护**（hardware data execution protection，DEP），也就是必须启用Intel XD bit（execute disable bit）或AMD NX bit（no execute bit），且需要确认主板的BIOS已经启用Intel XD或AMD NX。

> **附注**
>
> Windows 8.1（8）Enterprise/Pro也内置了Hyper-V，但CPU还需要支持SLAT（Second Level Address Translation）。Windows 8.1（8）Hyper-V的启用方法为【控制面板➲程序和功能➲启用或关闭Windows功能】。

A.2 安装Hyper-V

先在物理计算机上安装支持Hyper-V的操作系统，本书采用Windows Server 2012 R2 Datacenter。

A.2.1 安装Hyper-V角色

安装Windows Server 2012 R2 Datacenter完成后，接着在这台计算机上通过**添加角色和功能**的方式来安装Hyper-V。我们将这台安装Hyper-V的物理计算机称为**主机**（Host），其操作系统被称为**主机操作系统**（host operation system），而虚拟机内所安装的操作系统被称为**来宾操作系统**（guest operation system）。

STEP 1 打开**服务器管理器**➲单击**仪表板**处的**添加角色和功能**➲持续单击下一步按钮直到出现图A-2-1所示的**选择服务器角色**界面时勾选**Hyper-V**➲单击添加功能按钮。

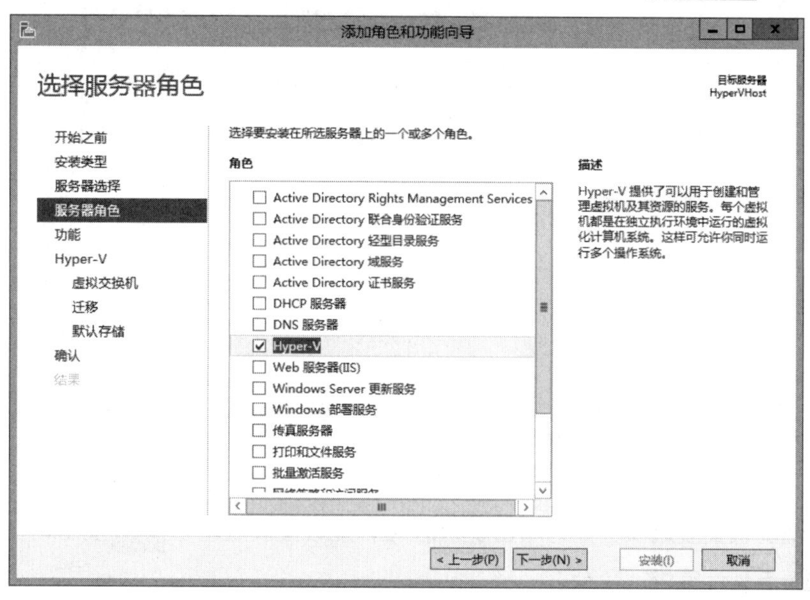

图 A-2-1

STEP 2 持续单击下一步按钮出现图A-2-2所示的**创建虚拟交换机**界面时单击下一步按钮。界面中的设置会在后面介绍Hyper-V虚拟交换机类型时再来设置与说明。

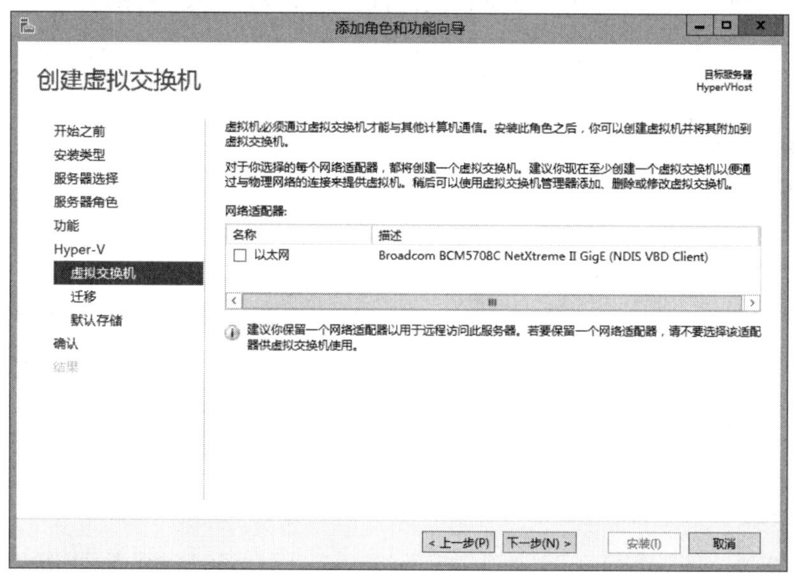

图 A-2-2

STEP 3 持续单击下一步按钮一直到出现图A-2-3所示的**默认存储**界面时再单击下一步按钮，此界面用来设置虚拟硬盘文件与虚拟机配置文件的存储位置。

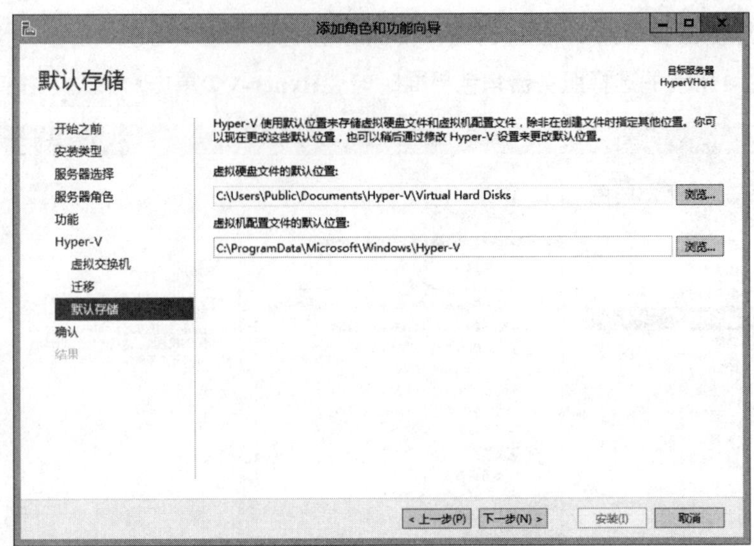

图 A-2-3

STEP 4　出现**确认安装选项**界面时单击安装按钮，完成安装后单击关闭按钮。

STEP 5　重新启动计算机、登录。

A.2.2 Hyper-V的虚拟交换机

Hyper-V可以建立以下三种类型的虚拟交换机（参见图A-2-4中的范例）。

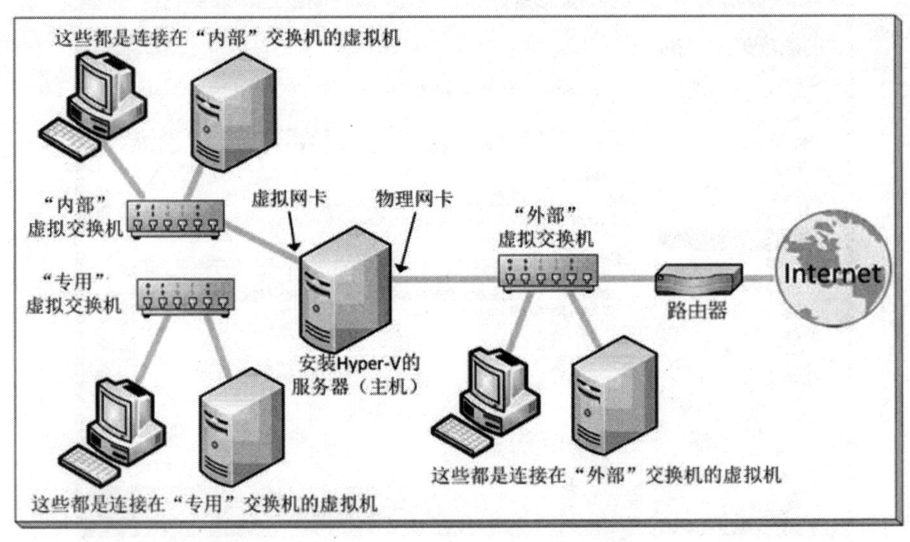

图 A-2-4

- **“外部”虚拟交换机**：此虚拟交换机所在的网络就是主机物理网卡所连接的网络，因此你所建立的虚拟机的虚拟网卡若是被连接到这个外部虚拟交换机，则可以通过此交换机来与主机通信，也可以与连接在这个交换机上的其他计算机通信，甚至可

以连接Internet。若主机有多块物理网卡，则可针对每一块网卡各建立一个外部虚拟交换机。

- **“内部”虚拟交换机**：连接在这个内部虚拟交换机上的计算机之间可以相互通信，也可以与主机通信，但是无法与其他网络内的计算机通信，同时它们也无法连接Internet，除非在主机启用NAT或路由器功能，例如启用**Internet连接共享**（ICS）。你可以建立多个内部虚拟交换机。
- **“专用”虚拟交换机**：连接在这个专用虚拟交换机上的计算机之间可以相互通信，但是并不能与主机通信，也无法与其他网络内的计算机通信（图A-2-4中的主机并没有网卡连接在这个虚拟交换机上）。你可以建立多个专用虚拟交换机。

A.3 创建虚拟交换机与虚拟机

A.3.1 创建虚拟交换机

下面我们先创建一个隶属于**外部**类型的虚拟交换机，以便可以将虚拟机的虚拟网卡连接到此虚拟交换机。

STEP 1 按⊞键切换到**开始**菜单➲管理工具➲Hyper-V管理器。

STEP 2 如图A-3-1所示单击主机名右侧的**虚拟交换机管理器...**。

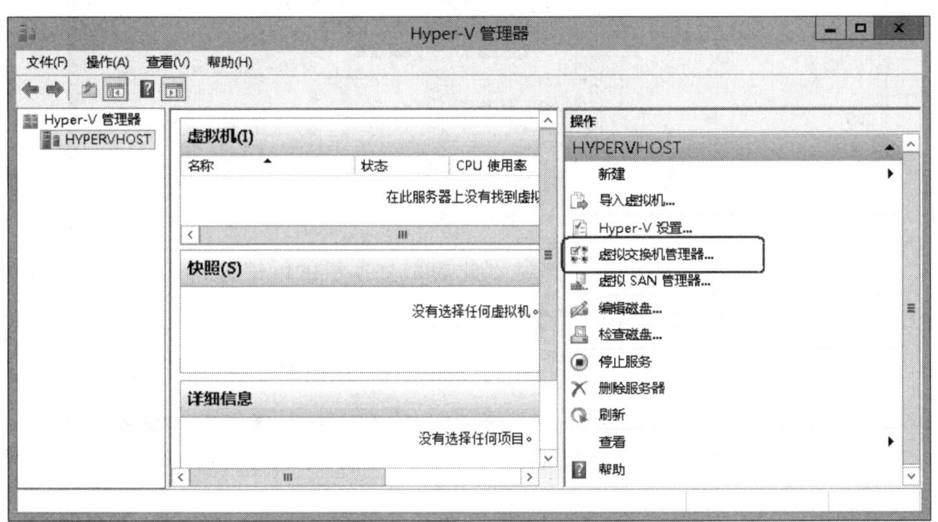

图 A-3-1

STEP 3 如图A-3-2所示选择**外部**后单击创建虚拟交换机按钮。

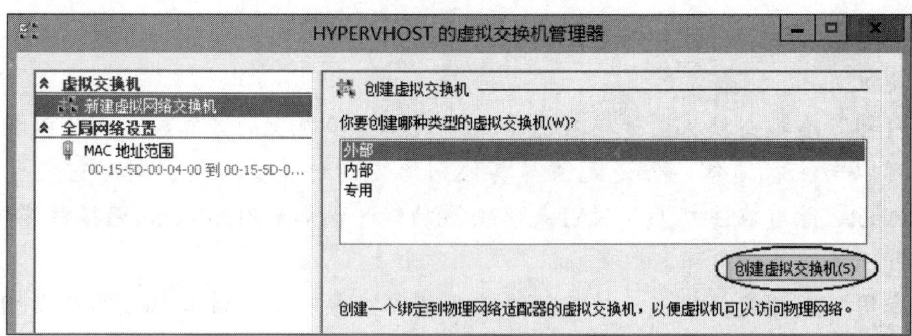

图 A-3-2

STEP 4　在图A-3-3中为此虚拟交换机命名（例如**对外连接的虚拟交换机**）、在**外部网络**选择一块物理网卡，以便将此虚拟交换机连接到网卡所在的网络。完成后单击确定按钮，出现界面提醒你网络会暂时断开时单击是（Y）按钮。

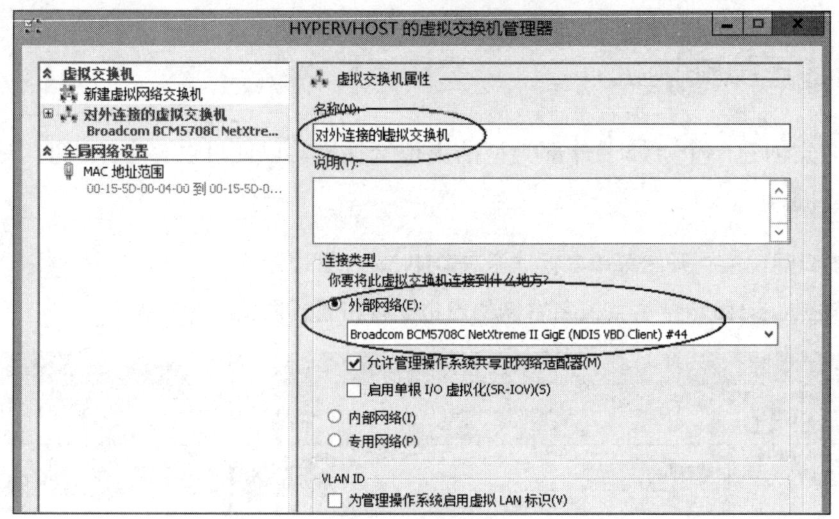

图 A-3-3

STEP 5　Hyper-V会在主机内建立一个连接到此虚拟交换机的网络连接，而你可以通过【按⊞键切换到**开始**菜单➲控制面板➲网络和Internet➲网络和共享中心➲更改适配器设置】的途径来查看，如图A-3-4中的连接“**vEthernet（对外连接的虚拟交换机）**”。

图 A-3-4

若要利用这台主机来连接Internet，或让这台主机来与连接在此虚拟交换机的其他计算机通信，请设置此vEthernet连接的TCP/IP参数，而不是更改物理网卡的连接（图中**以太网**）的TCP/IP参数，因为此连接已经被设置为**虚拟交换机**（可以通过【双击**以太网**➲属性➲如图A-3-5所示来查看】）。

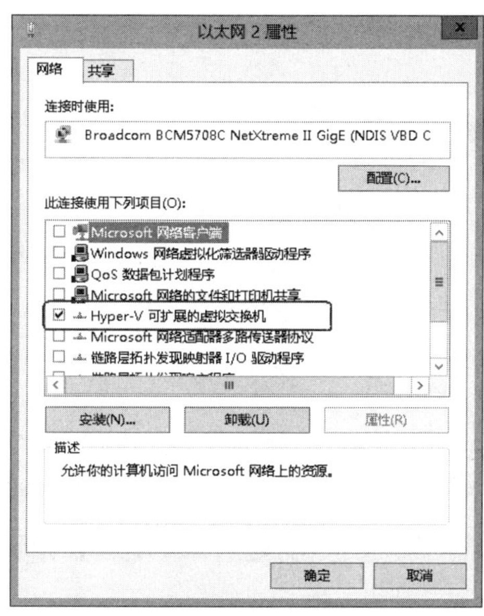

图 A-3-5

A.3.2 创建Windows Server 2012 R2虚拟机

我们将利用Hyper-V来建立一个包含Windows Server 2012 R2 Datacenter的虚拟机。创建顺序是先建立一个虚拟机，然后在此虚拟机内安装Windows Server 2012 R2 Datacenter。下面假设使用Windows Server 2012 R2 ISO文件来安装。

STEP 1 如图A-3-6所示【选中主机名，右击➲新建➲虚拟机】（也可以【单击右侧**操作**窗格的**新建**➲虚拟机】）。

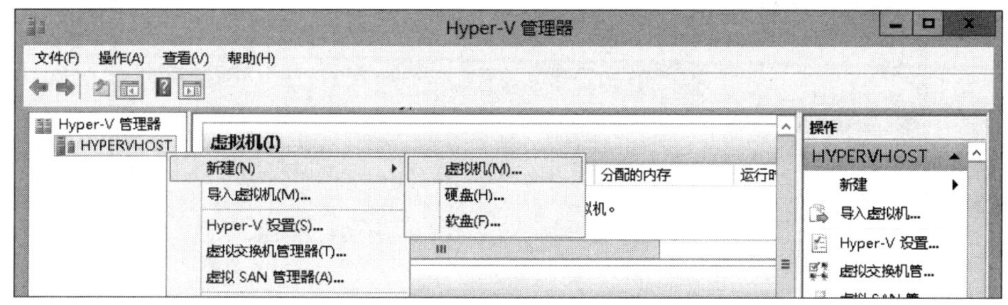

图 A-3-6

STEP 2 出现**开始之前**界面时单击下一步按钮。

STEP 3 在图A-3-7中为此虚拟机取一个好记的名称（例如Win2012R2Base）后单击下一步按钮（此虚拟机的配置文件默认会被存储到C:\ProgramData\ Microsoft\Windows\Hyper-v文件夹内，可通过下方选项来更改文件夹）。

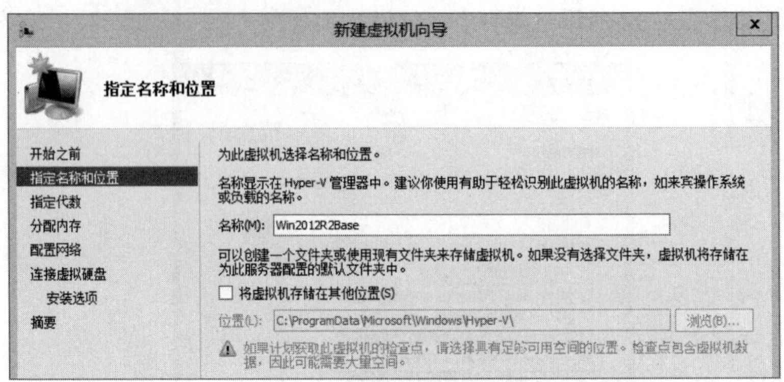

图 A-3-7

STEP 4 在图A-3-8中可选择与旧版Hyper-V硬盘兼容的第1代设置，或拥有新功能的第2代设置（但操作系统至少需Windows Server 2012或64位的Windows 8）后单击下一步按钮。

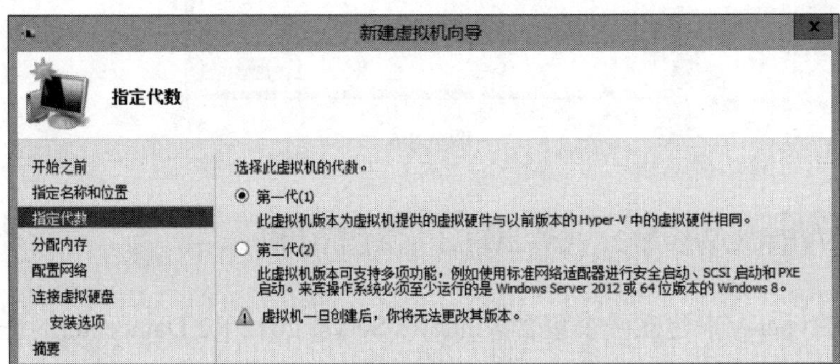

图 A-3-8

STEP 5 在图A-3-9中指定欲分配给此虚拟机的内存容量（假设是1.5GB）后单击下一步按钮。

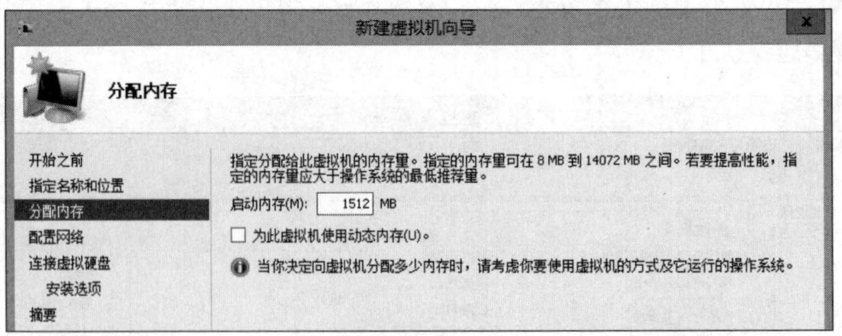

图 A-3-9

STEP 6 在图A-3-10中选择虚拟网卡所连接的虚拟交换机后单击下一步按钮。图中将其连接到之前所建立的第1个虚拟交换机**对外连接的虚拟交换机**。

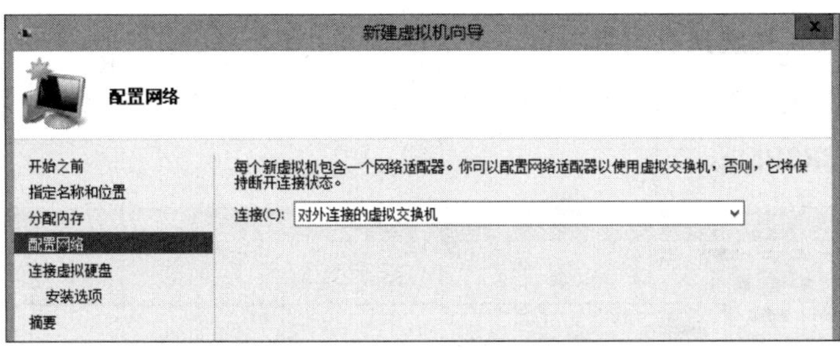

图 A-3-10

STEP 7 在图A-3-11中单击下一步按钮（使用默认值即可）。此界面用来设定欲分配给此虚拟机的虚拟硬盘，包含文件名（扩展名为.vhdx）、存储位置与容量大小，图中我们使用默认值，其容量为不固定大小的动态设置，最大可自动扩充到127GB。由图中还可得知虚拟硬盘文件的默认存储位置是 C:\Users\Public\Documents\Hyper-V\Virtual Hard Disks。

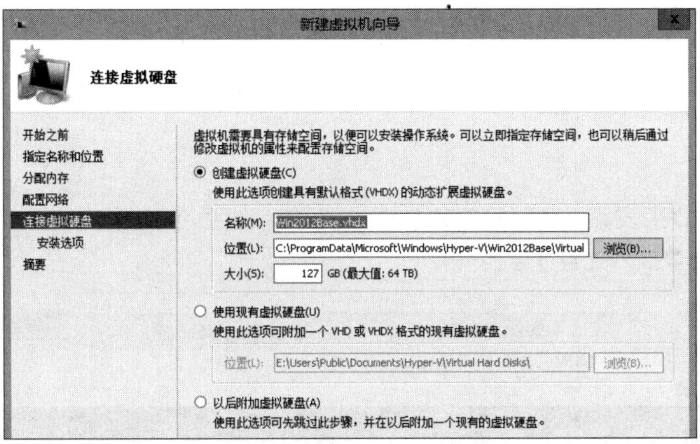

图 A-3-11

STEP 8 在图A-3-12中选择Windows Server 2012 R2 ISO文件来安装后单击下一步按钮。

图 A-3-12

STEP 9 确认**完成新建虚拟机向导**界面中的选择无误后单击完成按钮。

STEP 10 图A-3-13中的Win2012R2Base就是我们所创建的虚拟机，请双击此虚拟机Win2012R2Base。

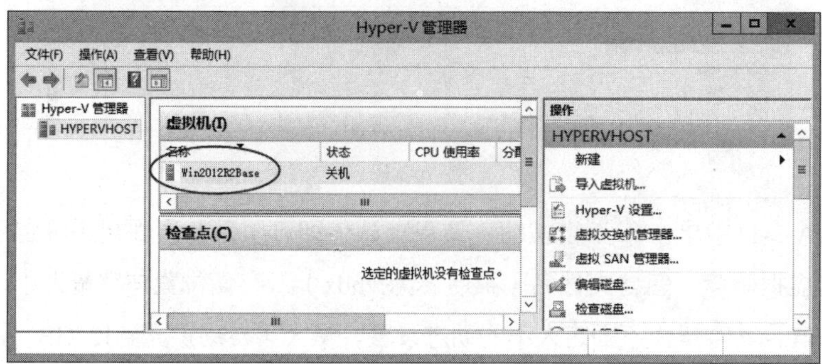

图A-3-13

STEP 11 单击图A-3-14左上方的启动图标后就会启动此虚拟机。

> **附注**
>
> 若要利用DVD来安装，可先将DVD放进光驱，然后【选择图A-3-14上方**媒体**菜单➲DVD驱动器➲插入光盘】。

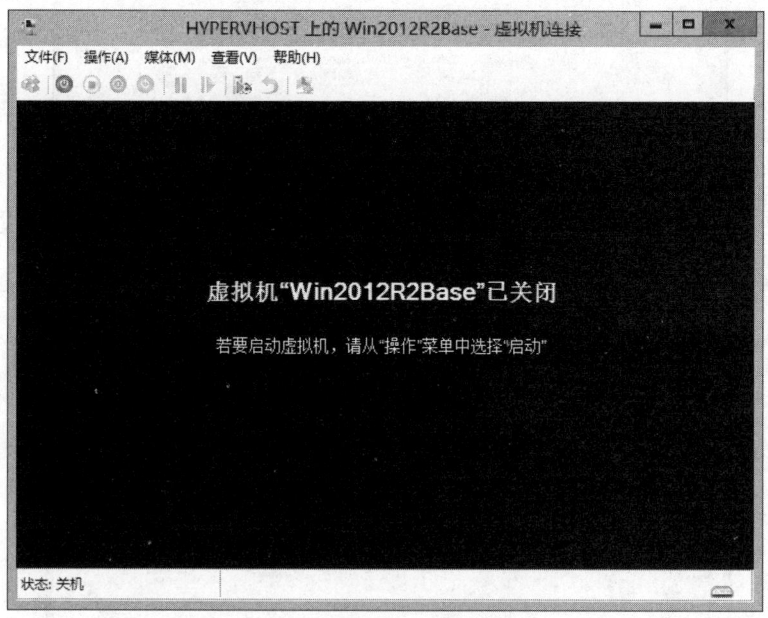

图A-3-14

STEP 12 如图A-3-15所示系统会开始安装Windows Server 2012 R2（以下省略安装步骤的说明）。

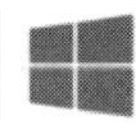

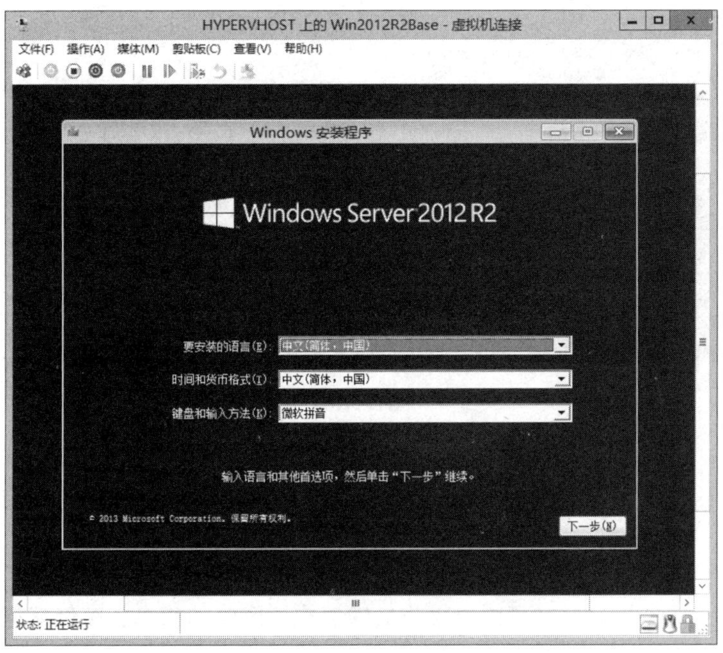

图 A-3-15

> **注意**
>
> 安装过程中，若要针对主机来操作鼠标，却发生无法顺利将鼠标指针移动到窗口外的情况，请先按Ctrl + Alt + ← 3个键，再移动鼠标指针即可。这3个键称为**鼠标释放键**。有些显示适配器驱动程序的快捷键会占用这3个键，此时请先按Ctrl + Alt + Del键，然后按**取消**，就可以在主机操作鼠标，建议将此类显示适配器的快捷键功能取消。也可以在**Hyper-V管理员**窗口下单击右侧**Hyper-V设置**…来变更**鼠标释放键**。通过按Ctrl + Alt + End 键可以来模拟虚拟机内按Ctrl + Alt + Del 键的操作。

为了让主机与虚拟机之间有更高的集成度（让用户对鼠标、键盘、网络、显示等有最佳的控制体验），我们还需在虚拟机内安装**Hyper-V集成服务**（Integration Services），不过有的操作系统已包含Hyper-V集成服务，有的却没有。

- Windows Server 2012 R2、Windows 8.1：已经包含最新版Hyper-V集成服务。
- Windows Server 2012、Windows 8、Windows Server 2008 R2、Windows 7、Windows Server 2008 SP2：包含旧版Hyper-V集成服务，建议升级为新版本。
- Windows Vista SP2、Windows XP Professional SP3、Windows Server 2003：不包含Hyper-V集成服务，需要另外安装。

为虚拟机安装Hyper-V集成服务的方式为：先启动虚拟器内的操作系统、登录，然后如图A-3-16所示【选择**操作**菜单➲插入整成服务安装盘➲通过所显现的提示窗口来安装（或打开**文件资源管理器**，然后单击光驱）】，完成后重新启动虚拟机。

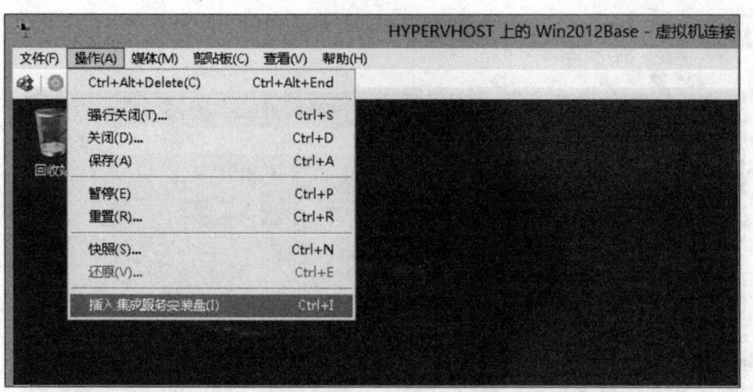

图 A-3-16

Windows Server 2012 R2 Hyper-V也让你可以将虚拟机的状态存储起来后关闭虚拟机，下一次要使用此虚拟机时，就可以直接将其恢复成关闭前的状态。存储状态的方法为【选择虚拟机窗口中的**操作**菜单➲保存】。

A.4 创建更多的虚拟机

你可以重复利用A.3节所叙述的步骤来建立更多虚拟机，不过采用这种方法的话，每一台虚拟机所占用的硬盘空间比较大，而且比较浪费时间。本节将介绍另外一种既省时又省硬盘空间的方法。

差异虚拟硬盘

此方法是将之前所建立虚拟机Win2012R2Base的虚拟硬盘当作**父分区**（parent disk），并以此父分区为基准来建立**差异虚拟硬盘**（differencing virtual disk），然后将此差异虚拟硬盘分配给新的虚拟机来使用。如图A-4-1所示，当你启动右侧的虚拟机时，它仍然会使用Win2012R2Base的父分区，但之后在此系统内所进行的任何改动都只会被存储到差异虚拟硬盘，并不会保存到Win2012R2Base的父分区。

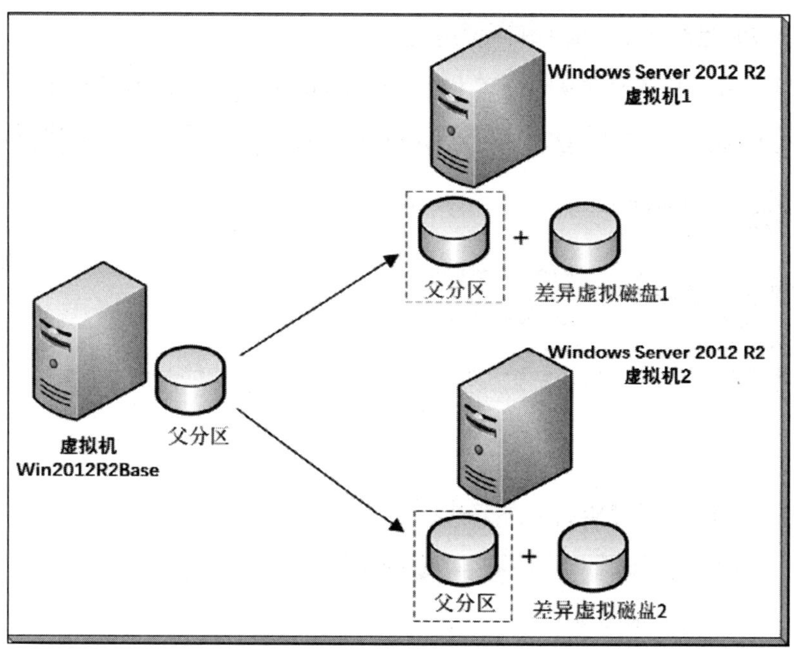

图 A-4-1

> **注意**
>
> 若使用**父分区**的Win2012R2Base虚拟机被启动，则其他使用**差异虚拟硬盘**的虚拟机将无法启动。若**父分区**文件故障或丢失，则其他使用**差异虚拟硬盘**的虚拟机也无法启动。

建立使用“差异虚拟硬盘”的虚拟机

下面将Win2012R2Base虚拟机所使用的虚拟硬盘当作父分区来制作差异虚拟硬盘，并建立一个使用此差异虚拟硬盘的虚拟机Server1。请先将拥有此父分区的虚拟机关机。

STEP 1　如图A-4-2所示【选中主机名，右击➲新建➲硬盘】。

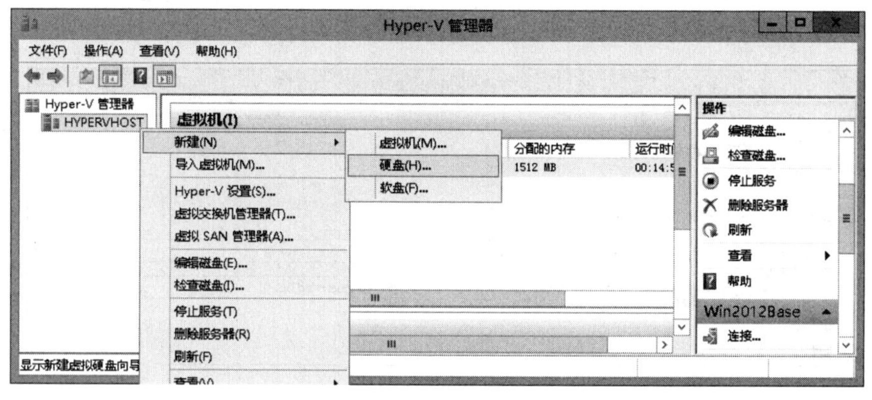

图 A-4-2

STEP 2　出现**开始之前**界面时单击下一步按钮。

STEP 3　在图A-4-3中可选择默认的格式（扩展名为vhdx）后单击下一步按钮。

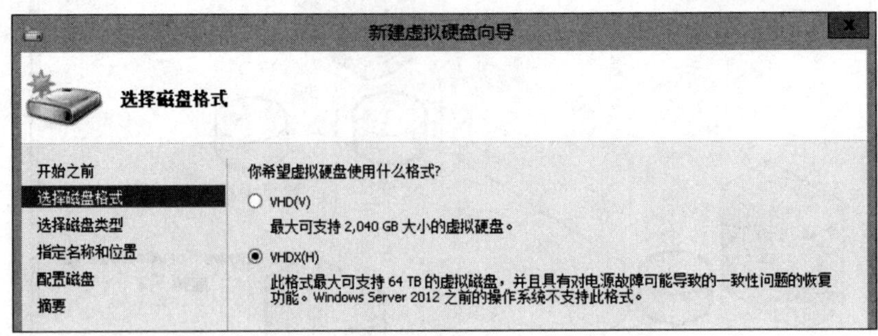

图 A-4-3

STEP 4　在图A-4-4中选择**差异**后单击下一步按钮。

图 A-4-4

STEP 5　在图A-4-5中为此虚拟硬盘命名（例如Server1.vhdx）后单击下一步按钮。虚拟硬盘文件默认的存储位置为C:\Users\Public\Documents\Hyper-V\Virtual Hard Disks。

图 A-4-5

STEP 6　在图A-4-6中选择要当作**父分区**的虚拟硬盘文件，也就是Win2012R2Base.vhdx。

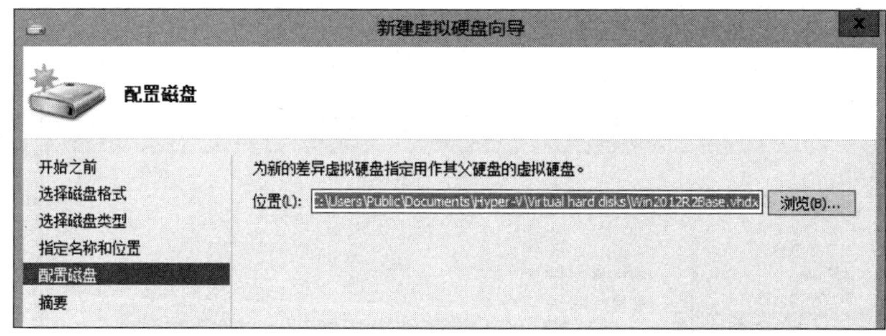

图 A-4-6

STEP 7　出现**完成新建虚拟硬盘向导**界面时单击完成按钮。

STEP 8　接下来将建立使用差异虚拟硬盘的虚拟机。如图A-4-7所示，【选中主机名，右击➲新建➲虚拟机】。

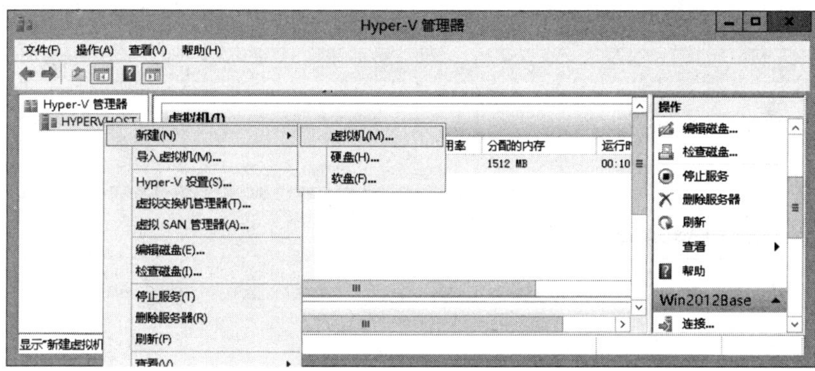

图 A-4-7

STEP 9　出现**开始之前**界面时单击下一步按钮。

STEP 10　在图A-4-8中为此虚拟机命名后（例如Server1）单击下一步按钮。

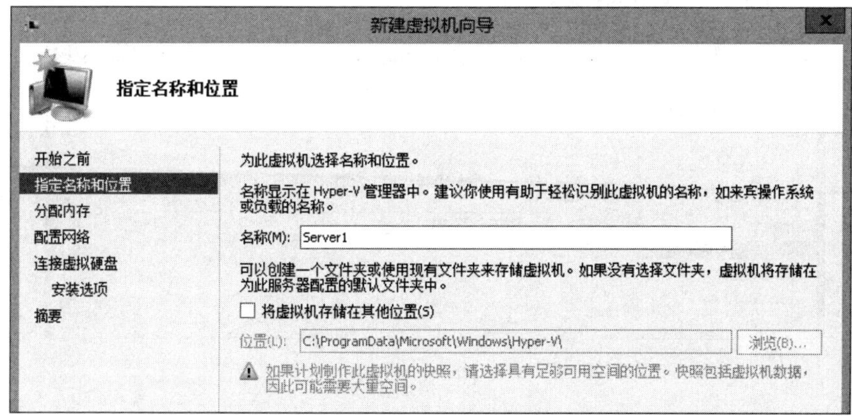

图 A-4-8

STEP 11 在图A-4-9中可选择与旧版Hyper-V硬盘兼容的第一代设置，或拥有新功能的第二代设置（但操作系统至少需要是Windows Server 2012或64位的Windows 8）后单击**下一步**按钮。

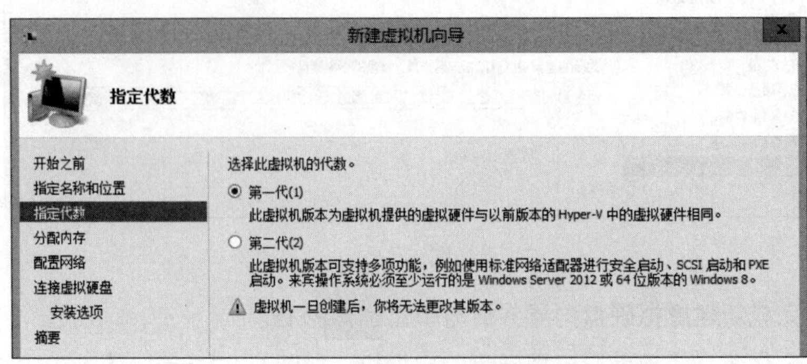

图 A-4-9

STEP 12 在图A-4-10中指定欲分配给此虚拟机的内存容量，例如1512 MB，单击**下一步**按钮。

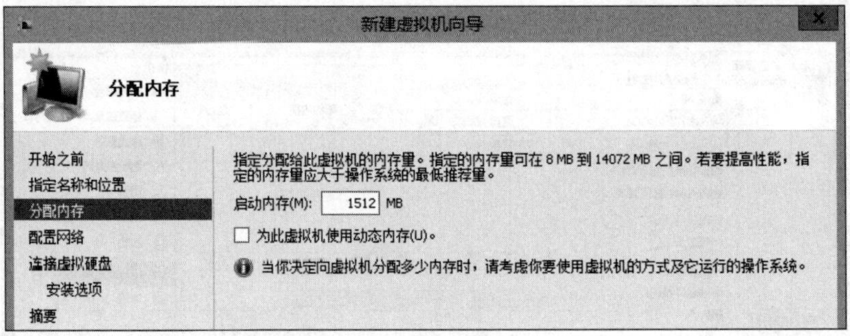

图 A-4-10

STEP 13 在图A-4-11中选择虚拟网卡所连接的虚拟交换机，例如将其连接到之前所建立的第1个虚拟交换机**对外连接的虚拟交换机**（此交换机是根据物理网卡所建立的，属于外部类型的交换机），单击**下一步**按钮。

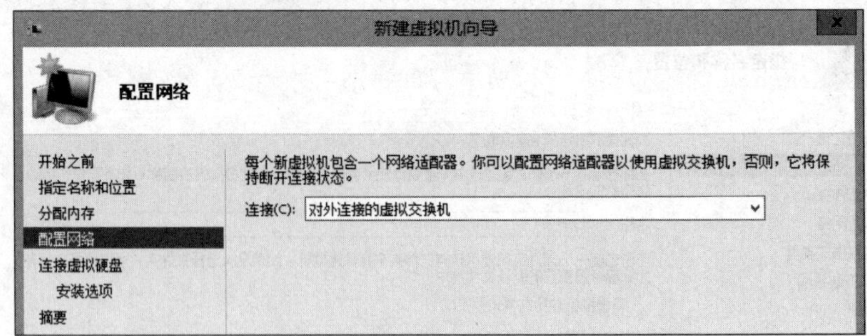

图 A-4-11

STEP 14 在图A-4-12中选择欲分配给此虚拟机的虚拟硬盘，我们选择之前所建立的**差异虚拟硬盘**Server1.vhdx，单击**下一步**按钮。

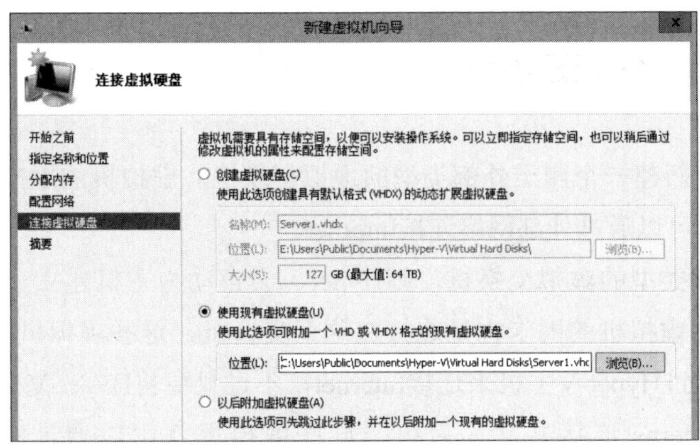

图 A-4-12

STEP 15 出现**完成新建虚拟机向导**界面时单击完成按钮。

STEP 16 图A-4-13为完成后的界面，请启动此虚拟机，登录。

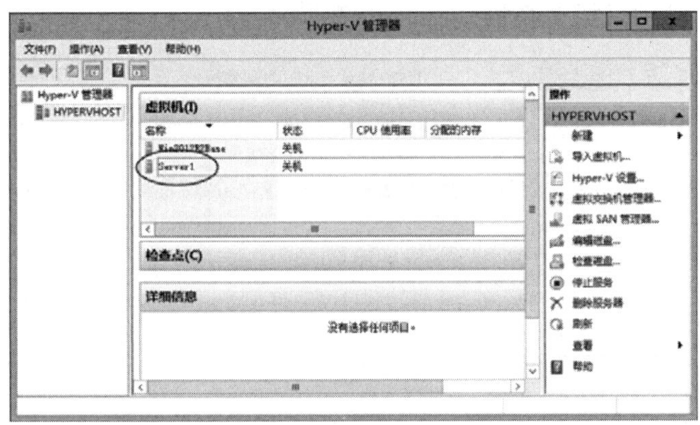

图 A-4-13

STEP 17 由于此虚拟机是利用Win2012R2Base制作出来的，因此其SID（Security Identifier）与Win2012R2Base相同，建议执行SYSPREP.EXE来更改此虚拟机的SID，否则在域环境下会有问题。SYSPREP.EXE位于C:\Windows\System32\sysprep文件夹内。注意执行SYSPREP.EXE时需如图A-4-14所示勾选**通用**才会更改SID。

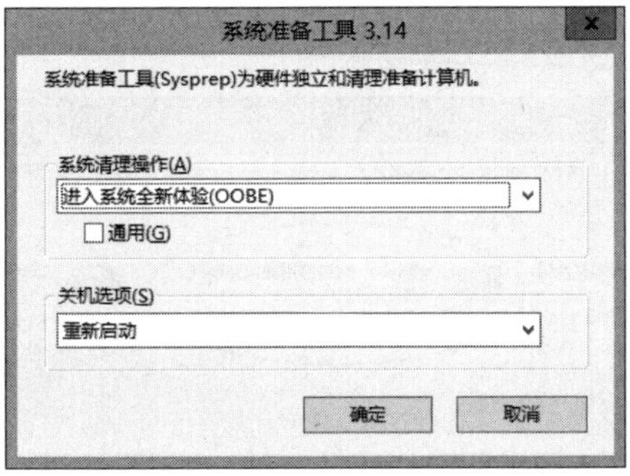

系统准备工具 3.14
系统准备工具(Sysprep)为硬件独立和清理准备计算机。
系统清理操作(A)
进入系统全新体验(OOBE)
通用(G)
关机选项(S)
重新启动
确定 取消

图 A-4-14

A.5 通过Hyper-V主机连接Internet

前面介绍过如何新建一个属于**外部**类型的虚拟交换机，虚拟机的虚拟网卡如果是连接到这个虚拟交换机，就可以通过外部网络连接Internet。

若新建属于**内部**类型的虚拟交换机，则Hyper-V会自动为主机建立一个连接到此虚拟交换机的网络连接。若虚拟机的网卡也是连接在这个交换机，这些虚拟机就可以与Hyper-V主机通信，但是无法通过Hyper-V主机来连接Internet，不过只要将Hyper-V主机的NAT（网络地址转换）或ICS（Internet连接共享）启用，这些虚拟机就可以通过Hyper-V主机来连接Internet。

新建**内部**虚拟交换机的方法为：【打开Hyper-V管理器➲单击主机名➲单击右侧**虚拟交换机管理器**➲如图A-5-1背景图所示选择**内部**➲单击创建虚拟交换机按钮➲在前景图中为此虚拟交换机命名（例如**内部用虚拟交换机**）后单击确定按钮】。

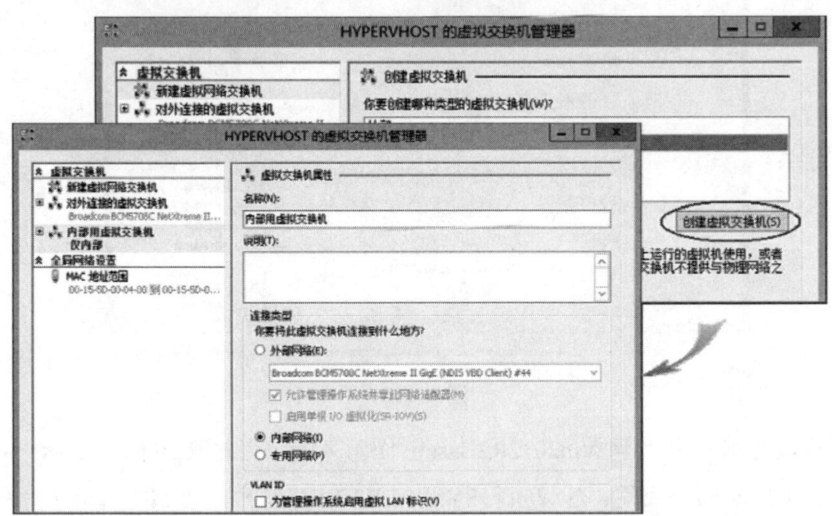

图 A-5-1

完成后，系统会为Hyper-V主机新建一个连接到这个虚拟交换机的网络连接，如图A-5-2所示的**vEthernet（内部用虚拟交换机）**。

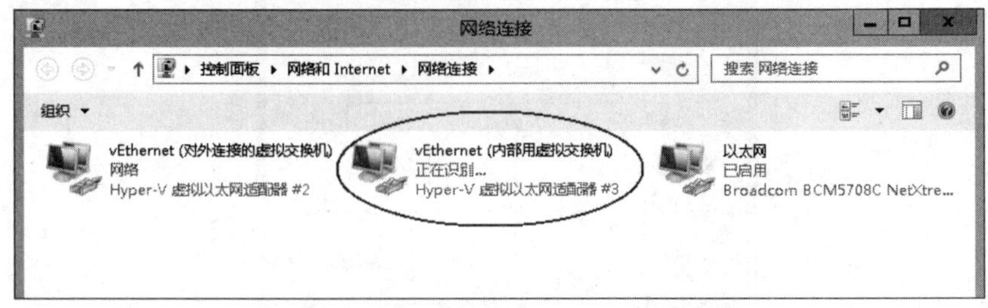

图 A-5-2

如果想要让连接在此虚拟交换机的虚拟机可以通过Hyper-V主机来上网，只要将主机内可以连接Internet的连接**vEthernet（对外连接的虚拟交换机）**的**Internet连接共享**启用即可：【选中**vEthernet（对外联机的虚拟交换机）**，右击➲属性➲如图A-5-3勾选**共享**选项卡下的选项】。

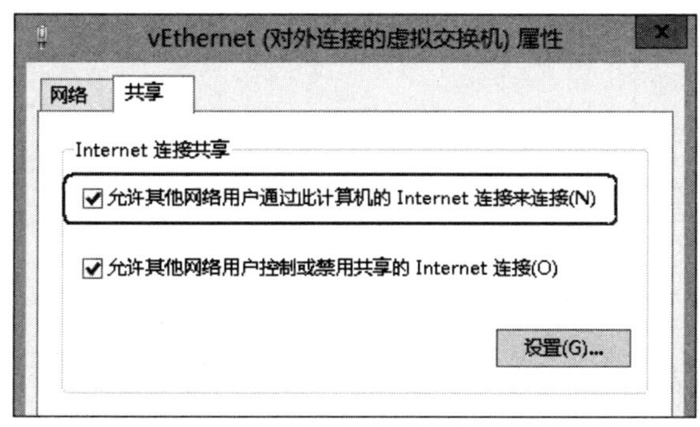

图 A-5-3

系统会将Hyper-V主机的**vEthernet（内部用虚拟交换机）**连接的IP地址改为192.168.137.1，而连接**内部用虚拟交换机**的虚拟机IP地址也需为192.168.137.x/24的格式，同时**默认网关**需指定到192.168.137.1这个IP地址。不过因为**Internet连接共享**具备DHCP分配IP地址的功能，也就是连接在**内部用虚拟交换机**的虚拟主机只要将IP地址的获取方式设置为自动获取即可，不需要手动设置。